绿色智能建筑技术

应 敏 张 伟 编著

中国建筑工业出版社

图书在版编目（CIP）数据

绿色智能建筑技术/应敏等编著. —北京：中国建筑工业出版社，2013.3
ISBN 978-7-112-15055-7

Ⅰ.①绿… Ⅱ.①应… Ⅲ.①生态建筑-智能化建筑-工程技术 Ⅳ.①TU18

中国版本图书馆 CIP 数据核字（2013）第 036484 号

绿色智能建筑的产生是当前世界建筑发展的需要，也是今后发展的方向。由于能源紧张，环境恶化，促使人们要求建造一个节约资源、环保健康、亲和自然的生态系统。本书试着将绿色建筑与智能建筑结合起来，以绿色生态的观念结合现代的先进科技指导建筑的设计与施工。是生态技术、信息技术在建筑领域的应用。

责任编辑：吴文侯
责任设计：董建平
责任校对：陈晶晶　王雪竹

绿色智能建筑技术
应　敏　张　伟　编著
*
中国建筑工业出版社出版、发行（北京西郊百万庄）
各地新华书店、建筑书店经销
北京科地亚盟排版公司制版
北京中科印刷有限公司印刷
*
开本：787×1092 毫米　1/16　印张：31　字数：770 千字
2013 年 4 月第一版　2013 年 4 月第一次印刷
定价：**78.00** 元
ISBN 978－7－112－15055－7
（23074）

前　言

建筑是人类生存必须的栖息之所，从古至今，其模式发生过多次的变革。自上世纪上半叶的现代主义建筑运动开始，到本世纪初，随着建筑工业化，建筑技术获得了飞速发展，人类的居住和工作条件有了很大的提高。然而，这种提高是以生存环境的恶化为代价的，气候日益变暖、环境严重污染，近年来更是出现了能源危机，在这一系列的危机中，建筑产业充当了帮凶的角色。据统计，建筑照明及空调所消耗的能源占能源总消耗的30％～40％；同时，建筑产业产生的垃圾难以自然降解，造成了严重的环境污染，人类的居住条件看似改善，实则恶化。

环境的恶化唤醒了人们的环保意识，然而，人们不可能因为要环保而回到住茅草屋、点蜡的时代。在这种社会环境下，绿色智能建筑呼之欲出。所谓“绿色智能建筑”，是综合运用了现代建筑科技、生态科学以及其他各类现代科学技术的有效成果，把大厦、小区建造成一个节约资源、环保健康、亲和自然的生态系统，为人们提供方便、舒适、高效、健康安全的居住和工作环境。

当下，绿色建筑、智能建筑等一系列领域成为当今建筑科学技术发展研究的新课题，然而把各领域结合起来研究的却不多，本书试着将绿色建筑与智能建筑结合起来，以绿色生态的观念结合现代的先进科技指导建筑的设计与施工，为中国的现代建筑发展略尽绵力。

绿色智能建筑的内容非常广泛，涵盖了建筑设计、建筑材料、建筑设备以及其他新技术的应用等众多方面，是生态技术、信息技术在建筑领域的应用。因此，本书在取材上不像传统的智能建筑类书籍那样局限于调节、控制、管理、优化建筑系统，而是更加注重了与生态技术的结合。本书在取材上除了涉及传统的绿色建筑、智能建筑领域外，还涉猎了当前最新技术，并结合了原建设部近些年来陆续推出的《绿色建筑评价标准》、《智能建筑设计标准》、《智能建筑工程质量验收规范》等一系列法规、规范，因此更具有实用性和可操作性。

当前绿色智能建筑还处于边发展边探索的阶段，工程技术也在不断发展，新的设备也不断地涌现，由于我们编写水平有限，本书不当之处还请读者批评指正。

目　录

第1章　绿色智能建筑概述

第2章　太阳能技术

第3章　水资源的综合利用技术

第7章　安全防范系统

第8章 综合布线系统

第9章 智能建筑系统集成

第10章 绿色智能建筑的施工

参考文献

第1章　绿色智能建筑概述

绿色智能建筑是一种集绿色建筑和智能建筑两者于一身的建筑概念。它的产生是当前世界建筑发展的需要，而且是今后发展的方向。

1.1　绿色智能建筑

1.1.1　建筑与环境

在整个已知历史中，人类从穴居走到今天的现代化城市，其中经历了漫长的岁月。人类学会了利用大自然赋予的一切，创造了今天灿烂的建筑文明。20世纪人类物质文明的发展，世界各地迅速发展的城市化，方便了人们的生活，但另一方面，也无形之中留下了许多问题：温室效应加剧、臭氧层的破坏、酸雨污染、土地沙漠化、森林滥砍滥伐、生态系统的破坏、资源的滥用、废弃物的积累，给各种生命赖以生存的地球环境带来了威胁，而且事实表明，这些都与建筑活动有着密切关系。

1972年斯德哥尔摩联合国人类环境会议的开篇序言中写道："人类既是他的环境的创造物，又是他的环境的创造者，环境给予人类以维持生存的东西，并给他提供了在智力、道德、社会和精神方面获得发展的机会。"这充分体现了环境对于人类生存的重要性。

绿色是生命之色，是生态系统的本色。建筑是人类为了居住、生活、生产及某种特殊的需要而建造的围护结构。绿色冠于建筑，意在把绿色生命赋予建筑，使建筑富有生机、富有活力，使建筑与环境相协调，使建筑和生态系统紧密联系在一起。

作为人类未来生产和生活的一部分，绿色环境建设的目的就在于为人类创造适宜的居住环境，其中既包括人工环境，也应包括自然环境；要自觉地把人类与自然和谐共处的关系体现在人工环境与自然环境的有机结合上，尊重并充分体现环境资源的价值（这种价值一方面体现在环境对社会经济发展的支撑和服务作用上，另一方面也体现在其自身的存在价值上）。具体来讲，建筑、城市和园林的规划设计不仅要考虑环境在创造景观方面的作用，更要重视环境在保持地区生态平衡方面的作用，有意识地在人工环境中增加自然的因素，如进行绿色建筑、绿色城市的试验与实践等；不仅重视对建筑、城市等实体空间的建设，也要重视对绿色空间的建设，即"大地园林化"建设，包括人工环境之中的休闲用地、公园绿地和小面积的农业用地、自然保护区和生态绿地等，自觉追求人工环境与自然环境齐头并进；不仅要改善以往人工环境建设对自然环境造成的污染和其他不良影响，还要对未来建设活动可能对生态环境产生的影响进行评价，并且在规划设计中采取各种技术手段，如材料使用遵循3R原则，尽可能地将这些影响降低到最低限度，尽可能地减少对资源的消耗。

1. 绿色建筑与土地

建筑是空间构筑物的艺术，而空间构筑物总是要占用土地的。土地是陆生生物赖以生存的家园，更是人类的家园，是人类食物主要供应源地。在满足人类居住区对建筑数量要求的前提下，节约土地是实行绿色建筑的重要条件之一。

人需要居住地，人口多，占用居住地就多，人口数和其占用的居住地几乎成正比。公元元年时，世界人口约3亿，直到18世纪中叶才增至8亿。当时人口翻番经历了1500年。自公元1800年起，人口增长加快，到1900年世界人口达17亿人。这次人口翻番仅用150年而不是1500年。到1950年，世界人口增至25亿。从1950年到1987年，短短的37年，人口又翻一番，达到50亿。预计到2050年，世界人口将达到91亿，世界人口爆炸性的增加，引发建筑用地大幅度增加，耕地减少。

因此，节约用地是绿色建筑的重要研究方向之一。

2. 绿色建筑与大气保护

空气是人类的生命物质。我们每时每刻都要呼吸空气，5min呼吸不到新鲜空气，人就会死亡。可见人是多么需要空气，而且需要新鲜空气。空气中混入了污染物质，当其浓度达到一定数值时就会对人体健康构成威胁。例如，空气中烟尘浓度高于0.40mg/m^3，二氧化硫浓度高于0.46mg/m^{3}时，发病率增多；当烟尘浓度为0.50mg/m^3，二氧化硫浓度为0.60mg/m^{3}时，呼吸道症状增多，肺功能下降；当烟尘浓度高于0.75mg/m^3，二氧化硫浓度高于0.71mg/m^{3}时，居民死亡率增高。1952年的伦敦烟雾事件，居民较平时多死亡4000人，就是典型的煤烟型污染。

国内居民的炊事和采暖所用燃料以煤为主，工业的燃料也以煤为主。因此，我国的空气污染仍以煤烟型为主，主要污染物是二氧化硫和烟尘。1997年，二氧化硫排放总量为2346万吨，其中，工业来源的排放量为1852万吨，占78.9%；生活来源的排放量为494万吨，占21.1%。在工业排放量的二氧化硫中，县及县以上企业排放量为1363万吨，占73.6%，乡镇企业排放量为489万吨，占26.4%。烟尘排放总量为1873万吨，其中，工业烟尘排放量为1565万吨，占83.6%，生活烟尘排放量为308万吨，占16.4%。在工业烟尘中，县及县以上企业排放量为685万吨占43.8%，乡镇企业排放量为880万吨，占56.2%。工业粉尘排放总量为1505万吨，其中，县及县以上企业排放量为548万吨，占36.4%，乡镇企业排放量为957万吨，占63.6%。

1997年，全国有44个城市出现酸雨，占统计城市数的47.8%。我国出现了华中酸雨区（最严重区域）、西南酸雨区（很严重区域）、华南酸雨区（很严重区域）。全国酸雨区面积占全国国土面积的30%，全国因酸雨和二氧化硫污染造成的损失每年达到1100多亿元。

1997年，我国城市空气质量仍处在较重的污染水平。二氧化硫年平均浓度在3～248μg/m^{3}范围之间，全国年平均值为66μg/m^3，超过国家《环境空气质量标准》的二级标准（60μg/m^3）。北京市二氧化硫年平均浓度值为72μg/m^3，南方城市二氧化硫年平均浓度值为60μg/m^3。因此，我国的环境空气质量迫切需要改善。

煤炭、石油等矿物能源的利用不仅造成环境污染，同时由于排放大量的温室气体而产生温室效应，引起全球气候变化。专家认为导致气温升高的主要原因是在过去的100多年里，尤其是最近50年，人类在活动中过度排放大量温室气体，特别是CO_2，使其在大气中的浓度超出了过去几十万年的任何年份的浓度。据国际能源机构IEA（International Energy Agency）的计算，1995年全球CO_2总排放量为220亿吨，中国为30亿吨（占全球总排放量的13.6%），仅次于美国52.79亿吨（占全球总排放量的23.7%）。

据统计，人类为了满足住房和工作地点的取暖，平均每人每年要释放2吨CO_2，每人驾驶汽车又增加释放1吨CO_2，全人类每年就要增加排放200亿吨CO_2。预计每十年地球的温度就会升高0.1～0.26℃，一个世纪就会升高1～2.6℃，南北极的温度上升更高。

绿色建筑不应发生大气污染，应向人们提供拥有清新空气的建筑空间。因此，环境空气的保护也是绿色建筑追求的重要目标之一。

3. 绿色建筑与水资源保护

没有水，农田不能耕种，工厂不能开工，经济不能发展，人类无法生活。因此，有充足清洁的水源，是绿色建筑追求的重要目标之一。

1997年，全国废水排放总量416亿吨。其中，工业废水排放量227亿吨，占54.5%，生活污水排放量189亿吨，占45.5%。在工业废水排放量中，县及县以上企业废水排放量为189亿吨，占工业废水排放量的82.8%，乡镇企业废水排放量39亿吨，占17.2%。在全国排放废水中，化学需氧量（COD）排放量1757万吨。其中，工业废水COD排放量1073万吨，占61.1%；生活污水COD排放量684万吨，占38.9%。在工业废水COD排放量中，县及县以上企业排放666万吨，占62.1%，乡镇企业排放407万吨，占37.9%。

长江干流污染较轻，水质基本良好，监测的67.7%的河段为Ⅲ类和优于Ⅲ类水质，无超Ⅴ类水质的河段，主要污染指标为高锰酸盐指数，其次为生化需氧量和挥发酚。黄河面临污染和断流的双重压力，监测的66.7%的河段为Ⅳ类水质，主要污染指标为氨氮、挥发酚、高锰酸盐指数和生化需氧量，1997年黄河断流226天。珠江干流水质尚可，监测的62.5%的河段为Ⅲ类和优于Ⅲ类水质，29.2%的河段为Ⅳ类水质。其余河段为Ⅴ类和超Ⅴ类水质，主要污染指标为氨氮、高锰酸盐指数和总汞。淮河干流水质有所好转，干流水质以Ⅲ类、Ⅳ类为主，支流污染仍然严重，有52%～71%的河段为超Ⅴ类水质，主要污染指标为非离子氨和高锰酸盐指数。海滦河水系和大辽河水系总体水质较差，受到严重污染，各有50%的河段为Ⅴ类和超Ⅴ类水质，主要污染指标为高锰酸盐指数、氨氮、生化需氧量、总汞、挥发酚。松花江水质有所改善，监测的70.6%的河段为Ⅳ类水质，主要污染指标为高锰酸盐指数、挥发酚和生化需氧量。总体看，我国河流主要受到有机物污染。

我国大淡水湖泊和城市湖泊均为中度污染，水库污染相对较轻。我国近岸海域水质评价结果表明：一类海水水质的海域占18.7%，二类海水水质的海域占21.4%，三类海水水质的海域占6.5%，四类和超四类海水水质的海域占53.4%。

民用建筑也向环境中排放生活污水、工农业废水及其他废水，威胁水环境。因此，绿色建筑——可持续发展人类居住区应把其排放废水的减量化、无害化、资源化作为追求的目标之一，以保护自然界的水资源，从而保证人类自己有丰富的、清洁的水资源可供利用。

4. 绿色建筑与固体废物的处置

在人类居住区和人们的生活、生产、科研过程中，排放的固体废物有生活垃圾（其中有害物较少）、工业垃圾和各种废渣、农业废弃物、科研垃圾及废弃物，作为与人类生存息息相关的建筑行业所排放的建筑垃圾，主要是砖、瓦、混凝土碎块。1997年全国工业固体废物产生量10.6亿吨，县及县以上工业固体废物产生量6.6亿吨，占总产生量的62.3%。其中，危险废物为1077万吨，约占1.0%。

固体废物是未被利用的资源，或现有技术无法利用及利用不经济的资源。节约资源和减少固体废物排放是一个问题的两个方面：提高资源利用率，节约资源，降低成本，增加经济效益，同时减少固体废物的排放量，节省土地。因此，绿色建筑——可持续发展人类居住区应把其排放固体废物的减量化、无害化、资源化作为追求的目标之一。

1.1.2 绿色智能建筑的发展历程

1. 绿色建筑的历史沿革

在20世纪现代建筑的发展过程中，一些建筑师已经开始探索和创作了许多具有地域文化特征、与自然的关系融洽的优秀作品，如北欧地方性建筑以及有机建筑论的实践。从1960年代起，世界范围众多的建筑界有识之士开展了多方面的实践与探索，为建筑走向“绿色”，走向“可持续发展”提供了大量有价值的经验，为建立绿色建筑体系奠定了基础。历史上出现了许多与绿色有关的建筑，主要有以下一些类型。

（1）节能节地建筑

节能节地建筑设计思想的出发点是力争节约能量和物质资源，实现一定程度的物质材料的循环，如循环利用生适废弃物，采用“适当技术”如应用太阳能技术和沼气，发展节能节地建筑预示着人类将不断利用新科技手段，充分利用洁净、安全、永存的太阳能及其他新能源，取代终将枯竭的常规能源，并以美观的形象、适宜的密度、地上地下和河海与陆地相结合的建筑群为人们创造美好的生活空间和环境。

“节能”的含义是有效地利用能源，并用太阳能等新能源取代油、煤、柴等传统（常规）能源；“节地”的含义是建筑活动应最大限度地减少占地表面积并使绿化面积少损失、不损失甚至增多。

在中国节能节地建筑研究中，“适当技术”的出发点是适宜技术的利用，体现的是舒马赫（Schumacher）倡导的“中间技术”思想，与追随这种思想的设计实践存在类似之处。中国节能节地建筑研究中，倾向于“少输入”的能量和物质材料的流动模式。中国的节能节地建筑研究对土地资源的关注，是由中国自身的国情决定的，这是研究中的一个关键性问题。

（2）生土建筑（掩土建筑、覆土建筑）

20世纪70年代兴起的生土建筑研究的内容和特点是利用覆土来改善建筑的热工性能，以达到节约能源的目的。澳大利亚的建筑师西德尼·巴格斯（S. Baggs）、英格兰建筑师阿瑟·昆姆比（A. Quarmby）、美国建筑师麦尔科姆·威尔斯（M. Wells）以及位于美国明尼苏达州的地下空间中心为代表的设计者进行了一些独特的、非常节约能源的生土建筑设计实践。威尔斯在名为《温和的建筑》一书中指出：由于人类破坏和城市化的发展，建筑师越来越多地毁坏了自己的家园。为此他提倡使用可再生能源的建筑，并大力推广生土建筑设计，把如何将生土建筑与更为充分地利用可再生资源等联系起来作为研究的重点。

中国西安建筑科技大学以夏云教授为代表的研究者，以中国黄土高原的窑洞这一生土建筑的典型代表为主要研究对象，进行了一系列的实验及改造研究，认为生土建筑具有诸多优点：节能节地；微气候较稳定；防震防尘，防风防暴，隔声好；可减轻或防止放射性污染及大气污染的侵入；洁净（医学菌落实验证实）；安静；有利于人体新陈代谢的平衡（人体生理测验证实）；较安全（歹徒入户途径少）；维修面少；有利于生态平衡及保护原有自然风景。

除浅层空间（如中国窑洞）以及地面掩土建筑外，中层（入地超过30m）及深层（入地超过50m）地下空间在技术上最主要的难点可用四个字概括，即水、火、风、光。

水：即施工时地下水处理问题及使用期的排水问题。

火：地下空间与地面建筑比，有阻止火势蔓延的优点，但一旦发生火灾，其救援与紧急安全疏散则不及地面建筑方便。

风：地下空间自然通风条件较差，必须有强大的机械通风保证。

光：地下空间自然采光条件差。研究人员正致力于几何光学的引光系统及光导纤维的引光系统研究。

（3）生物建筑

戴维·皮尔森（D. Pearson）在《自然住宅手册》中指出：同健康的建筑相关的最先进的运动是生物建筑运动。生物建筑所要表现的不仅是源于歌德的人文主义哲学以及对自然的热爱，同时还力图表达鲁道夫·斯坦纳（R. Steiner）对于整体健康（holistic health）的研究成果。生物建筑从整体的角度看待人与建筑的关系，进而研究建筑学的问题，将建筑视为活的有机体，而建筑的外围护结构被比拟为皮肤，就像人类的皮肤一样，提供各种生存所必需的功能：保护生命，隔绝外界环境，呼吸、排泄、挥发、调节以及交流。倡导生物建筑的目的在于强调设计应该以适宜人类的物质生活和精神需要为目的，同时建筑的构造、色彩、气味以及辅助功能必须同居住者和环境相和谐。建筑物建成后，室内外各种物质能量的交换依赖具有渗透性的“皮肤”来进行，以便维护一种健康的适宜居住的室内湿度。

生物建筑运动的特点和作用主要表现为以下几点：

1）重新审视和评价了许多传统、自然的建筑材料和营造方法，自然而不是借助机械设备的采暖和通风技术得到了广泛的应用。

2）建筑的总体布局和室内设计多体现出人类与自然的关系，通过平衡、和谐的设计，提倡和宣扬一种温和的建筑艺术。对于生物建筑而言，人类健康和生态效益是交织在一起的关注点。

3）生物建筑使用科学的方法来确定材料的使用，认为建筑的环境影响及健康主要取决于人们的生活态度和方式而不是单纯的技术考虑。

(4) 自维持住宅

自维持住宅（autonomous house）的设计研究自20世纪60年代开始。

布兰达·威尔和罗伯特·威尔认为自维持住宅是除了接受邻近自然环境的输入以外，完全独立维持其运作的住宅，其具有的特点是：住宅并不与煤气、上下水、电力等市政管网连接，而是利用太阳、风和雨水维护自身运作，处置各种随之产生的废弃物，甚至食物也要自给。如果用生态系统观点进行解释，自维持住宅的设计就是力图将住宅构成一种类似封闭的生态系统，维持自身的能量和物质材料的循环。

自维持住宅的设计思想有以下两点：

1）认识到地球资源的总量是有限度的，因此寻求一种满足人们生活的基本需求的标准和方式。

2）认识到技术本身存在着一种矫枉过正的倾向，伴随着这种倾向的是，追求技术开发和利用而导致的地球资源的大量耗费。因为应用很多技术后，所获得结果的精密程度已远远超出了人们所能感知到的范围，因此以“足够”满足人体舒适为目标，而不是追求“更多”的舒适要求。

自维持住宅的两个设计目标如下：

1）利用自然生态系统中直接源自太阳的可再生初级能源（如太阳能、风能等）和一些二级能源（如沼气等）以及住宅自身产生的废弃物的再利用来提供建筑运作阶段所需要的能量和物质材料。

2）利用适当的技术——这些技术的特点是降低了技术层次，利于使用者个人进行维护，包括主动式和被动式太阳能系统的利用、废物处理（如沼气技术）、能量储藏技术等。自维持住宅在设计研究中所侧重的很多技术事实上仍然是高层次技术，同时以一种不屑的态度看待所谓的“前工业化技术”，这正是由于其本身的定义所造成的。因为不采用高层次技术，将难以达到自维持住宅所要求的“完全自我维持”这一设计目标。

(5) 结合气候的建筑

生物学家指出，除了人类以外，没有其他生物能在几乎所有的地球气候带生活，这就向建筑师提出了如何设计适应各种气候的建筑的要求。到了20世纪四五十年代，气候和地域条件成了影响设计的重要因素。

1963年，V. 奥戈亚（Olgyay）所著的《设计结合气候：建筑地方主义的生物气候研究》一书概括了20世纪60年代以来建筑设计与气候、地域关系的各种成果，提出了“生物气候地方主义”的设计理论和方法，将满足人类的生物舒适感作为设计的出发点，注重研究气候、地域和人类生物感觉之间的关系。1980年代以来，B. 吉沃尼（Givoni）在其《人·气候·建筑》一书中，对奥戈亚的生物气候方法内容提出了改进。

奥戈亚和吉沃尼提出的方法没有本质的差别，都是从人体生物气候舒适性出发分析气候条件，进而确定可能的设计策略，只不过各自采用的生物气候舒适标准存在差异，实际的生物舒适感应该与特定的气候和地域条件结合起来考察，应该充分兼顾建筑师可能采用的各种被动式制冷或供暖设计策略。不同地域的众多建筑师也在持续进行适应特定气候条件的建筑探索。

印度建筑师C. 柯里亚结合自己的设计实践，提出“形式追随气候”的设计概念。柯里亚认为过去和现在很多乡土建筑，体现了对气候的适应，他以一种从传统印度建筑中发掘出来“开放向天”（open-to-sky space）的空间为中心，形成了很多适应气候的设计策略。“开放向天”的空间一方面是指实体性的露天或半露天空间，家庭院落、阳台、屋顶平台以及内廊等；另一方面体现了印度特有的利用室外和半室外空间的生活方式。所以，他会在一般人认为庭院具有调节微气候，影响土地利用模式之外，格外重视庭院对人们生活模式的影响，而且强调：“在热带气候下，空间就如同钢筋混凝土一样是一种宝贵的资源”。

另一位卓有成就的建筑师是埃及的哈桑·法希（H·Fathy），为了说明气候对各种传统建筑形式的影响，法希研究了屋顶随不同气候地域而产生的变化，认为这是气候造成建筑形式不同的一个主要体现。此外，法希从建筑影响微气候的七个方面分别对传统建筑的设计策略进行了评价。这七个方面分别是：建筑的形态，建筑定位，空间的设计，建筑材料，建筑外表面材料机理，材料颜色以及开敞空间的设计。法希认为：通常而言，与一些现代技术手段相比，这些设计策略往往能够同人体的生物舒适要求相协调，同生态环境保持和谐。他结合自己的实践对传统的设计策略提出了发展和改进的措施。

（6）新陈代谢建筑

在1960年的东京国际设计会议上，受丹下健三的影响，黑川纪章与菊竹清训、川添登等人提出了“新陈代谢”理论。

该理论是在对工业化基础上的20世纪机器原理时代的深刻批评之上提出的。黑川纪章认为，“机器原理时代重视模式、范型和理想”。后来成为现代建筑典型的国际式建筑，正是机器时代的那些模式和范型的一种表现。机器原理时代是欧洲精神的时代，普遍性的时代，可以说20世纪（机器时代）是欧洲中心主义和理性中心主义时代。理性中心主义假定世界只有一个终极真理，这个真理能够被人类的智力发现和证实。这种态度的后果使得社会将科学和技术（人类理论的产物）置于人类成就的顶端，而将艺术、宗教、文化以及感情和知觉所奉献的那些领域，归属于次要的位置。理性中心主义认为只有人具有理性，将人列于仅次于上帝之下，而轻视其他动物、植物和生物的生命价值，就像“一个人的生命要比整个世界更有价值”这句话所坦言的：世界围绕着人的存在旋转，依据这种观点，空气、河流和海洋的污染、森林的毁灭以及动植物的灭绝都被看成是技术的发展过程及人类社会的经济活动中不可避免的事件，而人类社会其城市及建筑则被认为是永恒的。

新陈代谢运动所倡导的要点有以下几方面：

1）对机器时代的挑战，强调生命和生命形式。

2）复苏现代建筑中被丢失或忽略的要素，如历史传统、地方风格和场所性质。

3）不仅强调整体性而且强调部分、子系统和亚文化的存在与自主。

4）文化的地域性和识别性未必是可见的。这展示了有可能通过最先进的当代技术和材料表现地域的识别性。

5）新陈代谢建筑的暂时性。佛教的“无常”观念表示的动态平衡代替了西方审美思想的普遍性和永恒性。

6）将建筑和城市看成在时间和空间上都是开放的系统，就像有生命的组织一样。

7）历时性，过去、现在和将来的共生、共时性；不同文化的共生。

8）神圣领域、中间领域、模糊性和不定性这些都是生命的特点。

9）作为信息时代的新陈代谢建筑，隐形的信息技术、生命科学和生物工程学提供了建筑的表现形式。

10）重视关系胜过重视实体本身。

新陈代谢建筑积极地接受、吸收和保留现代社会和现代建筑中有价值的成就，不同于彻底反对工业革命的威廉·莫里斯（W. Morris）和工艺美术运动，新陈代谢建筑在试图表现文化和识别性的同时也积极采用现代技术和材料。

（7）共生建筑

共生思想是，“新陈代谢”运动主要发起人日本著名建筑师黑川纪章的建筑思想的核心。在石油危机来临的20世纪70年代，面对建筑界的多元趋向，黑川修正了他对技术的永恒和普遍性的信仰，回归传统，寻求日本传统文化和现代文明的连接点，从本质上重新讨论现代和传统的结合，进一步发展了新陈代谢时期形成的中间领域理论并提倡变生和模糊性思想。在20世纪80年代，黑川阐明了他一直追求的共生思想。

黑川从生物多元存在的科学思想中，尤其是从东方传统的生命哲学、法国结构主义哲学和存在主义哲学中，从不同的地域文化中，追求异质文化的共生、人与自然的共生以及个性的表现。黑川认为每一种文化都应当培植自身技术体系，以创造特有的生活方式，探求共同的平衡点。

“共生”包含许多不同的范畴：历史与现在的共生，传统与最新技术的共生，部分和整体的共生，自然和人的和谐共生，不同文化的共生，艺术和科学的共生以及地域性和普遍性的共生。

（8）少费用住宅

富勒在1922年提出“少费多用”概念（ephemeralization），并在1938年出版的《通向月球的9个环节》中加以系统地阐述。这一概念表达的意思是使用较少的物质和能量追求更加出色的表现。

提出“少费多用”概念的原因主要是针对工业社会的一些经济现象。富勒认为：在这些现象中有两点导致这一概念的产生，首先，美国或其他工业国家经济状况不再像工业革命时期那样，用产量的吨位作为衡量标准，而是用发电量，即转换为电能的能量；其次，人们在使用较少的原材料、能量和时间的前提下，付出了更多的劳动，并且创造出新的轻而坚固的合金、新的化学产品和电气产品。

这种思想的前提同普遍系统论中的整体协调思想是一致的，即整体大于部分之和。

正是基于这一思想，富勒创造了狄马西昂（Dymaxion）住宅概念，意思是动态主义加效率。富勒认为一般住宅建筑模式早已过时，因为从欧洲中世纪以来，建筑设计并没有本质的发展，住宅被设计成固定的盒子，捆绑在水电管网上。富勒寻求的是设计一种永远比“砖盒子”优越的住宅，而且可以脱离各种市政管网，独立维持运作，如图1-1所示。

狄马西昂住宅具有以下特点。

1）可大量建造，费用低廉，采用了工厂制造的方式生产，所有必需的服务设施都布置在位于中央的一根空心八角桅杆中，就像汽车和飞机一样。可以出租和出售，售价相当于一辆豪华汽车。

2）灵活性。可以利用直升机或飞艇空运到世界上任何地点，所有的水电系统都在工厂预装。如果需要，住宅自身可以利用太阳能和电池实现能量自给，同时备有自己的水库，并不需要接入城市综合市政管网。拆卸后，所有住宅构件的质量不超过25kg，一个人就可以完成建造任务。

3）符合模数。可以相互装配在一起，构成社区。

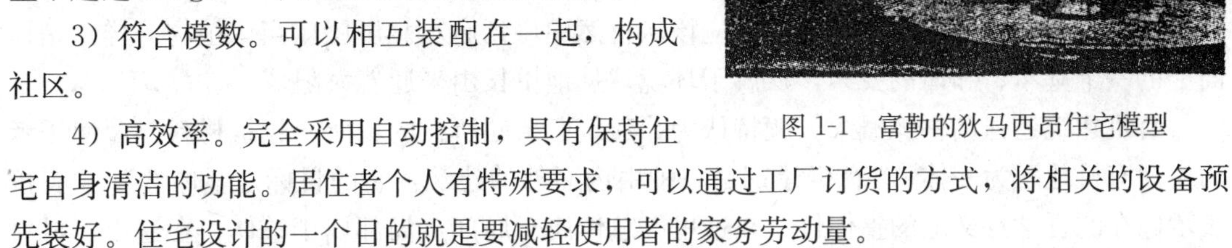

图1-1 富勒的狄马西昂住宅模型

4）高效率。完全采用自动控制，具有保持住宅自身清洁的功能。居住者个人有特殊要求，可以通过工厂订货的方式，将相关的设备预先装好。住宅设计的一个目的就是要减轻使用者的家务劳动量。

5）舒适。可根据使用者的不同风格，方便地重新布置室内平面，只要调整放射状隔墙位置，就可以控制房间的数量和大小。狄马西昂住宅的构想有着以下影响：

① 对减少资源的耗费具有重要的意义，促使人们在设计中寻求利用高效率的技术替代传统的技术。

② 减少对周围管网的依赖，可以减少建造过程中对生态环境的破坏，为后来的"自维持住宅"研究提供了一个基本的出发点，即实现住宅所需的能量和物质材料的自给自足。

（9）高技术建筑（重视新技术和效率的建筑）

从高技术建筑的代表人物诺曼·福斯特、理查德·罗杰斯及伦佐·皮亚诺的作品中，我们能看到设计者重视技术的思想本身也发生了一些变化。

1）受到生态学家或者建筑学中生态学思想的影响，开始更多地关注建筑系统对生态环境的影响。在追求技术的同时，面对环境、文化等问题表现出适应性的态度。综合平衡人类生态学中的社会、文化、技术和自然等维持人类生存的诸多因素，就如同有机生命体与周围的生态系统环境条件相互作用一样。

2）对技术的关注也已经从纯粹的"硬技术"转向开发各种利用可再生能源和物质材料的生态技术，包括中间技术、适宜技术和软技术。福斯特认为，设计者决定采用某些技术时，是根据本地和地区条件来判定的，而不论其是否"先进"。罗杰斯的表述则更加明确，他认为技术不一定是高级或者低级，而应当是合适的技术，技术要由特定的环境来决定，"我们总是在最有必要的地方使用复杂技术"。

高技术建筑的一个特点是利用计算机和信息技术的发展使固定的建筑外围护结构成为相对于气候可以自我调整的围护结构，成为建筑的皮肤，可以进行呼吸，控制建筑系统与外界生态系统环境能量和物质的交换，增强建筑适应持续发展变化的外部生态系统环境的能力并达到节能的目的。

高技术建筑的另一个特点是对建筑的灵活性和持久性的关注。罗杰斯甚至将"灵活、持久、节能"视为建筑的三要素。他认为："一座易于改造的建筑才会拥有更长的使用寿命和更高的使用效率，从社会学和生态角度讲，一项具有良好灵活性的设计延长了社会生活的可持续性"。

(10) 有机建筑

在现代主义建筑盛行的年代，关注特定的地域和环境的建筑师们一直在孜孜探求。"有机建筑"的倡导者，美国现代建筑大师赖特（F. I. Wright）就是其中杰出的代表人物。

有机建筑非常重视环境。在《建筑的未来》一书中，赖特说："我努力使住宅具有一种协调的感觉（a sense of unity），一种结合的感觉，使之成为环境的一部分，如果成功（建筑师的努力），那么这所住宅除了在它的所在地点之外，不能设想放在任何别的地方。它是那个环境的一个优美部分，它给环境增加光彩，而不是损害它"。"有机建筑应该是自然的建筑。自然界是有机的。建筑师应该从自然中得到启示。房屋应当像植物一样，是地面上的一个基本、和谐的要素，从属于环境，从地里长出来迎着太阳。"

有机建筑还强调整体概念。赖特认为，建筑必须同所在的场所、建筑材料以及使用者的生活有机地融为一体。"有机建筑是一种由内而外的建筑，它的目标是整体性"，"有机表示内在的哲学意义上的整体性。在这里，总体属于局部，局部属于整体；在这里，材料和目标的本质，整个活动的本质都像必然的事物一样，一清二楚"。有机建筑应是"对任务和地点性质、材料的性质和所服务的人都真实的建筑"。

同时，因为设计过程是一个动态变化的过程，所以赖特认为没有一座建筑是"已经完成的设计"。建筑始终持续地影响着周围环境和使用者的生活。

(11) 绿色建筑

20世纪90年代随着"可持续发展"思想的提出及其在全球范围影响的扩散，有关绿色建筑的研究也空前活跃。

K. 丹尼尔斯（Klaus Daniels）在他的专著《生态建筑技术》（The Technology of Ecological Building）中指出："绿色建筑是建筑学领域的一次运动，它通过有效地管理自然资源，创造对环境友善、节约能源的建筑。它使得主动和被动地利用太阳能成为必需，并在生产、应用和处理材料的过程中，尽可能减少对自然资源（如水、空气等）的危害"。

阿莫里·B·洛文斯（Amory B. Lovins）在他的文章《东西方的融合：为可持续发展建筑而进行的整体设计》（East Meet West：Holistic Design for Sustainable Building）中指出，"绿色建筑是将人们生理上、精神上的现状和其理想状态结合起来，是一个完全整体的设计，一个包含先进技术的工具。绿色建筑关注的不仅仅是物质上的创造，而且还包括经济、文化交流和精神上的创造"。"绿色设计远远超过能量得失的平衡，自然采光、通风等因素，它从六个方面不断向外扩展。绿色设计力图使人类与自然亲密地结合，它必须是无害的，能再生和积累。绿色设计能带来丰富的能源、供水和食物，创造健康、安宁和美"。图1-2为荷兰NMB银行大楼是绿色建筑的典范。

图1-2 荷兰NMB银行

(12) 生态建筑

生态建筑的称谓自20世纪60年代以来就已经存在，但是“目前还没有重要统一的生态建筑理论或者被普遍接受的生态建筑的概念和定义”。所以除了“生态建筑”的称谓外，许多大量被使用的称谓是“注重生态的建筑”、“有生态意识的建筑”等。

鲍罗·索勒里最早将生态学同建筑学的概念结合在一起，创造了“城市建筑生态学”(Arcology) 的概念和理论，力图用新的符合生态原则的城市模式取代现有模式，设计一种高度综合、集中式的三维尺度的城市，以提高能源、资源利用率，减少能耗，消除因城市无限扩张而产生的各种城市问题的负面影响。城市建筑生态学的设计实践始于阿科桑底新城的规划建设，小镇的规划目的是将其作为一种符合城市建筑生态学理论的新城原型，示范一些能提高城市状况，减少人类对地球破坏性影响的方法。

生态学家约翰·托德1969年在名为《从生态城市到活的机器——生态设计诸原则》一书中阐述了将“地球作为活的机器”的生态设计原则：1) 体现地域性特点，同周围自然环境协同发展，具有可持续性；2) 利用可再生资源，减少不可再生能源的耗费；3) 建设过程中减少对自然的破坏，尊重自然界的各种生命体。

瑞士建筑师托马斯·赫尔佐格 (T. Herzog) 从20世纪70年代就对生态建筑进行研究。他认为，建筑师应该采用高效率的技术，因为可以通过采用比常规做法少得多的物质材料满足同样的功能要求，当然采用新技术的前提是它们必须是正确、恰当的。他同时关注设计的灵活性和建筑元素的灵活性，不仅强调功能的灵活性，还强调建筑细部的灵活性和多功能性。最明显的是强调外围护结构的多功能性：窗户、百叶、墙身等组合在一起，发挥透光、遮挡直射阳光、蓄热通风等多种作用。另外，托马斯还创造了一种空心黏土面砖立面系统，可以将面砖任意地切割成所需要的宽度，组装非常简便。

目前，生态建筑通常划分为两大类型。一类是像托马斯·赫尔佐格这样的城市类型，其特点是关注利用技术含量高的适宜技术，侧重于技术的精确性和高效性，通过精心设计的建筑细部，提高对能源和资源的利用效率，减少不可再生资源的耗费，保护生态环境。另一类型则被称为乡村类型。其特点是采用较低技术含量的适宜技术，侧重对传统地方技术的改进来达到保护原有生态环境的目的，这种类型更倾向于回归自然。

2. 智能建筑的历史沿革

建筑物一般是指供人们进行生产、生活或其他活动的房屋或场所。建筑物与其他构筑物不同，它具有以下特征：

① 符合人们的一般使用要求并适应人们的特殊活动要求；

② 构造坚固耐久；

③ 通过建筑物形式传达经验感受和思想情操。

建筑物必须具备上述条件，其中第②条是普遍要求，而①、③两条的相对重要性则因房屋的社会功能不同而有所不同。例如，我们可以根据建筑物的不同功能把建筑分为：民用建筑、宗教建筑、政府建筑、文娱建筑、办公建筑、工业建筑等。

人类社会活动的需求是使建筑不断发展进步的根本动力。人类自住进洞穴开始，便不遗余力地改善休养生息的居住条件和生活环境。伴随着人类文明的进步，人们的居住环境从洞穴到茅草屋，从砖瓦房到高楼大厦。今天的建筑已不仅限于居住栖身性质，它已成为人们学习、生活、工作、交流的场所。在这样一个快节奏的信息时代，人们对建筑在信息交换、安全性、舒适性、便利性和节能性等诸多功能提出了更高更多的要求。现代科学技术为实现这样的建筑提供了重要手段。

20世纪80年代，世界由工业化社会向信息化社会转型的步伐明显加快。美国一些跨国公司为了适应信息时代的要求，提高国际竞争能力，纷纷采用新技术和设施兴建或改建建筑大楼，如美国国防部的“五角大楼”。一些高新技术公司为了增强自身的竞争和应变能力，对办公和工作环境也进行了创新和改进，以提高工作效率。1984年1月美国联合科技集团UTBS公司对美国康涅狄格州福德市的旧金融大厦改建成都市大厦（City Plaza）是世界上公认的第一座智能建筑。与传统的建筑不同的是在该大厦中安装了计算机、移动交换机等先进的办公设备和高速信息通信设施，为客户提供了诸如语言通信、文字处理、电子邮件、信息查询等服务。同时大厦内的暖通、给水排水、防火防盗系统、供配电系统、电梯系统均由计算机监控。这是一幢用于出租的大厦，除了能提供舒适、安全、方便的办公环境外，还具有极高的灵活性和经济性。UTBS公司根据大厦业主租用的空间来设置程控交换机等设备的规模，用这些设备构成大厦信息与通信的控制中心，它为所有的承租户提供分摊式的租赁服务，同时该公司也负责系统的维护和营运管理。大厦在出租率、投资回收率、经济效益等方面获得了成功。这种新型大厦的特点很快引起各国的重视，智能建筑由此兴起。十年间随信息技术的进步，智能建筑得到了高速发展。日本自1985年开始建造智能大厦，并建成了电报电话株式会社智能大厦（NTT-IB），同时制定了从智能设备、智能家庭到智能建筑、智能城市的发展计划，成立了“建设省国家智能建筑专业委员会”及“日本智能建筑研究会”，加快了建筑智能化的建设。欧洲国家的智能建筑的发展基本上与日本同步启动，主要集中在各国的大都市。1989年，在西欧的智能建筑面积中，伦敦占12%，巴黎占10%，法兰克福和马德里分别占5%。新加坡政府为推广智能建筑，拨巨资进行专项研究，计划将新加坡建成“智能城市花园”。韩国准备将其半岛建成“智能岛”。印度于1995年开始在加尔各答的盐湖城建设“智能城”。

现代高新技术与传统建筑技术的结合，使建筑业充满了勃勃生机。它能在短短的十几年中得到快速与大规模的发展，有其深刻的技术、经济和社会背景。

（1）技术背景

微电子集成技术的进步，使计算机技术、通信技术和控制技术发展迅猛。与计算机技术相关的产品的性能价格比逐年下降，计算机技术在各行业领域得到了快速普及。计算机技术的广泛应用，使应用行业出现了许多革命性的变化。如通信技术从常规语音通信技术上升为现代化通信技术，实现图、文、音、像信息的宽带传输，通信设施的数字化、宽带化、移动化和个人化对整个社会、经济、科学文化及日常生活产生巨大的影响；传统的仪表自动化技术，发展成为计算机分散控制集中管理的集散型系统。近年的计算机网络技术、数字化技术、多媒体应用技术等使人们的时空观发生了重大变化。许多行业如：银行、保险、证券、贸易、通信、计算机应用与服务行业不仅需要宽敞的建筑物空间而且还需要为其提供高效、便捷的工作环境。计算机技术、通信技术和控制技术为智能建筑的实现提供了技术支持。

(2) 经济背景

首先是第三产业的迅速崛起。世界经济发展到20世纪中期，第一、第二产业的发展已相对平缓，经营利润不高。信息作为一种资源，使第三产业蓬勃发展。在发达国家特别是在经济中心城市，第三产业在国民经济总产值和就业人口中都占有举足轻重的地位。由于第三产业在国民生产总值中所占比例日趋增加，必然需要提供能提高其劳动生产率的工作环境。在第三产业中，从事金融、贸易、保险、房地产、咨询服务、综合技术服务等人员比例逐年提高，为这些人提供舒适、方便、高效、安全的工作场所就有了，很大的市场需求。第三产业的高利润也使这些人租用高级办公场所时在经济上有保证和可能。其次是世界经济全球化。20世纪80年代以来，区域经济被打破，各国经济日益被纳入世界经济体系。世界金融市场已跨越国界，跨国公司的扩张使生产、销售、开发国际化，加速了资金、技术、商贸、人才的国际活动，大批的国际化的办公人员产生，他们在世界各地办公，彼此之间需要密切的信息交流和联系。于是，对办公室办公手段和通信手段的要求相应提高，这就为智能建筑提供了广阔的买方市场。第三是世界经济由总量增长型向质量效益增长型转变。20世纪90年代，世界生产技术由高消耗型向节约型转变，重视环境保护和可持续发展。生产方式由单纯追求规模效益转化为重视产品性能和质量，产品本身包含更多的技术含量，生产中脑力劳动成分大于体力劳动，这就需要有与之适应的办公场所。

(3) 社会背景

为迎接信息时代的到来，世界各国都制定了相应的对策。如美国政府发展的“信息高速公路”、我国政府推行的“三金工程”等。各国政府都充分认识到只要在信息领域内争得领先地位，就能在高科技上获得最大的成就，在经济上获得最大的利益，能够提高社会物质文明发展水平。于是该领域的技术与设备标准的研究竞争十分激烈，与信息工程密切相关的智能建筑就是其中之一。智能建筑作为信息社会的一个节点已与信息化社会形成了互相依存、相互促进、相互推进的关系。

绿色智能建筑是结合绿色建筑和智能建筑的特点，既能给使用者提供安全、舒适和高效、便捷的环境，又能比传统建筑节约使用能源，减少设备运行所需的费用和资源消耗。绿色智能建筑满足可持续发展战略，是建筑未来的发展方向。

1.1.3 我国绿色智能建筑的现状与展望

1. 我国绿色智能建筑的现状

2005年3月，在北京召开了首届国际智能与绿色建筑技术研讨会，会上提出了绿色建筑的概念。

2006年3月，在北京召开了第二届国际智能与绿色建筑技术研讨会，绿色建筑的概念又有了新的发展。

2007年3月，在北京召开了第三届国际智能与绿色建筑技术研讨会，我国将成立中国绿色建筑协会，与国际接轨。

绿色建筑有节能建筑、环保建筑和生态建筑三大类提法，其着重点有所差异，现介绍如下：

（1）节能建筑

节能建筑是指在保证建筑使用功能和满足室内热环境质量条件下，通过提高建筑围护结构隔热保温性能、自然能源利用等技术措施，使建筑物的采暖与空调能耗降低到规定水平；同时，当不采用采暖与空调措施时，室内热环境达到一定标准的建筑物。由此定义可见，建筑节能主要包括两个方面内容：一是节约，即提高供暖（空调）系统效率和减少建筑本身所散失的能源；二是开发，即开发利用新能源。总之，节能建筑是按节能设计标准进行设计和建造、使其在使用过程中降低能耗的建筑。

1）设计要点

节能建筑是指通过节能材料的应用、先进技术的使用、合理设计的调和达到用户在建筑使用过程中，减少能源消耗，在这三者中，合理设计重要性大于技术因素，技术系统的重要性又大于单纯材料。要达到高舒适度、低能耗标准，需要较多的技术支撑和设计经验，包括5大方面：

① 规划整体布局

有整体采光，自然通风，建筑空间，节能节水节材。

② 小气候环境的研究

有自然生态环境系统保护和运用，原生地貌与建筑的融合，原生生物的保留。

③ 建筑外围护结构的优化设计

含体形设计，开窗比例，遮阳设计，外墙保温隔热等。

④ 内部各技术系统之间的配合

如零耗能，热泵，光纤照明，中水回收，变频。

⑤ 生态能源系统的应用等

如太阳能，余热回收，蓄能，能耗模拟评估及检测。

2）特征

节能建筑主要有如下3个特征：

① 地域性

考虑因地域不同、环境差异导致的气候、生活习俗、建筑形式等方面的差别是巨大的。

② 可控性

最重要的原则。同一个地域的同一建筑物也会因为其年月日时的不同导致不同的湿度、温度、光照、气流，从而导致建筑物的能耗随时间的涨落。

③ 经济性

节能建筑的造价不宜超出同类建筑的20%。

（2）环保建筑

环保建筑首先要有充分的自然采光，墙体也要具有保温功能，同时，建造时要选用环保材料和环保涂料。

通常最基本的环保建筑设施主要有：

隔声墙，以阻挡外来噪声；

阳台要增加自然光并有利于通风；

加宽走廊，以增加自然光及通风，节省空调及照明；

风斗设计，利用热空气上升的原理，引导热气散出室外；

遮阳、隔热，以控制入室阳光，降低室内温度；

双层玻璃的窗户（或墙体），以增大自然光源，并形成绝缘体，有助于控制室温。

(3) 生态建筑

生态建筑则是尽可能利用建筑物当地的环境特色与相关自然因子（比如阳光、空气、水流），使之符合人类居住，并且降低各种不利于人类身心的任何环境因素作用。同时，尽可能不破坏当地环境因子循环，并尽可能确保当地生态体系健全运作。符合这种生态考虑的建筑称为生态建筑。

2004 年，建设部科技发展促进中心成立了“全国建筑生态智能技术展示推广中心”，并于 2006 年成立了全国建筑生态智能技术专家委员会。

2005 年 10 月，建设部、科技部正式颁布了《绿色建筑技术导则》，其前言如下：

推进绿色建筑是发展节能省地型住宅和公共建筑的具体实践。党的十六大报告指出我国要实现“可持续发展能力不断增强，生态环境得到改善，资源利用效率显著提高，促进人与自然的和谐，推动整个社会走上生产发展、生活富裕、生态良好的文明发展道路”。发展绿色建筑必须牢固树立和认真落实科学发展观，必须从建筑全寿命周期的角度，全面审视建筑活动对生态环境的影响，采取综合措施，实现建筑业的可持续发展。为引导、促进和规范绿色建筑的发展，特制定此导则。

绿色建筑指标体系是按定义，对绿色建筑性能的一种完整的表述，它可用于评估实体建筑物与按定义表述的绿色建筑相比在性能上的差异，其图框如图 1-3 所示。绿色建筑分项指标与重点应用阶段汇总见表 1-1。

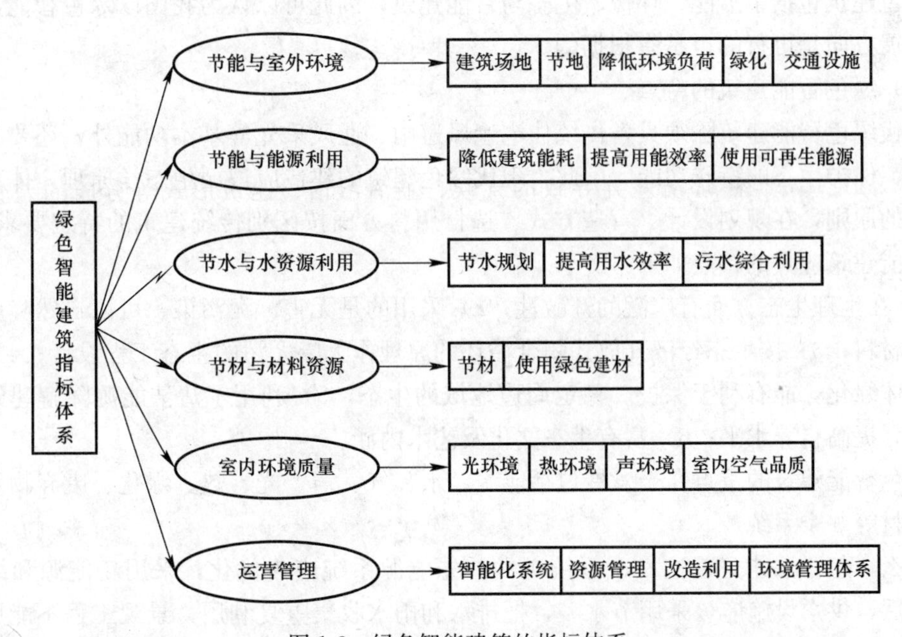

图 1-3　绿色智能建筑的指标体系

绿色建筑分项指标与重点应用阶段汇总表 表1-1

项　目	分项指标	重点应用阶段
节地与室外环境	建筑场地 节地 降低环境负荷 绿化 交通设施	规划、施工 规划、设计 全寿命周期 全寿命周期 规划、设计、运营管理
节能与能源利用	降低建筑能耗 提高用能效率 使用可再生资源	全寿命周期 设计、施工、运营管理 规划、设计、运营管理
节水与水资源利用	节水规划 提高用水效率 雨污水综合利用	规划 设计、运营管理 规划、设计、运营管理
节材与材料资源	节材 使用绿色建材	设计、施工、运营管理 设计、施工、运营管理
室内环境质量	光环境 热环境 声环境 室内空气品质	规划、设计 设计、运营管理 设计、运营管理 设计、运营管理
运营管理	智能化系统 资源管理 改造利用 环境管理体系	规划、设计、运营管理 运营管理 设计、运营管理 运营管理

绿色建筑包括了节能、环保、生态与智能建筑，因此可以认为我国以绿色智能建筑为综合发展方向是可行的也是有根据的。

（4）绿色智能建筑的特点

现代绿色智能建筑除须具备传统住宅遮风避雨、通风采光等基本功能外，还要具备协调环境、保护生态的特殊功能。因此，现代绿色建筑的建造应遵循生态学原理，体现可持续发展的原则，在规划设计、营造方式、选材用料方面按区别传统建筑的特定要求进行。绿色智能建筑应具的特点如下：

1）在生理生态方面有广泛的开敞性；2）采用的是无害、无污染、可以自然降解的环保建筑材料；3）按生态经济开放式闭合循环的原理作无废无污的生态工程设计；4）有合理的立体绿化，能有利于保护、稳定周边地域的生态；5）利用了清洁能源降解建筑运转的能耗，提高自养水平；6）富有生态文化及艺术内涵。

绿色智能建筑的重点在于发展包括能源、水、气、声、光、热、绿化、废弃物管理和绿色建材等9个系统。

那么，怎样才能完善这9个系统呢？首先能源系统应该优化，采用新能源和绿色能源。然后，供水设施应该采用节水型，把排水和雨水收集重复利用，景观工程不能用自来水，那太浪费了。至于气环境，室内空气系统要达到二级，居室内要自然通风。声音较简单：即对周边环境采取降噪措施。光环境问题较大，不能过分强调居室小面宽大进深，居住区内还要防止光污染，提倡在公共场所使用节能灯具和绿色照明。热环境是对保温隔热的要求。然后才是大家耳熟能详的绿化系统。实际上，绿化系统包括三大功能，先是绿化系统的生态环境功能，其绿地是提供光合作用的绿色再生机制，而且调节温湿度，释放氧气，保持生物多样性。再者是休闲活动的功能，即提供户外活动场所，要求卫生整洁、设施齐全，最后才是景观文化功能，有的建筑显然本末倒置。废弃物管理主要体现在生活垃圾的收集，做到谁排放、谁污染、谁治理，收集率应达到100%，分类率应达到50%。最后一个系统绿色建材常常被人们所忽视，提供可重复使用，可循环使用，整个连混凝土都要压碎后重复使用，我们使用时最好应选用无害且取得国家健康标志的材料和产品。只有9大系统都完备了，才能走出单纯绿化的误区，实现与国际接轨，建造完整意义上的绿色智能建筑。

目前绿色智能建筑正处于初始阶段，缺乏国家统一的标准和规范；其次是绿色智能建筑建设还有赖于国民经济的发展和国民总体素质的提高，智能化系统还不完善；另一方面政府各部门的支持力度不足，没有制定统一规划和相关法规。由此可见，要真正实现绿色建筑智能化，在我国仍需走相当长的一段路。

绿色建筑，也称可持续建筑，是一种以生态学的方式和资源有效利用的方式进行设计、建造、维修、操作或再使用的构筑物。绿色建筑的设计要满足某些特定的目标，如保护居住者的健康；提高员工的生产力；更有效地使用能源、水及其他资源；及减少对环境的综合影响。

智能化是手段、措施与技术，基本体系包括安全防范系统、信息管理系统和信息网络系统。其中安全防范系统又应包括防盗报警子系统（住户门窗）、周界报警子系统、出入口管理子系统、火灾和天然气报警子系统和访客对讲子系统；信息管理系统应包括三（多）表远程抄表子系统、主要设备监控子系统、车辆管理子系统、主题广播与背景音乐子系统、有线电视子系统和电话子系统；信息网络系统应是宽带网络系统。

2. 我国绿色智能建筑的展望

（1）认识的提高

发展现代绿色智能建筑要有可持续发展的意识。发展是人类社会永恒的主题，而人类的发展直接受环境的影响。环境是人类赖以生存和活动的场所，是人类生存与可持续发展的物质基础，世界只有一个地球，保护环境已成为世界性和世纪性之共识。人类社会发展的事实已经说明社会发展只有两种选择：一种是继续无限制地以消耗资源、破坏环境为代价的发展经济；另一种是在保护环境、合理科学地使用资源条件下实现人类与自然的协调与持续发展。人类在解决居者有其屋的房地产开发中，我们只能选择后者，选择后者意味着房地产开发商在房屋建造过程中，应当从绿色环保的角度来进行定位，来考虑设计，来选择建筑材料，来进行施工建造，以及围绕绿色住宅选定的管理。通过房地产开发商的房屋建造，使人类的环境更加优美，生活更加舒适，人尽其才，物尽其用，地尽其利，自然、社会、经济协调发展。

(2) 技术的提高

智能化是技术的综合和集成，其基本体系应包括安全防范系统、信息管理系统和信息网络系统。其中安全防范系统又应包括防盗报警子系统（住户门窗）、周界报警子系统、出入口管理系统、火灾和天然气报警子系统和访客对讲子系统；信息管理系统应包括三（多）表远程抄表子系统、主要设备监控子系统、车辆管理子系统、紧急广播与背景音乐子系统、有线电视子系统和电话子系统；信息网络系统应是宽带网络系统。这些系统集成技术的发展还不是很完善，主要依赖国外，国内厂家的产品还需要一个发展的过程。

(3) 提高产品的质量

目前，我国现代绿色智能化建筑主要产品由外商提供，重大项目系统集成也主要由国外大公司承担，在技术、施工、运行、维护管理和可持续发等方面都存在一定问题，不能满足用户的需求，因此提高产品的质量已刻不容缓。目前我国政府正在加速制定2010年我国建筑可持续发展的国家行动计划，使我国人居环境水平达到智能化、村落化、诗意化。人们将越来越重视田园生活般的村落化人居环境，“绿色智能建筑”是一个新兴的、动态的发展方向，成为人类运用科技手段寻求与自然的和谐共存，达到可持续发展的理想建筑模式。

1.2 智能建筑的系统组成

智能建筑工程是一个由多种系统组成的工程，智能建筑是以建筑为平台，兼备建筑设备、办公自动化及通信网络系统，集结构、系统、服务、管理及它们之间的最优化组合，向人们提供一个安全、高效、舒适、便利的建筑环境。智能建筑既包含了设备物理建筑环境，又包含了管理和服务、逻辑、功能等在文化、经济和社会效益方面的建筑软环境，它是一个综合建筑环境。

在智能建筑内，以综合布线为基本传输媒质，以计算机网络（主要是局域网，包括硬件和软件）为主要通信和控制手段，对通信网络系统、办公自动化系统、建筑设备自动化系统等所有功能系统，通过系统集成进行综合配置和综合管理，形成了一个设备和网络、硬件和软件、控制管理和提供服务有机结合于一体的综合建筑环境。

智能建筑系统是建筑物的重要组成部分。智能建筑系统主要进行传播信号，进行信息交换，处理对象主要是信息，即信息的传送与控制，其特点是电压低、电流小、功率小、频率高，主要解决的问题是信息传送的效率，如信息传送的保真度、速度、广度和可靠性等。由于智能建筑系统的引入，使建筑物的服务功能大大扩展，增加了建筑物与外界的信息交换能力。

随着电子学、计算机、激光、光纤通信和各种遥控遥感技术的发展，以及进入高度信息化的时代，有更多的智能建筑系统进入建筑领域，因此，绿色智能建筑工程的安装施工也将日益复杂化、高技术化。

智能建筑的系统组成，如图1-4所示。

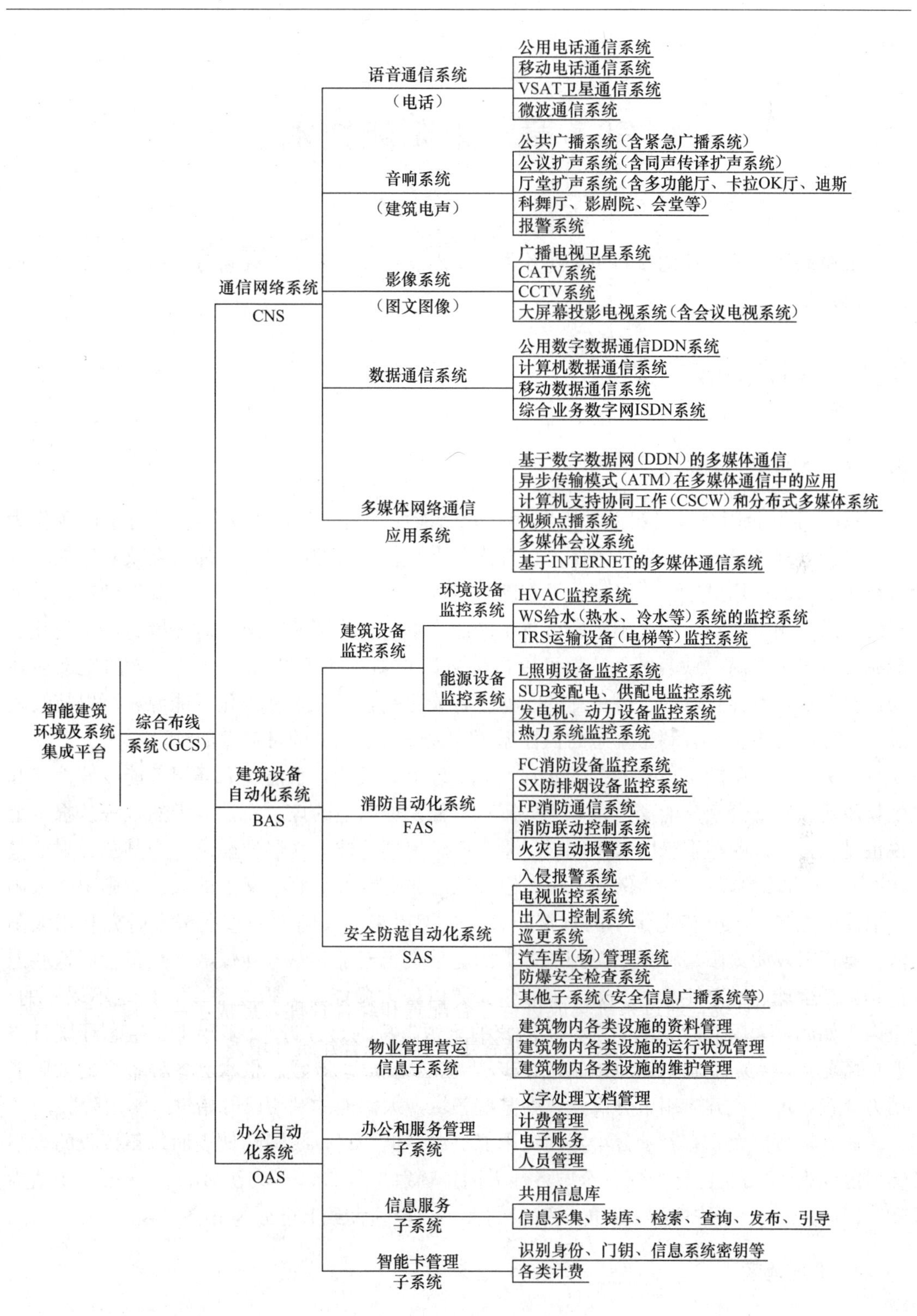

图 1-4 智能建筑的系统组成

第2章　太阳能技术

太阳能技术是一种充分利用太阳能来供给人类能源需要的无任何污染而又取之不尽的能源应用技术。

2.1　太阳能技术概述

2.1.1　太阳能的特点

1981年联合国在肯尼亚首都内罗毕召开新能源和可再生能源大会，可再生能源作为一个全新的概念第一次在世界范围内被提出并逐步得到人们的认可。那次会议对新能源和可再生能源的应用描述为：以新技术和新材料为基础，使传统的可再生能源得到现代化的开发利用，用取之不尽用之不竭的可再生能源来不断取代资源有限、对环境有污染的化石能源。可再生能源，顾名思义，是可以再生可以重新利用的能源，较为完整的定义表述为：直接从自然界获取的、可更新的、非化石能源。它不同于常规化石能源，可以持续发展，对环境无损害，有利于生态的良性循环。太阳能是典型的可再生能源。

广义上的太阳能所包括的范围非常大，地球上的风能、水能、海洋温差能、波浪能和生物质能以及部分潮汐能都是来源于太阳；即使是地球上的煤、石油、天然气等从根本上说也是远古以来贮存下来的太阳能。尽管太阳辐射到地球大气层的能量仅为其总辐射能量（约为3.75×10^{26}W）的22亿分之一，但总量已非常巨大。而狭义上的太阳能则限于太阳辐射能的光热、光电和光化学的直接转换。长期以来，人们就一直在努力研究利用太阳能。有资料表明太阳每秒钟照射到地球上的能量就相当于500万吨煤的发热量，而这些能量相当于全球所需总能量的3万～4万倍，所以说太阳能是“取之不尽，用之不竭”的。正因为如此，太阳能的利用受到许多国家的重视，特别是在近10多年来，生态环境日益恶化情况下，太阳能利用的应用领域逐步扩大。从发电、取暖、供水到各种各样的太阳能动力装置，可以说其应用十分广泛，在某些领域，太阳能的利用已开始进入实用阶段。

我国幅员广大，有着十分丰富的太阳能资源。据估算，我国陆地表面每年接收的太阳辐射能约为17万亿吨标准煤，全国各地太阳年辐射总量3350～8370MJ/(m^2·a)，中值为5860MJ/(m^2·a)。按接收太阳能辐射量的大小，全国大致上可分为五类地区。

1.　Ⅰ类地区

全年日照时数为3200～3300h，辐射量在6700～8370MJ/(m^2·a)。主要包括青藏高原、甘肃北部、宁夏北部和新疆南部等地。这是我国太阳能资源最丰富地区，特别是西藏，地势高、太阳光的透明度也好，太阳辐射总量最高值达9210MJ/(m^2·a)，仅次于撒哈拉大沙漠，居世界第二位，其中拉萨是世界著名的阳光城。

2. Ⅱ类地区

全年日照时数为3000～3200h，辐射量在5860～6700MJ/(m^2·a)。主要包括河北西北部、山西北部、内蒙古南部、宁夏南部、甘肃中部、青海东部、西藏东南部和新疆南部等地。此区为我国太阳能资源较丰富区。

3. Ⅲ类地区

全年日照时数为2200～3000h，辐射量在5020～5860MJ/(m^2·a)。主要包括山东、河南、河北东南部、山西南部、新疆北部、吉林、辽宁、云南、陕西北部、甘肃东南部、广东南部、福建南部、江苏北部和安徽北部等地。

4. Ⅳ类地区

全年日照时数为1400～2200h，辐射量在4190～5020MJ/(m^2·a)。主要是长江中下游、福建、浙江和广东的一部分地区。

5. Ⅴ类地区

全年日照时数约1000～1400h，辐射量在3350～4190MJ/(m^2·a)。主要包括四川、贵州和重庆两省一市。此区是我国太阳能资源最少的地区。

Ⅰ、Ⅱ、Ⅲ类地区，年日照时数大于2200h，辐射总量高于5020MJ/(m^2·a)，是我国太阳能资源丰富或较丰富的地区，面积较大，约占全国总面积的2/3以上，具有利用太阳能的良好条件。Ⅳ、Ⅴ类地区虽然太阳能资源条件较差，但仍有一定的利用价值。我国十分重视太阳能利用，国家制定了《2000～2015年新能源和可再生能源产业发展规划》，其中太阳能利用是重要的内容。太阳能利用有多个方面，主要可以分为两大类。

一是太阳能热利用：将太阳能转化为热能，有太阳能热水、太阳能暖房、太阳能干燥、太阳灶、太阳池等；

二是太阳能发电：太阳能热机发电和太阳能光伏发电。

2.1.2 太阳能主要利用途径

太阳能的利用主要包括太阳能的热利用和太阳能的光利用两方面。太阳能热利用分为低温、中温、高温太阳能利用系统。低温太阳能利用系统主要包括太阳能热水器、被动式太阳房、太阳能空调、太阳能干燥器等；中温太阳能利用系统主要包括太阳能工业热利用和太阳能热动力系统；高温太阳能利用系统包括太阳能发电、太阳能制氢、太阳灶等。太阳能光利用主要包括光伏发电和自然采光。建筑业、交通运输和工业一直是三大耗能用户，在发达国家建筑能耗已占总能耗的25%～40%。所以，太阳能在建筑领域的应用是非常具有意义的，同时它也是现阶段太阳能应用最具发展潜力的实用领域。目前我国太阳能建筑应用领域中，技术最成熟、应用最广泛、产业化发展最快的是太阳能热水技术，者说是家用太阳能热水器，其次是被动式太阳房，太阳能空调已经有示范工程建成，太阳能光伏发电的利用还处于起步阶段。

1. 太阳能热水器

太阳能热水器是太阳能热利用中最基本的也是目前经济效益比较明显的一种装置，已成为一种新兴工业产业，产品实现了商业化。太阳能热水器是利用光热转换原理，利用太阳能集热器收集热量将水箱中的水循环加热，其水温可保持在40～80℃之间，每天可产生热水60～120L/m^2，可以为人们提供沐浴洗涤生活用水。自从1891年美国人肯普发明了世界上第一台太阳能热水器以来，太阳能热水器的使用已有100多年的历史，到1945年出现了第二代太阳能热水器——平板集热器产品，随着科学技术的进步，1975年美国一家公司推出了第三代太阳能热水器产品——全玻璃真空管太阳能热水器。

2. 太阳能建筑

太阳能在建筑中的应用，实际上是利用建筑结构本身所形成的集热、蓄热和隔热系统以及附加在建筑物上的专用太阳能部件，对太阳光进行光—电和光—热转换等来满足建筑物的热水供应、采暖、空调及照明等方面的能耗需求，从而达到减少建筑能耗，节约常规能源，改善生态环境的目的。太阳能与建筑结合的技术具有很高的研究价值，热水、供暖、空调对太阳能的利用已成为太阳能与建筑结合的关键之一。

3. 太阳能空调

太阳能空调是以太阳能作为制冷空调的能源。利用太阳能制冷可以有两条途径，一是利用光伏技术产生电力，以电力推动常规的压缩式制冷机制冷；二是进行光—热转换，用热作为能源制冷。前者系统比较简单，但以目前光电池的价格计算，其造价为后者的3～4倍；后者除了供冷之外，还结合供热利用。因此国外的太阳能空调系统通常以第二种为主。就世界范围而言，太阳能制冷及在空调降温上应用还处在示范阶段。近年来，随着太阳能热水系统的成功开发利用，进一步开发太阳能热水、采暖和空调的综合系统，扩大太阳能热利用的范围已提到日程上来。

4. 太阳能光伏发电

太阳能光伏发电是利用太阳能电池发电来提供能源。目前，太阳能电池的成本还较高，光电转换效率也不是很高，要达到足够的功率，需要相当大的面积放置电池，因此在建筑中的推广受到一定限制。但随着技术的进步，光电转换率还将提高，成本也将进一步降低，今后将是一种很有前途的太阳能利用方式。

2.1.3 太阳能建筑的沿革及现状

1. 太阳能建筑的概念

人类在不断发展，作为人类生活和工作场所的建筑也必然不断发展。关于建筑未来发展方向，人们有不同预测和期望，太阳能建筑是其中之一。但是，由于目前太阳能建筑还是一种新的建筑形式，人们还在探索之中，而且人们利用太阳能的技术水平也在不断地进步，在这种条件下，难以对太阳能建筑给出严格的定义。因此，到目前为止，关于太阳能建筑还缺乏权威定义。

但是大力发展太阳能建筑是我国未来建筑发展的必然选择。想真正促进我国建筑业的腾飞，就必须从现在起大力发展太阳能建筑，使之迅速产业化。而要使太阳能建筑迅速产业化，必须对太阳能建筑进行严格的定义。北京交通大学唐永忠副教授对太阳能建筑的定义为：在现有太阳能利用技术和建筑技术水平条件下，所利用的太阳能（含从建筑外引进的太阳能）对建筑的供应在建筑总能耗中至少达到一定比重的建筑。这个比重是根据当时的太阳能利用技术和建筑技术水平条件所确立的。一旦上述两项技术取得了突破，或者上述两项技术的产业化取得突破，这个比重数据就应该适当调整。为了将太阳能利用与建筑的结合工作推进下去，在定义了太阳能建筑之后，唐永忠副教授还提出一个类似的概念，就是太阳能化建筑，这个概念比太阳能建筑的要求要低，表示利用一定的太阳能，但是还达不到定义所要求的比重的建筑。提出这个概念，对太阳能建筑形成了补充，可以照顾到大量达不到太阳能建筑要求但也利用了太阳能的建筑，使太阳能和建筑一体化的工作不至于由于太阳能建筑标准的过高而受到打击。在国家制定和实施激励太阳能和建筑一体化的政策和其他相关措施时，可以有两个层次：一方面提高我国太阳能建筑的水平；另一方面也促进我国建筑利用太阳能和建筑环保工作的全面开展。

2. 太阳能建筑的特点

太阳能在建筑中的利用前景十分广阔。有关人士预测，未来的城市是生态城市，未来的建筑是生态建筑。而生态城市和生态建筑的一个显著的特点是太阳能技术得到充分利用，因此，从一定程度上讲，生态建筑即“太阳能建筑”，而生态城市即“太阳能城市”。到那时，建筑物的许多构件将是太阳能集热器，或是太阳能电池板，它既成为建筑物围护结构的一部分，又为建筑物提供部分能源。由于建筑产品的使用寿命长，而太阳能建筑初始投资较大，导致投资回收期长，而减弱了太阳能建筑投资的吸引力，太阳能建筑的需求难以产生也就不难理解了。国内一些地区太阳能设施用得不多，主要由于人们对太阳能的了解、认识不足，只图眼前的短期效益。制约太阳能产业发展的“瓶颈”不是技术，而是政策和市场。与传统能源相比，使用太阳能产品价格普遍较高，要想把价格降下来，就只能扩大市场规模。有人估算，在目前的情况下，市场每扩大一倍，产品的成本就会下降一半。也正因为建筑产品的使用寿命长，太阳能建筑设备在长期内实现的效果将会带来巨大的经济、社会和环境效益；因此，目前对太阳能建筑的政策和投融资模式进行研究，将有利于促进我国太阳能建筑市场的形成，对推动我国太阳能建筑的发展必将具有深刻的现实意义。

3. 太阳能建筑的沿革

可持续发展是当今人类对社会发展的一大主题。继 20 世纪 70 年代能源危机之后，地球资源与环境问题日趋严重，已对人类生存造成了极大的威胁。如何节约有限的常规能源，开发取之不尽、用之不竭的太阳能资源，对人类社会的可持续发展具有重要的意义。

1992年里约世界环境发展会议的召开，标志了绿色文化的诞生，绿色建筑随之兴起。它以尊重生态和环境为基本出发点，结合生态设计原理创造出理想的人居环境。因此，大力发展可持续建筑将是目前以及今后世界建筑的发展方向。而太阳能建筑作为可持续建筑，也必将具有良好的发展前景。太阳能建筑是利用太阳能代替常规能源（煤、石油、天然气）为建筑提供供暖、空调、照明等一系列功能的建筑，其发展大致可分为三个阶段：第一阶段为被动式太阳房，它是一种构造简单、造价低、不需要任何辅助能源的建筑，通过建筑方法和周围环境的合理布置，内部空间和外部形体的巧妙处理以及材料结构的恰当选择，以自然交换方式来获取太阳能的建筑。从20世纪70年代以来，在相当长的时间内它曾是太阳能建筑发展的主流。第二阶段是主动式太阳房，它是一种构造复杂、造价较高、需要用电作为辅助能源的建筑，其采暖降温系统由太阳集热器、泵或风机、散热器及储热器等组成。第三阶段则发展利用太阳电池转换设备提供建筑所需的全部能源，完全用太阳能满足建筑供暖、空调、照明等一系列功能要求的所谓“零能房屋”。当晴天阳光充足时，太阳电池可满足一个家庭全部能量需要，多余的电能还可输送给电网；当天气不好阳光不充足时，则电网供电。

4. 太阳能建筑的应用情况

（1）国外太阳能建筑

太阳能采暖技术是一个较早提出的课题，对其研究处于领先地位的是美国。1976年5月，J. D. Balocmb编出了集热墙式被动暖房的模拟程序并于当年冬天建立了实验小室，利用实验结果对此程序进行了验证。1977年春，Balocmb等人利用验证的程序模拟分析了不同气象条件对实验室热工性能的影响。根据模拟分析和实验测试以及由此发展的一些简化计算、设计方法被编写在了1980年出版的被动式太阳能设计手册中。此外，美国还出版了许多实用的被动式太阳房建筑图集，既介绍成功的设计范例，又有对太阳房原理、构造的详细说明。这些是早期被动式太阳房技术的发展。而对于主动式太阳房的研究，则早在20世纪40年代，美国麻省理工学院就开始了利用太阳能的集热器作为热源的供暖、空调研究，并先后建成了许多实验太阳房。1970年代以后，又在科罗拉多州建成了洛夫太阳房。但由于初投资较大，在推广和普及上不及被动式太阳房。直到进入1990年代，开发出更加高效的太阳能集热器和吸收式制冷机及热泵机组，应用范围才得以扩大。日本在主动式太阳房的研究应用领域也处于世界前列，1974年日本通产省就制定了“阳光计划”，并按此计划建造了多幢典型太阳能采暖空调试验建筑。近年来日本的太阳能采暖、空调建筑一直稳步发展，并已应用于大型建筑物上。此外，法国、德国、澳大利亚、英国等发达国家也拥有相当先进的太阳能建筑应用技术。近年来，德国正研究将夏季太阳能储存起来，到冬季作为暖气的热源的项目，利用这套设备可以满足一座能耗百分之九十的供暖需要。英国正在开发一种太阳能建筑，当阳光充足时，将足够的电能送入高压电网，而在阴天再从高压电网中取出电能提供该建筑的能源需要，而此建筑的设计与制造据悉仅需六周。

（2）国内太阳能建筑

我国太阳能建筑的应用与研究开始于20世纪70年代末。当时对被动式和主动式太阳能建筑的应用研究工作同时起步，但因被动式太阳能建筑更适合国情，所以，1980年代，重点发展被动式太阳房。自1977年甘肃省民勤县建造了第一栋土坯太阳房开始，到目前为止，全国已经推广普及太阳能建筑近两千万平方米，这些太阳能建筑包括农村住宅、学校、办公楼、商店、宾馆、医院等多种建筑物，且大多数分布在常规能源相对缺乏、经济相对落后的农村地区。而在经济较发达、人口众多的大中城市却很少见。近20年来被动式太阳房的研究工作已取得了很大成绩。在基础理论方面，通过对太阳房传热机理的分析，建立了太阳房热过程的动态物理、数学模型，根据模型编制了模拟计算软件；在材料、构件的开发方面，我国的科技工作者除创造了断路蓄热墙、快速储热墙等新型的采暖方式外，对墙体、屋顶、地面的保温措施也因地制宜地创造了多种多样具有中国特色的形式；另外通过攻关还形成了适合我国太阳能建筑特点的热性能试验、测试方法以及对太阳房舒适性和经济性的评价方法。当前，我国被动式太阳房已进入规模普及阶段。主要表现在以提高室内舒适度为目标，由群体太阳能建筑向太阳能住宅小区、太阳村、太阳城发展。最近，在夏季利用太阳能加热工质驱动吸收式制冷机实现室内降温的技术正在实验室进行研究开发，示范装置已在广东等地投入试运行，供冷面积达6000m^2，获得了良好的社会经济效益。

2.1.4 太阳能建筑的效益评价

1. 环境效益评价

在以建设部建筑节能中心制定的建筑一体化结合的太阳能集热技术工程类试点示范技术经济要求中提出的环境指标如下：

一是与未做建筑节能和采用常规能源供应热水建筑物相比，太阳能试点示范工程的能源综合节能率为65%、耗煤指标降低35%；

二是使用太阳能，每平方米热水器集热器每年减少燃煤125kg，每年减排粉尘25kg、二氧化硫气体2.5kg、二氧化碳气体90kg。显然，太阳能建筑的环境效益是显著的，这从太阳能建筑的试点示范工程对粉尘、二氧化硫、二氧化碳气体的减排量也可直接得出。

2. 社会效益评价

一个建设项目，不仅要给建设者带来长久的经济效益，更应该给社会、给国家带来好的社会效益。太阳能建筑工程项目从企业或投资者来看，可能效益不大，但它却能给社会带来很大益处。因为使用太阳能不污染环境，且有利于保护生态环境，给人们创造了一个安逸舒适的生活环境。太阳能建筑对社会产生许多的正面影响。首先，太阳能建筑产业的发展必将扩大就业，增加就业机会和就业人数，对我国目前严峻的就业形势将起到减缓作用，同时也是增加居民收入的一个途径。其次，太阳能建筑的推广应用会大大减少污染，净化我们的生活空间，对妇女、儿童的身心健康大有益处，同时提高居民的生活质量和生活水平。污染的减少带来卫生健康程度的提高，必能使我们人类延年益寿。

国外的研究资料表明，当在中、小学的建筑设计中充分利用太阳能后，学生的健康状况明显好于普通学校的学生，由于维生素D的吸收，他们的牙病发生率要低90%，平均身高要高2.1cm。图书馆内由于阳光的照射降低了噪声，学生更加热衷于参加学校组织的活动，平均每年比普通学校的学生要多3.2～3.8d，从而提高了教学质量。

3. 经济效益评价

太阳能建筑投资涵盖对太阳能设备、材料、技术等方面的投资，建筑使用太阳能要增加成本，这部分成本相对于常规建筑来说是一种增量成本，太阳能建筑投资即是对这部分增量成本的投资。目前，太阳能建筑试点示范工程的投资增量一般不超过3%，下面以实例说明：

(1) 福建省南平武夷花园太阳示范工程所使用的全天候聚光式太阳能供热系统造价107万元，户均投资3600元，按每平方米建筑面积售价2400元，增加投资不超过1.5%。(注：福州某些地区有地下温泉水供应的楼盘售价比没有温泉供应的楼盘售价每平方米高出600～1000元，有些地区采用远距离管道输送，仅户外管道每户集资3000元，总投资远高于3600元。)

(2) 太阳能地能中央空调设备为房屋提供采暖、制冷、热水增加的投资不超过3%。

(3) 云南丽江滇西明珠五星级花园酒店使用的模块化条形平板建筑构件型新式热板太阳节能热水系统的投资446万元，但新建或改建坡屋面建筑可直接采用该产品作为屋面板，将其他屋面方案投资转入该产品中。

(4) 使用太阳能采暖降温净化器，只需投入相当于供暖基金的初装费，以后几十年无须再投入任何费用。一般1间15m^2的南向房间，安装3部经济型太阳能采暖降温净化器即可，总造价约1800元。用节省的供暖基金和1年的采暖费，当年即可收回初始投资。

2.2 太阳能热水系统

在本节中将介绍太阳能热水系统的特点、组成和分类，以及如何选用、安装、维护等方面的内容。

2.2.1 太阳能热水系统的特点与组成

1. 太阳能热水系统的特点

太阳能热水系统部件由太阳能集热器、水箱、循环管道组成，由20世纪70年代至今已经历了三个发展阶段，第一阶段是箱式集热器，技术原始、效率低；第二阶段是管板式太阳能集热器，利用传统集热技术并加以改进，效率也可达40%，在农村、小城镇中等城市没有燃气供应的地区采用比较广泛，优点是价格便宜、寿命较长，缺点是热损失大，冬季和阴天不能使用，易损坏；第三阶段是真空管式集热器，又分玻璃套金属管式和全玻璃式，基本上做到只有太阳能被吸收，而没有热能散失，优点是效率提高、受季节和天气的影响程度小、寿命更长，缺点是价格相对较高。

太阳能热水供应与常见热水供应系统相比有以下特点：

1) 经济：随着太阳能热水器生产规模的不断扩大，价格也在不断降低。尽管太阳能系统一次性投资较大，但运行费用低，投资回收快。总的来看要比其他任何一种热水供应形式都经济。

2）实用：只要有阳光，太阳能热水供应即可实现连续供应热水，给使用者带来极大的方便。同时连续供水还可以减少管道的腐蚀，延长管道的寿命，保证水的清洁。

3）环保：太阳能是绿色能源，这是其他能源所无法比拟的，在环境污染严重的今天，这一点尤为重要。

4）技术成熟：太阳能热水器的产业化和产品质量的提高，为太阳能热水器进入市场创造了条件。现在国产品牌已经达到或超过国际先进的水平。太阳能热水供应也有它的缺点：在阴天或下雨、雪的天气，它的作用发挥不出来，必须采用辅助加热的措施，以保证热水供应。

2. 太阳能热水系统的组成

太阳能热水系统是由太阳能集热元件（平板集热器、玻璃真空管、热管真空管及其他形式的集热元件）、蓄热容器（各种水箱、罐）、控制系统（温感器、水位控制、电热元件、电器元件或供热性能电脑程序）及完善的管道保温、防腐部分等有机地组合在一起的。在阳光照射下，使太阳的光能转化为热能，辅以电力和燃气能源，稳定地提供热水供人们使用。

（1）集热器

太阳辐射的能流密度低，在利用太阳能时为了获得足够的能量，或者为了提高温度，必须采用一定的技术和装置（集热器），对太阳能进行采集。集热器按是否聚光，可以划分为聚光集热器和非聚光集热器两大类。聚光集热器能将阳光会聚在面积较小的吸热面上，可获得较高温度，但只能利用直射辐射，且需要跟踪太阳。目前，聚光集热器主要用于光伏转换。

非聚光集热器（平板集热器，真空管集热器）能够利用太阳辐射中的直射辐射和散射辐射，集热温度较低。非聚光集热器种类繁多，因而分类比较复杂。单单从外观来看可分为平板型集热器和真空管集热器两大类。目前，平板型集热器和真空管集热器都已广泛应用于太阳能热水器；真空管集热器还开始用于建筑的太阳能采暖和太阳能空调。

1）平板集热器

平板集热器是较早应用的一种太阳能集热器，在经历了很长发展历程后，其内部结构、材料选择及组装技术均达到了很成熟的水平，如今仍是发达国家太阳能热利用产品中占绝对主导地位的集热器形式。

平板式集热器的基本工作原理是：在一块金属片上涂以黑色，置于阳光下，以吸收太阳辐射而使其温度升高。金属片内有流道，使流体通过并带走热量。在板的背后衬垫保温材料，在其阳面上加上玻璃罩盖，以减少板对环境的散热，全年太阳能量利用率可达50%。

平板式集热器的结构简单，是一种工作性能稳定、使用安全高效、安装便利的太阳能热利用技术产品。平板集热器的缺点是在低温环境中，透过盖板玻璃的散热损失较大，导致整个集热器效率降低。这一问题是其本身结构造成，不易解决。所以此类热水器在非上冻地区普遍应用，在上冻地区，热效率较低。针对此，市场上涌现出许多改进过的平板集热器。比如真空板太阳集热器，它利用成熟的真空隔热原理，通过合理的结构设计，将集热板安装在真空外壳内，通过抽去真空外壳内的空气，形成集热板与真空外壳间的真空保温层，可以有效阻隔集热板的热能与外界交换，最大限度地降低集热器热损失，有效提高集热的效率。

图2-1和图2-2分别为平板式集热器及其工作原理图。

图2-1　平板式集热器

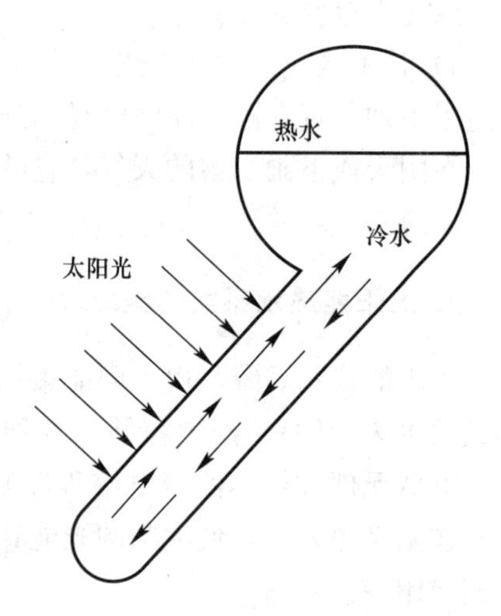

图2-2　平板式集热器工作原理

2）真空管式集热器

虽然采用了选择性吸收表面，但平板集热器热损系数还很大，这就限制了平板集热器在较高的工作温度下的有效得热。为了减少平板集热器的热损，提高集热温度，国际上于20世纪70年代研制成功了真空集热管，其吸热体被封闭在高真空的玻璃真空管内，充分发挥了选择性吸收涂层的低发射率及降低热损的作用（图2-3）。在内层玻璃外表面，利用真空镀膜机沉积选择性吸收膜，再把内管与外管之间抽真空，这样就大大减少了对流、辐射与传导造成的热损失，使总热损失降到最低，最高温度可以达到120℃，这就是真空集热管的基本思路（图2-4）。将若干支真空集热管组装在一起，即构成真空管集热器，为了增加太阳光的采集量，有的在真空集热管的背部还加装了反光板，即CPC板。

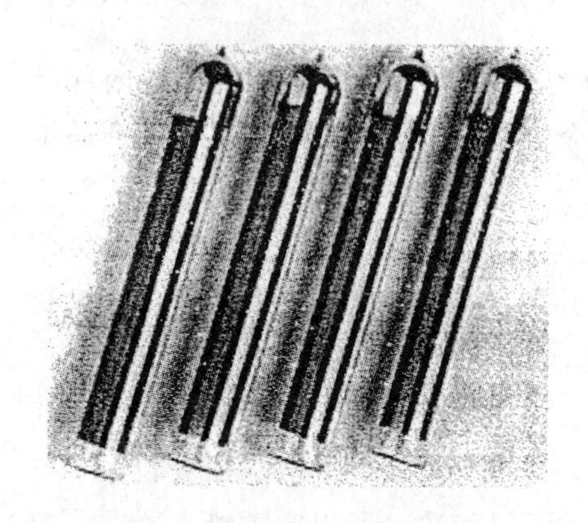

图2-3　全玻璃真空集热管

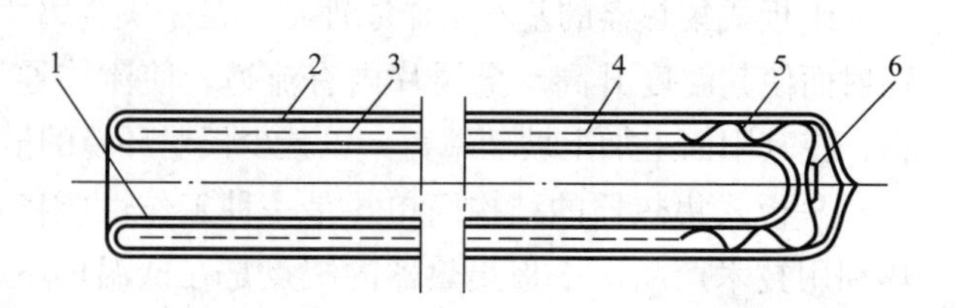

图2-4　全玻璃真空集热管结构示意图

1—内玻璃管；2—外玻璃管；3—选择性吸收涂层；4—真空；5—弹簧支架；6—消气剂

真空管集热器 按照不同的类型又可以分为：热管—真空管集热器、同心套管—真空管集热器、U形管—真空管集热器。

① 热管—真空管集热器

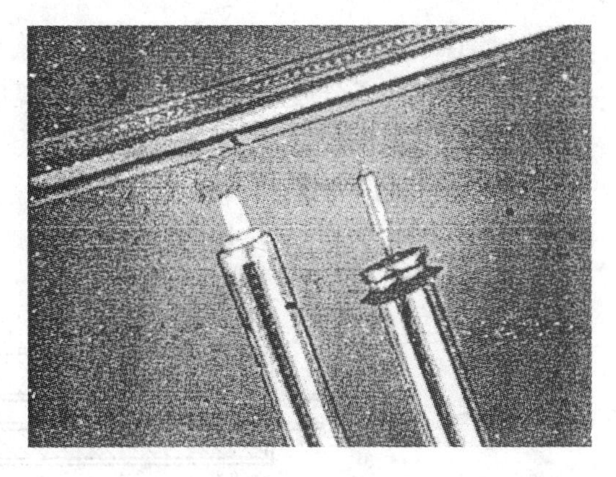

图 2-5 热管—真空管集热器

热管—真空管集热器（图 2-5）的缺点是热量转换会带来一定的热效率降低，同时双真空结构也会带来结构复杂及造价高的问题，当然结构复杂本身也极易导致装置的可靠性和寿命问题。目前无论国外还是国内太阳能行业所用的热管，都还有很大改进空间，如能在制作及检验技术上更进一步，热管—真空管将是一种非常有前途的集热器形式。热管—真空管集热器有封装式和插入式两种，前者的问题是造价和寿命，后者的问题是转换效率（图 2-6）。

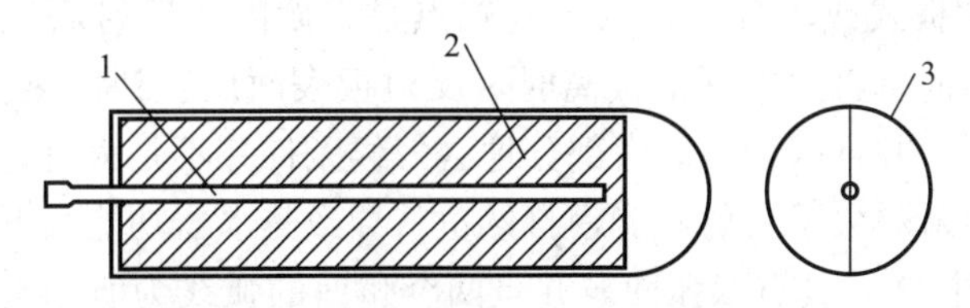

图 2-6 热管—真空管集热器结构

1—热管；2—吸热板；3—玻璃管

② 同心套管—真空管集热器（或称直流式真空管）

其外形跟热管式真空管较为相似，只是在热管的位置上用两根内外相套的金属管代替（图 2-7）。工作时，冷水从内管进入真空管，被吸热板加热后，热水通过外管流出。传热介质进入真空管，被吸热板直接加热，减少了中间环节的传导热损失，因此提高了热效率。同时，在有些场合下可将真空管水平安装在屋顶上，通过转动真空管而将吸热板与水平方向的夹角调整到所需要的数值，这样既可以简化集热器的支架，又可避免集热器影响建筑美观。

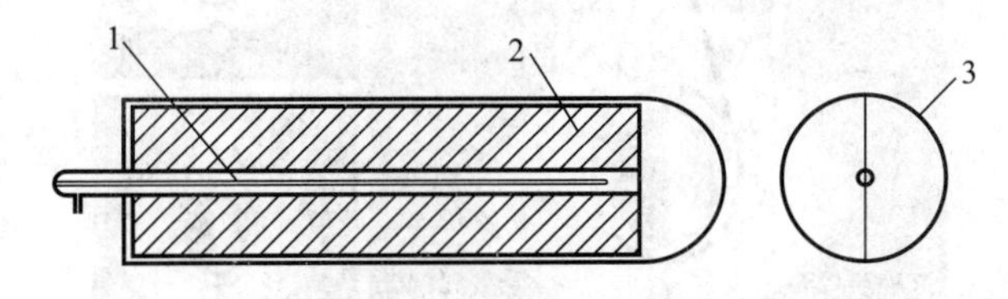

图 2-7 同心套管—真空管集热器结构

1—同心套管；2—吸热板；3—玻璃管

③ U形管—真空管集热器

U形管—真空管太阳能集热器是在全玻璃真空管中插入弯成U形的金属管，在U形金属管和全玻璃真空管之间，同样有与二者均紧密接触的金属翅片，担负二者之间的热传导。被加热流体在金属管中流过时，吸走全玻璃真空管收集的太阳能热量而被加热。

U形管—真空管集热器和热管—真空管集热器一样，既实现了玻璃管不直接接触被加热流体，又保留了全玻璃真空管在低温环境中散热少、加热工质温度高的优点，同时还避免了热管—真空管集热器双真空结构带来的一系列问题。由于被加热流体是在玻璃管中被加热，热量转换得更直接，整体效率也高于热管—真空管集热器。它的主要问题是以水为工质时，存在金属管冻裂和结垢问题，所以一般用于双循环系统及强制循环系统（图2-8）。

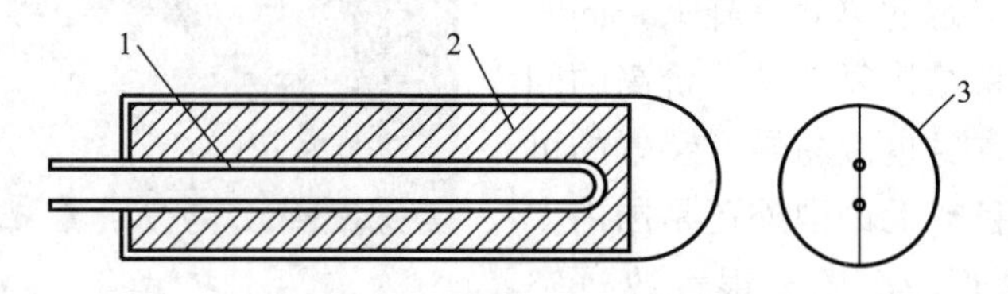

图2-8 U形管—真空管集热器结构

1—U形管；2—吸热极；3—玻璃管

④ CPC反光板与真空管的结合

传统反射板为平板式或单反光弧式，其缺点是，太阳光反射面积小，有效光照时间短，当太阳光线由正向垂直照射逐渐偏离时，反射板表面反射到集热管的光线逐渐减少，热损大，聚光效率低，并且因为中国大部分地区气候条件并不是太好，传统反射板在使用中会很快被腐蚀，也就失去了反射性能，自然也就导致热水器功能的下降。

CPC反光板（图2-9）具有双弧面，并且两个弧面的弧线为所用真空集热管截面圆的渐开线。由光学原理可知这种双弧面上的每一点的光线都能反射到真空集热管上，无论在晴天还是阴天，CPC反光板都可实现360°采光，聚光效率高，反射率高，整机热损小；尤其在阴雨天气，CPC反光板能将空气中散射阳光聚焦，反射到真空管表面，提高集热效率。相对于普通集热器，CPC集热器在春、秋、冬季均能获得更多的能量，无论天气多云或气温在0℃以下，都能全年安全可靠地供应热水（图2-10）。CPC为复合抛物聚光镜的简称。

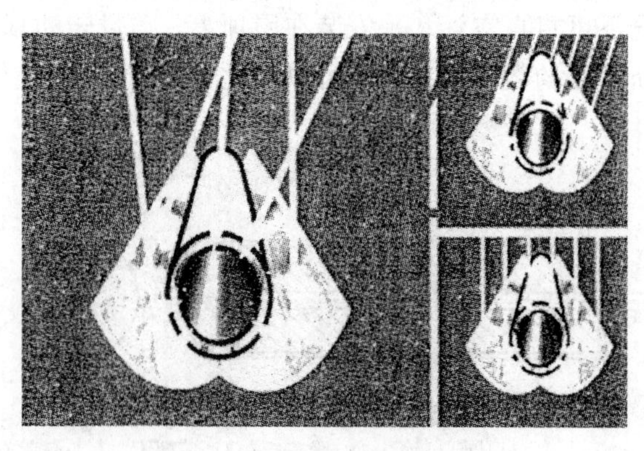

图2-9 CPC反光板工作原理

（2）循环系统

循环系统的作用是连通集热器和贮热水箱，使水可不断通过集热器进行加热形成一个完整的加热系统。循环管路设计施工是否正确，往往影响整个热水器系统的正常运行。一些热水系统水温偏低，就是由于管道走向和连接方式不正确。

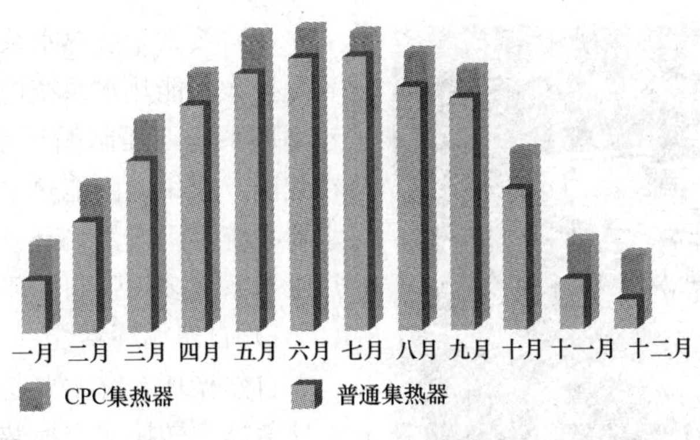

图 2-10 CPC 与普通集热器效果对比

(3) 辅助能源系统

在雨天和冬季光照较弱时，为保证系统的正常使用，采用辅助系统加热水源，主要采用全自动燃油联合供热水系统和太阳能电辅助联合供热系统。

(4) 控制系统

控制系统用来使整个热水器系统正常工作并通过仪表加以显示，包括无日照时的辅助热源装置（如电加热器等）、水位显示装置、温度显示装置、循环水泵以及自动和手动控制装置等。

(5) 储热系统和支撑架

储热系统主要是储热水箱，其保温效果取决于保温材料的种类和厚度；目前多采用聚氨酯。水箱外壳必须采用抗腐蚀耐老化材料。

支撑架主要有反射板、尾座及主撑架组成。尾座选用材料为厚度在 0.6mm 以上 430 不锈钢板，主撑用 430 不锈钢，用不锈钢螺钉连接。

3. 太阳能热水系统的分类

太阳能热水系统按提供热水范围、运行方式、集热器与贮热水箱的放置关系、辅助能源的安装位置、辅助能源的启动方式、循环介质的不同，主要分为以下 6 类：

(1) 按太阳能热水系统提供热水的范围划分

按照太阳能热水系统提供热水的范围，可分为单独系统和综合系统。

1) 单独系统

单独系统虽操作起来较容易，目前建筑市场中应用较多，但管道多，管理难，不易做到与建筑的结合。

2) 综合系统

综合系统即多住户共用一套循环加热系统与一个蓄热水箱，进行集中供热，可由太阳能集热系统和热水供应系统组成（图 2-11）。集热系统的主要组成部分为：太阳能集热器、辅助加热或换热器储水箱、循环管路、循环泵、控制部件和控制线路。除了集热器外，其余所有部件均是常规建筑水暖设计经常采用的成熟产品，所以必须保证太阳能集热器的性能和质量，才能使之适应建筑一体化的要求。热水供应系统由配水循环管路、水泵、控制阀门和热水计量表组成，与常规的生活热水系统相同。

图2-11 集中计量供水的综合系统

(2) 按太阳能热水系统的运行方式划分

按太阳能热水系统的运行方式可分为自然循环系统、强制循环系统和直流式系统。在我国，家用太阳能热水器和小型太阳能热水器系统多用自然循环式，而大中型太阳能热水器系统多用强制循环式。

1) 自然循环系统

自然循环系统主要是由太阳能组件、热水储蓄器、转换或交换装置、固定框架等装置构成。此类热水系统如图2-12所示。其中蓄水箱必须置于集热器的上方，水在集热器中被太阳辐射加热后，温度升高；由于集热器中与蓄水箱中的水温不同，因而产生密度差，形成热虹吸压头，使热水由上循环管进入水箱的上部，同时水箱底部的冷水由下循环管进入集热器，形成循环流动。这种热水器的循环不需要外加动力，故称为自然循环。在运行过程中，系统的水温逐渐提高，经过一段时间后，水箱上部的热水即可使用。在用水的同时，由补给水箱向蓄水箱补充冷水。在设计使用中要注意解决好以下几个技术问题：

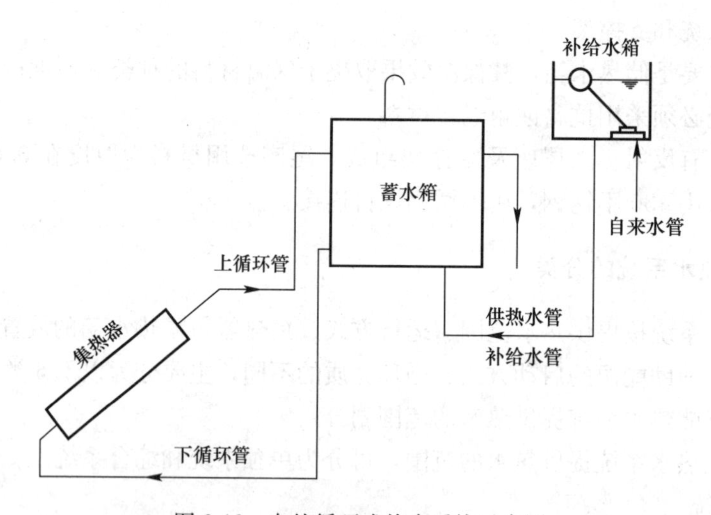

图2-12 自然循环式热水系统示意图

① 硬水软化技术。如水质过硬，易在集热器内结垢，长期使用集热器会被堵塞，缩短使用寿命。

② 集热管水箱和水管的保温技术。如果处理不当，寒冷季节水管或水箱结冰，就无法使用。因此建筑设计中要尽量将上、下水管放置在室内，如需放在室外时，要用保温材料包扎。水箱可采用双层钢板，中间夹以保温材料或使用陶瓷水箱以达到保温效果。

③ 集热器产生的热水水温不稳定，水温过高时，可掺入冷水混用，在水温过低时，利用第二热源如煤气热水器和电热水器补充加温，此外自然循环式是利用水温差造成的密度差作为循环动力，因此，水箱必须放在集热器的上方。

2）强制循环系统

强制循环系统如图 2-13 所示，在这种系统中，水是靠泵来循环的，系统中装有控制装置，当集热器顶部的水温与蓄水箱底部水温的差值达到某一限定值的时候，控制装置就会自动启动水泵；反之，当集热器顶部的水温与蓄水箱底部水温的差值小于某一限定值的时候，控制装置就会自动关闭水泵，停止循环。因此，强制循环系统中蓄水箱的位置不一定要高于集热器，整个系统布置比较灵活，适用于大型热水系统。其优点是水箱可以自由放置，使建筑物的立面效果得以改善；把水箱设置在室内，热损耗小，在寒冷季节也可保持一定水温；防冻液不易结冰，且循环管道细而软（直径为 6mm），易于布置，对保温要求相对较低；水不参与循环，不会在集热器内形成水垢，可延长集热器使用寿命。

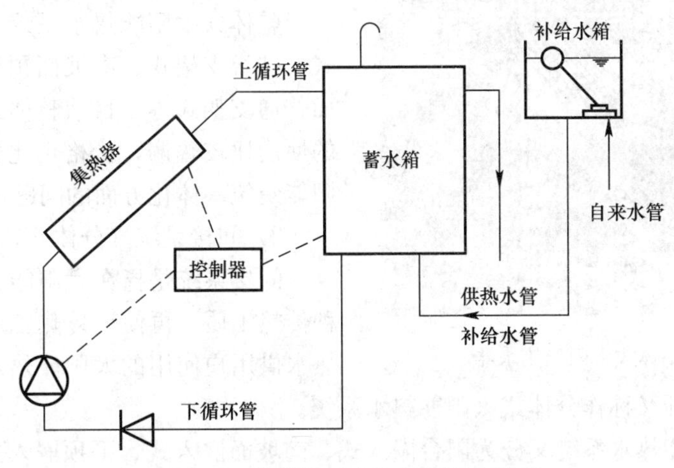

图 2-13 强制循环式热水系统示意图

这种方式技术较先进，虽然目前尚未大规模推广，但代表了今后发展的方向。从长远利益来考虑，应当尽量采用这种技术含量高、效益更佳的太阳能热水系统。

3）直流式系统

直流式系统如图 2-14 所示。这一系统是在自然循环和强制循环的基础上发展而来的。

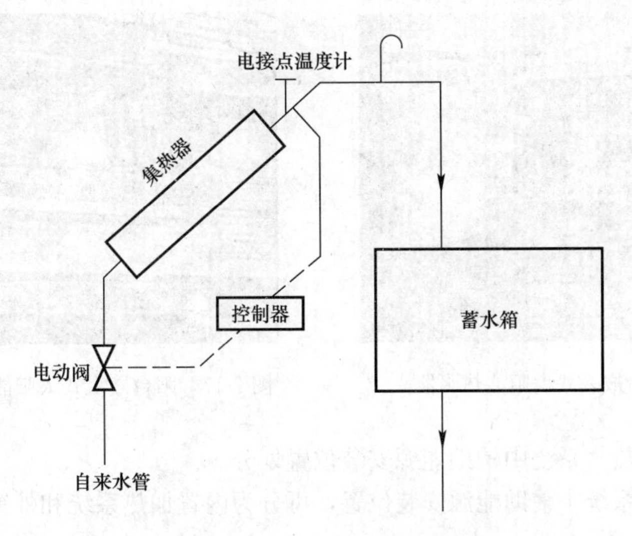

图 2-14 直流式热水系统示意图

水通过集热器被加热到预定的温度上限，集热器出口的电接点温度计立即给控制器信号，在打开电磁阀后，自来水将达到预定温度的热水顶出热水器，流入蓄水箱。当电接点温度计降到预定的温度下限时，电接电磁阀又关闭，这样热水时开时关，不断地获得热水。

(3) 按太阳能热水系统中集热器与贮热水箱的放置关系划分

按太阳能热水系统中集热器与贮热水箱的放置关系，可分为直接系统和间接系统。

1) 直接系统（整体式）

直接系统是指太阳能集热器直接加热水供用户使用的太阳能热水系统（图 2-15）。因集热器和蓄热水箱结合为一体，一般称为整体式热水系统

图 2-15　整体式太阳能热水器

整体式太阳能热水系统又分为屋脊支架式、挂脊支架式、南坡面预埋固定式、平屋面普通支架式等。目前整体式太阳能集热器的使用比较普遍，价格也比较低廉，但在太阳能建筑一体化方面的问题还有待解决。

2) 间接系统（分体式）

间接系统是指在太阳能集热器中加热某种传热工质，再使该传热工质通过换热器加热水供用户使用的太阳能热水系统。因集热器与蓄热水箱分开又称作分体式太阳能热水系统。

分体式太阳能热水系统又分为阳台嵌入式、南坡面嵌入式、平顶嵌入式。该系统中集热器作为建筑的一个构件，成为屋顶或墙面的一个组成部分，水箱放置在阁楼或室内，系统的管道预先埋设，在太阳能建筑一体化方面的优势较为突出，但结构复杂，造价较高，在推广方面还存在一定的困难。

图 2-16～图 2-18 分别为阳台嵌入式太阳能热水器及其工作原理图。

图 2-16　阳台嵌入式太阳能热水器

图 2-17　阳台嵌入式太阳能热水器安装实例

(4) 按太阳能热水系统中辅助能源安装位置划分

按太阳能热水系统中辅助能源安装位置，可分为内置加热系统和外置加热系统。

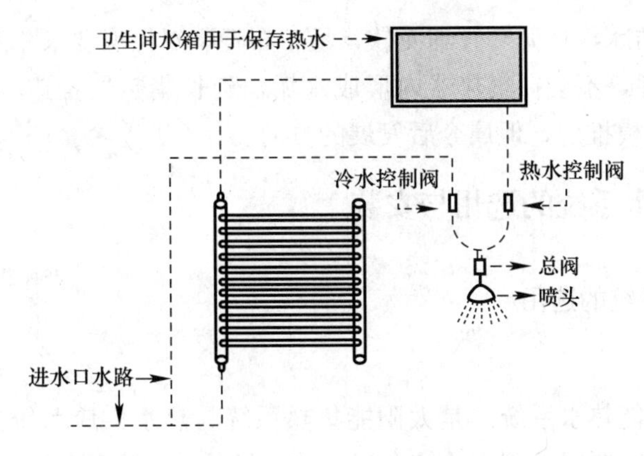

图 2-18 阳台嵌入式太阳能热水器工作原理

1）内置加热系统

内置加热系统，是指辅助能源加热设备安装在太阳能热水系统的贮水箱内的太阳能热水系统。

2）外置加热系统

外置加热系统，是指辅助能源加热设备不是安装在贮水箱内，而是安装在太阳能热水系统的贮水箱附近或安装在供热水管路（包括主管、干管和支管）上的太阳能热水系统。所以，外置加热系统又可分为：贮水箱加热系统、主管加热系统、干管加热系统和支管加热系统等。

（5）按太阳能热水系统中辅助能源的启动方式划分

按太阳能热水系统中辅助能源的启动方式，可分为：全日自动启动系统、定时自动启动系统和按需手动启动系统。

1）全日自动启动系统

全日自动启动系统，始终自动启动辅助能源水加热设备，确保可以全天 24h 供应热水。

2）定时自动启动系统

定时自动启动系统，定时自动启动辅助能源水加热设备，从而可以定时供应热水。

3）按需手动启动系统

按需手动启动系统，根据用户需要，随时手动启动辅助能源水加热设备。

（6）按太阳能热水系统中的循环介质划分

按太阳能热水系统中的循环介质，可划分为：水循环式和防冻液循环式。

1）水循环式

太阳能热水系统中采用水循环介质，其技术相对简单，它是利用冷水直接加热后变成热水的循环方式。

2）防冻液循环式

太阳能热水系统中采用防冻液作为循环介质，其优点如下：

① 水箱得以解放出来，可以自由放置，使建筑物的立面效果得以改善；

② 把水箱设置在室内，热损耗小，在寒冷季节保持一定水温；

③ 防冻液不易结冰，且循环管细而软，易于布置，对保温要求相对较低；

④ 水不参与循环，不会在集热器内形成水垢，延长集热器推广，这种方式技术较先进，目前尚未能大规模推广，但属今后发展的方向。

2.2.2 太阳能热水系统的选用与安装

1. 太阳能热水系统的选用

（1）选用原则

合理完善的太阳能热水系统，是太阳能集热系统与热水供应系统的有机集成。因此，在选用太阳能热水器时要因地制宜，结合当地的气候条件、地理位置、住区定位、居民经济承受能力、热水用量需求等因素，充分考虑太阳能集热系统的性能、设置条件以及建筑本身的特点，以尽量节约化石燃料和电能，并提供稳定的热水供应为目标，优化选用。表2-1为太阳能热水系统的选用原则。

太阳能热水系统设计选用表 **表2-1**

建筑物类型			居住建筑			公共建筑		
			低层	多层	高层	宾馆医院	游泳馆	公共浴室
太阳能热水系统类型	集热与供热水范围	集中供热水系统	●	●	●	●	●	●
		集中—分散供热水系统	●	●	—	—	—	—
		分散供热水系统	●	—	—	—	—	—
	系统运行方式	自然循环系统	●	●	—	●	●	●
		强制循环系统	●	●	●	●	●	●
		直流式系统	—	●	●	●	●	●
	集热器内传热工质	直接系统	●	●	●	●	—	●
		间接系统	●	●	●	●	●	●
	辅助能源安装位置	内置加热系统	●	●	—	—	—	—
		外置加热系统	—	●	●	●	●	●
	辅助能源启动方式	全日自动启动系统	●	●	●	●	—	—
		定时自动启动系统	●	●	●	—	●	●
		按需手动启动系统	●	—	—	—	●	●

注：●表示可以选择。

（2）集热器类型的选择

在不同的使用条件下，集热器类型的选择可以从以下几方面考虑。

1）集热性能

通常情况下，平板集热器的日产水量比全玻璃真空管集热器大。南方地区或室外环境温度常年高于0℃的地区，平板型的年得热量高于真空管型集热器；北方地区，在夏季平板型集热器的得热量高于真空管型，过渡季节持平，冬季则由于平板型受环境温度影响较大，得热量低于真空管型。

2）防冻性能

当环境温度低于0℃以下的时候，平板型集热器会出现冻裂现象，冻裂是限制平板型集热器在北方地区使用的主要问题。全玻璃真空管在－15℃时，同样存在冻裂的问题。普通平板集热器冬季不能正常使用，一般可采用强制运行和放空的方法解决受温度影响的问题，另外，利用顺序冷冻原理制成的抗冻型平板集热器可在冬季使用。全玻璃真空管一般不存在受环境温度影响的问题，可在高温工质和低温环境下正常使用。

3）运行方式

平板型集热器与金属玻璃真空管型集热器均用于承压或非承压集热系统，而全玻璃真空管集热器只能用于非承压集热系统。

4）市场价位及材料组成

平板集热器的价格相对较低，在目前的销售市场中占据着较大份额，板芯材料主要是铜、铝等，已形成系列化生产。全玻璃真空管的价格相对较低，其生产量和市场需求都在不断增加，在全国已经形成了一定的生产规模。金属一玻璃真空管由于与金属封接技术成功率低，价位相对较高。真空管的形式很多，例如：同心套管、U形管式、储热式、全玻璃同轴式等。

5）使用寿命

国内外的工程经验表明，平板型集热器的使用寿命可以达到20年；全玻璃真空管集热器的使用寿命为15年；玻璃金属真空管集热器的使用寿命也为15年。

2. 热水系统的安装

（1）热水系统的安装参数

1）热水器位置的选择

由于地球的自转和公转，太阳相对于地面上某一点来说，其方向始终在不断地变化着。要使太阳能热水器收集到最多的太阳能，就应使其始终与太阳入射光线相垂直。这就要求有一种自动跟踪太阳的装置，时刻调整太阳能热水器的朝向和倾角。由于自动跟踪装置成本高，使用维护复杂，除大型的太阳能设备以外，一般的家用太阳能热水器不使用这种装置，而常采用固定式或半固定式装置。虽然这些装置不及自动跟踪太阳装置的效果好，但由于经济、实用，所以被广泛采用。

固定式装置是在安装太阳能热水器时，根据当地的辐射季节变化，确定一个较好的朝向和倾角，一经确定，就固定不变。半固定式装置是一种简单且朝向和倾角可调整的装置，可以间隔一定的时间（如在一天中的几个时刻或一年中的几个月份）对太阳能热水器的朝向和倾角进行人工调整。

到达地面的太阳辐射包括直接辐射和散射辐射，其中直接辐射占大部分。直接辐射对太阳能热水器是较有效的。在北半球的中高纬度，一年中的大多数时间，是以南向坡太阳辐射总量最多，因此，直接辐射量也最多（直接辐射受太阳辐射总量的影响，太阳辐射总量多，直接辐射量亦多）。我国大部分地区位于北半球的中纬度地带，所以屋顶上固定式或半固定式太阳能热水器的最佳朝向是正南，其偏差允许在±15°以内，否则将影响集热器表面的太阳辐照度。

为保证有足够的太阳光照射在集热器上，集热器的东、南、西方向上不应有遮挡的建筑物或树木；为了减少散热量，整个系统宜尽量放在避风口，比如尽量放在较低处；最好设置阁楼层将储水箱放在建筑内部，以减少热损失；为了保证系统效率，连接管路应尽可能短，集热器、水箱直接放在浴室顶上或其他用热水的场所，尽量避免分散，对自然循环式系统这一点是格外重要的。

2）太阳能热水器采光面积、倾角及距离的确定

① 集热器采光面积 S 的确定方法

集热器的采光面积应根据热水负荷大小（水量和水温）、集热器的种类、热水系统的热性能指标、使用期间的太阳辐射、气象参数来确定。热水系统的热性能指标可由国家认可的质量检验机构测试得出，各生产厂家应将自己生产的各类热水器的热性能指标编入产品说明书，供设计人员选用。

A. 整体式太阳能热水器集热器总面积可根据用户的每日用水量和用水温度确定，按下式计算：

$$A_c = Q_w C_p (t_{end} - t_i) f / J_T \eta_{cd} (1 - \eta_L) \tag{2-1}$$

式中 A_c——直接系统集热器总面积（m^2）；

Q_w——日均用水量（kg）；

C_p——水的定压比热容［kJ/(kg・℃)］；

t_{end}——贮水箱内水的设计温度（℃）；

t_i——水的初始温度（℃）；

f——太阳能保证率，%。根据系统使用期内的太阳辐射，系统经济性及用户要求等因素综合考虑后确定，宜为30%～80%；

J_T——当地集热器采光面上的年平均日太阳辐照量（kJ/m^2）；

η_{cd}——集热器的年平均集热效率，根据经验宜取0.25～0.50；

η_L——贮水箱和管路的热损失率，根据经验宜取0.20～0.30。

B. 分体式太阳能热水器集热面积的计算：

$$A_{IN} = A_c \times (1 + F_R U_L \times A_c / U_{hx} \times A_{hx}) \tag{2-2}$$

式中 A_{IN}——间接系统集热面积（m^2）；

$F_R U_L$——集热器总热损系数 $W/(m^2 \cdot ℃)$。对平板型集热器，$F_R U_L$ 宜取4～6W/(m^2・℃)；对于真空管集热器，$F_R U_L$ 宜取1～2W/(m^2・℃)；具体数值要根据集热器产品的实际测试结果而定；

U_{hx}——换热器传热系数［W/(m^2・℃)］；

A_{hx}——换热器换热面积（m^2）。

在确定集热器总面积之前的方案设计阶段，可以根据建筑建设地区太阳能条件来估算集热器总面积。表2-2列出了每产生100L热水量所需系统集热器总面积的推荐值。

表2-2将我国各地太阳能条件分为四个等级：资源丰富区、资源较丰富区、资源一般区和资源贫乏区，不同等级地区有不同的年日照时数和不同的年太阳辐照量，再按每产生100L热水量分别估算出不同等级地区所需要的集热器总面积，其结果一般在1.2～2.0m^2/100L之间。

每100L热水量的系统集热器总面积推荐选用值 **表2-2**

等级	太阳能条件	年日照时数（h）	水平面上年太阳辐照量[MJ/(m²·a)]	地区	集热面积（m²）
一	资源丰富区	3200～3300	＞6700	宁夏北、甘肃西、新疆东南、青海西、西藏西	1.2
二	资源较丰富区	3000～3200	5400～6700	冀西北、京、津、晋北、内蒙古及宁夏南、甘肃中东、青海东、西藏南、新疆南	1.4
三	资源一般区	2200～3000	5000～5400	鲁、豫、冀东南、晋南、新疆北、吉林、辽宁、云南、陕北、甘肃东南、粤南	1.6
		1400～2200	4200～5000	湘、桂、赣、苏、浙、沪、皖、鄂、闽北、粤北、陕南、黑龙江	1.8
四	资源贫乏区	1000～1400	＜4200	川、黔、渝	2.0

② 集热器倾角 θ 的确定方法

假设集热器的倾角为 θ，一般原则是 $\theta=\phi\pm\delta$；春、夏、秋季使用时 $\theta=\phi-\delta$；全年使用时：

$$\theta=\phi+\delta \tag{2-3}$$

式中 θ——集热器的倾角（°）；

ϕ——当地纬度（°）；

δ——一般取5°～10°。

华北地区对于太阳能热水系统选择的最佳集热板倾角为45°。由于设计集热板和屋面结合，所以要求屋面倾角也为45°，但实际中要求建筑屋面满足此要求有一定困难，因而通常集热器倾角并不是45°。实际应用证明，屋面倾角在45°左右范围小变动，对太阳能整体性能变化不大。

③ 集热器间距离的确定

集热器前后排间最小距离或集热器与遮光物之间的距离由下式计算：

$$D=H\cdot\cot\alpha_s\cdot\cos\gamma_o \tag{2-4}$$

式中 D——集热器与遮光物或集热器前后排间的最小距离（m）；

H——遮光物最高点与集热器最低点的垂直距离（m）；

α_s——太阳高度角（°）。全年运行系统，宜选当地春分、秋分日9:00或15:00的太阳高度角；主要在春、夏、秋三季运行系统，宜选当地春分、秋分日8:00或16:00的太阳高度角；主要在冬季运行系统，宜选当地冬至日10:00或14:00的太阳高度角；

γ_o——计算时刻太阳光线在水平面上的投影线与集热器表面法线在水平面上的投影线之间的夹角（°）。

（2）太阳能热水系统的安装原则

太阳能热水器与建筑一体化是解决现阶段我国太阳能热水器安装中各种问题的必然途径，也是太阳能热水器应用发展的必由之路。所以，太阳能热水器与建筑结合应该在建筑设计时就统一考虑，太阳能装置（包括集热器、热水箱、管道和附件等）应作为建筑的一个有机组成部分，与建筑形成一个有机整体、融为一体，达到太阳能热水器排布科学、有序、安全、规范，进而充分发挥太阳能热水器的环保节能效果，实现太阳能热水器与建筑的一体化，实现绿色能源与人类居住环境的完美结合。下面对新建建筑中太阳能热水器与建筑一体化提出一些基本的设计原则与建议。

1）居住建筑

① 太阳能热水器在建筑设计中应统一考虑，有效利用屋面、墙面、阳台栏板，合理安排管线，充分发挥设备功效，使太阳能集热器与屋面形成一个整体，成为建筑的一个有机组成部分，不可过于凌乱；在不影响建筑整体风格的基础上，尽量采用坡屋面设计，这样屋面和集热器容易结合成一体，也可以增加集热面积。

② 应尽量采用水箱和集热器分开的分体式系统。集热器与屋面结合，可以利用坡屋顶形成的三角形空间作为设备间，安置水箱和循环泵等设备，这样可以减少管路的长度，减少热损失，同时使整个系统处于隐蔽环境，对建筑外观没有任何影响。

③ 在居住建筑中，要摈弃每家一套热水器的安装方式，改用集中式热水系统供水，每户安装热水表进行计量收费。

④ 建议使用的集热器尺寸为900mm×600mm或900mm×800mm，从而使其在层高为2.8～3m的多、高层住宅建筑中达到统一化；太阳能集热器可作为建筑构件来进行设计，即同其他建筑构件（如门窗）一样编制相应的建筑安装标准图，制定相应的质量验收标准，同时系统应具备化整为零的能力，方便施工与维修。

⑤ 由于太阳方位的变化，可设置智能化液压支杆，使太阳能集热器与太阳光线保持垂直。

2）公共建筑

在公共建筑中集热器铺设面积往往较大，需要兼顾美观与效率的统一。结合公共建筑的造型和特点，实现集热器的构件化主要应考虑以下几个方面：

① 与屋面飘板相结合：虽然存在一定的热量损失，但为以后的安装检修都带来了方便。在许多建筑中本来就设计了装饰性飘板，为纯装饰物注入了实用价值，添加了较高的技术含量，一举两得。注意真空集热管与其他建筑材质要适当搭配，不要显得过于突兀。

② 与女儿墙相结合：这种方式的热量损失相对较小，但是有一定的局限性。首先是可用的集热器面积较少，因而层高较低的建筑比较适用。其次，这属于彰显式太阳能建筑，对建筑外立面影响较大，在建筑设计时，应该考虑集热器的外观，与建筑立面整体效果的搭配。

理想的太阳能建筑一体化，即太阳能与建筑完全融为一体（例如，屋顶就是太阳能光电池，向阳的墙壁或阳台栏杆就是集热器板），如果去掉太阳能装置，整个建筑就将被拆掉。很显然，这样的理想状态在现阶段很难实现。现在技术最成熟也最可能实现的是将太阳能热水器的安装与建筑设计相结合，在建筑设计中就将太阳能热水器的安装位置、荷载及管道考虑在其中，使用户使用太阳能热水器就像用空调机一样方便。此外，还应做好防雷、抗风等措施，同时处理好建筑的外观立面。

(3) 太阳能建筑一体化的安装方法

1) 国内安装方法

现阶段我国太阳能热水器在建筑上的应用还存在着“两张皮”的现象，太阳能热水器与建筑物缺少有机的结合。在一些城市，太阳能热水器甚至正在成为一种新的“视觉污染源”。

总体来说，有两种情况：一种是旧建筑，旧建筑上安装的热水器通常是既不同时、也不同步，规格各异，造成杂乱无章的无序状态。许多住宅的平屋顶上安装的太阳能热水器就是这种情况的典型表现（图 2-19、图 2-20）。另一种情况是新建住宅建筑仍然采用老办法安装，由于缺乏与建筑设计结合的整体考虑，尽管在热水器的安装上注意了排列整齐，但仍然破坏了原有建筑的整体外观形象（图 2-21）。

图 2-19 既有多层住宅（平屋顶）太阳能热水器安装现状

图 2-20 既有多层住宅（坡屋顶）太阳能热水器安装现状

目前，我国绝大部分住宅都没有配备生活热水系统，主要由居民自行安装热水器。家庭安装的太阳能热水器通常都是在屋顶单独安置，集热板、水箱、管线大多是建筑完成后另外安装的，因此在太阳能热水器的安装和使用过程中出现了很多问题，主要有：热水器管线布置不便。对于大部分既有住宅，由于没有预留热水管道井，管线只能从卫生间通风道进入户内，有些通风道由于管道尺寸较小或由于施工原因并不通畅，无法容纳多根热水器管线，而且也会影响通风道的通风作用（图 2-22）。

图 2-21 新建多层住宅太阳能热水器安装现状

图 2-22 太阳能热水器管道安装现状

单独安装的热水器在屋面上不容易进行有效固定，作为后置设备的安装也容易造成对屋面防水层的破坏；由于热水器不是统一安装的，各住户间的热水器可能会排列不合理，从而造成相互遮挡；在多层住宅中，由于管线较长等原因，低层用户每次用水前都要放掉管路中的存水，造成浪费与不便；热水器水箱由于暴露在室外，在冬季会有一部分热量散失掉；各住户单独安装热水器，既占用空间，安装成本也比较高。

除此之外，在太阳能热水器的推广过程中同样存在着一些问题，主要包括：

① 虽然太阳能热水器运行费用几乎为零，但一次性投入相对较大，推广比较困难。

② 太阳能热水器集热装置的颜色比较单一（目前只有单一的黑灰色），建筑师在进行一体化设计时，选择空间小，设计思路受限。

③ 太阳能热水器的集热器方阵与周围建材的连接不够平滑，这一点需要同建材生产厂家合作才会取得令人满意的结果。

④ 建筑师、房地产开发商重视程度不够，对使用太阳能热水器没有积极性。没有在设计、建造过程中同步考虑太阳能热水器的安装问题。

⑤ 缺乏太阳能应用的鼓励政策。虽然我国对太阳能热水器开发、生产方面制定了一些鼓励性政策，但在推广应用方面还没有相应的政策支持，导致房地产开发商对这一新技术缺乏积极性和主动性。

2）国外安装方法

近年来，不少发达国家如德国、日本在太阳能热水器与建筑一体化设计方面已经进行了一些有益的探索和尝试，使太阳能技术的应用与建筑设计得到了巧妙而有机的结合，提供了许多成功的实践经验（图2-23）。

图2-23 欧洲民居的太阳能热水器利用

① 德国太阳能热水器与建筑的结合

德国是比较重视对太阳能等可再生能源的研究和开发的国家之一，在这一领域有着比较成熟的经验，对太阳能技术在建筑中的应用也进行了不懈的努力。目前在德国的许多建筑中，太阳能技术的应用已经成为建筑设计中考虑的重要内容。下面简单介绍一下太阳能热水器技术在德国的应用。

A. 居住建筑

对于私人住宅，太阳能集热器与建筑的结合方式要看房主对热水供应和采暖的设想而定。一般采用双循环系统，室内有单独的储水箱，带有热交换器和辅助加热系统。在欧洲这样太阳能并不十分丰富的地区，该系统一年四季都可以提供热水。太阳能全年可以满足70%的热水需求，夏季100%的家庭热水都可以用太阳能系统满足。这种系统要求集热器有较高的承压能力，当然也有少数用户采用非承压单循环系统（图2-24）。

私人住宅中，集热器的安装方式也比较灵活。大多安装在斜屋顶上，根据屋顶坡度的不同，可以直接将集热器安在屋顶，或者用支架安装。以不影响房屋的使用和外表的美观为原则（图 2-25）。

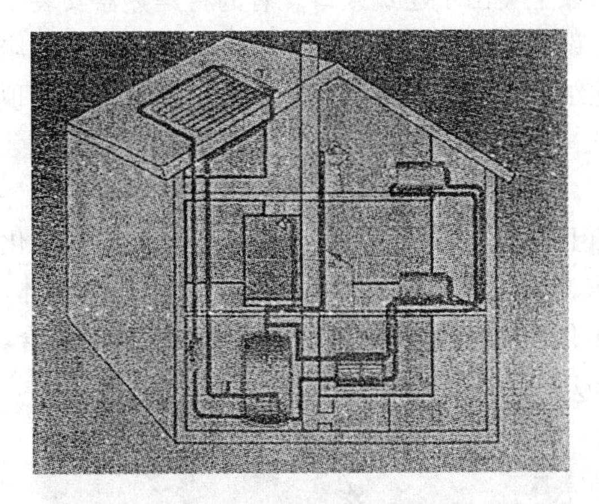

图 2-24 私人住宅太阳能热水器原理图

图 2-25 私人住宅太阳能热水器建筑一体化

对于多层居住建筑，如果是平屋顶，集热器的安装可以是倾斜的或者水平的。倾斜安装的大都采用热管式真空管，根据所处的地理位置设计支架的角度。如果住户喜欢自己的集热器水平安装在平屋顶上，那么可以选择直流式真空管，并根据所处的地理位置旋转直流式真空管吸热板的角度（图 2-26）。

B. 公共建筑

大型太阳能热水系统与公用建筑的结合，取决于建筑的风格、建筑物内部热水用量以及所要求的太阳能保证率，即希望有多少比率的热水由太阳能来提供。然后根据建筑风格和所需要的集热器面积来选择与建筑结合的方式。总的来说，集热器无外乎安装在坡屋顶或倾斜安装在平屋顶，另外也可水平安装在平屋顶或建筑物外墙上（图 2-27）。系统一般都要求有承压能力的双循环系统。

图 2-26 平屋顶上的真空管式太阳能热水器

图 2-27 公共建筑太阳能热水器建筑一体化

② 日本太阳能热水器与建筑的结合

日本的小别墅，一般在坡屋面上安装集热器，充分照顾了建筑整体外观形象。有的将太阳能集热器安装在入口正上方屋面上，在形象上突出了建筑入口。有的将集热器安装于屋顶的老虎窗下方。在一幢独院式小住宅中，设计者将集热器作为建筑元素语言置于起居室的整面向阳的坡屋面上，与建筑形体较好地结合，同时在整体形象上突出了起居室屋顶的科技内涵（图 2-28）。

③ 荷兰太阳能热水器与建筑的结合

在荷兰的一处联排住宅中，设计者在屋面上按适宜接受阳光的角度做了坚固的标准化框架体系，这种标准构件将建筑屋面结构与采光窗、太阳能集热器巧妙组合成一个整体，形成了科技含量较高的新型整合屋面体系，不仅使太阳能系统与建筑达到了有机的结合，同时也创造出了一种全新的外观形象（图 2-29）。

图 2-28 日本太阳能热水器与建筑的结合

图 2-29 荷兰太阳能热水器与建筑的结合

④ 以色列太阳能热水器与建筑的结合

能源匮乏的以色列是个阳光充足的国家，在一幢建筑中，设计师将集热器设置于跌落的屋顶平台的尽端，与建筑的体形结合，使建筑因此有了生动的造型。另一幢多层住宅楼，同样将集热器设置于阳台，每户都安装了包括 2.4m^2 的平板式集热器、230L 的储水箱以及 370L 水暖器在内的内装式太阳能热水系统，通过精心设计，建筑师将其与建筑阳台结合，处理得错落有致。

⑤ 法国太阳能热水器与建筑的结合

法国国家实用技术研究所最近发明的一种建筑外墙玻璃可以同时起到太阳能热水器的作用，这一研究成果非常适合目前法国提倡的建筑节能的要求。这家研究所提供的相关材料介绍说，这是一种双层中空玻璃，其中 40％的面积是透明的，余下部分被盘旋状的铜管以及有效反射管所覆盖，覆盖物位于玻璃内层。这种双层中空玻璃可以吸收太阳能将水加热。对于一幢大楼来说，仅仅利用外墙玻璃即可解决热水问题，每年可以节省大量的电力或煤气。此外，新型玻璃在保持屋内温度、防止过多阳光进入室内等方面与普通建筑外墙玻璃没有区别，因此有很强的市场竞争力。

国外太阳能热水器与建筑一体化设计的成功实践证明，我们可以通过采用与建筑构件整合设计、与建筑造型有机整合、新型整合屋面系统、保持原建筑的整体形象等建筑设计手法，配合现有技术手段实现真正意义上的太阳能热水器与建筑的完美结合。

2.2.3 太阳能热水系统的运行与维护

1. 系统试运行中的主要故障

太阳能热水系统试运行工作必须在保温施工之前进行，因为一旦要更改设计将会避免很多损失。一般来说，如果严格按照设计、施工要求去做，是不会出现故障的。

集热器布列中最容易出现的问题是每排的板面温度不相同，温度差异较大。这种现象反映出系统循环不好，效率低。出现这种现象有两个方面原因，可能分别存在，也可能同时存在。一是安装上的原因，即板面温度高的集热器之间连接胶管上下弯曲，或集热器布列与布列之间连接管道的接头胶管上下弯曲，或集热器之间管路阻塞。前两种现象是因为造成局部“反坡”，产生气堵，使集热器处于闷晒而板面温度高；而后一个现象纯属阻塞闷晒造成。另一个是设计上的原因，就是没有仔细计算集热器间的流量、流速和管径的匹配，因而造成“偏流”，使运行迟缓的集热器的板温高，产生温度差异。

系统试运行很可能还会发现其他相关的问题。但只要熟练地掌握和运用下述两点，很多故障就会很快排除：一是必须避免系统循环或运行出现“反坡”；二是众多集热器的流量、流速和路径必须基本相同，也就是说，要遵照“水路同程”的道理去分配每排以至每个布列集热器的合理水流。

2. 系统的一般维护

太阳能热水系统使用期间，维护和修理工作是保证运行的重要条件，为此要求做到如下几点工作：

（1）定期清除太阳能集热器透明盖板（玻璃）上的尘埃、灰垢，以防止降低集热器的热效率。

如果要用自来水冲刷，应在第二天的清晨或晚间日照微弱、气温较凉时进行。此时透明盖板的温度较低，能防止透明盖板被冷水激碎。

（2）定期进行系统的排污工作，以防止管路阻塞。水一般在60℃以上容易发生结垢，集热器内的水一般是在60℃以下运行，通常不会结垢。但每遇节假日，热水装置停止使用，集热器内的水有时高达100℃以上，因此需要定期排污。

系统长时间运行，使得有些组件（构件）如储水箱、补水箱长期被水浸泡，难免发生锈蚀或箱内防腐漆脱落，这些垢物也要定期排除。

（3）巡视检查各管道的连接点是否有渗漏现象，如发现应及时修复，以防渗漏加重而造成修理困难。

（4）巡视检查各保温部位是否有破损，如发现应及时修复，防止增大热损失。

（5）定温放水系统中的电磁阀、自然循环系统中补水箱的浮球阀要经常检查，稍有差异就应引起注意并及时处理，以防造成大量跑水。

（6）对季节性使用的太阳能热水系统，入冬前应将系统内的水全部排除干净，以防装置冻结损坏。

（7）季节性使用的系统，在第二年初次使用前，应仔细检查，并做好如下工作：

① 检查各部分防护漆是否脱落、保温部位是否有损坏，若有要修补完好；

② 储水箱（包括补水箱）内是否有锈皮、漆皮脱落，若有要清除干净；

③ 各部分泄水阀门或管堵要关闭或装好；

④ 清除集热器透明盖板上的灰尘；

⑤ 定温放水装置在安装好温度控制器以后，要对电磁阀、水泵进行试运行试验，对自然循环系统的热水装置补水箱的浮球阀应进行上水、截止试验；

⑥ 试运行必须在日照微弱的条件下进行，防止发生集热器透明盖板激碎。

2.3 太阳能采暖系统

太阳能采暖系统主要有主动式太阳能采暖系统、被动式太阳能采暖系统、太阳能热泵和太阳能热水辐射采暖4种。本节中将系统地予以介绍。

2.3.1 主动式太阳能采暖系统

主动式太阳能采暖系统与常规能源的采暖的区别，在于它是以太阳能集热器作为热源替代以煤、石油、天然气、电等常规能源作为燃料的锅炉。主动式太阳房主要设备包括：太阳能集热器、储热水箱、辅助热源以及管道、阀门、风机、水泵、控制系统等部件。如图2-30所示，太阳能集热器获取太阳的热量，通过配热系统送至室内进行采暖。过剩热量储存在水箱内。当收集的热量小于采暖负荷时，由储存的热量来补充，热量不足时由备用的辅助热源提供。

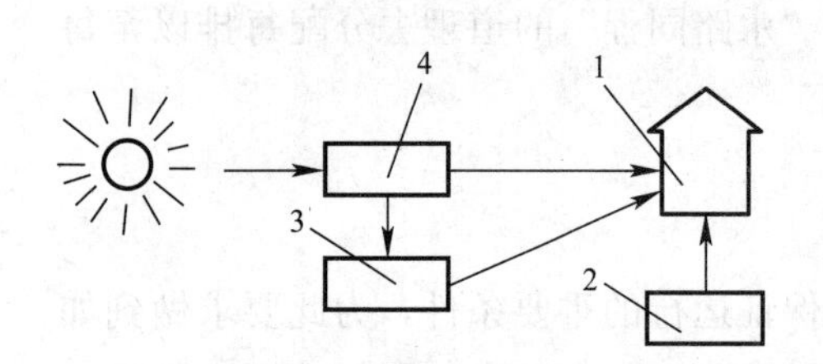

图2-30　主动式太阳能采暖示意图
1—室内；2—辅助热源；3—储热器；4—集热器

1. 主动式太阳能采暖系统的特点

主动式太阳能采暖与常规采暖不同之处，只是用太阳能集热器代替采暖系统中的锅炉。但是，由于地表面上每平方米能够接收到的太阳能量有限，故集热器的面积就要足够大。一般要求太阳能利用率在60%以上，集热采光面积占采暖建筑面积的10%～30%（该比例数大小与当地太阳能资源、建筑物的保温性能、采暖方式、集热器热性能等因素有关）。

照射到地面的太阳辐射能受气象条件和时间的支配，不仅有季节之差，即便一天之内，太阳辐射强度也是不同的，而且在阴雨天和夜晚几乎没有或根本没有日照。因此，太阳能不能成为连续、稳定的独立能源，要满足连续采暖的需求，系统中必须有储存热量的设备和辅助热源装置。储热设备通常按可维持2～3天的能量来计算。储热设备一种是储热水箱，另一种是用卵石槽（工质为空气）。

太阳能采暖所采用的集热器要求构造简单、性能可靠、价格便宜。由于集热器的集热效率随集热温度升高而降低，因此尽可能降低集热温度，如采用太阳能顶棚或地板辐射采暖的集热温度在30～40℃之间就可以了，而采用散热器采暖集热温度必须达到60℃以上。

2. 主动式太阳能采暖系统的分类

(1) 空气加热采暖系统

图 2-31 是以空气为集热工质的太阳能采暖系统原理图。

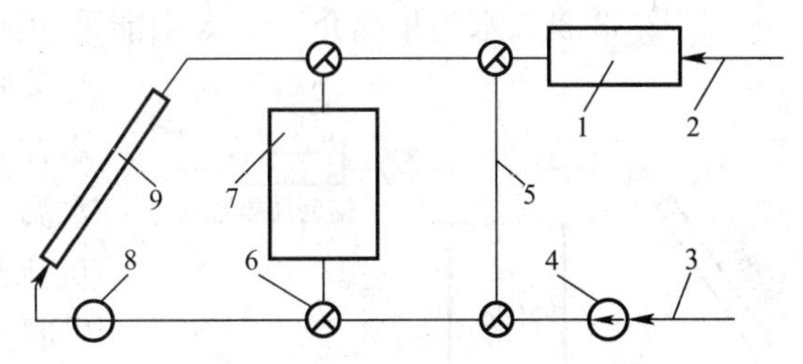

图 2-31 太阳能采暖系统图

1—辅助加热器；2，5—暖空气管路及旁通管；3—冷空气返回；4，8—风机；6—三通阀；7—砾石床储热器；9—集热器

风机 8 驱动空气在集热器与储热器之间不断地循环。将集热器所吸收的太阳热量通过空气传送到储热器存放起来，或者直接送往建筑物。风机 4 的作用是驱动建筑物内空气的循环，建筑物内冷空气通过它输送到储热器中与储热介质进行热交换，加热空气并送往建筑物进行采暖。若空气温度太低，需使用辅助加热装置。此外，也可以让建筑物中的冷空气不通过储热器，而直接通往集热器加热以后，送入建筑物内。

集热器是太阳能采暖的关键部件。应用空气作为集热介质时，首先需有一个能通过容积流量较大的结构。空气的容积比热较小 [1.25kJ/(m^3 · ℃)]，而水的容积比热较大 [4187kJ/(m^3 · ℃)]。其次，空气与集热器中吸热板的换热系数，要比水与吸热板的换热系数小得多。因此，集热器的体积和传热面积都要求很大。空气集热器的类型很多，如图 2-32 所示。

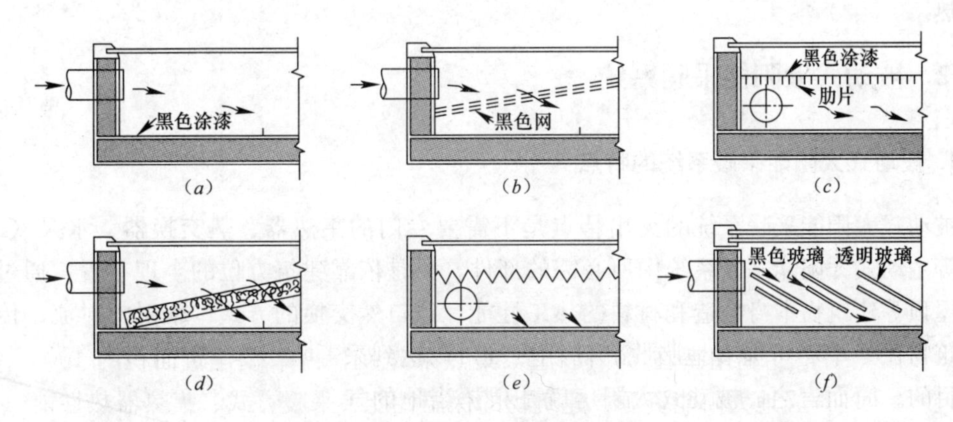

图 2-32 空气型集热器的种类

(a) 普通型；(b) 网型；(c) 间接肋片型；(d) 金属绒型；(e) 间接折板型；(f) 玻璃重叠型（洛夫）

当集热介质为空气时，储热器一般使用砾石固定床，砾石堆有巨大的表面积及曲折的缝隙。当热空气流通时，砾石堆就储存了由热空气所放出的热量。通入冷空气就能把储存的热量带走。这种直接换热器具有换热面积大、空气流通阻力小及换热效率高的特点，而且对容器的密封要求不高，镀锌钢板制成的大桶、地下室、水泥涵管等都适合于装砾石。砾石的粒径以 2～2.5cm 较为理想，用卵石更为合适。但装进容器以前，必须仔细刷洗干净，否则灰尘会随暖空气进入建筑物内。在这里砾石固定床既是储热器又是换热器，因而降低了系统的造价。

这种系统的优点是集热器不会出现冻坏和过热情况，可直接用于热风采暖，控制使用方便。缺点是所需集热器面积大。

（2）水加热系统

图2-33是以水为集热介质的太阳能采暖系统图。此系统以储热水箱与辅助加热装置为采暖热源。当有太阳能可采集时开动水泵，使水在集热器与水箱之间循环，吸收太阳能来提高水温。该系统的集热器—储热部分—辅助加热—负荷部分可以分别控制。水泵2是保证负荷部分采暖热水的循环，旁通管的作用是为了避免用辅助能量去加热储热水箱。

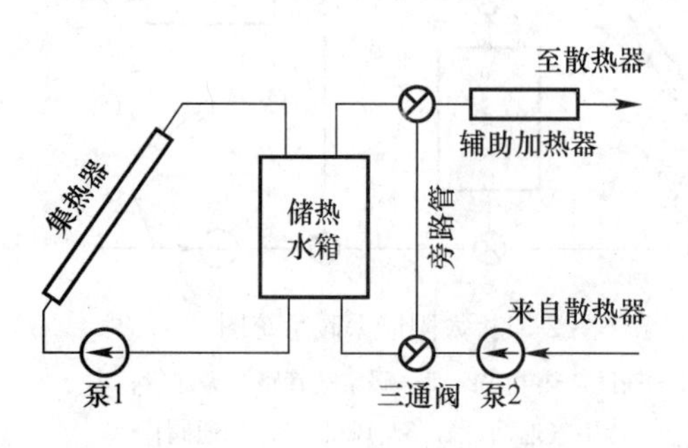

图2-33　太阳能水加热系统图

根据设计要求，一般有三种工作状态：假设采暖热媒温度为40℃、回水温度为25℃时，集热器温度超过40℃，辅助加热装置就不工作；当集热器温度在25～40℃之间，辅助加热装置需提供部分热源；当集热器温度降到25℃以下，系统中全部水量只通过旁通管进入辅助加热装置，采暖所需热量都由辅助加热装置提供，暂不利用太阳能。该系统储热介质是水，比热容较大，因此大大缩小了储热装置的体积，从而降低了造价。但应该特别注意防止集热器和系统管道的冻结和渗漏。

采暖选择空气加热系统还是水加热系统，需要根据储热介质而定。如储热介质是水，集热器流体也应该是水，以选用水加热系统为宜。空气加热系统适合于使用碎石或砾石进行储热。

2.3.2　被动式太阳能采暖系统

1. 被动式太阳能采暖系统的特点

被动式太阳能采暖系统的突出特点是不需要专门的集热器、热交换器、水泵（或风机）等主动式太阳能采暖系统中所必需的部件，只是依靠建筑方位的合理布置，通过窗、墙、屋顶等建筑物本身构造和材料的热工性能，以自然交换的方式（辐射、对流、传导）使建筑物在冬季尽可能多地吸收和储存热量，以达到采暖的目的。简而言之，被动式太阳房就是根据当地的气象条件，在基本上不添置附加设备的条件下，只在建筑构造和材料性能上下工夫，使房屋达到一定采暖效果的一种方法。因此，这种太阳能采暖系统构造简单、造价便宜。如图2-34所示，将一道实墙外面涂成黑色，实墙外面再用一层或两层玻璃加以覆盖。将墙设计成集热器而同时又是储热器。室内冷空气由墙体下部入口进入集热器，被加热后又由上部出口进入室内进行采暖。当无太阳能时，可将墙体上、下通道关闭，室内只靠墙体壁温以辐射和对流形式不断地加热室内空气。

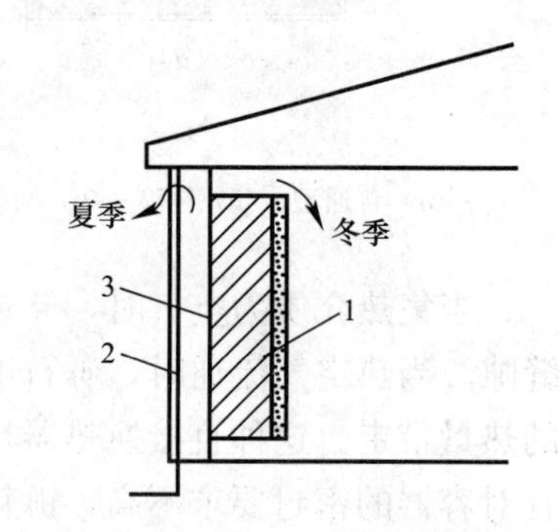

图2-34　被动式太阳能供暖系统

1—墙体；2—玻璃；3—涂黑表面

2. 被动式太阳能采暖系统的分类

从太阳热利用的角度，被动式太阳能采暖可以分为5种类型：直接受益式、集热蓄热墙式、综合（阳光间）式、屋顶集热和储热式以及自然循环（热虹吸）式，以下分别予以介绍。

（1）直接受益式

这是被动式太阳房中最简单的一种形式（图2-35），就是把房间朝南的窗扩大，或做成落地式大玻璃墙，让阳光直接进到室内加热房间。在冬季晴朗的白天，阳光通过南向的窗（墙）透过玻璃直接照射到室内的墙壁、地板和家具上，使它们的温度升高，并被用来储存热量，夜间，在窗（墙）上加保温窗帘，当室外和房间温度都下降时、墙和地储存的热，通过辐射、对流和传导被释放出来，使室温维持在一定的水平（图2-36）。

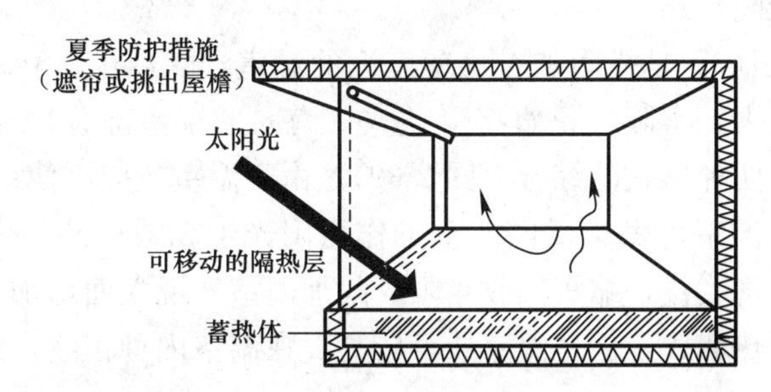

图2-35 直接受益式工作原理

直接受益式太阳房对仅需要白天采暖的办公室、学校等公共建筑物更为适用。

（2）集热-蓄热墙式

最早的著名蓄热墙就是法国的特朗勃墙（Trombe wall）。这是间接受益太阳能采暖系统的一种（图2-37）。太阳光照射到南向、外面有玻璃的深黑色蓄热墙体上，蓄热墙吸收太阳的辐射热后、通过传导把热量传到墙内一侧，再以对流和热辐射方式向室内供热。另外，在玻璃和墙体的夹层中，被加热的空气上升，由墙上部的通气孔向室内送热，而室内的冷空气则由墙下部的通气孔进入夹层，如此形成向室内输送热风的对流循环。以上是冬天工作的情况。夏天，关闭墙上部的通风孔，室内热空气随设在墙外上端的排气孔排出，使室内得到通风，达到降温的效果。

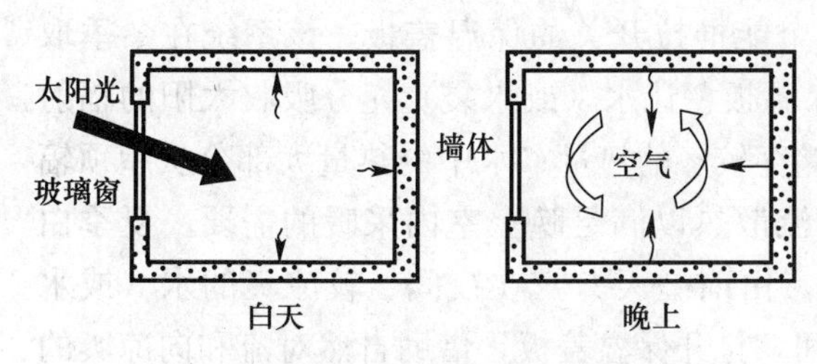

图2-36 吸热（白天）和放热（晚上）

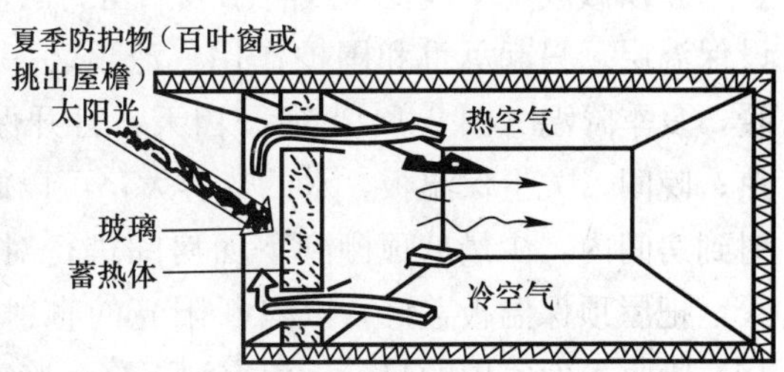

图2-37 集热-蓄热墙式工作原理

另一种形式是在玻璃后面设置一道“水墙”，如图2-38所示。与特朗勃墙不同之处是墙上不需要开进气口与排气口。“水墙”的表面吸收热量后，由于对流作用，吸收的热量很快地在整个“水墙”内部传播。然后由“水墙”内壁通过辐射和对流，把墙中的热量传到室内。“水墙”内充满水，具有加热快、储热能力强及均匀的优点。“水墙”也可以用塑料或金属制作，有些设计采用充满水的塑料或金属容器堆积而成，使建筑别具一格。

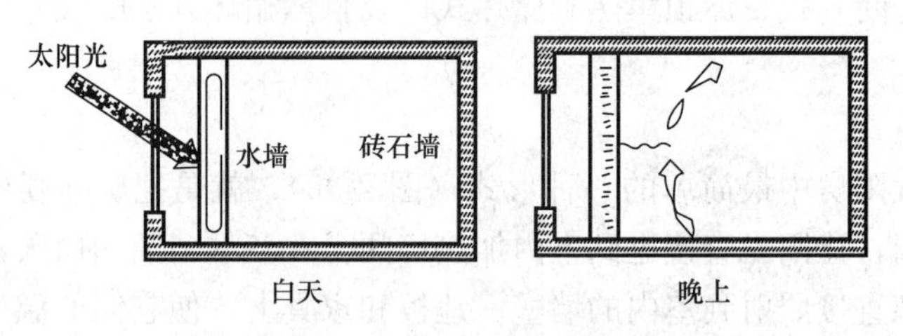

图 2-38 利用“水墙”的被动式太阳能采暖系统

（3）综合（阳光间）式

“综合式被动太阳房”是指附加在房屋南面的温室，既可用于新建的太阳房，又可在改建的旧房上附加上去。实际它是直接受益式（南向的温室部分）和集热-蓄热墙式（后面有集热墙的房间）两种形式的综合（图 2-39）。由于温室效应，使室内有效获热量增加，同时减小室温波动。温室可做生活间，也可作为阳光走廊或门斗，温室中种植蔬菜和花草、美化环境增加经济收益，缩短回收年限。附加温室外观立面增加了建筑的造型美，热效率略高于集热—蓄热墙式，但是温室造价较高，在温室内种植物，湿度大，有气味，使温室的利用受到限制。

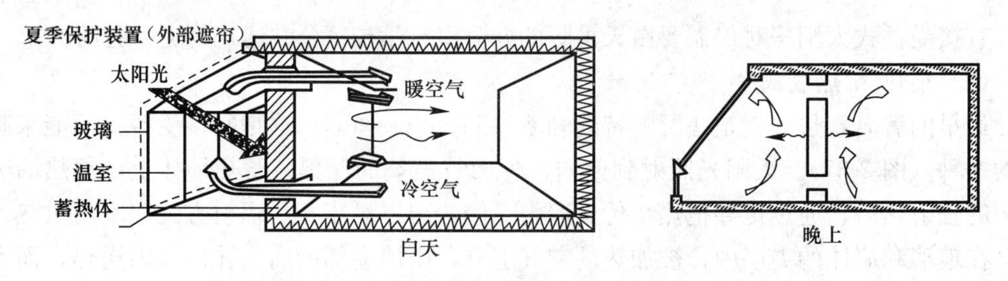

图 2-39 综合式被动太阳能采暖的工作原理

（4）利用屋顶进行集热和储热

屋顶做成一个浅池（或将水装入密封的塑料袋内）式集热器，在这种设计中，屋顶不设保温层，只起承重和围护作用，池顶装一个能推拉开关的保温盖板。该系统在冬季取暖，夏季降温（图 2-40）。冬季白天，打开保温板，让水（或水袋）充分吸收太阳的辐射热；晚间，关上保温板，水的热容大，可以储存较多的热量。水中的热量大部分从屋顶辐射到房间内，少量从顶棚到下面房间进行对流散热以满足晚上室内采暖的需要。夏季白天，把屋顶保温板盖好，以隔断阳光的直射，由前一天暴露在夜间、较凉爽的水（或水袋）吸收下面室内的热量，使室温下降；晚间，打开保温盖板，借助自然对流和向凉爽的夜空进行辐射，冷却了池（水袋）内的水，又为次日白天吸收下面室内的热量做好了准备。该系统适合于南方夏季较热，冬天又十分寒冷的地区，如夏热冬冷的长江两岸地区，为一年冬夏两个季节提供冷、热源。

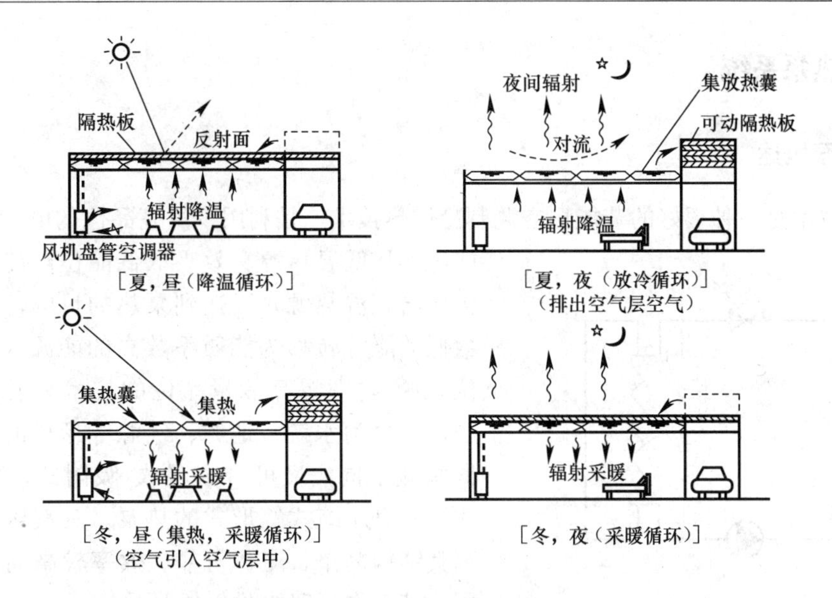

图 2-40 屋顶集热储热式工作原理

用屋顶作集热和储热的方法，不受结构和方位的限制。用屋顶作室内散热面，能使室温均匀，也不影响室内的布置。

(5) 自然循环（热虹吸）式

自然循环被动太阳房的集热器、储热器是和建筑物分开独立设置的。它适用于建在山坡上的房屋。集热器低于房屋地面，储热器设在集热器上面，形成高差，利用流体的热对流循环，如图 2-41 所示。白天，太阳集热器中的空气（或水）被加热后，借助温差产生的热虹吸作用，通过风道（用水时为水管），上升到它的上部岩石储热层，热空气被岩石堆吸收热量而变冷，再流回集热器的底部，进行下一次循环。夜间，岩石储热器通过送风口向采暖房间以对流方式采暖。该类型太阳房有气体采暖和液体采暖两种，由于其结构复杂，应用受到一定的限制。

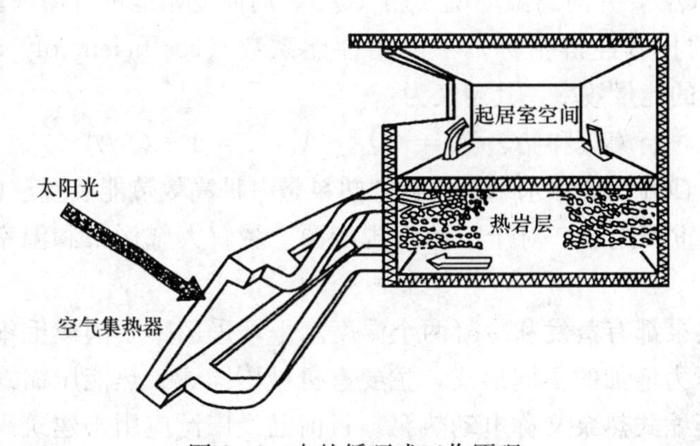

图 2-41 自然循环式工作原理

以上几种类型的被动式太阳房，在实际应用中，往往是几种类型结合起来使用，称为组合式或复合式。尤以前三种型式应用在一个建筑物上更为普遍。其他还有主、被动结合在一起使用的情况。

2.3.3 热泵系统

1. 热泵概述

热泵技术是一种很好的节能型空调制冷供热技术，是利用少量高品位的电能作为驱动能源，从低温热源高效吸取低品位热能，并将其传输给高温热源，以达到泵热的目的，从能质系数低的能源转移为能质系数高的能源（节约高品位能源），即提高能量品位的技术。根据热源不同，可分为水源、地源、气源等形式的热泵；根据原理不同，又可分为吸收/吸附式、蒸汽喷射式、蒸汽压缩式等形式的热泵。蒸汽压缩式热泵因其结构简单、工作可靠、效率较高而被广泛采用，其工作原理如图2-42所示。

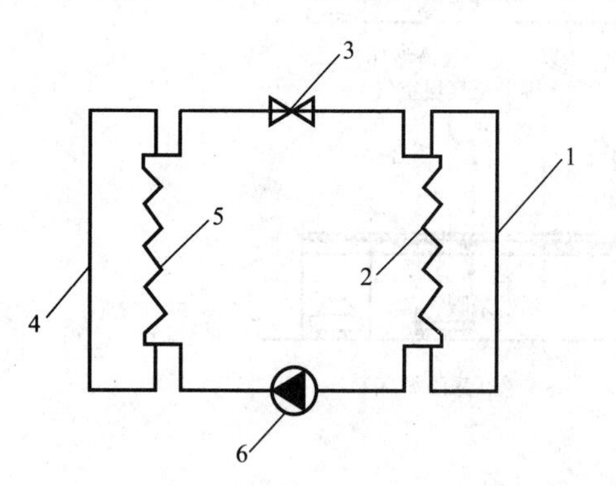

图2-42 蒸汽压缩式热泵示意图
1—低温热源；2—蒸发器；3—节流阀；
4—高温热源；5—冷凝器；6—压缩机

如图2-42所示，热泵可以看成是一种反向使用的制冷机，与制冷机所不同的只是工作的温度范围。蒸发器吸热后，其工质的高温低压过热气体在压缩机中经过绝热压缩变为高温高压的气体后，经冷凝器定压冷凝为低温高压的液体（放出工质的气化热等，与冷凝水进行热交换，使冷凝水被加热为热水供用户使用），液态工质再经降压阀绝热节流后变为低温低压液体，进入蒸发器定压吸收热源热量，并蒸发变为过热蒸汽，完成一个循环过程。如此循环往复，不断地将热源的热能传递给冷凝水。

根据热力学第一定律，有：

$$Q_g = Q_d + A \tag{2-5}$$

根据热力学第二定律，压缩机所消耗的电功A起到补偿作用，使得制冷剂能够不断地从低温环境吸热（Q_d），并向高温环境放热（Q_g），周而复始地进行循环。因此，压缩机的能耗是一个重要的技术经济指标，一般用性能系数（coefficient of performance，简称COP）来衡量装置的能量效率，其定义为：

$$COP = Q_g/A = (Q_d + A)/A = 1 + Q_d/A \tag{2-6}$$

显然，热泵的COP永远大于1。因此，热泵是一种高效节能装置，也是制冷空调领域内实施建筑节能的重要途径，对于节约常规能源、缓解大气污染和温室效应起到积极的作用。

所有形式的热泵都有蒸发和冷凝两个温度水平，采用膨胀阀或毛细管实现制冷剂的降压节流，只是压力增加的不同形式，主要有机械压缩式、热能压缩式和蒸汽喷射压缩式。其中，机械压缩式热泵又称电动热泵，目前已经广泛应用于建筑采暖和空调，在热泵市场上占据了主导地位；热能压缩式热泵包括吸收式和吸附式两种形式，其中水-溴化锂吸收式和氨-水吸收式热水机组已经逐步走上商业化发展的道路，而吸附式热泵目前尚处于研究和开发阶段，还必须克服运转间歇性以及系统性能和冷重比偏低等问题，才能真正应用于实际。根据热源形式的不同，热泵可分为空气源热泵、水源热泵、土壤源热泵和太阳能热泵等。国外的文献通常将地下水热泵、地表水热泵与土壤源热泵统称为地源热泵。

2. 太阳能热泵

（1）太阳能热泵工作原理

太阳能热泵是将节能装置——热泵与太阳能集热设备、蓄热结构连接的新型供热系统，这种系统形式，不仅能够有效地克服太阳能本身所具有的稀薄性和间歇性，而且可以达到节约高位能和减少环境污染的目的，具有很大的开发、应用潜力。随着人们对获取生活用热水的要求日趋提高，具有间断性特点的太阳能难以满足全天候供热。热泵技术与太阳能利用相结合无疑是一种较好的解决方法。

按照太阳能和热泵系统的连接方式，太阳能热泵系统分为串联系统、并联系统和混合连接系统，其中串联系统又可分为传统串联式系统和直接膨胀式系统。

传统串联式系统如图 2-43 所示。在该系统中，太阳能集热器和热泵蒸发器是两个独立的部件，它们通过储热器实现换热，储热器用于存储被太阳能加热的工质（如水或空气），热泵系统的蒸发器与其换热使制冷剂蒸发，通过冷凝将热量传递给热用户。这是最基本的太阳能热泵的连接方式。

直接膨胀式系统如图 2-44 所示。该系统的太阳能集热器内直接充入制冷剂，太阳能集热器同时作为热泵的蒸发器使用，集热器多采用平板式。最初使用常规的平板式太阳能集热器；后来又发展为没有玻璃盖板，但有背部保温层的平板集热器；甚至还有结构更为简单的，既无玻璃盖板也无保温层的裸板式平板集热器。有人提出采用浸没式冷凝器（即将热泵系统的冷凝器直接放入储水箱），这会使得该系统的结构进一步地简化。目前直接膨胀式系统因其结构简单、性能良好，已逐渐成为人们研究关注的对象，并已经得到实际的应用。

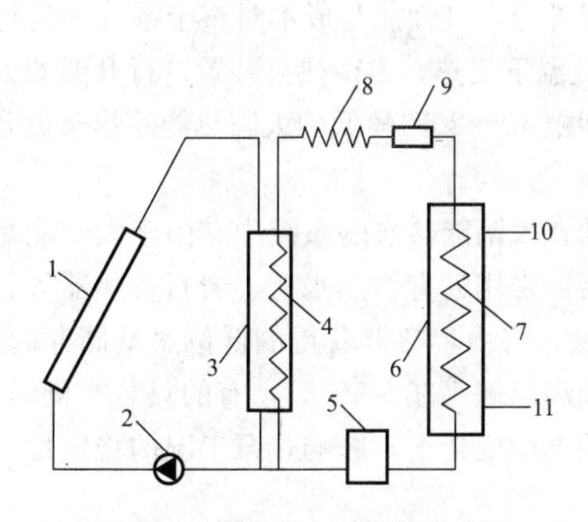

图 2-43　串联式太阳能热泵系统

1—平板式集热器；2—水泵；3—储热器；4—蒸发器；5—压缩机；6—水箱；7—冷凝盘管；8—毛细管；9—干燥过滤器；10—热水出口；11 —冷水入口

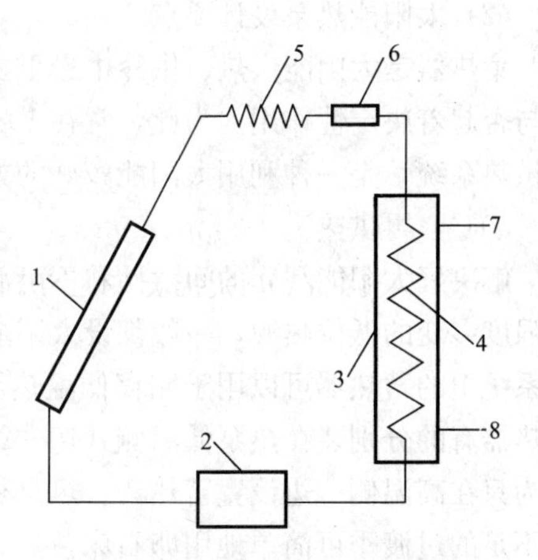

图 2-44　直接膨胀式太阳能热泵系统

1—平板集热器；2—压缩机；3—水箱；4—冷凝盘管；5—毛细管；6—干燥过滤器；7—热水出口；8—冷水入口

并联式系统如图2-45所示。该系统是由传统的太阳能集热器和热泵共同组成，它们各自独立工作，互为补充。热泵系统的热源一般是周围的空气。当太阳辐射足够强时，只运行太阳能系统，否则，运行热泵系统或两个系统同时工作。

混合连接系统也叫双热源系统，实际上是串联和并联系统的组合，如图2-46所示。

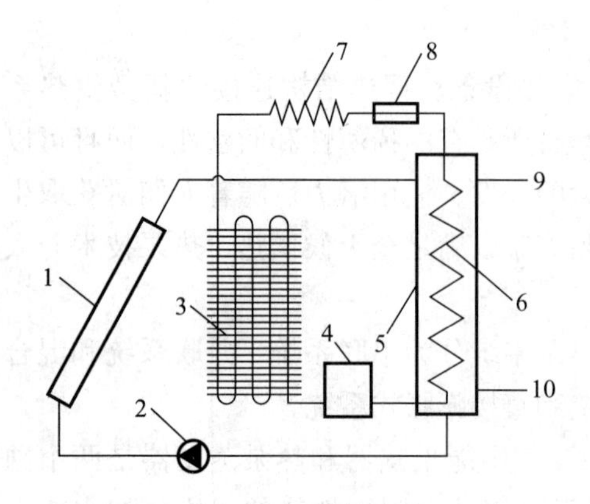

图2-45 并联式太阳能热泵系统

1—平板集热器；2—水泵；3—蒸发器；4—压缩机；5—水箱；6—冷凝盘管；7—毛细管；8—干燥过滤器；9—热水出口；10—冷水入口

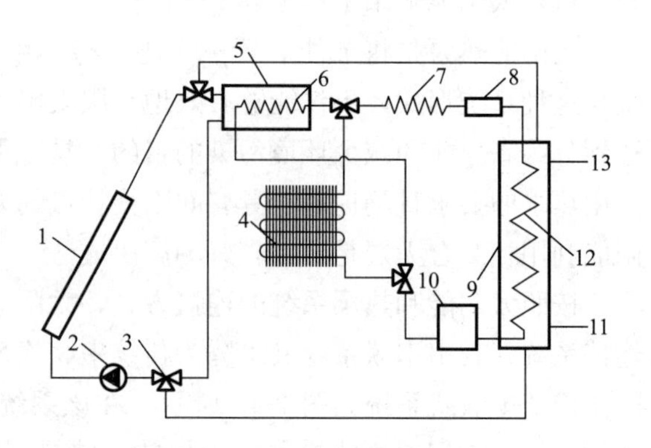

图2-46 混合式太阳能热泵系统

1—平板集热器；2—水泵；3—三通阀；4—空气源蒸发器；5—中间换热水箱；6—以太阳能加热的水或空气为热源的蒸发器；7—毛细管；8—干燥过滤器；9—水箱；10—压缩机；11—冷水入口；12—冷凝盘管；13—热水出口

混合式太阳能热泵系统设两个蒸发器，一个以大气为热源，另外一个以被太阳能加热的工质为热源。根据室外具体条件的不同，有以下3种不同的工作模式：1）当太阳辐射强度足够大时，不需要开启热泵，直接利用太阳能即可满足要求；2）当太阳辐射强度很小，以至水箱中的水温很低时，开启热泵，使其以空气为热源进行工作；3）当外界条件介于两者之间时，使热泵以水箱中被太阳能加热的工质为热源进行工作。

（2）太阳能热泵设计要点

集热器是太阳能供热、供冷中最重要的组成部分，其性能与成本对整个系统的运行成功与否起着决定性作用。为此，常在10～20℃低温下集热，再由热泵装置进行升温的太阳能供热系统，是一种利用太阳能较好的方案。即把10～20℃较低的太阳热能经热泵提升到30～50℃，再供热。

解决好太阳能利用的间歇性和不可靠性问题。太阳能热泵的系统中，由于太阳能是一个强度多变的低位热源，一般都设太阳能蓄热器，常用的有蓄热水槽、岩石蓄热器等。热泵系统中的蓄热器可以用于储存低温热源的能量，将由集热器获得的低位热量储存起来，蓄热器有的分别装在热泵低温侧（10～20℃）和高温侧（30～50℃），有的只装在低温侧。因为只在高温侧一边设置蓄热槽，热泵热源侧的温度变化大，影响热泵工况的稳定性。日照不足的过渡季可简单地用卵石床蓄热。

设计太阳能热泵集热系统时，以下两个主要设计参数是必须计算研究的，一个是太阳能集热器面积；另一个是太阳能集热器安装倾角。

太阳能集热系统设计原则：

1）太阳能集热器在冬季使用，必须具有良好的防冻性能，目前各类真空管太阳能集热器可基本满足要求，但其他类型的集热器则应具备防冻功能。

2）太阳能集热器的安装倾角，应使冬季最冷月（1月份）集热器表面上接收的入射太阳辐射量最大。

3）确定太阳能集热器面积时，应对设计流量下适宜的集热器出水温度进行合理选择，避免确定的集热器面积过大。

4）必须配置可靠的系统控制设施，以在太阳能供热状态和辅助热源供热状态之间作灵活切换，保证系统正常运行。

在太阳能集热器的选型上，要合理确定冬季热泵供热用太阳能集热量和夏季生活热水用热量以及冬季辅助加热量，做到投资运行最佳效益。

3. 地源热泵

从表面上说，地源热泵只是简单地利用了土壤、地下水、地表水或污水等热源，而从更深层次上说，它是非常典型的可再生能源利用技术，为此，明确浅层地热能与地表热能的概念，并在此基础上分析其节能原理是非常必要的。

（1）地源热泵工作原理

图2-47所示为五种供热方案的能流图，图中都以房屋采暖需要10kWh的热量作为比较基础。通过对能量数量转换的对比，可以理解地源热泵的工作原理及其与其他方案比较的优劣。

通常电动压缩式热泵消耗的是电能，得到的是热能。其供热效率用性能系数*COP*表示。

$$COP=\frac{\text{热泵机组提供的热量(kWh)}}{\text{机组耗电量(kWh)}}$$

一般地源热泵系统$COP\geqslant 3.0$，即消耗1kWh的电能，可以得到3kWh以上的供热用热能。但是，一般燃煤火力发电站效率只有30%～38%，加上输配电损失，供电效率更低。考查不同供热方案的能量利用效率可以采用一次能源利用率（*PER*）作为指标，即所得热能与消耗的一次能源之比，对于热泵方案，*PER*等于*COP*与供电效率的乘积。

图2-47（*a*）中的锅炉供热是指效率很高的单户燃油、燃气锅炉供热，没有区域供热管网的热损失和大型循环水泵耗电。如果用燃煤锅炉，效率更低些。图2-47（*b*）是电热采暖的情况，此时$COP=1.0$。图2-47（*d*）中，发电是采用天然气的联合循环发电站，这种现代化装置的发电效率能达到50%～60%，图中采用的供电效率是45%；所用地源热泵是$COP=3.7$的高效低温地源热泵。表2-3更直观地显示了这几种供热方式的对比。

实际应用中，供热方案并非仅依据表2-3中一次能源利用率的高低来确定，各方案的实际使用效果或经济性还受许多其他因素的制约。

图2-47和表2-3中的电阻式采暖虽然一次能源利用率最低，但在一些特殊场合（如电价较低），则仍有可能采用这种供热方案。但从热力学角度来讲，不宜大力发展直接电采暖。图2-47和表2-3中所说的地源热泵，是指使用低温热源的地源热泵，如果采用温度较高的水（工业废水和工业循环水）为热源，其性能系数*COP*可达4.0～6.0，一次能源利用率将更高。

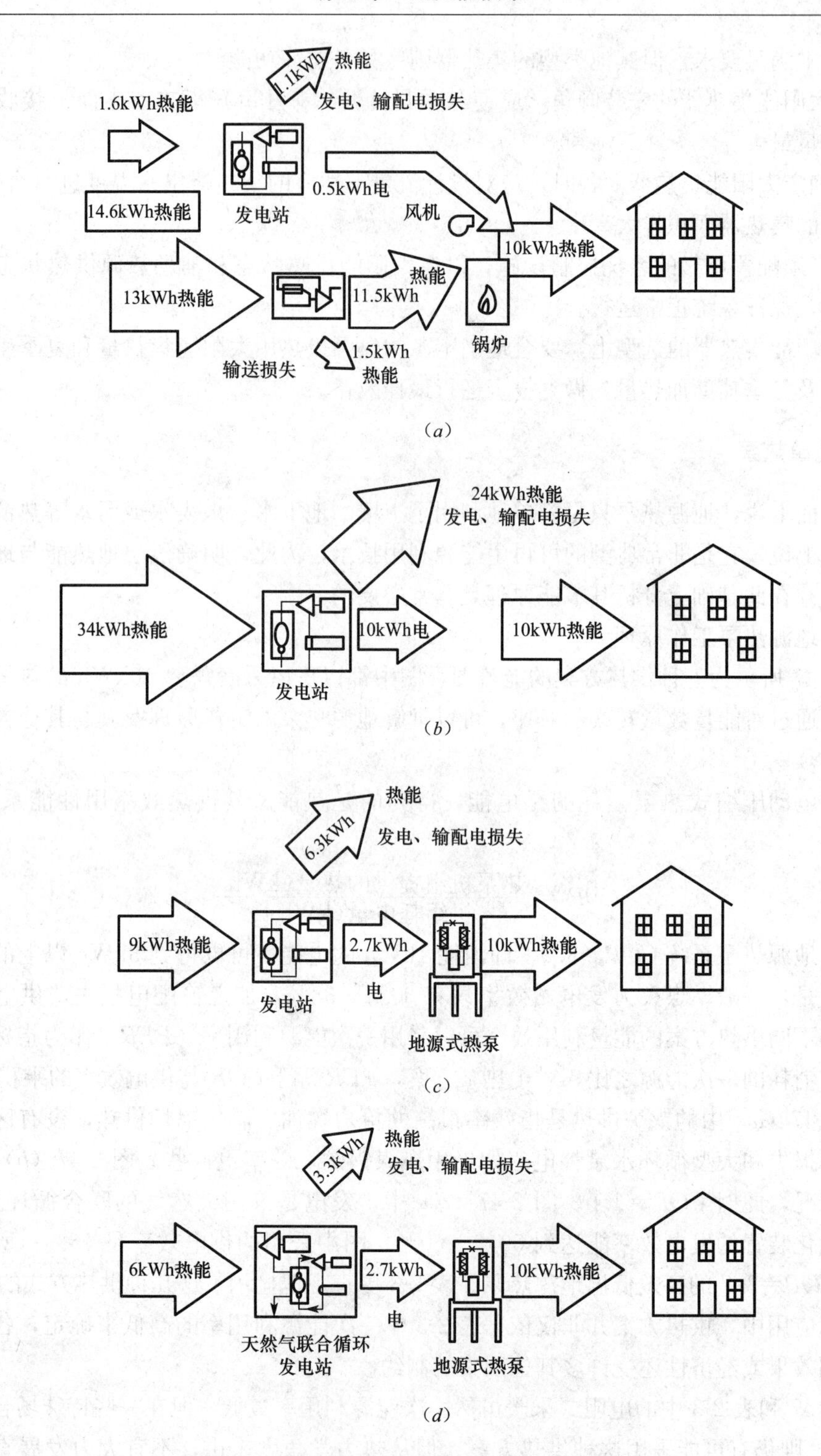

图 2-47 地源热泵与其他各种供热方式的能流图

(a) 锅炉供热；(b) 电阻式采暖；(c) 一般发电站、地源式热泵供热；
(d) 天然气联合循环发电站、地源式热泵供热

各种供热方式的一次能源利用率 表 2-3

供热或采暖方式	供电效率（%）	COP	PER（%）	备 注
电阻式采暖	30	<100%	<30	一般火力发电
电动空气源热泵	30	2.0	～60	大气温度>−10℃
燃油、燃气锅炉	30		<70	燃煤时<65%
地源热泵	30	3.7	110	一般火力发电站
地源热泵	>45	3.7	>160	燃气联合循环发电

除了性能系数 *COP*、一次能源利用率 *PER* 之外，还可采用季节性能系数 *SPF*（Seasonal Performance Factor）来评价地源热泵系统的性能。*SPF* 是整个供热季节内，性能系数 *COP* 的平均值。由于在热源和热分配系统中不可避免地存在着热损失和动力消耗，因此在进行计算、比较热泵效率指标时，要注意区分它指的是热泵机组本身，还是对整个系统而言。

热泵的 *COP* 和 *PER* 与其温升（热源温度和热泵输出温度的差值）紧密相关。理想状况下热泵的 *COP*，主要取决于冷凝温度和温升（＝冷凝温度－蒸发温度）。国外实践证明，当热源温度高于0℃时，地源热泵的性能系数 *COP* 一般大于3.0。热源温度越高，性能系数越大。

（2）地源热泵节能本质

热力学认为，能量可否转换为功，是衡量能量品位的最佳方法。热力学第二定律规定，功可以完全转换为热（或其他形式的能量），但热只能部分地转化为功。能量可转化为功的这一部分数量，称为“㶲”或有用能。其余的部分称为“炕”或无用能。第二定律意味着，在任何能量的转换中，㶲被认为是能量的最好状态，而且，㶲实际上总是在减少。

电能是纯粹的100%的㶲，因为它能完全转换为功。燃料的热值也可认为是纯粹的㶲。但是，按照热力学第二定律，“热能”的热力学价值更有限。热能可以定义为，是一种受温度差驱使的能流。一个理解是，它的价值或质量，将随这种能流温度的升高而提高。热能在一定温度下，真正的㶲值含量可用下面公式计算。

$$㶲=(T_r-T_a)/T_r \tag{2-7}$$

式中 T_r——热能的温度（K）；

T_a——环境温度（K）。

上述㶲的公式显示，热能的㶲值不仅与其本身的温度有关，也与周围环境温度有关。只有当热流的温度高于或低于周围环境温度时，它才能“干某种事情”。释放到屋子内的1kWh的能量，当它散失到室外温度下的环境中时，就完全丧失了它的价值。热力学第二定律使能源系统的设计有了一个重要的依据，那就是，必须承认能量是有“价值”的。人们需要的是能够提供纯粹㶲值的燃料，而且这个㶲必须能最大限度地得到应用。所以，节约能量，真正的意义是节约有质量的能量。

在这个称为“能量质量概念”的基础上，出现了能源系统设计的两个重要原则：能量的梯级利用和能级的提升。

能量的梯级利用，避免了热能不必要的降级。高质量的热能，首先用于高质量的目的。能级的提升可以使低质量的能量，用于需要较高温度热能的地方，这是用热泵的方法实现的，不同于常规加热系统。热泵不是自然“降级”成热能，而是用一部分㶲，把低质量的能量提升到所需要的温度。例如，10kJ、50℃的热量中，只包含1.5kJ的㶲。理论上，只需要用一台地源热泵，从燃料或电能向“无用”热能供应1.5kJ的㶲，其余8.5kJ的“无用能”，就可以从低温热源，如土壤或浅层地下水（约为15℃左右）中吸取。虽然，实际上需要更多的㶲，但热泵还是能达到非常高的能源效率。

一个最优化的能量系统无论是单一工艺过程，还是建筑物，或者是一个区域，乃至整个社会始终要使能量降级的梯级最小，并在必要时，配套使用能级提升技术。这就是热泵技术在整个能量系统中的地位。而且，在人类目前掌握的技术中，热泵技术是唯一一种实用的“能级提升”技术。

和“水泵的扬程越大耗电量越大”的道理一样，热泵的温度升程（从热源到供热目的地的温度差）越大，耗电量就越大。由于利用的浅层地热能，在冬季时，温度总是高于大气温度，夏季又低于大气温度，而且地源热泵所服务的对象，一般属于低温热能供应，因此，地源热泵运行的总体温度升程相对较低，保证其花费少量的高品位能量满足供热制冷的需要，是非常有效的节约常规能源的技术。

2.3.4 太阳能热水辐射采暖系统

太阳能热水辐射采暖的热媒是温度为30～60℃的低温热水，这就使利用太阳能作为热源成为可能。按照使用部位的不同，可分为太阳能顶棚辐射采暖、太阳能地板辐射采暖等几类，在此仅介绍目前使用较为普遍的太阳能地板辐射采暖。

1. 太阳能地板辐射采暖系统的特点

传统的供热方式主要是散热器采暖，即将暖气片布置在建筑物的外墙内侧，这种采暖方式存在以下几方面的不足：

1）影响居住环境的美观程度，减少了室内空间。

2）房间内的温度分布不均匀。靠近暖气片的地方温度高，远离暖气片的地方温度低。

3）供热效率低下。

4）散热器采暖的主要散热方式是对流，这种方式容易造成室内环境的二次污染，不利于营造一个健康的居住环境。

5）在竖直方向上，房间内的温度分布与人体需要的温度分布不一致，使人产生头暖脚凉的不舒适感觉。

与传统采暖方式相比，太阳能地板辐射采暖技术主要具有以下几方面的优点：

1）降低室内设计温度；

2）可分户计量；

3）舒适性好；

4）使用寿命长；

5）扩大房间使用面积；

6）高效节能。

2. 系统组成及工作原理

太阳能地板辐射采暖是一种将集热器采集的太阳能作为热源，通过敷设于地板中的盘管加热地面进行采暖的系统，该系统是以整个地面作为散热面，传热方式以辐射散热为主，其辐射换热量约占总换热量的60%以上。

典型的太阳能地板辐射采暖系统（图2-48）由太阳能集热器、控制器、集热泵、蓄热水箱、辅助热源、供回水管、止回阀若干、三通阀、过滤器、循环泵、温度计、分水器、加热器组成。

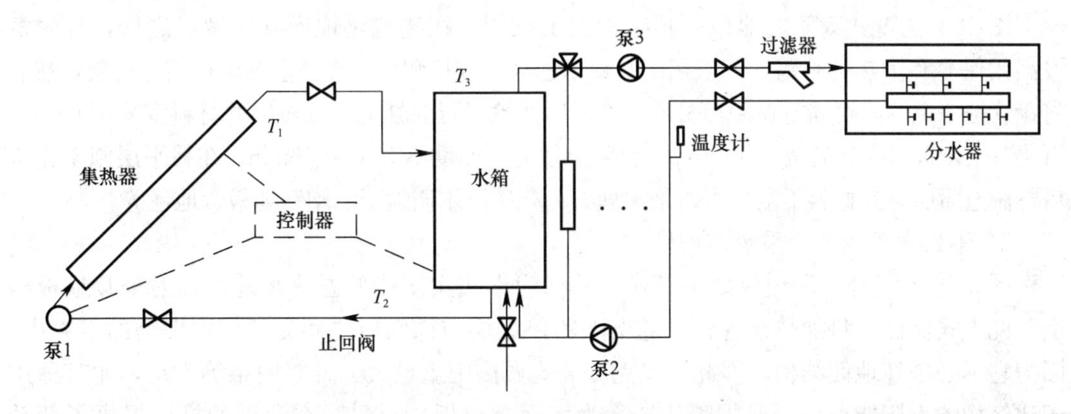

图2-48 太阳能地板辐射采暖系统图

当 $T_1>50℃$，控制器就启动水泵，水进入集热器进行加热，并将集热器的热水压入水箱，水箱上部温度高，下部温度低，下部冷水再进入集热器加热，构成一个循环。当 $T_1<40℃$时，水泵停止工作，为防止反向循环及由此产生的集热器的夜间热损失，则需要一个止回阀。当蓄热水箱的供水水温 $T_3>45℃$时，可开启泵3进行采暖循环。和其他太阳能的利用一样，太阳能集热器的热量输出是随时间变化的，它受气候变化周期的影响，所以系统中有一个辅助加热器。

当阴雨天或是夜间太阳能供应不足时，可开启三通阀，利用辅助热源加热。当室温波动时，可根据以下几种情况进行调节：如果可利用太阳能，而建筑物不需要热量，则把集热器得到的能量加到蓄热水箱中去；如果可利用太阳能，而建筑物需要热量，把从集热器得到的热量用于地板辐射采暖；如果不可能利用太阳能，建筑物需要热量，而蓄热水箱中已储存足够的能量，则将储存的能量用于地板辐射采暖；如果不可能利用太阳能，而建筑物又需要热量，且蓄热水箱中的能量已经用尽，则打开三通阀，利用辅助能源对水进行加热，用于地板辐射采暖。尤其需要指出，蓄热水箱存储了足够的能量，但不需要采暖，集热器又可得到能量，集热器中得到的能量无法利用或存储，为节约能源，可以将热量供应生活用热水。

蓄热水箱与集热器上下水管相连，供热水循环之用。蓄热水箱容量大小根据太阳能地板采暖日需热水量而定。在太阳能的利用中，为了便于维护加工，提高经济性和通用性，蓄热水箱已标准化。目前蓄热水箱以容积分为500L和1000L两种，外形均为方形。容积500L的水箱外形尺寸为：778mm×778mm×800mm；容积为1000L的水箱外形尺寸为：

928mm×928mm×1300mm。

3. 地板的结构形式

地板结构形式与太阳能地板辐射采暖效果息息相关，这里从构造做法和盘管辐射方式两方面进行阐述。

（1）构造做法

按照施工方式，太阳能地板辐射采暖的地板构造做法可分为湿式和干式两类。

1）湿式太阳能地板采暖结构形式

图2-49为湿式太阳能地板采暖结构的示意图。在建筑物地面基层做好之后，首先敷设高效保温和隔热的材料，一般用的是聚苯乙烯板或挤塑板，在其上铺设铝箔反射层，然后将盘管按一定的间距固定在保温材料上，最后回填豆石混凝土。填充层的材料宜采用C15豆石混凝土，豆石粒径宜为5～12mm。盘管的填充层厚度不宜小于50mm，在找平层施工完毕后再做地面层，其材料不限，可以是大理石、瓷砖、木质地板、塑料地板、地毯等。

2）干式太阳能地板采暖结构形式

图2-50为另外一种地板结构形式，被称为干式太阳能低温热水地板辐射采暖地板构造。此干式做法是将加热盘管置于基层上的保温层与饰面层之间无任何填埋物的空腔中，因为它不必破坏地面结构，因此可以克服湿式做法中重量大、维修困难等不足，尤其适用于建筑物的太阳能地板辐射采暖改造，为太阳能地板辐射采暖在我国的推广提供了新动力，从而丰富和完善了该项技术的应用，是适应我国建筑条件和住宅产品多元化需求的有益探索和实践。

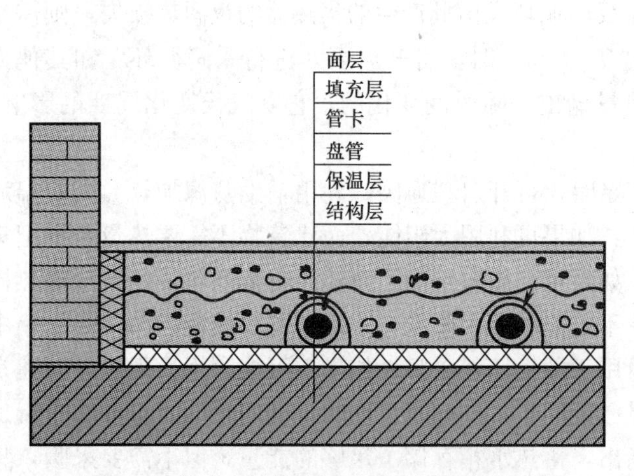

图2-49 湿式太阳能地板采暖地板构造示意图

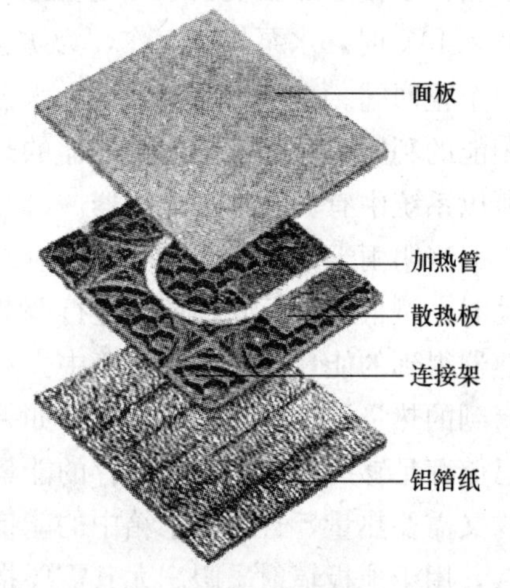

图2-50 干式太阳能地板采暖地板构造示意图

（2）盘管敷设方式

如图2-51所示，太阳能地板辐射采暖系统盘管的敷设方式分为蛇形和回形两种，蛇形敷设又分为单蛇形、双蛇形和交错双蛇形敷设3种；回形敷设又分为单回形、双回形和对开双回形敷设三种。

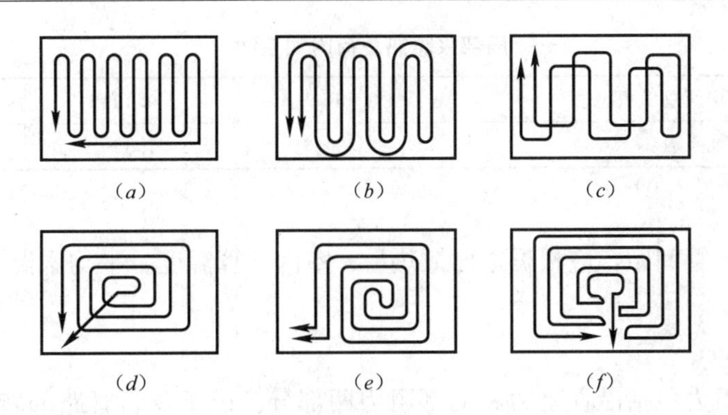

图 2-51 盘管敷设方式

(a) 单蛇形；(b) 双蛇形；(c) 交错双蛇形；(d) 单回形；(e) 双回形；(f) 对开双回形

影响盘管敷设方式的主要因素是盘管的最小弯曲半径。由于塑料材质的不同，相同直径盘管最小弯曲半径是不同的。如果盘管的弯曲半径太大，盘管的敷设方式将受到限制。而满足弯曲半径的同时也要使太阳能地板辐射采暖的热效率达到最大。对于双回形布置，经过板面中心点的任何一个剖面，埋管是高低温管相互间隔布置，存在“零热面”和“均化”效应，从而使这种敷设方式的板面温度场比较均匀，且铺设弯曲度数大部分为90°弯，故铺设简单也没有埋管相交问题。

4. 主要设计参数的确定

(1) 地板表面平均温度

太阳能地板辐射采暖地板表面温度的确定是根据人体舒适感、生理条件要求，参照《地面辐射采暖技术规程》JGJ 142—2004 来确定的，具体推荐数值如表 2-4 所示。

太阳能地板辐射采暖的地板表面温度取值 **表 2-4**

不同使用情况	地板表面平均温度	地板表面平均温度最高限值
经常有人停留的地面	24～26℃	28℃
短期有人停留的地面	28～30℃	32℃
无人停留的地面	35～40℃	42℃
游泳池及浴室地面	30～35℃	35℃

(2) 供回水温度

在太阳能地板辐射采暖设计中，从安全和使用寿命考虑，民用建筑的供水温度不应超过60℃，供回水温差不宜超过10℃。

(3) 供热负荷

① 全面辐射采暖的热负荷，应按有关规范进行。对计算出的热负荷乘以修正系数(0.9～0.95)或将室内计算温度取值降低2℃均可。

② 局部采暖的热负荷，应再乘以附加系数(表 2-5)。

局部采暖热负荷附加系数　　表2-5

采暖面积与房间总面积比值	0.55	0.40	0.25
附加系数	1.30	1.35	1.50

(4) 管间距

加热管的敷设管间距，应根据地面散热量、室内计算温度、平均水温及地面传热热阻等通过计算确定。

(5) 水力计算

盘管管路的阻力包括沿程阻力和局部阻力两部分。由于盘管管路的转弯半径比较大，局部阻力损失很小，可以忽略。因此，盘管管路的阻力可以近似认为是管路的沿程阻力。

(6) 埋深

厚度不宜小于50mm；当面积超过30m^{2}或长度超过6m时，填充层宜设置间距不超过5m，宽度大于或等于5mm的伸缩缝。面积较大时，间距可适当增大，但不宜超过10m；加热管穿过伸缩缝时，宜设长度不大于100mm的柔性套管。

(7) 流速

加速管内水的流速不应小于0.25m/s，且不超过0.5m/s。同一集配装置的每个环路加热管长度应尽量接近，一般不超过100m，最长不能超过120m。每个环路的阻力不宜超过30kPa。

(8) 太阳能热水器选择

我国北方寒冷地区的冬季最低温度可达−40℃，因此，选择太阳能热水器应考虑其安全越冬问题。目前国内生产的全玻璃真空管和热管式真空管已经解决了这个问题。

5. 设计计算

(1) 采暖所需热水量的计算

单位建筑面积采暖所需的小时循环热水流量G可按下面的公式计算：

$$G = 0.86Q/(C_p \cdot \Delta T) \tag{2-8}$$

式中　G——单位建筑面积采暖所需的小时循环热水流量[kg/(m^2·h)]；

Q——单位建筑面积采暖热指标[kJ/(m^2·h)]；

C_p——水的定压比热容[4.18kJ/(kg·℃)]；

ΔT——采暖供回水温度差(℃)。

(2) 太阳能集热器出水量的计算

全玻璃太阳能真空集热管的能量平衡方程（总集热量=有效太阳得热量−热量损失）可按下面的公式计算：

$$MC_p\Delta T = \tau\alpha HA_a - U_L\Delta T\Delta tA_L \tag{2-9}$$

式中　M——单支真空集热管出水量(kg/d)；

C_p——水的定压比热容[4.18kJ/(kg·℃)]；

ΔT——采暖供回水温差(℃)；

τ——真空集热管的太阳透射比；

α——真空集热管涂层的太阳吸收比；

H——太阳辐射量［kJ/(m^2·d)］；

A_a——真空集热管的采光面积（m^2）；

U_L——真空集热管的热损系数［W/(m^2·℃)］；

Δt——累计辐射时间（h）；

A_L——单支真空集热管散热面积（m^2）。

单支全玻璃真空集热管的出水量为：

$$M=(\tau\alpha HA_a-U_L\Delta T\Delta tA_L)/(C_p\cdot\Delta T)$$

（3）太阳能集热器面积的计算

根据《民用建筑太阳能热水系统应用技术规范》GB 50364—2005。

1）直接系统集热器总面积可根据下面的公式计算：

$$A_c=\frac{Q_wC_p(t_{end}-t_i)f}{J_T\eta_{cd}(1-\eta_L)} \tag{2-10}$$

式中 A_c——集热器总面积（m^2）；

Q_w——日平均用水量（kg）；

C_p——水的定压比热容［4.18kJ/(kg·℃)］；

t_{end}——贮水箱内水的设计温度（℃）；

t_i——水初始温度（℃）；

f——太阳能保证率，宜为30%～80%；

J_T——当地集热器采光面上的年平均日太阳辐照量［kJ/(m^2·d)］；

η_{cd}——集热器年平均集热效率（0.25～0.50）；

η_L——蓄水箱和管路的热损失率（0.20～0.30）。

2）间接系统集热器面积可根据下面的公式计算：

$$A_{IN}=A_c\left(1+\frac{F_RU_LA_C}{U_{hx}A_{hx}}\right) \tag{2-11}$$

式中 A_{IN}——间接系统集热器面积（m^2）；

F_RU_L——集热器总热损系数［W/(m^2·℃)］；对平板型集热器，宜取4～6W/(m^2·℃)；对真空管集热器，宜取1～2W/(m^2·℃)；具体数值应根据集热器产品的实际检测结果而定；

U_{hx}——换热器传热系数［W/(m^2·℃)］；

A_{hx}——换热器换热面积（m^2）；

2.4 太阳能光伏系统

半导体在太阳光照射下产生电位差的现象被称为光伏效应，太阳能光伏发电系统是利用太阳能电池半导体材料的光伏效应，将太阳光辐射能直接转换为电能的一种新型发电系统，有独立运行和并网运行两种方式。

本节中将介绍太阳能光伏系统的特点组成，以及在太阳能光伏建筑一体化方面的设计和应用等方面的内容。

2.4.1 太阳能光伏系统的特点与组成

1. 太阳能光伏系统的特点

早在1839年，法国科学家贝克雷尔（Becqurel）就发现，光照能使半导体材料的不同部位之间产生电位差。这种现象后来被称为"光生伏打效应"，简称"光伏效应"。1954年，美国科学家恰宾和皮尔松在美国贝尔实验室首次制成了实用的单晶硅太阳电池，诞生了将太阳光能转换为电能的实用光伏发电技术。虽然太阳能光伏发电取得了长足的进步，但比计算机和光纤通信的发展要慢得多，其原因可能是人们对信息的追求特别强烈，而常规能源还能满足人类对能源的需求。1973年的石油危机和20世纪90年代的环境污染问题大大促进了太阳能光伏发电的发展。其发展过程简列如下：

1893年法国科学家贝克雷尔发现"光生伏打效应"，即"光伏效应"。1930年朗格首次提出用"光伏效应"制造"太阳电池"，使太阳能变成电能。1941年奥尔在硅上发现光伏效应。1954年恰宾和皮尔松在美国贝尔实验室，首次制成了实用的单晶太阳能电池，效率为6%。同年，韦克尔首次发现了砷化镓有光伏效应，并在玻璃上沉积硫化镉薄膜，制成了第一块薄膜太阳电池。1955年吉尼和罗非斯基进行材料的光电转换效率优化设计。同年，第一个光电航标灯问世。1957年硅太阳电池效率达8%。1958年太阳能电池首次在空间应用，装备美国先锋1号卫星电源。1990年德国提出"1000个光伏屋顶计划"，每个家庭的屋顶装3～5kW光伏电池。1995年高效聚光砷化镓太阳能电池效率达32%。1997年美国提出"克林顿总统百万太阳能屋顶计划"，在2010年以前为100万户，每户安装3～5kW光伏板。自1996年以来，世界光伏发电高速发展。表现在几种主要太阳电池效率不断提高，总产量年增幅保持在30%～40%。应用范围越来越广，尤其是光伏技术的屋顶计划，为光伏发电展现了无限光明的前途。

2. 太阳能光伏系统的组成

一套基本的太阳能发电系统是由太阳能光伏电池板、充电控制器、逆变器、防反充二极管和蓄电池构成（图2-52），下面对各部分的功能做一个简单的介绍：

（1）太阳能光伏电池板

太阳能光伏电池板的作用是将太阳辐射能直接转换成电能，供负载使用或存贮于蓄电池内备用。太阳能光伏电池板一般又分为：单晶硅光伏电池板、多晶硅光伏电池板和非晶硅光伏电池板（图2-53）。这些光伏板因为组成的不同因而具有不同的外观和发电效率，它们的特点为：

1）单晶硅光伏电池

表面规则稳定，通常为黑色。电池形状为10～15cm的方形或圆形单元。效率约为14%～17%。

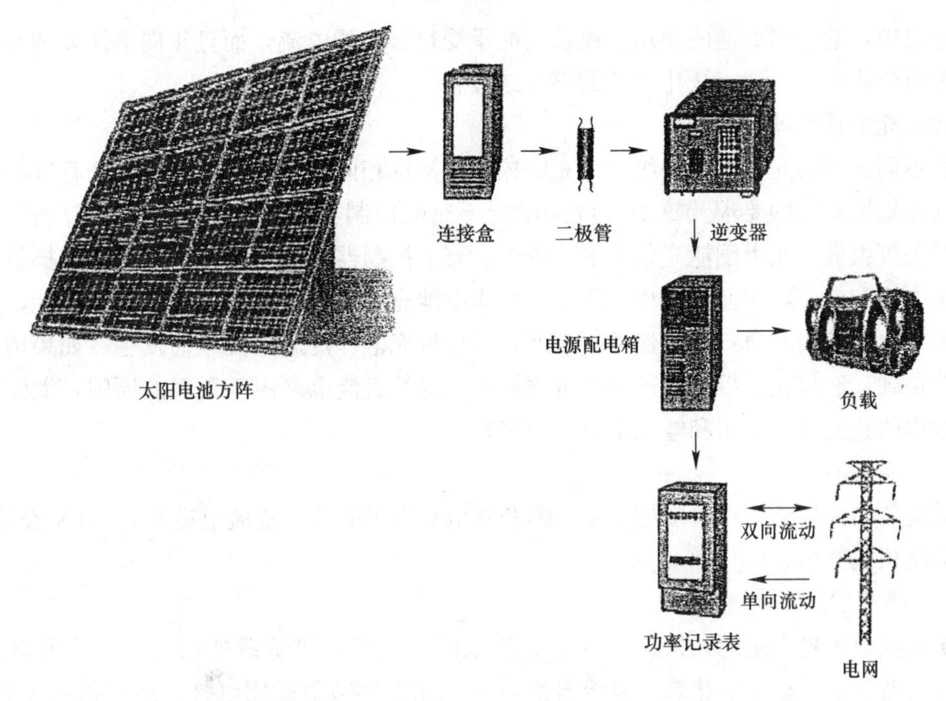

图 2-52 光伏发电系统

注：在这个系统中，太阳能电池产生的直流电通过逆变器转换为交流电以供电器设备使用。

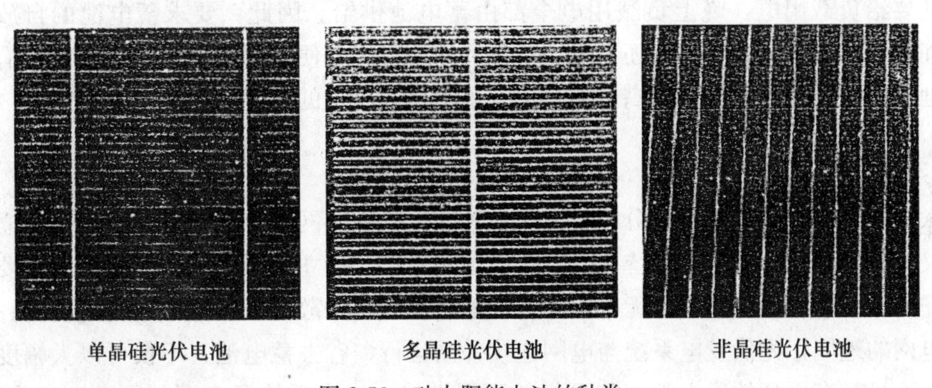

图 2-53 硅太阳能电池的种类

2）多晶硅光伏电池

结构清晰，通常呈蓝色，晶状结构形成美丽的图案。电池的尺寸可任意裁剪，可以无固定的大小单元。效率约为 12%～14%。

3）非晶硅光伏电池

具有透光性，透光度为 5%～75%，当然，随着透光性的增加，光电池的转化效率会随着下降，运用到建筑上的最理想的透光度为 25%。效率约为 5%～7%。

建筑师可以根据建筑设计的需要来加以选择。一般根据用户需要，将若干太阳能光伏电池板按一定方式连接，组成太阳能电池方阵，再配上适当的支架及接线盒。

(2) 仿反充二极管

防反充二极管又称为阻塞二极管，其作用是避免由于太阳能电池方阵在阴雨天或夜晚不发电时，或出现短路故障时，蓄电池组通过太阳能电池方阵放电。它串联在太阳能电池方阵电路中，起单向导通的作用。要求它能承受足够大的电流，而且正向电压降要小，反向饱和电流要小。一般可选用合适的整流二极管。

（3）充电控制器

在不同类型的光伏发电系统中，充电控制器不尽相同，其功能多少及复杂程度差别很大，这需根据系统的要求及重要程度来确定。充电控制器主要由电子元件、仪表、继电器、开关等组成。在太阳能光伏发电系统中，充电控制器的基本作用是为蓄电池提供最佳的充电电流和电压，快速、平稳、高效地为蓄电池充电，并在充电过程中减少损耗，尽量延长蓄电池的使用寿命；同时保护蓄电池，避免过充电和过放电现象的发生。如果用户使用直流负载，通过充电控制器还能为负载提供稳定的直流电（由于天气的原因，太阳电池方阵发出的直流电的电压和电流不是很稳定）。

（4）逆变器

逆变器的作用就是将太阳能电池方阵和蓄电池提供的低压直流电逆变成220V交流电，供给交流负载使用。

（5）蓄电池组

蓄电池组是将太阳能光伏方阵发出直流电贮藏起来，供负载使用。在光伏发电系统中，蓄电池处于浮充放电状态，夏天日照量大，除了供给负载用电外，还对蓄电池充电；在冬天日照量少，这部分贮存的电能逐步放出。白天太阳能电池方阵给蓄电池充电，同时方阵还要给负载用电，晚上负载用电全部由蓄电池供给。因此，要求蓄电池的自放电要小，而且充电效率要高，同时还要考虑价格和使用是否方便等因素。常用的蓄电池有铅酸蓄电池和硅胶蓄电池，要求较高的场合也有价格比较昂贵的镍镉蓄电池。

3. 光伏系统的分类

太阳能光伏发电应用系统分为二大类：独立运行和并网运行两种方式。其中独立运行系统又分为：直流负载独立系统和交流负载独立系统。独立运行的光伏发电系统需要有蓄电池作为储能装置，主要用于无电网的边远地区和人口分散地区，整个系统造价高；在有公共电网的地区，光伏发电系统与电网连接并网运行，省去蓄电池，不仅可以大幅度降低造价，而且具有更高的发电效率和更好的环保性能。三大系统示意图如图2-54和图2-55所示；三大系统的特点如表2-6所示。

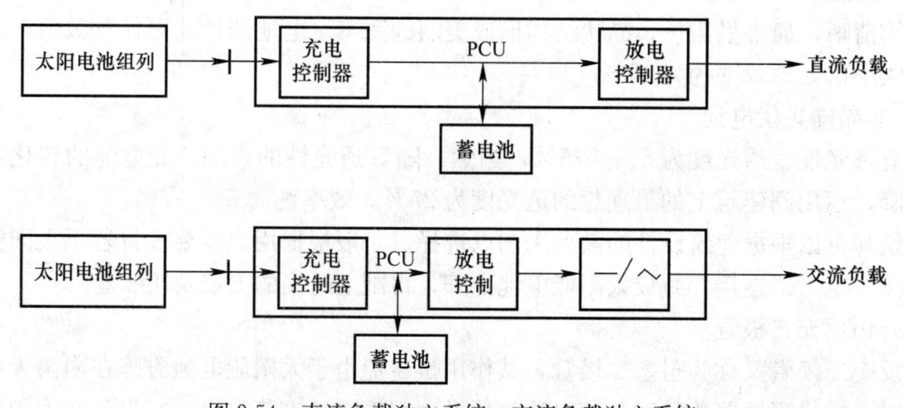

图2-54　直流负载独立系统、交流负载独立系统

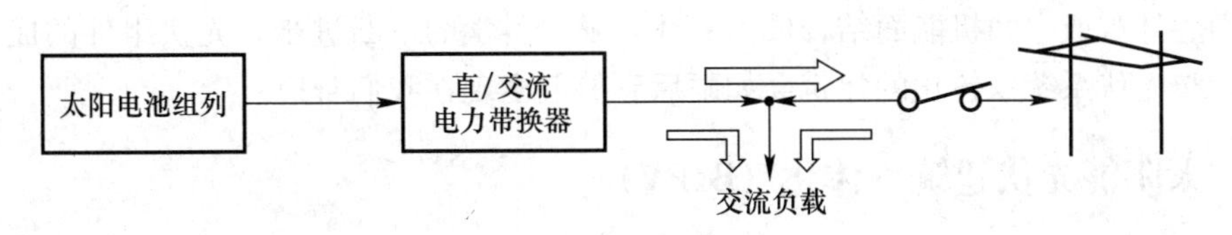

图 2-55 并网系统

三类系统的特点 **表 2-6**

系统	直流负载独立系统	交流负载独立系统	并网系统
工作方式	白天充电，晚上放电	白天充电并供电，晚上蓄电池供电	白天供电，晚上不供电
优点	能量损失少，易设计	成本低于架设输电设备	最佳效能且发电效率高；系统无需维护，且易设计；可解决高峰电力不足的困扰
缺点	需维护和更换蓄电池	需维护和更换蓄电池，能量损失高，不易设计	市电断电时无法使用
适用范围	玩具、路灯、收音机、手电筒等	市电无法到达的偏远地区	市电可到达的地点

太阳能光伏系统的寿命：蓄电池的寿命约 3～5 年；控制器的寿命约 10 年；太阳能电池的寿命约 20 年。所以蓄电池是太阳能电力系统中最薄弱的环节。储能电容可以在一定程度上解决这个问题。储能电容的使用寿命可以达到 10 年以上，而且控制电路简单，但是昂贵的价格限制了它的应用，目前仅仅应用在部分交通信号灯和装饰灯上。随着技术和经济的发展，它将是一种最有希望成为和太阳能电池配套的理想储能元件。

4. 光伏系统的应用途径

光伏技术已经走进了人们生活的各个方面，它的应用领域十分广泛，并且发挥着越来越大的作用。光伏发电的各种应用包括：

(1) 太空领域

光伏技术最早的应用领域就是在太空，它是作为人造卫星的电源。

(2) 交通领域

如航标灯、交通/铁路信号灯、交通警示/标志灯、路灯、高空障碍灯、高速公路/铁路无线电话亭、无人值守道班供电等。

(3) 通信领域

太阳能无人值守微波中继站、光缆维护站、广播/通信寻呼电源系统；农村载波电话光伏系统、小型通信机、士兵 GPS 等。

(4) 家庭灯具电源

如庭院灯、路灯、手提灯、野营灯、登山灯、垂钓灯、黑光灯、割胶灯、节能灯等。

(5) 光伏电站

10kW～50MW 独立光伏电站、风光（柴）互补电站、各种大型停车场充电站等。

(6) 太阳能建筑

将太阳能发电与建筑材料相结合，使得未来的大型建筑实现电力自给，是未来一大发展方向。可见，光伏与建筑结合是未来光伏应用中最重要的领域之一，光伏电池已经能配合建筑物的外观或空间机能而结合成为一体，随着科学的不断进步，光伏组件的成本会很快下降，与光伏系统一体化的建筑会如雨后春笋般出现在我们身边。

2.4.2 太阳能光伏建筑一体化（BIPV）

建筑是一个复杂的系统，一个完整的统一体，如果要将新型太阳能光伏技术融入到建筑设计中，同时继续保持建筑的美学特性，就应该从技术和美学两方面入手，使建筑设计与太阳能光伏技术有机结合，由此产生了“一体化设计”的概念。“一体化设计”就是指在建筑设计之初，就将光伏利用纳入设计内容，使之成为建筑的一个有机组成部分，统一设计、施工、调试。

1. 太阳能光伏建筑一体化的构成

BIPV系统可以划分为两种形式：光伏屋顶结构（PV—ROOF）和光伏墙结构（PV—WALL）。BIPV系统一般由光伏阵列（电池板）、阵列与墙面（屋顶）间的冷却空气流道、支架等组成。当然，完整的BIPV系统还应包括负载，有时还带有蓄电池、逆变器及有利于系统控制和调节的复杂装置，这些是所有光伏系统均带有的。当一个BIPV系统参与并网时，则不需蓄电池，但需有与电网的联入装置。

2. 太阳能光伏建筑的一体化设计

（1）一体化设计原则

1）环境条件

在进行与建筑结合的光伏系统设计时，会有诸多因素影响系统的设计：

太阳能电池方阵上的倾斜角度、光强会受到大气层厚度（即大气质量）、地理位置、所在地的气候和气象、地形、建筑物形态等因素的影响，太阳辐射量在一日、一月和一年内都有很大的变化，甚至各年之间的每年总辐射量也有较大的差别。

2）光电转换效率

太阳能电池方阵的光电转换效率，受到电池本身的温度、太阳光强的影响，而这两者在一天内都会发生变化，所以太阳能电池方阵的光电转换效率也是变量。

3）电池元件

太阳能电池充放电控制器由电子元器件制造而成，它本身也需要耗能，而使用的元器件的性能、质量等也关系到耗能的大小，从而影响到充电的效率等。

4）负载变化

负载的用电情况，也视用途而定，如住宅建筑中，民用照明及生活用电等设备用电量是经常有变化的。而有些建筑，如通信中继站、无人气象站等，都有固定的设备耗电量。

虽然有诸多的因素影响系统的设计，但与建筑集成的光伏发电系统设计的原则应该是，在保证光伏组件在建筑上应用的美观和尽量满足设计的负载供电需要的前提下，使得系统的经济性最好。光伏建筑的设计应该充分围绕这一原则进行。光伏系统设计可分为软件设计和硬件设计，一般软件设计要优先于硬件设计。其中软件设计包括：对负载的调查和负载用电量的估算，太阳能电池方阵容量的计算，光伏方阵最佳倾角的计算（要和建筑外形的美观结合考虑，在建筑上不同位置的安装需要不同角度倾斜，在对光伏模块效率影响不是很大的前提下，平衡考虑建筑美观与光伏板倾角的关系），系统在建筑上运行情况的预测和系统经济效益的分析等。硬件设计包括：负载的选型及必要的设计，太阳能电池的选择，组件和阵列支架的设计等。

（2）一体化设计步骤

1）基本因素的确定：

建筑集成光伏系统的设计，需要考虑、获取详尽的相关资料，包括建筑拟定建设的地理位置、本地的气象资料、建筑及周边的现场情况、负载情况等方面。其中地理位置包括：建筑所在地的纬度、经度、海拔高度等。气象资料数据的齐全和准确与否对系统设计的成功有很大的影响。气象数据包括：逐月的太阳能总辐射量、直接辐射量、散射辐射量，一年中各个月的平均气温、最高最低气温，最大连续阴雨天数，月平均风速和最大风速，以及冰雹、降雪等特殊的气象情况。这些气象数据与光伏系统的发电量、太阳能光伏组件工作温度、最大放电深度和容量等设计参数密切相关，直接影响到光伏发电系统的性能和造价。建筑及周边的现场情况包括：可供光伏模块安装的面积（屋顶、外墙体和遮阳设备），建筑的周围有没有树木或者高楼大厦等遮挡物，并且要考虑在未来这些遮挡会不会出现，若是并网光伏发电系统，还要考虑离电网多远，当地的电费等等。负载情况：只有清楚地了解负载的类型、功率大小、运行时间、运行规律、运行状况等，才能对负载耗电量作出相对准确的估计。

2）参数的确定：

系统软件设计包括：太阳能方阵最佳倾角的计算，然后再根据建筑美学考虑适合在建筑上安装的位置。太阳能电池组件大小和数量的计算，防阴影遮挡设计，蓄电池容量的计算，方阵年发电量计算等。防止阴影的设计是非常重要的，因为组件的发电量的损失并不是和它被遮挡的面积成正比的，只要被遮挡很小的一部分面积，对光伏发电的性能就有很大的影响。

3）系统硬件设计：

其中包括选择组件，蓄电池、逆变器、控制器、支架设计，考虑最大功率跟踪（MPPT），测量和数据采集设备的设计等。

4）对系统进行经济效益的分析。

5）系统的安装和连接。

6）对系统运行情况的监测、评价，优化调整。

以上就是光伏系统设计的基本步骤，一般是按顺序的先后进行，当然，光伏组件数量计算、倾角设计、阴影计算这三方面应该与建筑设计同时进行。它们是一个互动的设计过程，相互平衡、妥协。因为这三方面对建筑的外观影响较大，所以在光伏组件与建筑整合时，这些都是影响光伏建筑一体化设计的主要因素。下面就这几个因素的设计做进一步的说明。

3. 太阳能电池方阵设计与倾角计算

（1）太阳能电池方阵设计

单体太阳能电池是不能直接作为电源使用的。它是光电转换的最小单元，尺寸一般为

100～225cm^2，工作电压约为0.45～0.5V，工作电流约为20～25mA/cm^2。在实际应用的时候，是按照电池性能的要求，将几十片或者上百片单体太阳能电池通过串联、并联连接起来，这些电池经过封装，组成一个可以单独使用的最小单元，这即是太阳能电池组件。太阳能电池方阵则是由若干个太阳能电池组件通过串、并联连接排列成的阵列。

一般来说，太阳能电池方阵的设计就是按照用户的要求和负载的用电量及技术条件计算出太阳能电池组件的串、并联数量。串联数是由太阳能电池方阵的工作电压决定的，在太阳能电池组件串联数确定后，即可按照气象台提供的太阳年辐射总量或年日照时数的10年平均值计算确定太阳能电池组件的并联数。太阳能电池方阵的输出功率与组件的串、并联的数量有关，组件的串联是为了获得所需的电压，组件的并联是为了获得所需要的电流。

(2) 太阳能光伏方阵规模的大概估算

这里讨论的关于确定光伏方阵的大小只是针对采用独立系统的小型住宅的。并网系统的光伏阵列大小与独立系统的是相差很大的。这是因为对于独立系统来说，光伏阵列的大小非常重要，阵列过大，不但会造成电能的浪费，而且对于光伏板也是一种浪费。对并网系统而言，却不会造成浪费，过剩的电能会被并到共用电网。需要考虑的只是使用光伏系统节省的电能是否能大于过剩光伏阵列所需的费用。为什么只是针对小型住宅呢？这并不是说明公共建筑不需要确定光伏阵列的大小，而是因为对于一些较大的商业、公共机构和工业建筑来说，即使在后面提到的三种主要方式中都用到光伏模块，也不一定能满足一栋建筑的用电要求。而小型住宅（如别墅）仅在屋顶布置光伏发电板，可能就能满足一家的日常用电了。

在确定太阳能光伏方阵规模之前，必须先搞清楚用电需求总量，这个总量通过列出所有的日常负载计算出来的。用电负载包括任何使用电源的东西，电灯、电视、音响等。一些负载是需要全天用电的（如电冰箱），然而有一些则用得非常少（如电钻）。确定一天的用电总量需要将用电设备的瓦特数乘以此设备每天用的小时数。再将所有设备的用电量加起来，就能大致确定所需光伏发电系统的输出电量。

对于建筑师来说不需要算得太精确，只需要大致确定光伏方阵的大小。下面用一例子介绍简单的计算方法：

	一天使用时间（h）	电灯（W）	耗能（W·h）
电灯	5	40	5×40=200
电视	6	150	6×150=900
收音机	2	25	2×25=50
电脑	2	300	2×300=600

一天内的总耗能为：200+900+50+600=1750W·h，根据上面的数据，就需要一个日平均能输出1750W·h的光伏系统，这是需要计算出光伏阵列的发电量：

$$Q = H \cdot P \cdot Y \cdot T$$

式中

Q——当日发电量（W·h）；

H——该日太阳平均辐射时数（h）；

P——光伏方阵功率（W）；

Y——方阵到逆变控制器的输出效率（包括组件失配、线路损耗、灰尘覆盖和温升等损失），通常可取 0.9；

T——逆变控制器的效率，一般取 0.9。

因为不同的地方会有不同的太阳辐射量，并且阳光是光伏系统输出能量的来源，所以先需要查找建筑所在地的当日阳光平均辐射量。假设该建筑建在合肥市，从表 2-7 可以得到合肥的日辐射量为 12525，将太阳能电池方阵安装地点的太阳能日辐射量 Ht，转换成在标准光强下的平均日辐射时数 H：

$$H = Ht \cdot 2.778/10000,$$

我国主要城市最佳倾角的参数表　　表 2-7

城　市	纬度 Φ°	日辐射量 Ht（W/m^2）	最佳倾角 Φ_{op}（°）	斜面日辐射量（W/m^2）	修正系数 K_{op}
哈尔滨	45.68	12703	$\Phi+3$	15838	1.1400
长春	43.90	13572	$\Phi+1$	17127	1.1548
沈阳	41.77	13793	$\Phi+1$	16563	1.0671
北京	39.80	15261	$\Phi+4$	18035	1.0976
天津	39.10	14356	$\Phi+5$	16722	1.0692
呼和浩特	40.78	16574	$\Phi+3$	20075	1.1468
太原	37.78	15061	$\Phi+5$	17394	1.1005
乌鲁木齐	43.78	14464	$\Phi+12$	16594	1.0092
西宁	36.75	16777	$\Phi+1$	19617	1.1360
兰州	36.05	14966	$\Phi+8$	15842	0.9489
银川	38.48	16553	$\Phi+2$	19615	1.1559
西安	34.30	12781	$\Phi+14$	12952	0.9275
上海	31.17	12760	$\Phi+3$	13691	0.9900
南京	32.00	13099	$\Phi+5$	14207	1.0249
合肥	31.85	12525	$\Phi+9$	13299	0.9988
杭州	30.23	11668	$\Phi+3$	12372	0.9362
南昌	28.67	13094	$\Phi+2$	13714	0.8640
福州	26.08	12001	$\Phi+4$	12451	0.8978
济南	36.68	14043	$\Phi+6$	15994	1.0630
郑州	34.72	13332	$\Phi+7$	14558	1.0476
武汉	30.63	13201	$\Phi+7$	13707	0.9036
长沙	28.20	11377	$\Phi+6$	11589	0.8028
广州	23.13	12110	$\Phi-7$	12702	0.8850
海口	20.03	13835	$\Phi+12$	13510	0.8761
南宁	22.82	12515	$\Phi+5$	12734	0.8231
成都	30.67	10392	$\Phi+2$	10304	0.7553
贵阳	26.58	10327	$\Phi+8$	10235	0.8135
昆明	25.02	14194	$\Phi-8$	15333	0.9216
拉萨	29.70	21301	$\Phi-8$	24151	1.0964

式中

2.778/10000（$h \cdot m^3/kJ$）为将日辐射量换算为标准光强（$1000W/m^3$）下的平均日

辐射时数的系数。

由此可以算出合肥的平均日辐射时数为：$H=12525\times2.778/10000=3.5$h

如果假定选择功率为50W的光伏模块的话，就可以算出需要的光伏模块数：1750/33.5×50×0.9×0.9=12.3。

即需要13个光伏模块。

（3）太阳能电池方阵倾角计算

为了更加充分有效地利用太阳能，并且要能满足光伏板在建筑上的美观效果。如何选取太阳能光伏方阵的方位角与倾斜角是一个十分重要的问题。

1）方位角

太阳能光伏方阵的方位角是方阵的垂直面与正南方向的夹角（向东偏设定为负角度，向西偏设定为正角度），如图2-56所示，虚线为光伏阵列的垂直面线，角度e就是光伏阵列的方位角，A为太阳的方位角，R为太阳高度角。一般情况下，方阵朝向正南（即方阵垂直面与正南的夹角为0°）时，太阳能电池发电量是最大的。在偏离正南（北半球）30°时，方阵的发电量将减少约10%～15%；在偏离正南（北半球）60°时。方阵的发电量将减少约20%～30%。但是，在晴朗的夏天，太阳辐射能量的最大时刻是在中午稍后，因此方阵的方位稍微向西偏一些时，在午后时刻可获得最大发电功率。在不同的季节，太阳电池方阵的方位稍微向东或西一些都有获得发电量最大的时候。方阵设置场所受到许多条件的制约，例如，在屋顶上设置时屋顶的方位角，在建筑墙体上安装时墙面的方位角，或者是为了躲避太阳阴影时的方位角，以及布置规划、发电效率、设计规划、建设目的等许多因素。如果要将方位角调整到在一天中负荷的峰值时刻与发电峰值时刻一致时，可以参考下述的公式。

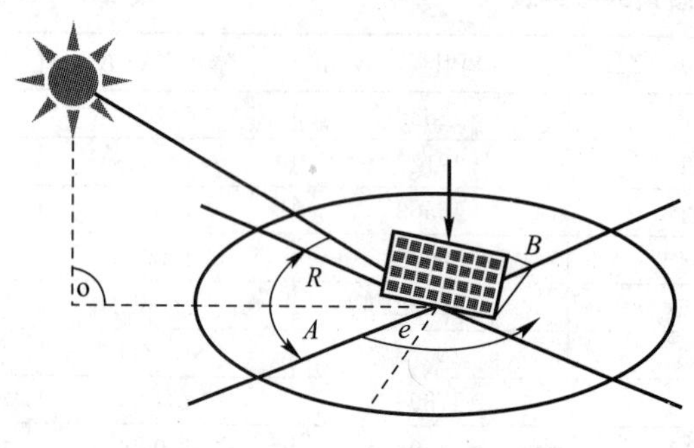

图2-56　光伏阵列的角度

方位角＝[一天中负荷的峰值时刻(24小时制)－12]×15＋(经度－116)

2）倾斜角

倾斜角是太阳电池方阵平面与水平地面的夹角（图2-56中B）。一年中的最佳倾斜角与当地的地理纬度有关，当纬度较高时，相应的倾斜角也大。但是，和方位角一样，在设计中也要考虑到屋顶的倾斜角及积雪滑落的倾斜角（斜率大于50%～60%）等方面的限制条件。对于斜率比较小的倾斜角，即使在积雪期发电量少而年总发电量也存在增加的情况，因此，特别是在并网发电的系统中，并不一定优先考虑积雪的滑落。此外，还要进一步考虑其他因素，对于正南（方位角为0°），倾斜角从水平（倾斜角为0°）开始逐渐向最佳的倾斜角过渡时，其日射量不断增加直到最大值，然后再增加倾斜角其日射量不断减少。特别是在倾斜角大于50°～60°以后，日射量急剧下降，直至到最后垂直放置时，发电量下降到最小。对于方位角不为0°的情况，斜面日射量的值普遍偏低，最大日射量的值是在倾斜角度接近水平面的附近。

当阵列倾角不同时，各个月份光伏板接受的太阳辐射量差别很大。有的资料认为：阵列倾角可以等于当地的纬度，但这样又往往会使夏季光电发电过多，而冬天则由于光照不足而造成发电量不够；也有的资料认为：阵列的倾角应该使全年辐射量最弱的月份能得到最大的太阳辐射量，但这样又往往会使夏季得到的辐射过少而导致全年得到的总辐射量偏小。在选择阵列倾角时，应该综合考虑太阳辐射的连续性和均匀性等因素。

以上所述为方位角、倾斜角与发电量之间的关系，建筑的朝向、建筑外面及构件的倾角极少恰好符合理论意义上的最佳值，这对光伏板的布置确有影响，但在一定范围内这种影响是可以忽略的，可以将光伏板的位置控制在这范围内，而不必强求最佳。一般而言，光伏板装设时的水平倾角度是当地的纬度＋15°。事实上，倾斜角度的准确度并不是非常重要，角度的差异只是大致让总效率减少5%。若由全年的平均使用效能来考量，倾斜角度＝当地的纬度；若以夏季月份（4～9月）的使用量为考量，倾斜角度＝当地的纬度－15°；以冬季月份（10～3月）的使用为考量，倾斜角度＝当地的纬度＋15°。对方位角，正南向东西偏转20°范围内可以接受。对于具体设计某一个与建筑一体化的光伏方阵的方位角和倾斜角还应综合地进一步同建筑实际情况结合起来考虑。具体城市光伏阵列的最佳倾角可以参考表2-7。下面将介绍另一个主要因素：光伏阵列的阴影间距设计。

（4）阴影间距设计

一般情况下，我们在计算发电量时，是在方阵面完全没有阴影的前提下得到的。因此，如果太阳能电池不能被日光直接照到时，那么只有散射光用来发电，此时的发电量比无阴影的要减少约10%～20%。通常，在方阵周围有建筑物及山峰等物体时，太阳出来后，建筑物及山的周围会存在阴影，因此在选择敷设方阵的地方时应尽量避开阴影，使阴影对发电量的影响降低到最低程度。另外，如果方阵是前后放置时，后面的方阵与前面的方阵之间距离接近后，前边方阵的阴影会对后边方阵的发电量产生影响。有一个高为L_1的竹竿，其南北方向的阴影长度为L_2，太阳高度（仰角）为A，在方位角为B时，假设阴影的倍率为R，则：$R=L_2/L_1=\cot A\cdot\cos B$，此式应按冬至那一天进行计算，因为，那一天的阴影最长。例如方阵的上边缘的高度为h_1，下边缘的高度为h_2，则方阵之间的距离$a=(h_1—h_2)\cdot R$。当纬度较高时，方阵之间的间距加大，相应地设置场所的面积也会增加。对于需要防积雪措施的方阵来说，倾斜角度大，因此使方阵的高度增大，为避免阴影的影响，相应地也会使方阵之间的距离加大。通常在设置方阵阵列时，应分别选取每一个方阵的构造尺寸，将其高度调整到合适值，从而利用其高度差使方阵之间的距离调整到最小。具体的太阳电池方阵设计，在合理确定方位角与倾斜角的同时，还应结合建筑外观是否美观等具体细节进行全面的考虑，才能使光伏建筑一体化达到最佳态。

4. 光伏系统的使用安装和维护

光伏阵列在建筑上的安装和使用时应该注意以下几个方面：

（1）在建筑上安装的位置应该选择光照较好，周围没有高大建筑物、树木、电杆等遮挡，以便能充分获得太阳光。通常光电板应该朝向赤道，在北半球，方阵的采光面应朝南放置，反之在南半球采光面应朝北。

（2）在太阳能光伏板安装和使用时，应该轻拿轻放光伏组件，安装面积较大的光伏板时，安装的地方要适当宽敞一些，避免碰撞、敲击、划伤，以免损坏封装玻璃，影响性能。

（3）当遇到恶劣的天气，如冰雹、暴雨、大雪等情况时，应采取措施保护太阳能电池方阵，避免损坏。

（4）在安装时要注意光伏板的正负两极，不能接反。不能同时连接光伏板的正负两极，以免使光伏板短路烧坏，必要时可用不透明、绝缘材料覆盖后接线、安装。

（5）仔细检查所有螺钉，确保都是结实可靠，不能有松动。

（6）光伏板安装到建筑上后每年应该进行常规的检查，时间最好在春天和秋天。检查包括：组件的外壳和框架有无松动或损坏，光伏板的表面是否干净。如有灰尘或其他污染物，应该用清水冲洗，再用软布擦干。最好是在早晚进行清洗，避免在白天较热的时候用冷水冲洗。

（7）注意组件、二极管、蓄电池、控制器等电器的极性不要接反。

（8）在建筑外墙面和屋顶安装的光伏系统应该采用有效的防雷、防火装置和措施，必要时还要设置驱鸟装置。

（9）使用不会被腐蚀的材料：在光伏板表面总会有很小量的渗漏电流。为了避免由于渗漏的直流电造成的腐蚀，使用不会被腐蚀的材料显得尤为重要。特别是连接点和支撑点需要慎重考虑。

（10）电路容易连接：在安装光伏屋顶或幕墙之前，电路系统的连接需要准备好。使用安全可靠的插头会使安装更便捷。在安装光伏板时应该做到无需使用专业的电工。

（11）光伏组件的更换：在更换太阳能光伏模块的时候，应该考虑可以单独更换单个的模块，而不需要拿掉大片的墙面或屋顶。

2.4.3　太阳能光伏建筑一体化的应用

建筑与光伏器件一体化按照结合的建筑要素不同，主要可以分为以下几种方式：在建筑墙体和外立面中的应用，在建筑屋顶和天窗、中庭中的应用，在遮阳、雨篷、阳台和其他建筑元素中的应用。

1. 在建筑墙体和外立面中的应用

对于多、高层建筑来说，墙体是与太阳光接触面积最大的外表面。有两种幕墙框架系统使用得很普遍：压板系统和结构硅胶玻璃幕墙。在压板系统中，玻璃单元的正面被一凸出的金属板固定，竖框盖板封边的厚度要缩减到最小以避免出现影响光伏板发电的阴影。结构硅胶玻璃幕墙是把玻璃的边缘粘在框架上。这样虽然把光伏板贴合成一个平面能消除阴影的影响，但是却增加了其他的问题，如密封处和光伏板边缘的耐用问题。

为了能利用光伏板因为受到太阳辐射产生的热量，建造一个双层墙系统是很有意义的，外层是光伏幕墙，内层是密封幕墙。运用在建筑墙体上的光伏板的优化可能需要复杂的结构细部和更高的建造成本来满足光伏板吸收阳光的最佳朝向。在墙体的光伏板应用中，这些复杂构成可能会呈现一种倾斜的或者“锯齿状”的外形，如图2-57中（*c*）所示。

锯齿式垂直幕墙可以根据建筑外观和发电量的需要，让不透明、半透明光伏板和普通玻璃结合使用创造多样效果。有如下特点：

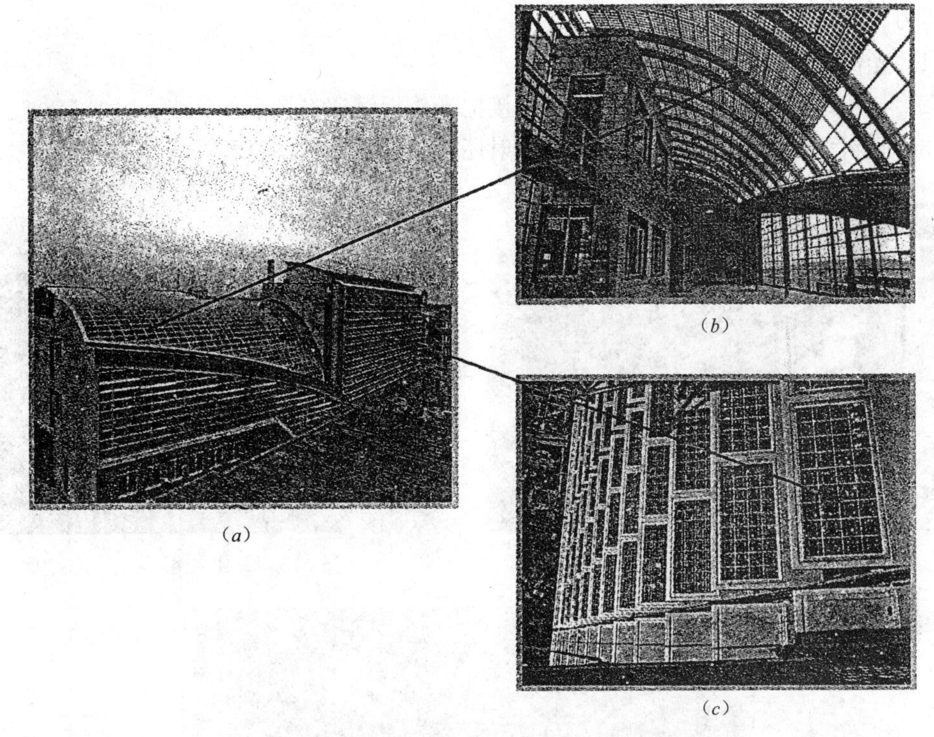

(a) (b) (c)

图 2-57 采用太阳能光伏系统的建筑

(1) 很小的额外构造成本，较为经济。

(2) 不同方向的光伏板可以在不同时段很好地接收太阳辐射。

(3) 能创造出多样的角窗，使建筑立面丰富多彩。

(4) 非承重结构。

2. 在建筑屋顶和天窗、中庭中的应用

屋面天然是各类光伏板的最佳布置部位。它有其独特的优势：日照条件好，不受朝向影响，不易受到遮挡，可以充分地接收太阳辐射。虽然光伏板在屋顶上的安装应用时不像在墙面上对朝向的要求那么高，但是可能会造成一些结构问题或者防雨、雪的问题。水平屋顶的结构必须考虑除了光伏板以外的其他负载，如雪和水。这个问题在不同的地方需要不同的解决方法。在那些寒冷及有大量雪堆积的地方，结合光伏板的天窗和屋顶可能需要设计成有足够的坡度去排掉堆积的雪，而这个坡度可能比最佳获得阳光的角度要更陡。局部使用光伏天窗既可以防止内部空间过多受到阳光直射，同时也可以接收太阳辐射利用太阳能。光伏采光天窗和中庭通过提供间接的采光可以减少或者完全不需要白天用电力照明。像金属薄片或类似薄片结构这样的柔性基材，市场前景将会非常广阔。还有那些模仿传统建筑材料（如黏土和瓦片）的光伏发电板也可能会有很好的市场。

屋顶作为光伏板安装的最佳位置，是需要很好利用的，光伏板在屋顶上安装一般分为两种：一种为光伏系统和建筑屋顶结合为一体，此种系统较为复杂，但系统综合效率较高，是由光伏板、空气间隔层、屋顶保温层、结构层构成的复合屋顶（图 2-58）。太阳能光伏板是太阳能电池与屋面板结合形成的一体化产品，这种光伏板既能防水，又能抵御一定的压力。其特点为：

（1）光伏板作为建筑围护构件；

（2）与建筑结构结合（用绝缘材料直接把光伏板镶嵌在屋顶结构上）；

（3）倾斜角度不但要考虑接收阳光辐射还要考虑避免雪的堆积。

（*a*）教学楼　　（*b*）住宅楼

（*c*）办公楼

图 2-58　太阳能光伏系统在建筑屋面的应用实例

3. 在遮阳、雨篷、阳台和其他建筑元素中的应用

将光伏板与遮阳等构建成多功能的建筑构件，一物多用，有效地利用建筑构件。把不透明太阳能光伏板用作窗户的遮阳篷或者阳光隔板（图 2-59），这种做法在避免了阳光直射的同时对室内也提供了漫射的、间接的阳光。暴露在建筑外的部分应该为太阳能光伏板，在建筑内的部分应该是一种反射材料。这种板的表面应能把阳光反射到室内的顶棚上。在入口雨篷、门斗、阳台和其他建筑元素中的应用也是在建筑中集成光伏系统的重要组成部分。

在阳台安装光伏板的方式增加了建筑（尤其是居住类建筑）光伏系统的受光面积，由于阳台是凸出于建筑物的，不易受到建筑物其他构件的遮挡，所以这个部位能较好地接收阳光的辐射。另外在阳台上安装各种类型或彩色的光伏板能使建筑物的立面更加活泼、丰富多彩。

图 2-59 建筑上的阳光遮蔽幕

4. 在其他方面的应用

太阳能光伏系统还可以应用于温室，以及庭院的小径和广告牌等，如图 2-60～图 2-62 所示。

图 2-60 光伏温室

图 2-61 太阳能小径

图 2-62 太阳能广告牌

5. 发展前景

目前，太阳能光伏系统所采用的太阳能光伏电池板多为平面形板材，大多只能应用于平面，从而对其应用造成了局限性，特别是其表面易受冲击而致破损。有鉴于此，近些年来世界上出现了一些能够弥补以上不足的新型太阳能光伏电池，其中有柔性球形模块和薄膜模块，如图2-63和图2-64所示。由于其没有使用玻璃这种坚硬且易碎的材料，而是采用具有优异性能的薄膜，故在应用中可以根据需要而展平、弯曲，从而为其应用提供了更大的空间。

图2-63 球形模块

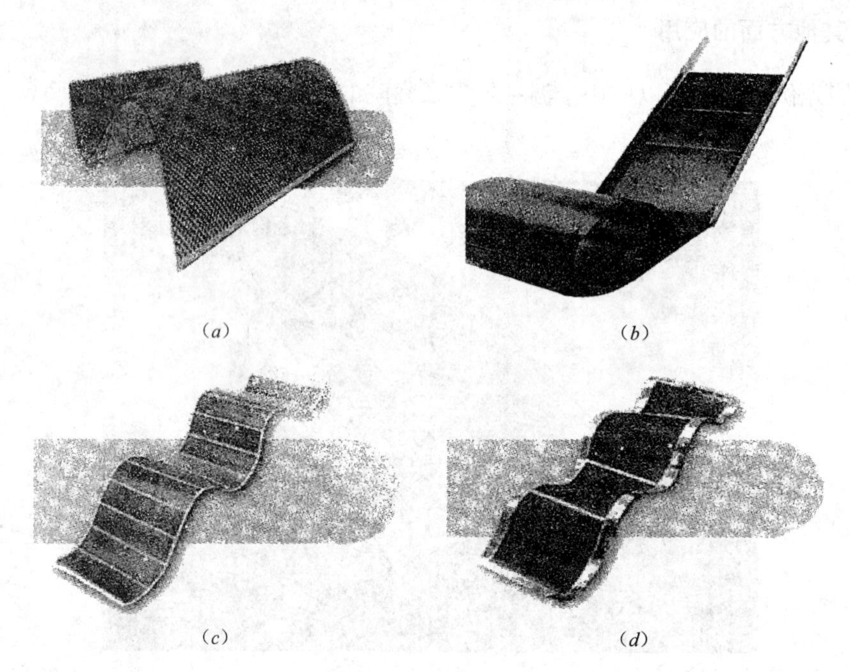

图2-64 柔性薄膜模块

太阳能电池在建筑上的应用已展现出美好的前景，目前最大的困难是太阳能电池的成本还比较高，一时难以大面积推广。但是，随着技术的不断进步，太阳能电池的转换效率将进一步提高，同时由于生产规模的不断扩大，电池成本也将大幅度下降。据估计，到2015年其发电成本将与火力发电成本接近，前景相当看好。因此，有人认为，21世纪将是太阳能建筑节能综合体系大发展的时代，甚至预言到21世纪中叶，仅“屋顶能源”一项就可提供全世界1/4的电能。

第3章　水资源的综合利用技术

解决我国水资源短缺的问题，不仅要“开源”，而且要“节流”，基本方针是“全面节流，适当开源，加强保护，强化管理”。一要有计划有步骤地兴建跨流域的大型引水工程和骨干蓄水工程，二要强化节约用水和保护水资源，把节约用水作为我国的一项基本国策。1993年，第47届联合国大会作出决议，把每年3月21日作为“世界水日”，我国于1988年颁布了《中华人民共和国水法》，水利部把每年7月1日～7日定为“中国水周”，尔后考虑到要突出“世界水日”的主题，1994年开始把“中国水周”改为每年3月22日～28日。每年在组织“世界水日”和“中国水周”时，都有一个明确的主题。如1996年“中国水周”的主题是“依法治水，科学管水，强化节水”；2001年的主题是“建设节水型社会，实现可持续发展”，以此来组织群众，宣传群众，使节约用水的理念逐步深入人心。

3.1　水资源的综合利用概述

利用先进的技术手段提高水的重复利用率，是落实节水措施的重要途径。我们在研究绿色智能建筑中，不仅关心建筑的节能问题，而且也关心建筑的节水问题。开发和研制关键的节水技术和工艺设备，采用不用水或少用水的工艺，分质用水，优质优用，差质差用，实现污水资源化，从宏观战略上加强水资源的综合利用，所有这些方面的研究和发展都有力地推动了节约用水的科学化、现代化。当前，在节水技术研究和推广应用中，受到人们普遍重视的有中水回用、污水资源化、雨水收集、海水淡化等多种技术。

1. 中水回用技术

“中水”一词源于日本，也称中水道。它是一种将城市和居民生活中产生的杂排水经过适当处理达到一定的水质标准后，回用于冲洗厕所、清洗汽车、绿化或冷却水补充等用途的非饮用水，因其水质介于“上水”与“下水”之间而得名。

中水回用目前已日趋成熟，是一种可靠而实用的技术。日本是开展中水回用较早的国家，仅东京都一地的大型建筑内已建和计划建造的中水系统就有60多处，总供水能力已近10万m^3/d。印度孟买已有7座商业大厦采用中水作为空调冷却水的补充水，水量达150～250m^3/d。美国的哥伦比亚，大约有三分之一的城市污水经生物处理消毒和过滤后，作为城市杂用水。中水回用在我国一些缺水城市已受到普遍重视，如北京、天津、大连、青岛、太原、西安等地广泛开展了实验研究，有些城市已试建了回用的试点工程，如北京已有20多座建筑的中水回用设施投入使用，取得了较好的成果。为了加速中水回用技术的推广和节水工作的开展，我国已在总结国内外成功经验的基础上，制定了《建筑中水设计规范》CECS 30—91、《生活杂水水质标准》CJ 25.1—89，这些规范和标准的出台，对中水回用系统的建设起到了很大的促进作用。

2. 污水处理技术

污水资源化是水资源可持续发展中的一项重大举措。污水资源化可以缓解水资源的紧张状况，减少水污染，并得到资源与环境上的双重功能和效益，受到世界各国的重视，并把它作为“第二水源”、再生途径，体现了生态平衡和生态循环的理念。许多发达国家的城市修建了汇集污水的管路，经过二级处理，达到规定的水质标准，然后用于绿地和农田浇灌，用于工业冷却、补水，用于消防和地下水回灌等。以色列在污水资源化上做出显著的成效，它是一个半干旱的国家，通过资源化处理，污水已经成为国内重要的水资源之一。他们建设了127座污水库，其中地表污水库123座，使100%的生活污水及72%的城市污水实现了回用，一般回用工程规模为5000～10000m^3/d，最小规模为27m^3/d，最大规模可达$20\times10^4m^3/d$。经处理后的再生水用于农灌占42%，用于地下水回灌占30%，其余用于工业和市政建设。西欧各国对污水资源化建设十分重视，其中德国城市的75%～80%的污水实现了二次处理；法国工业污水的60%能够得到处理；英国处理的比例是70%，意大利为77%～80%，比利时为60%。美国的污水回用量达$260\times10^4m^3/d$，其中30%的再生水用于工业，62%的用于农业，其余用于城市设施和地下水回灌。

我国污水处理和污水资源化，受到各级政府的普遍重视，被列入模范卫生城市的评比指标，要求全国建制市建立健全污水资源化利用机构，加强污染物处理设施和污水回用设施的监督管理，制定严格的管理制度；大力发展水处理产业，在城市建设污水资源化系统，推广应用资源化技术，国内已建成不同工艺、不同回用对象的城市污水回用示范工程，颁布了《城市污水回用设计规范》。同时，提高全民素质，强化水资源可持续开发和利用的宣传力度，推广污水资源化的成功经验，逐步消除人们对自来水长期依赖的思维方式，增强人们对再生水的接受能力。

3. 雨水收集利用技术

雨水作为一种自然资源，颇受人们的关注。近年来国际社会对雨水收集和利用十分重视，世界各地悄然掀起了雨水利用的热潮，联合国粮农组织多次召开会议研讨雨水利用问题，国际上还专门成立了“国际雨水集流系统协会（IWRA)”。德国、日本、加拿大等国采用特制的屋顶集流，并把汇集径流加以储存，然后通过管道供卫生间及浇灌用水。我国各地实施了许多雨水集流利用工程，如宁夏的“窖窑工程”、甘肃的“121工程”、山西的“123工程”、陕西的“甘露工程”、内蒙古的“11338工程”等，国家还专门建立了研究中心，并把雨水收集利用列入“全国生态环境建设规划”。

4. 海水淡化技术

地球上的海水占96.5%，水体总量约为$1.386\times10^9km^3$，而地球上的淡水十分有限，仅占3.5%。因此，海水淡化日益受到人们的重视，并且研究开发出多种淡化方法和技术，如蒸馏法、反渗透技术、电渗析技术等。目前，世界上有100多个国家的近200家公司，从事海水淡化设备的生产，在产业化方面已经形成了相当的规模。我国于20世纪60年代开始研制海水淡化装置，现已生产了近千台各式蒸馏淡化器，单机日产淡水能力为100m^3。1986年我国在西沙永兴岛建成了日产300m^{3}的电渗析淡化站，其技术和规模都具有国际水平，我国生产的电渗析淡化设备已经进入国际市场，远销海外。推广应用海水淡化技术，对于沿海地区，特别是边防海岛解决缺水问题，具有普遍的实用价值。

在现代建筑中，涉及缘色智能建筑与水资源综合利用具有直接关系的主要有两个方面：雨水收集利用技术、污水处理技术和中水回用技术，故在本章中予以重点介绍。

3.2 雨水收集利用技术

水资源短缺已成为世界各国普遍关注的问题，世界上许多国家都非常重视节约用水工作，并在城市节约用水的技术与管理上取得了很大进展，雨水收集利用技术就是措施之一。

本节中将介绍雨水收集利用技术的特点以及发展状况，重点介绍其各项指标的控制，如水量、水质等方面的内容。

3.2.1 雨水收集利用技术的特点

雨水利用是一个大有可为的领域，它可以产生节水、削减洪峰流量、改善生态环境、地下水涵养、水量维持和缓解地面沉降等诸多效益。近20年来，雨水利用在技术和方法上有了突飞猛进的发展。全世界已经建立了数以千万计的雨水集流系统，而且越来越多的国家对此感兴趣。

自1985年以来，泰国建造了1200多万个容量为2000L的家庭供水屋顶雨水集流容器；在肯尼亚，许多地区建造10～100m^{3}的大型存水器，数以千计的雨水集流装置出现在学校、医院和家庭中。技术上领先的国家如日本、澳大利亚、美国、瑞典和新加坡等也很关注雨水利用。日本结合已有的中水工程，雨水利用工程也逐步规范化和标准化，在城市屋顶修建用雨水浇灌的“空中花园”，在楼房中设置雨水收集储藏装置与中水道工程共同发挥作用；德国在1989年就出台了雨水利用标准，指导住宅、商业区和工业区雨水利用设施的设计、施工和运行管理，到1992年已经出现了“第二代”雨水利用技术，又经过近10年应用与完善，发展到了今天的“第三代”雨水利用技术；美国也逐步转变过去单纯解决雨水排放问题的观念，认识到雨水对城市的重要性，考虑雨水的截留、储存、回灌、补充地表和地下水源，改善城市水环境与生态环境，近年也制定了相应法规，限制雨水直接排放与流失，并收取雨水排放费。

我国雨水利用起步较晚，但许多地方也进行了雨水利用的尝试。甘肃省自1988年以来积极开展屋顶和庭院雨水集蓄利用的系统研究，实施的“121雨水集流工程”使得利用集流水窖抗旱的效果明显，河北省结合实际，提出“屋顶庭院水窖饮水工程”，该工程主要由径流场、集水槽、输水管、格栅、沉淀池、过滤池和蓄水窖组成，现已在河北省30多个县得到推广应用，受益达7万多人；北京市1998年开始“北京市城区雨水利用技术研究及雨水渗透扩大试验”项目研究，2001年4月通过鉴定，开始在8个城区以示范工程进行推广应用；上海、南京、大连、哈尔滨、西安等许多城市相继开展研究与应用；南方许多地方也进行了有效的雨水利用以减少水稻灌溉，舟山群岛、南海诸群岛的雨水集流，湖南、浙江等地区的雨水蓄积，湖北、安徽等地区的埂塘田生态系统等都是雨水利用的成功范例。

随着21世纪的到来，城市化进程不断加快，设计师和管理人员将更加重视城市和建筑的可持续发展和生态环境改善，也正在寻求使城市建筑更具有可居住性的途径，同时减少资源消耗。近几年，雨水利用愈来愈受到重视，雨水系统作为绿色智能建筑若干系统中一个重要组成部分在建筑领域中发挥作用。然而，如何将雨水排放变为雨水生态循环和再利用，还有许多观念、技术和管理模式须推广采用，传统方法是径流雨水由排水系统排走，而在绿色智能建筑中至少应考虑雨水的渗透、滞留和回用等。随着人们对可持续发展认识的提高，特别是建筑界对绿色智能建筑的研究，雨水收集利用系统的研究应被重视，雨水水资源综合开发和利用也应纳入绿色智能建筑体系的研究中。目前，雨水和中水回用还不是很经济实用，原因是低水费和水处理设备的价格昂贵，但是雨水利用系统还是比中水回用系统更容易被接受。因此，绿色智能建筑雨水利用具有广阔的发展空间，随着用水管理体制和水价的科学化、市场化，随着城市化水平和建筑居住生态环境要求的提高，绿色智能建筑雨水利用技术将逐渐实现标准化和产业化。

3.2.2 雨水收集利用的水质控制

建筑雨水主要来源有屋面、不透水地面及道路、绿地3种。在这3种汇流介质中，地面径流雨水水质较差；道路初期雨水中COD通常高达3000～4000mg/L；而绿地径流雨水又基本以渗透为主，可收集雨量有限；比较而言屋面雨水水质较好、径流量大、便于收集利用，其利用价值最高。

一些研究表明，屋面径流污染也比较严重，尤其初期雨水污染最为严重，水质浑浊、色度大，而主要污染物如COD、SS、总氮、总磷、重金属、无机盐等浓度则较低。随着降雨时间的延长，污染物浓度逐渐下降，色度也随之降低。研究发现雨水水质不仅与降雨强度有关，也与屋面材料、空气质量、气温和两次降雨间隔时间等因素有关。其中屋面材料对于屋面雨水径流的影响非常明显，尤其是沥青油毡类材料污染比较严重，比水泥砖和瓦屋顶的污染量要高很多。材料的老化和夏季的高温也会使污染物浓度有显著提高，这时雨水色度大，污染物主要为溶解性COD，多集中在初期径流，浓度为数百甚至数千mg/L，降雨后期的浓度可以稳定在100mg/L以内。因此，绿色智能建筑利用屋面雨水进行收集利用时要注意对早期雨水的弃流问题。

建筑周围或小区内的道路雨水水质影响因素比较复杂。大气、屋面污染物都会汇入到路面，加上路面本身的污染因素，造成了道路雨水成分复杂。但路面雨水也有一定的规律如：污染物主要集中在初期径流中；浓度受降雨间隔时间，雨量和强度等因素影响；在降雨过程中，浓度逐渐下降，趋于稳定。主要污染成分包括COD、SS、油类、表面活性剂、重金属及其他无机盐类。COD、SS一般在几千mg/L。表3-1为《建筑与小区雨水利用工程技术规范》中北京地区的雨水水质资料。

北京地区雨水水质资料表　　表 3-1

项目	天然雨水	屋面雨水			路面雨水	
	平均值	平均值		变化系数	平均值	变化系数
		沥青油毡	瓦屋面			
COD (mg/L)	25～200	700	200	0.5～4	1220	0.5～3
SS (mg/L)	<10	800	800	0.5～3	1934	0.5～3
合成洗涤剂 (mg/L)		3.93		0.5～2	3.50	0.5～2
NH_3-N (mg/L)					7.9	0.8～1.5
Pb (mg/L)	<0.05	0.69	0.23	0.5～2	0.3	0.2～2
酚 (mg/L)	0.002	0.054		0.5～2	0.057	0.5～2
TP (mg/L)		4.1		0.8～1	5.6	0.5～2
TN (mg/L)		9.8		0.8～4	13	0.5～5

绿色智能建筑雨水利用要注意对雨水水质的控制，特别要注意对源头进行有效控制。屋面雨水水质控制方面，要重视屋顶的设计及材料的选择。屋顶一般有平顶和坡顶两大类，平顶屋面材料以采用水泥砖和新型沥青防水卷材为好，坡屋顶多用瓦材或金属材料等。绿色智能建筑要限制对油毡类屋面材料的使用，这类屋项材料具有很多缺点，如保温性能差、易老化等。在道路雨水控制方面，由于路面径流的水质更加复杂，可以通过改善路面的污染状况和路面雨水截污的控制源头手段来控制污染源。还可以在径流途中或终端等采用雨水滞留沉淀、过滤、吸附、稳定塘及人工湿地等处理技术。

3.2.3 雨水收集利用系统

绿色智能建筑收集并利用来自屋顶或其他集水区域的降水是利用自然资源的良好方法。雨水利用技术在干旱地区已有很悠久的历史，特别人口分散地区，雨水收集提供了一种廉价的集中管道供水方式。在气候湿润地区，雨水收集也是对水源的极好补充。这项技术可以产生多种效益，如节约用水，减轻城市排水和处理负荷，改善生态环境等，这也是绿色智能建筑采用此技术的目的所在。值得注意的是，雨水利用虽然减少了雨水排放，但并不能减少污水排放，这和中水回用技术措施是有本质区别。设计雨水收集与利用系统应结合现场条件和用水要求，经多种方案比较后确定最佳方案，回用水质必须达到国家有关回用水水质标准。雨水收集利用系统主要有屋面雨水收集利用系统和屋面花园收集利用系统两类。屋面雨水收集利用系统主要以屋顶作集雨面，雨水回用于家庭、公共和工业等方面的非饮用水，如浇灌、洗衣、冷却循环、消防等杂用水。屋面花园收集利用系统是一种削减暴雨流量、控制非点源污染、减轻城市热岛效应、调节建筑物温度和美化城市环境的新雨水利用技术，在绿色智能建筑雨水利用技术应用方面也值得推广。

1. 屋面雨水收集利用系统

屋面雨水收集利用系统可以设置成单体建筑分散式系统，也可以设置为建筑群或小区集中系统。由雨水汇集区、输水管系、截污装置、储存、净化系统和配水系统等几部分组成。典型的雨水收集与回用的工艺流程见图 3-1。

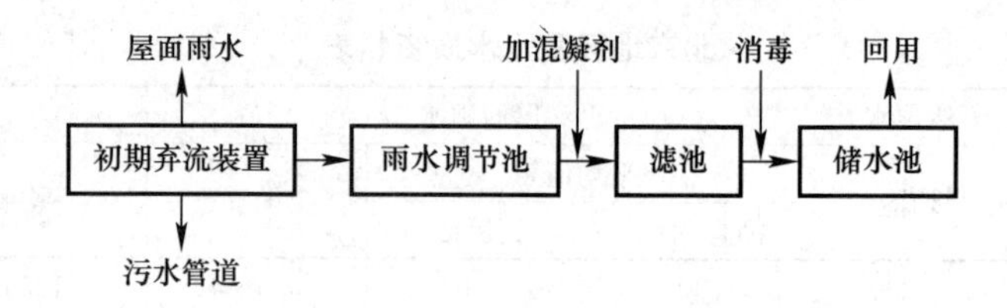

图3-1　典型雨水收集与回用工艺流程

一些研究表明，初期弃流的屋面径流雨水，在最佳投药条件下经接触过滤，COD一般可去除65%左右，SS可去除90%以上，色度可去除55%左右，出水水质可满足杂用水水质标准。各部分设计要注意以下几点：

(1) 采用合适的屋顶材料

集水最佳屋顶材料是金属、陶瓦和以混凝土为基面的材料（如瓦片或纤维结合剂）；石棉屋顶材料不适于收集以饮用为目的的水，因为石棉纤维会进入系统中；不允许采用含铅材料（如塑料）作为集水屋顶。

(2) 设置弃流设施

应设初期雨水弃流设施（绿化屋面除外），弃流量应按照建筑所在地的实测收集雨水污染物浓度变化曲线确定。当无资料时，可采用2～3mm径流厚度作为屋面初期雨水弃流厚度。据此初期弃流厚度与实际的屋面集水面积得出雨水初期弃流装置的体积，当该装置集满雨水后，利用自动控制装置关闭雨水初期弃流装置的进水管，使雨水直接进入雨水调节池。

(3) 雨水调节池容积的确定

雨水调节池有效蓄水容积根据逐日降雨量和逐日用水量经模拟计算确定，这部分在后面的评价中详细研究。当资料不足时可按《建筑与小区雨水利用工程技术规范》中公式计算。公式如下：

$$V=(1-\alpha)^{1.5}\times Q_{max}\times t_c$$

式中　V——调节池容积（m^3）；

Q_{max}——调节池上游干管的设计流量（m^3/s）；

t_c——对应于Q_{max}时的设计降雨历时（s）；

α——下游干管设计流量的降低程度系数。

(4) 雨水蓄水池位置的确定

雨水蓄水池可设置在屋顶、地面、室外和室内，宜根据防热、防冻、防光要求而定。小型建筑宜采用屋面或地面蓄水池。气候炎热多雨地区，且防水等级较高建筑可采用蓄水屋面，此屋面可实现屋面防热节能与综合利用雨水的有机结合。大型建筑蓄水池宜设于室外地下，雨水储存设施必须设有溢流排水措施。

(5) 雨水的处理工艺

雨水处理工艺应根据收集雨水的水量、水质和回用雨水水质的情况经技术经济比较后确定。采用典型的过滤工艺流程时，如果雨水水质污染较重，应在过滤前投加混凝剂。国内一些研究表明，雨水中主要为溶解COD，直接过滤对COD、SS和色度的去除效果不好，但投加混凝剂后效果可明显提高。

（6）雨水水质要求

屋面雨水水质可生化性较差，一般在 0.10～0.20 之间。因此，屋面雨水处理采用生物法时要注意这一点。此外，如条件许可，可采用天然湿地和人造湿地等生态方法来处理雨水。对水质有较高要求时，应增加深度处理措施。

2. 屋面花园收集利用系统

屋面花园收集利用系统既可作为一种单独系统，也可作为雨水集蓄利用的一个预处理措施，可用于平屋顶和坡屋顶。绿化屋顶各构造层次自上而下一般可分为七层：植被层、隔离过滤层、排水层、耐根系穿刺防水层、卷材或涂膜防水层、找平层和找坡层。屋顶应采用整体浇筑或预制装配的钢筋混凝土屋面板作结构层。在夏季高温时，可用隔热防渗透水材料制成的“生态屋顶块”。一般情况下，屋顶花园要求保证 500kg/m^2 以上的外加荷载能力，屋顶草坪要求 150～200kg/m^2。同时在具体设计中，除考虑屋面净荷载外，还应考虑非固定设施、人员数量流动、外加自然力等因素。为了减轻荷载，应将亭、廊、花坛、水池、假山等重量较大的景点设计在承重结构或跨度较小的位置上，同时尽量选择人造土、泥炭土、腐殖土等轻型栽培基质。

屋面花园防水要比一般住宅防水要求高一级，起码是二级防水，二层柔性防水层。隔离过滤层在种植层和排水层之间，采用无纺布或玻纤毡，可以透水，又能阻止泥土流失。隔离过滤层下部为排水层，排水层可采用专用的、留有足够空隙并有一定承载能力的塑料排水板、橡胶排水板或粒径为 20～40mm、厚度 80mm 以上的鹅卵石组成。耐根系穿刺防水层起隔断根系以防破坏防水层作用，通常采用铝合金卷材、HDPE 或 LDPE 土工膜、PVC 等材料。卷材或涂膜防水层是在耐根系穿刺防水层下部再铺设 1～2 道具有耐水、耐腐蚀、耐霉烂和对基层伸缩或开裂变形适应性强的卷材或防水涂料等的柔性防水层。找平层是用水泥砂浆等找平以便在其上铺设柔性防水层。找坡层则是为了便于迅速排除种植屋面的积水，坡度宜为 1%～3%。

3.2.4 雨水渗透技术

绿色智能建筑雨水渗透技术的目的是：通过保护自然系统来恢复土壤、植被和地下水的渗透、净化和储存功能；恢复已建铺地的可渗透性；通过天然土壤和生物净化过程收集并处理过剩的径流。即通过保护、恢复、利用建筑地段的自然系统，并与之相协调，获得用水的节约、效率和管理。值得注意的是土壤入渗系统不应对地下水造成污染，不应对居民的生活造成不便，不应对社区卫生环境和建筑物安全产生负面影响。地面入渗场地上的植物配置应与入渗系统相协调。

绿色智能建筑雨水渗透技术措施种类很多，主要可以分为分散渗透和集中渗透两大类。分散渗透规模大小各异，设施简单，可减轻对雨水收集输送系统的压力，补充地下水，还可以充分利用表层植被和土壤的净化功能减少径流带入水体的污染物，但是一般渗透速率较慢，在地下水位高、土壤渗透能力差或雨水水质污染严重的地方应用受到限制。主要包括渗透地面、渗透管沟等。集中渗透规模较大，有较大的储水容量和渗透面积，净化能力强，适合建筑群或绿色生态住宅小区。主要有渗水池、渗水盆地等。

1. 渗透地面

创造一个有利的绿色智能建筑水环境生态系统，要尽量减少铺装地面，多保留一些天然的植被和土壤。渗透地面分为天然渗透地面和人工渗透地面两大类。天然渗透地面以绿地为主，人工渗透地面是人为铺装透水性地面，如多孔嵌草砖、碎石地面、多孔混凝土或多孔沥青路面等。在建筑开发过程中最不透水的部分不是为人居住的建筑，而是为汽车等而建的铺地，所以要通过人工渗水地面使水渗透接近水源来保持和恢复自然循环。绿地是天然的渗水措施，主要优点是：透水性能好；在小区或建筑物周围分布，便于雨水的引入利用；可以减少绿化用水实现节水功能；对雨水中的一些污染物具有较强的截纳和净化作用。缺点主要是渗透量受土壤性质的限制，雨水中如果含有较多的杂质和悬浮物，会影响绿地质量和渗透性能。设计绿地时可设计成下凹式绿地，尽量将径流引入绿地。为增加渗透量，可以在绿地中做浅沟（如图3-2）以在降雨时临时贮水。但要避免出现溢流，避免绿地过度积水和对植被的破坏。

绿色智能建筑在条件允许情况下，要尽量采用人工渗水地面。人工铺设的渗水地面主要优点有：利用表层土壤对雨水的净化能力，对雨水的预处理要求相对较低；技术简单，便于管理；建筑物周围或小区内的道路、停车场、人行道等都可以充分利用。缺点是渗透能力受土质限制，需要较大的透水面积，对雨水径流量调蓄能力差。图3-3为多孔沥青渗水地面示意图。

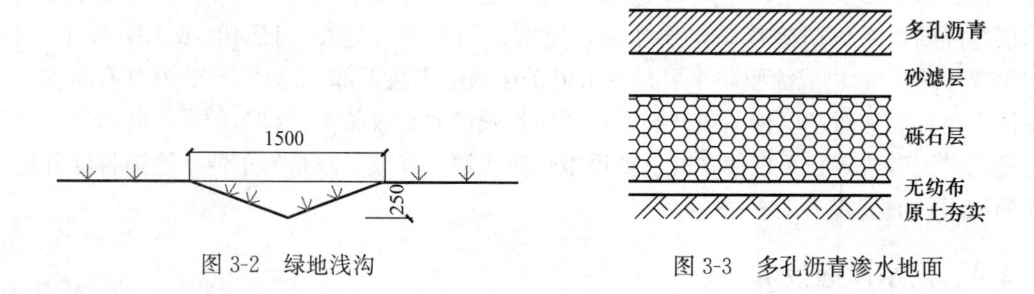

图3-2 绿地浅沟

图3-3 多孔沥青渗水地面

2. 渗透管沟

渗透管、沟是由无砂混凝土或穿孔管等透水材料制成，多设于地下，周围填砾石（图3-4），兼有渗透和排放两种功能。渗透管的主要优点是占地面积少，在周围填充砾石等多孔材料，有较好的调蓄能力；缺点是发生堵塞或渗透能力下降时，难于清洗恢复；而且由

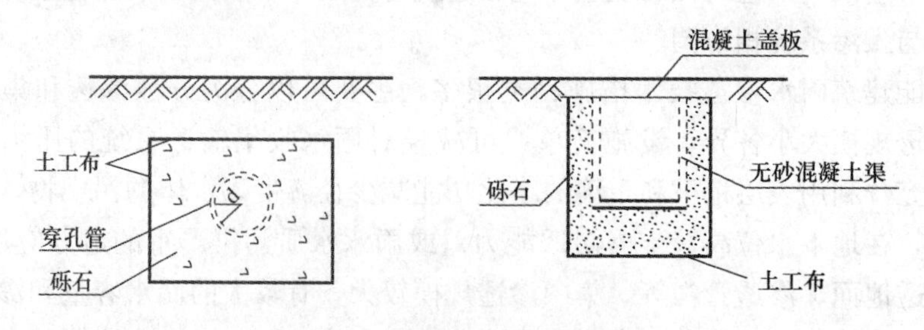

图3-4 渗透管、沟渠示意图

于不能利用表层土壤的净化功能，雨水水质要有保障，否则必须经过适当预处理，不含悬浮固体。因此，在用地紧张，表层土壤渗透性能差而下层有良好透水层等条件下比较适用。渗透沟在一定程度上弥补了渗透管不便于管理的缺点，也减少了挖方。因此，采用多孔材料的沟渠特别适合建筑物四周设置。

3. 渗水盆地

渗水盆地是地面上的封闭洼地，其中的水只能渗入土壤，别无出路，与渗水池的功能基本相同。可以按照敞开系统或封闭系统设计渗水盆地。敞开的渗水盆地内长有植被等，这样可以维护多孔的土壤结构。封闭的渗水盆地采用大小不同的碎石建在地面以下，其表面可以修建停车场或其他用途。但是建设地下盆地的费用高昂，只有在土地非常紧张，迫切需要将地表建成双重用途时，才倾向于采用地下盆地。渗水盆地宜靠近径流源头设置，但要避免使水盆靠近建筑基础。

以上为几种主要的绿色智能建筑雨水渗透技术，应用中可根据实际情况对各种渗透设施进行组合。例如，可以在绿色智能建筑小区内设置渗透地面、绿地、渗透管和渗透池等组合成一个渗透系统。这样就可以取长补短，更好地适应现场多变的条件，效果会更加显著。

3.2.5 雨水收集利用系统的节水计算

确定绿色智能建筑屋面雨水回用的节水指标必须对雨水回用系统的水量关系做个细致的研究，得出雨水回用量和节约用水量。通过对雨水回用系统的水平衡分析确定节水指标。设计雨水回用系统首先要确定回用雨水的量和需求，这些决定着雨水收集量和储存设备容积。雨水收集量可以通过一个很简单的包含降雨强度和收集面积的公式来确定。但是，暴雨不是均匀分配到每天和每一个特别地区，降雨经常集中在某一个季节或者某一个地区。因此，计算的关键就是估计当地的降雨。降雨记录一般包括年、月、日和小时的降雨量。年和月降雨适于做粗略的估计和初步的评价。但是得到的近似值可能给确定雨水收集面积和储存容器体积带来一些问题。因而采用日降雨量来进行雨水回用评价时，降雨量可以在理论上提供更准确的评价。但是，参数数量和计算数据的增加，使计算过程复杂，计算时间增加，以致不是很有效。

确定节水指标必须把收集雨水量和用水量搞清楚。通过图 3-5 雨水回用系统水的输入和输出可以了解到，两个输入参数是收集的雨水量和补给水量，输出参数包括用户用水量和储存容器溢出量。这些量的计算在日降雨量的基础上来确定，通过气象部门的日降雨量数据就能用来评价雨水利用情况。有了这些资料，则可确定雨水收集面积，同时以用水情况作为条件来进行评价。

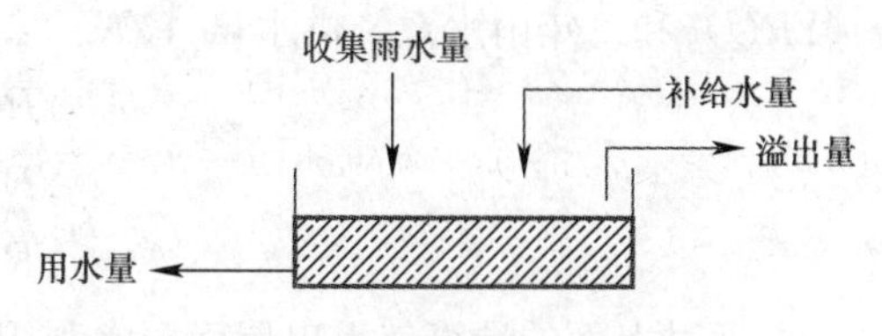

图 3-5 雨水回用系统水的输入和输出

收集雨水量（Q_c）计算公式如下：

$$Q_c = K\frac{A_c \cdot R_d}{1000}$$

式中　A_c——雨水系统设计考虑的收集区域的面积（m^2）；

R_d——建筑所在地24h降雨的累积量（mm）；

K——折减系数，一般取0.85～0.95。

另外，对下面计算中采用的量作出如下定义：

（1）溢出量（Q_f）：收集雨水量大于用户用水量时，从系统中溢流出的水量，以m^3计。

（2）补给水量（Q_r）：雨水利用系统收集雨水量不足时，需要向系统注入的自来水的量，以m^3计。

（3）日用水量（Q_u）：雨水利用系统回用对象每天的用水量，以m^3计。

在上面这些量的基础上就可以进行计算，计算的过程如下：

1）溢出量（Q_f）根据雨水收集量（Q_c）、储存容器的体积（V_t）和储存容器内实际的雨水量（V_1）计算得出：

如果$Q_c+V_1>V_t$，则$Q_f=Q_c+V_1-V_t$；

如果$Q_c+V_1<V_t$，则$Q_f=0$。

2）降雨后第一次储存容器内实际雨水储存量（V_1'）根据下面公式得出：

如果$Q_c+V_1>V_t$，则$V_1'=V_t$；

如果$Q_c+V_1<V_t$，则$V_1'=Q_c+V_1$。

3）补充水量（Q_r）根据降雨后雨水的实际储存量和用户的日用水量（Q_u）

计算得出：

如果$V_1'-Q_u<0$，则$Q_r=-(V_1'-Q_u)$；

如果$V_1'-Q_u>0$，则$Q_r=0$。

4）经过上述1～3步计算后第二次雨水储存容器的实际雨水量（V_1''）根据下面的计算得出：

如果$V_1'-Q_u<0$，则$V_1''=0$；

如果$V_1'-Q_u>0$，则$V_1''=V_1'-Q_u$。

5）计算得到的第二次雨水储存器的实际雨水量（V_1''）作为第二天的V_1的初始数据。通过循环累加所有的参数就可以得到每年的雨水收集量（YRC）、每年的雨水利用量（YRU）和每年雨水系统供水量（YRS）：

$$YRC=\sum Q_c$$

$$YRU=\sum(Q_u-Q_t)$$

$$YRS=\sum Q_u$$

通过上面的计算就得出屋面雨水利用技术的两项节水指标：雨水利用率（R_Y）和节水率（C_2）。其中节水率（C_2）的含义是指采用了雨水回用系统后替代回用对象的自来水用水量的比率。这两个指标的计算公式如下：

$$R_Y=\frac{YRU}{YRC}\times 100\%$$

$$C_2=\frac{YRU}{YRS}\times 100\%$$

3.3 中水回用技术

3.3.1 中水回用技术的特点

绿色智能建筑水资源利用要做到既满足社会发展的需要，又不破坏自然生态平衡，除了国家政策、法律法规等宏观控制解决水资源外，科学技术方面大力研究节水与污水资源化利用技术也是非常重要的。开源与节流是解决矛盾的两个不同方面，这两个方面缺一不可，密切相关。中水回用是重要的节水措施，是规模大、效益高的节约用水措施。建筑产生的污水就地收集，就地利用，减少了自来水的使用量，节约投资，稳定可靠。开辟这类非传统水源，实现污水资源化，对缓解水资源矛盾，保障经济社会可持续发展具有重要的战略意义。绿色智能建筑中水回用技术必须引起我们的关注。

中水一词源于日本，它是指各种排水经处理后，达到规定水质标准，可在生活、市政、环境等范围内杂用的非饮用水。中水的狭义是指的一种水，泛义则与给水、排水等词一样，已泛指与中水相关的系统、设施、技术等在内的含义。中水系统是由原水的收集、储存、处理和中水供给等工程设施组成的有机整体。

建筑中水由于中水系统建立的范围不同有不同的称谓。《建筑中水设计规范》GB 50336—2002 中给出的几个定义是：建筑物中水是在一栋或几栋建筑物内建立的中水系统；小区中水是在小区内建立的中水系统。建筑中水则是建筑物中水和小区中水的总称。

建筑物中水具有灵活、易于建设、不需要长距离输水、运行管理方便等优点，中水系统的处理站一般设在裙房或地下室，靠收集杂排水进行处理，中水达标后作为洗车、冲厕、绿化等用水。小区中水回用一般采用多种原水处理后来发挥水的综合作用和环境效益。

中水回用早在 20 世纪中叶随着工业化国家经济的发展，世界性水资源的紧缺和水环境污染的加剧已经突现出来了。面对水资源危机，发达国家重视得较早，如美国、韩国及日本。以东京为例，截至 1997 年，就有 458 栋建筑和两个工业园正在使用或计划使用中水，总设计处理回用量为 7.4 万 m^3/d。而在以色列、墨西哥污水回用率也分别占到了总水量的 16%和 12%。可见，中水回用技术得到了许多国家和地区的重视。

从 20 世纪 80 年代初，随着我国改革开放后经济发展对水的需求增加以及北方地区的干旱形势，促进了中水技术的发展。1991 年，中国工程建设标准化协会发布了《建筑中水的设计规范》CECS 30：91，建设部建城 713 号发布《城市中水设施管理暂行办法》，初步建立了有关技术规范和管理办法，推动了中水工程建设和中水技术的发展。近几年来的干旱使北方很多城市缺水；南方虽总体上不缺水，但河流湖泊污染严重，许多城市面临水质型缺水，合理利用水资源势在必行。建设部采取了一系列配套措施，标准定额司把《建筑中水设计规范》和《污水回用设计规范》提升为国标并直接抓修编和制定。我国面临水资源紧缺和生态环境恶化的形式以及我国政府的重视，为我国中水技术的发展提出了新的挑战和发展机遇，其发展必将进入一个新的阶段。

随着国外中水回用技术的引进，国内试点工程的实验研究，中水工程建设的推进，中水处理设备的研制，中水应用技术的研究、发展和有关规范、规定的建立、施行，将逐渐形成一整套的工程技术。在水资源短缺地区，中水设施将作为建筑和小区的配套设施进行建设。而中水回用技术也将是绿色建筑的水资源可持续利用的一项重要的给排水工程技术。

3.3.2 中水水源与中水水质的控制

1. 中水水源

(1) 中水水源类型

建筑或建筑群一般以生活污废水或其他可以利用的水源作为中水水源。中水水源的选择应根据排水的水质、水量和排水状况以及中水回用的要求来确定，应该首先选择那些水质充裕、供应稳定、水质处理难度小、污染物浓度低、使用安全，且居民容易接受的排水作为中水水源。通常按沐浴排水、盥洗排水、空调循环冷却系统排水、冷凝冷却水、游泳池排水、洗衣排水、厨房排水、屋面雨水、锅炉房废水的顺序来加以选择。中水水源的排水状况及可供选择的类型顺序如表3-2所示。

中水水源类型与水质状况 **表3-2**

顺序	水源类型	水质状况
1	沐浴排水	住宅卫生间或公共浴室中，盆浴和淋浴排放的废水，其有机物浓度、悬浮物浓度均较低，但皂液的含量较高
2	盥洗排水	住宅洗手盆、洗脸盆和盥洗池排放的废水，其水质与沐浴排水相似，但悬浮物浓度较高
3	空调循环系统排水	空调循环冷却系统所排的污水，污染较轻
4	冷凝冷却水	空调制冷系统中冷凝器的冷却水，其水温较高，基本上未受有机物的污染，只是受冷却蒸发的影响，溶解性盐类浓缩后浓度增大
5	游泳池排水	游泳池所排的污水和温流水，过滤器的冲洗排水等，其有机物和悬浮物的污染均较小
6	洗衣排水	住宅洗衣、宾馆洗衣房所排放的废水，其水质与盥洗排水相似，但洗涤剂含量较高
7	厨房排水	住宅、食堂、餐厅、酒店内厨房排放的污水，其有机物浓度、浊度、油脂含量均较高，悬浮物浓度也较高
8	屋面雨水	各类建筑物屋面集流的雨水，水质浑浊、色度大，其污染物主要来自屋面的沉积物和屋面材料本身的溶解物质以及降水本身带来的污染
9	锅炉房废水	各种锅炉所排出的废水，其水温较高，一般情况下，污染较轻，有时溶解性盐类浓缩后浓度较大

(2) 中水水源污染物浓度

含有多种病菌病毒或其他有毒有害物质的排水严禁作为中水水源。中水系统的水源多为几种组合，在国内外已建的中水设施中，以优质杂排水作为中水水源者占多数。所谓优质杂排水是指污染程度较轻的排水，包括沐浴、盥洗、空调循环冷却系统、冷凝冷却水、游泳池、洗衣等多种排水。中水水源污染物浓度如表3-3所示，其中BOD_5为生化需氧量，COD_{Cr}为化学需氧量，SS为悬浮固体。

各类建筑物的中水水源污染物浓度（mg/L） 表 3-3

建筑类别	水源类型	BOD_5	COD_{Cr}	SS
住宅建筑	沐浴排水	50～60	120～135	40～60
	盥洗排水	60～70	90～120	100～150
	洗衣排水	220～250	310～390	60～70
	厨房排水	500～650	900～1200	220～280
	综合排水	230～300	455～600	155～180
宾馆、酒店建筑	沐浴排水	40～50	100～110	30～50
	盥洗排水	50～60	80～100	80～100
	洗衣排水	180～220	270～330	50～60
	厨房排水	400～550	800～1100	180～220
	综合排水	140～175	295～380	95～120
办公建筑	盥洗排水	90～110	100～140	90～110
	综合排水	195～260	260～340	195～260
餐饮业、营业餐厅	厨房排水	500～600	900～1100	250～280
	综合排水	190～590	890～1075	255～285
公共浴室	沐浴排水	45～55	110～120	35～55
	综合排水	50～65	115～135	40～65

2. 中水应用途径与水质控制标准

（1）中水应用途径

中水作为“第二水源”有许多用途，可以用来冲洗厕所，冲洗车辆，喷洒道路；可以作为消防用水、景观环境用水、空调系统补水、绿化用水、建筑施工用水等方面。回用水的用途如表 3-4 所示。表中给出的比例，是日本东京都回水系统使用的数据，由这组数据可见其使用的大体方向。

中水的用途 表 3-4

用水项目	使用说明	使用比例（%）
冲洗厕所	用于厕所卫生洁具的冲洗	90.6
补水	作为空调系统冷却水的补水	3.0
冲洗车辆	各种车辆清洁冲洗用水	1.2
喷洒道路	对道路进行冲洗和喷洒	1.2
消防用水	指消火栓、消防火炮用水	2.4
景观与绿化	小区或住宅绿化用水；观赏性喷泉水池用水；景观河道、景观湖泊用水	0.7
建筑施工	施工现场清扫、浇洒，混凝土制备与养护	0.9

中水原水经处理后，其水质应满足以下三个基本要求：

1）卫生上安全可靠，没有有害物质；

2）外观上没有不快的感觉；

3）不对设备、管道等造成危害。

其中，有害物质的衡量指标有：大肠菌群数、细菌总数、余氯量、悬浮物量、生化需氧量、化学需氧量等；外观上的衡量指标有：浊度、色度、臭气、表面活化剂、油脂等；保护设备、管道，将用以下指标来衡量，即 pH 值、硬度、蒸发残留物、溶解性物质等。

（2）中水水质控制标准

中水的用途不同，国家和各地方都分别制定了各种控制指标和水质标准，现分别列举如下：

国家规定的城镇杂用水水质控制标准（表3-5）；北京市中水水质标准（表3-6）；再生水用作工业冷却水的水质标准（表3-7）；景观环境用水的再生水水质指标（表3-8）。

城镇杂用水水质控制标准　　表3-5

项　目		冲　厕	道路清扫、消防	城市绿化	车辆冲洗	建筑施工
pH		6.0～9.0				
色度（度）	≤	≤30				
臭		无不快感				
浊度（NTU）	≤	≤5	≤10	≤10	≤5	≤20
溶解性总固体（mg/L）	≤	≤1500	≤1500	≤1000	≤1000	
BOD_5（mg/L）	≤	≤10	≤15	≤20	≤10	≤15
氨氮（mg/L）	≤	≤10	≤10	≤20	≤10	≤20
阴离子表面活性剂（mg/L）	≤	≤1.0	≤1.0	≤1.0	≤0.5	≤1.0
铁（mg/L）	≤	≤0.3			≤0.3	
锰（mg/L）	≤	≤0.1			≤0.1	
溶解氧（mg/L）	≥	≥1.0				
总余氯（mg/L）	≤	接触30min后≥1.0，管网末端≥0.2				
总大肠菌群（个/L）	≤	≤3				

注：根据《污水再生利用工程设计规范》（GB 50335-2002）

中水水质标准（北京市）　　表3-6

项　目	标　准	项　目	标　准
色度（度）	≤40	阴离子合成洗涤剂（mg/L）	≤2.0
臭	无不快感	游离余氯（mg/L）	管网末端水≥0.2
pH	6.5～9.0	总大肠菌（个/L）	≤3
BOD_5（mg/L）20℃	≤10	悬浮物（mg/L）	≤10
COD_{Cr}（mg/L）	≤50	细菌总数（个/mL）	≤100

再生水用作工业冷却用水的水质标准　　表3-7

项　目	直流冷却水	循环冷却补充水	项　目	直流冷却水	循环冷却补充水
pH	6.0～9.0	6.5～9.0	总硬度（以$CaCO_3$计）/(mg/L)	850	450
SS（mg/L）	30		总碱度（以$CaCO_3$计）/(mg/L)	500	350
浊度/度		5	氨氮（mg/L）		10
BOD_5（mg/L）	30	10	总磷（以P计）（mg/L）		1
COD_{Cr}（mg/L）		60	溶解性总固体（mg/L）	1000	1000
铁（mg/L）		0.3	游离余氯（mg/L）	末端0.1～0.2	末端0.1～0.2
锰（mg/L）		0.2	粪大肠菌群（个/L）	2000	2000
氯化物（mg/L）	250	250			

注：1. 铜材换热器循环水氨氮为1mg/L。
2. 表中卫生学指标只考虑再生水对环境影响而定，在循环系统内的杀菌要求，由用户自行解决。
3. 该标准能够保证用水设备在常用浓缩倍数情况下不产生腐蚀、结垢和微生物黏泥等障碍。个别水质要求高的用户，也可针对个别指标作补充处理。
4. 当有试验数据与成熟经验时，可按实际情况确定相应水质指标。

我国景观环境用水的再生水水质指标 **表 3-8**

序号	项目		观赏性景观环境用水			娱乐性景观环境用水		
			河道类	湖泊类	水景类	河道类	湖泊类	水景类
1	基本要求		无漂浮物，无令人不愉快的嗅觉					
2	pH		6.0～9.0					
3	五日生化需氧量（BOD_5）	≤	≤10	≤6		≤6		
4	悬浮物（SS）	≤	≤20	≤10				
5	浊度/NTU	≤				≤5.0		
6	溶解氧	≤	≤1.5			≤2.0		
7	总磷（以P计）	≤	≤1.0	≤0.5		≤1.0	≤2.0	
8	总氮	≤	≤15					
9	氨氮（以N计）	≤	≤5					
10	粪大肠菌群（个/L）	≤	≤10000	≤2000		≤500		不得检出
11	余氯	≥	≥0.05					
12	色度（度）	≤	≤30					
13	石油类	≤	≤1.0					
14	阴离子表面活性剂	≤	≤0.5					

注：1. 除pH和注明单位的指标外，其余指标的单位皆为mg/L。
2. 余氯为接触时间至少为30min的余氯。对于非加氯消毒方式无此项要求。
3. 对于需要通过管道输送再生水的非现场回用情况必须加氯消毒；而对于现场回用情况不限制消毒方式。
4. 若使用未经过除磷脱氮的再生水作为景观环境用水，鼓励使用本标准的各方在回用地点积极探索通过人工培养具有观赏价值水生植物的方法，使景观水体的氮磷满足基本要求，使再生水中的水生植物有经济合理的出路。

3.3.3 中水回用系统的组成

中水回用系统通常由三部分组成，即中水原水系统、中水供水系统和中水处理系统。中水原水系统是收集、输送中水原水到水处理系统的管道系统和附属构筑物；中水供水系统是收集、输送中水到中水用水设备的管道系统及附属构筑物；中水处理系统是其功能在于把中水原水处理成为符合回用水水质标准的设备和装置。中水回用系统的结构有多种型式，通常用于绿色智能建筑和生态住宅小区的有以下三种型式：

1. 独立型中水回用系统

独立型中水回用系统是指单幢建筑物或几幢相邻的建筑物所形成的中水回用系统。它以优质杂排水为中水水源，将生活污水单独直排排入城市管网或化粪池，其组成如图3-6所示。

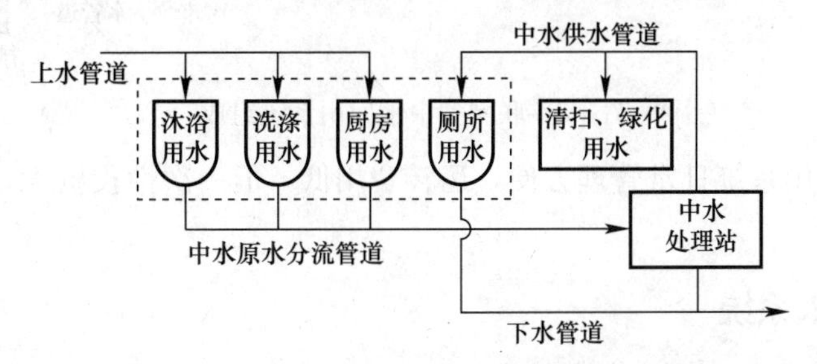

图3-6 独立型中水回用系统组成

独立型中水回用系统投资少，见效快，处理流程简单，由于使用优质杂排水为中水水源，群众易于接受，常用于大型公共建筑、办公楼、宾馆、饭店、公寓和住宅。

2. 区域性中水回用系统

区域性中水回用系统一般建设在一组建筑群的小区里，如生态住宅小区、机关大院、高等院校、科技开发区等。它由沐浴、洗涤、厨房等多组杂排水多单元所汇集的中水原水分流管道所组成的中水原水系统，其冲厕用水也是直接排入城市管网的下水道或化粪池。区域性中水回用系统的组成如图3-7所示。

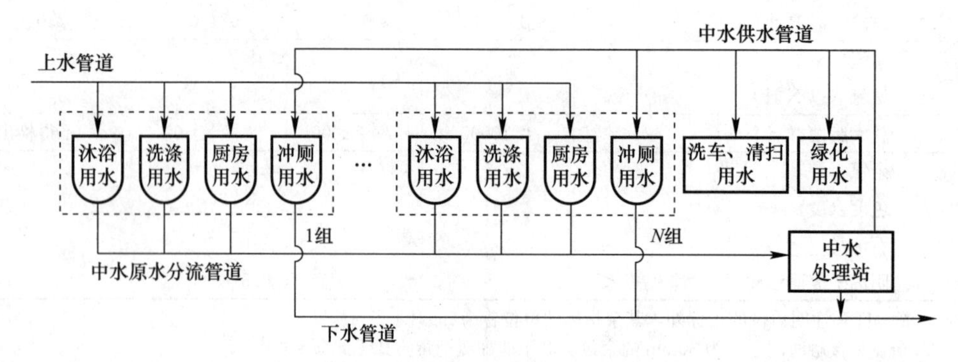

图3-7　区域性中水回用系统组成

区域性中水回用系统的工程规模较大，中水供应较为充足，水质和管道较复杂，但集中处理的费用较低，用生态环保的要求来衡量，是适宜于推广使用的类型。

3. 联网型中水回用系统

如果城镇中设置有污水处理厂，且出水已达到中水回用的水质标准，各生态小区、机关大院都可以直接把原水分流管道接往市政下水管道，同时可获得市政中水的供应，这种系统称为联网型中水回用系统，其组成如图3-8所示。

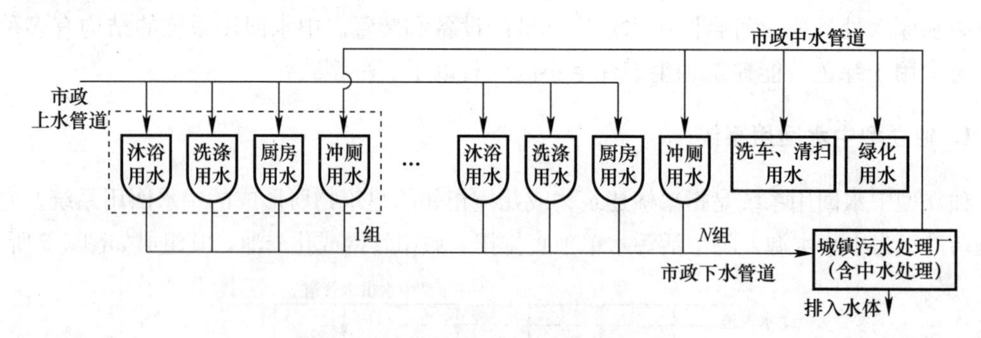

图3-8　联网型中水回用系统组成

联网型中水回用系统日常管理方便，运转费用低，但一次性投资大，主要适用于严重缺水的城镇。

3.3.4　中水原水系统

以建筑、住宅和小区的生活排水作为中水水源的原水系统，考虑到生活排水中分有生活废水和生活污水两类，把这两类合在一套集流管内的系统，称为合流式中水原水系统；采用两套管道分别集流的系统，称为分流式中水原水系统。

合流式系统管道分置简单、水量充足稳定，但原水水质差，中水处理工艺复杂，容易对周围环境造成污染，有时用户不愿接受，如果只用于绿化，不妨也是一种可取的选择。

分流式系统原水水质较好，处理成本较低，用户易于接受，但由于增加了一套分流排水管道，在建筑物内部占用的空间较大，需要增加管道投资费用，设计、安装也比较复杂。分流式系统通常适用于集中盥洗设备的办公楼、教学楼、招待所、集体宿舍、公共浴室、洗衣房、大型宾馆、饭店等，适用于有洗浴设备并且和厕所分开布置的住宅、别墅等，这些建筑易于做到立管分流。

中水原水系统一般由建筑内部原水集流管道、小区原水集流管道、建筑内部通气管道、清通设备、计量设备等组成。根据需要，有的原水系统还设有原水提升泵和有压集流管道。中水原水系统的组成如图 3-9 所示，表 3-9 给出了各部件的主要功能。

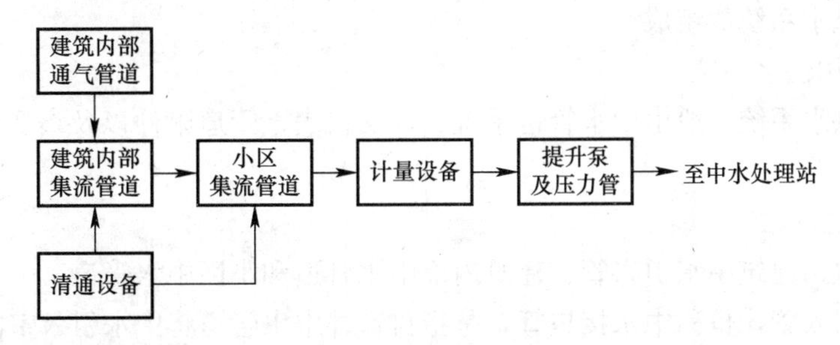

图 3-9　中水原水系统的组成

中水原水系统各部分的功能　　**表 3-9**

组成部分名称	功　能
原水系统管道	用于汇集生活排水，为处理系统提供原水。建筑内部集流管道包括器具集水管（含存水弯）、集流横支管、集流立管、集流干管、出户管；小区集流管道包括小区接户管、集流支管、集流干管。集流管道的管材主要有铸铁管、塑料管、混凝土管等
建筑内部通气管道	建筑内部原水集流管道有水也有气，存在水气两相流的现象，为了能够顺畅地将污水集流到室外，保障建筑物内部良好的卫生环境，把有毒有害气体排出室外，增大集流管道的过水能力，要求设置通气管道；该管道还可引进新鲜空气，防止管道腐蚀，减小集流时的管道噪声
清通设备	供疏通污废水集流管道，保障集水畅通而设置的清扫口、检查口、检查井等
计量设备	计量原水瞬时流量、累计流量等
提升泵及压力管	用于对汇集的原水进行加压提升。当集流管网的重力流管段不能自流到住宅小区中水处理站时，需设置泵站提升；泵站至水处理设施间的集流污水管需设计为压力管道

3.3.5　中水供水系统

1. 中水供水系统的类型与组成

中水供水系统的任务是把处理合格的中水从中水处理站或市政中水管网送到各个用水点，满足各用水点对水量、水压和水质的要求。

(1) 中水供水系统的类型

根据中水用途的不同，民用建筑和建筑小区的中水供水系统可以分为2类。

1) 生活杂用供水系统

供给民用建筑、公共建筑或建筑小区中冲洗便器、冲洗车辆、浇洒道路和绿化等生活杂用水的中水供水系统。

2) 消防供水系统

供给民用建筑、大型公共建筑或建筑小区中独立消防系统（多为消火栓系统）用水的中水供水系统。

上述两种中水供水系统可独立设置，也可根据实际条件和需要组合成共用系统，即生活杂用—消火栓共用中水系统。系统的选择，应根据生活杂用和消防对水质、水量、水压的要求，经技术经济比较或综合评判法确定。当采用一套管道系统供应不同的用水对象时，中水水质标准应按要求最高者确定。

(2) 中水供水系统的组成

1) 生活杂用供水系统

生活杂用供水系统一般由中水管道系统、计量仪表、管道附件以及增压和贮水设备等组成。

① 中水管道

中水管道包括建筑中水引入管、建筑内部中水管道和小区中水管道。

建筑中水引入管，也称中水接户管，是指自室外中水管道将中水引入室内的管段。

建筑内部中水管道指建筑内部的中水供水管道，包括中水干管、中水立管和中水支管。

小区中水管道指将中水由小区中水处理站或市政中水管网引至各建筑物的中水供水管道，包括小区中水接户管、小区中水支管和小区中水干管。小区接户管指布置在居住组团（占地面积小于$10 \times 10^4 m^2$，居住300～800户，人口在1000～3000范围内）内建筑周围的道路或路边绿地下，直接与建筑物引入管相接的中水管道。小区支管指布置在居住组团内组团道路或路边绿地下，与接户管相接，向接户管供水的中水管道。小区干管指布置在居住小区内小区道路或小区城市道路下，与小区支管相接，向小区支管供水的中水管道。

由于中水保持有余氯和多种盐类，易产生多种生物学和电化学腐蚀，因此中水管道必须具有耐腐蚀性。可采用承压的塑料管、复合管或玻璃钢等给水管材，不得采用非镀锌钢管。

② 计量仪表

为计量流量、压力、水位等，在中水供水系统中需设置水表、流量计、压力计、真空计、水位计等仪表。

通常在引入管或分户中水管上安装水表以计量建筑物总的中水用量和各户的中水用量。

在建筑中广泛采用的是流速式水表，它是根据管径一定时，水流速度与流量成正比的原理制作的。流速式水表有2种不同的分类方法：一是根据翼轮构造的不同，可分为叶轮转轴与水流方向垂直的旋翼式水表和叶轮转轴与水流方向平行的螺翼式水表两类。旋翼式水表水流阻力较大，始动流量和计量范围较小，适用于用水量和逐时变化幅度小的用户；螺翼式水表水流阻力较小，始动流量及计量范围较大，适用于用水量大的用户；二是根据计数机件在水中状态的不同，可分为计数机件浸没在水中的湿式水表和计数机件与水隔离的干式水表。湿式水表构造简单，计量精确，但对水质的要求较高，如果水中含有杂质，将会降低水表的精度。干式水表计数机件不受水中杂质的影响，但精度较低。

③ 管道附件

管道附件主要指管道系统中调节水量、水压，控制水流方向以及关断水流，便于管道、仪表和设备检修的各类阀门，小区中水供水管道的附件有时还包括洒水栓。

中水供水管道常用的阀门有：截止阀、闸阀、蝶阀、止回阀、液位控制阀、安全阀和减压阀等。

④ 增压和贮水设备

当中水供水管道的水压、水量不能满足建筑及小区的用水要求时，在建筑内部和小区的中水供水系统中需设置提升水泵、气压给水设备、中水贮水池、中水高位水箱及中水水塔等增压和贮水设备。

2）消防专用中水供水系统

消防专用的中水供水系统也是把处理合格的中水从小区的中水处理站或市政供水管网送到各处的用水点。之所谓“专用”是指专供大型公共建筑或生态住宅小区中独立消防系统，即消火栓系统用水。消防专用中水供水系统一般由增压和储水设备、消防管道、水泵接合器、管道附件和消火栓设备等组成，如图 3-10 所示。表 3-10 给出了各部件的主要功能。

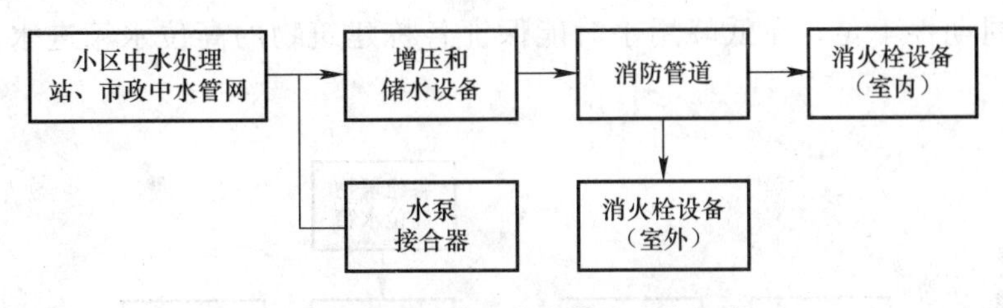

图 3-10　消防专用中水供水系统组成

消防专用中水供水系统各部分的功能　　**表 3-10**

组成部分名称	功　能
增压和储水设备	用以存储一定容积的中水，并能对消防用水增压；设有消防水池或消防水箱和消防泵；消防水池的有效容积应满足火灾延续时间内消防用水的要求
水泵接合器	水泵接合器是连接消防车从室外水源或市政供水管网取水，向室内消防供水系统加压供水的装置
消防管道	向各类建筑、生态小区供应中水的管网。消防管道可以与生活杂用中水系统合并设置或独立设置，但高层建筑的消防管道必须独立设置。供水管材应采用内外壁热浸镀锌钢管
消火栓设备	用于引水并直接扑灭火灾的装置。室内消火栓设备由室内消火栓、水龙带和水枪组成；室外消火栓设备用以供消防车取水

2. 中水供水系统的给水方式

给水方式是指供水系统的给水方案，即采用何种方式将符合用户水质要求的水送到各用水点，并保证用水点的水量和水压要求。合理的供水方案，应综合工程涉及的各项因素（如技术因素、经济因素、社会和环境因素等），通过综合技术经济比较确定。

(1) 小区给水方式

小区中水供水系统的给水方式可分为4种。

1) 市政中水管网直接给水方式

小区直接从市政中水管网接水，再由小区中水管网输送到各栋建筑物的各用水点，系统框图见图3-11。这种方式最为简单、经济，适用于规模较小、市政中水管网一天内任何时间都能保证各用户水量、水压要求的小区。

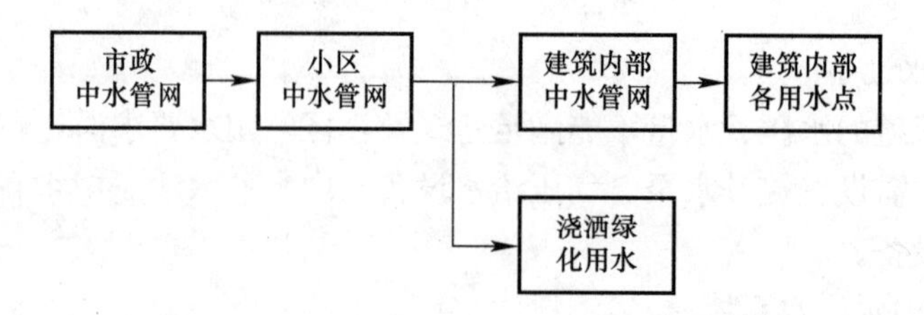

图3-11 市政中水管网直接给水方式

2) 设水箱的给水方式

在建筑物顶设置水箱，小区直接从市政中水管网接水，系统框图见图3-12。低峰用水时，利用市政中水管网的水压直接向建筑物供水并向水箱进水，水箱贮备水量；高峰用水时，市政中水管网水压不足，则由水箱向建筑内中水系统供水。适用于城镇中水管网的水量、水压呈周期性不足，在低峰用水时能保证各栋建筑物的高位水箱进水水压要求的小区。

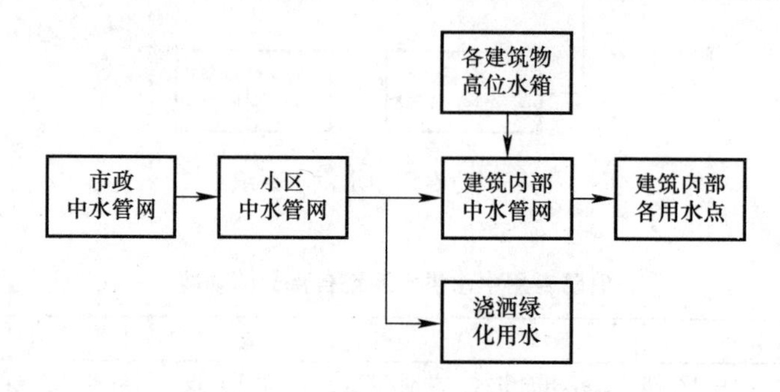

图3-12 设水箱的给水方式

3) 各栋建筑物独立加压的给水方式

当市政中水管网来水压力经常性不足，小区内中水供应的高层建筑较少且各栋建筑所需压力相差较大时，小区直接从市政中水管网接水供应各栋建筑物，各建筑物再独立加压保证高层用户的用水压力需求，系统框图见图3-13。

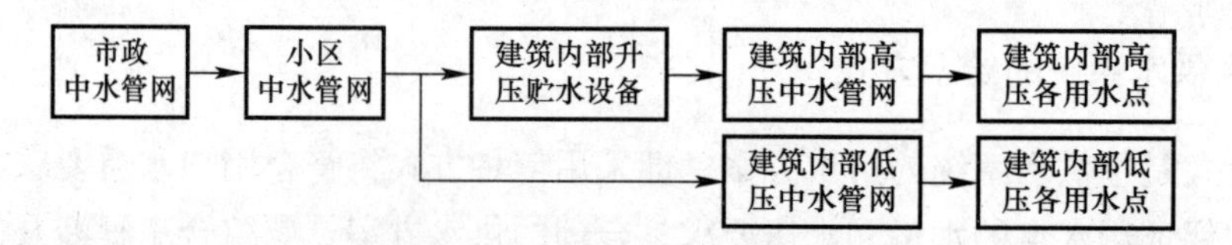

图3-13 各栋建筑物独立加压的给水方式

4）小区集中加压的给水方式

小区集中加压的给水方式包括小区集中一次加压、小区集中加压且建筑二次加压两种方式，系统框图见图 3-14、图 3-15。当中水来自小区中水处理站或压力较低的市政中水管网（压力经常性不满足要求），小区内所有建筑布置较集中、建筑高度和所需水压都相近时，可采用小区集中一次加压的给水方式；当中水来自中水处理站或压力较低的市政中水管网，小区内中水供应的高层建筑少而分散，且与多数建筑所需的压力相差较大时，可采用小区集中加压满足多数建筑压力需求、高层建筑经二次加压再满足高区压力需求的供水方式。

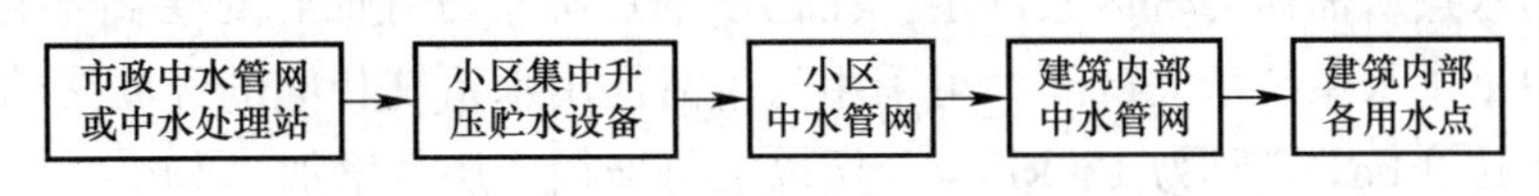

图 3-14　小区集中一次加压的给水方式

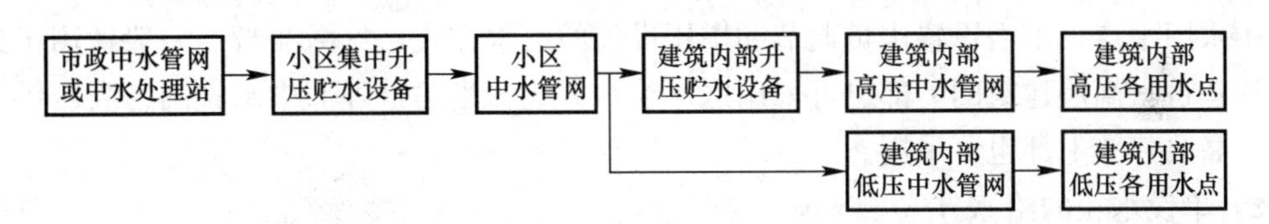

图 3-15　小区集中加压且建筑二次加压的给水方式

根据加压设备的不同，加压方式可分为以下几种：

① 水池-水泵给水方式

小区中水加压站的水池从市政中水管网或小区中水处理站接水，再经水泵加压后由小区管网输送到各建筑物。用水均匀时可采用大、小水泵组合运行供水，用水不均匀时可采用变频调速水泵变速运行供水。

② 水池-水泵-水塔的给水方式

小区中水加压站的水池从市政中水管网或小区中水处理站接水，再经水泵加压后由小区管网输送到各建筑物，小区管网中有水塔进行调节，系统框图见图 3-16。适用于规模较大，水压、水量都需调节、用水又不均匀的小区。

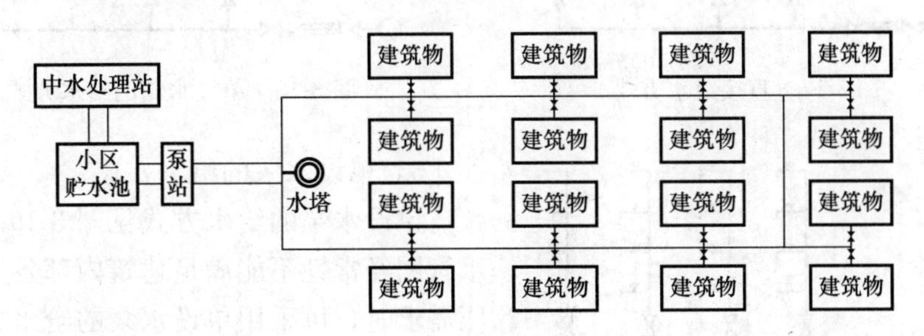

图 3-16　小区水池-水泵-水塔的给水方式

③ 水池-水泵-水箱的给水方式

小区中水加压站的中水贮水池从市政中水管网或小区中水处理站接水，再经水泵加压后由小区中水管网输送到各建筑物，各建筑物有中水高位水箱进行调节。适用于规模较小且用水不均匀或城市限制建水塔或有发展趋势的小区。

④ 水池-气压给水设备的给水方式

小区中水加压站的中水贮水池从市政中水管网或小区中水处理站接水，再经加压和气压给水设备后由小区中水管网输送到各建筑物。适用于规模较小且用水不均匀或城市限制建水塔的小区。

（2）建筑内部给水方式

建筑内部中水的给水方式由建筑物高度、室外中水管网的可靠压力及建筑内部管网中最不利中水用水点所需压力等因素确定。在初步确定给水方式时，对层高不超过3.5m的民用建筑，中水供水系统所需的压力可采用与生活饮用水系统相同的经验法估算：自地面算起，1层为100kPa，2层为120kPa，3层以上每增加1层，增加40kPa。

1）直接给水方式

建筑外部中水管网具有的水压、水量在一天内均能满足用水要求，直接供水至建筑内部各中水用水点，不需设置水量调节和增压设施的给水方式，见图3-17。一般适用于单层和多层建筑，高层建筑的下部也可采用这一给水方式。当建筑外部中水管网为高压供水系统时，高层建筑上部也可采用。

2）单设水箱的给水方式

单设水箱的给水方式见图3-18。当建筑外部中水管网的水压周期性不足时（即用水高峰时水压不足，用水低谷时，水压能满足用水点的水压要求），在建筑物内部设置中水高位水箱，用水低谷时利用外部中水管网的水压向水箱供水，用水高峰时水箱向建筑内部中水管网用水点供水。应注意，这种方式的引入管除设置必要的阀门外，一定要设置止回阀。

图3-17　直接给水方式

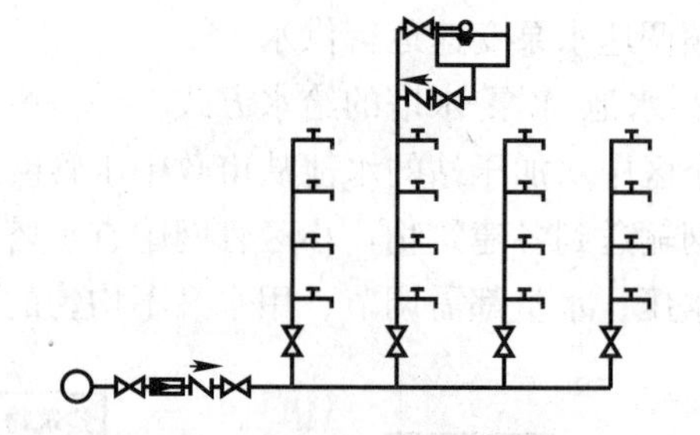

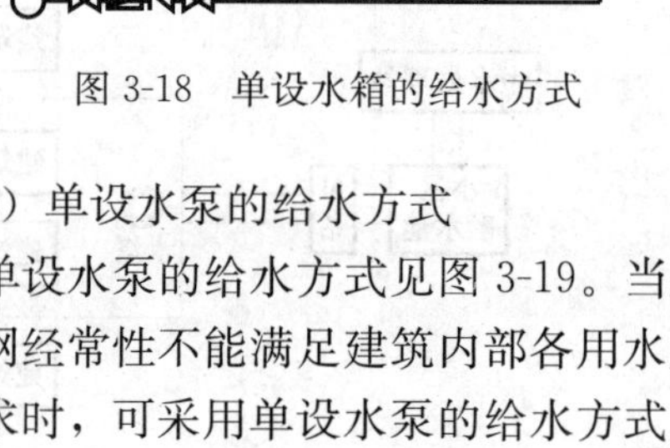

图3-18　单设水箱的给水方式

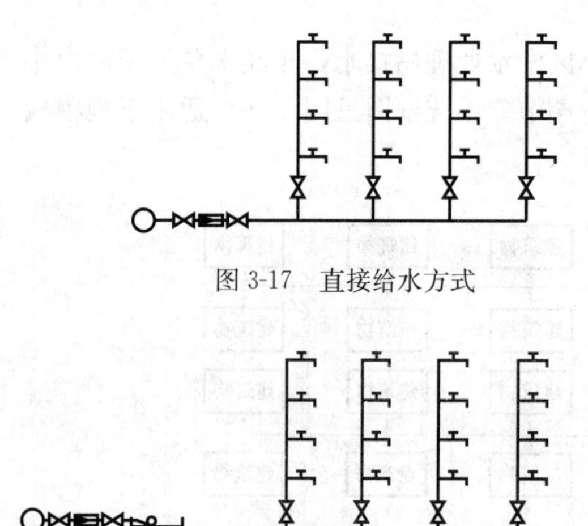

图3-19　单设水泵的给水方式

3）单设水泵的给水方式

单设水泵的给水方式见图3-19。当外部中水管网经常性不能满足建筑内部各用水点的水压需求时，可采用单设水泵的给水方式。建筑内部用水不均匀时，宜采用一台或多台水泵变速运行供水。

4）水泵和水箱联合给水方式

水泵和水箱联合供水的给水方式宜在建筑外部中水管网压力低于或经常性不能满足建筑内部中水管网所需的水压，且建筑内部用水不均匀时采用。根据水箱进水管和出水管的设置情况，可分为单管式和双管式，见图 3-20。

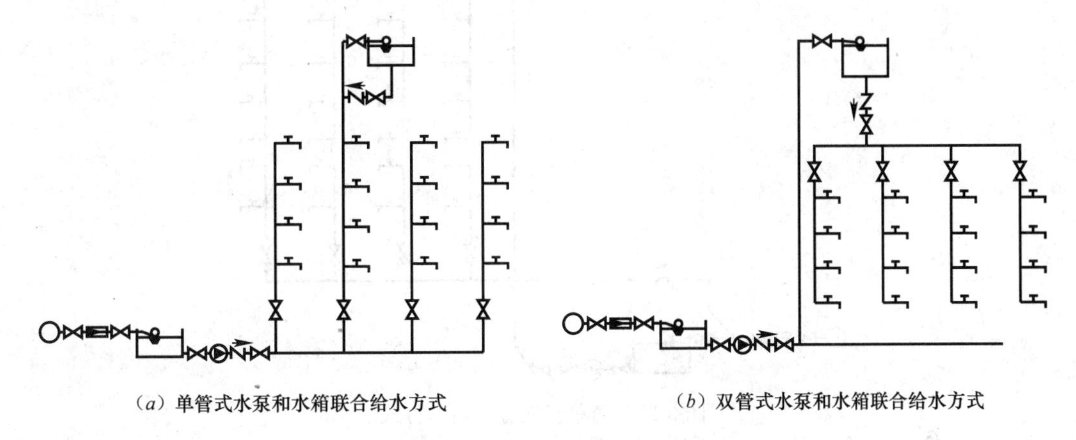

（a）单管式水泵和水箱联合给水方式　（b）双管式水泵和水箱联合给水方式

图 3-20　水泵和水箱联合给水方式

5）气压给水方式

当建筑外部中水管网压力低于或经常性不能满足建筑内部中水管网所需的水压，建筑内部用水不均匀且不宜或无法设置高位水箱时，可采用气压给水方式，见图 3-21。气压水罐相当于高位水箱，但位置较为灵活，可根据需要设置在低处或高处。

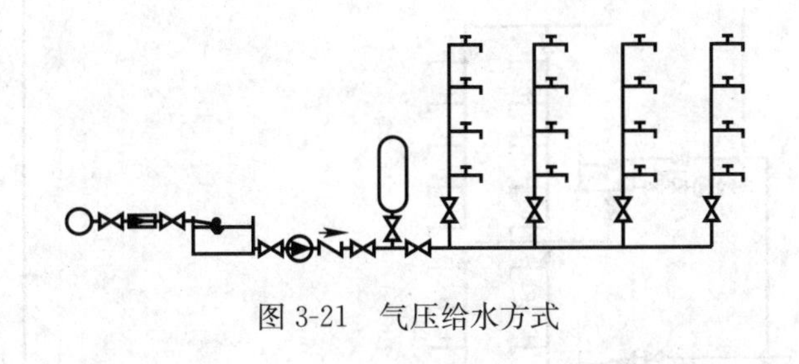

图 3-21　气压给水方式

6）竖向分区给水方式

对于层数较多的多层建筑和高层建筑，当建筑外部中水管网的水压只能满足建筑下层用水要求时，为充分利用外网水压力，并克服采用同一供水系统造成的低层管道静水压力过大的弊病，保证供水的安全可靠性，应采取竖向分区的给水方式。

竖向分区给水方式的基本形式有以下几种。

① 简单竖向分区给水方式

建筑下层（低区）由建筑外部中水管网直接供水，建筑上层（高区）由升压贮水设备供水，见图 3-22。

② 串联式给水方式

各区分设中水水箱和水泵，低区的中水水箱兼作上区的中水水池，见图 3-23。

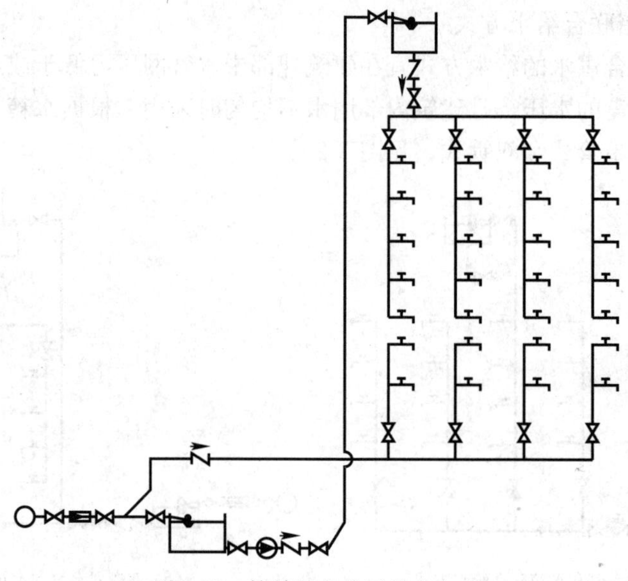

图 3-22 简单竖向分区给水方式

③ 减压式给水方式

建筑中水由设在底层的水泵一次提升至屋顶中水水箱，再通过各区减压装置如减压水箱、减压阀等，依次向下供水，见图 3-24。

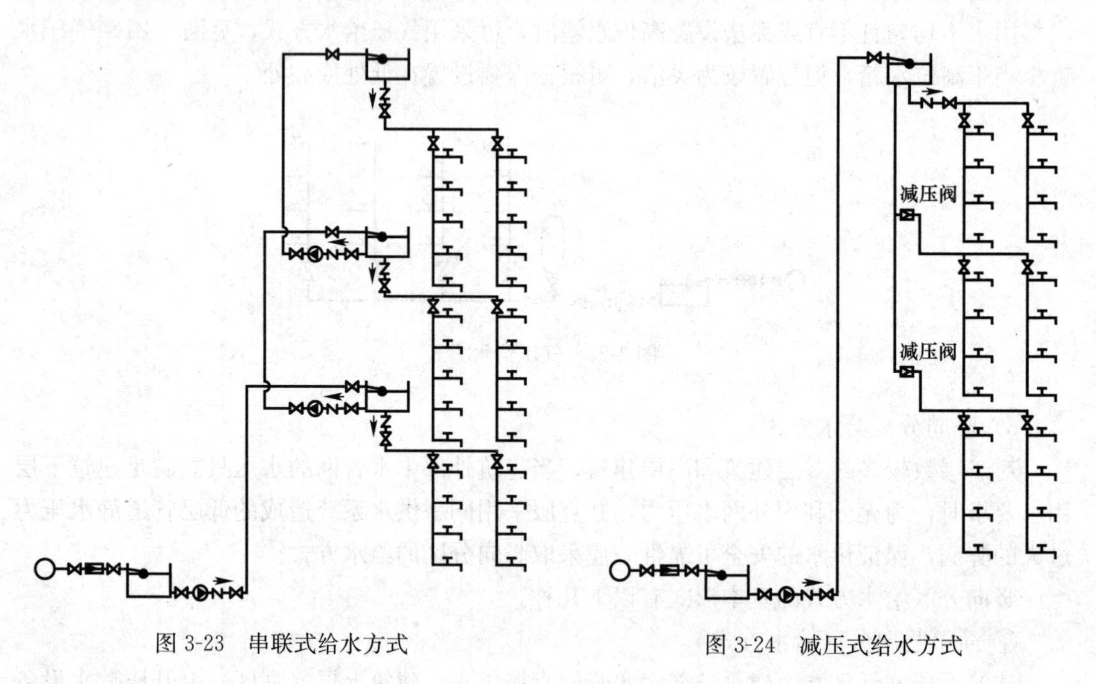

图 3-23 串联式给水方式

图 3-24 减压式给水方式

④ 并列式给水方式

各区升压设备集中设置在建筑底层或地下设备层或室外水泵房内，分别向各区中水管网供水，见图 3-25。

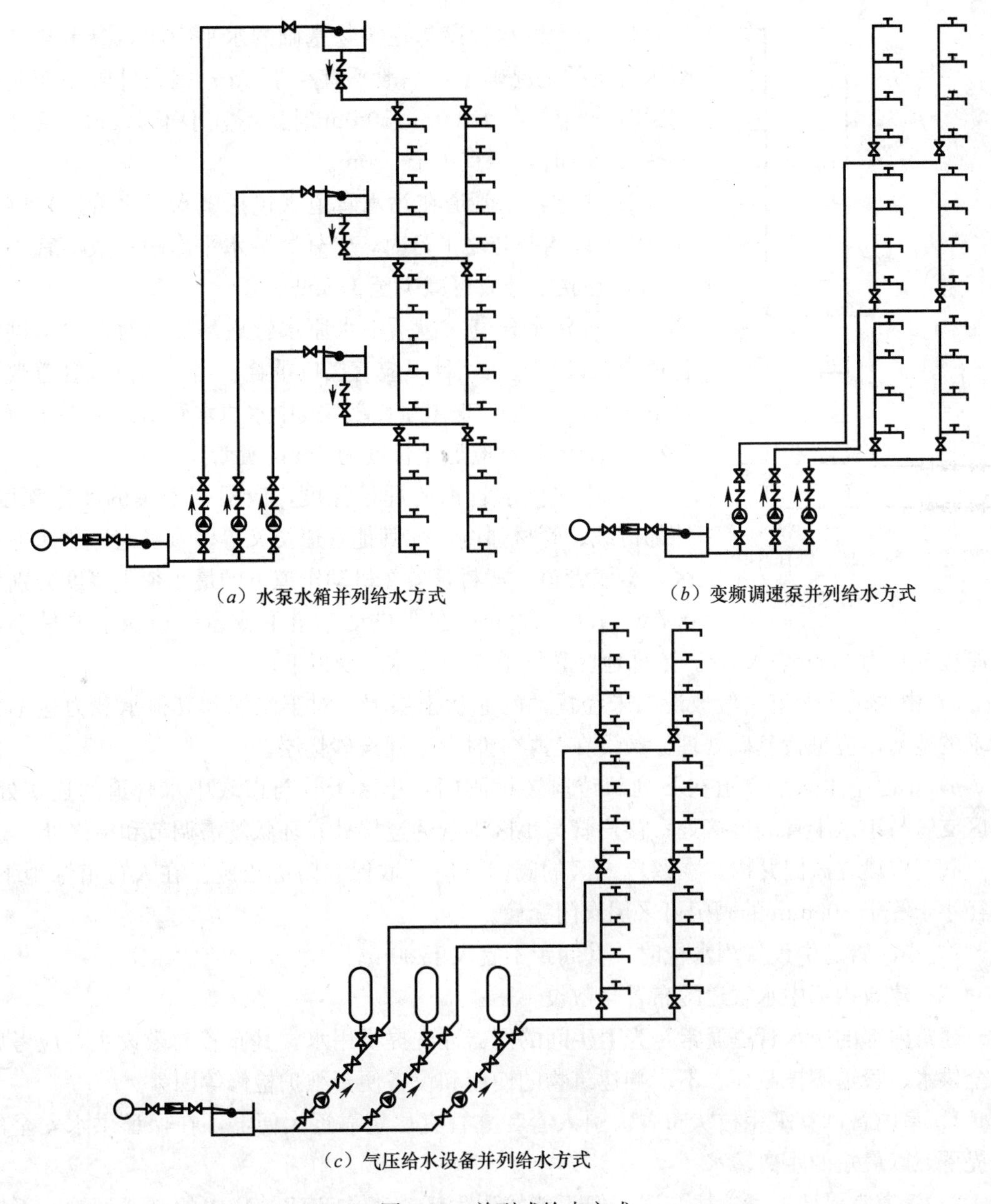

图 3-25 并列式给水方式

⑤ 室外高、低压中水管网直接给水方式

当建筑外部同时有高压和低压中水管网时，可利用外网压力，直接由室外高、低压管网分别向建筑内高、低压中水系统供水，见图 3-26。

3. 中水供水管网的布置与敷设

(1) 小区中水供水管网的布置与敷设

布置小区供水管网时，应按小区干管、小区支管和接户管的顺序进行。

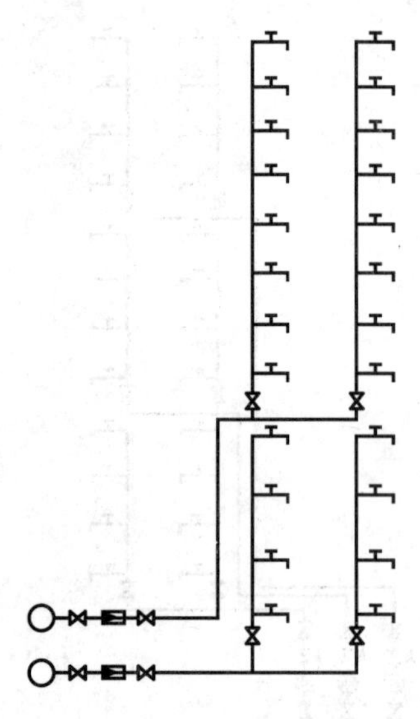

图3-26　室外高、低压中水管网直接给水方式

1）中水供水管道与建筑物基础的水平净距，参考自来水给水管道的情况确定：一般不宜小于3m；因条件限制而缩小间距时，当管径为100～150mm时，不宜小于1.5m，管径为50～75mm时，不宜小于1.0m。

2）中水供水管道在污水管道（包括中水原水管道）侧下面0.5m以内并与之平行时，管外壁的水平净距一般不宜小于3.0m，在狭窄地方可减少至1.5m。

3）与污水管道（包括中水原水管道）交叉时，中水供水管道应敷设在上面，且不应有接口重叠；当中水供水管道敷设在下面时，管道接口离污水管道或中水原水管道的水平净距不宜小于1.0m，且应加设长度为6m的套管。

4）中水供水管道的埋设深度，应根据土壤的冰冻深度、外部荷载、管材强度、与其他管道交叉等因素确定。非冰冻地区，金属管道、塑料管道在机动车道下的最小覆土厚度分别为0.7m、1.0～1.2m；在非机动车道下或道路边缘下的最小覆土厚度分别为0.3m、0.7m。冰冻地区，管道应埋在冰冻线以下。

5）中水供水管道一般敷设在未经扰动的原状土层上。对于淤泥和其他承载力达不到要求的地基，应进行基础处理。敷设在基岩上时，应铺设砂垫层。

6）小区中水供水管道在下列部位应装设阀门：小区干管与市政中水管道的连接处；小区支管与小区干管的连接处；接户管与小区支管的连接处；环状管需调节和检修处。

阀门应设在阀门井内。在寒冷地区的阀门井应采取保温防冻措施。在人行道绿地下，直径小于等于300mm的阀门可采用阀门套筒。

7）小区管道中设置洒水栓时，其间距不宜大于80m。

（2）建筑内部中水管道的布置与敷设

建筑内部的中水管道通常是为卫生间的便器冲洗提供用水，其布置与敷设主要应考虑安全供水、管道不被破坏、不影响建筑物的使用和设备便于维护检修等因素。

1）室内管网宜采用枝状布置。引入管和立管宜尽量靠近大便器，在保证供水安全的前提下，以最短的距离输水。

2）管道宜沿墙、梁、柱布置，但不能妨碍生活、工作和建筑物内的交通运输；不应布置在遇水会引起燃烧、爆炸或损坏的设备上方，如配电室、配电设备、仪器仪表上方；不宜穿过橱窗、壁柜和木装修等。

3）管道不得穿越设备基础、伸缩缝和沉降缝，如必须穿过时应采取预留钢套管、采取可曲挠配件、上方留有足够沉降量等防护措施。为防止腐蚀，管道也不得布置在风道、烟道及排水沟内。

4）中水管道周围应留有一定的空间，以满足施工、安装、维修的要求，中水管道与其他管道和建筑结构的最小净距可参考生活饮用水管道的情况确定，具体要求见表3-11。

中水管道与其他管道和建筑结构的最小净距　　表 3-11

中水管道名称		室内墙面（mm）	地沟壁和其他管道（mm）	梁、柱、设备（mm）	排水管	
					水平净距（mm）	垂直净距（mm）
引入管		—	—	—	1000	150
横干管		100	100	50 此处无焊缝	500	150
立管管径（mm）	<32	25		—	—	—
	32～50	35		—	—	—
	75～100	50		—	—	—
	125～150	60		—	—	—

注：中水管道应敷设在生活饮用水管道下面，排水管道上面。

进入检修的管道井，通道净宽不宜小于 0.6m。

5）中水管道穿过地下室外墙或构筑物墙壁时，应采用防水套管。穿过承重墙或基础，应预留洞口并留足沉降量，一般不小于 0.1m。穿越楼板、屋面时一般应预留套管，穿越管应设固定支承。

6）管道在空间敷设时，必须采取固定措施。钢管敷设时，立管一般每层必须安装一个管卡，当层高大于 5m 时，每层须安装 2 个；钢管水平安装支架最大间距见表 3-12。复合管、UPVC 管支架的最大间距见表 3-13 和表 3-14。

普通钢管（包括热镀锌钢管）水平安装支架最大间距　　表 3-12

公称直径（mm）	15	20	25	32	40	50	70	80
间距（m）	2.5	3	3.25	4	4.5	5	6	6

注：表中数据为不保温管道支架的最大水平间距。

复合管管道支架的最大间距　　表 3-13

公称直径（mm）	16	20	25	32	40	50	63	75
立管间距（m）	0.7	0.9	1.0	1.1	1.3	1.6	1.8	2.0
水平管间距（m）	0.5	0.6	0.7	0.8	0.9	1.0	1.1	1.2

注：采用金属制作的管道支架，应在管道与支架间衬非金属垫或套管。

UPVC 管管道支架的最大间距　　表 3-14

外径（mm）	20	25	32	40	50	63	75	90
立管间距（m）	1.0	1.1	1.2	1.4	1.6	1.8	2.1	2.4
水平管间距（m）	0.6	0.65	0.7	0.9	1.0	1.2	1.3	1.45

注：楼板之间管段离地 1.0～1.2m 处应设支架。

7）中水引入管应有不小于 0.003 的坡度坡向室外中水管网或水表井；室内中水横管宜有 0.002～0.005 的坡度坡向泄水装置。

8）有结露可能的地方，应采取防结露措施，如卫生间内和一些可能受水影响的设备上方等处。有可能冰冻的地方，应考虑防冻措施。

9）给水管网上应设置阀门：如引入管、水表前后和立管起端；立管上接有 3 个或 3 个以上的横支管上。

(3) 消火栓系统的布置与敷设

1) 室外消火栓的布置与敷设

① 室外消火栓应沿道路设置在交叉路口或明显处，道路宽度超过60m时，宜在道路两边设置。室外消火栓距路边不宜超过2m，距建筑物外墙不宜小于5m。

② 室外消火栓的保护半径不应超过150m。室外消火栓的间距，低压系统不应超过120m，高压系统不应超过60m。

③ 室外消火栓宜采用地上式，采用地下式时，应有明显的标志。

④ 在市政消火栓保护不到的建筑区域，应设室外消火栓。在市政消火栓保护半径150m以内，如室外消防用水量不超过15L/s时，可不设室外消火栓。

⑤ 人防工程室外消火栓距人防工程出入口不宜小于5m，距路边不宜超过2m，距水泵接合器不宜超过40m。

⑥ 停车场的室外消火栓宜沿停车场周边设置，且距离最近一排汽车不宜小于7m，距加油站或油库不宜小于15m。

2) 室内消火栓的布置与敷设

① 设有消防给水的建筑物，其各层（无可燃物的设备层除外）均应设置室内消火栓。消火栓的布置间距应满足下列要求。

A. 建筑高度不超过24m，且体积不超过5000m³ 的库房，应保证有1支水枪的充实水柱达到同层内任何部位，见图3-27。

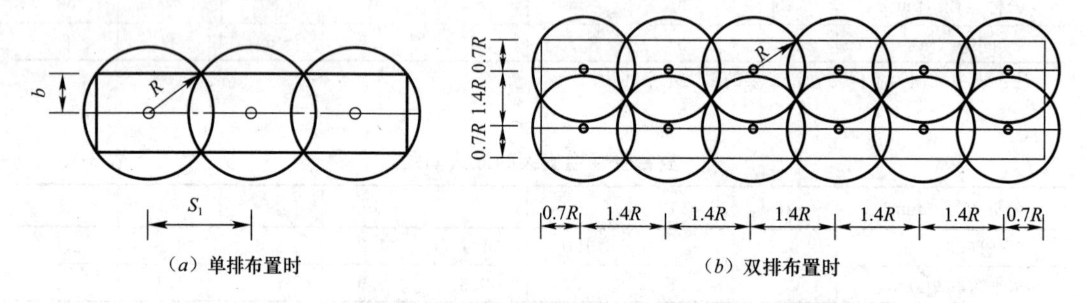

图3-27　一股水柱到达同层内任何部位时的消火栓布置间距

室内消火栓单排布置时，间距计算公式如下：

$$S_1 \leqslant 2\sqrt{R^2 - b^2}$$

$$R = CL_d + h$$

式中　S_1——单排布置1股水柱的消火栓间距（m）；

R——消火栓的保护半径（m）；

b——消火栓的最大保护宽度（m）；

C——水龙带展开时的弯曲折减系数，一般取0.8～0.9；

L_d——水龙带长度（m）；

h——水枪充实水柱长度在平面上的投影长度，当水枪倾角为45°时，$h=0.71H_m$（m）；

H_m——水枪充实水柱长度（m）。

室内消火栓双排及多排布置时，间距计算公式：

$$S_n \leqslant 1.414R$$

式中 S_n——多排布置 1 股水柱的消火栓间距（m）；

R——消火栓的保护半径（m）。

B. 其他民用建筑应保证有 2 股充实水柱达到同层内任何部位，见图 3-28。

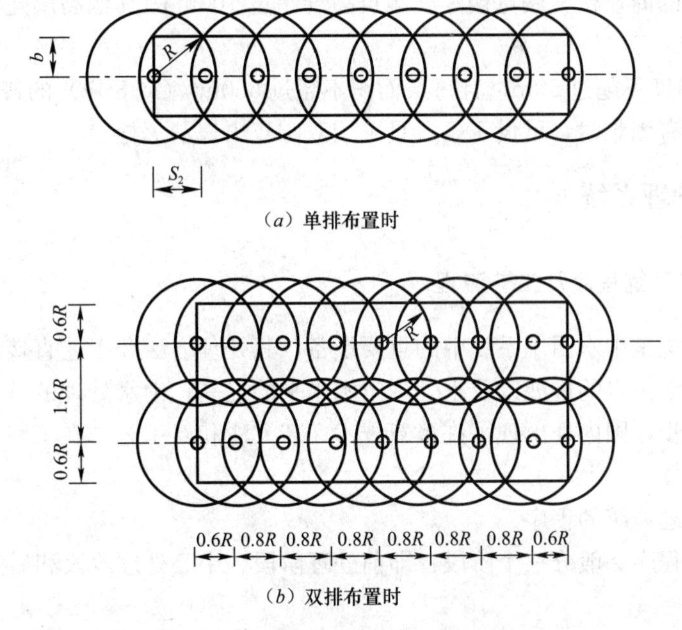

（a）单排布置时

（b）双排布置时

图 3-28 2 股水柱到达同层内任何部位时的消火栓布置间距

室内消火栓单排布置时，间距计算公式如下：

$$S_2 \leqslant \sqrt{R^2 - b^2}$$

式中 S_2——单排布置 2 股水柱的消火栓间距（m）；

b——消火栓最大保护宽度（m）；

R——消火栓的保护半径（m）。

室内消火栓双排及多排布置间距见图 3-28（b）。

注意，由上述各式计算出的消火栓间距，还应进行如下校核：高架库房、高层建筑、人防工程、高层汽车库和地下汽车库内的最大间距为 30m；单层汽车库、其他单层和多层建筑、高层建筑裙房的最大间距为 50m。

② 室内消火栓宜设置在走道、楼梯间附近、消防电梯前室等明显且易于取用的地点。汽车库内消火栓的设置应不影响汽车的通行和车位的位置，且不应影响消火栓的开启。剧院、礼堂等的消火栓应布置在舞台口两侧和观众厅内，休息室内不宜设消火栓。平屋顶建筑宜在屋顶设置试验检查用消火栓（需设防冻措施）。

③ 消火栓栓口安装高度为距地 1.1m，出水方向宜向下或与设置消火栓的墙面成 90°角。

④ 同一建筑物内应采用统一规格的消火栓、水枪和水带。高层建筑室内消火栓直径采用 65mm，水枪喷嘴口径不应小于 19mm，水龙带长度不应超过 25m。

⑤ 室内消火栓栓口处的静水压力不应超过0.80MPa，如超过时，应采取分区给水方式。消火栓栓口处水压超过0.50MPa时，应有减压措施。

⑥ 低层建筑中设有空调系统的旅馆、办公楼，以及超过1500个座位的剧院、会堂，其闷顶内安装有面灯部位的马道处，宜增设消防卷盘。高层建筑中的高级旅馆、重要的办公楼、一类建筑的商业楼、展览楼等和建筑高度超过100m的其他高层建筑，楼内应设消防卷盘。

⑦ 在建筑高度不超过50m，且每层面积不超过650m²（或8户）的普通塔式住宅，如设2条消防竖管有困难时，可设1条，且采用双阀双出口消火栓。

3.3.6 中水处理系统

1. 中水处理系统程序及工艺流程

中水处理系统是中水回用系统中的重要设备，其处理方法和工艺直接影响着输出中水的水质。随着科学技术的进展以及水处理技术水平的提高，中水处理的技术、方法和工艺获得了很大的进步，国内外出现了许多新技术、新方法和新工艺，在工程实施中，有许多工艺流程可供选择。

（1）中水处理系统的程序

中水处理的程序一般分三个阶段：即前处理阶段、中心处理阶段和后处理阶段。

1）前处理

用来截留中水原水中大的漂浮物、悬浮物及杂质。主要处理方法有：筛滤截留、重力分离。

① 筛滤截留　根据截留固体杂质的不同，截留设备主要有格栅和格筛。格栅用来截留尺寸较大的悬浮杂质，格筛用于截留格栅不能截留的细小固体杂质，如线头、毛发等。

② 重力分离　利用水中悬浮颗粒与水的密度差进行分离，有沉淀法和上浮法。沉淀法用于分离砂粒等密度大于水的悬浮颗粒，主要构筑物是沉淀池。上浮法用于分离油脂等密度小于水的悬浮颗粒，主要构筑物有隔油池、气浮池。

2）中心处理

用于去除水中呈胶体和溶解状态的有机物质，并进一步降低悬浮固体的含量。处理方法有人工处理法和自然处理法。

① 人工处理法

目前已采用的人工处理方法大致可以分为3类。

a. 生物处理法　利用微生物将污水中有机物转化为微生物生物细胞及简单形式无机物的处理方法。生物处理法根据微生物种类的不同，可以分为好氧生物处理法和厌氧生物处理法；根据微生物生长方式（悬浮或附着生长）的不同，可以分为活性污泥法和生物膜法。活性污泥法包括传统活性污泥法、多级活性污泥法以及氧化沟活性污泥法等。生物膜法包括生物滤池、生物转盘及生物接触氧化法等。其中生物接触氧化是在用曝气方法提供充足氧的条件下，使污水与附着在填料上的生物膜接触，使水得以净化的方法。

生物处理法是去除洗涤剂的最有效的方法，且技术可靠、运转费用低、出水水质较稳定，因此中水原水中洗涤剂成分较多时，宜采用以生物处理法为主体的处理工艺。目前宾馆饭店的中水处理工程中以洗浴废水（BOD_5 一般在 50mg/L 以下）为中水原水时，多采用生物接触氧化法作为中心处理工艺（活性污泥法的进水 BOD_5 浓度宜在 50mg/L 以上）。

在中水生物处理法中应尽量少采用生物转盘，因为有部分盘面暴露在空气中，会给周围环境带来很大的气味。如北京王府饭店的生物转盘因此而停用，北京希尔顿饭店和北京梅地亚宾馆则由生物转盘改为了生物接触氧化池。

b. 物理化学处理法　利用物理、化学原理去除污水中污染物质的方法。主要包括混凝沉淀、混凝气浮、过滤和活性炭吸附等方法。

混凝沉淀（气浮）是在污水中预先投入化学药剂来破坏胶体的稳定性，使污水中的胶体和细小悬浮物聚集成具有可分离性的絮凝体，继而通过沉淀或气浮使固液分离的一种方法。

过滤是利用惯性、沉淀、扩散或直接截留等作用将悬浮颗粒输送到滤料表面，并通过双电层之间的相互作用力和分子间力的综合作用使之附着在滤料表面，从而与水分离的一种方法。

活性炭吸附是利用活性炭的物理吸附、化学吸附、生物吸附、氧化、催化氧化和还原等性能去除污水中多种污染物的方法，主要去除的污染物包括溶解性有机物、表面活性剂、色度、重金属和余氯等。活性炭在达到吸附饱和状态后，必须进行脱附再生，才能重复使用。

c. 膜分离法　利用特殊的有选择透过性的半透膜，将溶液中的部分溶质或溶剂渗透出来，从而达到分离或浓缩目的的一种方法。膜分离法有多种类型，一般中水处理中采用的方法为超滤（UF）和反渗透膜（RO）。超滤和反渗透膜都是依靠压力差和半透膜实现水与污染物质分离的方法，区别在于超滤受渗透压力的影响小，能在低压下操作，而反渗透膜的操作压力必须高于溶液的渗透压。膜分离法不仅 SS 的去除率很高，而且也能很好地分离细菌和病毒，但设备投资和处理成本较高。膜分离法一般用于传统物化或生化处理法之后，对处理出水进行进一步的处理。

以上 3 种中水处理方法的比较见表 3-15。

各种处理方法的比较　　**表 3-15**

项　目	生物处理法（如接触氧化或曝气）	物化处理法（如絮凝沉淀、沉淀、气浮）	膜处理法（超滤或反渗透）（需配置可靠的前处理设备）
水回收率	90%以上	90%以上	70%左右
适用原水	优质杂排水、杂排水、生活污水	优质杂排水	超滤：优质杂排水 反渗透：杂排水、生活污水
应用范围	冲厕	冲厕	冲厕、空调冷却
水量负荷变化适应能力	小	较大	大
水质变化适应能力	较适应	较适应	适应
间歇运转适应能力	较差	稍好	好
产生污泥量	较多	较少	不需经过处理随冲洗水排掉
装置的密封性	差	稍差	好

续表

项 目	生物处理法（如接触氧化或曝气）	物化处理法（如絮凝沉淀、沉淀、气浮）	膜处理法（超滤或反渗透）（需配置可靠的前处理设备）
产生臭气	多	较少	少
运转管理	较复杂	较容易	容易
设备占地面积	最大	中等	最小
基建投资	较少	较少	大
动力消耗	小	较小	超滤：较小 反渗透：大
处理后水质			
BOD_5	好	一般	好
SS	一般	好	好
应用普遍性	多	一般	少

（2）自然处理法

常用的自然处理方法有氧化塘、土地处理等。

1）氧化塘　又称稳定塘，是利用水中自然生存的微生物和藻类，对污水进行好氧和厌氧处理的天然或人工池塘。

2）土地处理　利用土壤以及其中的微生物和植物根系的净化能力处理污水的一种方法，包括地表漫流、灌溉和渗滤等三种方式。比较适合小区中水系统的是毛细管渗滤土壤处理法（简称毛管渗滤法）。

2. 中水处理工艺流程

（1）工艺流程的选择

中水处理工艺流程主要根据中水原水量、水质和中水使用要求等因素，经技术经济比较后确定，其中主要以中水原水水质为依据。

当以优质杂排水或杂排水为中水水源时，原水中有机物浓度较低，中水处理的主要目的是去除原水中的悬浮物和少量有机物，降低水的浊度和色度，因此可以采用以物化处理为主的工艺流程，或采用生物处理和物化处理相结合的工艺流程。

当以生活排水为中水水源时，原水中有机物和悬浮物浓度都较高，需要同时去除水中的有机物和悬浮物，可采用二段生物处理，或生物处理与物化处理相结合的处理工艺。

当以污水处理站二级出水作为中水水源时，主要是去除水中残留的悬浮物，降低水的浊度和色度，应选用物化或与生化处理相结合的深度处理工艺。

当中水用于水景、空调冷却水、采暖补充水等用途，采用一般的处理工艺不能达到相应的水质标准要求时，应增加深度处理，如活性炭、臭氧处理等。

膜处理工艺对进水水质要求较高，需要设置可靠的前处理工艺予以保障，前处理工艺可以选用物化处理工艺或活性污泥法、生物膜法等生物处理工艺。

中水处理中产生的沉淀污泥、活性污泥和化学污泥，污泥量较小时可以排至化粪池处理；污泥量较大时，可以采用机械脱水装置或其他方法进行妥善处理。

在确保中水水质的前提下，也可以采用经过实验或实践检验的新工艺流程。

（2）推荐的工艺流程

《建筑中水规范修订稿》中推荐的中水处理工艺流程主要有以下几种：

1）当以优质杂排水和杂排水作为中水水源时，可选用的工艺流程如图3-29所示。

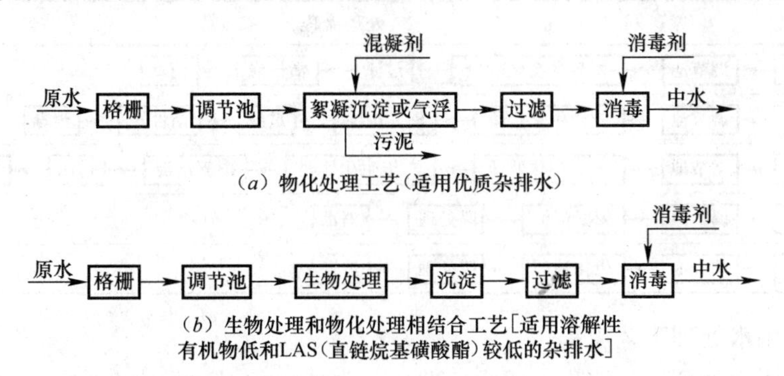

图3-29 优质杂排水和杂排水作为中水水源的水处理工艺流程

2）当以含有生活污水的排水作为中水水源时，可选用的工艺流程如图3-30所示。

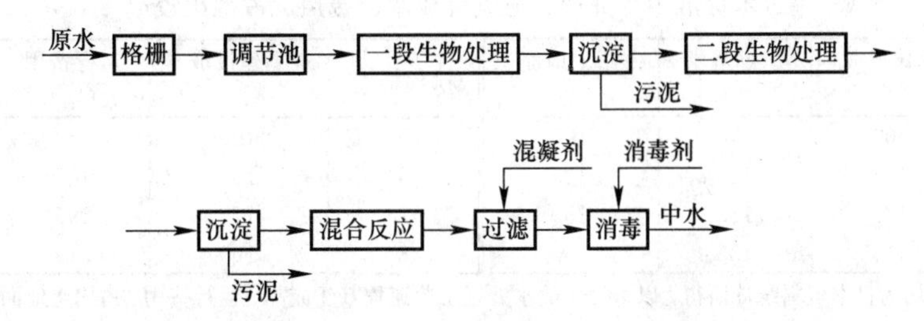

图3-30 生活污水排水作为中水水源的水处理工艺流程

3）以污水处理站二级出水作为中水水源时，可选用的工艺流程如图3-31所示。

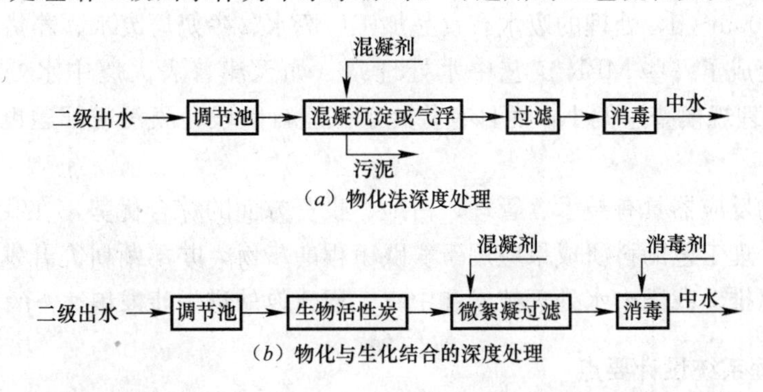

图3-31 污水处理站二级出水作为中水水源的水处理工艺流程

（3）国内典型工艺流程

国内典型中水处理工艺流程见表3-16。

国内典型中水处理工艺流程 **表3-16**

序号	处理流程
1	格栅→调节池→混凝气浮（沉淀）→化学氧化→消毒
2	格栅→调节池→一级生化处理→过滤→消毒
3	格栅→调节池→一级生化处理→沉淀→二级生化处理→沉淀→过滤→消毒

续表

序号	处理流程
4	格栅→调节池→絮凝沉淀（气浮）→过滤→活性炭→消毒
5	格栅→调节池→一级生化处理→混凝沉淀→过滤→活性炭→消毒
6	格栅→调节池→一级生化处理→二级生化处理→混凝沉淀→过滤→消毒
7	格栅→调节池→絮凝沉淀→膜处理→消毒
8	格栅→调节池→生化处理→膜处理→消毒

（4）日本中水处理工艺流程

日本标准中水处理工艺流程的成本、费用、占地面积对比见表3-17。表中日本推荐的标准中水处理工艺流程见表3-18。

日本标准中水处理工艺流程成本、费用、占地比较　　表3-17

流程编号	基本建设成本（%）	运行费用（%）	占用土地面积（%）	流程编号	基本建设成本（%）	运行费用（%）	占用土地面积（%）
1	100	100	100	5	190	180	75
2	115	125	125	6	150	155	75
3	140	110	150	7	175	195	125
4	150	135	150	8	195	210	125

注：表中数据均为日本资料统计所得，以编号1的水处理工艺流程基建成本、运行费用、占用土地面积为基数（%）。

除上述流程外，日本还建有很多以膜生物反应器（MBR）为中心处理设施的中心处理站，如日本三菱丽阳公司自1992年起至今在日本已陆续建成了500多个MBR处理站，处理总量约为50000m^3/d，处理的废水有食品加工厂废水、牛奶厂废水、养猪场污水等。

在我国也建成了一些MBR工艺中水处理站（如天津普表大厦中水处理站，规模为25m^3/d），但处理规模普遍偏小，而且有些处于试运行阶段，膜污染问题也未得到很好的解决。

鉴于膜生物反应器具有技术、管理、占地、投资方面的综合优势，在我国应加快把膜生物反应器水处理工艺的科研成果应用于实践工程的步伐，并不断研究开发水处理的新技术、新工艺，以推动我国中水处理技术和中水工程建设的进一步发展。

3. 中水处理系统设计要点

（1）毛发过滤器

原水为洗浴（涤）排水的中水系统，污水泵吸水管上应设置毛发过滤器。毛发过滤器的过滤筒（网）孔径宜采用3mm，有效过水断面面积应为连接管截面积的2.0～4.0倍。应采用具有反洗功能和便于清污的快开结构，过滤筒（网）应采用耐腐蚀材料制造。

（2）格栅

中水处理系统应设置格栅并宜选用机械格栅。一般地，当原水为优质杂排水时可设置一道细格栅，栅条空隙宽度小于10mm。当原水为杂排水和生活污水时可设置粗细两道格栅，栅条空隙宽度分别为10～12mm和2.5mm。格栅井内格栅的倾角不得小于60°。格栅井应设置工作台和活动盖板，工作台应高出格栅前设计最高水位0.5m，宽度不宜小于0.7m。

日本推荐的标准中水处理流程 表3-18

序号	前处理	主要处理	后处理
1	格栅→调节池	(曝气池 / 生物膜处理池)→沉淀池	→过滤池→(臭氧处理)→氯消毒→贮存池→中水
2	格栅→调节池	(曝气池 / 生物膜处理池)→沉淀池	→过滤池→(臭氧处理)→氯消毒→贮存池→中水
3	格栅→调节池	(曝气池 / 生物膜处理池)→沉淀池	→生物膜处理池→沉淀池→过滤→氯消毒→贮存池→中水
4	格栅→调节池	(曝气池 / 生物膜处理池)→沉淀池	→生物膜处理池→絮凝池→沉淀池→过滤→氯消毒→贮存池→中水
5	格栅→调节池	→膜处理	→活性炭吸附→氯消毒→贮存池→中水
6	格栅→调节池→絮凝池→沉淀池	→膜处理	→氯消毒→贮存池→中水
7	格栅→调节池→(曝气池 / 生物膜处理池)	→沉淀池→膜处理	→氯消毒→贮存池→中水
8	格栅→调节池→(曝气池 / 生物膜处理池)	→絮凝池→沉淀池→膜处理	→氯消毒→贮存池→中水

当原水为生活污水时，应在建筑物粪便排水系统中加设化粪池，化粪池容积按污水在池内停留时间不小于24h计算。当原水中包括厨房排水时，还应加设隔油池（器）。

（3）调节池

调节池宜设置防止沉淀的措施。如预曝气（空气搅拌兼有预氧化作用）、水泵定时搅拌（可利用排水泵定时循环）等，预曝气管的曝气量宜为0.6～0.9$m^3/(m^3 \cdot h)$。为防止水质腐败，还可进行预氧化。调节池底部应设集水坑和排泄管，池底应有不小于0.02的坡度，坡向集水坑。当采用地埋式时，顶部应设置人孔，池壁应设置爬梯和溢水管。

中小工程的调节池还可以兼作初次沉淀池和提升泵的集水井。

（4）沉淀池

生物处理后的二次沉淀池和物化处理的混凝沉淀池，规模较小时，宜采用竖流式沉淀池或斜板（管）沉淀池。规模较大时，应参照《室外排水设计规范》中有关部分设计。

竖流式沉淀池的设计表面水力负荷宜采用0.8～1.2$m^3/(m^2 \cdot h)$，中心管流速不得大于30mm/s，中心管下部应设喇叭口和反射板，板底面距泥面不得小于0.3m，排泥斗坡度应大于45°。

斜板（管）沉淀池宜采用矩形，沉淀池表面负荷宜采用1～3$m^3/(m^2 \cdot h)$，斜板（管）间距（孔径）应大于80mm，板（管）斜长宜取1000mm，倾角宜为60°。斜板（管）上部清水深不宜小于0.5m，下部缓冲层不宜小于0.8m。

沉淀池宜采用吸泥泵水力排泥。采用静压排泥时，静水水头不得小于1500mm，排泥管直径一般不宜小于150mm，小型沉淀池可适当减小，但不得小于80mm。

沉淀池集水应设锯齿形水堰，其出水最大负荷不应大于1.7$L/(s \cdot m)$。

（5）气浮池

气浮处理设备由空气压缩机、溶气罐、释放器以及气浮池（槽）等组成。目前多采用部分回流加压溶气气浮方式。

通常溶气压力为0.2～0.4MPa，回流比为10%～30%。进入气浮池接触室的流速宜小于0.1m/s。接触室水流上升流速一般为10～20mm/s，室内的水流停留时间不宜小于60s。分离室的表面负荷为5.4～9.0$m^3/(h \cdot m^2)$。气浮池的有效水深一般为2.0～2.5m，池中水流停留时间一般为10～20min。气浮池可以采用水冲溢流排渣或刮渣机排渣。气浮池投加的混凝剂多选用硫酸铝、三氯化铁、二氯化亚铁等，必要时还可投加助凝剂。

（6）接触氧化池

接触氧化池一般由池体、填料、布水装置和曝气系统等部分组成，建筑中水生物处理宜采用生物接触氧化法。

当原水为洗浴废水或生活污水时，接触氧化池的水力停留时间分别不应小于2h和3h。

接触氧化池的填料一般为半软性填料、悬浮填料和蜂窝填料。半软性填料安装间距宜采用40～60mm，装填高度不应小于2.0m；悬浮填料宜采用大直径旋转式浮球填料，装填体积为池容积的20%～30%；蜂窝填料的孔径应大于25mm，装填高度不得小于1.5m。

接触氧化池曝气量可以按BOD的去除负荷计算，一般应为40～80m^3/kgBOD。

（7）过滤池

中水处理的过滤器一般采用成品压力式过滤器。

过滤器（池）宜采用无烟煤和石英砂双层滤料滤器（池）；也可以采用单层石英砂滤料滤器（池）。过滤器进水浊度宜小于 20 度，过滤速度宜采用 8～10m/h。使用新型过滤器、填料和新工艺时，可以按试验资料设计。

（8）消毒

中水处理必须设有消毒设施。

消毒剂宜采用次氯酸钠、二氧化氯和二氯异氰尿酸钠。投加消毒剂应采用自动定比投加，与被消毒水充分混合接触。采用上述消毒剂氯化消毒时，加氯量一般为有效氯 5～8mg/L，接触消毒时间应大于 30min。当中水水源为生活污水时，应适当增加加氯量。

（9）其他

1）建筑中水生物处理除了宜选用接触氧化池外，也可选用生物曝气滤池；供氧方式宜采用潜水曝气机或低噪声的鼓风机加布气装置。

2）选用中水处理一体化装置或组合装置时，必须具有可靠的主要处理环节和处理效果参数，其出水水质应符合与使用用途相关的水质标准要求。

3）各处理构筑物的详细设计参数及污泥处理的设计要求，可参照《室外排水设计规范》中有关规定。

4）当采用其他处理方法（如混凝气浮法、活性污泥法、厌氧处理法、生物转盘法、生物活性炭等）时，按国家现行的有关规范、规定执行。

4. 中水处理站设计要点

（1）位置的选择

中水处理站应在满足环境卫生及维护方面的要求下，符合小区总体规划，根据中水原水的产生位置、中水用水的位置等因素，合理选择其位置，具体原则如下：

1）建筑物内的中水处理站宜设置在中心建筑的地下室内或裙房内，小区中水处理站宜独立设置，处理建筑物宜为地下式或封闭式。

2）处理站应尽量靠近中水水源和中水用户，并尽量设在通风良好、室内外进出方便的地点。小区处理站应有单独的进出口和道路，以便于进出设备、药品和排除污物。

3）处理站高程上应满足中水原水的自流引入和自流排入下水道。

4）建筑小区的处理站应注意隐蔽、隔离和美化环境，它的地上建筑可以与建筑小品相结合。

（2）设计要点

1）处理站的面积、高度应根据处理流程、最高处理构筑物和设备施工安装及维修的需要确定。

2）建筑小区处理站的加药储药间、消毒剂制备贮存间宜与其他房间隔开，并应有直接通向室外的门；建筑物内的中水处理站，宜设置药剂储存间。

3）根据处理站的条件和规模设置值班、化验、贮藏等附属房间。

4）处理构筑物及处理设备应布置合理、紧凑，满足构筑物的施工、设备安装、运行调试、管道敷设及维护管理的要求，并应留有扩展及设备更换的余地。

5）处理站地面应设置集水坑，不能重力排出时需设排水泵。

6）应满足主要处理环节的运行观察、水量计量、水质取样化验监（检）测和进行单独成本核算的条件。

7）处理站应设有适应处理工艺要求的采暖、通风、换气、照明、给水、排水设施。

8）处理站的设计中，应对采用药剂所产生的污染危害采取有效的防护措施。对处理站中机电设备应采取有效的防噪和减振措施。对中水处理中产生的臭气应采取有效的除臭措施。

（3）防噪、减振及防臭措施

1）防噪、减振措施

① 尽量选用低噪声设备。

② 处理站应远离噪声要求较严的房间或采用较严密的隔声措施。

2）防臭措施

① 防止扩散　对产生臭气的设备加盖加罩或者局部排风。

② 稀释　把臭气收集后排到不影响周围环境的大气中。

③ 吸附　可以采用活性炭过滤进行吸附。

④ 燃烧法　把废气在高温下燃烧除掉臭味。

⑤ 化学法　采用水洗、碱洗、氧化剂氧化等除臭。

⑥ 土壤除臭法　包括直接覆土（将松散透气性好的土壤覆盖在产生臭气的构筑物上面）和土壤除臭装置（用风机将臭气通入带有过滤装置的土壤中）两种方法。

5. 中水回用工程实例

（1）苏州西苑生态住宅小区

苏州西苑生态住宅小区是一个集文化、科技、环保为一体的大型区域环保示范小区，总用地面积72635.4m^2，总建筑面积80288.64m^2，为多层公寓和跃层公寓。小区的中水回用系统，纳入住宅开发建设的全过程，并与小区规划、设计、建设同步进行，为了保证小区的用水安全，专门设置了中水原水和供水管网，确保中水不进入生活饮用水和管道直饮水系统。

中水水源由优质杂排水和雨水组成；

中水使用量达到小区全部用水量的50%；

使用范围　冲厕、清扫、绿化；

设计水量　$Q_d=1206m^3/d$，$Q_h=67m^3/h$；

技术经济指标　占地面积750m^2，工程投资290万元（不含管网），运行成本0.88元/m^3。该小区的中水回用工程的工艺流程如图3-32所示。

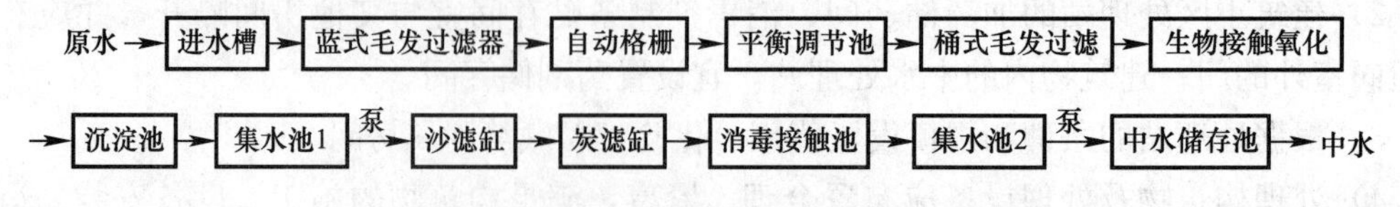

图3-32　苏州西苑小区中水回用工程的工艺流程

表3-19给出了中水处理系统的设施和参数。

中水处理系统的设施和参数 表 3-19

名 称	尺 寸	单 位	数 量
进水槽	0.5m×2.0m×0.6m	个	1
格栅槽	0.9m×1.5m×0.5m	个	1
溢水池	$53m^3$	座	1
调节池	$420m^3$	座	1
接触氧化池（1 级）	$130m^3$	座	
接触氧化池（2 级）	$108m^3$	座	
沉淀池	$63.6m^2$×3.78m（h）	座	1
集水池（1）	$18.5m^3$	座	1
消毒池	$45m^3$	座	1
集水池（2）	$30m^3$	座	1
中水池	2m×3.2m×2.7m	座	1

（2）安徽大厦

安徽大厦是一座综合性大厦，地上 18 层，地下 2 层，建筑面积 $8280m^2$，具有办公、公寓、会所、车库等设施。其中水回用工程的有关数据如下：

中水水源 沐浴、盥洗排水；

设计水量 $Q_d=160m^3/d$，$Q_h=10m^3/h$；

占地面积 $90m^2$；

工程投资 86 万元（不含管网）；

运行成本 1.24 元/m^3。

该大厦的中水回用工程的工艺流程如图 3-33 所示，设备组成如图 3-34 所示。表 3-20 给出了中水处理系统的设施和参数。

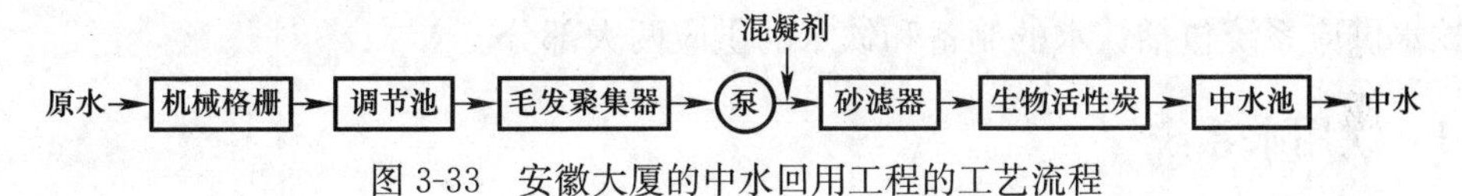

图 3-33 安徽大厦的中水回用工程的工艺流程

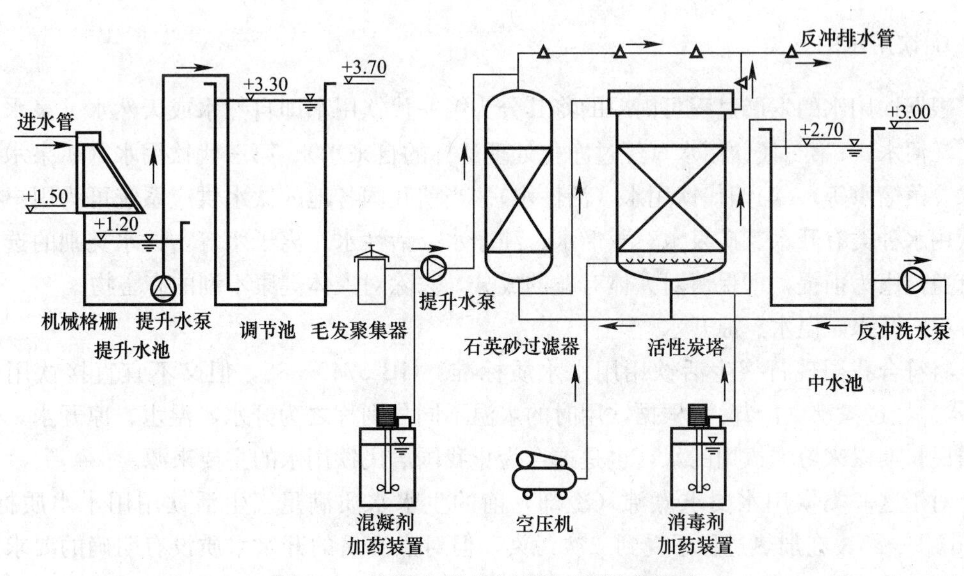

图 3-34 安徽大厦中水回用工程设备组成

大厦中水处理系统的设施和参数 表3-20

设备名称	型 号	单 位	数 量
机械格栅	$20m^3/h$	个	1
无堵塞潜水泵	$200m^3/h$	台	1
毛发聚集器	$\phi400\times700$	台	2
管道提升泵	BG 50-12	台	2
石英砂过滤器	$\phi1200\times2600$	座	1
活性炭塔	$\phi1800\times3700$	座	1
反冲洗泵	BG 80-50	台	1
空压机	W-1.0/7	台	1
加药装置	$\phi500\times1200$	套	2
调节池	$40.8m^3$	座	2
中水池	$23m^3$	座	1

3.4 饮水供应系统

饮水供应系统目前主要有开水供应系统、冷饮水供应系统和饮用净水供应系统（管道直饮水系统）三类。采用何种系统应根据地区条件、人们的生活习惯和建筑物的性质确定。一般办公楼、旅馆、学生宿舍、军营等多采用开水供应系统；工矿企业生产车间和大型公共集会场所，如体育馆、展览馆、游泳场、车站、码头及公园等人员密集处，饮用开水很不方便，尤其在夏季，饮用温水、冷饮水更为适宜，故可采用冷饮水供应系统；而饮用净水供应系统（管道直饮水系统）则适用于对饮用水水质有较高要求的居住小区及高级住宅、别墅、商住办公楼、星级宾馆、学校及其他公共场所。

饮水供应系统包括饮水的制备和饮水的供应两大部分。

3.4.1 饮用水系统

1. 饮用水的分类

根据饮用水的发展过程可简单的将其分为第一代饮用水即自然水或天然水（泉水、井水、江河水）、第二代饮用水（经过净化处理达标的自来水）、第三代饮用水（矿泉水、纯净水、蒸馏水等）、第四代饮用水（活性水）。当前我国各地的饮水供应系统可为用户提供的饮用水种类有开水、矿泉水、蒸馏水、纯净水、活性水、离子水等，饮水类别的选用应以有益健康为前提，即保留对人体有益的成分，去除对人体健康不利的有害物。

（1）开水、温水、凉开水

将符合我国现行《生活饮用用水水质标准》GB 5749—85，但又不宜直接饮用的水（生水）经过煮沸（冷却），根据饮用时的水温不同分别称之为开水、温水、凉开水，是我国居民长期以来习惯饮用的水，也是迄今为止我国居民饮用水的主要来源。

对于这一类饮用水要求煮沸（冷却）前的生水水质满足《生活饮用用水水质标准》GB 5749—85，在加热过程不受到二次污染，但对煮沸后的开水水质没有明确的要求。经过煮沸后的开水，各项水质指标尤其是硬度、细菌学指标应优于生水。

（2）优质水

一般指以符合生活饮用水水质标准的水或城市市政管网供给的自来水为原水，经过深度处理后，达到直接饮用标准。其水质符合《饮用净水水质标准》CJ 94—1999。

（3）矿泉水

饮用矿泉水分为天然矿泉水和人工矿泉水两种。天然矿泉水直接取自地层深部循环的地下水，主要特征是含有一定的矿物盐、微量元素、二氧化碳气体，其化学成分、流量、温度等在不定期的自然周期内相对稳定；而人工矿泉水是将人工净化后的水放入装有矿石的装置中进行矿化，再经消毒处理后制成的。

（4）蒸馏水

水经过加热汽化后再冷凝而成，其特征是电阻率 ρ 为 0.1～1MΩ·cm。

（5）纯水

纯水也被称作太空水，是经过膜过滤、离子交换等工艺处理而成，其水质特征是含盐量小于 0.5mg/L，电阻率 ρ 为 1～10MΩ·cm。

（6）高纯水

高纯水由膜处理、离子交换等工艺多级处理而成，其含盐量小于 0.05mg/L，电阻率 ρ 大于 10MΩ·cm。

（7）活性水

活性水是用电场、超声波、磁力或激光等方法将水活化而成，经活化处理后，水中的氢氧原子排列发生变化，形成新的氢键，水分子比普通的水分子小，具有渗透性高、溶解能力强和含氧高等特点，有利于细胞活化，促进人体的新陈代谢。

（8）离子水

将自来水通过过滤、吸附、离子交换、电离和灭菌等处理，分离出的两种水：一种是供饮用的碱性离子水，另一种是供美容用的酸性离子水。

2. 对饮用水的要求

（1）水质

供应的开水、温水、凉开水要求原水符合我国现行《生活饮用用水水质标准》GB 5749—1985 和《饮用净水水质标准》GB 8537—1995 的要求，煮沸、输送过程中不应受到二次污染。

有关“饮用水与健康”的问题正日益为人们所关注，饮水不仅是人们补充水分的基本生理要求，而且要具备保障居民身体健康的功用，这就是新的饮水观念。综合国内外专家、教授观点，得出对健康饮用水的一些要求：

1）不含对人体有害、有毒及有异味的物质；

2）水的硬度适中；

3）人体所需矿物质含量适中；

4）水中溶解氧及二氧化碳含量适中；

5）pH 呈弱碱性；

6）水分子团小；

7）水的营养生理功能（渗透性、溶解力、代谢力、乳化力、洗净力）强。

（2）水温

1）开水

为达到灭菌消毒的目的，应将水烧至100℃后并持续3min，计算温度采用100℃；对于闭式开水供应系统，水温按105℃计；温水供应系统水温按不大于50℃计。饮用开水目前仍是我国采用较多的饮水方式。

2）生饮水

随地区不同，水源种类不同而异，一般为10～30℃，国外采用这种饮水方式较多，国内随着各种饮用净水的出现，这种饮水方式逐渐为人们所接受。

3）冷饮水

冷饮水温度因人、气候、工作条件和建筑物性质等不同而异，一般水温采用7～15℃。也可参照下述温度采用：

高温环境的重体力劳动：14～18℃；露天作业的重体力劳动：10～14℃；轻体力劳动：7～10℃；一般地区：7～10℃；高级饭店、餐馆、冷饮店：4.5～7℃。

（3）饮水定额

饮用水量定额、小时变化系数与建筑物的性质、供水系统的形式、当地的生活习惯等因素相关，可由表3-21确定。表中时变化系数为饮用供应时间内的时变化系数；饮用水量不包括制水用水量（如制备冷饮水时冷凝器的冷却用水量）。

饮用水量定额、小时变化系数 **表3-21**

建筑物名称	单 位	饮用水量定额（L）	时变化系数 K_h
热车间	每人每班	3～5	1.5
一般车间	每人每班	2～4	1.5
工厂生活间	每人每班	1～2	1.5
办公楼	每人每班	1～2	1.5
集体宿舍	每人每日	1～2	1.5
教学楼	每学生每日	1～2	2.0
医院	每病床每日	2～3	1.5
影剧院	每观众每场	0.2	1.0
招待所、旅馆	每客人每日	2～3	1.5
体育馆（场）	每观众每日	0.2	1.0

3. 开水供应系统的设计

（1）开水制备

开水的制备方式有集中制备开水和分散制备开水两种方式。

按加热方式分有直接加热（如开式容器）和间接加热，一般采用间接加热。按热媒分有煤、煤气（含石油气）、蒸汽和电等。配合这几种热媒加热的开水炉（器），目前我国已有多种产品，设计时应优选电源加热。

目前，在住宅、办公楼、科研楼、实验楼等建筑中，常采用小型的电开水器，灵活方便，可随时满足要求；还有的采用饮水机，既可制备开水，同时也可制备冷饮水，较好地满足了由气候变化引起的人们的需求，应用前景较好。这些都属于分散制备开水的方式。

（2）开水供应

1）开水集中制备分散供应

在开水间集中制备开水，人们用容器取水饮用，如图3-35所示。这种供应方式耗热量小，节约燃料，便于操作管理，投资省，但饮用不方便，饮用者需用保温容器到煮沸站打水，而且饮水点温度不易保证。这种方式适合于机关、学校等部门。

2）开水集中制备管道输送方式

集中制备管道输送供应系统是在锅炉房或开水间烧制开水，然后用管道输送至各饮用点，如图3-36所示。开水的供应可采用定时制，也可采用连续供应制。此方式适用四层以上建筑。

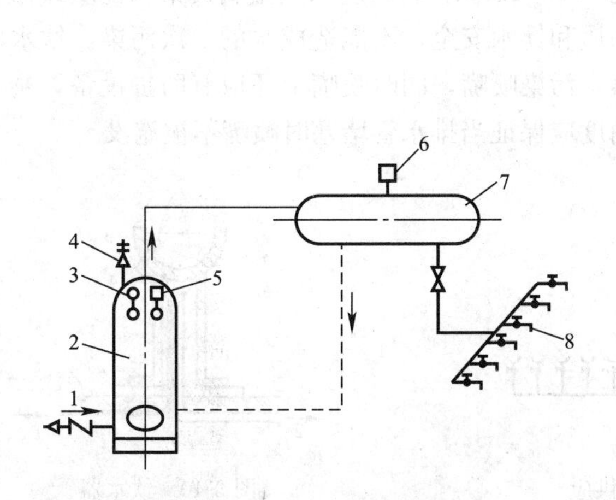

图3-35 开水集中制备分散供应
1—给水；2—开水炉；3—压力表；4—安全阀；5—温度计；6—自动排气阀；7—贮水罐；8—配水龙头

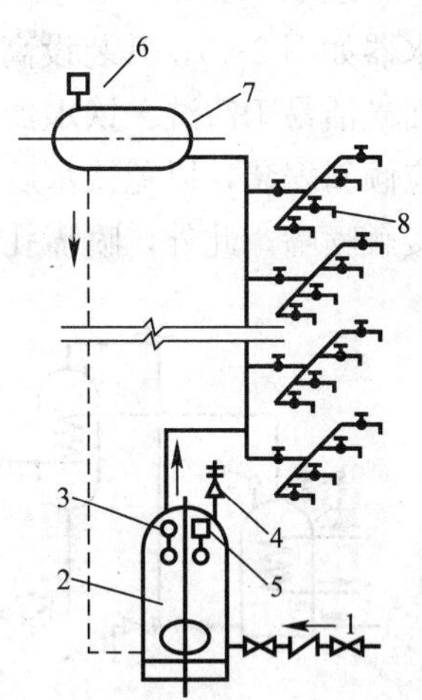

图3-36 开水集中制备管道输送
1—给水；2—开水炉；3—压力表；4—安全阀；5—温度计；6—自动排气阀；7—贮水罐；8—配水龙头

4. 冷饮水供应系统的设计

冷饮水和饮用温水即是把自来水经过滤消毒后加以冷却降温或加热（或烧开）降温处理达到所需水温的饮用水。

（1）制备流程

饮用温水的制备流程见图3-37，冷饮水制备流程，见图3-38。

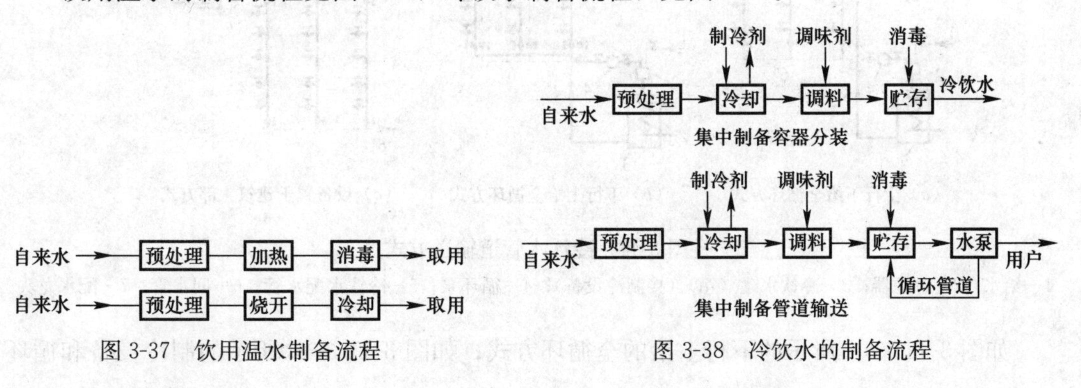

图3-37 饮用温水制备流程　　图3-38 冷饮水的制备流程

（2）冷饮水的供应

冷饮水的供应方法与开水的供应方法基本相同，也有集中制备分散供应和集中制备管道输送等方式。我国多采用集中制备分装的方式，不仅可以节省投资，便于管理，而且容易保证所需水质。

1）冷饮水集中制备分散供应

对中、小学校以及体育场（馆）、车站、码头等人员流动较集中的公共场所，可采用如图3-39所示的冷饮水供应系统，人们从饮水器中直接喝水。在夏季，预处理后的自来水经制冷设备冷却后降至要求水温；在冬季，需启用加热设备，冷饮水温度要求与人体温度接近，一般取35～40℃。

饮水器如图3-40，其装设高度一般为0.9～1.0m，材料应采用金属镀铬、瓷质或搪瓷等，表面光洁易于清洗。饮水器应保证水质和饮水安全，不能造成水的二次污染。饮水器的喷嘴应倾斜安装，以免饮水后余水回落，污染喷嘴，同时喷嘴上还应有防护设备，避免饮水者接触喷嘴。此外，喷嘴孔的安装高度应保证当排水管堵塞时喷嘴不被淹没。

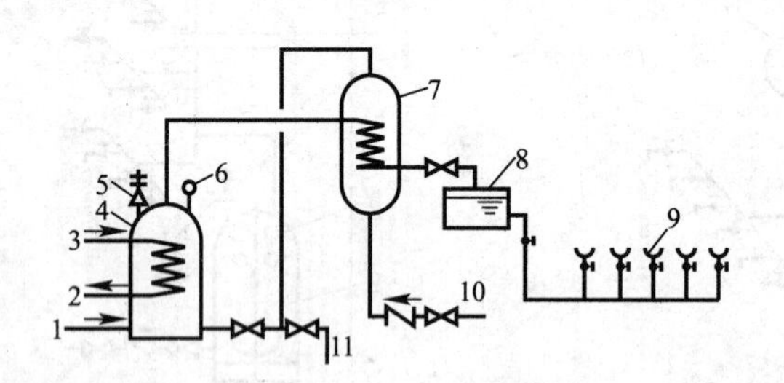

图3-39　冷饮水集中制备分散供应

1—冷水（预处理）；2—凝结水；3—蒸汽；4—水加热器（开水炉）；5—安全阀；6—压力表；7—冷却设备；8—冷（温）水箱；9—饮水器；10—冷水；11—泄水

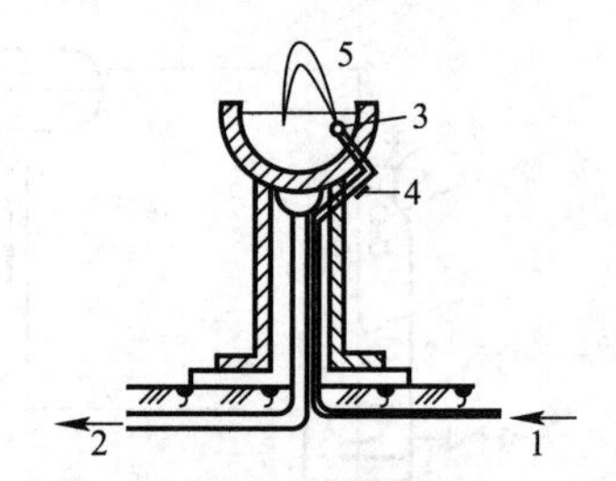

图3-40　饮水器

1—供水器；2—排水管；3—喷嘴；4—调节阀；5—水柱

2）冷饮水集中制备管道输送

根据制冷设备、饮水器循环水泵安装位置、管道布置情况等，冷饮水供应有：如图3-41（*a*）所示的制冷设备和循环水泵置于供、回水管下部，上行下给的全循环方式。

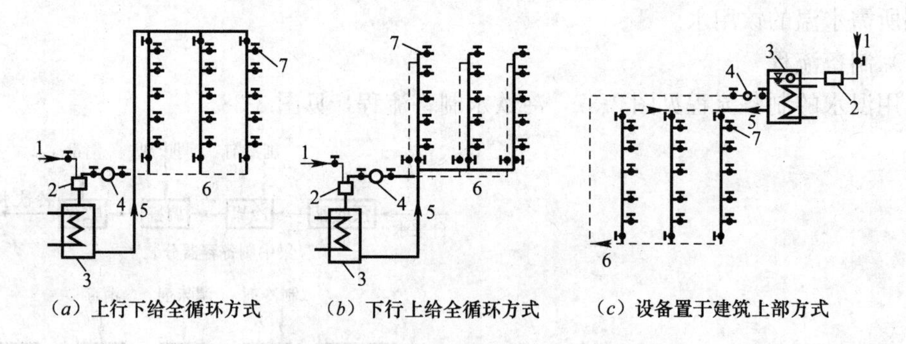

图3-41　冷饮水管道输送方式

1—给水；2—过滤器；3—冷饮水罐（箱）（接制冷设备）；4—循环泵；5—冷饮水配水管；6—回水管；7—配水龙头

如图3-41（*b*）所示的下行上给的全循环方式；如图3-41（*c*）所示的制冷设备和循环

水泵置于建筑物上部的全循环方式。

(3) 饮水供应点设置要求

饮水供应点应设在不受污染的地点，在经常产生有害气体或粉尘的车间，亦应设在不受污染的生活间或小室内，便于取用、检修、清扫，并设良好的通风、照明设施。

3.4.2 管道直饮水系统

1. 设计原则和组成

(1) 设计原则

管道直饮水供水系统设计应执行《建筑给排水设计规范》GB 50015—2003、国家行业和当地的规定和标准、条文的要求，符合卫生安全、节能、经济原则，考虑施工安全、操作运行、维护管理便利等因素。

(2) 系统组成

管道直饮水系统通常包括水源、深度净化水站、专用的饮用净水（直饮水）供水管网等几部分，如图 3-42 所示。

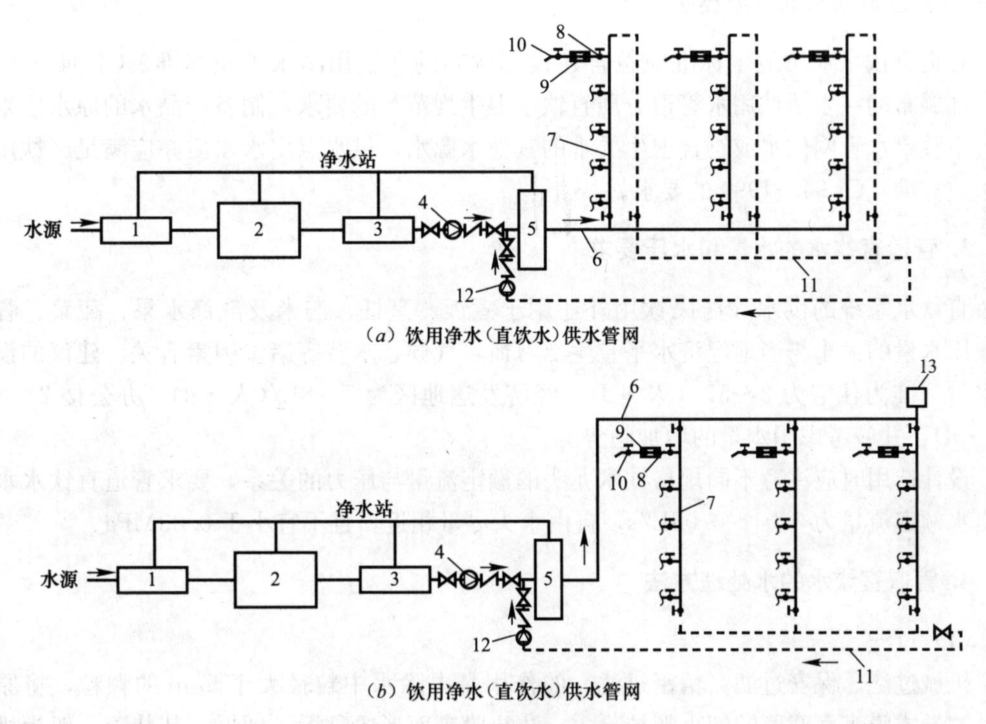

(*a*) 饮用净水(直饮水)供水管网

(*b*) 饮用净水(直饮水)供水管网

图 3-42 饮用净水供应系统

1—原水调节水池；2—净水处理设备；3—供水设备；5—紫外线消毒设备；6—净水配水水平干管；7—配水立管；8—进户支管；9—水表；10—净水配水龙头；11—回水管；4、12—循环泵；13—自动排气阀

1) 水源

水源一般取用城镇自来水，取自建筑或小区的生活给水管网。

2) 净水站

深度净化水站（简称净水站）内设有深度净水设备、加压设备和贮水设备。深度净水设备一般包括前期预处理设备、主要处理设备和后期消毒设备三大部分。前期预处理是根据城镇自来水水质情况而设置的措施，通过预处理使水质满足后续深度净化设备的进水要求。主要处理设备是净化水站的核心组成部分，一般预处理多采用膜分离技术和吸附净水技术。为确保水质安全，消毒设备常用紫外线消毒设备和臭氧消毒设备。加压设备一般采用水泵加压，通过管网向千家万户输送饮用净水（直饮水）。一般净水站包括：原水调节水池（原水贮水罐），用来贮存城镇自来水；饮用净水贮水罐，用来贮存饮用净水（直饮水）。

3）供水管网

饮用净水（直饮水）供水管网由室内外配水管网及循环回水管网和循环泵组成。配水管网用来将净水输送至各用水点，根据净水配水水平干管的位置不同，有下行上给供水方式［图3-42（*a*）］和上行下给供水方式［图3-42（*b*）］。一般住宅、公寓每户仅考虑在厨房安装一个饮用净水（直饮水）配水龙头，其他公共建筑则根据需要设置饮水点。循环泵和循环回水管道的主要功能是收集饮用净水（直饮水）配水管网中未能及时使用的深度净化水，将其送回净化水站重新消毒处理，不至于当净水用量小或夜间无用水时滞留在管道中成为死水，确保管网中饮用净水（直饮水）的水质始终安全、可靠。

2. 管道直饮水的水质要求

管道直饮水水质卫生标准应符合建设部颁布的《饮用净水水质标准》CJ 94—1999、卫生部颁布的《生活饮用水管道分质直饮水卫生规范》的要求，制备产品水的原水应采用城市市政给水管网供水或符合卫生要求的其他水源水，供水点出水水质亦应满足《饮用净水水质标准》CJ 94—1999的要求。

3. 管道直饮水的水量和水压要求

直饮水系统的供水除居民饮用外还用于煮饭、烹饪、淘米及洗涤水果、蔬菜、餐具等，用水量的大小与当地经济水平、生活习惯、气候、水费等诸多因素有关。建议的设计用水量标准为住宅为3～5L/(人·d)，经济发达地区为7～8L/(人·d)，办公楼2～3L/(人·d)，并应考虑用水量的增加趋势。

设计选用时应注意不同规格饮水龙头的额定流量与压力的关系，要求管道直饮水水龙头出水额定流量为0.04～0.08L/s，自由水头尽量相近，且不宜小于0.03MPa。

4. 管道直饮水的水处理方法

（1）过滤

机械过滤、保安过滤（精密过滤）的作用是去除水中粒径大于5μm的颗粒，将原水中易被卷式膜表面截留的细小颗粒除去，防止膜表面形成黏垢、硬垢，其装置一般为机械过滤器、保安过滤器（精密过滤器）。机械过滤即介质过滤，多采用砂滤、无烟煤过滤或煤、砂双层滤料过滤；保安过滤即精滤，一般采用滤布滤芯、绕线式（蜂房）滤芯、熔喷式聚丙烯纤维滤芯。

活性炭过滤也叫活性炭吸附，主要利用活性炭的巨大表面积吸附去除水中的有机物，如为载银活性炭则同时具有杀菌的作用。其装置一般为活性炭滤器，内填粒状活性炭（亚甲蓝值大者为佳）或活性炭滤芯。

铜锌合金滤料（KDF）过滤的主要作用是去除水中的氯，使膜处理时避免有机膜氧化，活性炭吸附处理也有脱氯作用。

（2）软化

软化的方法一般为药剂软化、离子交换等，饮用水处理多采用离子交换的方式置换出水中的Ca^{2+}、Mg^{2+}离子，使原水软化，防止膜处理时表面结垢。当原水硬度不高时也可采用投加阻垢剂的方法防止结垢，阻垢剂一般由磷酸盐制成。

（3）膜处理

1）微滤（MF）

归类于精密过滤，其滤膜的孔径在0.1～2μm，20℃时的渗透量为120～600L/(h·m^2)，工作压力0.05～0.2MPa，水耗5%～18%，能耗0.2～0.3kW·h/m^3。水通量大，使用寿命约5～8年。其出水浊度低，可去除水中胶体、有机物、细菌等物质，防止在膜表面形成黏泥。

2）超滤（UF）

孔径在0.01～0.05μm，20℃时的渗透量为30～300L/(h·m^2)，工作压力0.04～0.4MPa，水耗8%～20%，能耗0.3～0.5kW·h/m^3。出水浊度很低，使用寿命约5～8年。其作用是截留水中粒径微细的杂质，去除水中胶体、有机物、细菌、病毒等物质。

3）纳滤（NF）

孔径在0.001～0.01μm，20℃时的渗透量为25～30L/(h·m^2)，工作压力0.5～1.0MPa，水耗15%～25%，能耗0.6～1.0kW·h/m^3，使用寿命约5年。水中硬度、二价离子、一价离子的去除率50%～80%，截留分子量300以上的物质，并使出水Ames致突活性试验呈阴性。

4）反渗透（RO）

孔径小于1nm，20℃时的渗透量为4～10L/(h·m^2)，工作压力大于1.0MPa，水耗大于25%，能耗3～4kW·h/m^3，使用寿命约5年。水中二价离子、一价离子的去除率95%～99%，有效去除水中无机、有机污染，使出水Ames致突活性试验呈阴性。是纯净水制作必须的处理工艺，缺点是将水中对人体有害、有益的物质一并去除了。

（4）消毒

采用臭氧、二氧化氯、紫外线照射、微电解杀菌器等方式杀灭水中的细菌。

（5）矿化

经过膜处理的水中矿物盐含量降低，为满足某些种类饮用水如矿泉水对矿化度的要求，进行矿化处理。将需进行矿化处理的水经过含矿物介质（麦饭石、木鱼石等）的过滤器，滤料中的矿物质会溶入滤后水中。

（6）活化

增加饮用水的能量，使水分子团变小，有利于人体健康。

5. 管道直饮水深度处理工艺流程

（1）关键技术

1）臭氧氧化——活性炭——微滤或超滤；

2）活性炭——微滤或超滤；

3）离子交换——微滤或超滤；

4）纳滤。

饮用净水，因对电导率和亚硝酸盐没有要求，所以可以有多种技术优化组合。以上1)、2）不对无机离子作处理，保留所有矿物盐，只去除有机污染。3）可以去除硬度，不能去除元机盐。4）既可以去除硬度、无机盐、又可去除有机污染。

设计时应根据城市自来水或其他水源的水质情况、净化水质要求、当地条件等，选择饮用净水处理工艺。一般地面水源，主要污染是胶体和有机污染，直饮水深度处理工艺中活性炭是必须的，微滤或超滤也常被采用；地下水源的主要污染一般是无机盐、硬度、硝酸盐超标或总溶解固体超标，也有的水源受到有机污染，在处理工艺中离子交换和钠滤是必须有的，也常用活性炭。

(2) 直饮水深度处理工艺流程

图 3-43 为完整的深度处理工艺流程，图 3-44 为简易的深度处理工艺流程。

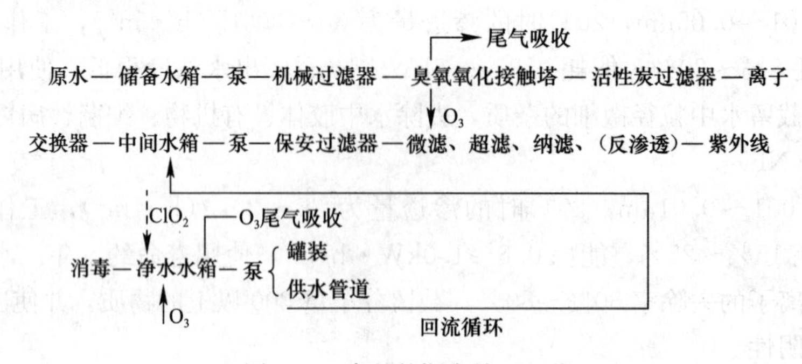

图 3-43 完整的深度处理工艺

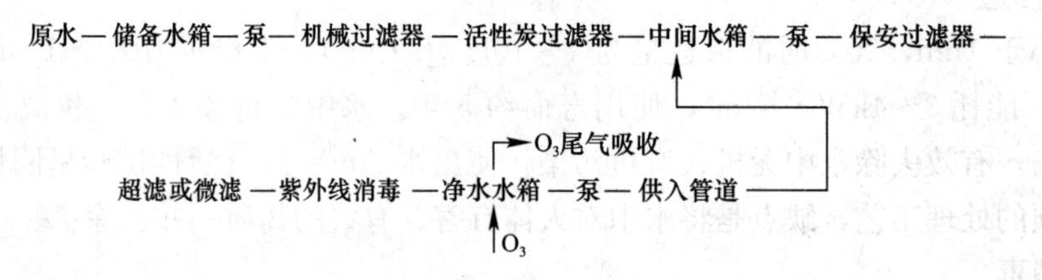

图 3-44 简易的深度处理工艺

6. 管道直饮水输送系统设计

系统应根据区域规划、区域内建筑物性质、规模、布置等因素确定，且独立设置，不得与其他用水系统相连。采用的管材应保证化学、物理性质稳定，宜优先选用薄壁不锈钢管，埋地管材选 SUS316，明装选 SUS304。系统应为环状，保证用水点的水量、水压要求。

系统应采用动态循环和循环消毒，系统循环不得影响配水系统的正常供水，保证管路不滞水，循环水宜经再净化或消毒后再进入系统。室内循环管道为同程式，供水在系统内各段的停留时间不超过 4～6h。小区集中供水系统的建筑物内循环回水管在出户前设流量控制阀，如果室内管网分高、低区，且高区的回水管上设减压阀，则高、低区的最终回水管可合并出户，与室外循环回水管连接。净水箱的循环回水管须设减压装置及循环运行启闭控制装置（可调减压阀、电磁阀、流量压力控制阀等）。

配水管网应设检修阀、采样口（每个独立系统的原水、成品水、用户点、回流处应设采样口）、最高处设排气装置（应有滤菌、防尘措施）、最远端设排水装置（其设置点不应出现死水，出口处有防污染措施），循环立管的上、下端部应设球阀。为保证水质，系统宜采用变频供水的方式，避免采用高位储水罐。

各用户从干管或立管上接出的支管应尽量短，宜设倒流防止器、隔菌器、带止水器的水表。系统内的水罐、水箱应为常压，有泄空、溢流装置，如果储存产品水则应有 0.2μm 的膜呼吸器（臭氧消毒方式膜呼吸器前需设吸气阀，同时设呼气管道、臭氧尾气处理装置）。

系统应设计有水力强制冲洗、消毒、置换系统水的措施。系统应留有冲洗水的进出口，定期对管网进行水力冲洗；定期投药进行管道消毒，避免管道内细菌、微生物繁殖；在管网使用前须彻底消毒、清洗。

7. 管道饮用净水供应计算

管道饮用净水供应计算见表 3-22。

管道饮用净水供应计算 表 3-22

项　目	计算公式	符号释义
饮水量计算	饮用净水量按饮水定额及小时变化系数、使用单位数进行计算 $q=q_0\cdot m$ $q_1=\frac{q}{T}\cdot K_h$	q——用水单位饮水定额，L m——用水单位，每人每班或每人每日等 q_1——最大时饮水量，L/h T——饮水供应小时数，h K_h——小时变化系数
饮用净水系统配水管计算	$q_g=q_0N$	q_g——设计管段的设计秒流量，L/s q_0——饮水水嘴额定流量，取 0.04L/s N——计算管段上同时使用饮水嘴的个数
	$d=\sqrt{\frac{4q_g}{\pi u}}$	d——管径，m q_g——管段设计秒流量，m^3/s u——流速，m/s
	系统循环流量按下式计算 $q_x=V/T_1$	q_x——循环流量，L/s V——为闭合循环回路上供水系统的这部分总容积，包括储存设备的容积，L T_1——为饮用净水允许的管网的停留时间，h 可取 4～6h

8. 管道直饮水净水机房设计

净水机房应靠近集中用水点，机房内应有防蚊蝇、防尘、防鼠等设施，确保符合食品级卫生要求，实现清洁生产，严格做到杀菌和消毒。所有与饮水接触的器材、设备应符合食品级卫生标准，并取得国家级资质认证。

机房应为独立的封闭间，面积应满足生产工艺的要求；设备布置要考虑采光、机械通风、消毒、防腐、地面排水、消防的协调配合。处理水量应预留发展并考虑到原水水质恶化的最不利情况；设备宜按流程布置，同类设备相对集中，机房上部的房间不应设排水管及卫生设备；机房设计应采取防噪措施，使产生的噪声不大于45dB；机房地面，建筑物结构完整，采用紫外线空气消毒，紫外线灯按照30W/（10～15m²）选用，地面上2m吊装；门窗应耐腐蚀、不变形。

净水机房的附属设施应包括更衣设施（如衣柜、鞋柜等）、流动洗手及消毒设施、化验设施等。开水器、开水炉的排污、排水管道不宜采用塑料排水管。

9. 管道直饮水系统的管材和循环水泵

（1）管材

由于直饮水性质的特殊性，为保证水质在输送过程中的洁净，防止水在管道内受到二次污染，除了将输送管道系统设置为全封闭式循环外，对管道的材料也提出了更高的要求。对优质水管道对管材要求见表3-23。

优质水管道对管材要求　　　　表3-23

特　性	要　求
化学稳定性	在常温下主要成分不能溶于优质水中，不腐、不锈
物理稳定性	管道承压高，外部受压后不变形，使用寿命长
耐热性	耐热性能好，受热后膨胀率要小
产品	内表面光滑，配件齐全
施工	材料便宜，通用性强，施工简单

饮用净水（直饮水）管道可选用耐腐蚀，内表面光滑，符合食品卫生要求的薄壁不锈钢管、铜管等金属管材；塑覆铜管、钢塑复合管、铝塑复合管等复合管材及优质的塑料管（如交联聚乙烯PEX管、改性聚丙烯PPC、PPR管及ABS管等）。不锈钢管金属溶出量少，内表面光滑，机械性能、耐热性能、耐腐蚀性能以及连接施工等各方面有明显的优越性，但是工程造价比较高。目前流行的钢塑复合管具有优良的耐腐蚀性能，具有无毒、安全、抗磨、防结垢等优点。在实际工程中可针对不同的情况，选用合适的管材。

此外，管道连接件、阀门、水表、配水龙头等选用材质均应符合食品级卫生要求，并应与管材匹配。

（2）循环水泵

为了保证供水，选择一种经济、安全、可靠的供水设备，是直饮水供应的关键之一。深度净化水处理站供水方式有恒速泵供水、气压供水和变频调速供水。这三种供水方式各有其特点。

1）气压罐供水方式

采用气压罐和配套水泵供水，由于普通气压罐需要补气，空气进入罐内，会对水产生二次污染。若采用囊式气压罐，罐体内设有橡胶囊，气水不接触，水质不受二次污染，但水与胶囊接触，有时出水会略带橡胶味，影响净水生饮时的口感。气压罐具有一定贮水调节作用，但占地面积大，设备投资也大。

2）恒速泵供水方式

应采用恒速水泵直接供水，无论用水量多少，水泵都在恒速运行，故水泵运行能耗较大，但这种供水方式比较简单，一次性投资也低。

3）变频调速恒压供水方式

应用变频器调整水泵转速，改变水泵出水量。常用控制方式为水泵出口定压控制，其特点是无论水泵出水量如何变化，水泵出口的压力始终保持恒定，通常只需在水泵出口设一个压力传感器。由于变频器和压力传感器价格较高，故调速泵供水方式一次性投资较大，但水泵运行节能效果好（图 3-45）。

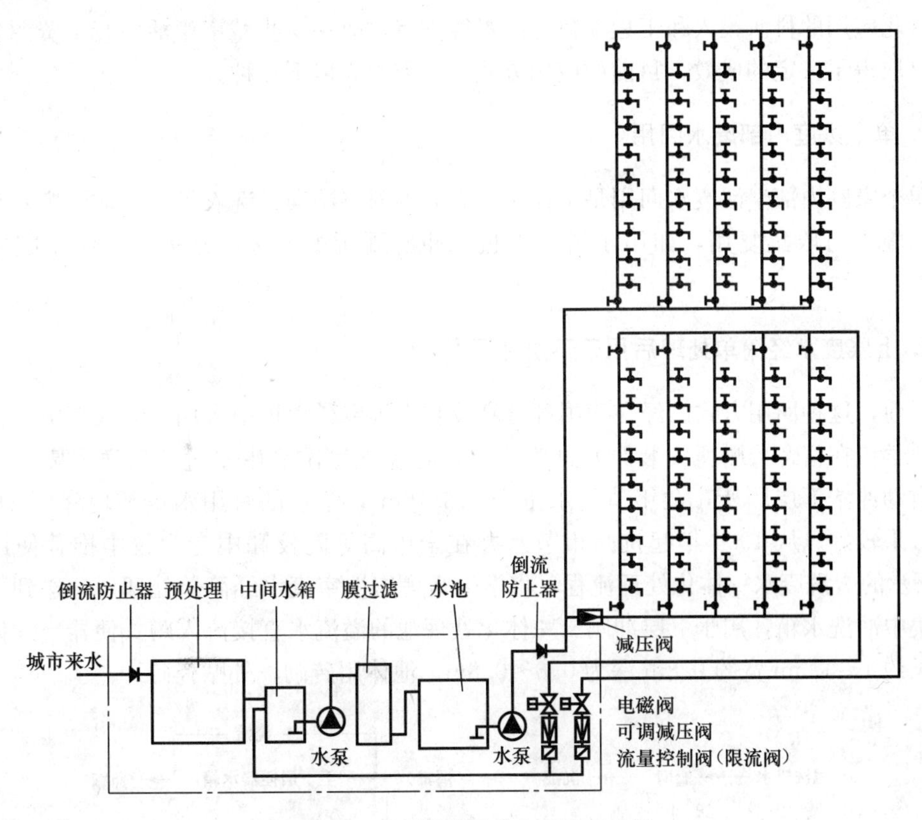

图 3-45 变频调速泵供水系统示意图

综上所述，选用何种供水设备，可依据用水量大小、投资多少及管理方式而定。有条件时应采用变频调速泵供水。为保证饮用净水（直饮水）水质。水泵应采用不锈钢材质。气压供水、恒速泵及变频泵设备选用与生活给水的确定方法相同。

3.5 生活污水处理系统

生活给水在使用过程中，由于受到了不同程度的污染，使用完毕后，成为生活污废水。生活污水指污染严重的厕所排水。生活废水主要包括：洗澡排水、洗衣排水、盥洗排水和厨房排水等其他生活排水，前三者又统称为优质杂排水。

除以上几种几乎天天排放的生活排水外，还有一些非经常性排放的生活废水，如清洗水箱（池）的清洗废水、在生活与消防水池合建情况下的消防试压水等。

随着水资源危机的逐步加剧，为了保障社会日益增长的水量需求，将生活污废水经适当处理后，作为水资源加以利用，替换用于杂用的自来水，这样既可减少自来水的供应量，又可减轻城市排水管道和城市污水处理厂的负荷。因此生活污废水的资源化应用是一种很有实用价值的节约用水措施。

3.5.1　生活污水应用方式

由于近些年我国政府加强了水资源危机和节约用水的宣传力度，并加大了对生活污废水资源化应用的科研投入和工程项目上的资金支持，故在一些城市生活污废水资源化应用工作已取得了一定的成效，目前的应用方式主要方法有以下几种。

1. 单个家庭内部废水回用

单个家庭内部生活废水回用是指在一个家庭内部将洗澡、洗衣等较清洁的废水采取一定的措施进行收集复用，如用于清洗地板、冲洗厕所等。这种方法在一些家庭中得到应用。

2. 上层废水经简单处理后用于下层冲厕

目前，这种回用方式已经在我国部分高校和中等专科学校中应用。如成都电子机械高等专科学校在宿舍楼厕所安装废水冲洗水箱，将盥洗室洗涤废水过滤后送入废水冲洗水箱，自动冲洗下层厕所，全年节约水量 29918.16m³，学校的月用水量平均降低 21.9%，节水效果较好。从 1994 年起杭州市节水办在全市高等院校和中专学校中推荐使用如图 3-46所示的盥洗废水一体化处理流程，将学生宿舍盥洗室废水经简单处理后，送到下层的便器集中冲洗水箱，用于下层冲厕。一体化处理池的溢流水直接流入蹲式便器。一体化处理池长约 1～1.5m 宽约 0.8m 深为 0.6～0.8m，池体用砖砌，外贴瓷砖。

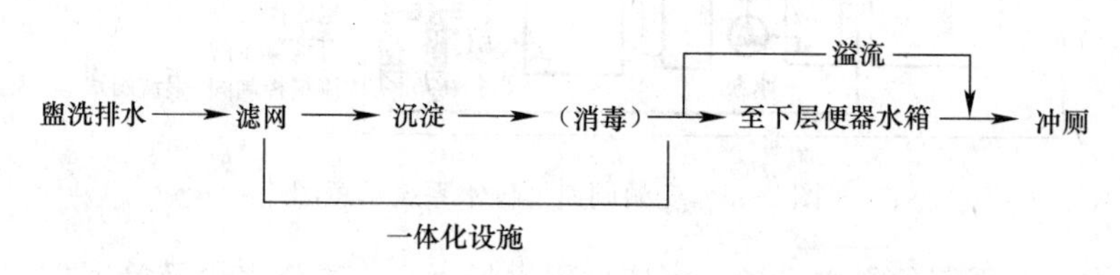

图 3-46　盥洗废水一体化处理流程

3. 设置建筑中水系统

建筑中水系统是指民用建筑物或建筑小区内使用后的各种排水如生活排水、冷却水及雨水等经过适当处理后，回用于建筑物或建筑小区内，作为杂用水的供水系统。

我国很多城市自 20 世纪 80 年代以来，对中水设施的建设和中水水质提出了要求，建筑中水工程的建设取得了很大进展，如北京市目前共建有将近 200 套中水设施，绝大部分设在宾馆、饭店和大专院校。中水水源一般为洗浴废水，水质较好，经生化-物化处理或物理化学处理后，出水水质一般能达到中水水质标准。也有一些中水设施采用生活排水为水源。

目前大部分中水设施能够正常运行，但由于设计、管理及运行成本较高等原因，有些中水处理设施并未正常运行。

3.5.2 生活污水应用技术

依靠人们的自觉性去进行废水回用，其节水效果是有限的。节水最有效的办法是工程设计人员在进行建筑主体和给排水系统设计时，充分考虑节水要求，并在设计中贯彻执行。综合各种因素，提出如下污废水资源化应用的技术措施。

1. 为单个家庭内部废水回用提供技术支持

一个家庭只收集自己使用过的水质较好的洗衣、洗浴废水并进行复用，不设水质处理设施，这一方法大多数家庭是能够接受的。现在一般家庭的做法是，用盆或桶将这些收集到的废水贮存起来，用于拖地或冲厕。但是由于目前居民生活用水水价低廉且这种回用方法受时间和用途的限制，故只有节水意识较高的家庭采用，因此总体而言，节水效果并不明显。为使家庭废水得到有效利用，在给排水系统设计和卫生器具的设计上，应考虑废水回用，为单个家庭内部废水回用提供技术支持，具体做法如下：

（1）安装带有洗手龙头的低位便器冲洗水箱

带有洗手龙头的低位便器冲洗水箱很实用，使用这种水箱时，洗手用的废水全部流入水箱，回用于冲厕，具有较好的节水效果。其推广使用的关键在于建筑设计人员在卫生器具选形时要提出要求，并做出相应的给水管线设计。

（2）对卫生器具和家用用水设备的排水口进行改造，以利于优质杂排水的利用

为尽量利用优质杂排水，有必要对传统的卫生器具和家用用水设备进行改造。如洗脸池排水管增加一个三通，设计成双排水口，两个排水口分别由独立的阀门控制开启和关闭状态。一个排水口接至室内排水管网系统，另一个排水口出水可供使用。居民可根据废水的污染程度，自己掌握废水排放至排水管网还是打开另一个排水口的阀门加以利用（如用于冲厕或拖地等）。同样，若洗衣机设计成双排水口，则可收集大量洗衣清洗排水。设有建筑中水系统时，将卫生器具和洗衣机设计成双排水口，收集优质杂排水作为中水原水，则可降低中水设施的日常处理成本。

2. 上层废水下层复用

用水人数较多的现有公共建筑，尤其是大专院校的学生宿舍、教学楼等建筑，可借鉴成都市和杭州市大专院校的做法，使上层盥洗废水回用于下层冲厕。采用这种方法不需要对现有排水管道和给水管道做太大的改动，关键问题是应选择合适的水处理设施，使处理后的水达到相应的水质标准，并且设备投资要少，操作、管理应简便。目前采用的盥洗废水处理设施虽然简单、便宜，但出水水质不能完全满足杂用水水质标准，尤其在细菌学指标方面，而且不经消毒就直接回用，有可能对人体健康带来不利影响，同时盥洗废水处理池也影响盥洗室环境卫生，因而应开发简单实用的小型一体化处理设施，并且应对处理出水进行消毒，以确保回用安全。

3. 充分利用水箱、水池的清洗废水

在防止水箱（池）水二次污染、保证供水水质的同时，不可忽视水箱（池）清洗废水

的排放。北京市二次供水高位水箱约有2400多个，假定每个水箱以平均$10m^3$的容积计，如每个水箱每年清洗一次，排放的清洗废水量为水箱体积的两倍，则每年排放的清洗废水量就高达$5\times10^4m^3$。再加上地下水池的清洗废水，如能加以利用，节水量非常可观。

水池、水箱清洗废水的利用，要考虑到操作简单、经济可行、实用方便。如位于少雨地区的城市，常年空气比较干燥，可将水箱（池）清洗废水用于浇洒本建筑小区室外地面或用于绿化和水景补水，既可节约宝贵的水资源，又改善了小区的居住环境。如建筑（或建筑小区）本身有中水处理系统，可将用不完的清洗废水排入中水原水贮存池。

另外建筑小区也可与附近的公园、停车场、绿化部门、河道管理部门建立长期联系，将清洗废水用于城市绿化、浇洒道路、洗车、河道补水等。但若水的运输成本高于自来水水价，则此方法推行就有困难。随着各地水价体制的合理化，这一方法还是有一定应用价值的。

4. 大力发展建筑中水工程

单个家庭内部废水回用和上层废水下层复用的方法可以使一部分废水得到利用，但存在着较大的局限性，前者的推广有赖于人们节水意识的提高，后者的实施要解决好回用水水质和盥洗室的环境卫生问题。实践证明，实现生活污废水资源化应用的最有效方法是大力发展建筑中水工程。

与前两种方法相比，建筑中水工程的优点为：水源比较广，水量比较大；中水处理设施统一管理，出水水质容易控制，也不会影响盥洗室的环境卫生；出水应用范围较广、较灵活，即可回用于建筑物冲厕，也可用于洗车、绿化和浇洒道路等；由于设有中水原水收集系统，不管用户的节水意识如何，准备收集的水量都可以收集起来，不会造成浪费。与建设城市中水处理厂相比，建设建筑中水工程可以在很大程度上减轻城市排水管道系统和城市污水处理厂的负担，并可避免将处理好的中水长距离输送至用户的问题，从而大大减少城市排水管道系统、城市污水处理厂和城市中水供水管道系统的投资。从上面的分析可以看出，建筑中水工程在生活污废水资源化应用方面有着明显的优势。

（1）通过对一些城市的大专院校、宾馆饭店、居民小区的调查，发现目前建筑中水工程的建设主要存在以下问题。

1）目前已建成的中水工程的水源比较单一，基本为洗浴废水。一些准备建中水工程的单位（如一些规模不大的大专院校）的洗浴废水量并不大，且排放时间集中，这样，中水工程的原水量无法保证，调节池容积也相对较大，增加了处理工程的基建投资。

2）现有中水工程普遍占地面积较大、卫生条件不太好、运转费用较高。

3）很多中水设施排放的污泥和排放的反冲洗水未经处理，直接排入市政排水管道，加重了市政排水管道的负担。

4）目前成片开发的小区中，基本没有将中水处理站作为配套设施进行考虑与建设；建筑给水排水管道的设计也没有考虑中水原水集水管道和中水供水管道。

5）目前中水回用的范围较窄，往往局限于浇洒操场、绿化、洗车等，回用于建筑物内部的实例还较少，即使回用，一般也要对给排水管道系统进行改造。

（2）为解决上述问题，在中水工程的建设中应采取以下措施。

1）充分利用盥洗废水等优质杂排水

在北京等一些水资源短缺的大中城市中，高校云集，学生人数众多，用水量很大。如北京市高校用水量约占全市生活用水量的10%，是城市生活用水的大户，而且随着高校规模的不断扩大和民办高校的迅速兴起，用水量还会继续增加。为此，应根据高校的用水特点，进行中水工程的建设。通过对北京、上海和天津等地高校用水情况的调查发现，高校学生宿舍盥洗废水（包括在盥洗池内使用过的水和盥洗室内设有的洗衣机排水）是最具优势的中水水源，具有以下特点：

① 水量大并呈增加趋势；

② 水质相对较好；

③ 单位时间水量均匀；

④ 易于收集且处理、回用灵活。

2）推广技术、管理、投资、占地、成本等方面综合优化的新的处理工艺

现有的中水处理工程虽然在节约用水方面发挥了一定的作用，但普遍存在占地面积大、工艺流程较复杂、管理不方便、处理成本较高等问题，为此，一些建筑中水设施并未完全正常运行，因此要大力推广新的处理工艺。

3）修改、完善、制定中水设施建设的有关管理规定及配套措施为推进中水设施的建设，应在现有的规定及措施的基础上，进一步规范中水设计规模，建立健全质量控制体系，制定相应经济政策，并作好宣传工作。

3.6 其他节水措施

地球上可利用水量是有限的，随着人口不断增长，可获得的人均供水量就不断降低。目前，世界上许多地区正经受着水价上涨、季节性缺水和供水水质的困扰。随着用水需求的增长，必须寻求新的净水和供水设施，费用自然转嫁给消费者。同时大量用水也会增加设施的维修和折旧费用。许多城市正在采用有利于节约用水的价格体系，用水量越大，水价就越高，而节水本身意味着节能，意味着有效减少污染，保护生态环境。

3.6.1 采用节水器具

《节水型生活用水器具》CJ 164—2002 中对于节水器具的定义为：满足相同的饮用、厨用、洁厕、洗浴、洗衣等用水功能，较同类常规产品能减少用水量的器件、用具。因此，节水器具首先要做到的就是避免跑、冒、滴、漏，满足使用功能，然后再通过设计和制造主动或者被动地减少无用耗水量，达到与传统的卫生器具相比有明显节水效果。目前，节水型生活用水器具主要包括节水型水龙头、节水型便器、节水淋浴器、节水型洗衣机和自感应冲洗装置等。

1. 节水型水龙头

节水型水龙头是指具有手动或自动启闭和控制出水口水流量功能，使用中能实现节水效果的阀类产品，在水压0.1MPa和管径15mm下，最大流量应不大于0.15L/s。常用的

节水龙头可分为加气节水龙头和限流水龙头两种。这两种水龙头都是通过加气或者减小过流面积来降低通过水量的。这样，在相同使用时间里，就减少了用水量，达到节约用水的目的。目前市场上最普遍的陶瓷阀芯水龙头，可以开合数十万次不漏一滴水，与旧式水龙头相比，可节水30%～50%。倘若要进一步节水，还可选用一些其他特种龙头，如感应龙头、延时龙头等，这类龙头价格相对要高出一般龙头。

节水型多功能淋浴喷头也属于一种节水型水龙头，它是通过对出水口部进行改进，增加吸氧舱和增压器，这样不仅减少了过流量，还使水流富含氧气。对于普通喷头来说，停止使用时喷头内部仍然会有滞留的水，这样，长时间以后就会有水垢的富集，而这种多功能淋浴喷头没有容水腔，水流直接喷射出去，停止使用时不积水，减少产生水垢的机会。

2. 节水型便器

节水便器是在保证卫生要求、使用功能和排水管道输送能力条件下，不泄漏，一次冲洗水量不大于6L水的便器。节水便器主要有直冲式和虹吸式两大类。直冲式利用冲洗设备自身水头进行冲刷，特点是结构简单、节水，主要缺点是粪便不易被冲洗干净，且臭气外逸，冲洗历时较长，应用受到限制。目前，国内外使用的便器大多为虹吸式。虹吸式便器是借助冲洗水头和虹吸（负压）作用，依靠负压将粪便等污物完全吸出。采用水封，卫生和密封性能好，经过长期的结构优化，其冲洗用水量一般可达到3～6L（即大便用6L，小便用3L）。表3-24列举了目前几种类型节水便器的性能比较。

节水便器性能比较表 表3-24

类型	冲洗水量（L/次）		水箱	排水方式	控制方式	防臭效果	改造程度
	大便	小便					
传统虹吸式	6	6	有	虹吸式	按钮	好	
双按钮式	6	3	有	虹吸式	按钮	好	方便
感应式	6	3	有	虹吸式	感应	好	不方便
脚踏式	1	1	无	直冲式	脚踏	好	不方便
压力流冲击式	3	3	有	两种方式	按钮	好	方便
压力防臭式	3	1	无	直冲式	按钮	一般	不方便

目前便器多采用虹吸式，但虹吸式节水便器并非技术发展的终结。目前市场上的节水便器大多仍为一次冲水量3～6L的虹吸式便器，由于虹吸式本身的结构特点，很难将耗水量降低到3L以下，而一些直冲式节水型便器一次冲水量小于3L，又适合各种形式上下水管道系统，所以具有很大潜力。可以预计，未来相当长的一段时期内，直排式节水便器将成为技术发展和市场的主流。

3. 其他节水型器具

除上面介绍的两种主要节水型器具之外，其他还有节水洗衣机、恒温混水阀等，目前还研制出了一些废水回收装置。这些器具及设备可以为节水器具多一些选择空间。

节水洗衣机是指以水为介质，能根据衣物量、脏净程度自动或手动调整用水量，满足洗净功能且耗水量低的洗衣机产品。

恒温混水阀是一种节水设备，主要用于冷、热水的自动混合，为单管淋浴系统提供恒温洗浴用水。工作原理是：在恒温混水阀的混合出水口处，装有一个热敏元件，利用感温原件的特性推动阀体内阀芯移动，封堵或者开启冷、热水的进水口；在封堵冷水的同时开启热水，当温度调节旋钮设定某一温度后，不论冷、热水进水温度和压力如何变化，进入出水口的冷、热水比例也随之变化，从而使出水温度始终保持恒定；调温旋钮可在规定温度范围内任意设定，恒温混水阀将自动维持出水温度。一台混水阀可带多套淋浴喷头同时工作，适用范围也很广，可作为绿色建筑热水系统的配套产品应用于太阳能热水器、电热水器、燃气热水器和集中供热水系统。

废水回收装置就是能够将洗脸洗菜的废水进行收集并过滤，并能够用于自动冲厕的装置。该回收装置和以上的节水器具相比，能将水重复利用，实现了最大限度地节约用水。

3.6.2 给水系统节水节能技术

1. 合理选择给水系统

建筑给水系统主要有水泵-水箱联合供水和变频调速供水两种方式。供水系统竖向分区可采用给水设备分区，也可共用给水设备竖向采用减压阀分区，或结合支管减压阀分区等，供水系统方式需结合建筑竖向标高、建筑功能、用水量大小等综合考虑。在具体设计中需要对几种可行的系统分区方案，进行设备管网投资、运行费用、管网复杂程度等作分析比较，得出最优方案。在能耗方面，建筑供水能耗与供水系统方式有很大关系，但运行费用的量化测算比较复杂。一方面，减压阀消耗的水头损失为无效压损，引起水泵机组所作的有用功增加；另一方面，水泵机组的效率也是运行能耗的关键因素。减压阀引起的无效能耗，理论上为全年通过减压阀的流量与所减压力值的乘积。水泵运行效率可从水泵性能效率曲线图上查得

一般建筑给水系统中的水泵都是小流量泵，高效区效率约为60%左右。从水泵的效率曲线图可以看出：较大流量泵其效率也较高，水泵工频运行时的高效区域较宽，变频运行时效率有所下降，并且高效区变窄。设计选泵时是依据最高可能流量来确定的，这就意味着它将通常运行在最大流量以下区域，所以一般选变频泵应选择工频时效率曲线的右边，以保证在流量下降时保持较高效率。即便如此，变频泵在某些时段也会滑出高效区运行，尤其对于某些用水量不大但用水变化系数较大的建筑。

在供水方式方面，为防止屋顶水箱引起的二次污染和水泵变频技术的发展，近年来采用变频供水的情况越来越多。但一些办公建筑和教学楼中用水点仅为各层洗手间，用水量不大，采用水泵-水箱供水比变频供水更节能。原因是两者全年所做的有用功相差不大，虽然前者水箱进水水头为无效压损，但前者的水泵是在高效区运行，而后者因为用水量不大，运行时机组水泵大多时段是变频运行，效率低下。因此，绿色建筑给水系统设计既要注意避免水箱的二次污染问题，又不能完全抛弃水泵-水箱这种供水方式。如果建筑内的饮水采用直饮水，采用水泵-水箱供水方式还可以保证运行稳定性，这也和绿色建筑设计的理念相符。这也提醒我们绿色建筑并不是高新技术的堆砌，不能排斥传统技术的应用。

2. 超压出流防治技术

超压出流是指给水配件前的压力过高，使得其流量大于额定流量的现象。如一个洗涤龙头在管径15mm时，额定流量为0.15L/s，若水压过高则导致其出流量大于0.20L/s，即为超压出流。此时超出的流量并未产生正常的效益，是浪费的水量，一般称为“隐形”水量浪费。为了减少超压出流带来的“隐形”水量浪费和带来的危害，应从给水系统设计、安装减压装置及合理配置给水配件等方面采取技术措施。在给水系统设计方面，要严格按照规范对系统压力做合理限定，在缺水城市还要在不违反规范的前提下，提出更高的设计要求；采取减压措施，通过设置减压阀、减压孔板和节流塞等装置，控制超压出流；安装使用节水龙头，也是控制超压出流、减少水量浪费的重要措施。

3. 利用市政管网可用水头

对于高层建筑，城市市政给水管网水压一般难以完全满足其供水要求，只能采用区域或独立的升压系统供水。某些设计中将管网进水直接引入贮水池中，白白损失掉市政管网的水头，尤其当贮水池位于地下层时，反而把这个水头全部转化成负压，所有需二次加压的工程累计，这部分能量损失是相当可观。主要原因是建筑给排水设计中，一般均不允许二次加压水泵直接抽吸城市管网水，以防止城市管网出现负压。从节能角度考虑，城市供水规划应满足所有用户无蓄水池的用水量要求，允许二次加压用户从市政管网吸水。目前国内市场上出现的无负压变频给水设备，很好地解决了这一问题，不仅充分利用市政余压，同时避免了二次污染问题，也可以为绿色建筑给水系统节能提供一些思路。

3.6.3 绿化及景观用水技术

1. 绿化节水技术

在绿色建筑的绿化用水方面，尽量使用收集处理后的雨水、废水等非传统水源，水质应达到灌溉的水质标准。绿化浇灌应采用喷灌技术，宜采用微灌和渗灌等更加节水的技术措施，下面介绍几种灌溉技术。

（1）喷灌技术

喷灌是经管道输送将水通过架空喷头进行喷洒灌溉方式。其特点是将水喷射到空中形成细小的水滴再均匀的散布到绿地中。因喷灌具有较大的射程，可以满足大面积草坪的灌溉要求。喷灌设备可选择固定式的管道喷灌系统，将干管和支管埋于草坪上常年不动。喷头采用地埋伸缩式喷头，灌溉时伸出，平时缩于地下，既不影响草坪景观，也不影响割草机运行。喷灌根据植物品种和土壤、气候状况，适时、适量地进行喷灌，不易产生地表径流。喷灌比地面漫灌可省水约30%～50%，特别适合于密植低矮植物。主要缺点是受风影响大，设备投资较高。

（2）微灌技术

微灌是一种新型节水灌溉技术，包括滴灌、微喷灌、涌泉灌和地下渗灌。它是按照作物需水要求，通过低压管道系统与安装在末级管道上的微喷头或滴头，将水分肥料均匀准确地自动输送到植物根部附近的土壤表面或上层中进行灌溉。微灌技术的主要优点是比喷灌省水约30%～70%，节能约50%～70%，且能根据作物需水量要求适时、适量灌水，便于机械化、自动化控制。微灌技术的缺点是造价比喷灌高，且由于杂质、矿物质沉淀的影响使毛管滴头堵塞，滴灌的均匀度也不易保证。微灌或滴灌系统主要由压力水源、控制装置、过滤器、输水管道、施肥装置和滴灌头或喷灌头组成。水质应符合微灌的水质要求。

（3）渗灌技术

渗灌技术是继喷灌、滴灌之后又一节水灌溉新技术，是一种地下微灌形式。渗灌技术是将水增压，通过低压管道送达渗水器（毛细渗水管、瓦管、陶管等），慢慢把水分及可溶于水的肥料、药物输送到植物根部附近，使植物主要根区的土壤经常保持最优含水状况的一种先进的灌溉方法。渗灌是比其他灌溉方式更加节水，具有水分利用效率高，能耗低等优点。渗灌最大的缺点是管道易堵塞，虽然有防堵管道，但造价较高。与喷灌比较，渗灌虽然一次性投入较大，但在同等使用年限下，渗灌的净效益更高，比喷灌多10%左右，是一种经济合理的灌溉方式。渗灌系统一般由水源、控制装置、输水管道和渗水器等四部分组成。

2. 景观用水

绿色建筑要采用节水的景观设计。设计时既要提出合理、美观的水景规划方案，还要满足节约用水，建立健全水景工程的池水、流水、跌水、喷水、涌水等设施。景观用水还应设置循环系统，并应结合中水系统或雨水回用系统进行水量平衡和优化设计，以便节约市政自来水用水量。景观用水如果采用回用水时，回用水水质应达到《再生水回用于景观水体的水质标准》CJ/T 95—2000。另外，对于部分建筑小区内有水生植物的景观，为了保护水生动物、避免藻类繁殖，应该保证清澈、无毒、无臭，不含致病菌。为此，需要通过一些水处理方法来去除水中营养物。

3.6.4 生态厕所技术

生态厕所是指具有不对环境造成污染，并且能充分利用各种资源，强调污染物自净和资源循环利用概念和功能的一类厕所。目前，生态厕所主要有生态免冲厕所、生态循环水冲厕所等。

1. 生态免冲厕所

生态免冲厕所主要有无水打包型和免水生物处理型两种。免水冲打包型厕所将粪使直接装入专用塑料袋内，然后打包，集中清运。该类厕所由可生物降解制成的包装袋、机械装置和储使桶3部分组成。如厕后自动启动牵引装置将粪打包、密封，防止外泄；打包后的粪便由环卫部门收集送往粪便集中处理场，行无害化处理。在厕所使用地不留下残留物，不污染环境，但清运成本较高，动环境较差。在清运过程中排泄物有可能泄漏造成二次污染，包装袋其实不易降解。免水生物处理型厕所是安装了一个生化反应器，反应器中有可定期补充的生物填料。滑入反应器的粪便通过微生物的作用而降解，反应过程产生的高温可以消灭各种病原菌。粪便发酵完成后变成主要成分是腐殖质的有机肥。这种肥料可以直装出售，也可以就地用于绿化工程。

2. 生态循环水冲厕所

生态循环水冲厕所采用了多项生化高新技术，从使用功能、水循环、水的生化处理、控制系统到厕所的整体结构、造型设计、房体材料，这些技术都充分体现了现代科技的含量。这种生态厕所可以为百姓提供更方便的卫生设施和条件，并且对节约水资源作出贡献。

生态循环水冲厕所主要有尿液单独处理和粪尿混合处理两种方式。尿液单独处理的生态厕所单独收集尿液，加入一种药剂去除异味后，回用于冲洗厕所。粪便被搅碎后变成纸浆状的东西，干燥后制成肥料还田，也可以作为普通垃圾进行填埋处理。粪尿混合处理的生态厕所是目前国内生态厕所的主流产品。主要通过环境工程的手段，利用微生物的新陈代谢作用和物理化学作用，完成对粪尿污染物的降解，最终转化为CO_2和H_2O排入环境，同时再生出清洁的水供冲洗厕所使用或直接排放进入环境。目前使用的处理方法有好氧生物处理法、膜分离法、高效优势菌种处理法和厌氧生物处理法四种。

各类厕所特点比较见表3-25。

各类厕所特点比较 **表3-25**

厕所类型		用 水	下 水	臭 味	环境污染	清掏运输	粪便处理	消毒作用
传统水冲厕所		有	有	重	有	要	要	无
生态免冲厕所	无水打包型	无	无	轻	有	要	要	无
	生物堆肥型	无	无	轻	有	要	要	有
	生物降解型	无	无	无	无	不	无	有
循环水冲厕所	尿液单独处理型	微	有	轻	有	要	要	无
	粪尿混合处理型	微	有	轻	有	要	要	无

3.6.5 热水供应系统节水技术

由于集中热水系统的循环方式选择不当，局部热水供应系统管线过长，施工质量差及温控装置不理想等原因，导致热水系统水量的浪费，为了改善这种状况，应采取以下措施。

1. 改造定时供应热水的无循环系统

由于定时供应热水的无循环热水系统管线较简单，故改造工程投资少，工期短，收效快，较易施行。如北京某大学对学生浴室（共两层）的无循环热水系统进行改造，在各层热水干管上增设回水管。在每次浴室开放前，提前5～6min进行热水循环，管道中贮存的冷水流入贮水池待用，系统水温达到使用要求后，关闭循环总管上的阀门，开放浴室。这项改造工程总计投资4000元左右，根据水表计量的数据统计，每月可节约水量约80m^3，年节水量960m^3，若冷水价格以3.9元/m^{3}计算，每年大约可节约水费3775元，13个月即可收回投资，可见这一改造工程的效果是显著的，各地节水管理部门应对无循环热水系统提出限期改造的要求。

2. 选择合适的循环方式

建筑的热水供应系统应根据建筑性质及建筑标准选用支管循环或立管循环方式。建筑热水供应系统采用支管循环方式最为节水，但热水循环方式的选用还应考虑经济因素。

现以某12层公寓为例，进行采用各种循环方式时回水系统的工程成本概算，概算方法如下。

该公寓热水系统现采用立管循环方式，参照现有回水管路系统的布置情况，设计出各种循环方式的回水管道系统，即回水管道起点管径与相应配水管道管径相同，在循环流量增加后，回水管道管径也相应增大，同时比相应配水管道管径小1档或2档；回水管的各段管长与相应的配水管道相同。根据上述原则可计算出采用各种循环方式时回水系统所需的各种管径的管道长度，如表3-26所示。各种回水系统需设置的水表、阀门、循环泵等设施的规格和数量见表3-27。由于各种循环系统均需设置加热设备及热媒系统，它们的差异不大，因而在成本计算中不予考虑。假设各种循环系统的管材均为镀锌钢管，回水管均设20mm以内防结露保温层并刷厚漆一遍，根据北京市《建设工程概算定额》及《建设工程间接费及其他费用定额》，可计算出采用各种循环方式时回水系统的概算工程成本，计算结果见表3-28。

回水系统所需的各种管径的管道长度统计表 **表3-26**

管道公称直径（mm）	支管循环（m）	立管循环（m）	干管循环（m）	管道公称直径（mm）	支管循环（m）	立管循环（m）	干管循环（m）
15	470.3	0	0	32	24.0	0	0
20	519.3	0	0	40	112.3	71.7	71.7
25	36.8	100.6	0	50	7.0	7.0	7.0

回水系统需设置的设施的规格和数量 **表3-27**

循环方式	支管循环					立管循环		干管循环	
设备类型	水表	丝扣阀门			管道泵	丝扣阀门	管道泵	丝扣阀门	管道泵
公称直径（mm）	20	20	32	40	出口≤32	25	出口≤25	25	出口≤25
单位	块	个	个	个	台	个	台	个	台
数量	48	48	12	4	4	16	4	16	4

回水系统工程成本及工程成本回收期 **表3-28**

循环方式	支管循环	立管循环	干管循环
工程成本（元）	61415	12427	6982
节约的热水费（元/年）	2047	998	551
工程成本回收期（年）	30	12.5	12.7

3. 减少供应系统的热水管线长度

若建筑中不设集中热水供应系统，在进行建筑设计和热水管道设计时，应注意以下问题：

（1）住宅厨房和卫生间的位置，除考虑建筑功能和建筑布局外，还应考虑节水因素，尽量减少热水管线长度。

（2）在设计和施工中对连接家用热水器的热水管道进行保温，以保证热水使用过程中的水温，减少水量浪费。这一要求也应纳入有关规范和施工验收标准中，以规范家用热水管道的安装。

4. 选择适宜的加热和贮热设备

为了在不同条件下满足用户对热水的水温、水量和水压要求，减少水量浪费，应根据建筑物性质、热源供应情况等选择适宜的加热和贮热设备。各种加热设备的适用条件如下，仅供参考。

(1) 热水锅炉的适用条件

1) 被加热冷水的硬度宜在150mg/L（以碳酸钙计）以下；

2) 锅炉构造简单，方便水垢清理。

(2) 蒸汽直接加热的适用条件

1) 具有合格的蒸汽热源；

2) 建筑对噪声无严格要求，如公共浴室、洗衣房、工矿企业生活间等建筑。

(3) 容积式水加热器的适用条件

1) 热源供应不能满足设计小时耗热量的要求；

2) 建筑用水量变化较大，需贮一定的调节容量，要求供水可靠性高，供水水温、水压平稳；

3) 加热设备用房较宽裕。

(4) 半容积式水加热器的适用条件

1) 热源供应能满足设计小时耗热量的要求；

2) 供水水温、水压要求较平稳；

3) 热水系统为机械循环系统；

4) 加热设备用房面积较小。

(5) 半即热式水加热器的适用条件

1) 热源供应能满足设计秒流量所需耗热量的要求；

2) 热媒为蒸汽时，其最低工作压力不小于0.15MPa，且供汽压力稳定；

3) 建筑用水较均匀；

4) 加热设备用房面积较小。

(6) 快速式水加热器的适用条件

1) 建筑用水较均匀；

2) 被加热冷水的硬度宜在150mg/L（以碳酸钙计）以下；

3) 热水系统设有贮热设备。

对于医院热水系统中水加热设备的选择，还有一些具体规定，详见《建筑给水排水设计规范》和《全国民用建筑工程设计技术措施（给水排水分册）》。

5. 选择性能良好的水温控制设备

目前工业企业生活间、学校及许多单位的公共浴室采用单管热水系统，水温控制设备的好坏直接影响水量浪费的多少，因此各单位应选择性能稳定、灵敏度高的单管水温控制设备，这样才可避免在热水使用过程中由于水温变化大而造成的水量浪费。生产厂家也应积极研制开发性能良好、经济耐用的新型水温控制设备。

在双管供水系统中，应逐步淘汰落后的配水装置，有条件时应尽量采用带恒温装置的冷热水混合龙头，以使用户在使用热水时能够快速得到符合温度要求的热水，减少由于调温时间过长造成的水量浪费。

6. 防止热水系统的超压出流

控制热水系统超压出流的水压限值和防止超压出流的方法与冷水系统相同，但应注意，当高层建筑热水系统采用减压阀来分区（或采用减压阀控制水压）时，减压阀不能安装在高低区共用的热水供水干管（或热水立管）上，如图 3-47 所示。这是由于减压阀阀芯部分的密封性能要求很高，相应地对管路的水质要求也较高，水中不能夹带一点可能影响密封圈工作的杂质，而热水相对冷水而言，容易产生水垢及杂质，而且，温度高会影响密封环寿命。若减压阀安装在干（立）管上，一旦损坏，影响供水范围较大。此外，若将减压阀置于干（立）管上，则减压阀处于热水循环系统中，这将增大循环泵的功率和能耗。减压阀的正确安装方式见图 3-48、图 3-49 和图 3-50。

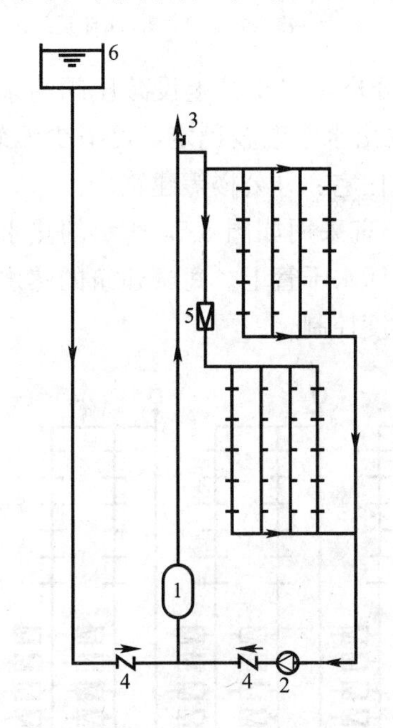

图 3-47 热水系统减压阀错误安装示意

1—水加热器；2—循环泵；3—排气阀；

4—止回阀；5—减压阀；6—冷水箱

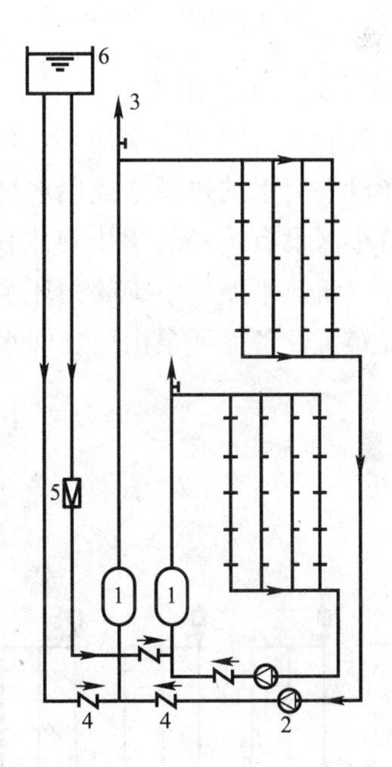

图 3-48 高低区分设水加热器的系统

1—水加热器；2—循环泵；3—排气阀；

4—止回阀；5—减压阀；6—冷水箱

图 3-48 为高低区分设水加热器的系统。两区水加热器均由高区冷水系统供水，低区热水供水系统的减压阀设在低区水加热器的冷水供水管上。该系统适用于低区热水用户对水温要求较严、低区热水用水点较多，且有条件设置分区水加热器的建筑。

图 3-49 为高低区共用水加热器的系统。低区热水供水系统的减压阀分设在该区各用水支管上。该系统的低区部分只能实现干管循环，因此适用于低区热水用户对水温要求不严，热水用水点不多且分散的建筑，例如高层建筑低区设有洗衣房、厨房、理发室时可采用这种系统。

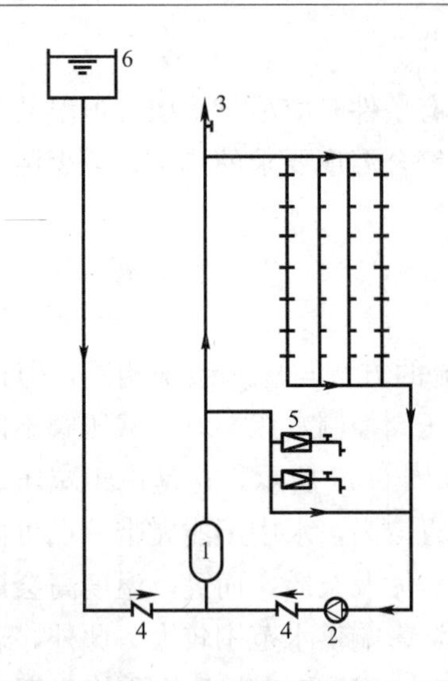

图 3-49 高低区共用水加热器的系统

1—水加热器；2—循环泵；3—排气阀；4—止回阀；5—减压阀；6—冷水箱

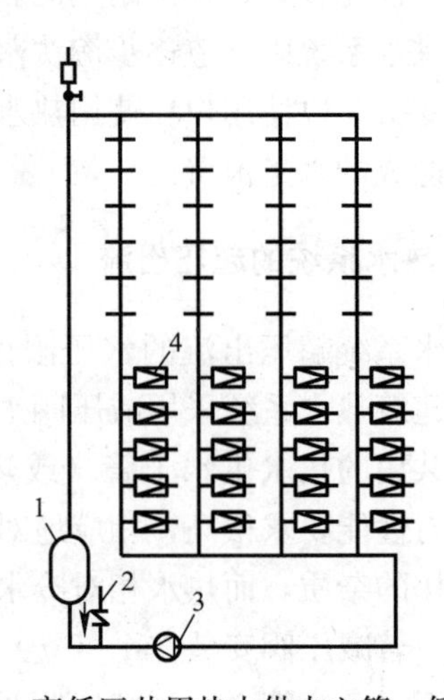

图 3-50 高低区共用热水供水立管，低区分户热水支管上设减压阀的系统

1—水加热器；2—冷水补水管；3—循环泵；4—减压阀

图 3-50 为高低区共用热水供水立管，在低区分户热水支管上设减压阀的系统。该系统实现了立管和干管中的热水循环，使得配水点的出水水温较稳定，可减少无效冷水量，适用于只能设一套水加热设备或用水量不大的高层住宅、办公楼等建筑。

当建筑小区设有统一的集中热水供应系统时，宜采用如图 3-51 所示的热水供、回水系统，各幢建筑热水循环系统的循环泵分设在热水回水干管上。每幢建筑的热水循环管道应采用同程布置，各循环泵由所在回水干管上的温度控制。

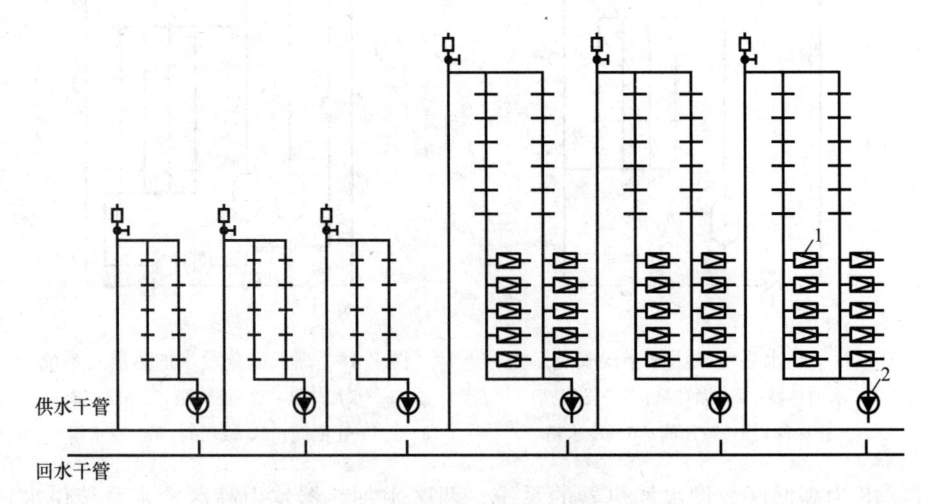

图 3-51 小区集中热水供应系统示意

1—减压阀；2—循环泵

此外，在设计和施工中要严格执行有关设计、施工规范，建立健全管理制度，加强检查管理工作，及时发现问题，及时解决问题，使建筑热水供应系统达到最优化，以达到节能的目的。

3.7 水系统的智能化管理系统

绿色智能建筑的水系统包括给水、排水、中水回用、污水处理等系统。水系统的智能化是一项系统工程，它不仅是一个技术问题，而且涉及规划、管理等多个方面。当前，世界上提出了一个“水区”（Water Shed）的概念，水区是把水资源、供水系统、排水系统和用户系统都组织在一起建立一个优化的管理系统；在我国生态建设中，对绿色智能建筑的要求是建设一个符合“导则”标准的水环境系统。在这个标准里明确要求：建设综合智能化的管理系统，其中包括过程控制、远程监测、故障报警，并采用中央监控系统，对供、排水过程进行智能化管理。

3.7.1 水系统的智能化管理系统的特点

实现对水系统的智能化管理的目的是确保管网中各水泵根据用水量的变化能及时改变其运行方式，使水系统始终处于最佳的运行状态，从而实现管网的合理调度。该管理系统主要有下列特点：

1. 建立水系统调控的程序控制系统

监控水箱、水池的储水状况、进行自动补水、超量报警，对水泵进行启/停调控，对用户分质用水进行自动计量；实时监测分区供水的水量、水压，对于一般居住性建筑，供水压力应在300～350kPa，对于公共建筑供水压力可为350～400kPa，最大静水压力不大于600kPa。高层建筑设有屋顶水箱，为了调整各层的供水压力，专门设置了减压阀。

2. 建立水泵控制的状态监控系统

水泵是水循环动力的电力驱动系统，要及时调控，实时掌握其运行状况；要根据用水情况和系统的要求，适时启停，节约能源；要监测水泵运行是否正常。

3. 建立独立组网、跨系统联网的监控机制

绿色智能建筑水系统要比一般建筑复杂，它具有给水、排水、中水回用、直饮水、消防用水、污水等系统，排水系统中还有杂排水和废水之分。因此，在智能化组网时，应强调区分对待、全面监控，同时应实行集成管理。

4. 建立水系统的运行报警机制

智能化系统应有压力、水量、水位、污染超标报警装置，报警信号要纳入监控系统，要有声、光警示装置。

3.7.2 水系统的智能化管理系统的组成

绿色智能型居住建筑的水系统一般由给水、消防水、中水、直饮水、污水处理等几部分组成，其智能化管理系统的监控由于设备分散于楼层或单体建筑的各个部分，在现场常

设现场控制器，在监控机房设有水系统监控主机，根据监控网络的实际需要还设有网络控制器，其各部分组成如图 3-52 所示。

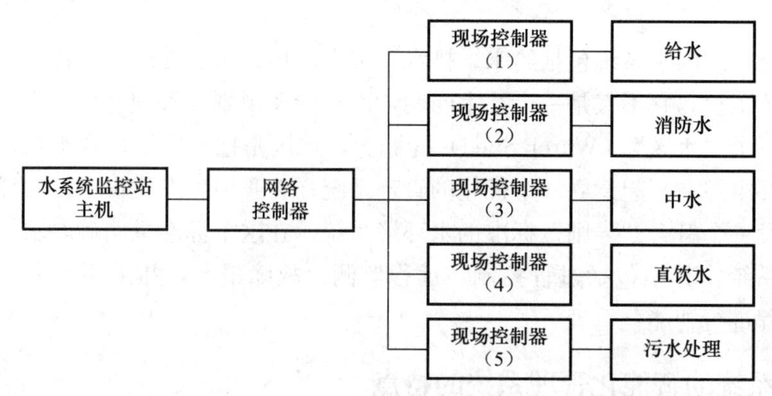

图 3-52 水系统智能化监控组成

1. 现场控制器

现场控制器采用计算机技术完成对现场设备的信号采集、实时控制和协调管理等任务，通常又称直接数字控制器（DDC）。现场控制器应具有数字和模拟的测量、控制功能。数字测量与控制能处理开关信号，如水位高低的测量、水泵启停的控制等；模拟测量与控制是通过模数转换而实现的，如测量水系统的压力、控制阀门的开度等。当今开发的直接数字控制器既能接收数字量的开关信号与模拟量的输入信号，也能输出数字量的开关信号和模拟量的控制信号。现场控制器根据控制功能，可分为专用控制器和通用控制器，专用控制器是为专用设备控制而研发的控制器，如直饮水控制器、变频泵控制器等，通用控制器可用于任何水系统设备的控制。现场控制器通常采用模块结构，根据系统和设备的需求配置不同的模块。现场控制器一般都设置在靠近控制设备的地方，为适应各种环境，应具有防尘、防潮、防电磁干扰、抗冲击、抗振动及耐高低温等恶劣环境的能力。在监控系统中，各种现场传感、检测元件送来的测量信号均由现场控制器进行实时的数据采集、滤波、非线性校正、各种补偿运算、上下限报警及累积量计算等。所有测量值和报警值经通信网络传送到监控站主机的数据库，供实时显示、优化计算、报警打印等。

2. 网络控制器

在监控网络规模较大时，常设置多个网络控制器（NCU）加强对现场控制器的管理。美国江森（John-son）公司推出的 Metasys 监控系统就采用了网络控制器实行分区管理。一般来说，为了提高系统运行的可靠性，无论是现场控制器，还是网络控制器，都应具有很强的独立处理能力，即使主机出了问题也能解决对下位系统的不间断调控。NCU 就是一个独立的计算机通信控制设备，本身就具有分布式数据库的功能，当需要与其他子系统交换信息时，可以直接通过 NCU 而不需要通过监控主机即可实现。由于 NCU 是独立设备，与管理级计算机没有依存关系，即使主机出了故障，NCU 间仍然可以正常通信，而且当主机恢复正常后，尚可将故障期内的历史参数补送到管理计算机。

3. 监控站主机

监控站通常配有功能强、速度快的管理计算机。管理主机具有数据处理、显示、报警、记录功能；具有良好的人机界面，能够显示设定数据和实时数据；对于水泵运行、闸门控制、管路通行、启停状态都有明确的示图和网页。系统软件能完成操作、监控、管理、控制、计算和自诊断等任务；整个系统能够在软件指挥下协调工作。监控站主机所配的软件有系统管理软件和现场控制器管理软件两大部分。系统管理软件具有的功能是：系统操作管理、交互式系统界面、报警和故障的提示与打印、辅助功能设定等；现场控制器管理软件的功能是：采样的数据处理、报警设定、控制程序、数字功能、网络通信等。监控站主机有时与建筑设备监控系统共用一台主机，组成统一的计算机管理平台，这种结构通常称为建筑设备管理系统 BMS。

3.7.3 供水系统的智能化管理

绿色智能居住型建筑一般采用恒压力供水系统。高层建筑最下面几层的裙房可由城市管网直接供水，上部各层均需提升供水水压进行分区供水。通常在水系统设计时，根据大厦供水要求、高度、分区、压力等情况合理划分区域，布置供水系统。供水系统一般分成两类，即重力供水和压力供水系统。

1. 重力供水系统监控

重力给水系统是用水泵把城市管网所提供的水，提升到大厦的顶层水箱，利用重力向给水管网配水。为了均衡水压，在竖向主干管上配有减压阀。重力给水系统的监控如图3-53所示。在监控系统中，设有现场控制器 DDC，对高位水箱水位进行检测、超位报警；根据水箱水位高低，控制水泵启停；监测水泵压差以掌握其工作状态和故障；如果当使用水泵出现故障时，备用水泵自动投入工作。重力给水系统供水压力比较稳定，且因有专门水箱储水，供水较为安全，缺点是水箱的重量给建筑带来了较大的负荷。

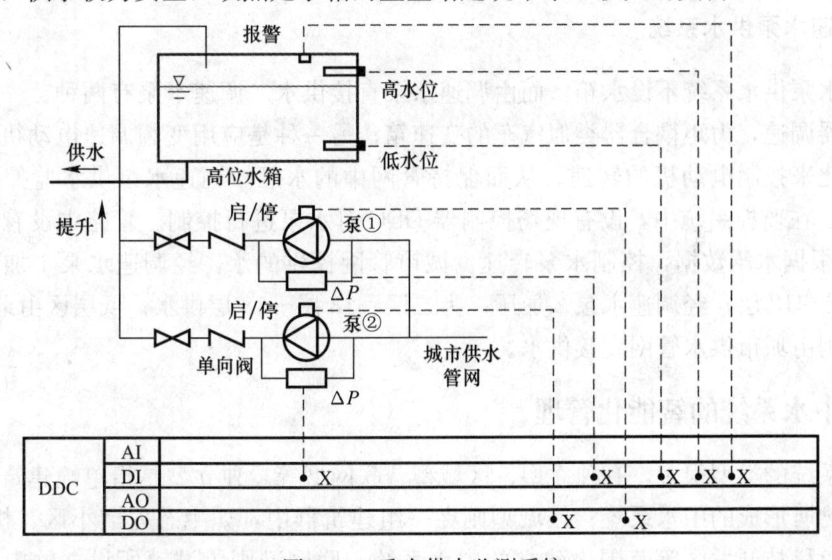

图 3-53 重力供水监测系统

2. 压力供水系统监控

为了免设高位水箱，可采用压力供水方式。压力供水系统的监控如图 3-54 所示。压力供水方式是用气压水箱代替高位水箱。气压水箱可以设置在地下层。城市管网提供的水，经水泵送人气压水箱，然后经空压机给水加压送往高层，供用户使用。图中设置了两组气压水箱，一组供应 7 层～12 层，二组供应 13 层～18 层，低层用水则由城市供水管网直接供应。在压力供水监控系统中设有现场控制器 DDC 对压力水箱进行检测，根据水箱水位高低，控制水泵启停；采用空气压缩机对水箱中的水进行加压，由压力传感器为 DDC 提供实时数据，经与设定压力相比较控制空压机的启停，以保证供水区达到标准水压。同时，由 DDC 把运行数据及时传送给监控主机。

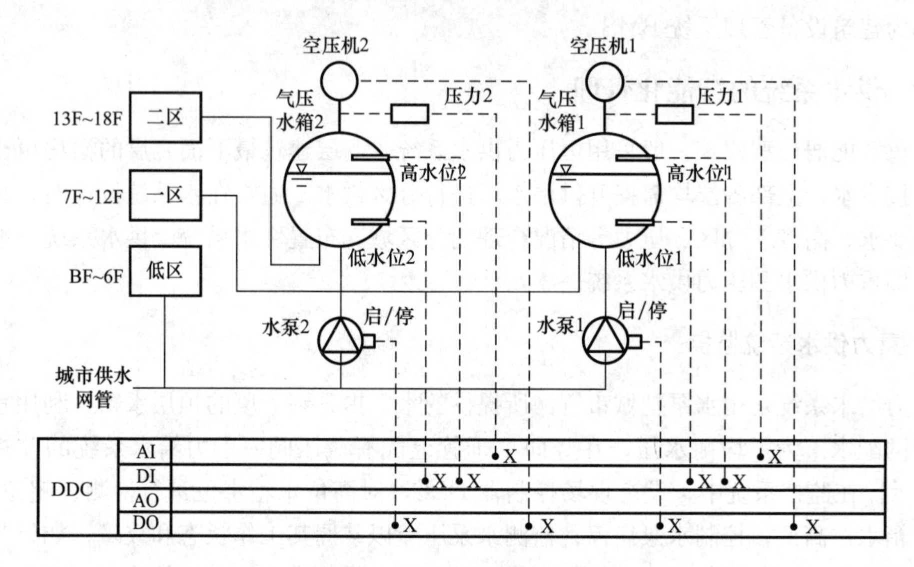

图 3-54 压力供水系统的监控

3. 调速水泵供水系统

调速水泵供水系统不设水箱，而由调速水泵直接供水。调速水泵有两种：一种是采用力矩耦合器调速，力矩耦合器类似汽车的变速箱；另一种是应用变频调速电动机，通过用水量的变化来控制电动机的转速，从而保持管网中的水压。调速水泵供水监控系统如图 3-55 所示。在监控系统中，设有现场控制器 DDC 对水泵进行控制。管路中设有水压传感器，DDC 根据水压数据，控制水泵转速。城市管网提供的水，经调速水泵 1 加压后供应一区、7 层～12 层；经调速水泵 2 加压，为二区、13 层～18 层供水；低层区由地下层至 6 层用水，则由城市供水管网直接供水。

3.7.4 中水系统的智能化管理

中水系统的类型很多，有独立型、区域型、联网型等。独立型是指单幢建筑或几幢相邻的建筑物所形成的中水系统；区域型则在一组建筑群中，如生态住宅小区、机关大院、高等院校、科技开发区等范围内建立的中水系统；联网型则为城镇所设立的中水供应站

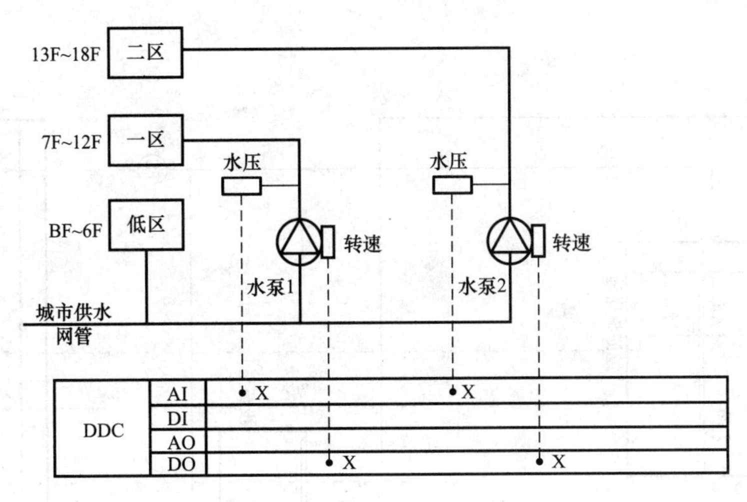

图 3-55 调速水泵供水系统

而组建的系统。这些系统的建立，往往要求无人值守，因此建设中水系统的智能化管理机制是十分必要的。中水系统智能化管理的点位分布如图 3-56 所示。其监控内容包括：

1. 杂排引入水的过滤（含格栅堵塞报警）；
2. 调节池的监控（含潜水输送泵的控制、高低水位测量和超位报警）；
3. 生物转盘池的监控（含清洗泵的控制、高低水位测量和超位报警）；
4. 过滤输送池的监控（含高低水位测量和超位报警）；
5. 过滤输送泵的控制；
6. 氧化消毒池的监控（含高低水位测量和超位报警）；
7. 砂滤器的监制（含压差报警）；
8. 反冲洗泵的控制；
9. 储水池的监控（含高低水位测量和超位报警）。

3.7.5 排水系统的智能化管理

建筑物的排水通常分地上和地下两部分。地上建筑的排水，可以靠污水的重力沿排水管道自行排入地下污水井；地下部分如大厦的地下层，其污水一般汇集到污水池，然后用污水泵加以排出。因此，排水系统也要实行智能化监控。图 3-57 给出了生活排水监控系统结构。

监控系统在污水池中，设置液位传感器，分别检测停泵水位（低水位）和启泵水位（高水位），同时检测最高/最低报警水位。现场控制器 DDC 根据液位传感器送来的信号控制污水泵的启停。当污水池液面达到启泵高水位时，DDC 送出信号自动启动污水泵投入运行，把污水提升到室外污水井；污水池液面随污水的排出而下降，当污水池液面降到停泵低水位时，DDC 送出信号自动停止污水泵的运行；如果污水池液面达到启泵高水位时，污水泵没有及时启动，液面继续升高，水位达到最高报警水位时，控制器即发出声光报警信号，提醒值守人员及时处理。在液面达到停泵低水位时，污水泵没有及时停止，液面继续降低，水位达到最低报警水位时，控制器也发出声光报警信号，提醒值守人员及时处

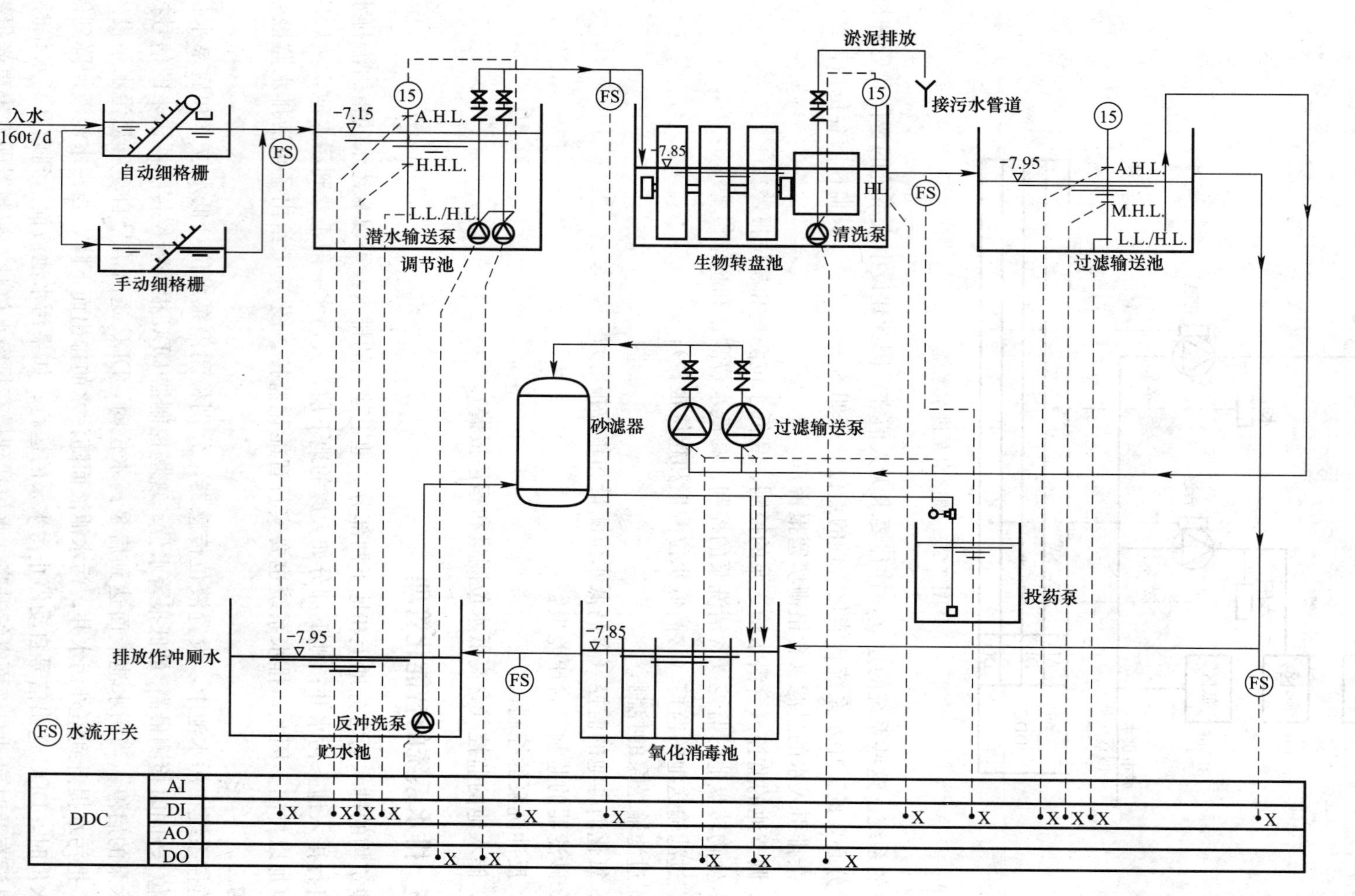

图 3-56　中水智能化监控系统

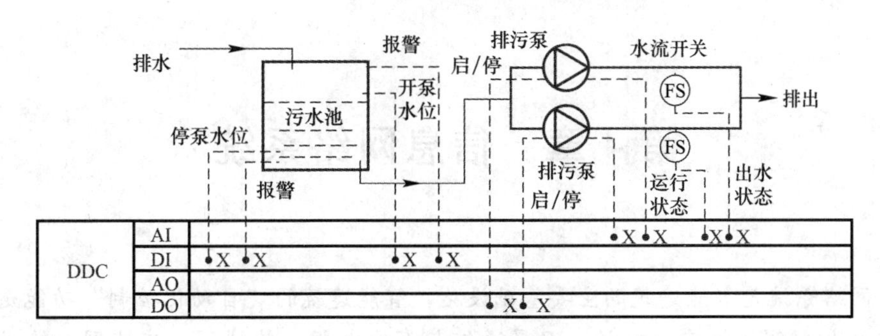

图 3-57 生活排水监控系统结构

理，以免使污水泵受损。系统中的污水泵设置了一主一备，当工作泵发生故障时，备用泵能立即自动投入运行。

监控系统设置了水流开关 FS，通过检测出水状况，可以检测出污水泵运行状态；设置了主电路热继电器辅助触点，进行污水泵故障状态检测；设有对设备远程的开关控制，即在监控中心就能对污水泵进行启停遥控。

第4章　信息网络系统

信息网络系统是智能建筑的主要基础设施，智能建筑的“自动化控制”功能是通过建筑内变配电与照明、保安、电话、卫星通信与有线电视、局域网、广域网、给排水、空调、电梯、办公自动化等众多的子系统集成的。这个集成系统受楼宇控制中心的监控，都需构筑在计算机网络及通信平台上。信息网络系统主要由计算机网络、程控数字用户交换系统、卫星通信系统、可视图文及传真系统、视频会议系统、光缆通信系统及综合业务数字网组成。

4.1　计算机网络

4.1.1　计算机网络分类

计算机网络的分类有多种不同的方法，按通信手段分有有线网络、无线网络、光纤网络和卫星网络；从应用角度分有专用网络、公用数据网络和综合业务数据网络（ISDN）等；按网络覆盖范围大小分有局域网（LAN）、广域网（WAN）和城域网（MAN）等。

1. 局域网

局域网（Local Area Network，LAN）是覆盖较小地理范围的计算机网络。局域网在智能建筑中应用比较普遍，一般是指一个建筑群、一座大厦，或某层、某几层楼内，所布设的局部网络。

局域网具有如下特点：

（1）覆盖的范围有限。局域网内的计算机及其相关设备均限于一座大楼、一个小区或一组建筑群之内，分布距离通常不超过几千米。

（2）开放性、扩充性较好。局域网内的设备增添和变更比较方便，网络中既可以连接计算机，也可连接磁盘/磁带机、可读写光盘等大容量存储设备，还可以连接打印机、绘图仪等大型外部设备，以便各工作站共享。

（3）数据传输速率较高。局域网通常采用专用通信网，具有宽频带传输的特点，其数据传输通常达几十兆比特每秒，高速局域网传输速率可达 100Mbit/s 以上。且误码率较低，为 10^{-8}～10^{-11}。

（4）传输媒体结构简单。局域网既可使用普通的通信线路，如普通电话线，也可采用双绞线、同轴线、光缆等。目前常用的是综合布线。由于线路传输距离较短，故衰减较小，受外界干扰小，可靠性较好。

2. 广域网

广域网（Wide Are Network，WAN）又叫远程网，它的覆盖范围比局域网宽得多，可以跨越城市和地区，延伸到全国甚至世界。

广域网具有如下特点：

（1）互联范围广泛。广域网由相距较远的局域网或城域网互联而成，其覆盖范围较广，通常除了计算机设备以外，还涉及一些电信通信方式的规划和建设。广域网实现了组织成员的互联，与其他组织的连接，与外部设备如数据库的连接，与远程端用户的连接等。广域网可传输不同类型的信息，如声音、数据、视频信号等。

（2）要申请专门的网络服务。广域网与局域网的区别之一在于需要向广域网服务供应商申请这种服务。广域网要使用通信设备的数据链路，如综合业务数字网（ISDN）和帧中继。

（3）传输速率不断提高。广域网一般传输速率较低，响应时间较长，而且建造和维修费用较高。然而，近年来高速网络技术飞速发展，例如帧中继服务（Frame Relay Services）、异步传输模式（Asynchronous Transfer Mode）提供的快速分组交换等，都已达到数亿比特每秒的高速数据传输水平。

3. 城域网

城域网（Metropolititan Area Network，MAN）是介于广域网和局域网之间的一类计算机网络。提起城域网，并不一定为人们所知晓，然而提起宽带网，在城市已是家喻户晓，而宽带网就是城域网的一种。随着计算机网络用户的日益增多和应用领域不断拓宽，单个局域网已不能适应这种发展，要求把多个局域网连接起来构成一个覆盖范围更大，支持高速传输和综合业务的、适合大城市范围使用的计算机网络，城域网就是这样在局域网基础上发展起来的新型数据网络。

除以上介绍的局域网、广域网、城域网外，还有一些专用网，如部门网通常是某机构中一个部门的内部网络；企业网是一个公司内各部门组成的网络，它可以覆盖一个城市、一个省，或者几个省；校园网则是一所学校内连接各个建筑物的计算机网络。

4.1.2 计算机网络设备

计算机网络设备又叫网络互联设备。网络互联是一项集成技术，它通过互联设备把具有不同协议体系结构的网络连接起来，以适应更大范围联网的需要。网络互联设备种类很多，下面主要介绍集线器、调制解调器、中继器、网桥、网卡、路由器、交换机等。

网络互联设备的设置都是有特定目的的，它们是保证互联运行的基础。按照ISO/OSI模型可将互联划分成四个层次，即物理层、数据链路层、网络层和高层，与之相对应的互联设备分别是：集线器、中继器、网桥、路由器和网卡等。

1. 集线器

集线器（Wiring HUB）又称集中器（Concentrator）。在计算机网络中，使用集线器的目的，是把分散的网络线路集中在一起，即将各个独立的网络分段线路集中在一个设备中。

集线器工作在OSI的第一层，即物理层，是网络连线的汇集连接点，是局域网中的重要部件之一。集线器是用来扩展以太网范围的设备，让更多端站点能像在一个网段中相互通信。集线器不对经过的流量做处理或查看，其用途仅仅是延伸物理介质。其基本原理是使用广播技术，也就是HUB从任一个端口收到一个信息包后，就将此信息包广播发送到其他所有端口。

根据IEEE802委员会通过的以太网10Base-T标准，集线器的主要功能为：每个双绞线接口只与一个工作站（网卡）相连，信号点对点传输；当某一端口接收到信号时，集线器将其整形再生后发往其他所有端口；集线器本身可自动检测信号碰撞，每当碰撞发生时，立即发出阻塞信号，并通知其他端口；某一端口的传输线或工作站发生故障时，集线器将自动隔离该端口，而不影响其他端口的正常工作。

2. 中继器

中继器（Repeater）是为了解决网络电缆太长，传输信号因衰减而导致误码率上升等问题而专门设置的设备。可见在两段电缆之间所加的中继器是专门用来对计算机信号进行放大和重发的，故又称为重发器。

中继器在总线以太网中的使用比较普遍，如IEEE802.3规定以太网中两个用户之间的电缆最长不得超过500m，如果电缆中使用中继器则最远距离可达1500m。环形令牌网中的信号，由工作站节点来加以增强，可以不设中继器。

最简单的中继器是一个端口输入，一个端口输出。当今，中继器常和集线器、网桥集成在一起。

3. 调制解调器

调制解调器（Modem）是取Modulator-Demodulatot两个英文单词的缩写合并生成的。

调制解调器是计算机远程通信的一种数据传输设备。把计算机输出的原始数字信号变换为适应模拟信道传输的信号的过程称作调制，实现调制的设备叫调制器。把已调信号恢复成数字信号的过程称作解调，相应的设备叫解调器。调制解调器是调制器与解调器的总称。在网络系统中，它的一端和计算机的RS-232接口相连，两者之间使用串行数字通信；另一端与公共电话网PSTN连接。调制解调器之间使用受调载波信号进行通信。

同轴电缆式调制解调器Cable Modem在有线电视网中有广泛的应用。Cable Modem基于能双向传输的有线电视（CATV）网，可以实现高速数据访问，最高可以达到10Mbit/s的下行速率和3Mbit/s的上行速率。它安装简单、使用方便，用户只需在计算机上安装一块10Base-T以太网卡，再用网线与有线电视网连接即可。无需拨号，可以一直在线且具有下载速度快、抗干扰能力强、费用低廉等优点。

4. 网卡

网卡（Network Interface Card，NIC），又称网络卡或网络接口卡。为了将智能设备如服务器、工作站，连接到网络中，需要在网络通信介质和智能设备之间用网络接口设备进行物理连接，局域网中多用网卡完成这一功能。网卡插在计算机扩展总线槽内，通过总线与计算机连接，网卡上的电路提供通信协议的产生与检测，用以支持对应的网络类型。为了提高网络的吞吐性能，网卡上均带有数据库分组缓存芯片。对于无盘工作站，网卡还能提供一个远程启动EPROM。

网卡的基本功能包括：基本数据转换（例如并行到串行或串行到并行）、信息包的装配和拆装、网络存取控制、数据缓存、网络信号生成等。网卡一方面要和计算机的RAM交换数据；另一方面必须以网络物理数据路径或介质速度、格式传送或接受数据。在网络中数据是串行按位传送的。

5. 网桥

网桥（Bridge）是一种用于连接两个网络的器件，以使它们像一个网络一样工作。如将实际上分离的局域网连接成一个逻辑上统一的局域网。一个局域网上的用户可以透明地通过网桥访问另一个网络上的资源，好像访问是在同一个局域网中进行。网桥在网际互联上是一种具有“智能”的设备，而中继器、集线器虽然也起到互联网络作用，但它们并不具备智能。

网桥根据收到的信息分组的源地址和目的地址来确定并形成传输路径，同时修改路径表，按照定期更新的路径表在毫秒级的时间内，完成查表和更新表项的工作。

6. 路由器

路由器（Router）是一个超智能的网桥，网桥只知道网络两边计算机的地址，而路由器不仅知道所有计算机的地址，还知道网上别的网桥和路由器，并能选择最有效的路径来传递网络信息。它能监听整个网络，了解网络各个部分的状态，如果它发现某个部分很忙，就选择一条较空闲的路径来传送信息，这是路由器最为突出的特点。

路由器的工作原理是，在网络中收到任何一个数据包（包括广播包）时，都先将该数据包第二层（数据链路层）的信息去掉（称为“拆包”），并查看第三层信息（IP地址）。然后，再根据自己存储的路由表确定数据包的路由，其后检查安全访问表，如果能够通过，则进行第二层信息的封装（又称“打包”），最后将该数据包转发。此时，如果在路由表中不能查到对应地址的网络地址，则路由器将向源地址的站点返回一个信息，然后将这个数据包丢弃。

路由器是广域网中的典型连接设备，它通过使用不同的路由协议来控制网络中数据包，并利用访问控制列表来提高网络的安全性。

路由器有两个典型的功能，即数据通道功能和控制功能。数据通道功能包括转发决定、背板转发以及输出链路调度等，一般由特定的硬件来完成；控制功能包括与相邻路由器之间的路由信息交换、系统配置、系统管理等，一般用软件来实现。其具体功能是：将大型网络拆分为较小的网络，以提高网络的带宽。在网络之间充当网络安全层，具备包过滤功能的路由器还可作为硬件防火墙使用，为局域网提供安全隔离。由于广播消息不会通过路由器，因此路由器可以防止网络风暴。实现不同网络协议的连接。选择最优的路由。

路由器可以识别到达目标网络的多条路径，并按照某种策略从中选择最优的路径。

7. 网关

网关（Gateway）是在复杂网络中充当不同协议“翻译者”任务的互联设备，又名“协议转换器”（Protocol Converter）。智能建筑的系统集成利用“网关”作为互联设备，把使用不同协议的各个子系统，集成到一个计算机平台上。因此，网关设备在智能化系统集成上获得了广泛的应用。

网关是在不同协议的网络之间执行信息交换的设备。它能把信息从这个网络格式翻译成另一个网络格式，把类型差别很大的网络连在一起，实现不同网络间4～7层协议的互联。

网关与路由器、网桥相比具有更大的作用。它可以改变报文的格式，使之与接收端的应用程序相一致。网关不仅连接分离的网络，还必须确保一个网络传输的数据格式与另一个网络的数据格式相兼容。路由器将写入信息包或信息帧的寻址信息直接发送，并不改变这些报文的格式。

网关设备一般使用微型计算机或文件服务器，可用于不同协议局域网的互联，也可用于广域网。

如果采用一个独立的服务器或计算机作为网关设备，可使网络管理更为简便。监视单个网关的通信可以代替监视网络上几十台设备的通信，这时，网关就相当于主机的一个单独的外设，替代了簇控器。

在广域网环境中，网关可以均衡通信负载，为失效连接寻求最经济的路径。同时，网关还自动进行协议的翻译，并为每一个加入到网络中的新连接完成互联。

然而，只要接入网关，其翻译必然要占用一定的网络资源，减慢通信速率，使网络性能下降。为了解决这些问题，加速开发“智能网关”是目前网关发展的必然趋势和重点所在。

8. 交换机

交换机（Switcher）是信息网络中的核心设备，它作用于OSI模型的第二层，即数据链路层。它可以在传统的LAN中消除竞争和冲突。在交换机中数据帧通过一个无碰撞的交换矩阵到达目的口。常用的交换机有美国的3COM、Bay、Intel、Cisco，中国台湾的Accton、D-link，内地的联想、实达、华为等。

交换机的作用与集线器不同，它并不把数据帧发往所有的端口，而只向目的口发送。交换机检查每一个收到的数据帧，并且对该数据帧进行相应的动作处理。在交换机内存中保存着一个物理地址表（MAC地址和交换机端口的对照表），它只允许必要的网络流量通过端口。例如，当交换机接收到一个数据帧之后，它会根据自身保存的MAC地址表检验数据帧内包含的发送方地址和接收方地址。如果接收方地址位于发送方地址的物理网段，那么该数据帧就会被交换机丢弃，而不会传送到其他物理网段，从而减少冲突域；如果接收方地址与发送方地址属于不同的物理网段，那么交换机就会根据内存中的地址表找到对应的端口，将该数据帧从该端口转发到目标物理网段；如果不知目的地址，则采用广播方式向所有的连接端口转发，并把目标主机的MAC地址记录到自己的物理地址表中（这称为自学习功能）。通过交换机的过滤和转发功能，可减少误帧和错帧的出现。

交换机可根据其在网络中的地位分类。可分为：中心交换机、骨干交换机和工作组交换机。中心交换机是局域网络的枢纽，通常位于网络通信机房，使用千兆位三层交换机；骨干交换机位于各建筑物内，向上通过高速链路，通常是光缆，连接至中心交换机。向下根据距离和传输速率的不同要求，通过光缆或双绞线连接至工作组交换机。在网络中起承上启下的作用，通常使用千兆位交换机；工作组交换机向上连接至骨干交换机，向下直接连接计算机，为计算机提供网络接入端口，通常使用带千兆Uplink端口的快速以太网交换机。

从传输介质和传输速度上可分为以太网交换机、快速以太网交换机、千兆以太网交换机、FDDI交换机、ATM交换机和令牌环交换机等。

从规模应用上可分为企业级交换机、部门级交换机和工作组交换机等。

在网络中交换机有两方面的重要功能：第一，交换机可以将原有的网络划分为多个段，能够扩展网络有效传输距离，并支持更多的网络节点；第二，可以有效隔离网络流量，减少网络中的冲突，缓解网络拥挤状态。但是，在使用交换机处理数据包的时候，不可避免地会带来延迟时间，所以，在不必要的情况下盲目使用交换机可能会在实际上降低整个网络的性能。为了在物理上增加端口的数量还可对交换机进行级联和堆叠。级联和堆叠可以提高端口密度，满足高速传输的要求，同时便于管理，如一个堆叠的若干台交换机可视为一台交换机，只需赋予其一个IP地址，即通过该IP地址对所有交换机进行管理。

目前交换机还具备了一些新的功能，如对VLAN（虚拟局域网）的支持、对链路汇聚的支持，甚至有的还具有防火墙功能。

9. 防火墙

防火墙（Fire Wall）是保证网络安全的重要器件，人们常称之为“具有安全意义上的路由器”。随着防火墙技术的发展，有防火墙作用的已远不止屏蔽路由器一种，还有带有滤波器作用的网关、具有防火墙作用的代理服务器等。

Internet在全世界的快速发展，已经成为信息技术的一种标志。据统计，20世纪末全世界已有超过100万个计算机网络和超过10亿的用户加入了Internet，并且还在以每年300%的速度递增。据不完全统计，我国Internet用户已超过200万。由此可见网络在知识经济中发挥着越来越大的作用。然而，Internet也有其脆弱性，社会上的那些不法之徒利用Internet的弱点和漏洞，肆无忌惮地进行攻击。1988年11月小Robert T. Morris放出的Internet蠕虫感染了数千台主机。人们常常把这些作恶多端的人称为黑客。黑客通过猜测程序对截获的用户账号和口令进行破译，以便进入系统作进一步的操作。他们利用破译程序对初步破译的系统密码进行进一步破译，以获取具有较高权限的账号，再利用网络和系统本身存在的薄弱环节和安全漏洞实施电子引诱，如安放特洛伊木马，以进一步盗取有用信息，或通过系统应用程序的漏洞，如CGI程序，获得用户口令，侵入系统等。目前，几乎每20秒全球就有一起黑客事件发生，仅美国每年因黑客入侵所造成的经济损失就超过75亿美元。我国政府对网络安全十分重视，已开始研制专门针对黑客入侵的、具有自主版权的网络安全产品，如中科院高能物理研究所与福建省海峡科技信息中心联合研制的“网威”入侵防范软件等。公安部已要求各级党政机关、银行证券、电力电信、铁路民航等部门的网络系统原则上不得使用国外安全产品，以确保重要部门的保密性和安全性。

目前，“防火墙”已作为隔离网络的一个屏障，用来保证内部网的安全。它有以下几种类型：

（1）屏蔽路由器

屏蔽路由器是一个多端口的具有防火墙功能的路由器，它对每一个收到的IP包依据一组规则进行检查判断是否转发。屏蔽路由器从包头取得信息，例如协议号、收发报文的IP地址和端口号，连接标志以及其他一些IP选项，对IP包进行过滤。

屏蔽路由器的优点是简单、低成本。缺点是正确建立包过滤规则比较困难，有时无法对用户身份进行认证。目前，许多开发商正在着手解决这些问题，并提供远程身份认证拨入用户服务（Redius）。

（2）代理服务器

在防火墙系统中，代理服务器能够代替网络用户完成特定的TCP/IP功能。一个代理服务器本质上是一个应用层的网关，一个为特定网络应用而连接两个网络的网关。

代理服务器的优点是具有用户级的身份认证、日志记录和账号管理功能。其缺点是要想提供全面的安全保证，就要对每一项服务都建立对应的应用层网关。这严重地限制了新的应用。一个名为Socks的包罗万象的代理服务器已经问世，它主要由一个运行在防火墙系统上的代理服务器软件包和一个链接到网络应用程序的库函数包组成，这样的结构有利于新应用的挂接。

屏蔽路由器和代理服务器通常组合在一起构成混合系统，其中屏蔽路由器主要用来防止IP欺骗攻击。目前最广泛采用的配置是Dual-homed防火墙，被屏蔽主机型防火墙以及被屏蔽子网型防火墙。

（3）滤波型防火墙

有的防火墙主要由滤波器（Filter）和网关组成。滤波器的作用是阻止某些类型的通信传输，而网关的作用是提供中继服务，以补偿滤波器的效应。滤波可分为分组滤波、应用级滤波、线路滤波三种类型。一般情况下，滤波器只设置在本网络和外界之间，但对一些大的网络，还需要设置内部滤波器。典型的配置是使用两个滤波器，外部滤波器防卫来自网关外部的攻击，内部滤波器对一系列中间网关进行防卫。有时还需要一些安全域以和一般用户域隔离，例如将管理域和用户域隔离，即对不同级别的安全域设置不同数量的防火墙。

4.1.3 计算机网络系统的应用

计算机网络系统在智能楼宇中的应用十分广泛，大厦中许多设备的调控、系统的运行都是在计算机及其网络控制下进行的。常用的计算机网络有系统调控网、智能办公网、Internet接入网以及内网和外网等。

1. 系统调控网

系统调控网的应用几乎遍及大厦和小区，用得最多的是以太网。

以太网从诞生至今，获得了飞速发展，其传输速度从早期的 10Mbit/s 发展到 1000Mbit/s，及至 10G，优越的性能和低廉的端口价格使以太网几乎占据了整个局域网市场 85％的份额，CSMA/CD 协议也在局域网协议中居于统治地位，以太网几乎成了局域网的代名词。以太网在智能楼宇的各类网络中应用十分广泛。

以太网有 10 Base-2、10 Base-5、10 Base-T 及快速以太网等多种类型，其中“Base”表示是“基带传输”。前两种以同轴电缆为传输介质，第三种中的“T”（Twist Pair）表示它以双绞线 UTP 为传输介质。下面对 10 Base-5 网络作简单介绍。

10 Base-5 网络是由于传输速率为 10Mbit/s，网段长度为 100m 的 5 倍而得名。它采用总线拓扑结构，使用以太网标准，传输基带信号。网络上的计算机都是通过短电缆接到介质附加装置上的，该装置又叫收发器，短电缆与收发器采用电路分接头 AUI 或 DIX 并与网络电缆相连。网络电缆使用 RG-8 或 RG-11 粗同轴电缆，这种电缆衰减较小，抗干扰性较好。安装时要注意与 50Ω 端接阻抗相匹配，连接时也要符合“5、4、3 规则”。10 Base-5 网络结构如图 4-1 所示，表 4-1 给出了该网络的物理数据。

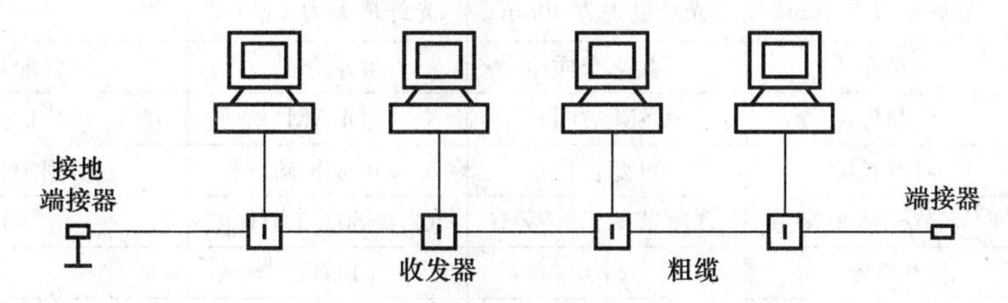

图 4-1 10 Base-5 网络结构

10 Base-5 网络的物理数据 **表 4-1**

限制项目	限制值
收发器之间的最小距离	2.5m
收发器电缆的最大长度	50m
网段的最大长度	500m
网络的最大长度	2500m
网段及中继器个数	5 个网段/4 个中继器
每个网段上的节点数	100 个
可连接计算机的网段数	3 个

2. 智能办公网

智能办公网在政府机关大厦、商业金融大厦中获得了广泛应用，其运行速率、智能档次和等级都具有某些特殊的要求，因此常使用高速网络。

常用的高速网络如下：FDDI，多用于主干网，传输速率为 100Mbit/s，网络响应时间同步时为 8ms～16ms，异步时为 10ms～200ms，可用光纤或五类线作传输介质；100 Base-T 常用于主干网、服务器群，传输速率可达 100Mbit/s，网络响应时间最大为 30ms，可用光纤或五类线作传输介质；100-VG Any LAN 除具有以上网络的特点和性能外，还具有优先级传输的特点，网络响应时间最小为 121μs；ATM 是一种发展中的技术，ATM 交换技术具有交换速度快、传输延迟小，分组灵活、通信效率高等优点。表4-2给出了几种高速网络的技术性能参数及其应用特点。

高速网络技术性能参数及其应用特点 表4-2

性能	FDDI	100BaseT	100-VG Any LAN	ATM
状态	可用	可用	可用	正登场
标准	ANSI	IEEE802.3 u 快速以太网络联盟	IEEE802.12 100-VG Any LAN	ATM论坛 IETF和ITU-TSS
成熟程序	较成熟	较成熟	较成熟	发展初期
复杂性	中等	低	中到高	高
数据传输率	100Mbit/s	100Mbit/s	100Mbit/s	25～2488Mbit/s
潜在因素	可变： 异步10ms～200ms 同步8ms～16ms	可变：最大30ms	可变：最小121μs	可变：20μs～30μs
距离限制	200km （节点到节点2km）	UTP最大为205m 光纤最大为405m	UTP最大为600m 光纤最大为2500m	全球
体系结构	共享介质	共享介质	共享介质	分配带宽网络
访问方法	令牌传递	CSMA/CD	DPAM	信元交换
数据单元	可变长帧	可变长帧	可变长帧	固定长的信元
帧的大小	64字节～4500字节	64字节～4500字节	802.3/802.5帧长度	53字节
网络开销	0.5%	1.7%	1.7%	9.5%
要求的介质	光纤、UTP、STP	四、五类UTP、 STP与光纤	三、四、五类UTP、 STP与光纤	三、五类UTP、 STP与光纤
网络服务	异步、同步	异步	异步	同步与异步、异步与定时
传输信息	数据、某些多媒体	数据、某些多媒体	数据、某些多媒体	语音、视频、数据与多媒体
应用	LAN主干网、 校园主干网、台式机	LAN及大楼主干网、 服务器群、台式机	台式机、 LAN主干网	校园及大楼主干网、 WAN、LAN及台式机
价格	中等	低	低	中等

3. Internet接入网

Internet接入网广泛用于公寓大厦和住宅小区，常用的有xDSL网，又称数字用户线路（Digital Subscriber Line，DSL）。它是以电话线为传输介质的点对点传输网络。由于电话用户环路已被大量铺设，如何充分利用现有的铜缆资源，通过铜质双绞线实现计算机接入就成为人们研究的重点，因此DSL技术受到普遍重视并在我国获得广泛应用。

xDSL中的“x”代表着不同种类的数字用户线路技术。各种数字用户线路技术的区别在于信号传输速率和距离。DSL技术大体分为对称和非对称两大类：

对称DSL技术有：高比特率数字用户线路技术HDSL；多虚拟数字式技术MVL-DSL，速率0.16～2.084Mbit/s；IDSL，使用ISDN终端适配器，可提供128kbit/s服务。对称DSL技术广泛用于通信、校园网互联等。

非对称DSL技术有：ADSL，可提供普通电话和计算机接入双重服务，速率32kbit/s～8.192Mbit/s；速率自适应技术RADSL；甚高速技术VDSL等。非对称DSL应用范围十分广泛，可应用于 Internet 访问等。

图 4-2 给出了 ADSL 个人用户接入 Internet 的示意图。它具有打电话、上网两不误的优点。业务提供网络通过 ATM、宽带 IP 网经光纤接入本地电话局；本地电话局再经双绞线，通过分离器一路信号为普通电话机提供语音服务，另一路信号经 ADSL 调制解调器为有 10 Base-T 网卡的计算机提供上网服务。其功能有：Web 浏览、多媒体点播、信息发布，适用于 Internet 接入、VOD 系统等。它还可应用在 Internet 访问、远程 LAN 访问、远程学习、远程金融服务、家庭银行、网络信息、在线图书馆、远程电子购物、新闻服务等。

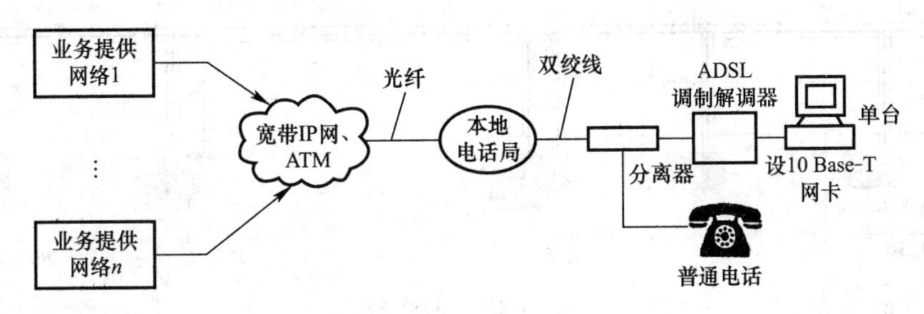

图 4-2　ADSL 个人用户接入 Internet

4. 内网与外网

在许多政府机关、商业金融大厦中往往要建设两大网络，即事业（业务）网和互联网，这两大网络简称为内网和外网，它们具有不同的功能和范围。内网用于部门系统内部的信息沟通，具有一定的机密性；外网则用于与社会联系。因此，两者必须严格隔离。下面以政府机关大厦网络为例，介绍内网和外网的结构。

按照国家网络系统的保密要求，某政府大厦的网络系统采用互联网络和政务网络物理隔离的方法配置。即在政府大楼内建设两套网络：一套互联网，即通常所说的 Internet；一套政务网，与所在市政府的信息中心及市政府内网、各区县、各部局等政务网相连。政务网也就是所管辖区域内的政府局域网，一般用户是无法连接的。

如图 4-3（*a*）所示为互联网系统，该系统采用一台路由器实现内网地址与外网合法地址的转换及访问控制，并设防火墙保证内部网络的安全性。采用华为 S6506 交换机作为中心交换机。各楼层采用华为 S3050 交换机，该款产品可以很好地实现堆叠，便于以后网络的扩充。而且每一台 S3050 交换机都通过 GBIC 模块和中心交换机相连，保证了每台交换机的独立性，便于维护。

互联网系统配备了代理服务器、Web/MAIL 服务器、数据库服务器等。方便政府部门对外发布消息，也便于老百姓及时了解政府、查阅信息等。

图 4-3（*b*）为政务网系统。该系统通过一台交换机把进入大楼的光信号转换为电信号，再利用防火墙保证大楼内部局域网的安全性。通过一台交换机与两台核心交换机相连。两台核心交换机采用千兆多层交换机 Catalyst 4006，互为备份，保证了核心交换设备的冗余要求。在分配线间中，配置了多台 Catalyst 3550 作为二级交换机，每一台二级交换机的两个千兆口，都通过 GBIC 模块分别与中心交换机相连，这样既保证了每台交换机

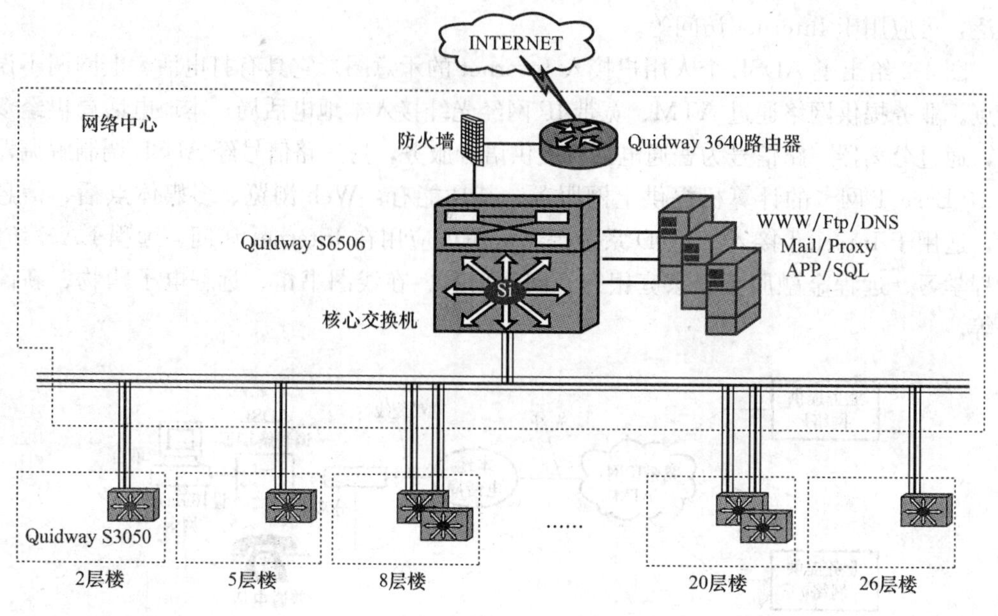

（a）互联网（外网）系统

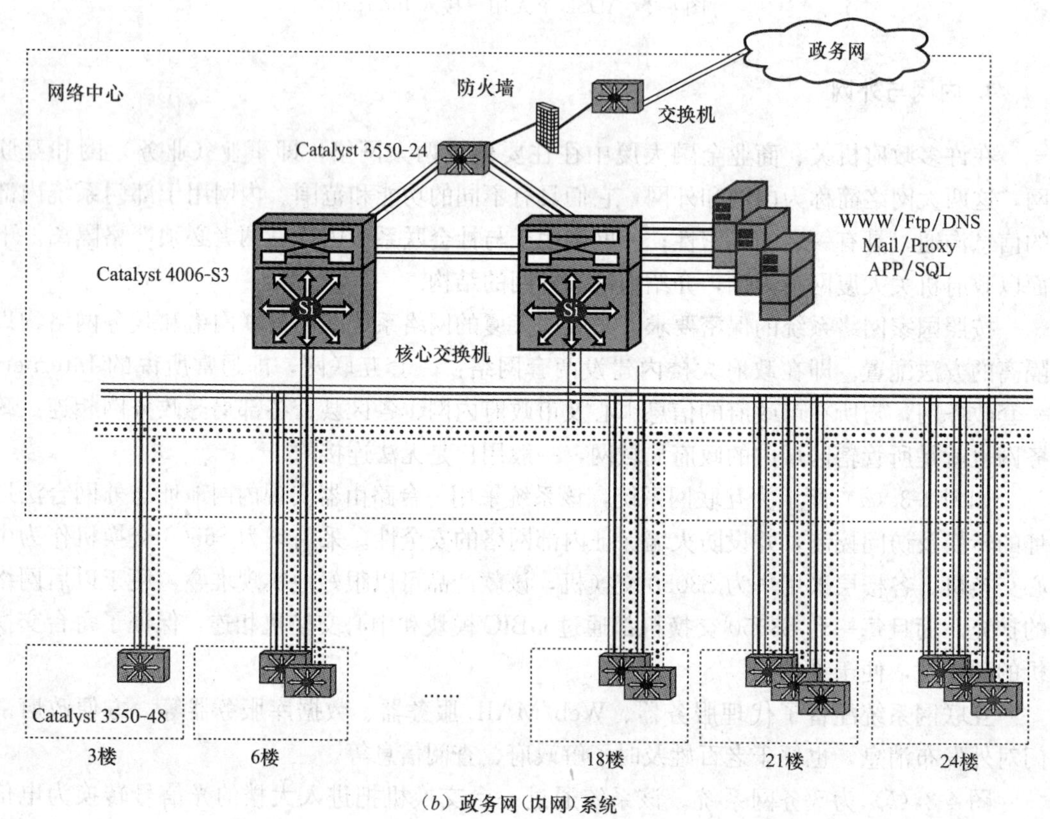

（b）政务网（内网）系统

说明：每一楼层的Quidway S3050交换机通过GBIC直接和中心交换机相接

图例：1000Base-SX　　1000Base-LH/LX　　1000Base-FX　　1000Base-TX

图 4-3 某政府机关大厦的外网与内网

的独立性，便于维护，又保证了线路的冗余。在网管工作站安装了 Cisco 网管软件，通过它可了解网络流量、设备运行情况等。

政务网系统同时还配备有 Web 服务器、数据库服务器和 MAIL 服务器等，便于涉密文件的传送、审阅等。

整个方案在实施中，按部、局所需，进行了很细致的 VLAN 的规划，划分后既能满足每个部、局一个网段，实现部、局内部信息的互访，又能满足不同部、局不能互访的安全管理要求。同时 VLAN 的运用避免了广播包在各部门之间的传播，有效地降低了广播风暴的发生概率，提高了网络的性能。两套网络的布线系统，主干网均采用千兆光纤；用户终端接入采用六类线，保证了 100Mbit/s 到桌面。

4.2 程控数字用户交换机系统

4.2.1 程控数字用户交换机系统概述

程控数字交换机按用途可分为市话、长话和用户交换机。程控数字用户交换机 PABX（Private Automatic Branch Exchange）实质上是一部由计算机软件控制的数字通信交换机，它的任务是完成建筑物内用户与用户之间，以及用户通过用户交换机中继线与外部电话交换网上各用户之间的通信。与数字市话交换机相比，程控数字用户交换机结构简单、体积小、容量大，处理能力强，应用范围广，使用灵活，支持智能建筑中办公自动化及多媒体通信。能向智能建筑中的使用者提供宽带综合业务数据的传输功能，对每一用户同时进行语音、数据、图像的多媒体通信。对各个不同的用户终端设备提供码式、码速和协议的转换，并具有构成计算机局域网（LAN）的功能，因而程控数字用户交换机是智能建筑中通信系统的控制中心。

程控数字用户交换机系统是集数字通信技术、计算机技术和微电子技术为一体的一个高度模块化设计的全分散控制系统。其软、硬件均采用模块化设计，通过增加不同的功能模块即可在智能建筑中实现语音、数据、图像、窄带、宽带、多媒体业务以及移动通信业务的综合通信。随着现代数字交换技术、计算机技术和微电子技术的发展，推动着数字交换机向全数字综合业务交换机（第四代程控数字用户交换机）的方向发展。正在发展的第四代程控数字用户交换机为智能建筑中实现办公室自动化及多媒体通信等提供强有力的支持。从技术上看，全数字综合业务交换机采用新型共路信令方式，提供高速公共信号的信道进入公网，不仅使交换机建立呼叫的接续时间大为缩短，而且因为共路信令系统中信令容量大，可容纳的信令类别多，能为各种新业务提供网络集中服务信令，灵活性和可靠性大大提高。该交换机在硬件上采用全模块化结构，提供高集成度、高可靠性、高功能、低成本的硬件产品。软件上采用高级语言，具有多种为数据交换和连接而设计的系统软件，功能强大。同时它还采用国际标准的数字网络通信接口，提供与其他通信网（如分组交换网、数字数据网、计算机局域网、卫星通信网、ISDN 网等）之间的连接及组网的能力，提供宽带综合业务数据在交换系统中自动分配至各用户的端点。

程控数字用户交换机系统的核心就是程控数字用户交换机，该交换机除了具有高可靠性电路和模块化设计及先进的全分散控制方式和采用高级语言这些技术特点之外，更重要的是它可以组成有数据通信能力的综合业务数据网，向建筑物内用户提供语音业务和非语音业务的综合信息服务，构成一个多种业务的综合信息交换系统。其系统结构如图4-4示。

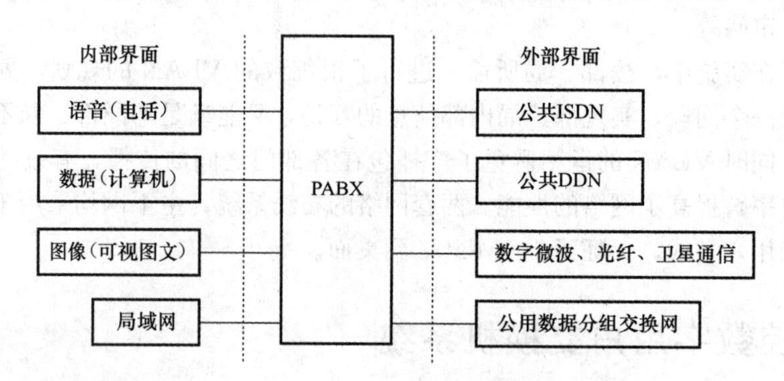

图4-4 程控数字用户交换机系统的组成结构

由结构图可见，程控数字用户交换机系统有极强的组网能力，它可以通过数字微波、卫星、光纤等与其他智能建筑中程控数字用户交换机等设备组成专用网。在智能建筑楼内组成2B+D的专用ISDN网，并通过30B+D中继接口访问公共ISDN网。在智能建筑内采用分组交换设备，连接多种计算机局域网，并与楼外分组交换设备组成分组交换网。在智能建筑楼群区域内，组成一个全数字的有线和无线的综合通信网。

4.2.2 程控数字用户交换机系统设计

程控数字用户交换机系统设计的关键是正确地选择程控数字用户交换机。程控用户交换机选型涉及的因素较多，有技术方面的因素也有经济方面的因素。要掌握程控用户交换机的选型原则，应了解程控用户交换机的发展过程，了解各代产品的特点和功能，在选型中注意掌握好先进性与适用性、可靠性以及经济性之间的关系。

1. 程控数字用户交换机的发展

程控用户交换机自1974年投入市场以来，大致经历了四个阶段。

第一代程控用户交换机是程控模拟用户交换机，其主要特点是将机电制交换机的逻辑布线控制变为程控交换机的程序控制，控制方式是用小型机或微处理机集中控制。

第二代程控用户交换机是程控数字用户交换机。它的特点是采用时分复用数字编码方式，抗干扰性强，语音质量高。它可直接和数字传输系统配合，不需要模数转换设备，便于数据通信和联网。第二代程控用户交换机主要用于语音业务交换和低速率的非语音业务交换。由于采用大规模集成电路组成时隙交换网络，缩小了交换机的体积，扩大了容量，减小了重量，提高了可靠性。

第三代程控用户交换机最突出的特点是增强了提供非语音业务的能力。在模拟用户端口采用调制解调器，满足传输低速率非语音业务发展的需求，在一个部门内采用用户交换机传输语音业务。另外采用LAN网进行非语音业务传输和交换的方案，是不经济的。第三代程控用户交换机具有对话业务和非语音业务的综合能力，一种方式是发展程控用户交换机的数字用端口，采用专用数据终端与2B+D数字接口（64kbit/s传送语音，64kbit/s传输非语音，16kbit/s传输信令），即在一对用户数字电路上，通过专用数字终端设备采用“乒乓法”或“回声消除法”传输技术，完成语音和非语音的双工通信方式。另一种方式是在程控用户交换机中采用分组交换方式传输数据。一般第三代程控用户交换机均配置符合CCITT分组交换建议的X.25接口，加强与公共数据网接口能力。有的程控用户交换机除了具有一个语音交换网络之外，还可以提供一个分组交换网络，既能为语音业务提供电路交换，又能为非语音业务提供分组交换或称虚电路交换。

第四代程控用户交换机是第三代程控用户交换机的完善与发展，它将成为ISDN综合业务数据网中一个组成部分。第四代程控用户交换机具有以下特点：

1）程控用户交换机与公用电话网接口时，能提供规范的30B+D接口，其中D是用于信号传输的64kbit/s通道及与公用网能够兼容的共路信令，使程控用户交换机与公用网作到全透明。

2）程控用户交换机在各种数字接口、数据终端、信号方式、协议转换等方面CCITT有统一的规范和标准，软件具有兼容性和可转移性。

3）程控用户交换机包含一个综合业务局部通信网。它不仅可以处理语音和“信息”通信，而且还可以处理完全综合的宽带数据传输，根据各种通信规模和性质，动态地分配带宽。

4）程控用户交换机可以为每个用户终端提供语音和数据终端设备共同使用的分组交换通道，使各种数据终端均可使用分组交换方式有效地处理数据。

5）程控用户交换机采用全模块化结构，模块单元无论采用分散式布置，还是集中安装，无论容量大小和分布域的广度，均可达到网内透明。

由程控用户交换机的发展过程可见，随着大规模集成电路、计算机技术和通信技术的迅速发展，程控用户交换机由模拟交换到数字交换、由单一的语音业务发展到语音和非语音的综合业务。从单局交换机发展到综合业务网，程控用户交换机体积缩小，功能增强，应用范围更加广泛。若给程控用户交换机上附加各种软件包，则可成为医院、银行、交通、学校、图书馆等各种为专业服务的专用程控用户交换机。

2. 程控数字用户交换机的选型原则

用户在选择程控数字用户交换机时。首先要考虑其技术的先进性。技术的先进性表现在其综合性能、系统结构、软件系统、硬件系统等各个方面。

（1）综合性能

其中包括：系统容量、话务量负荷能力、基本业务能力、话务和非话务的综合能力、外围接口配置、技术指标、信号方式、话务台功能、能提供的特殊功能、组网能力、非话业务接口及数据终端等。

确定交换机容量时应从两个方面考虑。一方面是考虑实装内线分机的限额，另一方面是考虑中继线的数量及其与传输设备的配合。确定用户交换机实装内线分机限额的原则是取交换机实门数的80%为实装内线分机的最高限额（即100门用户交换机实装最高限额为80门内线分机）。由于数字用户交换机采用全分散控制方式，全模块化结构，所以扩容比较容易，因而在设计容量时，用户交换机的长远容量不必设计得过大。设计机房内中继线时，一方面要考虑智能建筑中的数字用户交换机的中继线主要是用来实现建筑物内用户与公用电话网上的用户（包括其他用户交换机）之间的信息交换，所以要与传输设备配合，达到信号传输标准的要求，确保通信的质量。另一方面就是考虑中继线的数量，在实际设计过程中，用户交换机中继线数量一般按总机容量的10%左右考虑，当分机用户对公网话务量很大时，可按总机容量的15%～20%考虑。

选择程控数字用户交换机很重要的一个方面就是要求其具有较强的服务功能，能向用户提供更多、更新、更为周到的服务，让用户使用起来感到方便、灵活、迅速。一般程控数字用户交换机的服务功能可分为系统功能、话务台功能和用户分机功能。

系统功能分为：分区使用功能、用户交换机分割功能、直接拨入功能、话务等级限制、截答服务（中间服务）、铃流识别、自动路由选择和全日服务功能。

话务台功能为：话务台应具有回叫话务员、话务员插入、预占、数字显示、状态指示、呼叫等待及选择、话务台相互转接、话务台直接拨中继线、来话转接及释放、电话会议、话务台闭锁、自动定时提醒、呼叫分离、人工线路服务、维护与管理等功能。

用户分机有下列功能：自动振铃回叫、缩位拨号、热线服务、跟随电话、号码重拨、呼叫等待、三方通话、呼叫转移、电话会议、呼叫代答、勿打扰、定时叫醒、恶意电话追踪、保密电话、高级行政插入、保留电话、呼叫存寄、遇忙记存呼叫、无线电传呼等。

另外，智能建筑中的用户也可以根据各自不同的应用需求，在用户交换机中加设相适应的软硬件后，可把通用型数字用户交换机变换成满足某些具体需求的特殊用途的用户交换机。比如利用现在已开发的旅馆型应用软件就可以将通用型数字用户交换机变换成适合于旅馆业务的专用型数字用户交换机，它不需要直接拨入功能，而要求具有很强的话务台功能。应具有长途电话立即计费功能、旅馆房间管理功能，提供留言服务、客房状态、请勿打扰、自动叫醒、综合语言和数据系统等功能。再比如现在已开发的还有与系统软件配合实现办公自动化的通信软件，采用该软件构成的办公室自动化型的数字用户交换机为提高办公效率，具有用户自动呼入呼出功能。具有一系列标准数据通信的接口，以实现在一个数字化的通信网络上同时支持语音、数据共享和支持图像传输的综合数字业务的功能。比如交换机具有 X.25 分组交换接口、计算机局域网的接口、卫星通信接口以提高与公用分组数据交换网、计算机局域网、远地的数字用户交换网及计算机通信网的联网能力。具有 2B+D、30B+D 的数字通信基本接口和高次群的光通信接口，以开展 N-ISDN 及 B-ISDN 综合业务数字通信功能。还具有语音信箱、传真信箱、电子信箱连接的通信接口并与上述信箱联网，提高办公效率、提高对建筑物内用户信息通信的服务等级。

（2）系统结构

其中包括：控制方式（集中/分散）、总体结构方式（单/双总线及速度）、处理机处理能力（处理速度）、内存容量、外存容量及结构、交换网络（结构、速度、控制方式、有无阻塞）、外围处理机能力、钟频、内部通信方式等几部分内容。

（3）软件系统

其中包含：软件模块化设计水平、结构程序设计水平、软件的规模、程序量、模块化数量、编程语言的先进性和规范化程度、软件的容错性、软件的成熟性、软件操作的难易程度、软件的可维护性（诊断程序水平及精度）等内容。

（4）硬件系统

即指：硬件水平（品种、集成度、耗电）、硬件接口电路符合 CCITT 建议程度、硬件的冗余度、硬件的可靠性指标、机械结构和工艺水平。

（5）系统情况

其中包括：模块化结构、系统的可靠性、系统的冗余度（单/双工）、维护管理功能和系统可靠性指标。

同时，用户在选型时要充分考虑今后容量的扩充、数据通信、与计算机联网、非话业务、办公自动化等方面发展的需要以及软件上的兼容性。做到长远规划、适当发展，满足近期要求。

4.2.3 程控数字用户交换机系统的应用

在智能建筑中，办公自动化和现代化管理都需要数据的通信和交流，目前具有 ISDN 功能的数字用户交换机系统能提供一系列 CCITT 建议标准的数据通信的接口，以实现在一个数字化的通信网络上同时支持语音、数据共享和支持图像传输的综合数字业务的功能。

数字用户交换机系统具有多种为数据交换和连接而设计的系统软件和连接硬件模块。用户数据终端接口主要是 RS232C、RS422、RS449、X. 21、X. 25 等接口，而数字用户交换机系统的接口设备是提供不同信息通道的各种数字用户电路板，这些数字用户电路板可提供的接口为：2 线 B+D 接口、2 线 2B+D 接口、2 线 30B+D 接口、4 线 2B+D 接口、30B+D 接口、X. 21 接口、X. 25 接口等，通信方式可以是异步或同步，全双工方式。

B+D 数字用户电路板（DLU）提供 B+D 的信息通道，并与各种单端口的数据设备等相连。

2B+D（2 线）数字用户板提供 2 线的（2B+D）ISDN 基本速率的信息通道，并与具有室内用户线路的交换和集线功能的网络端接设备连接，在该设备后端接的总线上可连接多达 8 个终端设备。

X. 21 数字用户电路板提供连接具有 X. 21 规程的计算机。

30/32 路 2Mbit/s 数字中继电路板提供 30/32 路 2Mbit/s 数字中继接口。

（30B+D）ISDN 基群速率数字电路板提供标准的（30B+D）ISDN 基群速率数字接口。

下面通过数字用户交换机中数据通信的一些典型应用来说明数字用户交换机中数字用户电路板的使用方法。

（1）将异步数据终端接至公共电话交换网（图 4-5）

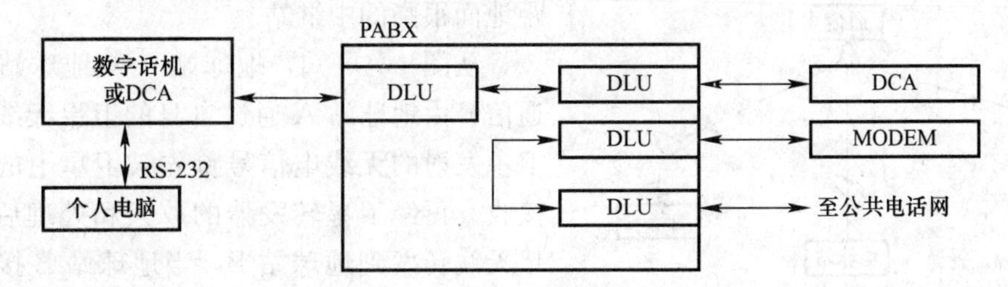

图 4-5 异步数据终端至公共电话交换网

图中数字话机采用B+D通信接口与B+D数字电路板（DLU）相连接，该数字电话对RS232异步数据终端设备提供通信入口。异步数据通信适配器（DCA）对符合RS232的数据终端及数据通信设备提供通信入口。

在本例中，数字电话或DCA的作用是将符合RS232的数据终端接至数字用户交换机（PABX）的数字用户电路板（DLU），再通过数据通信适配器（DCA）接至调制解调器（MODEM），调制解调器的作用是进行数据信号的调制与解调，实现数/模与模/数的转换，通过它使接入PABX的数据终端与公共电话网上的数据终端设备互通。经过调制解调后的信号送至模拟用户板（ALU），再通过模拟中继板（ATU）接到公共电话网上，实现远距离的数据传输。

（2）将异步数据终端接至主计算机系统（图4-6）

主计算机规约转换器是异步数据设备和主计算机网之间的规约转换设备，通过它可以使一切接入PABX的异步数据终端与主计算机网互通。

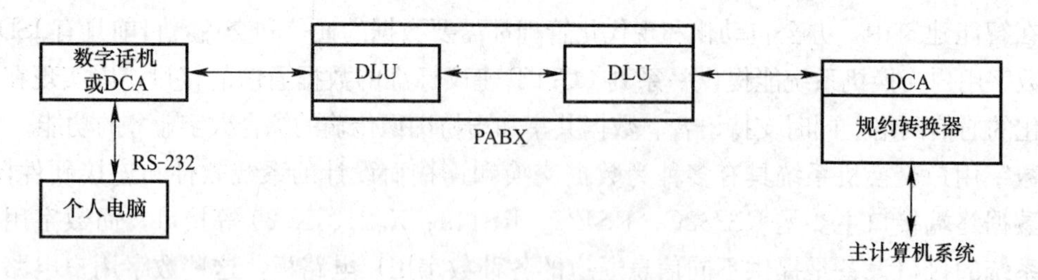

图4-6　异步终端到主计算机系统

4.3　卫星通信系统

4.3.1　卫星通信系统概述

卫星通信指地球上的无线电通信站之间利用人造卫星作中继站而进行的通信。由于作为中继站的卫星处于外层空间，因而卫星通信的方式不同于地面上其他无线电通信方式。它属于宇宙无线电通信。所谓宇宙无线电通信是以宇宙运动体为对象的无线电通信，即通过空间站的转发或反射来进行的地球站相互间的通信。这里所说的空间站是指设在地球大气层之外的宇宙运动体（人造卫星、宇宙飞船等）或其他的天体（月球，行星等）上的通信站。地球站是指设置在地球表面（海洋上、陆地上）用以进行空间通信的设施。卫星通信是在地面微波中继通信技术和空间技术的基础上发展起来的，通信卫星的功能就相当于距地面很高的中继站。

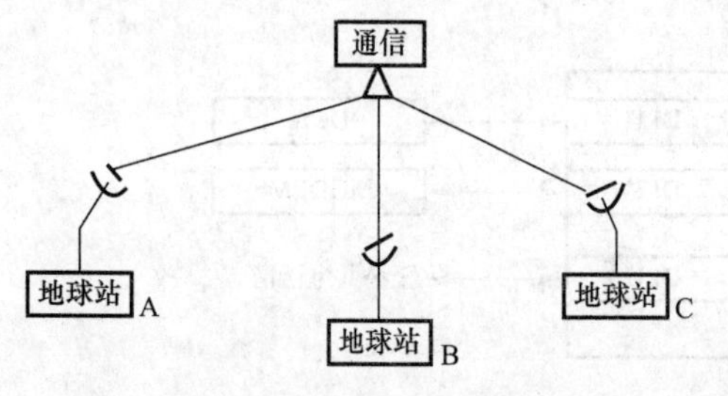

图4-7　卫星通信示意图

从图4-7可知，地球站A与地球站B进行通信，由地球站A通过自身的卫星天线向通信卫星发射的无线电信号首先被卫星上的转发器接收。再经卫星转发器的放大和处理后。由卫星天线转发到地球站B，当地球站B接收到转发信号后就完成了从A站到B站的信号传递。

从地球站发射到通信卫星的信号所经过的通信路径称为上行线路，从通信卫星转发到地球站的信号所经过的通信路径称为下行路径。同样地球站C也可以向地球站A或B进行卫星通信。

卫星通信分同步卫星通信和非同步卫星通信。同步卫星通信是由卫星的位置相对于地球站来看静止不动，这是由于卫星绕地球一周的时间等于地球自转的周期。因而从地面上看卫星和地球保持相对静止的状态，实际上静止卫星是与地球同步运行。

按不同角度可以把卫星通信系统分成各种不同的类别。主要流行的分类有以下两种。

（1）按基带信号分类为：模拟卫星通信系统和数字卫星通信系统。

（2）按多址方式分类为：频分多址卫星通信系统；时分多址卫星通信系统；码分多址卫星通信系统；空分多址卫星通信系统和混合多址卫星通信系统。

卫星通信应用范围很大，不仅能够传输电话、电报，而且还能传输高质量的电视及高速数据等。

卫星通信与其他通信方式相比有以下主要特点。

（1）卫星通信覆盖区域大，通信距离远。卫星通信的中继站是设在距地面约35800km高的通信卫星上，只需一个卫星中继站就能完成10000km的远距离通信。至少相当于200多个地面微波中继站的通信范围，每颗卫星视区可达全球表面的42.4%。

（2）卫星通信具有多址连接特性。在地面微波中继通信中，中继站的服务区是一条线，只有在这条通信线上的分站能够用它来进行通信。但在卫星通信中，在卫星所覆盖的区域内、所有的地球站都能利用这颗卫星进行相互间的通信。这就实现了多方向，多个地球站之间的相互联系特性，即称之为多址连接特性。

（3）卫星通信机动灵活。卫星通信的建立不受地理环境及条件的限制。无论是城市，乡村、还是行进中的飞机，汽车、轮船都可以随时利用卫星进行通信，而且建站迅速，组网灵活方便。

（4）卫星通信频带宽、容量大。卫星通信采用微波频段，在一颗卫星上可设置多个转发器，因而通信容量可以做得很大。

（5）卫星通信线路稳定，质量好。由于卫星通信的电波主要是在大气层以外的自由空间进行传播、这就使得电波传播十分稳定。因此卫星通信几乎不受气象变化的影响和干扰，并且地球站通常只经过卫星进行一次转送，噪声影响小，因而通信质量高。

（6）能做到自发自收、有利于监测。由于地球站是以卫星作为中继通信站，卫星转发器是将所有地球站发来的信号转发回地面。因而进入地球站接收机的信号也包含本站发出的信号。这样就可以监测信号是否正确的传输以及传输质量的优劣，并能实现卫星通信网的监测控制。

4.3.2 卫星通信系统的组成

1. 系统的组成

一个卫星通信系统是由空间分系统、通信地球站群、跟踪遥测及指令系统和监控管理分系统四大部分组成，如图4-8所示。

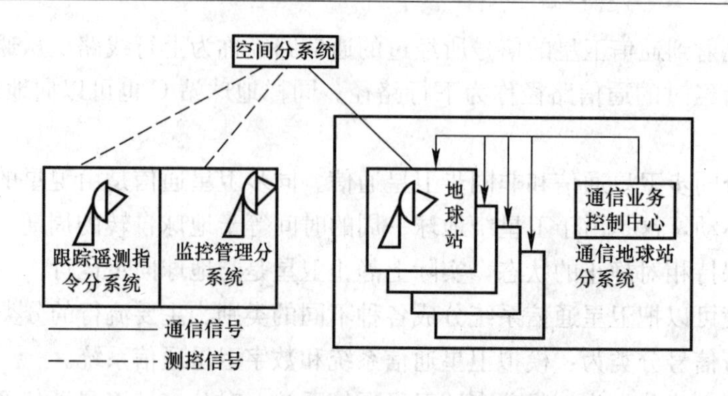

图 4-8 卫星通信系统基本组成框图

(1) 空间分系统

空间分系统即通信卫星。通信卫星主要是起无线电中继站的作用。它是靠星上通信装置中的转发器和天线来完成转发功能，一个卫星内的通信装置可以包括多个转发器，每个转发器能同时接收和转发多个地球站的信号。

(2) 地球站群

卫星通信地球站是连接卫星线路和用户的中枢，它相当于接力通信系统的终端站。通信用户把要传输的信息送至地球站，地球站将进行调制、频率变换，使频率转换成向卫星发射所需的频率。通过高频功率放大器放大后经天线发向卫星。由卫星发来的信号被地球站天线接收后经低噪声放大，变频后经解调还原成基带信号传送给通信用户。

地球站群一般包括中央站和若干个普通地球站。中央站负责通信系统中的业务调度和管理，并对普通地球站进行监控及业务转接。

(3) 跟踪遥测及指令分系统

它的任务是对卫星进行跟踪测量，控制其准确进入同步轨道，同时达到指定位置。当卫星正常运行后，要定期对卫星进行轨道修正和位置调整。

(4) 监控管理分系统

它的任务是对定点上的卫星参数进行业务开通前后的监测和控制。如卫星转发器功率、卫星天线增益以及各地球站发射功率、射频和带宽等基本的通信参数，以保证卫星通信系统的正常运行。

2. 卫星通信线路

卫星通信线路，就是卫星通信电波所经过的整个线路，它不仅包括通信卫星和地球站等各主要单元，而且还包括电波在各单位之间的传播途径。图 4-9 所示为卫星通信线路的组成框图。

来自地面通信线路的各种信号（电话、数据或电视信号）经过地球站 A 的终端设备（模拟或数字终端）输出一个对模拟信号采用频率复用，对数字信号采用时间复用的多路复用信号即基带信号。通过调制器把它们调制到一个较高的中频（如 70MHz）信号上。模拟信号（采用调频），数字信号（采用相移键控）。调制器输出的已调中频信号在发射机上的变频器中变成频率更高的发射频率 f_1（约 6GHz），最后经过发射机的功率放大器放

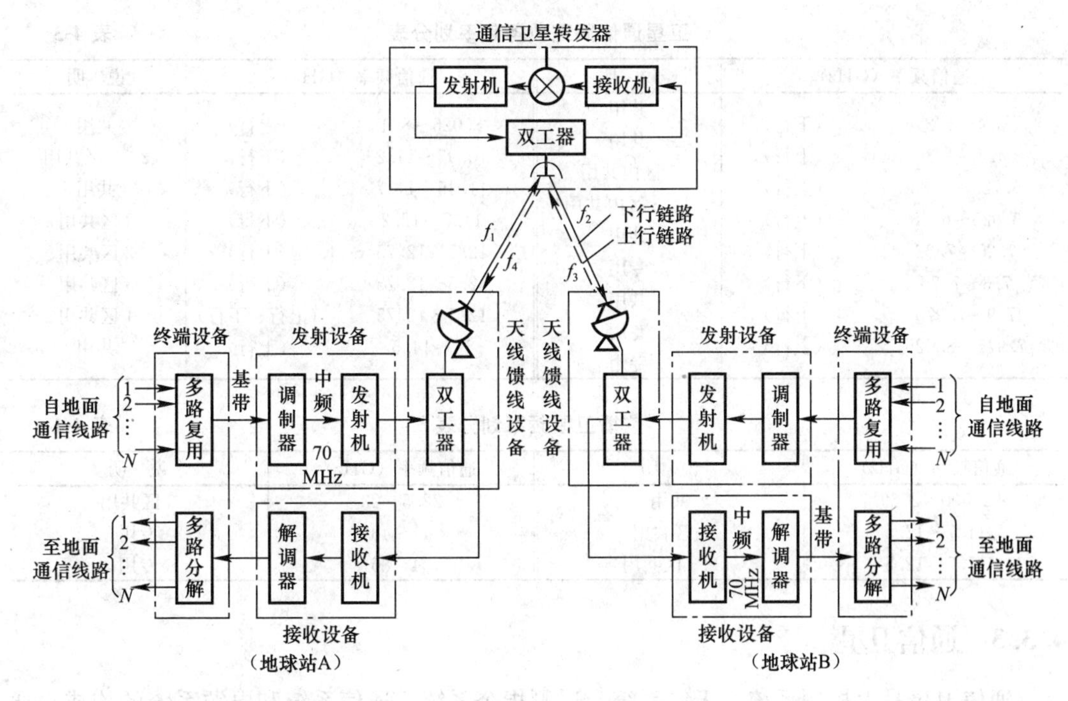

图 4-9　卫星通信线路的组成框图

大到足够高的电平（约 300dBW）通过双工器由天线向卫星发射出去。这里双工器的作用是把发射信号与接收信号分开，使收发信号共用一副天线。

从地球站 A 发射的射频信号，传输到卫星时，卫星转发器的接收机首先将接收到的射频信号变成中频信号，并进行适当的放大（也可以对射频信号直接进行放大），然后再进行频率变换，变成 f_2（4GHz 左右）的射频信号。由发射机进行功率放大后，由天线转发下来。到达 B 站，由于卫星转发器发射的功率比较小，故地球站 B 接收到的信号强度显得更加微弱了。

地球站 B 的接收机，经天线把微弱的转发信号接收下来，经过低噪声放大器（LNA）加以放大，再变换成（在下变频器中）中频信号，进一步进行放大，然后经解调器把基带信号解调出来，最后通过终端设备把基带信号分路。再送到地面其他通信线路。

以上完成了卫星通信线路的一个单向通信过程；反之也一样。进行多路通信情况也与此类似。

3. 卫星通信频段

随着卫星通信技术的发展，利用卫星进行各种无线电通信逐渐增加。为了减少各系统之间的相互影响和干扰，ITU 作出一系列的规定，如系统允许的干扰量，卫星位置的保持精度及天线指向精度，最大辐射通量密度，频率划分。1971 年 ITU 无线电行政大会指配了各类卫星通信业务可利用的频段。表 4-3 和表 4-4 列出卫星通信固定业务及广播卫星的频率划分表。表中所示有些频段供卫星通信业务专用，另一些频段则与其他（非卫星通信）业务共用。全球划分为三个无线电区，欧洲、非洲、前苏联和蒙古等属一区，美洲为二区，亚洲的大部分区域和大洋洲属三区，中国属三区。

卫星通信固定业务频率划分表 表4-3

通信频率（GHz）		说 明	通信频率（GHz）		说 明
3.4～4.2	（下行）	共用	8.025～8.4	（上行）	共用
4.4～4.7	（上行）	共用	10.95～11.2	（下行）	2、3区共用
5.725～5.85	（上行）	1区内共用	11.45～11.7	（下行）	共用
5.925～6.45	（上行）	1、3区内共用	11.7～12.2	（下行）	2区共用
7.25～7.32	（下行）	共用	12.5～12.75	（上行）	2区共用
7.3～7.75	（下行）	专用	12.5～12.75	（下行）	3区共用
7.9～7.975	（上行）	共用	12.5～12.75	（上行、下行）	1区共用
7.975～8.025	（上行）	专用	14～14.5	（上行）	共用
		专用			

广播卫星频率划分表 表4-4

通信频率（GHz）	说 明	通信频率（GHz）	说 明
2.500～2.69	共用	22.5～23	3区共用
11.7～12.5	1区共用	41～43	专用
11.7～12.5	2.3区共用	84～86	专用

4.3.3 通信卫星

通信卫星是由控制系统、天线系统、遥测指令系统、通信系统和电源系统的构成。通信卫星的主体是通信系统，其保障部分则是星上遥测、控制系统和能源（含太阳能电池和蓄电池）。通信卫星是将所有地球站发射的无线电信号经卫星转发器传到对方的地球站。其组成框图如图4-10所示。

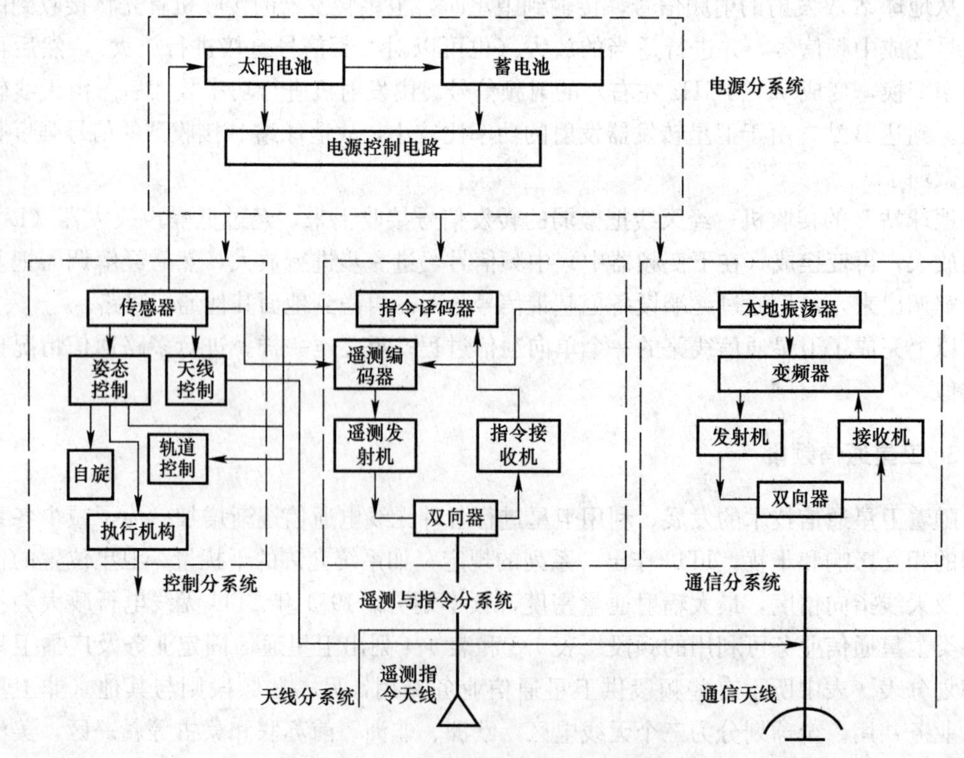

图4-10 静止通信卫星的组成框图

1. 控制系统

卫星通信的控制系统包括卫星的位置和姿态控制系统，是由一系列机械的或者电子的可控制调整装置组成。

由于静止卫星在其轨道上存在着轨道倾斜效应，使卫星发生漂移，影响通信的正常进行。为克服这种影响，使卫星保持在指定的位置上，通常用位置控制系统来完成这一任务。在地面控制中心发出指令时，位置控制是利用装在卫星上的竖向和横向两个气体喷射推进装置来分别控制卫星在纬度和经度方向的漂移。

2. 天线系统

通信卫星天线系统包括通信天线和遥测指令天线两种。由于它们装在卫星上，故与地面天线不同。它们体积小，质量轻、馈电可靠性高，寿命长以及有适于在卫星上组装的结构及特点，另外，卫星天线设在卫星壳体外面，故又要求天线材料必须耐高温和耐辐射。

通信天线为对准地球上通信区的微波面式天线，必须方向性强，增益尽量高，以增加卫星的有效辐射功率，更重要的是应使天线波束永远指向地球。为此，在自旋稳定卫星中，一般采用消旋技术。另外根据波束的宽、窄，通信天线又可分为覆球波束（波束宽度为 17.4°左右）天线、区域波束天线和点波束天线（波束宽度只有几度或更小）。

遥测指令用的天线是工作在高频和甚高频的全方向性天线。它用来在卫星进入静止轨道之前和进入静止轨道后，向地面控制中心发射遥测信号和接收地面的指令信号。一般采用倾斜绕杆天线、螺旋天线和套筒偶极子天线等。

3. 遥测指令系统

为保证通信卫星正常运行、需要了解其内部各种设备的工作情况，以便必要时通过遥测指令调整某些设备的工作状态。为了使地球站天线能跟踪卫星，卫星要发 1～2 个信标信号。常用的方法是将遥测信号调制到信标上，使遥测信号和信标信号结合在一起向地面发射。

星上遥测信号包括使卫星保持正确的姿态和正常的工作状态（如电源电压，频率、温度控制、气体压力等）信号，来自传感器的信号以及指令证实信号等。这些信号经放大，模数变换，编码后调制到副载波或信标信号上，然后与通信信息一起发向地面。

地面测控中心接收到信号后，通过解调，解码恢复出遥测信号，并将它们送到计算机中进行信号处理。当发现星上的某些参数不符合要求，就会立即发出指令信号送到卫星上，星上指令接收机接收到该信号后，经检测，译码后送到控制机构。

4. 电源系统

通信卫星的电源要求体积小，重量轻和寿命长。常用的有太阳能电池和化学电池。主要使用太阳能电池，当卫星进入地球的阴影区时则使用化学电池。

5. 卫星转发器

通信系统是通信卫星的核心，它由卫星转发器所组成。其性能直接影响到卫星通信系统的质量，它的电路结构随性能要求有两种类型。一类是非再生式转发器，另一类是再生式转发器。

非再生式转发器是将接收到的信号直接变频放大后转发出去，而不进行解调和基带处理。从放大方式来看又可分为中频放大式转发器和微波放大式转发器。

中频放大式转发器用于把接收到的微波信号转换成中频信号，然后再放大和限幅，变换成射频信号，经过功率放大后向地球站转发。这种转发器的优点是中频增益高（可达80～100dB)，电路性能稳定。缺点是中频带宽窄（几十兆赫兹)。还由于限幅器和行波管工作饱和状态会使同时放大多个载波产生较大的交调干扰。通常应用在容量较小的系统中。其原理框图如图 4-11 所示。

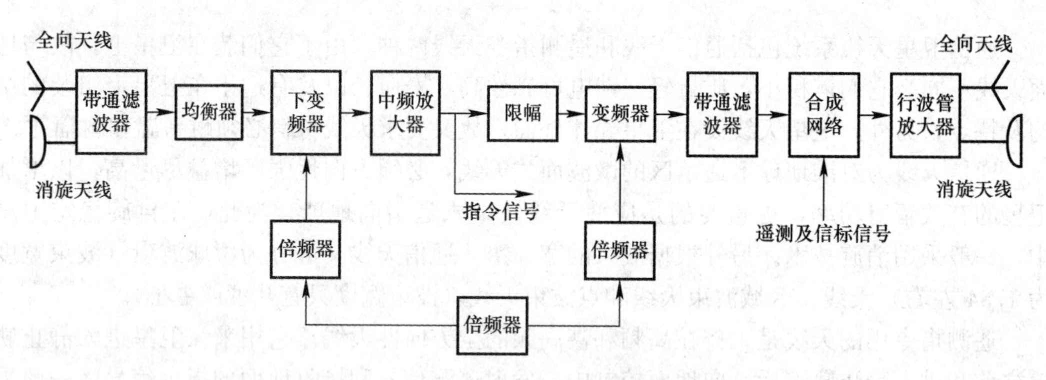

图 4-11 中频放大式转发器原理框图

微波放大式转发器是把接收到的微波信号直接放大，经过变频和功率放大后向地球站转发。微波放大式转发器同中频放大式转发器相比较其射频带宽比较宽，在 500MHz 左右，而且转发器是工作于线性范围，从而避免了非线性失真，因此允许多载波同时工作，适合于大容量的系统。微波放大式转发器原理框图如图 4-12 所示。

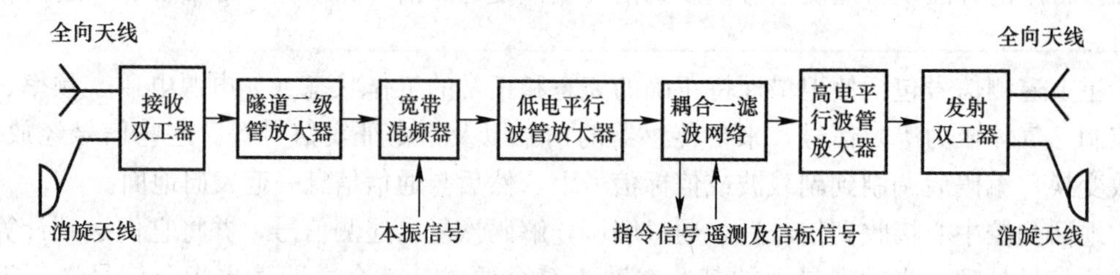

图 4-12 微波放大式转发器原理框图

非再生式转发器主要用于模拟卫星通信系统，而再生式（处理）转发器则是应用于数字卫星通信系统中。再生式转发器除了转发信号外，还具有信号处理的功能。

再生式转发器的优点是可以做到噪声不累积。而且抗干扰能力强。因而在同样的通信质量要求的情况下，可以减少转发器的发射功率。另外，再生式解调基带信号在卫星中可进行各种不同的信号处理，使在卫星上进行数字交换成为可能。再生式转发器原理方框图如图 4-13 所示。

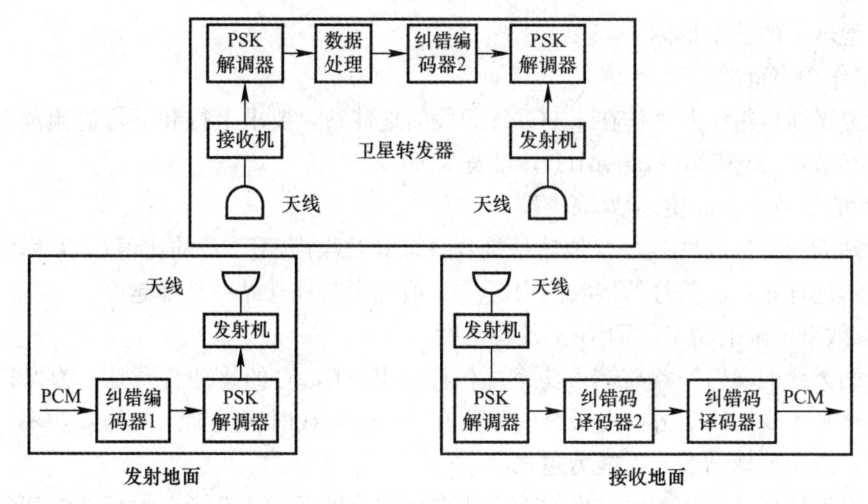

图 4-13 再生式转发器原理方框图

4.3.4 卫星通信地球站

1. 地球站的类型及技术指标

(1) 地球站的分类

地球站是卫星通信系统的重要组成部分，根据安装方式可分为固定站和移动站，固定站是指站址建成不再变动，移动站是指将地球站建在船舶、车辆或飞机上。

地球站按天线尺寸大小来划分，可分为20～30m直径的大型站，7.5～18m的中型站和6m以下的小型站。

地球站按传输信号形式又分为：模拟站和数字站。模拟站主要传输多路模拟电话信号及电视图像信号等。数字站主要传输高速数据信号等。

国际卫星通信组织对各类型的地球站有一个分类标准，如表4-5所示。

INTELSAT 地球站标准（1986年修订） **表 4-5**

地球站标准	天线尺寸（m）	业务类型	频段（GHz）
A 现有	30～32	国际电话、数据、电视、IBS、IDR	4/6
A（修订）	15～17	国际电话、数据、电视、IBS，IDR	4/6
B	10～13	国际电话、数据、电视、IBS、IDR	4/6
C（现有）	15～18	国际电话、数据、电视、IBS、IDR	11/14
C（修订）	11～13	国际电话、数据、电视、IBS、IDR	11/14
D_1	4.5～5.5	VISTA（国际或国内）	4/6
D_2	11	VISTA（国际或国内）	4/6
E_1	3.5～4.5	IBS（K波段）	11/14和12/14
E_2	5.5～6.5	1BS（K波段）	11/14和12/14
E_3	8～10	LDR、IBS（K波段）	11/14和12/14
F_1	4.5～5	IBS（C波段）	4/6
F_2	7～8	IBS（C波段）	4/6
F_3	9～10	国际电话、数据、IDR、IDS（C波段）	4/3
G	全部尺寸	国际租用业务包括INTE/NET	4/6和11/14
Z	全部尺寸	国内租用业务包括INTE/NET	4/6和11/14

注：IBS—INTELSAT商用业务；VISTA—低密度电话业务；INTELSAT—国际卫星通信组织；IDR—中速数据（64kbit/s～10Mbit/s的速率）。

（2）地球站的技术指标

1）工作频率范围

国际卫星通信组织对工作在4/6GHz频段的地球站，要求上行和下行射频范围分别为5925～6425MHz和3700～4200MHz，带宽为500MHz。

2）性能指数——品质因数（G/T）

地球站天线的接收增益G与地球站接收系统等效噪声温度T的比值G/T称为品质因数。它表示地球站对弱信号的接收能力。G/T值越大其地球站的性能越好。

3）有效全向辐射功率（EIRP）及稳定度

地球站天线的发射增益与馈入功率之积称为EIRP，它的物理含意是：为保持同一接点的接收电平不变，用无方向性天线代替原有方向性天线时所需馈入的等效功率。这一指标值越大，说明地球站的发射能力越强。

对于发射地球站而言，要求发射功率非常稳定，即EIRP不能有大幅度的变化、通常要求在额定值的±0.5dB之内。

4）载波频率的准确度和稳定性

载波准确度是指其实测值f_1和规定值f_0的最大的差值，表示为$\Delta f_0 = f_1 - f_0$。载波频率的稳定度是指一定时间间隔内由于各种因素的变化而引起的载频漂移量的最大值。

INTELSAT规定FDM/FM载波稳定度为±150kHz/月，电视载波为±250kHz/月。

5）互调引起的带外辐射及寄生辐射的允许电平

为防止同其他地球站和微波系统间的相互干扰，对地球站发射机的带外辐射和寄生辐射应有足够的抑制能力，一般对这两项指标要求5.75dBW/1kHz和1dBW/1kHz以下。

为保证通信的可靠性，地球站应具备在下述条件中连续工作的能力：环境温度－40～＋50℃，相对湿度（10％～100％），风速不大于49km/h（6级风）。其中电子设备可以在环境温度＋5～＋35℃，相对湿度为10％～90％的条件下工作。

2. 地球站的组成及功能

在卫星通信系统中由于工作频段，服务对象，业务类型及通信体制等方面的不同，所采用的地球站种类不尽相同。但是从地球站设备的基本组成和工作过程来说，还是有共性的，典型的双工地球站设备有电话天线分等系统、功率发射分系统、接收分系统、终端分系统、电源分系统和监控分系统六部分。如图4-14所示。

天线分系统是地球站的重要设备之一，它的好坏直接影响到卫星通信质量的优劣和容量的大小，它的价格约占地球通信站的1/3。天线分系统是由天线主体设备，馈电设备和天线跟踪设备（即天线伺服系统）三部分组成。天线的基本功能是辐射和接收电磁波，馈电设备起传输能量和分离电波作用，天线跟踪设备则是保证天线始终能对准要收、发的卫星。

功率发射分系统的任务是将终端（数据，图像，语音）信号变换处理成基带信号，送到调制器，变成中频已调信号。然后送到上变频器，转换成微波段的射频信号，最后由功放放大到所需的电平上，经馈电设备送到天线上发射出去。

接收分系统的作用是从天线接收到自卫星转发器传输出的微弱信号，经馈电设备加到

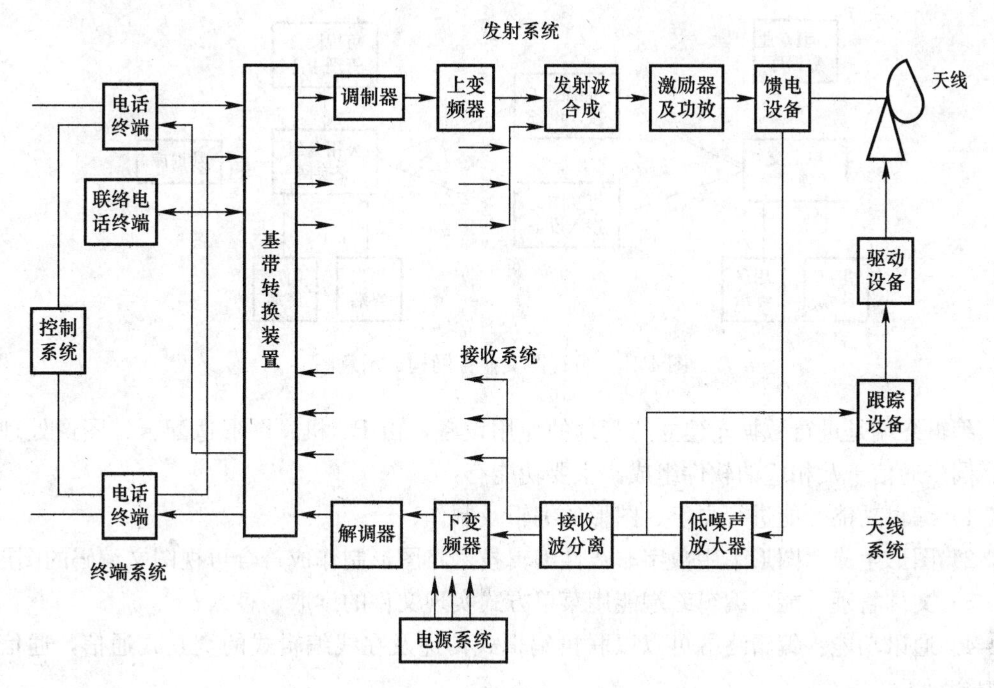

图 4-14 地球站组成框图

低噪声放大器进行放大，再传输给系统的下变频器，在下变频器中把射频信号变换成中频信号。再经中频放大器加到解调器，解调出基带信号。

地球站的电源设备负责供给全站设备所需的电源，并确保地球站能不间断地正常工作。

4.4 可视图文及传真存储转发系统

4.4.1 可视图文系统

1. 可视图文的网络结构及组成

可视图文系统是一种公用的开放式信息服务系统，它将各种数据资源利用电话网和分组交换网向公众进行信息服务，能以对话方式向数据库检索信息，实现最大范围内的信息资源共享。

可视图文系统由广域分布式结构组成，模型结构如图 4-15 所示。

用户终端可由 PC 机上附加可视图文适配卡或显示器配以键盘和专用适配器来组成。将用户终端和电话机共同连接到电话网上，使用时先用电话机拨号呼叫，接通所需的数据库，然后通过终端设备和该数据库进行交互式信息交换。用户终端的主要功能有：

1）输入功能：通过键盘输入控制命令与数据库进行交互式对话；

2）信息显示：用户终端可以显示文字、图形信息；

3）通讯功能：可视图文终端配有调制解调器和通信接口，能进行异步双工通讯。

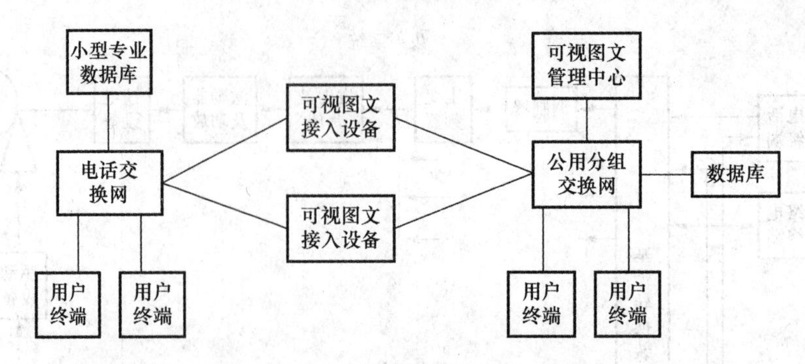

图 4-15　可视图文业务网构成示意图

编辑终端是进行数据库建立与管理的专用设备，由 PC 机、图形适配卡、图像处理装置、同步通信卡及相应的软件组成。主要功能有：

1）编辑功能：能进行文字、图形的编辑及制作；

2）图形生成：图形采用数字非线性编辑技术将图形制作成符合可视图文编码的图形；

3）文件管理功能：编辑终端能用菜单方式实现文件的读取、存入；

4）通讯功能：编辑终端可以以联机编辑式传递及在线编辑式的交互式通信，通信方式为全双工。

可视图文接入设备是可视图文系统的管理和控制中心。对电话网它相当于自动应答服务台，采用特服总线和端局连接。对于分组网，它作为一个分组终端接到分组交换机或分组集线器上。主要功能有：

1）具有自动应答完成用户呼叫接续，对用户终端进行有权识别，对用户的入网使用进行管理和监视，并能为用户提供菜单提示及征询管理服务；

2）计费根据用户使用时间和信息量进行计费，并根据需要可对数据进行统计；

3）通讯协议：在与电话网通信时为异步全双工，速率为 1200bit/s。在与分组数据网通信时为同步全双工，速率为 9600bit/s。

2. 可视图文业务

可视图文是一种公用的、开放型的信息服务系统，它的应用领域十分宽广。可视图文业务从不同的应用角度可分为三大类：

（1）检索型

可以满足用户各种信息需求，提供如天气预报、新闻、文艺、体育、市场动态、金融股票航运时刻等信息；

（2）交易型

用户通过可视图文终端完成买卖，交易合同，远程购物，预订飞机、火车票等项业务；

（3）计算机处理型

用户可进行数学、工程计算，当输入有关条件、数据后选定相应的公式就能进行计算得出答案。

4.4.2　传真存储转发系统

1. 系统特点

传统的传真业务是在电话网上利用电话交换机的电路交换，其交换方式如图 4-16（*a*）所示。这种方式的不足之处在于：

1）由于电话网的传输、质量是针对语音通信，当进行数字传输时，其文字、图形的清晰度受交换机质量、传输质量的影响；

2）电话网的用户线为音频电缆，传真的传输速度要受导线传输速率的影响。

随着计算机技术和数据库应用技术的发展，利用计算机技术、设备存储转发交换中心，将发方送出的传真件经处理暂存在存储器内，当收方能收到或需要时再转发。在收、发两方没有直接物理链路，只存在逻辑链路，如图 4-16 所示。

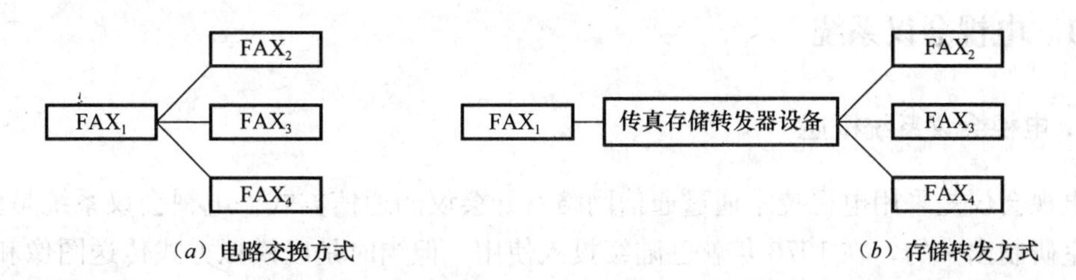

图 4-16　传真业务的方式（FAX——传真机）

存储转发方式的主要优点：

1）双方不必进行实时通信，缓和了线路拥挤，提高了线路利用率；

2）可以对发送信息进行压缩、纠错处理，提高传输速率和质量。

2. 系统组成

传真存储转发系统组成如图 4-17 所示。

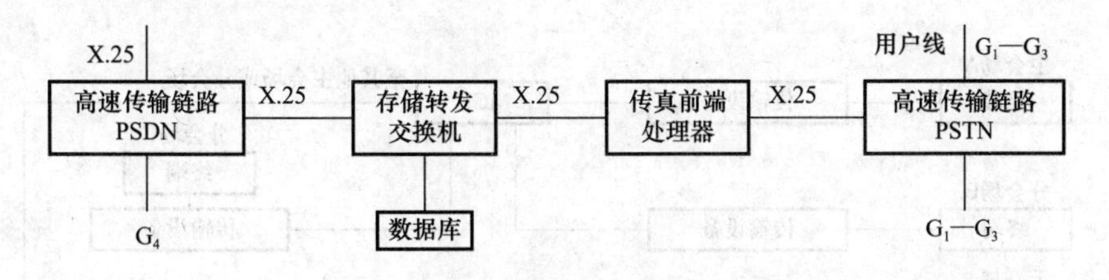

图 4-17　传真存储转发系统基本框图

存储转发交换机由计算机和数据库组成，用于电文的存储和转发、路由选择、系统管理。

传真前端处理器由专用处理器组成，主要完成：传真信号的转换，即传真图像信号与计算机处理的代码信号间的变换，G_1～G_3（一类至三类传真机）的模拟信号与存储转发的数字信号之间的转换；编码压缩的转换，信息压缩$\frac{1}{2}$～$\frac{1}{3}$；传输速率的转换，9.6kbit/s以下速率与 64kbit/s 之间的转换；传输网接口规程的转换。

通信网络由公用电话网和分组数据网组成传真通信网。

3. 主要业务

(1) 同文传真　将一份传真文件，按需要同时发送给多个用户。

(2) 传真邮箱　通过设备的密码才能从建立在数据库的邮箱中取出传真文件。

(3) 指配用户群　可以把一些用户定义成特定群体，属于群内的用户可以互相通信，其他用户不能进入。

(4) 提供不同类别传真机之间的通信。

(5) 提供"自动重叫"、"定时发送"、"回执服务"等功能。

4.5 视频会议系统

4.5.1 电视会议系统

1. 电视会议系统概述

电视会议是采用电视技术通过通信网络召开会议的通信方式。电视会议系统是由贝尔实验室研制出来的，在1970年就已陆续投入使用。但当时是以模拟方式传送图像和声音，对信号的进一步处理非常困难，因此在各方面都不具备良好的推广条件。随着大规模集成电路、压缩算法及视觉生理研究取得了突破性的进展，关于电视会议的国际标准的相继制定，使得电视会议的发展更为迅速，成为信息社会不可缺少的通信方式。

2. 电视会议系统组成

电视会议是集通信技术、计算机技术、微电子技术于一体的异地通信方式。电视会议系统是由终端设备、传输设备和传输通道及网络管理系统组成，其组成框图如图4-18所示。

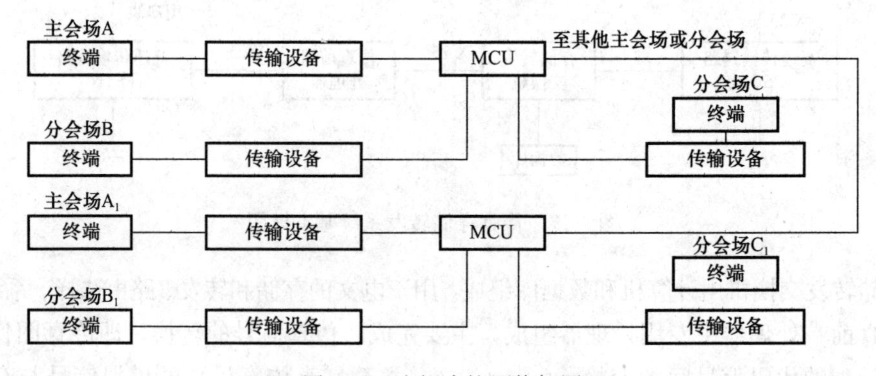

图4-18 电视会议网络框图

(1) 终端设备：主要有编解码器、摄像机、监视器、话筒、扬声器、音视频合成器等。

（2）传输设备：切换、放大、调制解调、接口、图像处理等设备。

（3）传输通道：各会场之间的信号通道，含全场地点切换设备及电缆、光缆、微波、卫星等多种传输形式。

（4）网络管理设备：主会场设有组织多点分会场召开同一会议的核心设备——多点控制单元（MCU，Multipoint control unit）及网络管理、测试等设备。

3. 系统设备功能

（1）编解码器

图像编解码器是电视会议的核心设备，它的任务就是实现图像信息的压缩，这是图像传输中的关键技术。例如，广播电视质量的图像信息其传输码率为216Mbit/s，当压缩到2Mbit/s就需要压缩约100倍。

CCITT于1990年通过了实现国际互接电视会议编码器的H261建议。它规定了数字图像统一中间格式（CIF），使编解码器输入、输出端与电视制式无关。采用了统一编码算法，规定了码率为$p\times64$Mbit/s（$p=1\sim30$）。编解码器互通时，只要确定其中一种码率，就不存在PCM标准需互换的问题了。

（2）多点控制单元（MCU）

控制单元将各端口传输来的数字信号进行分离，取出视频、音频、数据信号，分别送入相应的处理单元。然后，再将视频信息进行切换、音频信息进行混合、数据信号选择确定路由后送至有关端口。

4. 电视会议系统的应用

电视会议系统是集电视、数字压缩、数字传输、数字通信等相关技术于一体，对各种传输通道有良好的适应性，如对LAN，PSTN，ISDN，VSAT，ATM等都具有良好的支持能力。因此在大厦中只要具有一种上述通信网络都能方便地应用此系统。并且可以方便地按会议电话的习惯，进行多种会议控制操作：

广播方式（主会场发言，其余会场听讲）；

对讲方式（两会场交谈，其余会场听讲）；

座谈方式（所有全场都参加会谈，画面由主席控制或由MCU指派任一终端）等其他会议控制形式。

电视会议以其快捷、实时、低成本、省时等特点，得到了广泛的推广和应用。它的应用将会在以下领域发挥优势：

（1）防灾指挥会议：通过会议电视可以快速实时地了解受灾情况及布置救灾方案，为救灾争取宝贵的时间。

（2）行业性调度会议：对于涉及面广，需频繁召集调度会议的行业如：铁路、交通、电力、金融等部门，可以通过电视会议实时调度，有效地压缩调度周期，降低会议成本。

（3）军事领域：可以通过电视会议（需采取保密措施）快速准确地传达指挥部的命令，形成有效地指挥。

（4）一般会议：通过电视会议与同行或有关单位进行技术交流，提高工作效率，降低会议成本。

新一代的电视会议系统采用先进的编码器及多点控制单元，选择基于PC平台的系统。结合多画面合成技术，大屏幕投影技术，形成一个多画面组合大屏幕电视会议系统。

该系统可以将分布在不同会场的与会人员活动情况、会议内容以及各种数据、资料实时地传送到各方，通过多画面电视处理技术将各会场的视频信息合成在一个画面上。再用大屏幕投影墙显示出来。其多画面组合大屏幕显示有两种方式：

当一个电视会议中的会场有 N 个，在分时循环显示方式中，除已有的主会场画面以25帧/s显示外，其余分会场画面图像以25/N帧/s的速度滚动出现在大屏幕墙上；

全实时多画面显示方式：每路图像都以25帧/s的速度显示，以多路并行处理来实现，并能实现主会场与分会场、发言者与听众的画面尺寸任意设定。

多画面电视会议系统采用主会场、分会场方式，主会场（物理控制中心）设置多点控制系统用来控制整个电视会议系统。

主会场的优先级最高，主会场图像信号直接传送到各分会场。各分会场的相互通信，由主会场控制处理。通过全屏幕点对点方式、主画面窗口选择及循环方式、多画面叠加同时显示的方式传送。

逻辑主会场可收到各分会场的音、像信息，各分会场也可收到经主会场编辑处理的音、像信息或经主会场中转处理的分会场的音、像信息。

主会场（由控制中心，暂定一个分会场）的次优先级，该会场等级可以随时改变（由控制中心确定），它可以被授权控制电视会议系统的运行状态。

一般分会场的控制级别最低，其主要功能是用来接收控制中心送来的各种图像、声音、数据及控制信号，并在主会场的控制下，将本会场的图像、声音、数据及控制信号送往主会场。

4.5.2 桌面视频会议系统

桌面视频会议系统是基于计算机平台，适合于办公室或家庭的个人工作环境之间的计算机多媒体通信产品，可在公用交换电话网（PSTN）、综合业务数字网（ISDN）、局域网（LAN）上通信。

ITU（国际电信联盟）于1997年推出了为局域网上传输桌面视频会议系统而制定的H.323标准。目前由于其使用灵活，投资相对少，应用环境广泛，发展很快。

1. 桌面视频会议系统的组成

桌面视频会议系统是多媒体计算机与通信网络技术的结合，在现有的局域网（LAN）上运行视频会议系统是非常方便的。如图4-19所示：系统由若干个计算机会议终端、一条10Mbit/s或100Mbit/s的LAN网、一台Windows NT或服务器及用于运行视频会议的管理软件（控制会议的进行情况）集线器（用于连接其他符合H.323建议的LAN网）所组成。

当计算机终端A要与计算机终端B开会，可由终端A直接呼叫终端B的IP地址，当B应答后视频会议就可开通。如需要查询终端B的IP地址，可向服务器内的数据库查询。

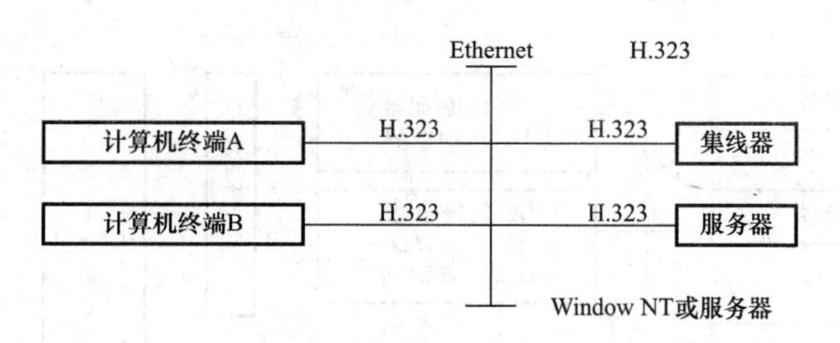

图 4-19 LAN 上桌面视频会议系统框图

在该系统中需采集和重现每个与会者的图像和声音，每台 PC 终端的配置如图 4-20 所示。

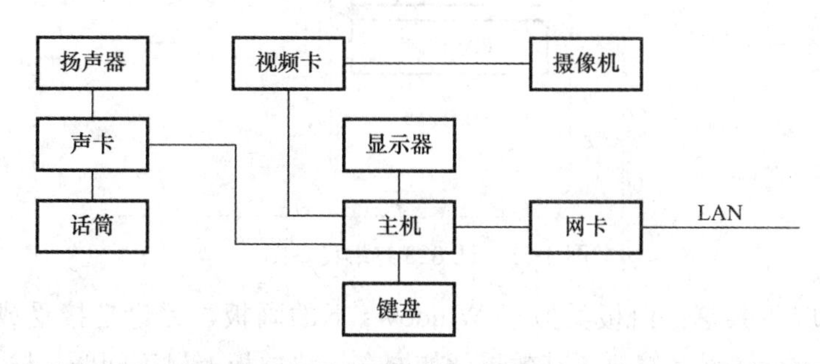

图 4-20 桌面视频会议配置框图

2. 系统技术标准

桌面视频会议系统采用 PC 机，除了可以提供音、视频信号外，还具有数据处理功能。传输信号由下列各部分组成：

(1) 视频信号：含数字编码的动态图像，伴有视频控制信号；

(2) 音频信号：含数字编码语音，伴有音频控制信号；

(3) 数据信号：含静态图像、传真、文档、文件及其他数据；

(4) 通信控制信号：控制远端设备的数据，实现交换、逻辑通道的开关、模式控制和其他功能；

(5) 呼叫信号：实现呼叫建立、断接及其他呼叫控制功能。

为了保证视频会议系统的可互用性，ITU 制定了在以太网上传输的桌面视频会议的 H. 323 建议及相关标准，具体如图 4-21 所示。

3. 系统的特点及功能

桌面视频会议可以让用户直接用 PC 机进行研讨、交流，对所商讨的文件进行讨论、修改，使身处两地或多个不同地方的人们可以进行“面对面”地会谈。这是传统的通信设备传真机、电话所办不到的。

桌面视频会议系统有如下功能：

(1) 共享视频：主发言人和其他与会者的形象可以实时显示在会议窗口，给人以身临其境的真实感。

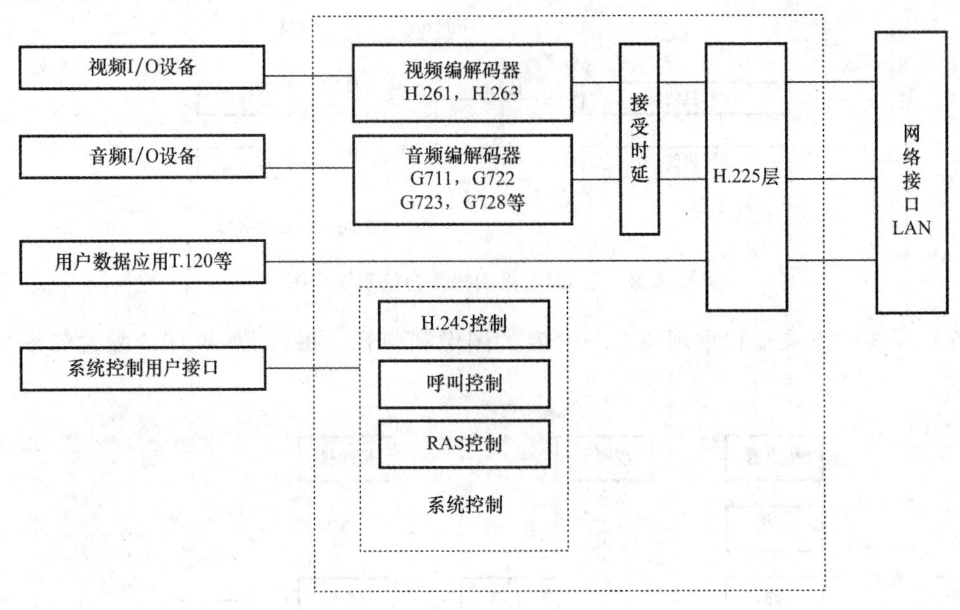

图 4-21 H.323 终端设备图

（2）白板和应用共享：白板类似于 Windows 下的画板，无论是接受或传送的一方，都能对画板内容进行编辑、修改，其效果就如同在一块白板上讨论问题一样。

应用共享能让每位与会者都可同时开启同一应用程序，在任何程序上的修改或输入信息都会自动通知其他与会者。

（3）会议管理：会议管理软件用于建立和控制视频会议，其中有召集会议、控制会议进程、维护会议状态、控制用户的加入和退出等。并能提出网络的互通、处理丢失的链路和网络变化等。

（4）聊天工具：任何两位与会者之间可以私下交谈。

早期的桌面视频会议系统有其缺陷，每秒只能传输 15 帧左右的图像，常出现拖尾现象，且图像不稳定。如今的计算机芯片大大提高了计算机的运算速度，使得图像传输达到 30 帧/s，图像质量有了很大改观。相信视频会议可以改变人们的工作模式，明天的模式不是工作地点的移动，而只是工作信息的移动。

4.6 光缆通信系统

4.6.1 光缆传输链路方式

智能建筑中用户通信设备对外通信的传输链路，除了采用数字微波通信或 VSAT 卫星通信的传输链路外，还广泛地采用数字光纤通信的方式，即光缆时分数字传输链路方式，进行多媒体信息的传输。

以往，在公用网上，数字中继线路均采用电缆时分数字传输链路方式。而时分数字传输链路方式主要是 PCM（Pulse Code Modulation）传输方式，即脉冲编码调制时分多路复用的数字信号传输方式。在数字通信中，为了提高传输速率和交换容量，通常采用压缩律为A律的方式来实现30/32路，结构方式为一个基群系统（或称一次群系统），也称PCM30路系统。一次群只传送30路语音编码信息（其中每一个话路数码率为64kbit/s），其复用码流速率为2.048Mbit/s。为了提高传输线路的利用率，采用更高等级的数字多路复接的方式，即把四个一次群系统复接成一个二次群系统，四个二次群系统复接成一个三次群系统，以此类推，根据国外最新实用技术，数字多路复用已达一个六次群系统。PCM的群路复用等级如表3.2所列。

通常公用电话网中采用的是0.4～0.6mm线径的中继电缆，当传输2.048Mbit/s速率的数字信号时，会产生较大的传输线路衰减和线对间耦合串音，通常只能在每隔1.8km处加放再生中继站，来保证数字信号的传输质量。

为了远距离、大容量地传输高次群的数字信号，智能建筑中用户通信设备对外通信的传输链路均应采用光缆时分数字传输链路方式，以保证建筑物中大量的信息高质量地流通。根据现有通信技术，当链路上传输方式采用三次或采用三次群以上等级传输数字信号时均采用光缆时分数字传输链路方式。

4.6.2 光缆传输链路方式的构成

光缆时分数字传输链路方式是指以光导纤维为传输媒介，以光信号载荷数字信号的传输链路方式。

它的工作原理是：由一端的数字电端机输出的电信号通过电/光变换的电光调制电路变换为光信号，然后经光导纤维媒介传输到另一端的接收站，再经光/电变换的光电检测电路变换为电信号送入数字电端机的信息传输，如图4-22所示。图4-22中的复/分接器为数字电端机，也称PCM群路设备，其主要功能是对PCM信号进行合路/分路。

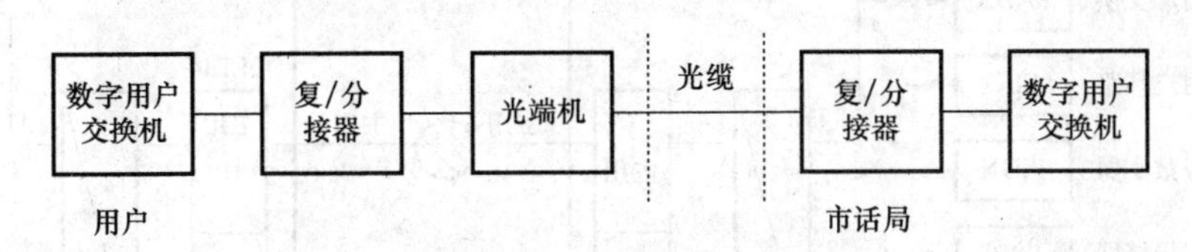

图4-22 光缆传输方式

光缆时分数字传输方式所具有的特点是：频带宽、保密性好、失真小、通信容量大、线缆传输衰减小、光传输设备体积小，线缆重量轻、其传输过程中不易受外界电磁场的干扰等。按照ITU国际电信联盟（原CCITT）建议的复用路数和系列速率的等级表如表4-6所示。

PCM的群路等级 表4-6

制式 / 群路等级	复用数码流速率/(Mbit/s)	话路数	
基群	2.048	30	
二次群	8.448	4×30	120
三次群	34.368	4×120	480
四次群	139.264	4×480	1920
五次群	564.992	4×1920	7680
六次群	2259.968	4×7680	30720

4.6.3 通信设备与光电交换设备的连接

智能建筑中通信设备通信量大，在工程的实际应用时根据现有技术，通常采用三次群或四次群路等级的光缆时分数字传输链路的连接方式。小型电组合复用设备有多家厂家生产的产品，建筑物中当光电交换设备采用上海某设备有限公司的小型光电组合复用（S-COMBIMUX）系统时，其三次群或四次群路等级的数字传输链路方式如图 4-21 和图4-22所示。

1. 三次群（34Mbit/s）光电交换设备的连接方式

如图 4-23 所示，三次群光电交换设备的连接方式是采用三次群（34Mbit/s）光缆数字传输系统链路方式，它的流程为智能建筑侧用户通信设备（用户端）16 个 2Mbit/s 数字流电信号送给一个 2/34Mbit/s 复接（分接）单元，复接（分接）成一个 34Mbit/s 数字流电信号（三次群信号），然后送入 34Mbit/s 光端机单元 OLTU（Opatical Line Terminating Unit）进行电/光调制变换为 34Mbit/s 三次群光线路信号传输至光缆线路上。光端机单元（OLTU）有两套，以一主一备可靠的热备份传输通信方式工作。当主用光端机出现故障时，切换装置接收到监控信号后自动由主用光端机切换到备用光端机上，这种切换在 A、B 两端机（智能建筑侧和电话局侧光端机）上同时进行。电话局侧光端机单元（OLTU）从光缆线路上接收到的 34Mbit/s 光线路信号，进行光/电调制变换，变换成 34Mbit/s 的电信号再经 34/2Mbit/s（复接）分接单元，分接为 16 个 2Mbit/s 数字流电信号，通过电话局的局用交换设备再接至所要呼叫的被叫用户端。

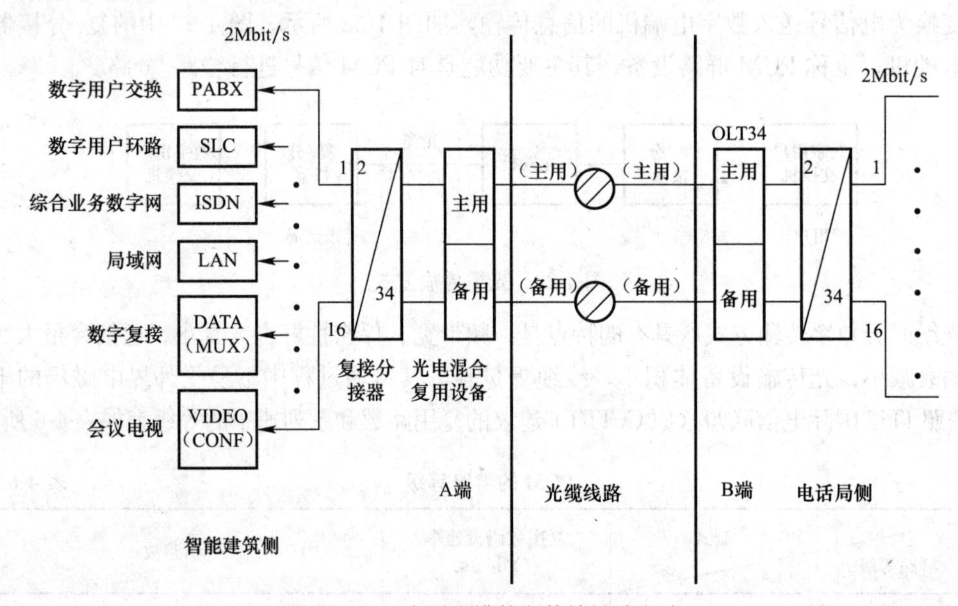

图 4-23 三次群光缆数字传输链路方式

2. 四次群（140Mbit/s）光电交换设备的连接方式

如图 4-24 所示，四次群光电交换设备的连接方式是采用四次群（140Mbit/s）光缆数字传输系统链路方式。它的流程为智能建筑侧用户通信设备（用户端）64 个 2Mbit/s 数字流的电信号分别送给 2/34Mbit/s 复接（分接）单元复接成 4 个 34Mbit/s 数字流电信号（三次群信号）后，送给一个 34/140Mbit/s 复接（分接）单元复接成一个 140Mbit/s 数字流电信号（四次群信号），然后再送入 140Mbit/s 光端机单元（OLTU）进行电/光调制变换为 140Mbit/s 四次群光线路信号传输至光缆线路上。光端机单元（OLTU）有两套，以一主一备热备份传输通信方式工作。当主用机出现故障时，切换装置接收监控信号后自动由主用光端机切换到备用光端机上，这种切换在 A、B 两端机（智能建筑侧和电话局侧光端机）上同时进行。电话局侧光端机单元（OLTU）以光缆线路上接收到的 140Mbit/s 光线路信号，进行光/电调制变换，变换成 140Mbit/s 电信号再经 4 个 2/34Mbit/s（复接）分接单元，分接变为 64 个 2Mbit/s 数字流电信号。

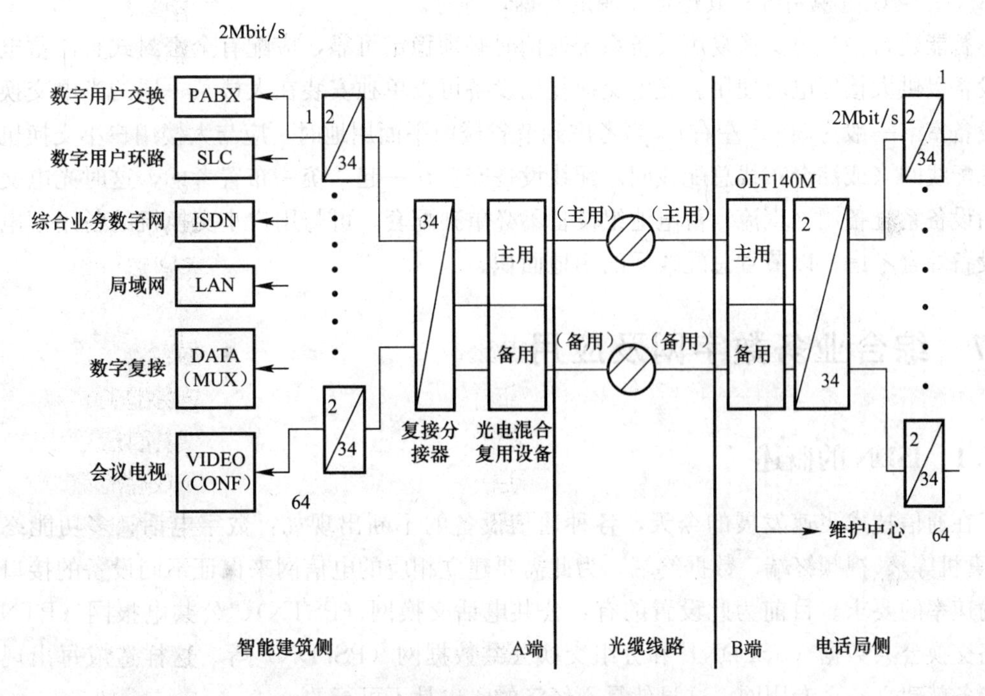

图 4-24　四次群光缆数字传输链路方式

3. 智能建筑内小型光电组合复用设备

一般来说，引入建筑物楼内的多芯光纤线缆两端的光电交换设备，通常一端安放在远离建筑物楼外的电话局通信站房内，而另一端安放在建筑物中光电交换设备室内或大楼线缆总配线间内。由于现代通信技术、光电交换技术、大规模集成电路等技术的发展，使得光电组合复用设备越来越小型化、标准化、模块化。小型光电组合复用设备既适用于信息业务量大的短距离的用户网中，并可安放在办公室内，又可用于电话局中继网或干线网内的复用设备。

根据现有的技术和公用网上速率传输要求，智能建筑内可采用小型光电组合复用系统设备。例如（COMBIMOX 型）小型光电组合复用系统由一个小机架，机架内配有两块电源单元板、一块告警、维护单元板、一块工程业务电话单元和八块传输单元（复分接单元、光端机单元）板，各单元板都是标准的插入式集成线路板。根据用户不同的要求，可以十分方便组合式的选配后分别插入小机架中的板槽内。小机架等其他配套设备均应安放在房间的19英寸的标准机架上。系统最常用的结构为点对点链路，可在70km距离内无再生中继器的情况下，构成34Mbit/s三次群和140Mbit/s四次群点对点的链路，来传输16个或64个2Mbit/s数字数据流。特别是在140Mbit/s四次群时，中继网通常采用结构是140Mbit/s的光环路，可将小型光电组合复用设备系统构成环形网。

智能建筑中用户的系统通信设备或网络通信设备对楼外通信时，采用2Mbit/s数字数据流的设备通常有：数字用户交换机（PABX）；数字中继接口板（以30/32路PCM方式）；一次群PCM复用设备；基群ISDN（30B+D）接口；数字用户环路系统；局域网（LAN）；会议电视系统；其他数据源的数据，等等。

智能建筑中光电交换复用设备系统通信时必须稳定可靠，应配有全密封式直流蓄电池组设备以供大楼停电时使用。光电交换复用设备可以单独安装在大楼某一层的光电交换复用设备室（一般为30m^2左右）。当考虑到节省楼内平面用地时，应与大楼用户小交换机房中总配线间（或综合布线总配线间）配线设备安置在一起，统一布置考虑，这时光电交换复用设备系统备用（直流）蓄电池组设备不必单独配套，可与用户小交换机的备用蓄电池组设备综合考虑，以节省总配线间的用地面积。

4.7 综合业务数字网及应用

4.7.1 ISDN的概述

在通信技术飞速发展的今天，各种通信设备的不断出现如：数字电话、多功能终端（传真机等）、视频终端、数据终端。为此需要建立相应的电信网来保证不同设备的接口和传输速率的要求。目前为此设置的有：公共电话交换网（PSTN）、公共电报网（PTN）、电路交换公共数据（CSPDN）和分组交换公共数据网（PSPDN）等。这样造成每出现一种业务就建立一个专用网，这显然是不经济的，也是不可行的。

由于数字技术的发展，使得语音和非语音业务等都能以数字方式统一起来。综合到一个数字网中来传输、交换和处理。用户只要通过一个标准的用户/网络接口即可接入被称做综合业务网（ISDN）的系统内，实现多种业务的通信。ISDN网组成框图如图4-25所示。

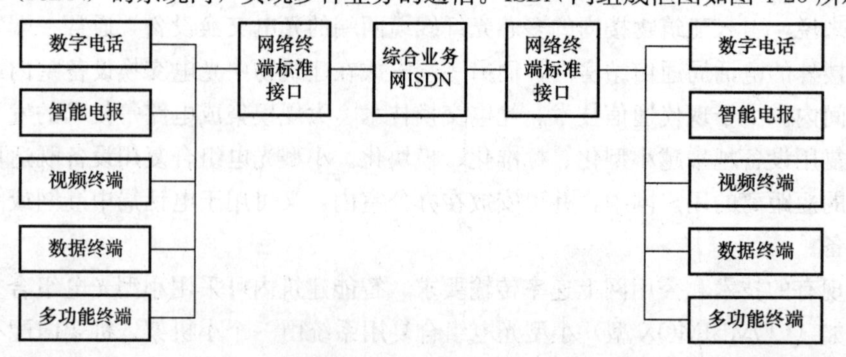

图4-25 ISDN网组成框图

ISDN是在综合数字网的基础上发展起来的，综合数字网（IDN）采用综合数字传输与数字系统技术，在两点或多点之间提供数字链路。这时的终端设备传送的仍是模拟信号，因而这种网络不能对各种电信业务进行综合。ISDN提供端对端的数字连接性，用来提供包括语音和非语音业务在内的多种业务，用户能够通过一组标准多用途的用户/网络接口接入到这个网络。

对ISDN的基本概述可归纳为以下几点：

（1）可以提供多种业务的电信网络。

（2）用户通过一组标准多用途的用户/网络接口接入网络，该用户/网器接口可以适应不同业务的终端。

（3）ISDN是以综合数字电话网（IDN）为基础发展而成的通信网。

（4）ISDN的主要特点是在网内可实现端到端的数字连接。因此该网络具有综合多种业务的能力，即该网络具有承接广泛的语音/非语音业务的能力。

（5）ISDN的用户终端设备和网络组成可以分别开发，网络可用不同方式向用户提供多种业务。

（6）ISDN具有包括信息处理能力在内的综合网路功能，对各种业务而言，根据所承担业务的需要来选择网络功能。

4.7.2 ISDN的结构和功能

1. ISDN的网络构成

ISDN网络通常由三部分构成，即用户网、本地网和长途网。

用户网指用户所在地的用户设备和配线，在ISDN环境下，用户的进网方式比电话网用户要复杂得多，一般用户网有三种结构。

（1）总线结构

当同一用户拥有多种终端时，可采用总线结构。这时多个终端被连接在一条无源总线上，享有相同的用户号码。该方式在一条 $2B+D$ 基本速率用户线上可以同时开通电话、数据、传真等多种业务。由于是无源总线方式，用户终端可以根据需要来配置，无需网络控制，这种方式具有连接电缆最短、能够实现多种通信功能的特点。

（2）星形结构

星形结构是通过用户交换机，将多个ISDN终端直接通过参考点接入网络的一种方式。这种方式适合于语音与数据业务的综合，具有各种用户终端独立运用，集中控制、维护与管理，实时透明的网络扩展容易等特点。

（3）网状结构

网状环形结构由一组环路数字节点和环路链路组成，具有网络接口简单、分散控制和容量均等分配的特点，即使过负荷其系统功能也较稳定。但当节点出现故障时，将影响到整个系统的正常运行。该方式限于在局域网（IAN）和大城市网（MAN）的运用。

本地ISDN网的建设是以ISDN端局为基础，为用户提供ISDN业务的最主要部分。实现ISDN功能需要在用户到端局之间使用ISDN的用户信令。在ISDN端局之间或端局到汇接局之间采用共路信令。

2. ISDN的网络功能

为了在ISDN用户/网络接口上提供ISDN业务，网络应该是具备各种接口，以实现各种电信业务。ISDN网络具有的各种功能如图4-26所示。

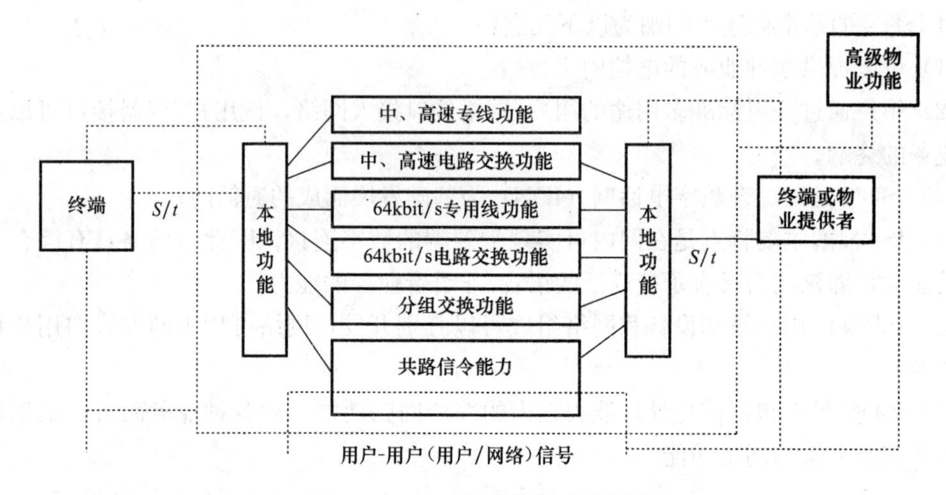

图4-26 ISDN的功能体系结构图

（1）电路交换功能

在ISDN中，电路交换功能的基准传输速率是64kbit/s及2×64kbit/s和384kbit/s，中速电路交换功能和一次群或更高速率电话交换的功能。

（2）分组交换功能

分组交换与电路交换不同，这是将用户发来的一整份报文分割成若干定长的数据块（即分组），让这些分组以“存储-转发”方式在网内传输。每个分组信息都载有接收地址和发送地址的标识，在传送数据分组之前，必须首先选择路由建立电路，然后依序传送，也就是在终端之间不需建立固定的物理通路。ISDN网络可以实现数据分组交换的分组交换功能。

（3）专线功能

专线功能是指不利用网内的交换功能，在终端建立永久或半永久连接功能。ISDN的专线是为企业和机关团体服务。它们通过租用专线把分散在各地的分支机构中专用小交换机相互连接起来，构成本单位的专用网。

（4）共路信令功能

共路信令是完成ISDN呼叫控制功能的信令系统，它将信息通路与信令通路相分离、在信令通路上完成对用户提供ISDN基本业务和补充业务的控制。

4.7.3 ISDN用户/网络接口

ISDN的主要特点在于通过一组有限的、标准的和多用途的用户/网络接口，实现在一个网络中使用端到端的数字连接提供语音和非语音的多种综合业务。用户/网络接口是IS-

DN 的关键技术，也是 ISDN 的构成及应用和发展的焦点。

1. 接口的特性

（1）接口有通用性

ISDN 用户/网络接口应能够在接口的传输容量范围内提供任意速率的电路交换业务及分组交换业务。

（2）能连接多个终端

多个终端可共用一个用户/网络接口，主叫用户通过拨号和对应用户的任意终端通信。多个终端与接口的连接方式有总线形、星形和环形三种。由于总线型结构适合现有的室内布线，多个终端接入方便，故成用户/网络接口的主要形式。

（3）终端的可移动性

由于各种终端都应符合 CCITT 建议标准，故能通过系列化的插头、插座经插接连接任何终端。同时以自动的规程向网络通知通信所需的号码及其通信属性，不需要在终端接入时进行人工登记。

2. 用户/网络接口的参考配置

ISDN 用户接入网络的参考配置及接入参考点如图 4-27 所示。参考配置就是规定 ISDN 内各组成部分之间连接关系的系统模型，其中用户功能组的定义是指一组实现 ISDN 用户接入网络所需要的功能部件。它包括以下四部分。

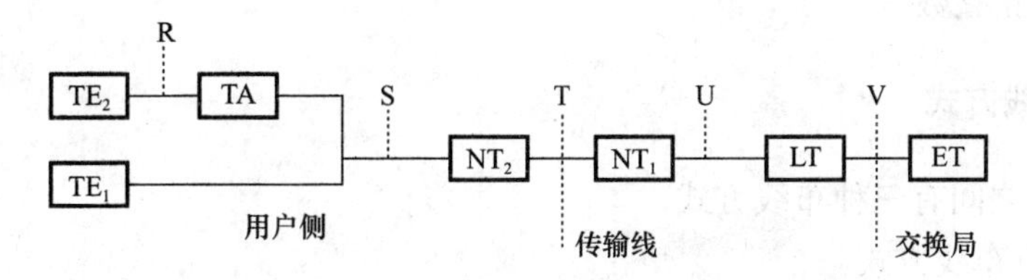

图 4-27　ISDN 用户接入网络的参考配置图

R，S，T，U，V—参考点；TA—终端适配器；TE_1，TE_2—终端设备；

NT_1，NT_2—网络终端；LT—线路终端；ET—交换终端

（1）终端设备 TE_1 和 TE_2

用于 ISDN 中语音数据或其他业务的输入或输出。ISDN 中可允许两类终端接入网络，TE_1 是符合 ISDN 用户/网络接口要求的终端设备（如数字话机）。TE_2 则是不符合 ISDN 接口要求的终端（X25 数据终端，模拟话机）。

（2）网络端接设备 NT_1 和 NT_2

NT_1 完成用户线传输电路终端和用户网络接口第一层终端的功能。具有维护、监测、时钟同步、供电、多路复用及接口等功能。NT_2 具有交换、集成 2、3 层协议处理，终端接口维护的功能。

（3）终端适配器 TA

用于非 ISDN 终端转接到网络中，并进行速率适配和规程变换。

(4) 线路终端设备 LT

作为用户环路和交换局的端接接口设备，具有交换设备和线路传输端接的接口功能。

3. 信道种类及接口速率

(1) CCITT 规定的信道类型

B 信道 64kbit/s

D 信道 16kbit/s 64kbit/s

H 信道 H_0：38kbit/s H_{11}：1.536Mbit/s H_{12}：1.544Mbit/s

(变速信道) H_2：30～34Mbit/s 45Mbit/s

H_3：60～68Mbit/s

H_4：120～140Mbit/s

(2) CCITT 规定的用户/网络接口结构

基本接口 $2B+D$ ($D=16$kbit/s)

基群接口 $23B+D$ ($D=64$kbit/s)

$30B+D$ ($D=64$kbit/s)

H_0 信道接口 $5H_0+D$ ($D=64$kbit/s)

H_{12} 信道接口 $H_{12}+D$ ($D=64$kbit/s)

B/H_0 混合接口 $mB+nH_0+D$

$D=64$kbit/s $6m+n=30$

(m 和 n 为正整数)

4. 用户布线方式

NT 与 TE 之间有三种布线方式。

(1) 点对点布线方式

这时 NT 和 TE 之间最远距离为 1000m，TE 到终端电阻 (TR) 的连线最长为 25m。

(2) 一点对多点短无源总线布线方式

在总线的任何位置都可接入终端，最多可接入 8 个终端。CCITT 规定总线最远长度为 100m (当 $zc=75\Omega$ 的特性阻抗时) 或 200m (当 $zc=150\Omega$ 的特性阻抗时)。

(3) 一点对多点长无源总线布线方式

总线长度最长可达 500m，但终端只能在总线远端的 25～50m 的范围接入 (最多接入 8 个终端)。

以上三种布线图如图 4-28 所示。

4.7.4 ISDN 的应用业务

ISDN 所能开展的业务，应理解为在网络的输入点向网络侧看，网络所具有的信息转移能力。这种能力说明通信网络的通信能力而与终端的类型无关，目前可接入 ISDN 的业务有以下几种。

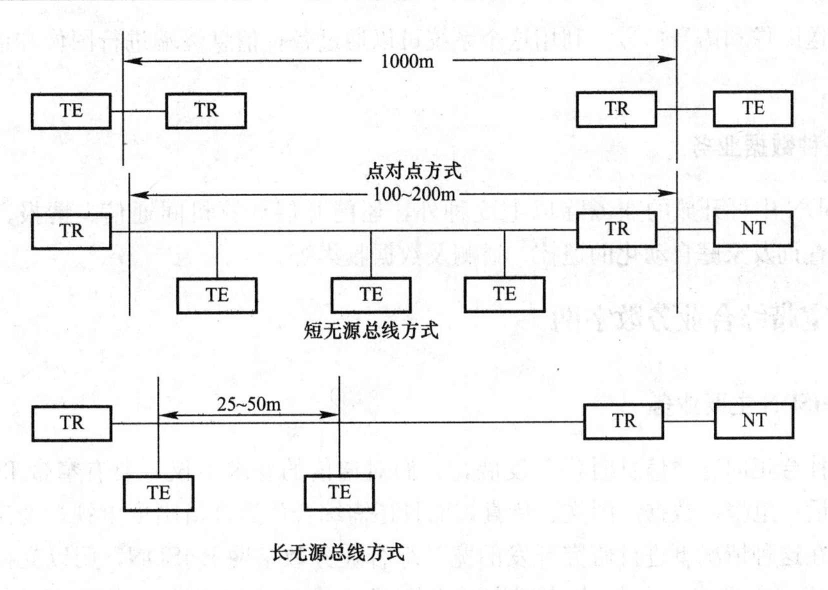

图 4-28 用户布线方式图

1. 数字电话

在 ISDN 中的电话业务是端对端的数字传输，因此采用的是含有数字电话功能的多功能终端，接入速率是 64kbit/s 的 PCM 信号。

2. 可视图文

这里所说的是交互式可视图文，它是双向通信业务，利用交换网络将计算机中心与可视图文终端（带有适配器的电视机，个人计算机或专用可视图文机）连接起来。用户通过键盘发出命令向数据中心索取数据、图形、文字等信息，数据中心根据用户要求提供所需信息。

3. 传真

经过扫描把连续的光信号转换成数字电话号即为数字传真。CCITT 制定了四类传真机，其中三、四类传真机均为数字传真机。三类传真机的传输速率为 4800bit/s 或 9600bit/s，它可以在模拟和数字网上传输。四类传真机的传输速率为 64kbit/s，约 9s 可传送一个 A4 版面，具有接入 ISDN 的能力。

4. 智能用户电报

智能用户电报（Teletex）的通信过程与用户电报（Telex）不同，它不是双方之间的人工通信。而是双方终端存储器之间的自动通信，集计算机、通信、汉字信息处理技术为一体。为适应提高办公自动化技术的需要而具有的文字制作、编辑、通信、打印等功能。成为自动高速传送大容量文件的重要通信设备。

5. 会议电视和可视电话

采用计算机预测编码技术，将摄到的图像信号进行数字压缩，使之在 64kbit/s 的信道上同时传送图像和语音信号。利用这个系统可以通过各种信息终端进行图像和语音的双向通信。

6. 各种数据业务

在ISDN中可开放的业务除以上5种外，还能开展计算机间通信、情报、资料的检索。商业查询及家庭自动化的遥控、遥测及数据收集等。

4.7.5 宽带综合业务数字网

1. B-ISDN主要业务

当今社会正向着“信息时代”发展，人们对通信的要求不仅是要有窄带ISDN业务，如传送电话、电报、数据、图文、传真，而且还需综合传送高清晰度电视，变速数据等宽带业务。在这种情况下进行研究开发的宽带综合业务数字网B-ISDN，用以支持各种不同类型不同速率的业务，包括连续型宽带业务及突发型宽带业务。其主要业务如表4-7所示。

B-ISDN主要业务 表4-7

业务种类		持续时间（min）	“突发性”①	速率（Mbit/s）
ISDN业务	电话	2～3	2～3	4～64×10^{-3}
	传真	0.1～2	1	＜64×10^{-3}
对话型	遥测	0.01～0.2	＞10	＜10×10^{-3}
	高速数据	0.1～60	1～100	＞1
	高速文件	0.1～60	1～10	＞1
	可视电话	2～3	1～2	1～135
	会议电话	60	1～2	1～135
检索型	文件检索	3	2～20	1～33
	宽带可视图文	10	1～20	1～135
分配型	电视	60	1	33～135
	高清晰度电视	60	1	135
	高保真立体声	60	1	768×10^{-3}

①“突发性”为信息占用时间与信息有效传输时间的比。

2. B-ISDN的基础技术

同步转移模式（STM）是以时分交换和复用为基础的，因而只适用于固定传输速率的连续型业务即窄带ISDN中应用。

异步转移模式（ATM）是一种快速分组交换、面向分组的转移模式。采用异步时分复用技术，将信息流分割成固定长度的信元（cell），信元由信元头和信息段组成，有了统一的信元就能将各种信息混合在一起。根据业务类型、速率的需要动态地分配有效容量。ATM能按需要改变传送信息速率，对高速通信的信元转移频次提高，对低速时的信元转移频次相应降低，并按统计复用的方法进行传输和交换。这样ATM技术就具备了从实时的语音信号到高清晰度电视等变速综合传输业务能力。CCITT 建议中已明确指出“ATM 是实现 B-ISDN 的信息转移方式”。

3. B-ISDN 的网络结构

B-ISDN 的发展分为三个阶段。

(1) 第一阶段由三个网组成。第一个网是以电话交换接续为主体并把静止图像和低速数据综合为一体的电路交换网。目前主要以电话业务为主。

第二个网是以存储交换型的数据通信为主体的分组交换网。分组交换的概念就是把信息分割为称作“信息包”的小单元进行传输、交换。也具有灵活多元业务量的处理特性。

第三个网是以异步转移方式（ATM）组成宽带交换网，是由电路交换与分组交换所构成。这种网能实现语音、高速数据和活动图像的综合传输。

(2) 第二阶段是 B-ISDN 的协议和用户/网络接口已标准化，光缆进入家庭，光交换技术广泛应用。此时的 B-ISDN 能提供包括具有多频道的高清晰度电视（HDTV）在内的宽带业务。

(3) 第三阶段是 B-ISDN 中引入智能管理网，由智能管理网的控制中心管理三个基本网组。

第一个网是电路交换与分组交换组成数字化综合传输的 64kbit/s 网。

第二个网是由异步转移模式（ATM）组成的数字综合传输宽带网。

第三个网是采用光交换技术组成多频道广播电视网。

在智能宽带网 B-ISDN 中将导入智能电话、智能交换机和用于工程设计或故障检测与诊断的各种智能专家系统的出现。

第5章　建筑设备控制技术

对建筑物内机械、电气设备进行自动控制、程序控制及综合管理，实现建筑设备管理自动化，是智能建筑的基本要求。本章将围绕中央空调、锅炉、给水排水装置、电梯等建筑设备，对其控制技术作详细的介绍。

5.1　中央空调自动控制系统

中央空调控制系统是楼宇自动化控制系统中最重要的组成部分之一，它管理的机电设备所耗能源几乎占楼宇耗能的50%。空调系统的能量主要用在热源及输送系统上，据智能楼宇能量使用分析，空调部分占整个楼宇能量消耗的50%，其中冷热源使用能量占40%，输送系统占60%。为了使空调系统在最佳工况下运行，在近十年内空调控制系统发展突飞猛进，最明显的例证就是计算机控制用于空调控制系统。在智能楼宇中采用计算机控制可以实现对空调系统设备进行监督、控制和调节。利用其功能强、存储量大、计算速度快的特点，实现复杂的调节，改善系统的调节品质，提高可靠性，降低能耗。

5.1.1　中央空调的基本结构与控制方案

影响室内空气环境参数的变化，主要是由以下两个方面原因造成的：一是外部原因，如太阳辐射和外界气候条件的变化；另一方面是内部原因，如室内人和设备产生的热、湿和其他有害物质。当室内空气参数偏离了规定值时，就需要采取相应的空气调节措施和方法，使其恢复到规定的要求值。

1. 温度、湿度以及焓值控制的意义

(1) 室温控制

室温的自动调节是保证空调系统的送风合格，使空调房间内的温度符合要求，主要方式有：

1) 位式调节　采用位式调节器控制电动阀对风机盘管的供水进行双位控制。在工业空调中也有采用电加热器进行双位或三位调节器，通过接触器控制。

2) 比例调节　这是用比例调节器通过执行机构所带动的反馈电位器取得位置反馈而进行的。比例调节应用实例之一就是根据室温情况，按比例地调节回风阀门和加热器蒸汽阀门的开启度，实现恒定在一定范围内的室温。

3) 变风量调节室温　变风量可以通过调节送、回风风机的转速来实现，也可以通过送风末端装置VAV来调节。变风量末端装置有气阻型和旁通型等多种。

(2) 室内相对湿度控制

室内相对湿度的控制是用控制送风温度和送风相对湿度这两个参数来实现的。主要方法是：

1）控制露点温度 夏季，通过改变三通阀位置调节冷冻水和循环水的比例，控制喷水温度（或控制进入表面冷却器的冷冻水量）以固定露点温度。冬季，利用喷水室对空气进行绝热加湿处理并通过一次加热量来恒定露点温度。

2）控制送风温度和相对湿度 由安装在空调房间出口处的敏感元件测试，再通过调节阀调节三通阀以改变喷水温度，冬季则调节喷水量。

（3）空气的焓值

在空调工程中，湿空气的状态经常发生变化，也经常需要确定此状态变化过程中的热交换量。例如，对空气进行加热和冷却时，常需要确定空气吸收或放出多少热量。从热工基础可知，在压力不变的情况下，焓（内含1kg干空气所含的热量称为焓）差值等于热交换量。

在空调工程中，湿空气的状态变化过程可属于定压过程。所以能够用空气状态前后的焓差值来计算空气热量的变化。1kg干空气的焓和d kg水蒸气的焓两者的总和，称为（$1+d$）湿空气的焓。湿空气的焓将随温度和含湿量的改变而变化。当温度和含湿量升高时，焓值增加；反之，焓值则降低。在使用焓这个参数时须注意一点，在温度升高，同时含湿量又有所下降时，湿空气的焓值不一定会增加，而完全有可能出现焓值不增，或焓值减少的现象。

2. 中央空调的结构

（1）中央空调的组成

1）进风部分 根据生理卫生对空气新鲜度的要求，空调系统必须有一部分空气取自室外，称为新风。进风口，连同引入通道和阻止外来异物的结构等，组成了进风部分。其作用是将新风从空气处理设备通过风管送到空调房间内，同时将相应量的排风从室内通过另一风管送至空气处理设备再重复使用，或者排至室外。输送空气的动力设备是通风机。

2）空气过滤部分 其作用是将送风处理到一定的状态。由进风部分取入的新风，必须先经过一次预过滤，以除去颗粒较大的尘埃。一般空调系统都装有预过滤器和主过滤器两级过滤装置。根据过滤的效率不同可以分为粗效过滤器、中效过滤器和高效过滤器。

3）空气的热湿处理部分 主要由表面式冷却器（或喷水冷却器）、加热器、加湿器等设备组成将空气加热、冷却、加湿和减湿等不同的处理过程组合在一起统称为空调系统的热湿处理部分。热湿处理设备主要有两大类型：直接接触式和表面式。

直接接触式：与空气进行热湿交换的介质直接和被处理的空气接触，通常是将其喷淋到被处理的空气中。喷水室、蒸汽加湿器、局部补充加湿装置以及使用固体吸湿剂的设备均属于这一类。

表面式：与空气进行热湿交换的介质不和空气直接接触，热湿交换是通过处理设备的表面进行。表面式换热器属于这一类。表冷器出风状态控制框图如图5-1所示。

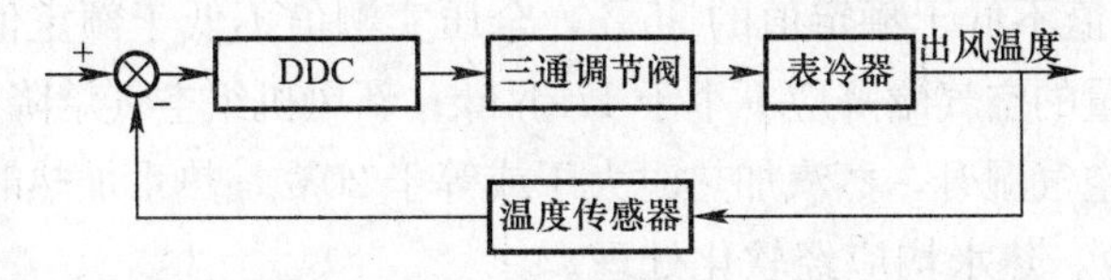

图5-1 表冷器出风状态控制框图

4）空调水系统　它包括将冷水（冷冻水）从制冷装置输送至空气处理设备的水管系统和制冷装置的冷却水系统（包括冷却塔和冷却水水管系统）。输送永的动力设备是水泵。因此，系统设置有冷水泵、冷却水泵及冷却塔的风机。

5）空气的输送和分配部分　将调节好的空气均匀地输入和分配到空调房间内，以保证其合适的湿度场和速度场。这是空调系统空气输送和分配部分的任务，它由风机和不同型式的管道组成。

根据用途和要求不同，有的系统只采用一台风机，称为“单风机”系统；有的系统采用一台送风机，一台回风机，则称“双风机”系统。管道截面通常为矩形和圆形两种，一般低速风道多采用矩形，而高速风道多用圆形。

一般情况下可以采用空调箱，主要原因是在空调工程实践中，为满足各种空气处理的需要和便于设计、施工安装，常将各种空气处理设备根据空气处理的不同需要，以不同的方式组合，构成空气综合处理设备——空调箱。

组合式空调箱就是将各种空气处理设备，如加热、冷却、加湿、净化、消声等设备和风机、阀门等组成的单元体。单元体可根据需要进行组合，成为实现不同空气处理要求的设备。单元体一般有过滤段（包括粗效和中效过滤段）、消声段、风机段（包括送风机和回风机段）、加热段（包括一次和二次加热段）、冷却段、加湿段及混合段、中间段等，有的还设有能量回收装置。如图 5-2 所示为典型的组合式空调箱，它具有较完整的功能段。实际工程中，应根据工程的需要增减各种功能段。

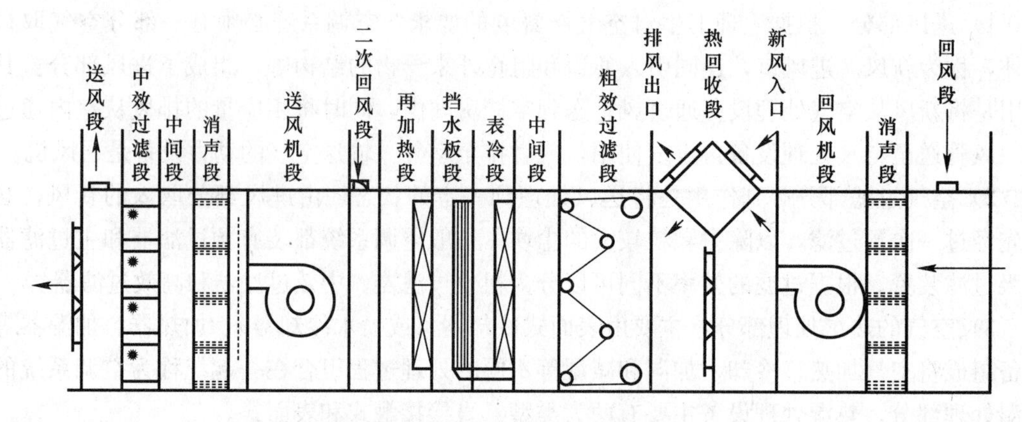

图 5-2　典型的组合式空调箱

在选择组合式空调机时，应注意其声功率级噪声值不应大于规范的规定。

此外，组合式空调机还应该满足下列技术要求：

① 组合式空调机组的额定风量、全压、供冷量、供热量等基本参数，在规定的试验工况下应符合以下规定：

A 机组风量实测值不低于额定值的 95%，全压实测值不低于额定值的 88%。

B 机组额定供冷量的空气焓降应不小于 17kJ/kg；新风机组空气焓降应不小于 34kJ/kg。

C 机组供热量的空气湿升，蒸汽加热时大于或等于 20℃，热水加热时大于或等于 15℃。

② 机组使用的冷、热水均应经软化处理。

A 新风机组在进气温度低于冰点运行时，应有防止盘管冻裂措施。

B机组应设排水口，排水管设水封，运行时排水应畅通，无溢出和渗漏。

C机组的风机出口应有柔性短管，风机应设隔振装置。

D为加强机组防腐性能，箱体材料宜采用镀锌钢板或玻璃钢，对于采用黑色金属制作的构件表面应作防腐处理，玻璃钢箱体应采用氧指数不小于30阻燃树脂制作。

E机组内气流应均匀流经过滤器、换热器（或喷水室）和消声器，以充分发挥这些装置的作用。机组横断面上的风速均匀度应大于80%。

F在机组内静压保持700Pa时，机组漏风率应不大于3%，用于净化空调系统的机组，机组内静压应保持1000Pa，洁净度低于1000级时，机组漏风率不大于2%；洁净度高于等于1000级时，机组漏风率不大于1%。

G机组内宜设置必要的气温遥测点（包括新风、混合风、机器露点、送风等）；过滤器宜设压差检测装置；各功能段根据需要设检查门和检测孔，检查门应严密，内外均可灵活开启，并能锁紧。

6）冷热源部分　为了保证空调系统具有加热和冷却能力，必须具有冷源和热源两部分。这是空气处理过程中所必须的。热源有自然和人工两种。自然热源指地热和太阳能。人工热源是指用煤、石油、煤气作燃料的锅炉所产生的蒸汽和热水，目前应用得最为广泛。热源是提供用来加热送风空气所需要的“热能”的装置。常用的热源有提供蒸汽（或热水）的锅炉或直接加热空气的电热设备。一般向建筑物（或建筑群）空调供热的锅炉房，同时也向生产设备和生活设施供热，所以它不是专为空调配套的。冷源则是提供冷却送风空气所需的“冷能”的装置，目前用得较多的是蒸气压缩式制冷装置，而这些制冷装置往往是专为空调的需要而设置的，所以空调与制冷常常是不可分的。冷源有自然冷源和人工冷源两种。自然冷源指深水井，人工冷源有空气膨胀制冷和液体气化制冷两种。

直燃吸收式冷水机组（简称直燃机）就是把锅炉与溴化锂吸收式冷水机组合二为一，通过燃气或燃油产生制冷所需的能量。直燃机按功能可分为3种形式：单冷型——只提供夏季空调用冷冻水；冷、暖型——在夏季提供空调用冷冻水而冬季供应空调用热水；多功能型——除能够提供空调用冷、热水外，还能提供生活用热水。

直燃机由高/低压发生器，高/低压换热器、冷凝器、蒸发器、冷剂水泵、溶液泵、控制设备及辅机等主要设备组成。它的工作原理分为制冷循环、供热循环和卫生热水循环3个不同方式。

空调供热循环产生的热水温度一般为55°～60℃，工作原理如图5-3所示。

在空调供热循环中，蒸发器用作为冷凝器，通过阀门的切换使高压发生器产生的冷凝水蒸气直接进入蒸发器与热水进行热交换后变为冷剂水进入吸收器，高压发生器产生的中间溶液流入吸收器中，吸收由蒸发器来的经放热后的冷剂水而成为稀溶液，通过溶液泵重新送入高压发生器中，完成了一个供热循环过程。在这一过程中，冷剂水泵停止运行。

直燃机可以在空调供冷的同时供应生活用水，也可同时供应空调热水和生活热水。

7）空调系统的消声　空调系统的噪声用消声器来解决。目前消声器种类很多，有阻性消声器、抗性消声器、微孔板消声器、干涉消声器等等。阻性消声器在管道内表面贴附吸声材料，当声波通过时，声波进入吸声材料的孔隙内，小孔内空气振动，消耗声波的能量，声音被消除。图5-4所示为T701阻性管式消声器。

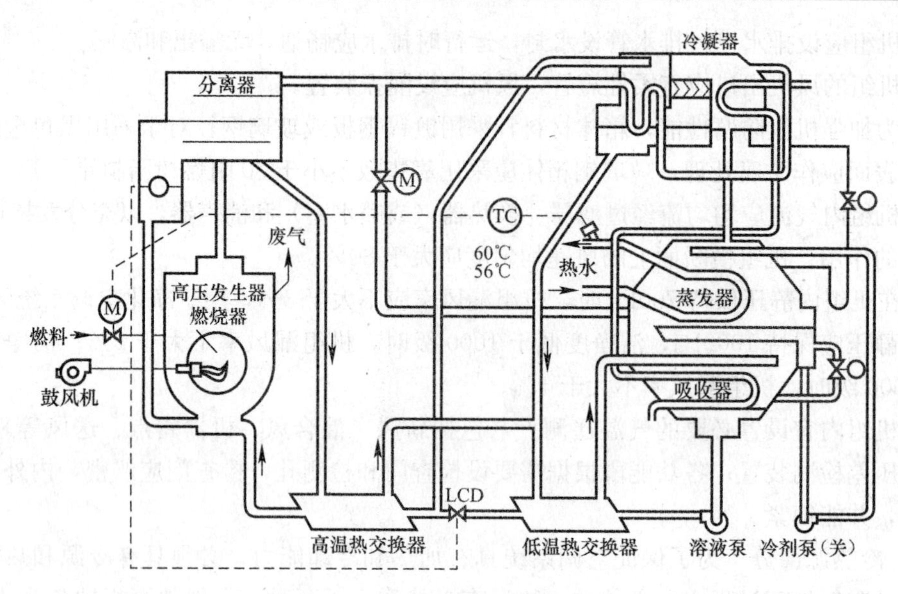

图5-3 直燃机组空调供热循环

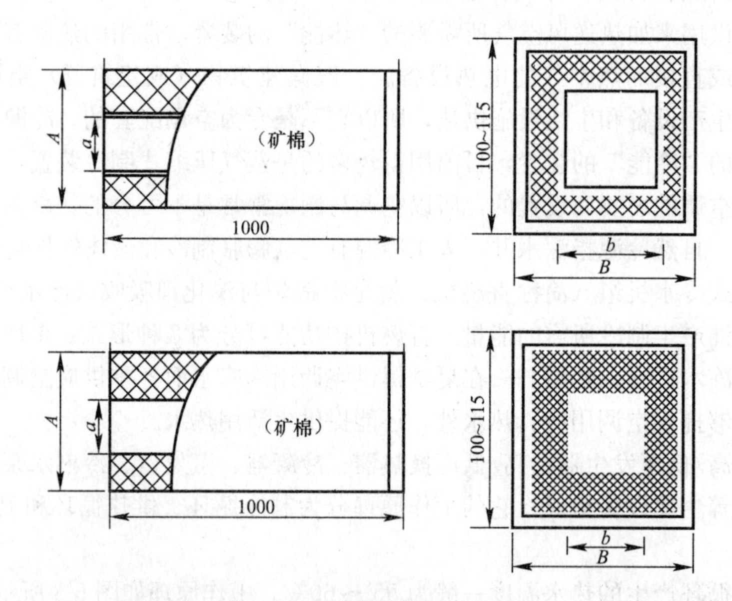

图5-4 T701阻性管式消声器

8）风机盘管 风机盘管机组是空调系统的一种末端装置。它由风机、盘管（换热器）以及电动机、空气过滤器、室温调节器和机壳组成。

风机盘管机组的工作原理是借助机组不断地循环室内空气，使之通过盘管被冷却或加热，以保持室内一定的温、湿度。盘管使用的冷水和热水，由集中冷源和热源供应。机组有变速装置，可调节风量，以达到调节冷、热量和噪声的目的。

风机盘管系统是一种半集中式空调系统，它在整个空调房间内设置风机盘管机组。风机盘管的形式很多，有立式明装、立式暗装、吊顶暗装等等。如图5-5是明装的风机盘管构造。

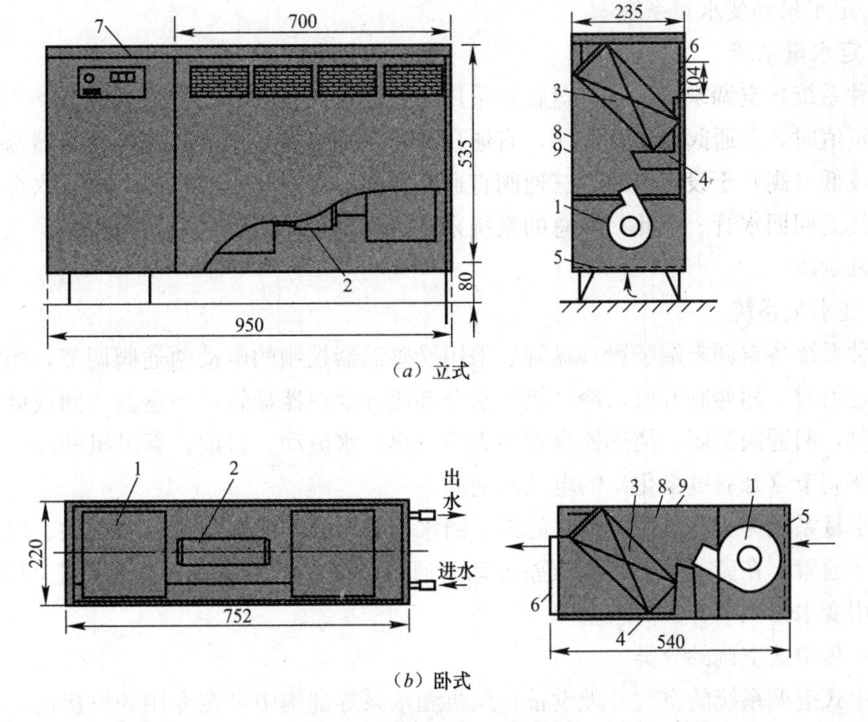

图 5-5 明装的风机盘管构造

1—风机；2—电机；3—盘管；4—凝水盘；5—过滤器；6—出风口；7—控制器；8—吸声材料；9—箱体

风机盘管机组的冷热水管分四管制、三管制和两管制三种。室内温度可以通过温度传感器来控制进入盘管的水量，进行自动调节，又可以通过盘管的旁通门来调节。风机盘管的容量一般为：风量 0.007～0.236m^3/h，制冷量为 2500～7000W，风机电功率一般为 30～100W，水量约为 0.14～0.22L/s。

9）排风设施 客房一般设有卫生间，可在卫生间装顶棚式排风扇，用排风支管连接排风干管，对不设卫生间的房间，在房间适当的位置开设排风口和排风管连通，用排风机向室外排风，各排风支管也应设置防火调节阀。

（2）冷、热媒供给方式

1）两管制和四管制系统

风机盘管空调系统所用的冷媒、热媒是集中供应的。供水系统分为二管制系统和四管制系统。

① 两管制系统

两管制系统由一根供水管和一根回水管组成，这种系统冬季供热水、夏季供冷水都在同一管路中进行。优点是系统简单，投资省，缺点是在过渡季节出现朝阳房间需要冷却，而背阳房间则需要加热时不能全部满足要求。一般可采取按房间朝向分区控制。

② 四管制系统

四管制系统是冷、热水各用一根供水管和回水管，其机组一般有冷、热两组盘管，若采用建筑物内部热源的热泵提供热量时，运行也很经济。四管制系统初次投资较高，仅在舒适性要求很高的建筑物中采用。

2）定水量和变水量系统

① 定水量系统

这种系统各空调末端装置（盘管）采用受感温器控制的电动三通阀调节，当室温没有达到设定值时，三通阀旁通孔关闭，直通孔开启，冷（热）水全部流经换热器盘管；当室温达到或低（高）于设定值时，三通阀直通孔关闭，旁通孔开启，冷（热）水全部流经旁通管直接流回回水管。因此，对总的系统来说水流量是不变。在负荷减少时，供、回水的温差会减少。

② 变水量系统

这种系统各空调末端装置（盘管）采用受感温器控制的电动两通阀调节，当室温没有达到设定值时，两通阀开启，冷（热）水全部流经换热器盘管；当室温达到或低（高）于设定值时，两通阀关闭，换热器盘管中无冷（热）水流动。目前，新风机和冷暖风柜则采用按比例调节（开启度变化）的电动两通阀。

变水量系统为了在负荷减少时的供、回水能够平衡，应在中央机房的供、回水集管之间设置旁通管，在旁通管上装置压差电动两通阀。变水量系统宜设两台以上的冷水机组，目前采用变水量调节方式的较多。

（3）集中式空调的分类

集中式空调系统的空气处理设备、风机和水泵等都集中设在专用的机房内，称为集中式空调系统。这种空调系统的特点是服务面大，难于满足不同的要求，另外由于是集中式供热、供冷，只适宜于满负荷运行的大型场所，如图5-6可以看到，过滤器、喷水室、加热器等空气处理设备是集中在一起的。按照利用回风的情况不同，集中式空调系统又可分三类：

1）直流式

这种系统的新风全部来自室外，经处理达到所需的温、湿度和洁净度后，由风机送入空调房间。在室内吸收了余热、余湿后全部经排风口排到室外，如图5-7（*a*）。

2）回风式

这种系统的特点是送风中除一部分室外空气外，还利用部分室内回风。回风系统由于利用了一部分回风，设备投资和运行费用比直流式大为减少。

回风式系统还可以分为一次回风系统和二次回风系统。将回风全部引至空气处理设备之前与室外空气混合，称为一次回风，见图5-7（*b*）。将回风分为两部分，一部分引至空气处理设备之前，另一部分引至空气处理设备之后，称为二次回风系统，见图5-7（*c*）。

3）封闭式

封闭式系统如图5-7（*d*），送风全部来自空调房间，而不补给新风。这种系统运行费用低，但卫生条件差。按照所处理空气的来源，集中式空调可分为封闭式系统、直流式系统和混合式系统。封闭式系统的新风量为零，全部使用回风，其冷、热消耗量最省，但空气品质差。直流式系统的回风量为零，全部采用新风，其冷、热消耗量大，但空气品质好。由于封闭式和直流式系统的上述特点，两者都只在特定情况下使用。对于绝大多数场合，采用适当比例的新风和回风相混合，这种混合系统既能满足空气品质要求，经济上又比较合理，因此是应用最广的一类集中式空调系统。

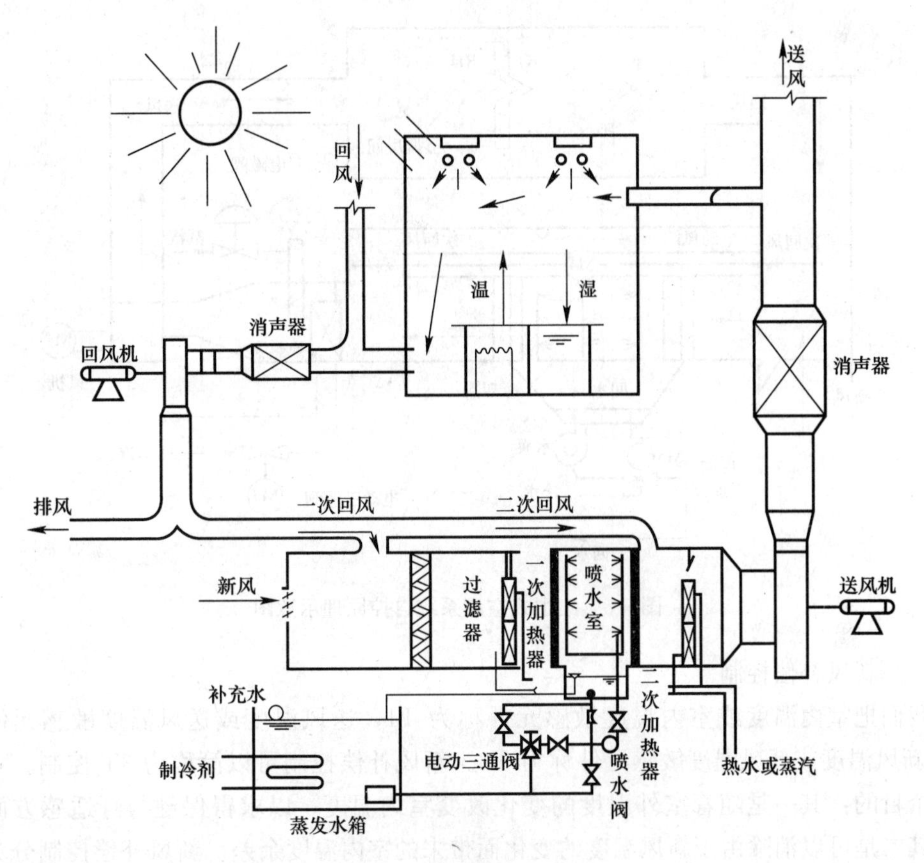

图 5-6　集中式空调系统

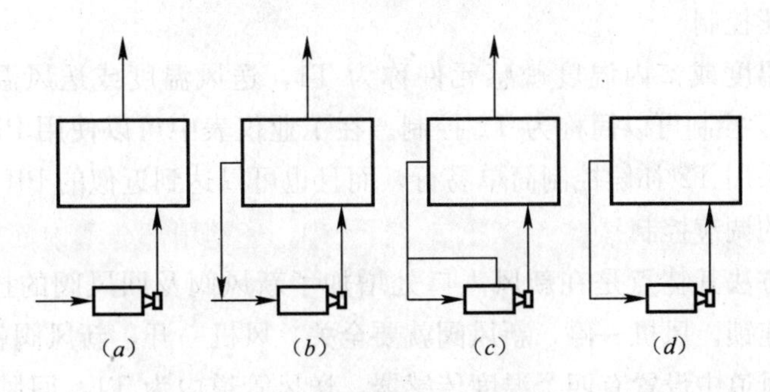

图 5-7　各类集中式空调系统

(a) 真流式；(b) 一次回风式；(c) 二次回风式；(d) 封闭式

3. 空调系统的自动控制方案

近年来，我国空调技术的发展十分迅速，已由传统的单回路控制、多回路控制、多功能仪表控制发展到现在的计算机自动控制，如图 5-8 所示。中央空调控制系统是智能建筑中不可缺少的组成部分。传统的 DDC（直接数字控制器）方式，将各个温度、湿度检测点和控制点连接到一台或多台 DDC 上，实行多点实时监控。

空调系统的自控方案有如下几种：

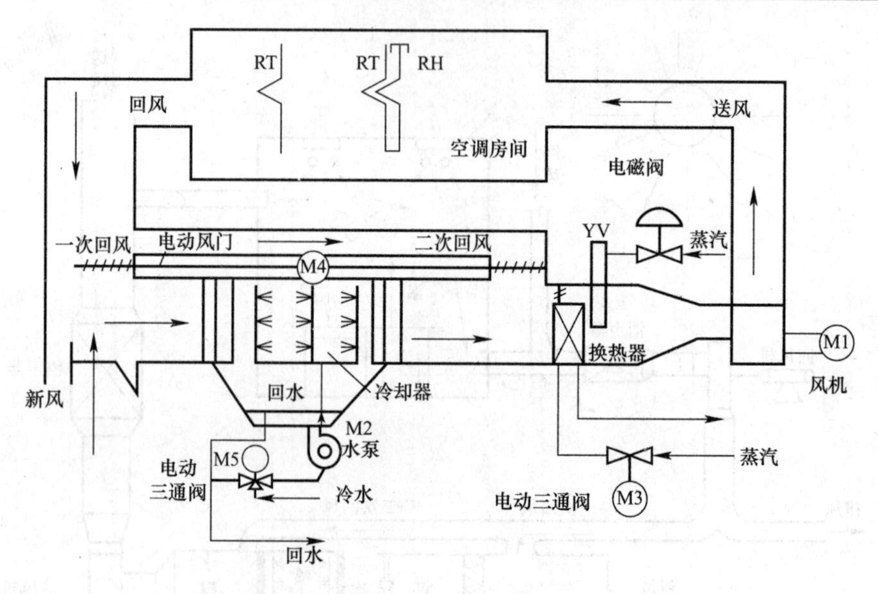

图 5-8 集中式空调系统自控原理示意图

（1）新风补偿控制

我们把室内温度或室内温度敏感元件称为 T1，送风温度或送风温度敏感元件称为 T2，新风温度或新风温度敏感元件称为 T3。新风补偿控制可以简称为 3T 控制。它主要有两个目的：其一是随着室外温度的变化改变室内温度，以求得保健与舒适感方面的改善；其二是可以消除由于新风温度的变化而带来的室内温度余差。新风补偿控制分为冬季补偿和夏季补偿两种。

（2）送风补偿控制

我们把室内温度或室内温度敏感元件称为 T1，送风温度或送风温度敏感元件称为 T2，因而送风补偿控制可以简称为 T2 控制。在工业仪表中可以使用 PID 调节器来解决。在舒适性空调中采用 T2 补偿控制简单易行，而且也可以达到近似的 PID 效果。

（3）新风量的调节控制

冬季的控制方法其特点是在新风入口处增加了新风阀及回风阀的控制。这两个阀联动。并且与风机连锁。风机一停，新风阀就要全关，风机一开，新风阀就要开，但其开度要预先设定。在风道中设置有四个温度传感器，送风管道内为 T1，回风管道内为 T2，新风管道内为 T3 和 T4。为了使联动风阀控制更有效，在过渡季节里还可以通过 T1 及调节器控制风阀的电机，用新风来给室内降温。另外还在新风道内设有 T4，当新风温度逐渐升高、失去冷却作用时，就命令新风阀开到最小开度，以节省能量。

（4）空调机组的定露点控制

“露点”温度控制系统由传感器、控制器、电动双通阀、加热器、电动三通阀和淋水室组成。夏季由传感器控制器使电动三通阀动作，改变冷水与循环水的混合来自动控制“露点”温度。冬季则是通过电动双通阀控制一次加热器的加热量，使经过一次混合后的空气加热，再经淋水室绝热加湿，维持“露点”温度恒定。由于“露点”的相对湿度已接近 95%，只要“露点”温度恒定，“露点”空气状态点也就恒定了。一般采用 PI 控制规律。

(5) 空调机组的变露点控制

空调系统为了节能，通常使用回风，即利用一部分回风与新风混合后，经空调机对混合空气进行热、湿处理，然后送入房间，达到室内要求的空气参数。为了测量房间温、湿度，可以在房间代表点设置温、湿度传感器，也可以在回风管道内设置温、湿度传感器，用以测量大厅或房间的平均温、湿度。

(6) 新风机组的自动控制

新风机组是在某些空调系统中用来集中处理新风的空气处理装置，新风在机组内进行过渡及热、湿处理，然后利用风机通过管道送往各个房间。新风机组由新风阀、过滤器、冷热盘管以及送风机等组成，有的新风机组还设有加湿装置。新风机相对集中设置，新风机是一种较大型的风机加盘管机组，专门用于处理和向各房间输送新风。新风是经管道送到各房间去的，因此要求新风机的风机有较高的压头。系统规模较大时，为了调节控制、管道布置和安装及管理维修方便，可将整个系统分区处理。例如按楼层水平分区或按朝向垂直分区等。有分区时，新风机宜分区设置。新风机有落地式和吊装式两种，宜设置在专用的新风机房内。也有吊装在走廊尽头顶棚的上方等。

1) 新风供给方式

房间新风的供给方式有 2 种：一种是通过新风送风干管和支管将新风机处理后的新风直接送入空调房间内，风机盘管只承担处理和送出回风，让两种风在空调房间内混合，称为新风直入式。另一种是新风支管将新风送入风机盘管尾箱，让新风与回风先在尾箱中混合，再经风机盘管处理送入房间，称为新风串接式，示意见图 5-9～图 5-11。串接式方式要求风机盘管具有较大的送风量。各新风支管都应设置防火调节阀。

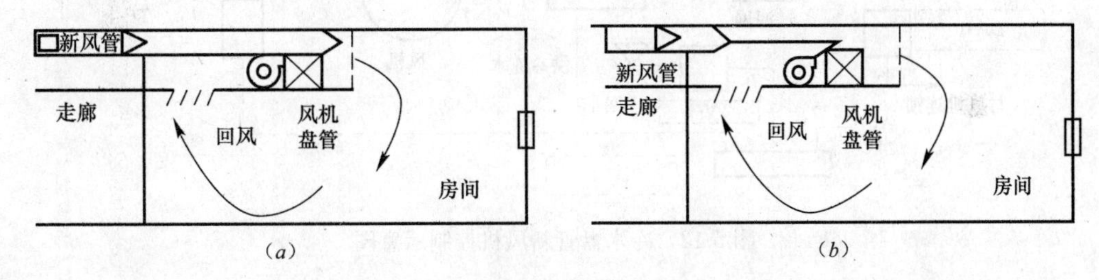

图 5-9 新风直入式与串接式

(a) 直入式；(b) 串接式

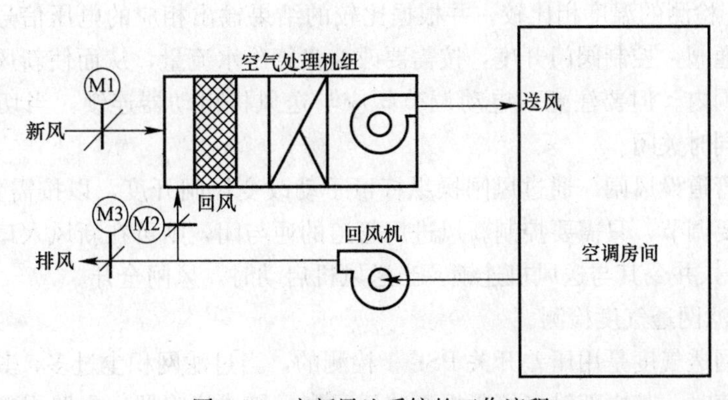

图 5-10 变新风比系统的工作流程

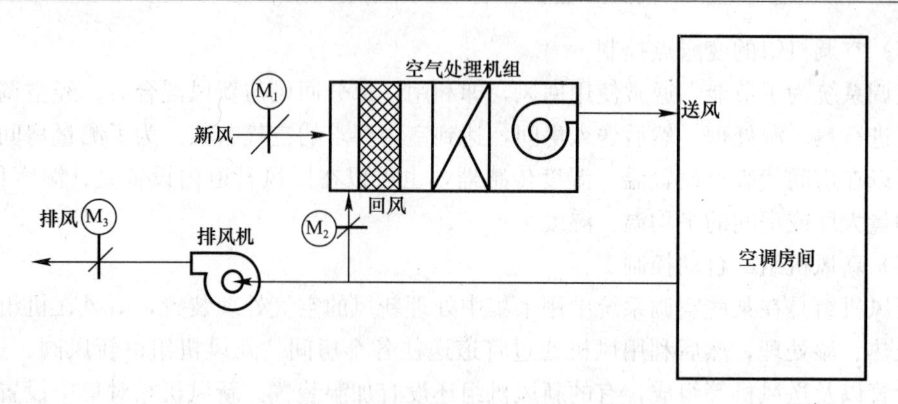

图 5-11 双变新风比系统的工作流程

2）新风机控制

① 冷水盘管新风机送风温度控制。

这种新风机仅用于夏季空调时处理新风，图 5-12 是它的控制示意图，图中 TE-1 为温度传感器；TC-1 为温度控制器；TV-1 为两通电动调节阀；PSD-1 为压差开关；DA-1 为风闸操纵杆。

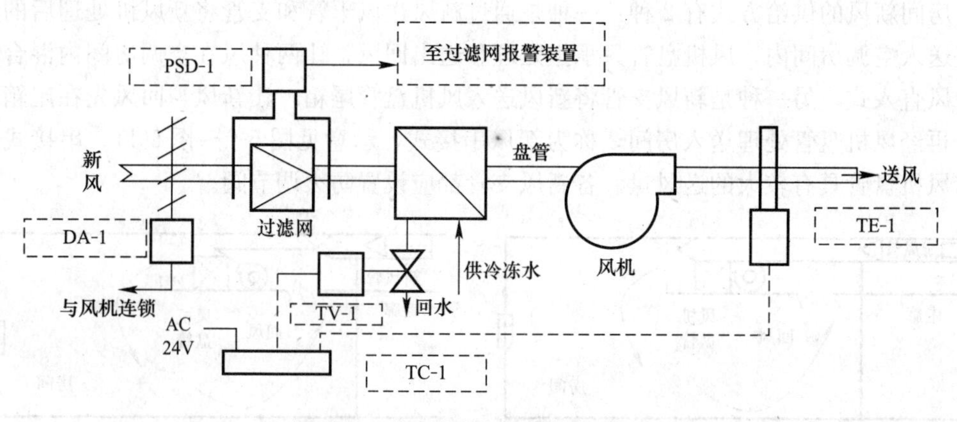

图 5-12 冷水盘管新风机控制示意图

如图 5-12 所示，装设在新风机送风管道内的温度传感器 TE-1 将检测的温度转化为电信号，并经连接导线传送至温控器 TC-1；TC-1 是一种比例加积分的温控器，它将其设定点温度与 TE-1 检测的温度相比较，并根据比较的结果输出相应的电压信号，送至按比例调节的电动二通阀，控制阀门开度，按需要改变盘管冷水流量，从而使新风送风温度保持在所需要的范围内。但要注意，电动调节阀应与送风机启动器连锁，当切断送风机电路时，电动阀应同时关闭。

新风进风管道设风闸，通过风闸操纵杆可手动改变风闸开度，以按需要调节新风量。若新风量不需要调节，只需要控制新风进风管道的通与闭，则可在新风入口处设置双位控制的风闸 DA-1，并令其与送风机连锁，当送风机启动时，风闸全开。

② 空气过滤网透气度检测。

空气过滤网透气度是用压差开关 PSD-1 检测的，当过滤网积尘过多，其两侧压差超过压差开关设定值时，其内部触点接通报警装置（指示灯或蜂鸣器）电路报警，提示需更换或清洗过滤网。

3）冷、热水两用盘管新风机的控制

这种新风机用于全年处理新风，其盘管夏季通冷水，冬季通热水。图 5-13 是它的控制示意图。其中，TS-1 为带手动复位开关的降温断路温控器；TS-2 是能实现冬、夏季节转换的箍型安装的温控器，其余与图 5-12 基本相同。

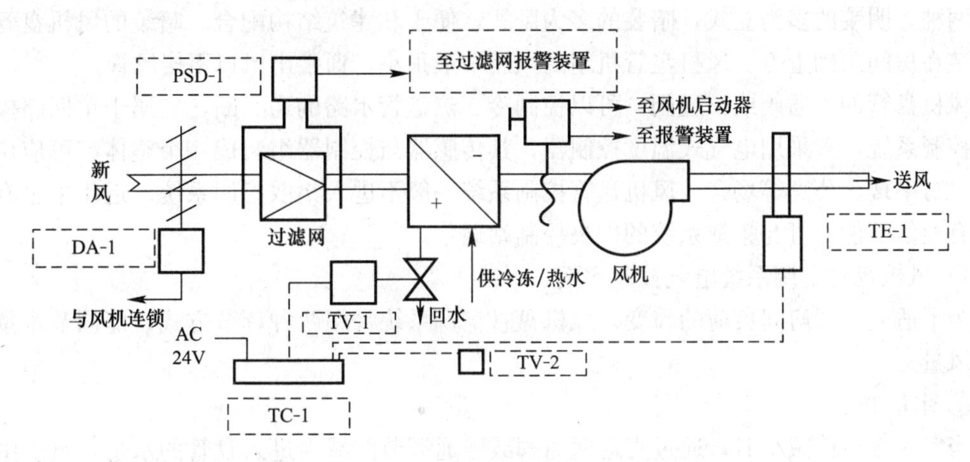

图 5-13　冷、热水两用盘管新风机的控制示意图

4）冬夏季节转换控制

在新风送风温控器 TC-1 的某两个指定的接线柱上，外接一个单刀双掷型温控器 TS-2，其温度传感器装设于冷、热水总供水管上，即可对系统进行冬季/夏季的季节转换。在夏季，系统供应冷水，TS-2 处于断路状态，TS-1 的工作情况和对电动阀的控制与仅在夏季通冷水时的盘管控制相同；在冬季系统供应热水，TS-2 对电动阀的控制将发生改变，即当送风温度下降时，令电动阀阀门开度增大，以保持送风温度的稳定。TS-2 是根据总供水（由夏季的冷水改变为冬季的热水时）水温的变化，自动实现系统的冬、夏季节转换的温控器。冬夏的季节转换也可以用手动控制，只需将 TS-2 温控器换接为一个单刀开关，夏季令其断开，冬季令其闭合即可。

5）降温断路控制

如图 5-12 所示，顺气流方向，装设在盘管之后的控制器 TS-1 是一种带有手动复位开关的降温断路温控器，在新风送风温度低于某一限定值时，其内的触点断开。切断风机电路使风机停止运转，并使相应的报警装置发出报警信号，同时与风机连锁的风闸和电动调节阀也关闭。降温断路温控器在系统重新工作前，应把手动复位杆先压下后再松开，使已断开的触点复位而闭合。这种温控器设置直读式度盘，温度设定点可通过调整螺丝进行调整，调整范围为 2～7℃。温控器的感温包置于盘管表面。

(7) 空调系统的最佳启停控制

对于间歇运行的空调系统，在停机后，由于外部环境条件的变化、围护结构传热的影响，室温会发生变化。又由于房间热惯性的影响，所以要求在次日开始使用前，必须预冷或预热，这就必须提前启动空调系统，使房间降温或升温，以保证开始使用时室温处于要求的范围内。最佳启停控制需要计算启停时间，通过最佳启停控制器或计算机进行控制。

在计算中需要知道新风温度、室内温度、夏季或冬季室内给定条件，特别是要知道空调机与建筑物的特性，这一点非常重要。作为最佳启动时刻，因负荷不同而异。当负荷大时，必须早些开机。

（8）风机盘管与空调机组、新风机组的控制

风机盘管分散设置在各个空调房间中，小房间设一台，大房间可设多台。它有明装和暗装两种。明装的多为立式，暗装的多为卧式，便于和建筑结构配合。暗装的风机盘管通常吊装在房间顶棚上方。风机盘管机组的风压一般很小，通常出风口不接风管。

风机盘管的二通阀或三通阀，可以控制冷、热盘管水路的通、断，它属于单回路模拟仪表控制系统，多采用电气式温度控制器，其传感器与控制器组装成一个整体，可应用在客房、写字楼、公寓等场合。风机盘管控制系统一般不进入集散控制系统。近年来也有的产品有通信功能，可与集散系统的中央控制站通信。

1）风机盘管空调系统电气控制实例

为了适应空调房间负荷的瞬变，风机盘管空调系统常用两种调节方式，即调节水量和调节风量。

① 水量调节

当室内冷负荷减小时，通过直通两通阀或三通调节阀减少进入盘管的水量，盘管中冷水平均温度上升，冷水在盘管内吸收的热量减少。

② 风量调节

这种调节方法应用较为广泛，通常调节风机转速以改变通过盘管的风量（分为高、中、低三速），也有应用晶闸管调压实行无级调速的系统。当室内冷负荷减少时，降低风机转速，空气向盘管的放热量减少，盘管内冷（热）水的平均温度下降。当人员离开房间时，还可将风机关掉，以节省冷、热量及电耗。

2）风机盘管空调的电气控制

① 电子温控器控制电路。风机盘管空调的电气控制一般比较简单，只有风量调节的系统，其控制电路与电风扇的控制方式基本相同。电路图如图5-14所示。

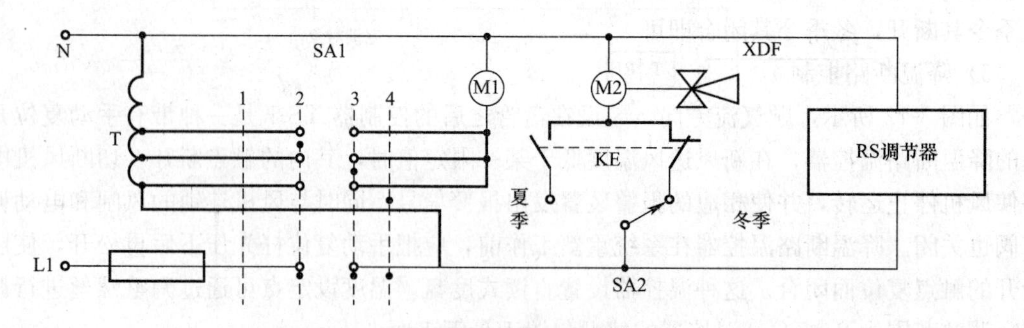

图5-14 风机盘管电路图

② 风量调节。风机电动机M1为单相电容式异步电机，采用自耦变压器调压调速（也有三速电动机产品）。风机电动机的速度选择由转换开关实现（也可用推键式开关）。转换开关有4挡，1挡为停；2挡为低速；3挡为中速；4挡为高速。

③ 水量调节。供水调节由电动三通阀实现，M2为电动三通阀电动机。由单相AC

220V 磁滞电动机带动的双位动作的三通阀。其工作原理是：电动机通电后，立即按规定方向转动，经减速齿轮带动输出轴，输出轴齿轮带一扇形齿轮，从而带动阀杆、阀心动作。阀芯由 A 端向 B 端旋转时，使 B 端被堵住，而 C 至 A 的水路接通，水路系统向机组供水。此时，电动机处于带电停转状态，只有磁滞电动机才能满足这一要求。

当需要停止供水时，调节器使电机断电，此时由复位弹簧使扇形齿轮连同阀杆、阀芯及电动机同时反向转动，直至堵住 A 端为止。这时 C 至 B 变成通路，水经旁通管流至回水管，利于整个管路系统的压力平衡。

(9) 空调冷/热水系统压差旁通控制

压差旁通控制系统适用于中央空调的冷冻水/热水系统的压差旁通控制用途。压差旁通的作用主要在于维持冷冻水/热水系统能够在末端负荷较低的条件下，保证冷冻机/热交换器等设备的正常运转。压差控制器通过检测供/回水主管的压力差，与给定值相比较，通过控制电动两通阀的开度，使供水与回水间实现旁通，以保持所需要的压力差值。

(10) 空调及采暖的热交换器控制

该系统适用于空调/采暖系统的热交换器控制。由插在水管中的温度传感器、比例温度控制器和电动两通阀组成热交换器出水温度控制系统。温度传感器把检测到的温度信号传送至比例温度控制器，由比例温度控制器将温度信号与给定值相比较，并根据比较的结果输出相应的直流电压信号，控制电动两通阀的开度，从而控制通过热交换器的蒸汽量，使另一端的热水温度保持在需要的范围。

图 5-16 所示是一个空调基本系统，常见于我国南方沿海一带热带气候条件的地区，或用于采用其他方式供暖而只要求制冷、除湿、换气要求不高的场合。其性能一般，多见于普通的商用舒适空调系统。当然冬季将介质换成热水，这一配置也可用于供暖。图 5-15 是具备制冷、加热、除湿、加湿功能的标准再循环空调系统配置。上述两种配置都具有新风比固定（需手动调节）的缺陷。图 5-17 是一个较为完善的系统，该系统与图 5-15 一样具有较好的空气调节性能，适用于工艺空调系统和性能要求较高的场合。同时通过增加回

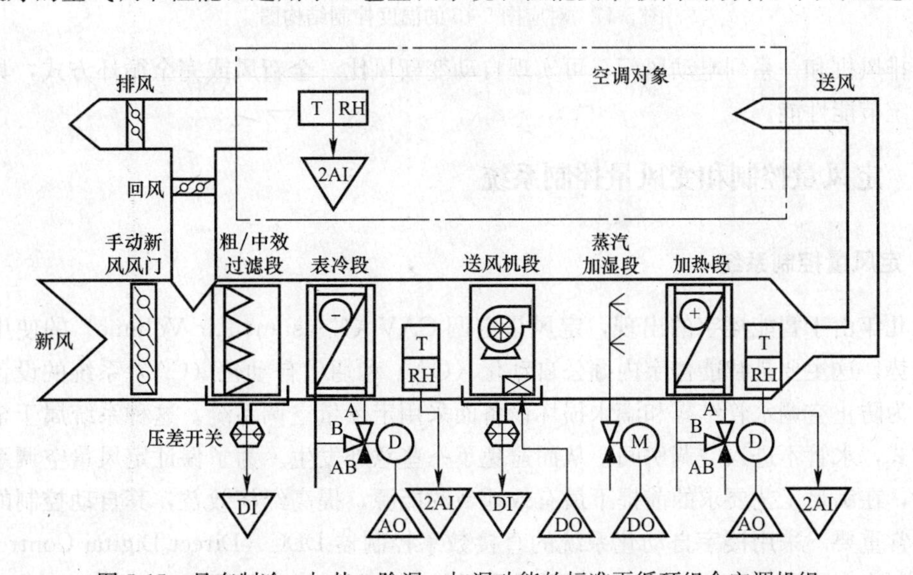

图 5-15 具有制冷、加热、除湿、加湿功能的标准再循环组合空调机组

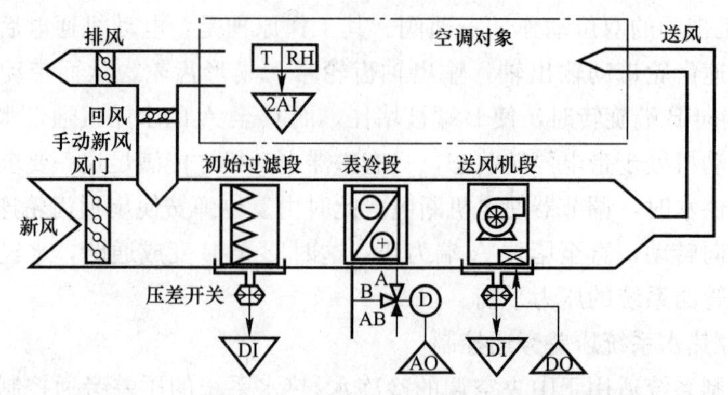

图 5-16 具有制冷、除湿功能的简单再循环组合空调机组

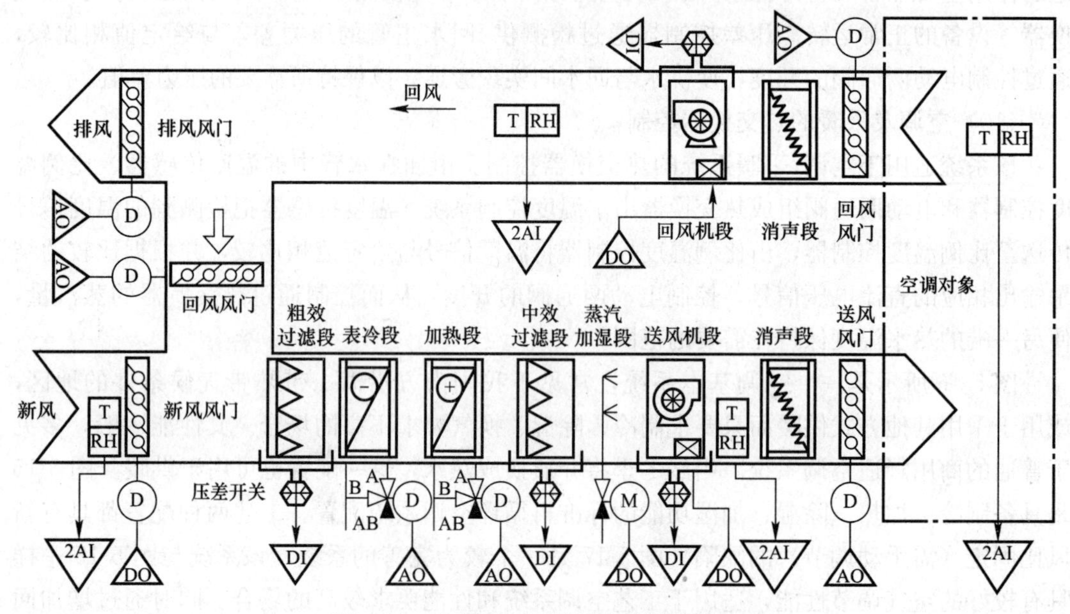

图 5-17 对应图 5-15 的温度控制结构图

风机、排风机和一系列电动风门，可实现自动变新风比，全新风或完全循环方式，具有较好的系统节能性能。

5.1.2 定风量控制和变风量控制系统

1. 定风量控制系统

近几年由于智能楼宇的出现，定风量空调 CAV（Constant Air Volume）的使用有增多的趋势，这主要是智能楼宇内办公自动化（OA）和通信自动化（CA）系统的设备比较贵重，为防止空调水管结露和滴水损坏设备而采用定风量空调系统。这种系统属于全空气送风方式，水管不进入空调房间，从而避免了一些意外发生。为了保证定风量空调系统正常运行，在满足工艺要求的前提下最有效地节约能源，提高经济效益，其自动控制的技术水平非常重要。采用楼宇自动化系统的直接数字控制器 DDC（Direct Digitai Control）监测和控制中央空调系统，已成为空调系统自动控制的新技术，如图 5-18 所示。

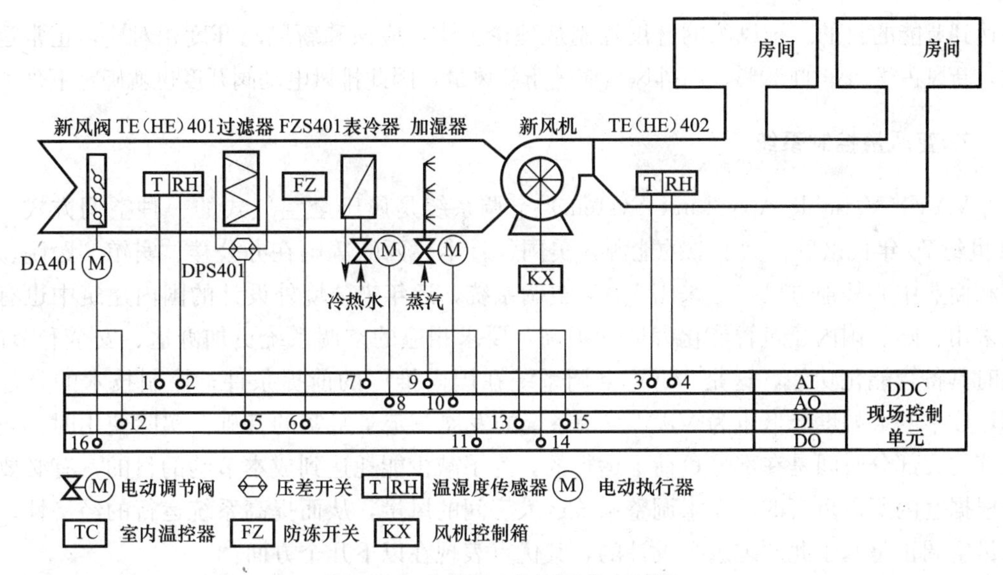

图 5-18 定风量空调系统控制框图

定风量空调系统的自动控制内容主要有空调回风温度自动调节，空调回风湿度自动调节及新风阀、回风阀及排风阀的比例控制，分述如下。

(1) 空调回风温度的自动调节

回风温度自动调节系统是一个定值调节系统，它把空调机回风温度传感器测量的回风温度送入 DDC 控制器与给定值比较，根据$\pm\Delta T$偏差，由 DDC 按 PID（比例、积分、微分）规律调节表冷器回水的调节阀开度，以达到控制冷冻（加热）水量，使房间温度保持在人体感觉合适的温度。

在回风温度自动调节系统中，新风温度随天气变化，这对回风温度调节系统是一个扰动量，使得回风温度调节总是滞后于新风温度的变化。为了提高系统的调节品质，把空调机新风温度传感器测量的新风温度作为前馈信号加入回风温度调节系统。譬如，在夏季中午新风温度T增高（设此时回水阀开度正好满足室内冷负荷的要求，处于平衡状态），新风温度传感器测量值增大，这个温度增量经 DDC 运算后输出一个相应的控制电平，使回水阀开度增大，即冷量增大，补偿了新风温度增高对室温的影响。

由于楼宇自控系统对空调机组实施最优化控制，使各空调机的回水阀始终保持在最佳开度，恰到好处地满足了冷负荷的需要，其结果反映到冷冻站供水干管上，真实地反映了冷负荷需求，从而控制冷水机组启动台数，节省了能源。

(2) 空调机组回风湿度调节

空调机组回风湿度调节与回风温度调节过程基本相同，回风湿度调节系统是按 PI（比例、积分）规律调节加湿阀，以保持房间的相对湿度在$H_{夏}\leqslant 60\%$RH，$H_{冬}\geqslant 40\%$RH。我国的南方地区湿度较大，若想节省资金，可删去空调机组回风湿度调节。

(3) 新风电动阀、回风电动阀及排风电动阀的比例控制

把装设在回风管的。TE（HE）502 温、湿度传感器和新风管的 TE（HE）501 所检测的温度、湿度送入 DDC 进行回风及新风焓值计算，按新风和回风的焓值比例输出相应的电压信号控制新风阀和回风阀的比例开度，使系统在最佳的新风/回风比状态下运行，以

便达到节能的目的。排风阀的开度控制从理论上讲，应该和新风阀开度相对应，正常运行时，新风占送风量的30%，而排风量应等于新风量，因此排风电动阀开度也就确定下来了。

2. 变风量控制系统

VAV（Variable Airvolume System）空调系统是属于全空气式的一种空调方式。在20世纪70年代以后，为了节约能源，美国、日本、西欧等国在办公楼、宾馆、医院、学校和商业中心等地方已广泛采用VAV空调系统，近年来，境外设计的国内建筑中也有大量采用。随着国内建筑智能化程度的提高，要求相应的空调系统更加舒适、安全和节能，同时具备智能化功能，这是VAV空调系统在国内推广的前提条件；控制技术的日趋成熟，成本的大幅度降低也为VAV空调系统的发展奠定了坚实的基础。实际使用时，空调系统的大部分时间是在部分负荷下运行的，为了减少能耗达到成本节约的目的，有必要随时根据室内所需负荷的多少来调整系统送人房间的风量，从而提高系统运行的经济性。变风量空调正是基于此原理进行设计的，其优点表现在以下几个方面：

① 设计过程中在确定系统总风量取值一定的同时使用系数以适应负荷的变化，这样不仅可节约风机运行费用而且还可减少风机的装机容量，节省初投资。对不同的建筑物同时使用系数可取0.8。

② 系统的灵活性较好，易于改建或扩建，尤其适用于房间格局多变的建筑物。

③ 变风量空调系统属于全空气系统，没有风机盘管的凝水问题。所以变风量空调系统主要适用于负荷变化较大的建筑，如办公楼等。

但是该系统在使用中也存在一些问题，主要表现为：

① 系统初期投资较大。

② 在室内湿负荷较大的场合，如果采用室温控制而又没有末端再热装置，房间湿度往往很难保证。

③ 室内的噪声偏大，系统中较大的噪声源除了送、回风机外，主要是末端装置产生的噪声。

④ 当房间负荷变小，送风量减少到一定程度时，房间内会发生缺少新风，室内人员会感到憋闷。

(1) VAV空调系统工作原理

全空气空调系统设计的基本要求，是要决定向空调房间输送足够数量的、经过一定处理的空气，用以吸收室内的余热和余湿，从而维持室内所需要的温度和湿度。送入房间的风量按下式确定

$$L=\frac{3.6Q_q}{\rho(I_n-I_s)}=\frac{3.6Q_x}{\rho c(t_n-t_s)} \tag{5-1}$$

式中，L为送风量，单位为m^3/h；Q_q、Q_x为空调送风所要吸收的全热余热和显热余热，单位为W；ρ为空气密度，单位为kg/m^3，可取$\rho=1.2$；c为空气定压比热容，单位为kJ/(kg·℃)，可取$c=1.01$；I_n、I_s为室内空气焓值和送风状态空气焓值，单位为kJ/kg；t_n、t_s为室内空气温度和送风温度，单位为℃。从该式可知，当室内余热值Q_x。发生变化而又需要使室内温度保持不变时，可将送风温度t_s。固定，而改变送风量L，这就是称为

变风量（VAV）系统的空调控制系统。

图 5-19 是典型的 VAV 空调系统示意图，其主要特点就是在每个房间的送风入口处装一个 VAV 末端装置，该装置实际上是可以进行自动控制的风阀，以增大或减小送入室内的风量，从而实现对各个房间温度的单独控制。当一套全空气空调系统所带各房间的负荷情况彼此不同或各房间温度设定值不同时，VAV 是一种解决问题的有效方式。

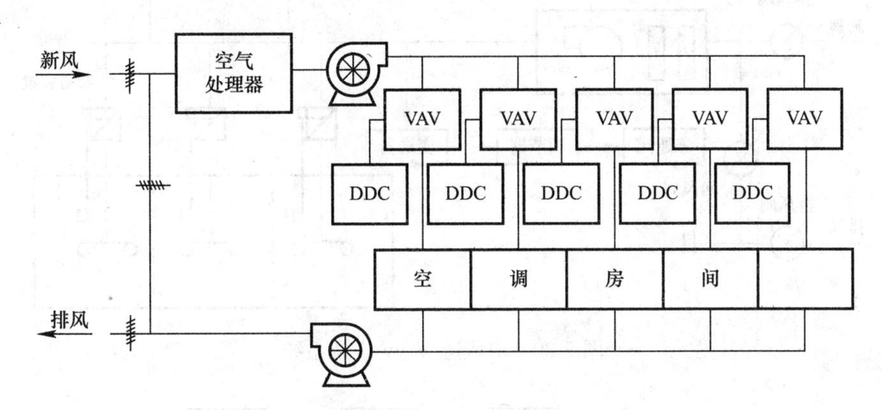

图 5-19 典型的 VAV 空调系统示意图

变风量空调系统能量平衡方程式为

$$G = Q/1.01(T_n - T_o) \tag{5-2}$$

由式（5-2）可知，当负荷 Q 或室内设定温度 T_n 变化时，保持送风量 G 不变，调节送风温度 T_o；或保持送风温度 T_o 不变（或微调），根据室内负荷 Q 的变化调节送风量 G，均能保持空调系统的能量平衡。

一个完整的变风量系统，应该由空气处理设备、一个中压送风系统、若干台末端装置和必要的自动控制元件所组成。变风量系统是一种节能的空调方式，它具有如下一些特点：

① 由于变风量系统的末端装置可以根据负荷的变化和个人的舒适要求改变送风量，这意味着整个空调系统的供冷量是可变的，即可以随着负荷的变化调节送风量。

② 配以合理的自动控制，空调和制冷设备只按实际负荷需要运行，可降低耗电量和运行费。

③ 可以实现单个房间的温度自控，各房间可以独立选择自己要求的控制温度。

④ 可不作系统风量平衡调试，就可以得到满意的平衡效果。

⑤ 由于增加了系统静压、室内最大风量和最小风量、室外新风量等的控制环节，设备本身的造价会有所提高。

VAV 空调系统根据建筑结构和设计要求的不同有多种设计方案可供选择。如单风道或双风道，节流型或旁通型末端装置，末端是否有再加热（温控精度高时采用），送风管道静压控制方式（定静压或变静压）等。总之，只要送风量随负荷变化而变化的系统，统称为变风量空调系统。图 5-20 为单风道 VAV 空调系统简图。系统管路由 VAV 空调箱，新风、回风和排风阀门，VAV 末端装置及管网组成。控制环路由室温控制，送风量控制，新风、回风和排风阀门联动控制及送风温度控制等部分组成。图 5-21 为变风量空调系统控制框图。系统由变风量空调箱、新风、回风和排风阀门、压力无关型末端装置及管网组成。控制回路由冷水量与送风温度控制、风机转速与静压点静压控制、送风量与室内温度控制及新风量与二氧化碳浓度控制4个回路组成。

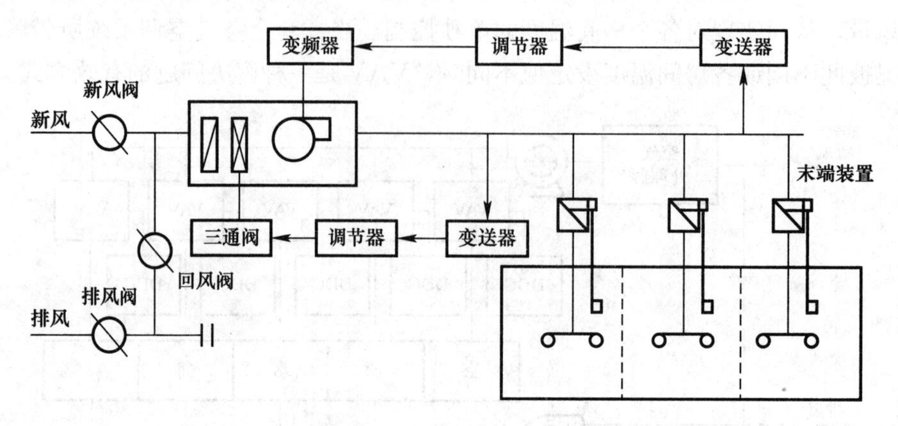

图5-20　单风道VAV空调系统

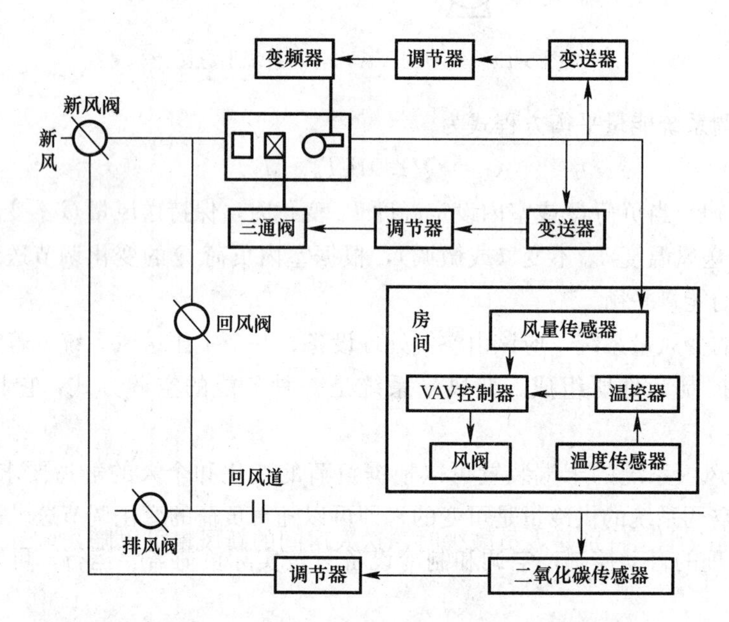

图5-21　变风量（VAV）空调系统控制框图

（2）VAV空调系统的控制方案

VAV空调系统的控制方案有以下几种：

1）定静压定温度法

在VAV系统设计中，通常采用定静压控制法。该方法在送风系统管网的适当位置（通常在离风机2/3处）设置静压传感器，以保持该点静压固定不变为前提，通过不断的调节变频送风机的频率来改变空调系统的送风量。而送风静压值通常通过静压复得法来求得。

2）定静压变温度法

定静压变温度法是在定静压定温度控制法的基础上发展出来的。系统的主要控制机理为：在保证某一点（或几点平均）静压一定的前提下，室内要求风量由 VAV 所带风阀调节；系统总送风量根据风管上某一点（或几点平均）静压与该点所设定静压的偏差，通过控制变频器的频率调节风机转速来确定（定压值）。同时还可以改变送风温度来满足室内环境舒适度的要求（变温度）。

3）变静压法的 VAV 系统控制

一些小规模的 VAV 系统可采用变静压控制法。采用变静压控制法的系统中风管不需设置静压传感器，而是在变风量末端装置中设置阀门开度传感器，由变风量末端装置的开启度的判断来计算调节送风机的扬程，使得至少一个具有最小静压值的末端装置的阀门处于全开状态，这样可以尽量降低送风静压，节约风机能耗。

4）风阀跟踪调节

通过安装在新风阀后的风速传感器测出风量，以此对新风阀和回风阀进行调节。如图 5-22 所示，设置高、低限温度传感器是为了控制经济新风运行，当低限温度传感器测出的温度高于设定的最小值时，新风量加大；当室外温度太高时，高限温度传感器使新风阀回到最小位置。

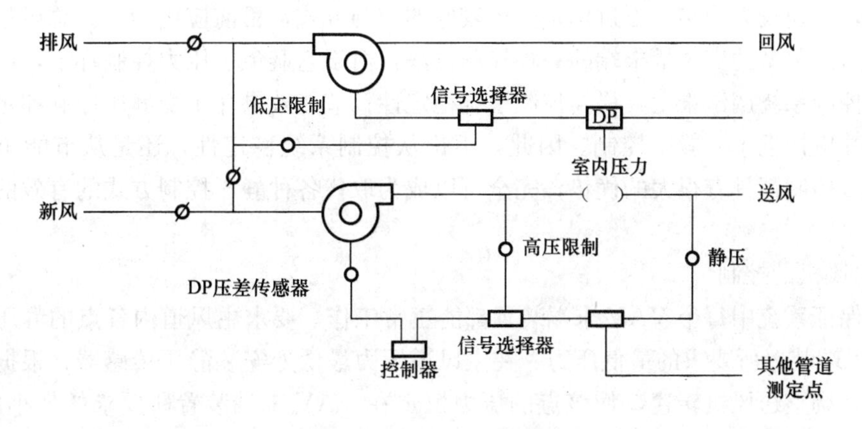

图 5-22 室内正压控制

当房间负荷减小，特别是人员减少时，送人房间的新风量可以随送风量的减少成比例减少。当达到最小新风量时为了维持最小新风量不再减少需要保持新、回风混合段中负压不变，因此新风阀将要不断开大，而回风阀将不断关小。设送风量为 10000m³/h 的变风量系统设计新风比为 20%，最小新风量为 1000m³/h。由于在最小新风量的风速太低，使得测控精度难以保证。如图 5-23 所示。

（3）变风量控制系统风量控制方案

1）总风量控制

风机总量控制方法是基于压力无关型的 VAV 末端研究出的一种新的简单易行的 VAV 空调系统的控制方法。通过对压力无关型末端控制环路的分析，发现各个末端的设定风量是一个很有价值的量。它反映该末端所在房间目前要求的送风量，那么所有末端设定风量之和显然是系统当前要求的总风量，并且体现了系统希望达到的流量状态，根据算得的总风量来控制风机频率。

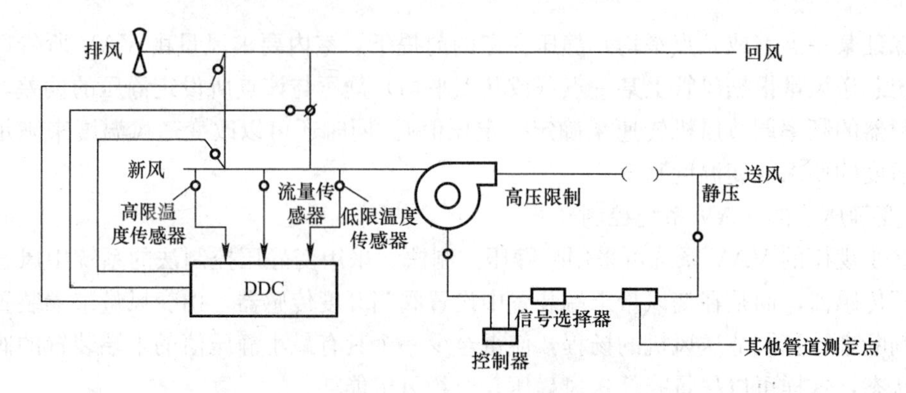

图 5-23　风阀控制

随着空调专业在建筑行业中的迅速发展，空调系统所占整个建筑物能耗的比重越来越大，舒适、节能已经成为首要考虑的问题。过去常用的定静压控制方法由于节能效果不理想，静压点设置主观性较大，加上系统中必须设置的静压传感器，如采用高精度型成本较高等原因，在设计市场有被取代的倾向。变静压控制能最大限度地节省风机能耗，但控制算法复杂，实现较为困难，不过仍是一种较好的控制方式，目前应用较广。总风量控制法是基于压力无关型的变风量末端的一种控制方法，由于它避免了压力控制环节，确实能很好地降低控制系统调试难度，提高控制系统稳定性；节能效果介于变静压控制和定静压控制之间，并更接近于变静压控制。因此，不论从控制系统稳定性，还是从节能角度上来说，总风量控制都具有很大的优势，完全可以成为取代各种静压控制方式的有效的风机调节手段。

2）送风机的控制

为了保证系统中每个 VAV 末端装置都能正常工作，要求主风道内各点的静压都不低于 VAV 末端装置所要求的最低压力。在主风道压力最低处安装静压传感器，根据此点测出的压力，调整送风机转速，使该点的压力恒定在 VAV 末端装置所要求的最小压力值，即可保证各 VAV 末端装置正常工作。对于仅一条风道的系统，将压力传感器装在风道的最远处，根据它的压力调节送风机转速，即可保证各 VAV 末端装置都在足够的压力下工作，然而在实际工程中会出现问题：当主风道前半部分风速较高，尾部风速较低时，最远处的静压比近处某些位置的静压还高，导致近处一些 VAV 装置不能正常工作。当主风道分为两支或多支（如图 5-24 所示）时，若装有压力传感器的分支 A 内各变风量装置的风阀因需要的风量小而关小，分支内总风量减少，而另一支要求的风量大，则压力传感器测出的压力接近于风道分叉处点 a 的压力，但由于分支 B 内风量大，压降大，点 c 的压力远低于点 a，从而也就低于点 b 的压力，这样，当控制送风机转速使点 b 处于额定压力时，点 c 及其附近的压力就会偏低，使连接于这些位置的 VAV 末端装置不能正常运行。鉴于这种情况，建议将参考测压点前移至总风道上距末端 1/3 处，如图 5-24 中 d 点。有些工程师干脆将测点设在风机出口，使风机出口压力恒定。这样，部分负荷时 VAV 末端装置压力过大，使得风阀关得很小，噪声增加，同时小风量时风机电耗节省不多。这样，虽然测压点越接近风机，系统越可靠，但风机节能效果就越差。这些分析都是按有一个压力测点控制风机转速这种单回路的简单控制方式，而使用 DDC 控制，可以多装几个压力测点来解决上述矛盾。如图 5-24 所示的例中，在点 b、c 处均安装压力传感器，调节送风机转速，使这两个压力中的最小者不低于 VAV 末端装置要求的最低压力。还可以在有可能出现最高风速的风道处装压力测点，以保证该点压力不低于额定值。当然在保证可基本了解风道内压力分布的前提下，应尽可能减少压力测点，以减少投资。在何处设压力测点是出现了 VAV 系统以后国外长期争论、且尚未圆满解决的问题。在采用计算机控制后，增加这种"哪里压力最低"的逻辑判断功能，问题就变得很容易解决了。

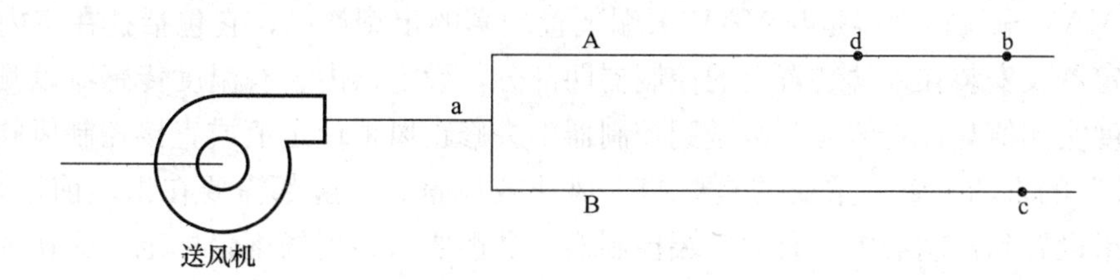

图 5-24 两个分支时控制送风机转速的参照点

3）回风机的控制

回风机的转速也需要调节，以使回风风量与变化了的送风量相匹配，从而保证各房间不会出现太大的负压或正压。由于不可能直接测量每个房间的室内压力，因此不能直接按照室内压力对回风机进行控制。由于送风机在维持送风道中的静压，其工作点随转速变化而变化，因此送风量并非与转速成正比。而回风道中如果没有可随时调整的风阀，回风量基本上与回风机转速成正比。因此也不能简单地使回风机与送风机同步地改变转速。实际工程中可行的方法是同时测量总送风量和总回风量，调整回风机转速使总回风量总是略低于总送风量，即可维持各房间稍有正压。再一种方式是测量总送风量和总回风道接近回风机入口处的静压，此静压应与总送风量的平方成正比，由测出的总送风量即可计算出回风机入口静压的设定值，调整回风机转速使回风机入口静压达到该设定值，即可保证各房间内的零压。

4）送风参数设定

对于第一节中讨论的定风量系统，总的送风参数可以根据实测房间温湿度状况确定。对于变风量系统，由于每个房间的风量都根据实测温度调节，因此房间内的温度高低并不能说明送风温度偏高还是偏低。只有将各房间温度、风量及风阀位置全测出来进行分析，才能确定送风温度需用调高或降低，这必须靠与各房间变风量末端装置的通信来实现。对于各变风量末端间无通信功能的控制系统，送风参数很难根据反馈来修正，只能根据设计计算或总结运行经验，根据建筑物使用特点、室内发热量变化情况及外温确定送风温度设定值。根据一般房间内温湿度要求计算出绝对湿度 d，取 $d=(0.5\sim1)$g/kg 作为送风绝对湿度的设定值。为了满足各房间温度要求，这样确定的送风温度设定值一般总是偏保守，即夏天偏低，冬天偏高，从而使经过末端装置调节风量后，各房间温度都能满足要求。但有时各 VAV 末端装置都关得很小，增加了噪声。此外还减少了过渡期利用新风直接送风降温的时间，多消耗了冷量。

5）保证足够的新风　当新、排、混风阀处于最小新风位置时，降低风机转速，使总风量减小，新风入口处的压力就会升高，从而使吸入的新风的百分比不变，但绝对量减少。对于舒适性空调，这使各房间新风量的绝对量减少，空气质量变差。为避免这一点，在空气处理室的结构上可采取许多措施。就控制系统来说，可在送风机转速降低时适当开大新风和排风阀，转速增加时再将它们适当关小。更好的办法是在新风管道上安装风速传感器，调节新风和排风阀，使新风量在任何情况都不低于要求值。

（4）变风量控制系统末端装置

1）具有独立的末端控制器的VAV系统

此种VAV末端控制器是与VAV末端装置配套的定型产品，它包括挂在室内墙壁上的温度设定器及安装在末端装置上的控制器两部分，设定器内装有温度传感器以测量房间温度。温度实测值与设定值之差被送到控制器中去修正风量设定值或直接控制风阀。对于“压力无关”的末端装置，重要的是要测准风速或风量。一般都需要在出厂前逐台标定，将标定结果设置到控制器中。有的末端控制器产品还要求在现场逐台标定，这在选用产品的订货时要十分注意。

除VAV末端装置外就是对空调机的控制了。VAV系统的新的控制问题为：①由于各房间风量变化，空调机的总风量将随之变化，如何对送风机转速进行控制使之与变化的风量相适应？②如何调整回风机转速使之与变化了的风量相适应，从而不使各房间内压力出现大的变化？③如何确定空气处理室送风温湿度的设定值？④如何调整新回风阀，使各房间有足够的新风？

2）各末端控制器具有通信功能的VAV系统

当各个末端控制器均为DDC控制、空气处理室的现场控制机可以与各末端控制器通信时，VAV控制调节中的问题就较容易解决了。此时的主题是充分利用计算机的计算分析能力，尽可能少使用各种压力和风量/风速传感器，通过计算机使各末端装置相互协调，解决上述问题。此时的控制策略取决于采用“压力无关”型末端装置还是简单的电动风阀装置。

3）“压力无关”型末端装置

此时空调处理室的现场控制机可得到各末端装置风量实测值、风量设定值、对应的房间温度和房间温度设定值。有些控制器不可得到阀位信息。末端装置控制器调节的速度很快，一般情况下风量实测值应接近风量设定值。如果某个末端装置在连续一段时间内(1～2min)实测的风量低于风量设定值较多，则说明风道内压力偏低，因此可增加送风机转速。各末端装置风量设定值之和与风机转速有一对应关系。如果风机转速高于各风量设定值之和所对应的转速，则说明风机转速偏高，各变风量末端装置的风阀可能都关得较小，因此需降低转速。总风量和转速的关系可在初调节时通过实测得到：将几个最末端的变风量装置的风量设定到最大值（或将房间温度设定值调到很低）。近端的变风量装置设定到最小值，调节风机转速，使这些风量设定值基本上得到满足。记下此时实测风量之和及风机转速，再增加几个设定风量为最大值的末端装置，再次调整转速。这样即可得到一组最不利条件下总风量与转速之间的关系，作为控制风机转速的依据。此关系可通过同样的思路根据风道阻力情况预先计算得到。当末端装置的风阀阀位信息也可向空气处理室的现场控制机提供时，可以根据是否有阀位开到90％以上来确定风机转速，使任何时候系统中至少有一个VAV末端装置的风阀阀位大于90％。

由各变风量装置实测的风量之和即可确定回风机转速。只要使转速与总风量成正比，房间内基本上可保证正常的压力范围。比例系数可在调节时实测确定。

最适合的送风参数亦可由各末端装置的风量设定值确定：当各末端装置的风量设定值都低于各自的最大风量，说明送风温差过大，应升温（夏季）或降温（冬季），以减小送风温差。若有的装置风量设定值等于或高于其最大风量，则说明送风温差偏小，应降温（夏季）或升温（冬季）。这种控制的结果，系统内应至少有一个末端装置其风量设定值高于90%的最大风量。这种用房间控制信息反馈来确定送风参数的方法比没有通信时前馈方法要可靠、省能，亦可避免大量风阀关小引起的噪声。掌握了各房间风量的实测值，还可以更准确地保证各房间的新风量。每个房间都有事先定义的最小新风量要求（根据人员数量），由各房间实测风量与该房间额定最小新风量之比即得到此时要求的最小新风比。新风、排风阀阀位开度近似于新风比，因此可简单地计算出的这种最小新风比和调整新风、排风阀。为使新风量更准确，也可以在新风管道上测量新风量，再用计算出的实测总风量乘以最小新风比作为最小新风量的设定值。

从上面的分析可以看到，采用各末端装置有通信功能的控制系统，可以使风道压力控制、送风参数设定和新风控制这4个问题得到较妥善的解决，并且除VAV末端装置内的风量测量外，不再需要其他测点，免去了无通信功能时需要对风道压力、总风量、回风机入口压力及新风量的测量。通信功能所需要增加的投资可以从省下的这些传感器投资中得到补偿，而系统控制调节品质却会大大改善。

4）无风量测量的末端装置

即使不采用“压力无关”型末端装置，直接通过调风阀控制房间温度，依靠各DDC控制器通过通信网的相互联系，也能获得较好的控制效果。

采用“压力无关”末端装置的主要原因是为了避免邻近末端装置及送风机的调整造成的风量变化。当具有通信功能时，每个末端装置要对风阀进行调节时，同时将要调整的开度变化通知邻近的各末端装置，各邻近末端装置可根据预定的权系数对自己的风阀同时进行调整。例如某末端装置为使房间温度降低，要将风阀开大10%，则最邻近的两个末端装置同时也将自己的风阀开大3%～4%，次邻近者同时开大1%～2%，这样就可避免在风量减小、引起温度变化后再进行调整了。送风机转速变化时，则所有的风阀都应自行进行相应的调整。这种调整量的权系数可通过“自学习”的方法逐渐修正。此种控制调节的效果可接近“压力无关”型末端装置。

对于这种末端装置，空调室的现场控制机应知道各末端装置的阀位，根据各末端装置的阀位状态确定送风机转速及空调机送风状态。当所有末端装置的阀位均小于80%时，说明风道内静压偏高，应降低送风机转速。反之，若发现有开度大于90%的末端装置，说明有可能风道内静压偏低，应加大送风机转速。这样可以用各末端装置中阀门开度最大值来控制送风机转速，使得在任何时候系统内至少有一个末端装置风阀开度在80%～90%之间，没有风阀开度超过90%。

根据各末端装置风阀开度，同样也可确定适宜的送风温度。

若各风阀开度在20%～90%之间，而送风机未达到最大转速，则应减小送风温差，这将导致各末端装置风阀相继开大，最大都超过90%后，风机转速增加，最终的结果使各末端装置风阀开度范围在40%～90%之间。当风机转速达到最大，各风阀间开度仍较大时，就不能再调整。

若各风阀开度在70%～90%之间，则可适当加大送风温差，各风阀就会相继关小，此时风机转速会降低，最终的结果也可使各末端装置风阀开度范围在40%～90%之间。这样做还要注意送风温差的最大值，当送风温差设定值达到其最大值时，就不能再减小风机转速。

回风机转速可控制到基本上与送风机转速同时按比例变化。由于风道内静压不是恒定而是随风量变化，各末端装置的风阀开度范围基本不变，因此风道的阻力特性变化不大，送风机的工作点变化不大，因此送风机风量近似与转速成正比，于是回风机转速即可与送风机同步。这与风道内维持额定正压的控制不同。对于后者，即使所有的风阀全关小，总风量降到50%，风道内测压点的压力仍不变，于是风机工作点偏移，总风量与转速不成正比。

由于总风量近似正比于送风机转速，由此可估计出不同转速下所需要的最小新风比，以保证系统有足够的新风量，用这个最小新风量即可作为新排风阀此时刻的开度下限。

由上述初步的定性分析与讨论，可以看出来用计算机控制后，尤其是采用带有通信功能的计算机可以对整个系统工作情况进行全面分析，确定控制策略，可使VAV控制中的一些难题得以较好地解决，同时可以减少传感器使用数量。这时无任何风量传感器和压力传感器，完全依靠各变风量末端风阀阀位的信息，就解决了VAV系统各环节的控制。控制效果当然不如带有“压力无关”末端装置的系统好，但如果送回风道设计恰当，变风量末端装置选择合适，也可以获得较好的运行品质。

5.2 给水和供热自动控制系统

在高层建筑物中，给水排水系统的特点有：

(1) 标准较高、安全、可靠。保证在高层建筑物内使人们有良好的学习、工作和生活环境。

(2) 给水系统、热水系统及消防给水系统需进行竖向分区，解决高层建筑物的高度高，造成给水管道内的静压力较大，过大的水压力问题。

(3) 设置独立的消防供水系统，解决高层建筑物发生火灾时的自救能力。因高层建筑物一旦着火，具有火势猛、蔓延快、扑救不易、人员疏散也极困难的特点。

(4) 要求不渗不漏，有抗震、防噪声等措施。高层建筑物内设备复杂，各种管道交错，必须搞好综合布置。

鉴于以上情况，给排水系统是高层建筑物中不可缺少的组成部分，要求高层建筑物的给水排水工程的规划、设计、使用的材料和设备及施工等方面比一般建筑物都高，必须全面规划、相互协作，做到技术先进，经济合理，工程安全可靠。

给水排水系统是由生活供水系统、中水系统、污水系统组成，如图5-25所示。

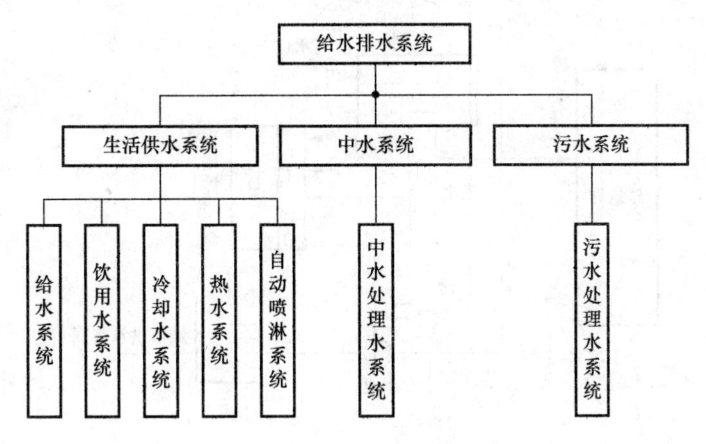

图 5-25 给水排水系统组成原理框图

5.2.1 给水自动控制系统

高层建筑物的高度高，一般城市管网中的水压力不能满足用水要求，除了最下几层可由城市管网供水外，其余上部各层均需加压供水。由于供水的高度增大，直接供水时，下部低层的水压将过大，过高的水压对使用、材料设备、维修管理均将不利，为此必须进行合理竖向分区供水。分区的层数或高度，应根据建筑物的性质、使用要求、管道材料设备的性能、维修管理等条件，结合建筑物层数划分。在进行竖向分区时，还应考虑低处卫生器具及给水配件处的水压力，在住宅、旅馆、医院等居住性建筑物中，供水点水压力一般为 300～350kPa；在办公楼等公共建筑物可以稍高些，可采用 350～400kPa 的压力限值。

为了节省能量，应充分利用室外管网的水压，在最低区可直接采用城市管网供水，并将大用水户如洗衣房、餐厅、理发室和浴室等布置在低区，以便由城市管网直接供水，充分利用室外管道压力，可以节省电能。

根据建筑物给水要求、高度和分区压力等情况，进行合理分区，然后布置给水系统。给水系统的形式有多种，各有其优缺点，但基本上可划分为两大类，即高位水箱给水系统和气压给水或水泵直接给水系统。

1. 高位水箱供水系统

(1) 高位水箱给水系统简介

这种系统的特点是以水泵将水提升到最高处水箱中，以重力向给水管网配水，如图 5-26 所示。高位水箱给水系统用水是由水箱直接供应的，供水压力比较稳定，且有水箱储水，供水较为安全。但水箱重量很大，增加了建筑物的负荷，占用楼层的建筑物面积。

(2) 高位水箱系统的控制

水箱供水开关量自动控制如图 5-27 所示，通常的供水系统从原水池取水，通过水泵把水注入高位水箱，再从高位水箱靠其自然压力将水送到各用水点。

系统的控制要点如下：

1) 水泵的启/停控制

高位水箱设有 4 个水位，即溢流水位 HH、最低报警水位 LL、生活泵停泵水位 H 和

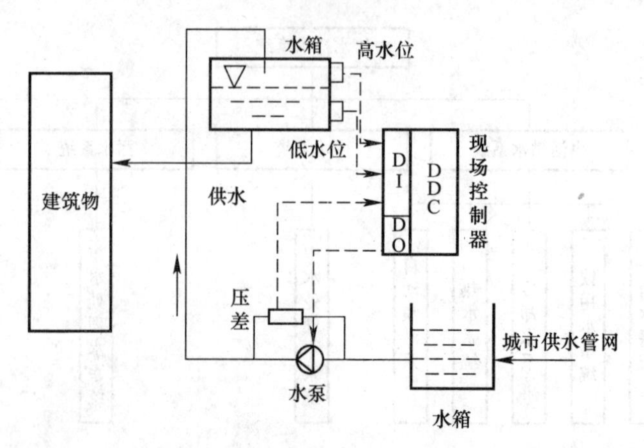

图 5-26　高位水箱给水系统框图

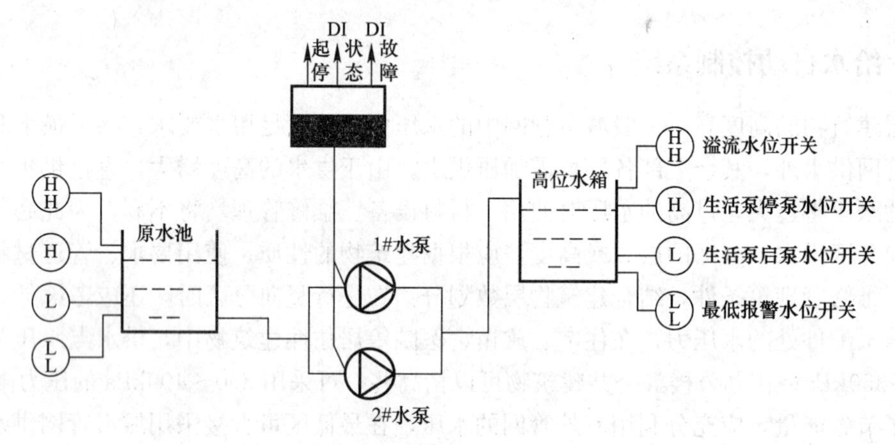

图 5-27　高位水箱给水系统控制原理图

生活泵启泵水位 L。DDC（Direct Digitai Control）根据水位开关送入信号来控制生活泵的启/停。供水系统有两台水泵（一用一备），平时它们是处于停止状态，当高位水箱水位低到下限位水位 L 时，下限位水位开关发出信号送入楼宇自控系统的 DDC 控制器内，DDC 通过判断后发出开水泵信号，开启水泵，向高位水箱注水；当高位水箱水位达到上限水位 H 时，上限位水位开关发出信号送入楼宇自控系统的 DDC 控制器内，DDC 通过判断后发出停水泵信号，停正水泵运行，停止向高位水箱注水。

2）检测及报警

楼宇自控系统对水泵的运行状态及故障状态信号实时监视，若水泵故障，系统将自动切换到备用水泵。

高位水箱还设有溢流及报警水位开关，当高位水箱水位到达溢流水位时，说明水泵在水箱水位到达上限时没有停止，此时溢流水位开关发出报警信号送到楼宇自控系统报警，提示值班人员注意，并做紧急处理。当高位水箱水位到达最低报警水位时，说明水泵在水箱水位到达下限时没有开启，此时最低报警水位开关发出报警信号送到楼宇自控系统报警，提示值班人员注意，并做紧急处理。水箱的最低报警水位并不意味着水箱无水，为了保障消防用水，水箱必须留有一定的消防用水量。发生火灾时，消防泵启动，如果水箱液面达到消防泵停泵水位，将发生报警，水泵发生故障自动报警。

3）设备运行时间累计、用电量累计

系统对水泵运行时间及累计运行时间进行记录，为维护人员提供数据，并根据每台泵的运行时间，自动确定作为运行泵或是备用泵，以方便对设备进行维护、维修。

原水池的水是由城市供水网提供的。原水池中设有水位计，楼宇自控系统实时监视水位的情况，若水位过低，则应避免开启水泵，防止水泵损坏。

对于超高层建筑物，由于水泵扬程限制，则需采用接力泵及转输水箱。

2. 气压给水系统

考虑到重力给水系统的种种缺点，为此，可考虑气压供水系统。即不在楼层中或屋顶上设置水箱，仅在地下室或某些空余之处设置水泵机组、气压水箱（罐）等设备，利用气压来满足建筑物的供水需要。

水泵-气压水箱（罐）给水系统是以气压水箱（罐）代替高位水箱，而气压水箱可以集中于地下室水泵房内，这样可以避免楼层或屋顶设置水箱的缺点，如图 5-28 所示。气压水箱需用金属制造，投资较大，且运行效率较低，还需设置空气压缩机为水箱补气，因此，耗费动力较多。目前大多采用密封式弹性隔膜气压水箱（罐），可以不用空气压缩机补气，既可节省电能，又可防止空气污染水质，有利于优质供水。

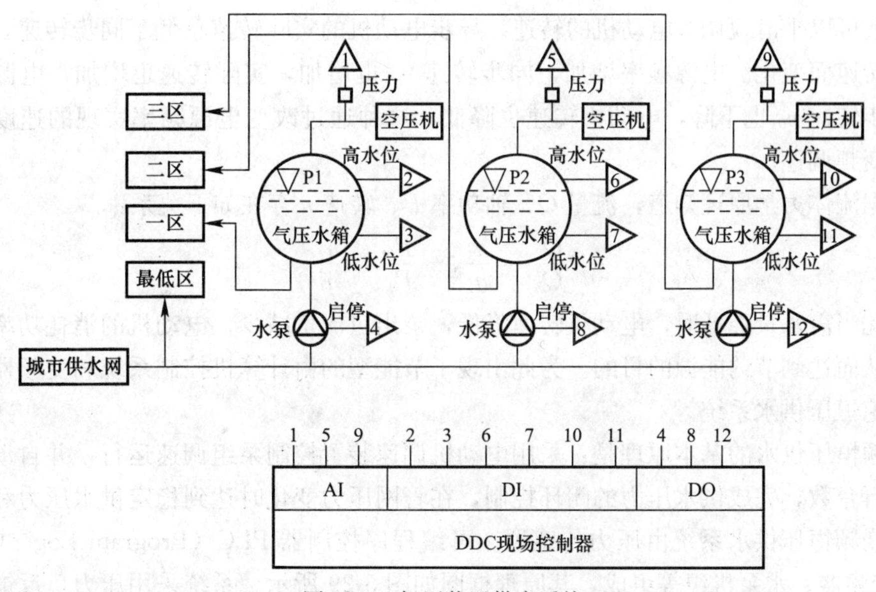

图 5-28 气压装置供水系统

3. 变频恒压供水原理

以上所讨论的给水系统，无论是用高位水箱的，还是气压水箱的，均为设有水箱装置的系统。设水箱的优点是预储一定水量，供水直接可靠，尤其对消防系统是必要的。但存在着很多缺点，因此有必要研究无水箱的水泵直接供水系统。这种系统可以采用自动控制的多台水泵并联运行，根据用水量的变化，开停不同水泵来满足用水的要求，以利节能。

传统的高层建筑水箱储水供水，需投入高额建设费、水箱定期清洗保养费等一系列问题。这在一定程度上浪费了水资源和增加投资费用。而且小区住宅供水系统若无较准确的压力闭环控制，常因用水高峰产生顶楼水压不足或管压太大造成漏水、噪声和破裂等问题。

随着智能楼宇的迅速发展，各种恒压供水系统应用得越来越多。最初的恒压供水系统采用继电接触器控制电路，通过人工启动或停止水泵和调节泵出口阀开度来实现恒压供水。该系统线路复杂，操作麻烦，劳动强度大，维护困难，自动化程度低。后来增加了计算机加 PLC 监控系统，提高了自动化程度。但由于驱动电动机是恒速运转，水流量靠调节泵出口阀开度来实现，浪费大量能源。采用变频调速可通过变频改变驱动电动机速度来改变泵出口流量。

根据电机学理论，交流异步电动机的转速可由下式表示

$$n = 60f(1-s)/p \tag{5-3}$$

式中 n——电动机转速（r/min）；

p——电动机磁极对数；

f——电源频率（Hz）；

s——转差率。

从式（5-3）可知，电动机定子绕组的磁极对数 p 一定，改变电源频率 f，即可改变电动机同步转速。如磁极对数为四极，当电源频率为 50Hz 时，电动机的同步转速为 1500r/min；当电源频率为 20Hz 时，电动机的同步转速也相应地变为 600r/min。连续地改变供电电源频率，就可以平滑地调节电动机的转速。异步电动机的实际转速总低于同步转速，而且随着同步转速而变化。电源频率增加，同步转速 n_0 也增加，实际转速也增加；电源频率下降，同步转速 n_0 也下降，电动机转速也降低，这种通过改变电源频率实现的速度调节过程称为变频调速。

根据流体力学原理知道，流量 Q、轴功率 P、转速 n 存在如下关系：

$$\frac{Q_2}{Q_3} = \frac{n_2}{n_1}, \quad \frac{P_2}{P_1} = \frac{n_2^3}{n_1^3} \tag{5-4}$$

因此当需水量降低时，电动机转速降低，泵出口流量减少，电动机的消耗功率大幅度下降，从而达到节约能源的目的。为此出现了节能型的由计算机控制系统和变频器组成的变频调速恒压供水系统。

变频恒压供水的基本原理是：采用电动机调速装置控制泵组调速运行，并自动调整泵组的运行台数，完成供水压力的闭环控制，在管网压力变化时达到稳定供水压力和节能的目的。变频恒压供水系统由压力传感器、可编程序控制器 PLC（Program Logic Controller），变频器、水泵机组等组成，其原理框图如图 5-29 所示。系统采用压力负反馈控制方式。压力传感器将供水管道中的水压变换成电信号，经放大器放大后与给定压力比较，其差值进行 PID 运算后去控制变频器的输出频率，再由 PLC 控制并联的若干台水泵在工频

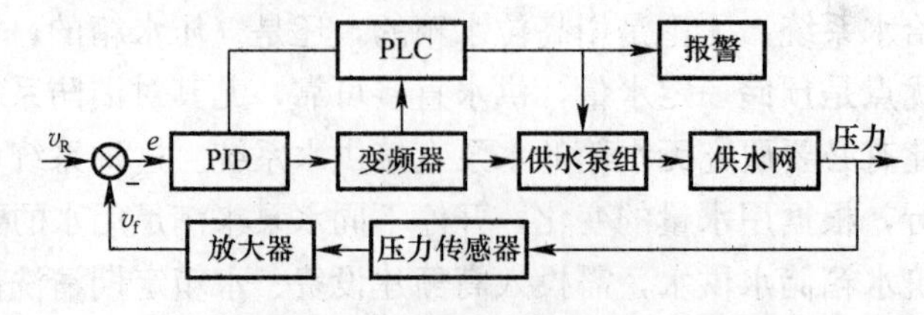

图 5-29 恒压供水系统原理框图

电网与变频器间进行切换，实现压力调节。

设备运行时，由压力传感器连续采集供水管网中的水压信号，并将其转换为电信号传送至变频控制系统，控制系统将反馈回来的信号与设定压力进行比较和运算，如果实际压力比设定压力低，则发出指令控制水泵加速运行；如果实际压力比设定压力高，则控制水泵减速运行。当达到设定压力时，水泵就维持在该运行频率上。如果变频水泵达到了额定转速（频率），经过一定时间的判断后，管网压力仍低于设定压力，则控制系统会将该水泵切换至工频运行，并变频启动下一台水泵，直至管网压力达到设定压力；反之，如果系统用水量减少，则系统指令水泵减速运行，当降低到水泵的有效转速后，正在运行的水泵中最先启动的水泵停止运行，即减少水泵的运行台数，直至管网压力恒定在设定压力范围内。

一般并联水泵的台数视需求而定，如设计采用 3 台并联水泵，先由变频器带动水泵 1 进行供水运行。当需水量增加时，管道压力减小，通过系统调节，变频器输出频率增加，水泵的驱动电动机速度增加，泵出口流量亦增加。当变频器输出频率增至工频 50Hz 时，水压仍低于设定值，PLC 发出指令，水泵 1 切换至工频电网运行，同时又使水泵 2 接入变频器并启动运行，直到管道水压达到设定值为止。若水泵 1 与水泵 2 仍不能满足供水需求，则将水泵 2 亦切换至工频电网运行，同时使水泵 3 接入变频器，并启动运行，若变频器输出到工频时，管道压力仍未达到设定时，PLC 发出报警。当需水量减少时，供水管道水压升高，通过系统调节，变频器输出频率减低，水泵的驱动电动机速度降低，泵出口流量减少。当变频器输出频率减至启动频率时，水压仍高于设定值，PLC 发出指令，接在变频器上的水泵 3 被切除，水泵 2 由工频电网切换至变频器，依次类推，直至水压降至需求值为止。

变频调速供水装置，使水泵的工况点贴近该给水系统的管路特性曲线运行；另一种较简单的方式便是将压力传感器的安装位置挪至该给水系统的最不利点，这样做系统虽然是恒压运行，实际上已扣减在非额定流量条件下虚拟的水头损失，对水泵而言已实际变压变量供水，从而使节能效果向理论值大大靠近了一步。

由于水泵的轴功率与转速的三次方成正比，转述下降时，轴功率下降极大，故采用变速调节流量，在提高机械效率和减少能源消耗方面，是最为经济合理的。从理论上看，恒速泵与变频调速器控制的变速泵的轴功率 P、节能功率与流量 Q 的关系曲线如图 5-30 所示。

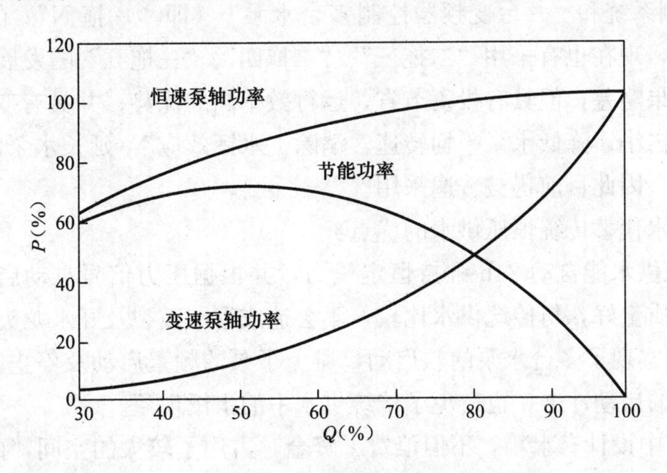

图 5-30 恒速与变速泵的轴功率变化比较

由图5-30可知，当水泵转速降低10%时，轴功率降低27.1%；当水泵转速降低20%时，轴功率降低48.8%；当水泵运行的平均流量为额定流量的80%左右时，变频调速泵节能可达50%；平均流量为50%～60%时，节能可达70%，效果特别显著。调速补水系统采用PLC控制变频调速装置，通过检测安装在水泵出口的压力传感器，把出口压力变成0～5V或4～20mA的模拟信号，进而控制变频器的输出频率，调节水泵电动机转速，使其自动适应水量变化，稳定其供水压力。这是一个既有逻辑控制，又有模拟控制的闭环控制系统。

该系统可控制3台（或多台）性能相同的水泵，其中总有1台（任意1台）处于变频调速状态，而其他为工频恒速或停机等待状态。

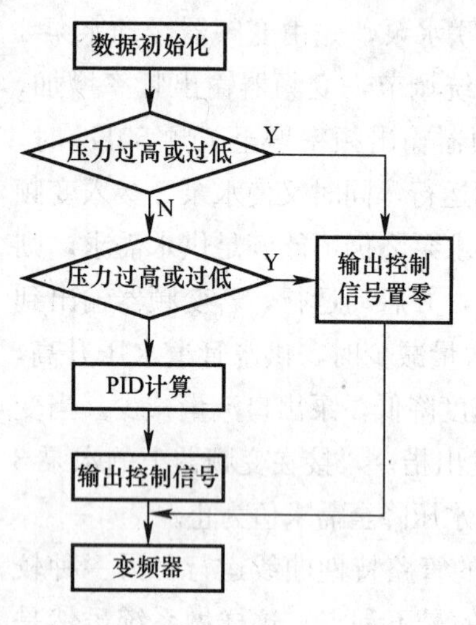

图5-31　变频恒压供水自动控制软件流程图

水泵切换程序是根据设定的压力与压力传感器测定的现场压力信号之差Δp来控制的（图5-31）。当$\Delta p>0$时，增加输出电流，提高变频器的输出频率，从而使变频泵转速加快，实际水压得以提高。如果$\Delta p<0$，则降低转速，使实际压力减小，Δp减小，这种调速要经历多次，直到$\Delta p=0$。这样，实际压力在设定压力附近波动，保证了压力恒定，其中控制参量的PID算法是工程中常用的比例、积分、微分算法，可消除环境控制参量的静差、突变、滞后等现象，减少控制误差和缩短系统稳定时间。

如果实际压力太小，本台调速泵调整到最大供水量仍不足以使$\Delta p=0$，则将本台变频泵切换至工频，而增加下1台泵为变频工作；反之，如果实际压力过大，本台调速泵调整到最小供水量仍不足以使$\Delta p=0$，则关闭上次转换成工频的水泵，再进行调整。这样，使每台泵在工频和变频之间切换，做到先开先停，后开后停，即所谓的循环调频，合理利用资源。

目前，变频恒压供水系统设计方案主要采用“一台变频器控制一台水泵”（即“一拖一”）的单泵控制系统和“一台变频器控制多台水泵”（即“一拖N”）的多泵控制系统。随着经济的发展，现在也有采用“二拖三”、“二拖四”、“三拖五”的发展趋势。“一拖N”方案虽然节能效果略差，但具有投资节省，运行效率高的优势；并具有变频供水系统启动平稳，对电网冲击小，降低水泵平均转速，消除“水锤效应”，延长水泵阀门，管道寿命，节约能源等优点，因此目前仍被普遍采用。

变频恒压供水代替传统恒压供水的优点：

① 变频恒压供水能自动24h维持恒定压力，并根据压力信号自动启动备用泵，无级调整压力，供水质量好，与传统供水比较，不会造成管网破裂及开水龙头时的共振现象

② 用变频器实现了多台水泵的软启动，避免了泵的频繁启动及停止，而且启动平滑，减少电动机水泵的启动冲击，也避免了传统供水中的水锤现象。

③ 传统供水中设计有水箱，不但浪费了资金，占用了较大的空间，而且水压不稳定，水质有污染，不符合卫生标准，而采用变频恒压供水，此类问题也就迎刃而解了。可根据

用户的需水要求自动供水，水资源的利用率高。

④ 采用变频恒压供水，系统可以根据用户实际用量自动进行检测，控制电动机转速，达到节能效果。避免了水塔供水无人值班时，总要开启一个泵运行的现象，节省了人力及物力。

⑤ 变频恒压供水可以自动实现多泵循环运行功能，延长了电动机、水泵的使用寿命。

⑥ 变频恒压供水系统保护功能齐全：运行可靠，具有欠电压、过电流、过载、过热、缺相、短路保护等功能。能对用户管网长时间低水压、电动机过载等进行声光报警，并进行适当处理。

⑦ 易实现系统的联网计算机自动控制。

5.2.2 供热自动控制系统

为了进一步改善供热效果，提高供热能效，实现计算机自动监控无疑是必然的发展趋势。

在供热过程中，自动控制主要包含以下几个主要内容：

(1) 自动检测：自动检查和测量反映热工过程运行工况的各种参数，如温度、流量、压力等，以监视热工过程的进行情况和趋势。

(2) 顺序控制：根据预先拟定的程序和条件，自动地对设备进行一系列操作。

(3) 自动保护：在发生故障时，能自动报警，并自动采取保护措施，以防事故进一步扩大或保护设备使之不受严重破坏。

(4) 自动调节：有计划地调整热工参数，使热工过程在给定的工况下运行。

由于我国供热系统管理运行跟不上供热规模的发展，绝大多数系统仍处于手工操作阶段，从而影响了集中供热优越性的充分发挥。主要反映在：缺少全面的参数测量手段，无法对运行工况进行系统的分析判断；系统工况失调难以消除，造成用户冷热不均；供热参数未能在最佳工况下运行，供热量与需热量不匹配；故障发生时，不能及时诊断报警，影响可靠运行；数据不全，难以量化管理。

计算机自动监控，恰好弥补了上述不足。概括起来，可以实现以下五个方面的功能：

(1) 及时检测参数，了解系统工况。通常的供热系统，由于不装或仅装少量遥测仪表，调度很难随时掌握系统的水压图和温度分布状况，结果对运行工况"情况不明，心中无数"，致使调节处于盲目状态。实现计算机自动检测，可通过遥测系统全面及时测量供热系统的温度、压力、流量等参数。由于供热系统安装了"眼睛"，运行人员即可"居调度室而知全局"。全面了解供热运行工况，是一切调节控制的基础。

(2) 均匀调节流量，消除冷热不均。对于一个比较复杂的供热系统，特别是多热源、多泵站的供热系统，投运的热源、泵站数量或投运的方式不同，对系统水力工况的影响也不同。因此，消除水力工况失调的工作，不是单靠系统投运前的一次性初调节就能一蹴而就的。这样，系统在运行过程中，经常的流量均匀调节是必不可少的。除自力式调节阀外，其他手动调节阀将无能为力。计算机监控系统，则可随时测量热力站或热用户入口处的回水温度或供回水平均温度，通过电动调节阀实现温度调节，达到流量的均匀分配，进而消除冷热不均现象。

(3) 合理匹配工况，保证按需供热。供热系统出现热力工况失调，除因水力工况失调外，还有一个重要因素，即系统的总供热量与当时系统的总热负荷不一致，从而造成全网的平均室温或者偏高或者偏低。当“供大于需”时，供热量浪费；当“需大于供”时，影响供热效果。在手工操作中，保证按需供热是相当困难的。

计算机监控系统可以通过软件开发，配置供热系统热特性识别和工况优化分析程序。该软件可以根据前几天供热系统的实测供回水温度、循环流量和室外温度，预测当天的最佳工况（供回水温度、流量）匹配，进而对热源和热力网实行直接自动控制或运行指导。

(4) 及时诊断故障，确保安全运行。目前我国在供热系统上尚无完备的故障诊断系统，系统故障常常发展到相当严重程度才被发现，既影响了正常供热，也增加了检修准度。

计算机监控系统可以配置故障诊断专家系统，通过对供热系统运行参数的分析，即可对热源、热力网和热用户中发生的泄漏、堵塞等故障进行及时诊断，并指出故障位置，以便及时检修，保证系统安全运行。当然对于计算机监控系统本身也可进行故障诊断，发现问题，及时处理。

(5) 健全运行档案，实现量化管理。由于计算机监控系统可以建立各种信息数据库，能够对运行过程的各种信息数据进行分析，根据需要打印运行日志、水压图、煤耗、水耗、电耗、供热量等运行控制指标。还可存贮、调用供回水温度、室外温度、室内平均温度，压力、流量、故障记录等历史数据，以便查巡、研究。由于计量能力大大提高，因而健全了运行档案，为量化管理的实现提供了物质基础。

供热系统的计算机自动监控，由于具备上述功能，不但可以改善供热效果，而且能大大提高系统的热能利用率。一般在手动调节的基础上，供热系统还能再节能10%～20%左右。

供热系统自动检测与控制，有常规仪表监控系统和计算机监控系统两种。后者与前者比较有明显的优越性，因而得到迅速发展。主要优点是：

(1) 计算机系统，由软件程序代替常规模拟调节器，往往一个软件程序能代替几个甚至几十个常规调节器，不但系统简单而且能实现多种复杂的调节规律。

(2) 参数的调节范围较宽，各参数可分别单独给定；给定、显示和报警集中在控制台上，操作方便。

(3) 性能价格比占优。据统计，一个热网热力站，同样进行温度，压力和流量的自动测量与记录，其价格费用相差无几，但微机系统可以进行数据信息和控制指令的远距离通讯，可见其性能价格比优于常规仪表系统。

1. 计算机控制系统的分类

目前通用的有以下几种计算机监控系统：

(1) 直接数字控制系统（简称：DDC）

计算机直接数字控制系统如图5-32所示。计算机在对调节对象进行直接数字控制时，可根据被调参数的给定值和测量值的偏差等信号，通过规定的数学模型的运算，按一定的控制规律（如PID即比例积分微分调节），再算出调节量的大小或状态，以断续形式直接控制执行机构（如电动调节阀等）动作，实现计算机直接对调节对象（如供热系统）进行闭形控制。由于计算机要对几个甚至几十个回路进行控制，因而对一个控制回路来说，送到执行机构上的控制信号是断续的。当控制信号中断时，则必须保持原来执行调节机构的位置不变。所以，DDC控制系统实质上是一种断续控制系统。只要将采样周期取得足够短，断续形式也就接近于连续的模拟调节了。

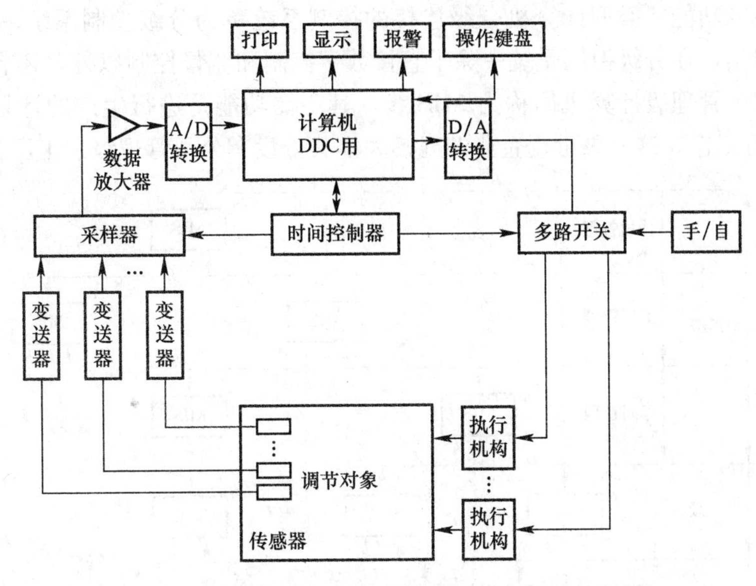

图5-32 DDC系统简单框图

调节对象的各被调参数（温度、压力、流量等），通过传感器（接受热工参数信号）、变送器（将热工参数信号转换为电信号），变成统一的直流电信号，作为DDC的输入信号。采样器根据时间控制器给定的时间间隔按顺序以一定速度把各信号传送给放大器（常常将放大器置于变送器内）。被放大后的信号再通过模/数（A/D）转换器转换成一定规律的二进制数码，经输入通道送到计算机中，计算机按照预先存放在内存储器中的程序，对被测量数据进行一系列的运算处理（如按PID，自学习等运算），从而得到阀门位置或其他执行机构位置的控制量，再由计算机以二进制数码输出，经数/模（D/A）转换器后，将数字量变为模拟量（电压或电流信号），通过多路开关送至执行机构，带动阀门或其他调节机构动作，达到控制被调参数的目的。手/自为手动、自动切换开关。单机控制系统一般都采取DDC系统。有的把DDC监控系统称为基本调节器。

（2）监督控制系统（简称：SCC）

该控制系统是用来指挥DDC控制系统的计算机系统。其原理如图5-33所示。SCC计算机系统的作用是根据测得生产过程中某些信息，及其他相关信息如天气变化因素、节能要求、材料来源及价格等，按照预定数学模型进行计算，确定出最合理值，去自动调整DDC直控机的设定值，从而使生产过程处于最优状态下运行。

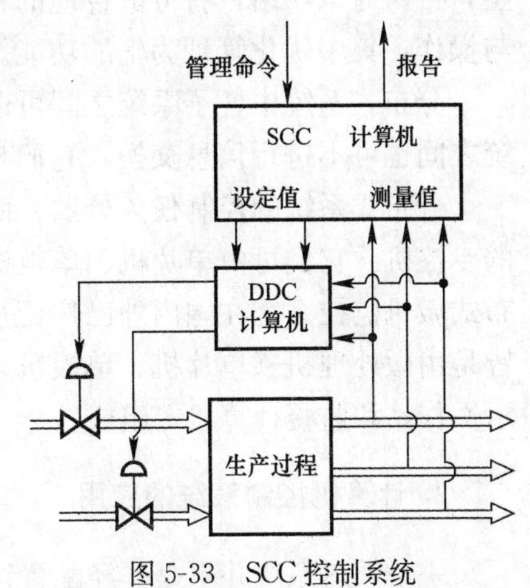

图5-33 SCC控制系统

由于SCC系统中计算机不是直接对生产过程进

行控制，只是进行监督控制和决定直控系统的最优设定值，因此叫监督控制系统，以作为DDC系统的上一级控制系统。

（3）分级控制系统

将各种不同功能或类型计算机分级连接的控制系统称为分级控制系统，如图5-34所示。从图中看出，在分级控制系统中除了直接数字控制和监督控制以外，还有集中管理的功能。这些集中管理级计算机简称为MIS级，其主要功能是进行生产的计划、调度并指挥SCC级进行工作。这一级可视企业的规模大小又分设有公司管理级、工厂管理级等。

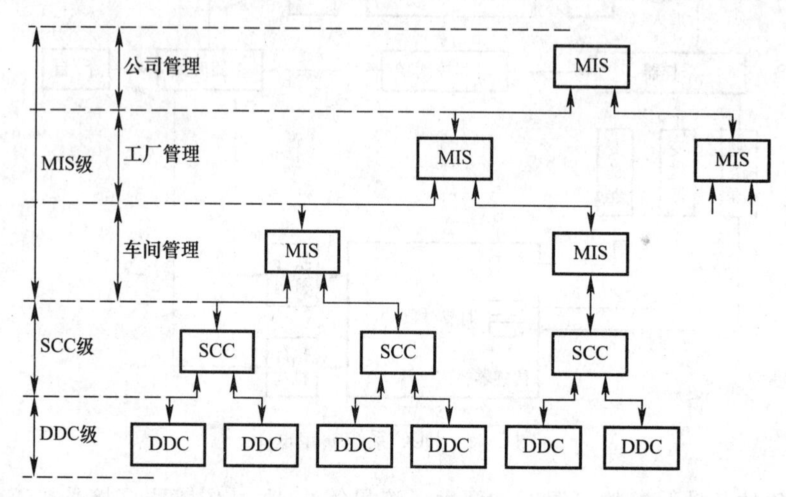

图5-34 分级控制系统

分级控制系统是工程大系统，所要解决的问题不是局部最优化的问题，而是一个工厂，一个公司的总目标或任务的最优化问题。最优化的目标可以是质量最好，产量最高，原料和能耗最小，可靠性最高等指标，它反映了技术、经济等多方面的要求。

（4）分布式计算机监控系统（简称：DCS）

分布式监控系统又可叫集散控制系统，由于计算机技术的发展，特别是单片机、单板机技术迅速发展和普及，可以将不同要求的工艺系统配以一个DDC计算机子系统，子系统的任务就可以简化专一，子系统之间地理位置相距可远、可近，用以实现分散控制为主，再由通讯网络，将分散各地的各子系统的信息传送到集中管理计算机，进行集中监视与操作，集中优化管理为辅的功能。其原理如图5-35所示。

分布式系统中各子系统之间可以进行信息交换，此时各子系统处于同等地位。各子系统之间也可不进行信息交换，它们与集中管理计算机之间为主从关系。

分布式系统的控制任务分散，而且各子系统任务专一，可以选用功能专一，结构简单的专控机。它们可由单片机、单板机构成，由于电子元件少，提高了子系统的可靠性。分布式微机监控系统在国内外已广泛应用，有各种不同型号的产品，但其结构都大同小异，皆是由微处理机（单片机、单板饥）为核心的基本调节器、高速数据通讯通道、CRT显示操作站和监督计算机等组成。

2. 计算机控制系统的应用

一个供热系统并不是一经配置计算机监控系统，自然而然地就能节能，就能改善供热

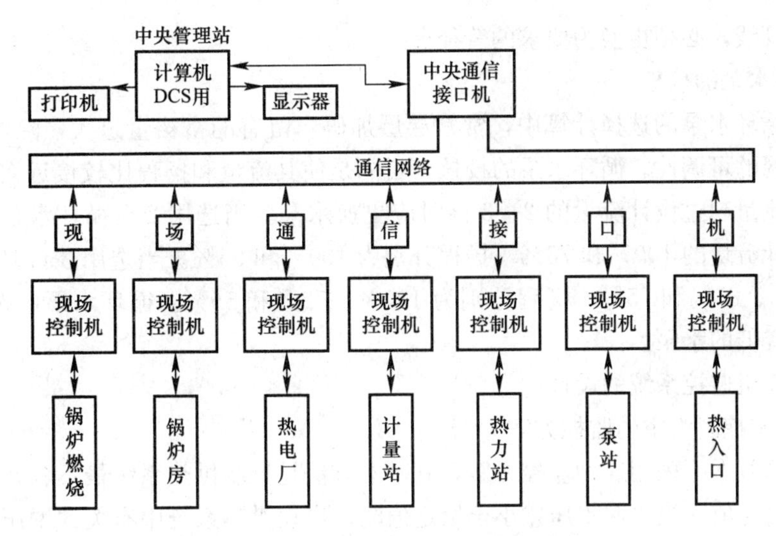

图 5-35 分布式计算机监控系统

效果，计算机监控系统能不能充分发挥效益，其基本前提是供热系统要有良好的设计、良好的管理运行。因此，供热系统计算机监控设计一般应包括两部分内容：首先应进行供热系统的校核设计，然后再着手计算机监控设计。

(1) 供热系统的校核设计

对于一个供热工程新的设计，最好工艺设计与计算机监控设计应配合进行，前者要考虑后者的设计要求，后者要对前者的设计进行校核。对于一个已经实际运行的供热系统，在计算机监控设计之前，更必须对供热系统本身进行认真的校核设计，必要时还应做适当的技术改建。只有这样，计算机监控的设计方案才能比较合理，投入运行后才能发挥更大的作用。

1) 热负荷、循环流量校核

对于准备进行计算机监控的供热系统，由于施工安装的变更，特别是建筑物的改建扩建，一个实际运行的供热系统往往与设计条件有很大差别。因此，首先要进行热负荷和系统循环流量的校核。热负荷必须按实际情况对各用户（供热建筑）做统计。

2) 锅炉容量校核

目前锅炉容量普遍偏大，根据有关分析，每 1t/h 锅炉的蒸汽容量应供热 0.8～1.0 万平方米为宜（折合为民用住宅）。锅炉容量过大，不利于提高锅炉热效率，不利于连续运行制度的推广，不利于改善环境保护。过多的耗煤耗电，不但影响经济效益，而且不能充分发挥计算机的监控功能。在进行锅炉容量校核的同时，应结合供热的远近期规划，做出锅炉房合并和锅炉台数调整的方案。提高热源的热能利用率，对于热电厂等其他型式的热源也完全适用。

3) 热网管径校核

由于建筑物的改建扩建，供热负荷的变动，锅炉房（或其他热源）的增减，必然引起供热系统的更改。因此，原设计的热外网管道的输送能力是否满足变动后的实际流量的要求，必须进行热网管径的校核计算，否则系统流量不可能在计算机监控系统中实现理想的调节。

热网管径的校核计算，可以手算，也可以利用编好的程序由计算机计算。经计算，凡管径偏小的管线，必须更换为要求的管径。

4）循环水泵的校核

在目前循环水泵的选择计算中，常常层层加码，留有的富裕量过大，除增加耗电外，还降低了管网的可调性。循环水泵的校核，目的是使其流量和扬程比较接近实际要求。当循环水泵的流量超过设计流量的2～3倍时应更换水泵。当选用2台循环水泵时，建议流量分别为设计流量的100%和75%，扬程分别为100%和56%。当选用3台时，建议流量分别为100%、85%和75%，扬程分别为100%、72%和56%。循环水泵应选择效率高、功率小、噪音低的水泵。

（2）计算机监控系统的设计

1）以压差控制为主的监控方案

北欧各国基本上采用这种监控方案，其基本方法是控制供热系统最不利环路的供回水压差不小于给定值。当供回水压差小于给定值时，启动供热系统中有关的增压泵，以维持要求的压差值。

对于供热系统中的某一区段，当阻力特性系数不变时，该区段的供回水压差愈大，区段的循环流量愈大。因此，控制压差的方法，本质上就是控制流量的方法。所谓最不利环路，主要指系统最末端环路、比摩阻最大的环路和地形高差变化最大的区段。只要这三个支线的供回水压差能控制在给定值的范围内，则供热系统全网的循环流量就能在设计要求内进行调节。北欧各国的供热系统多采用多泵系统，即除主热源处的主循环水泵外，在系统的干线上还设有多个增压泵。在基本热负荷下，只有主循环水泵运行，此时系统循环水量最小。当热负荷增加时，在系统供水温度增加的同时，各热用户循环流量也相应增加（依靠局部量调），此时最不利环路的供回水压差将降低，不能满足最低值的要求，这时中央管理机通过控制程序的计算，优选适合的增压泵启动，实现供热系统的自动控制。

对最不利环路的压差控制，实际上只为流量的调节提供了可能，本身并不等于进行了流量调节。各用户流量的调节，进而实现供热量的调节（满足设计室温的要求），则是通过热源的集中调节和用户热入口（多为间接连接、也有直连或混水连接）的局部调节以及散热器处恒温调节器（即温控阀）的个体调节进行的。图5-36表明了这种控制的基本系统型式。

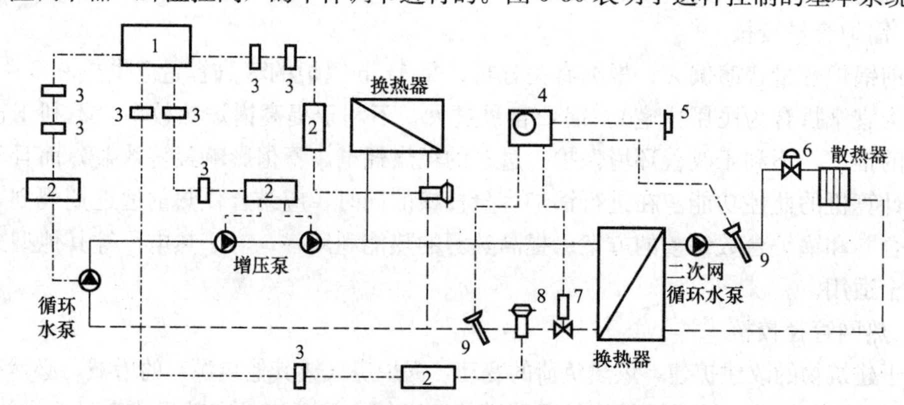

图5-36 压差控制的计算机监控方案

1—中央管理机；2—现场控制机；3—调制解调器；4—气温补偿器；5—外温传感器；6—温控阀；7—流量调节阀；8—压差传感器；9—水温传感器

从图 5-36 看出，就计算机监控而言，属于分布式系统，一般分二级，有时也分三级。当分三级时，除中央管理机外，还设有分区管理机，负责承担某个区域内的部分管理功能。最不利环路的供回水压差信号通过现场控制机（或称下位机）传递回中央管理机。中央管理机经过控制计算，将增压泵的启停指令下达现场控制机，现场控制机具体指挥增压泵的开停（通过驱动电路、执行器）。

在用户热入口处（以间接连接为主），通过一次网的循环流量的调节，控制二次网的供水温度。二次网供水温度的给定值，是由随外温变化的水温凋节曲线给定。用户热入口的自动调节一般通过现场控制机或常规仪表控制来实现。用户热入口常规仪表的自动控制，在北欧各国都有成套产品供应。如丹麦的 DANFOSS 公司，就生产有 AMV 型流量调节阀、AVD 型压差调节阀和 ECT601 型气温补偿器，以及相应的外温、水温传感器。气温补偿器给出随外温变化的水温调节曲线，并直接控制流量调节阀，实现热入口的自动控制。采用现场控制机对用户热入口的控制，也有类似的功能。一次网流量的调节直接用现场控制机负责，不再由中央管理机指挥。热入口现场控制机对中央管理机承担的职责是：实时传递一次网供回水压差，定期（如 24 小时）上报该热入口有关参数（如水温、供热量等）。

除在用户热入口进行流量调节外，在室内散热器供水管上还装有恒温调节器（或称温控阀），丹麦 DANFOSS 公司生产的型号为 RAV。这是一种自力式的调节阀，可以保证消除室内系统的工况失调。

热源现场控制机，通过对锅炉的燃烧控制，实现供热系统供水温度的调节，从而满足按需供热的要求。根据需要，热源现场控制机还可以设计自动上煤的功能。如把煤厂分为若干区，根据每区煤层厚度，以序自动上煤。

通过上述介绍，可以清楚地看出，热网压差控制，实际上是四个环节的控制，即室内的恒温控制，热入口的流量控制，热源的燃烧控制，在此基础上实现热力网的供回水压差控制，这样供热系统的全网控制才是有效的。

2）以温度控制为主的监控方案

这种控制方案是基于采用温度调节法来实现流量的均匀调节，进而消除供热系统冷热不均现象，对于直接连接系统，通过流量的调节，使各用户回水温度达到同一个给定值（在某一外温下）。对于间接连接系统，则是通过一次网流量的调节，使二次网供回水平均温度在同一外温下达到同一给定值。这样就保证了各用户平均室温的均匀一致。在此基础上，在热源处控制总供水温度和总循环流量，从而实现供热系统按需供热，使用户室温达到设计要求。

这种控制方案也适宜采用分布式计算机监控系统，如图 5-37 所示。也可分为二级或三级。对于直接连接供热系统，在热用户热入口（供热系统较小时）或热力站（供热系统较大时），安装回水温度传感器和调节阀。测量数据被现场控制机和现场巡检仪采集后，传递给中央管理机。中央管理机经控制计算后，将控制指令下达现场控制机，由现场控制机指挥电动调节阀开关阀位，进行流量调节。当供热系统较小时，可只安装现场巡检仪，不装现场控制机，只对回水温度进行检测。流量调节是通过回水温度的不一致性由手动调节调配阀（或平衡阀）来实现（此时不装电动调节阀）。对于间接连接供热系统，则是在每个热力站配置一台现场控制机，将二次网的供回水温度测量数据采集后，传送至中央管理机。再接收中央管理机下达的控制指令，然后指挥安装在一次网上的电动调节阀调节流量。当需要时，热力站现场控制机可不通过中央管理机直接对电动调节阀实施局部调节。

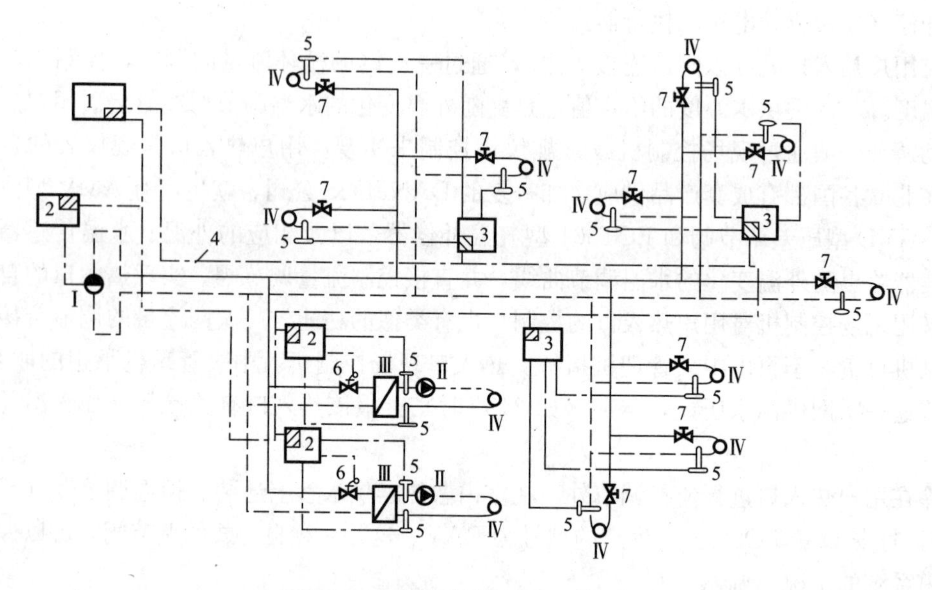

图5-37　温度控制的计算机监控方案

Ⅰ—循环水泵；Ⅱ—二次网循环水泵；Ⅲ—换热器；Ⅳ—热用户；

1—中央管理机；2—现场控制机；3—现场巡检仪；4—通信网；5—水温传感器；6—电动调节阀；7—调配阀

当条件具备时，在热源处设置热源现场控制机，承担供热系统总供水温度和总循环流量的调节，以及锅炉的燃烧控制。当条件不具备时，中央管理机可给出供热系统总供水温度、总循环流量的预测值，指导热源运行。

当计算机监控系统只担负检测功能时，可不设中央管理机，由现场控制机或现场巡检仪代替其功能。外网的现场巡检仪台数的多少，取决于现场巡检仪的输入通道数及热网管线的走向布局。

(3) 计算机监控系统的选择

由于我国幅员辽阔，供热系统千差万别，实现计算机监控要防止一哄而起。在实施过程中，一定要根据我国国情，既不能技术守旧，裹足不前；也不能贪全求洋，全盘照搬。应该在学习国外先进技术的过程中，体现我国的特色。

在选择以温度调节为主的计算机监控系统时，也可以按需要选择不同的控制级别。对于大型供热系统，热源、热网又能统一管理时，可实现锅炉燃烧、热源、热力站的全面自动控制。当热源、热网分别管理时，可实行热网、热力站的自动控制，热源的指导运行。对于供热面积较小（20万平方米以下）的供热系统，甚至可以采用计算机检测、手工调节相结合的系统。

无论采用哪种型式的计算机监控系统，运行人员的技术培养是至关重要的。如果没有经常的维护、检修，再好的控制系统也不能一劳永逸地长期正常运行。

5.3 电梯控制系统

5.3.1 电梯的控制功能及控制方案

1. 电梯的控制功能

(1) 单台电梯的控制功能

1) 司机操作

由司机关门启动电梯运行，由轿内指令按钮选向，厅外召唤只能顺向截梯，自动平层。

2) 集选控制

集选控制是将轿厢内指令与厅外召唤等各种信号集中进行综合分析处理的高度自动控制功能。它能对轿厢指令、厅外召唤登记，停站延时、自动关门、启动运行，同向逐一应答，自动平层、自动开门，顺向截梯，自动换向、反向应答，自动应召服务。

3) 下行集选

只在下行时具有集选功能，因此厅外只设下行召唤按钮，上行不能截梯。

4) 独立操作

只通过轿内指令驶往特定楼层，专为特定楼层乘客提供服务，不应答其他层站和厅外召唤。

5) 特别楼层优先控制

特别楼层有呼唤时，电梯以最短时间应答。应答前往时，不理会轿内指令和其他召唤。到达该特别楼层后，该功能自动取消。

6) 停梯操作

在夜间、周末或假日，通过停梯开关使用电梯停在指定楼层。停梯时，轿门关闭，照明、风扇断电，以利节电和安全。

7) 编码安全系统

本功能用于限制乘客进出某些楼层，只有当用户通过键盘输入事先规定的代码，电梯才能驶往限制楼层。

8) 满载控制

当轿内满载时，不响应厅外召唤。

9) 防止恶作剧功能

本功能防止因恶作剧而按下过多的轿内指令按钮。该功能是自动将轿厢载重量（乘客人数）与轿内指令数进行比较，若乘客数过少，而指令数过多，则自动取消错误的多余轿内指令。

10) 清除无效指令

清除所有与电梯运行方向不符的轿内指令。

11) 开门时间自动控制

根据厅外召唤、轿内指令的种类以及轿内情况，自动调整开门时间。

12）按客流量控制开门时间

监视乘客的进出流量，使开门时间最短。

13）开门时间延长按钮

用于延长开门时间，使乘客顺利进出轿厢。

14）故障重开门

因故障使电梯门不能关闭时，使门重新打开再试关门。

15）强迫关门

当门被阻挡超过一定时间时，发出报警信号，并以一定力量强行关门。

16）光电装置

用来监视乘客或货物的进出情况。

17）光幕感应装置

利用光幕效应，如关门时仍有乘客进出，则轿门未触及人体就能自动重新开门。

18）副操纵箱

在轿厢内左边设置副操纵箱，上面设有各楼层轿内指令按钮，便于乘客较拥挤时使用。

19）灯光和风扇自动控制

在电梯无厅外召唤信号，且在一段时间内也没有轿内指令预置时，自动切断照明、风扇电源，以利于节能。

20）电子触钮

用手指轻触按钮便完成厅外召唤或轿内指令登记工作。

21）灯光报站

电梯将到达时，厅外灯光闪动，并有双音报站钟报站。

22）自动播音

利用大规模集成电路语音合成，播放温柔女声。有多种内容可供选择，包括报告楼层、问好等。

23）低速自救

当电梯在层间停止时，自动以低速驶向最近楼层停梯开门。在具有主、副 CPU 控制的电梯，虽有两个 CPU 的功能不同，但都同时具有低速自救功能。

24）停电时紧急操作

当市电电网停电时，用备用电源将电梯运行到指定楼层待机。

25）火灾时紧急操作

发生火灾时，使电梯自功运行到指定楼层待机。

26）消防操作

当消防开关闭合时，使电梯自动返回基站，此时只能由消防员进行轿内操作。

27）地震时紧急操作

通过地震仪对地震的测试，使轿厢停在最近楼层，让乘客迅速离开，以防由于地震使大楼摆动，损坏导轨，使电梯无法运行，危及人身安全。

28）初期微动地震紧急操作

检测出地震初期微动，即在主震动发生前就使轿厢停在最近楼层。

29）故障检测

将故障记录在微机内存（一般可存入 8～20 个故障），并以数码显示故障性质。当故障超过一定数量时，电梯便停止运行。只有排除故障，清除内存记录后，电梯才能运行。大多数微机控制电梯都具有这种功能。

（2）群控电梯的控制功能

群控电梯是多台电梯集中排列，共有厅外召唤按钮，按规定程序集中调度和控制的电梯。群控电梯除了上述单梯控制功能外，还有下列功能。

1）最大最小功能

系统指定一台电梯应召，使待梯时间最小；并预测可能的最大等候时间，可均衡待梯时间，防止长时间等候。

2）优先调度

在待梯时间不超过规定值时，对某楼层的厅召唤，由已接受该层内指令的电梯应召。

3）区域优先控制

当出现一连串召唤时，区域优先控制系统首先检出“长时间等候”的召唤信号，然后检查这些召唤附近是否有电梯。如果有，则由附近电梯应召；否则由“最大最小”原则控制。

4）特别层楼集中控制

例如：①将餐厅、表演厅等存入系统；②根据轿厢负载情况和召唤频度确定是否拥挤；③拥挤时，调派另一台电梯专职为这些楼层服务；④拥挤时不取消这些层楼的召唤；⑤拥挤时自动延长开门时间；⑥拥挤恢复后，转由“最大最小”原则控制。

5）满载报告

统计召唤情况和负载情况，用以预测满载，避免已派往某一层的电梯在中途又换派一台。本功能只对同向信号起作用。

6）已启动电梯优先

本来对某一层的召唤，按应召时间最短原则应由停层待命的电梯负责。但此时系统先判断若不启动停层待命电梯，而由其他电梯应召时，乘客待梯时间是否过长，如果不过长，就由其他电梯应召，而不启动待命电梯。

7）“长时间等候”召唤控制

若按“最大最小”原则控制时出现了乘客长时间等候情况，则转入“长时间等候”召唤控制，另派一台电梯前往应召。

8）特别楼层服务

当特别楼层有召唤时，将其中一台电梯解除群控，专为特别楼层服务。

9）特别服务

电梯优先为指定楼层提供服务。

10）高峰服务

当交通偏向上高峰或下高峰时，电梯自动加强需求较大一方的服务。

11）独立运行

按下轿内独立运行开关，该电梯即从群控系统中脱离出来，此时只有轿内按钮指令起作用。

12）分散备用控制

大楼内根据电梯数量，设低、中、高基站，供无用电梯停靠。

13）主层停靠

在闲散时间，保证一台电梯停在主层。

14）几种运行模式

①低峰模式：交通疏落时进入低峰模式。②常规模式：电梯按“心理性等候时间”或“最大最小”原则运行。③上行高峰：早上高峰时间，所有电梯均驶向主层，避免拥挤。④午间服务：加强餐厅层服务。⑤下行高峰：晚间高峰期间，加强拥挤层服务。

15）节能运行

当交通需求量不大时，系统又查出候梯时间低于预定值时，即表明服务已超过需求，则将闲置电梯停止运行，关闭电灯和风扇；或实行限速运行，进入节能运行状态。如果需求量增大，则又陆续启动电梯。

16）近距避让

当两轿厢在同一井道的一定距离内，以高速接近时会产生气流噪声，此时通过检测，使电梯彼此保持一定的最低限度距离。

17）即时预报功能

按下厅召唤按钮，立即预报哪台电梯将先到达，到达时再报一次。

18）监视面板

在控制室装上监视面板，可通过灯光指示监视多台电梯运行情况，还可以选择最优运行方式。

19）群控备用电源运行

开启备用电源时，全部电梯依次返回指定层。然后使限定数量的电梯用备用电源继续运行。

20）群控消防运行

按下消防开关，全部电梯驶向应急层，使乘客逃离大楼。

21）不受控电梯处理

如果某一电梯失灵，则将原先的指定召唤转为其他电梯应召。

22）故障备份

当群控管理系统发生故障时，可执行简单的群控功能。

2. 电梯的运行原则

（1）自动定向原则

电梯首先按内选呼梯信号优先10s自动定向，超过10s后采集所有呼梯信号，按先来先到原则自动定向。

（2）顺向截车原则

电梯一旦按确定方向运行，只响应同向呼梯信号减速停车，记忆反向呼梯信号等换向后响应它。

（3）最远程反向截车原则

电梯如果向上运行时，对于有向下方向的呼梯信号，电梯先响应最远的，换向后再按顺向截车原则响应下方向其他信号。

（4）顺向消号，反向保号原则

电梯满足某层呼梯信号要求后，必须消掉同方向的呼梯信号，记忆反方向的呼梯信号。

（5）自动开关门原则

电梯到达某层后自动开门延时10s后，自动关门。

（6）本层呼叫重开门原则

电梯在关门过程中，如果本层有同方向呼梯信号，电梯重新将门打开，响应乘客要求。

3. 电梯的控制方案

电梯的控制主要经历了继电器控制、微机控制及现场总线控制三个阶段。电梯电气控制系统各环节联系图如图5-38所示。

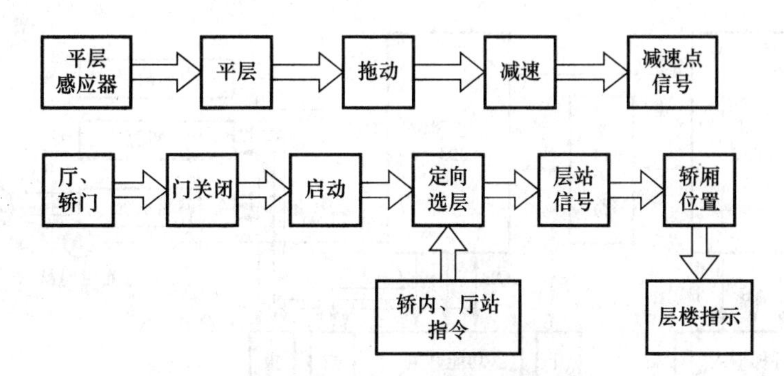

图5-38　电梯电气控制系统各环节联系图

一般电梯的控制系统主要有继电器控制、PLC控制和微机控制三种方式。每种控制方式的控制系统框图各不相同。电梯的继电器控制系统框图如图5-39所示；电梯的PLC控制系统框图如图5-40所示；电梯的微机控制系统框图如图5-41所示；电梯群控PLC控制方案如图5-42所示。

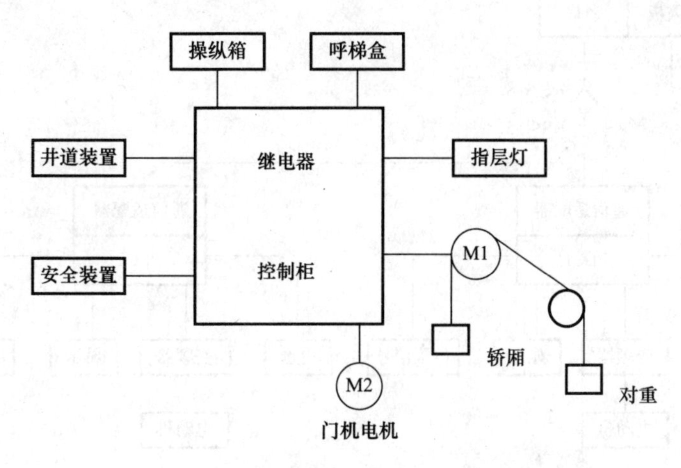

图5-39　电梯的继电器控制系统框图

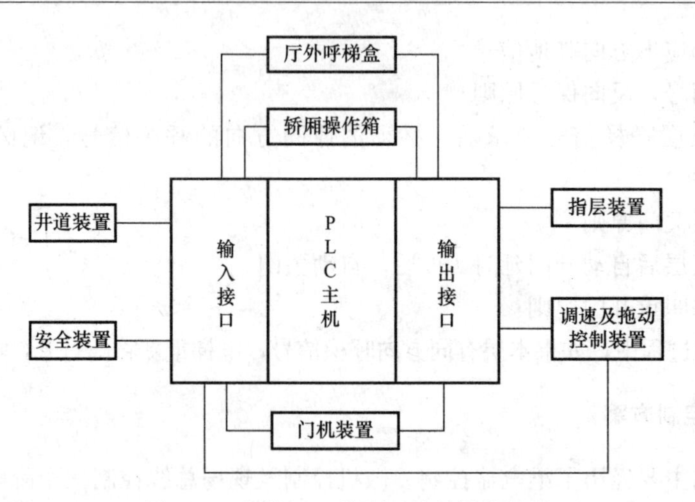

图5-40　电梯PLC控制系统的结构框图

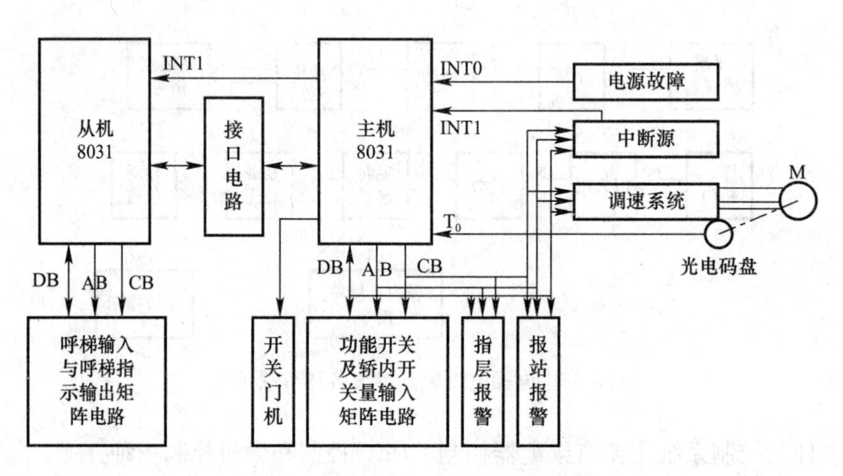

图5-41　电梯微机控制系统的结构框图

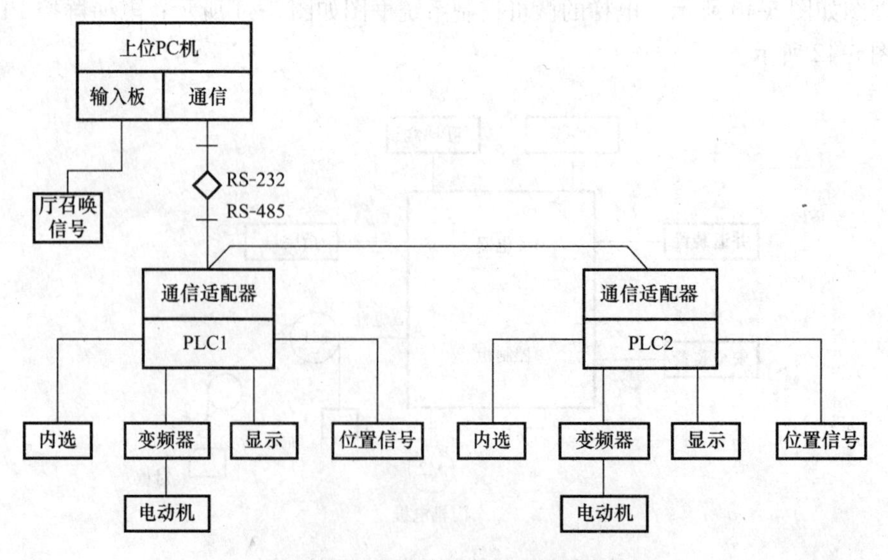

图5-42　电梯群控PLC控制方案

在电梯的自动控制系统中，逻辑判定起着主要作用。无论何种电梯，无论其运行速度多大，电梯的电气自动控制系统所要达到的目标是相类同的，就是要求电梯的电气自动控制系统根据轿厢内的指令信号和各层厅外召唤信号来自动地进行逻辑判断，决定电梯应该如何运行。

5.3.2 电梯的电力拖动系统

1. 常见的电梯电力拖动方式

(1) 电梯的电力拖动系统

电力拖动系统是电梯的动力来源，它驱动电梯部件完成相应的运动。

在电梯中主要有如下两个运动：

1) 轿厢的升降运动。

2) 轿门及厅门的开关运动。

轿厢的运动由曳引电动机产生动力，经曳引传动系统进行减速、改变运动形式（将旋转运动改变为直线运动）来实现驱动，其功率在几千瓦到几十千瓦，是电梯的主驱动。为防止轿厢停止时由于重力而溜车，还必须装设制动器（俗称抱闸）。

轿门及厅门的开与关则由开门电动机产生动力，经开门机构进行减速、改变运动形式来实现驱动，其驱动功率较小（通常在200W以下），是电梯的辅助驱动。开门机一般安装在轿门上部，驱动轿门的开与关，而厅门则仅当轿厢停靠本层时由轿门的运动带动厅门实现开或关。由于轿厢只有在轿门及所有厅门都关好的情况下才可以运行，因此，没有轿厢停靠的楼层，其厅门应是关闭的。如果由于特殊原因使没有轿厢停靠楼层的厅门打开了，那么，在外力取消后，该厅门由自动关闭系统靠弹簧力或重锤的重力予以关闭。

(2) 电梯的电力拖动系统的功能

电梯的电力拖动系统应具有如下功能：

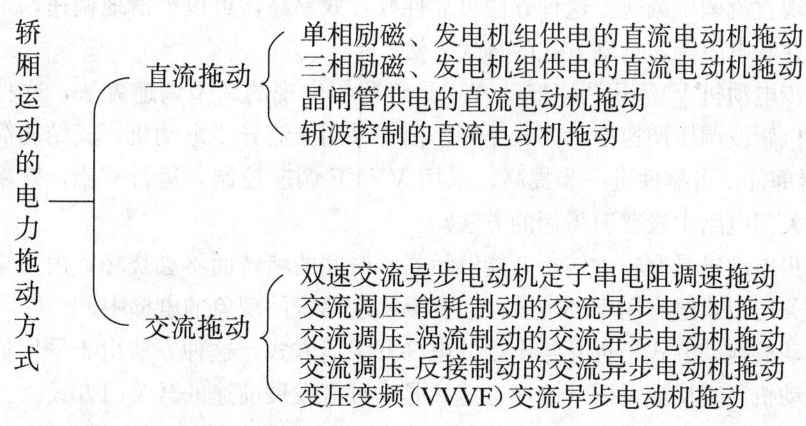

① 有足够的驱动力和制动力，能够驱动轿厢、轿门及厅门完成必要的运动和可靠的静止。

② 在运动中有正确的速度控制，有良好的舒适性和平层准确度。

③ 动作灵活、反应迅速，在特殊情况下能够迅速制动。

④ 系统工作效率高，节省能量。

⑤ 运行平稳、安静/噪声小于国标要求。

⑥ 对周围电磁环境无超标的污染。

⑦ 动作可靠，维修量小，寿命长。

(3) 常见的电力拖动方式

目前，国内生产的电梯主要采用如下一些电力拖动方式。

1) 轿厢升降运动的电力拖动方式

发电机组供电的直流电动机拖动方式由于能耗大、技术落后已不再生产，只有少量旧电梯还在运行。而20世纪70～80年代出现的变压变频（VVVF）交流异步电动机拖动方式，由于其优异的性能和逐步降低的价格而大受青睐，占据了新装电梯的大部分。永磁同步电动机拖动方式在近几年开始在快速、高速无齿电梯中应用，是最有发展前途的电梯拖动方式。

2) 轿门及厅门开关运动的电力拖动方式

可以划分如下：

轿门及厅门开关运动的电力拖动方式
- 直流电动机电枢串、并联电阻调速拖动方式
- 直流电动机斩波调压调速拖动方式
- 交流异步电动机VVVF调速拖动方式
- 力矩异步电动机拖动方式
- 伺服电动机拖动方式

直流电动机电枢串、并联电阻调速拖动方式通过改变电枢电路所串、并联电阻的阻值来改变电动机的转速，实现开（关）门过程的“慢—快—慢”的要求。这种调速方式在早年的电梯中普遍采用，由于运行过程中需要不断地切换电枢回路的电阻，其切换用的开关容易出故障，造成维修工作量大，可靠性差，效率较低，目前已较少采用。

直流电动机斩波调压调速拖动方式采用大功率晶体管组成的无触点开关，通过改变导通占空比实现直流调压调速。这种方法可靠性好，效率高，可以平滑地调速，是直流电动机电枢串、并联电阻调速拖动方式的替代方法。

交流异步电动机VVVF调速拖动方式是近些年出现的新型调速方法，这种调速方法较直流电动机斩波调压调速拖动方式更好。由于采用交流异步电动机，其结构简单，没有电刷-换向器部件，可靠性进一步提高，采用VVVF调速控制，运行平稳，效率更高，是当前电梯开关门电路中较普遍采用的方法。

力矩异步电动机具有较大转矩，能够承受长时间的堵转而不会烧坏，由力矩异步电动机驱动的开关门方式适宜用于环境较差、容易出现堵卡门现象的电梯中。

伺服电动机拖动方式是近几年出现的电梯开关门方式，这种方法由于采用伺服电动机作为驱动电动机，其反应灵活，响应迅速，是一种有发展前途的开关门方式。

2. 电梯的速度曲线

当轿厢静止或匀速升降时，轿厢的加速度、加加速度都是零，乘客不会感到不适；而在轿厢由静止启动到以额定速度匀速运动的加速过程中，或由匀速运动状态制动到静止状态的减速过程中，既要考虑快速性的要求，又要兼顾舒适感的要求。也就是说，在加、减

速过程中，既不能过猛，也不能过慢：过猛时，快速性好了，舒适性变差；过慢时，舒适性变好，快速性却变差。因此有必要设计电梯运行的速度曲线，让轿厢按照这样的速度趋向运行，既能满足快速性的要求，也能满足舒适性的要求，科学、合理地解决快速性与舒适性的矛盾。图 5-43 中曲线 ABCD 就是这样的速度曲线。其中 AEFB 是有静止启动到匀速运行的加速段速度曲线；BC 段是匀速运行段，其梯速为额定梯速；CF′E′D 是由匀速运行制动到静止的减速段速度曲线，通常是一条与启动段对称的曲线。

图 5-44 是梯速较高的调速电梯的速度曲线，由于额定速度较高，在单层运行时，梯速尚未加速到额定速度便要减速停车了，这时的速度曲线没有额定恒速运行段。在高速电梯中，在运行距离较短（例如单层、二层、三层等）的情况下，都有尚未达到额定速度便要减速停车的问题，因此，这种电梯的速度曲线中有单层运行、双层运行、三层运行等多种速度曲线，其控制规律也就更为复杂些。

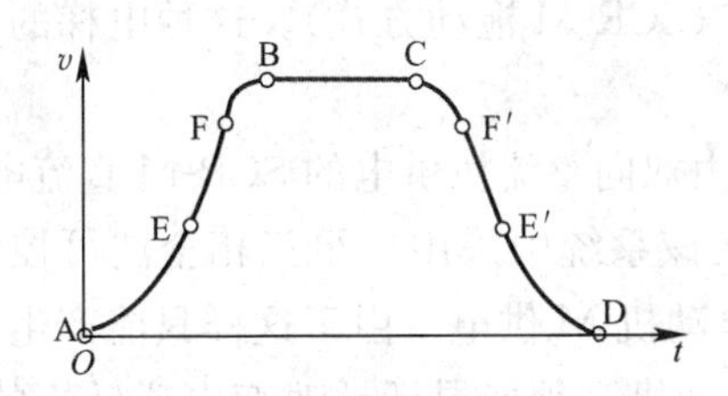

图 5-43 常用的电梯速度曲线（抛物线形）

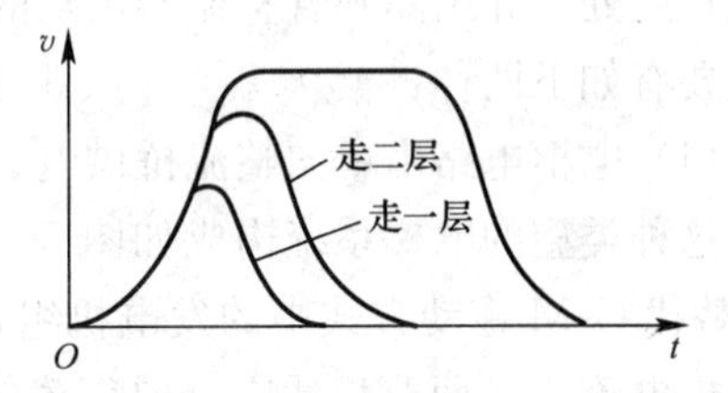

图 5-44 高速梯的速度曲线

3. 曳引电动机及其功率的确定

(1) 电梯对曳引电动机的要求

曳引电动机是电梯的动力来源，是电梯的关键部件之一。能否正确地选用曳引电动机，关系到电梯能否安全、可靠地工作。因此为了能够正确地选用曳引电动机，首先要了解电梯的拖动特点和电梯对曳引电动机的要求：电梯是一个大惯量的拖动系统，要求电动机有较大过载能力；电动机能够承受频繁起停，能承受较高的每小时合闸次数；电梯的运行属于周期断续工作方式，要求选用周期断续工作制的电动机；对于交流电梯，要求曳引电动机有足够的启动转矩和尽量小的启动电流。

(2) 曳引电动机额定功率的粗选

轿厢一次重载上升运行过程中负载转矩随时间变化曲线如图 5-45 所示。在选用电动机时，应根据工作区间（ABCD 段）的等小负载转矩来确定电动机的额定功率，从图中可以看出，启动加速阶段（AEFB 段）负载转矩增大，制动减速阶段（CF′E′D 段）负载转

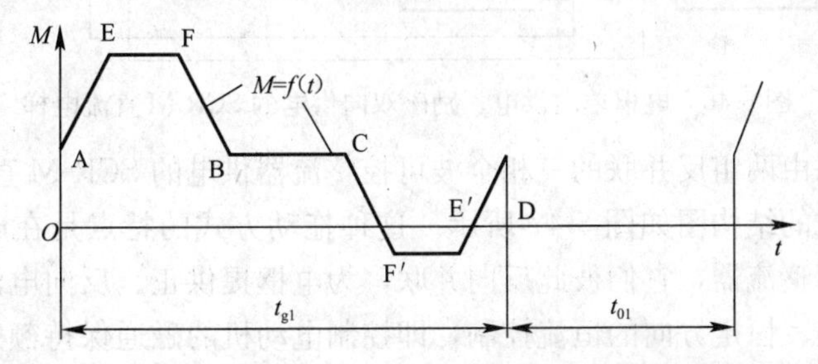

图 5-45 轿厢一次重载上升运行过程中负载转矩随时间变化曲线

矩减小，工作区间的平均负载转矩等于匀速运行阶段（BC段）的负载转矩，即静态负载转矩。因此在粗选电动机功率时，可以近似地用平均负载（静态负载）代替等效负载。根据曳引电动机的力学关系，不难导出曳引电动机的额定功率。

（3）曳引电动机发热与过载、启动校验

按照上面介绍的方法粗选电动机只适合于电梯改造时的粗略估算，在设计开发新型号电梯时，需要更精确地校验电动机的耐热与过载、启动能力。具体步骤为：初选电动机；发热校验；对交流电动机进行过载校验和启动校验。

4. 直流电梯电力拖动方式

直流电梯中，基本上都是采用调压的方法实现调速的。按照直流电源的获取方式可以将直流电梯分成两类：一类是由交流电动机—直流发电机供电的直流电梯，简记为G-M方式；此处只介绍晶闸管整流器供电的直流电梯（SCR-M拖动方式）。这种电梯的拖动方式主要有如下两种：

（1）电枢电路由单向整流桥供电、励磁电路由双向整流桥供电的SCR-M直流电梯

这种类型的电梯系统构成如图5-46所示。在该系统中采用一组三相全波可控整流器UC替代G-M拖动方式中的发电机组，为直流电动机M供电。由于这样只能产生单方向的电枢电流 I_a，而要想适应电梯负载的要求，电动机必须能灵活地改变电磁转矩的方向，因此，电动机的励磁绕组WM则由两个反并联的整流桥供电。当正组励磁整流桥UCR供电时，给励磁绕组WM提供正向励磁。当反组励磁整流桥UCR供电时，则为励磁绕组WM提供反向励磁电流。由于转矩与电枢电流、转矩与励磁电流均是线性关系，因此，控制规律比较简单，控制精度容易保证。

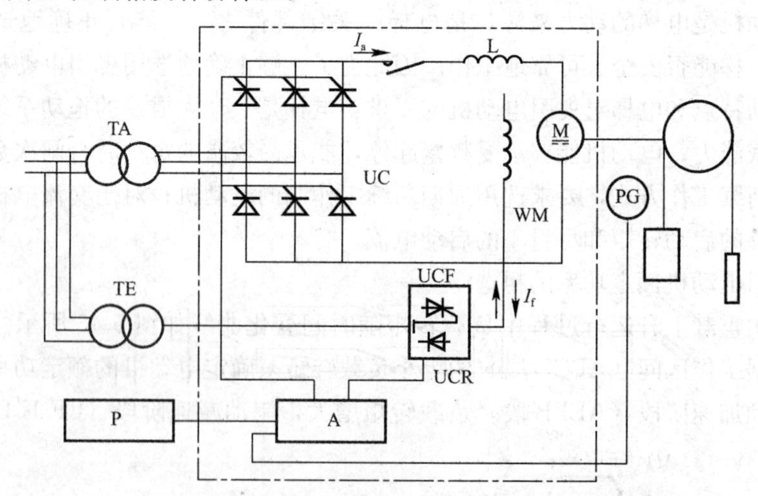

图5-46 电枢单向供电、励磁双向供电的SCR-M直流电梯

（2）电枢电路由两组反并联的三相全波可控整流器供电的SCR-M直流电梯

这种拖动方式的结构图如图5-47所示。这种拖动方式的特点是在电动机电枢回路中设置了两组晶闸管整流器，它们彼此反向并联，为电枢提供正、反向电流。而励磁回路则只是一个恒定大小、恒定方向的恒流控制，即控制电动机的磁通保持额定值。这是电动机四个象限运行的控制就靠对正、反两个整流桥的控制来实现。这个电路与工业上通常采用

的直流电动机可逆运转控制相似，可以做成有环流的，也可以做成逻辑无环流的。

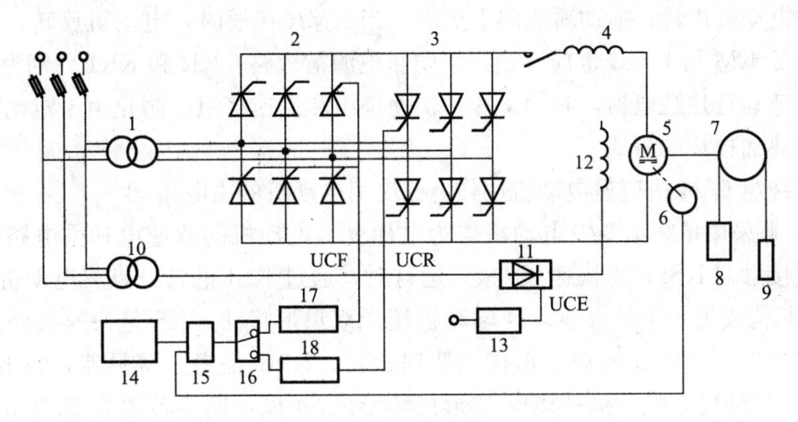

图 5-47 采用两组反并联晶闸管整流器为电枢供电的直流电梯

1—主变压器；2—正组晶闸管；3—反组晶闸管；4—平波电抗器；5—直流电动机；6—测速发电机；7—曳引机；8—轿厢；9—对重；10—励磁变压器；11—励磁晶闸管整流器；12—励磁绕组；13—励磁指令及励磁控制器；14—速度指令；15—比较器；16—控制切换开关；17—正组晶闸管触发器；18—反组晶闸管触发器

5. 交流双速电梯拖动方式

交流双速电梯采用变极调速电动机作为曳引电动机，其变极比通常为 6/24 极，也有 4/6/24 极和 4/6/18 极的。从电动机结构看，有采用单绕组改变接线方式的，也有采用两组绕组的，它们各自具有不同的极数，通过接通不同的绕组来实现不同的转速。

（1）双绕组 6/24 极变极电动机用作电梯曳引电动机的主电路

图 5-48 给出了采用双绕组实现 6/24 极变极的双速电梯主电路。图中电动机 M 有两套绕组，快速（6 极）绕组的引出端为 XK1、XK2、XK3，在内部三相接成 Y 形接法；慢速（24 极）绕组的引出端为 XM1、XM2、XM3，在内部三相也是 Y 形接法。接触器 KS 是用于接通快速绕组实现快速启动、运行用的，接触器 KM1 则是用于接通慢速绕组实现减速、慢速运行用的。显然快速接触器 KS 与慢速接触器 KM1 不能同时吸合，应该互锁。

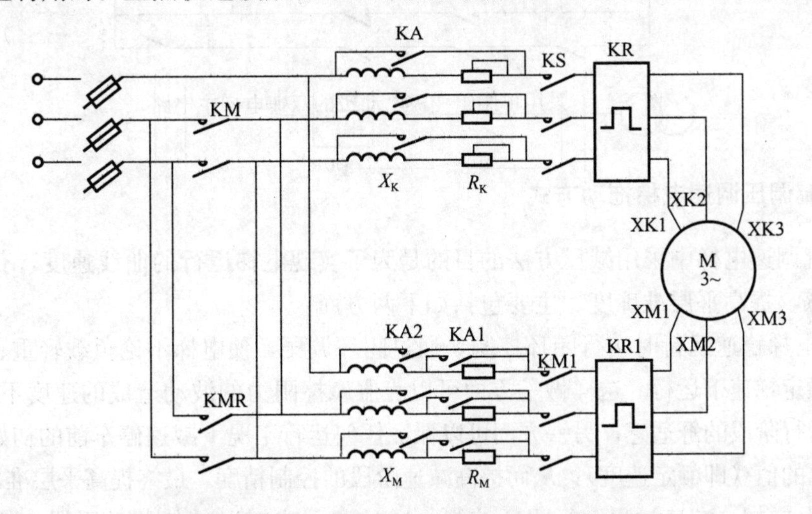

图 5-48 采用双绕组变极电动机的双速电梯主电路

上升接触器KM和下降接触器KMR是用来改变电动机相序实现正反转运行的接触器，当KM接通时电动机正转，拖动轿厢向上运动；当KMR接通时，电动饥反转，拖动轿厢向下运动。显然KM与KMR也应互锁，以防止电源被短路，KR和KR1分别为快速运行热继电器和慢速运行热继电器，是用来保护快速绕组和慢速绕组，防止由于电动机过载造成电机绕组过热而损坏的事故。

(2) 单绕组6/24极变速电动机用作电梯曳引电动机的主电路

图5-49是采用单绕组变极电动机作为电梯曳引电动机的双速电梯主电路图。图中采用一个快速接触器KS1，当快速（6极）运行时，通过KS1的常开点将电动机端子1、2、3短接到一起构成另一个星形点，使电动机接成双星形接法。KS是快速接触器，当KS、KS1吸合时，电动机以6极双星形接法快速运转。KM1是慢速接触器，当KS1、KS断开，而KM1接通时，电动机被接成Y形接法形成24极，同步转速为250r/min。KM是上升接触器，KMR是下降接触器。当KM接通时，电动机正转，带动轿厢上升；当KMR接通时，电源相序被改变，电动机反转，拖动轿厢下降，电动机在固有特性上转入稳速运行。KA1、KA2、KA3是慢速运行接触器，KA1，KA2是逐段切除慢速电阻用的，而KA3则使R_M被全部切除掉，使电动机进入慢速固有特性并转入稳定低速运行。

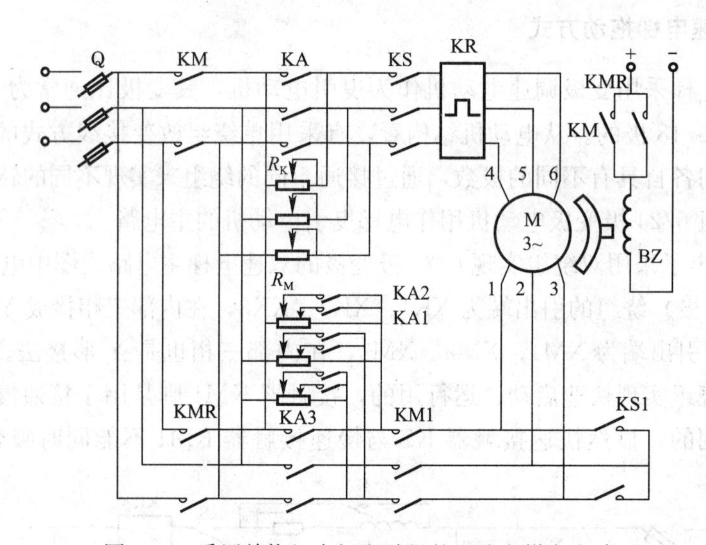

图5-49　采用单绕组变极电动机的双速电梯主电路

6. 交流调压调速电梯拖动方式

在交流调速电梯中采用减压方法的目的是为了实现电梯运行的曲线速度，获得良好的运行舒适感，提高平层准确度。主要包括如下两方面：

① 对电梯稳速运行时实行闭环控制，通过闭环调压，使电梯不论负载轻重、不论运行方向均在额定梯速下运行。这样做一方面可以克服摩擦阻力的波动造成的速度不均和振动，提高稳速运行阶段的舒适感；另一方面可以保证任何运行工况下减速停车前的初始速度都是同一个确定的值（即额定速度），从而提高减速阶段的控制精度，最终提高平层准确度。

② 对电梯加、减速过程实行闭环控制，通过调压或辅以其他制动手段，使电梯按预

定的速度曲线升速或减速，从而获取加减速阶段的良好舒适感，并提高轿厢平层准确度。

(1) 调压-能耗制动方式的主电路

采用双速电动机作电梯曳引电动机，对高速绕组实行调压控制，对低速绕组实施能耗制动控制的电梯是目前调压调速电梯的主要拖动方式。

图 5-50 中电动机的高速绕组接成星形调压方式，每一相接有一对反并联的晶闸管，接触器 KM 和 KMR 是改变电动机转向的上行和下行接触器。在这种形式下，还可以利用接触器的辅助触点实现互锁、传递信号，KM、KMR 在不运行时可以断开电路，起到保护晶闸管的作用，还可以避免由于晶闸管的误触发或短路造成电梯误动作的事故。

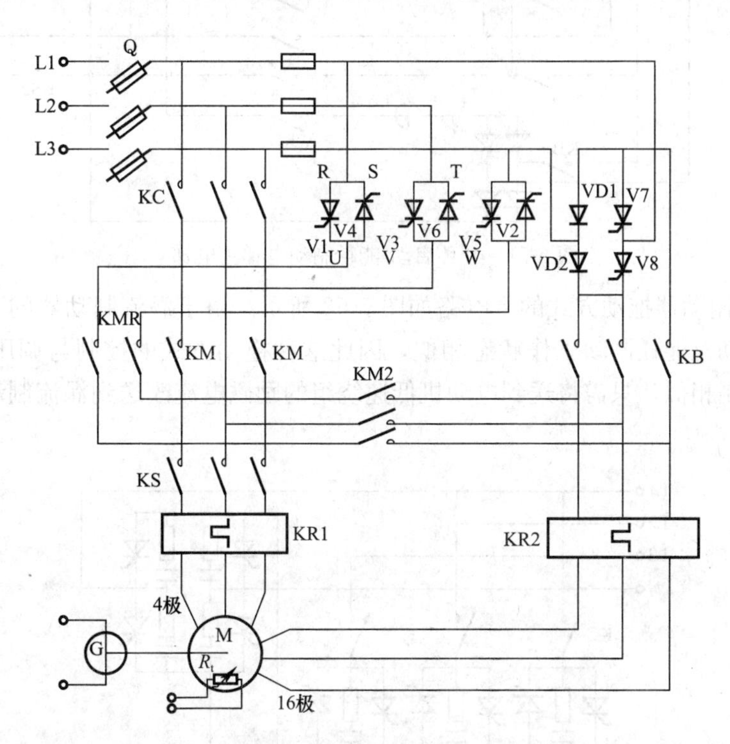

图 5-50 调压-能耗制动拖动方式的主电路

还有一种类型的电梯，它在减速停车阶段，采用能耗制动实现速度闭环控制；而在启动、稳速运行阶段，则采用开环控制。

图 5-51 便是这种电梯的主电路。它采用一台 6/24 极单绕组变极电动机作为曳引电动机，该电动机共有 9 个引出端。电梯的启动及稳速运行控制过程是开环的，与双速电梯相似；启动时 KS2、KS、KM（或 KMR）、KS1 吸合，将电动机接成双星形接法（6 极的接线方式），并串入电阻 R_K 启动，转速升上来后，吸合 KA 将 R_K 短路，电梯以快速稳速运行。减速停车时采用能耗制动闭环控制，按预定速度曲线减速。

(2) 调压-涡流制动器拖动方式的主电路

在调压-能耗制动拖动方式下，电梯减速过程中将很大一部分能量消耗在电动机绕组中，引起电动机发热，为了克服这个缺点，采用涡流制动器来实现能耗制动，这时损耗的能量在涡流制动器中引起发热，而曳引电动机的发热则大大减小，因而可以改善电动机的工作条件，但是这样做需要增加一个涡流制动器，增加了设备投资。

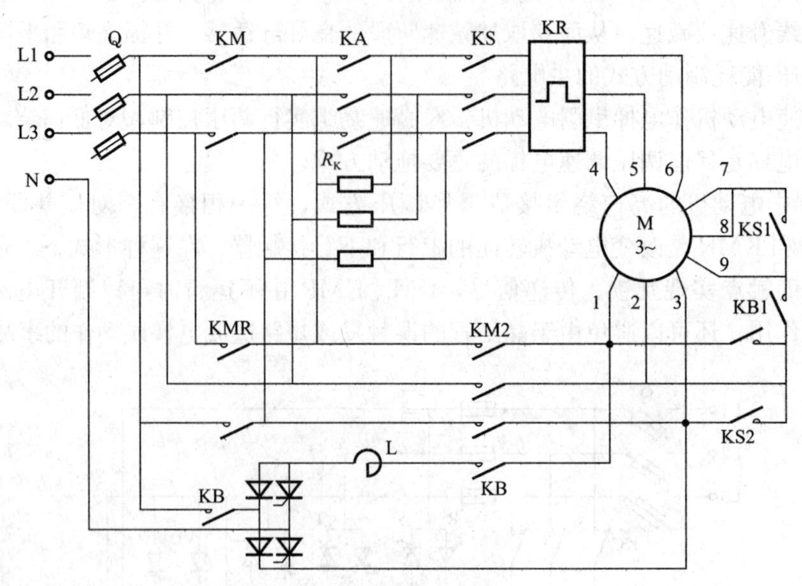

图 5-51 开环启动-能耗制动电梯主电梯

调压-涡流制动器拖动方式的主电路如图 5-52 所示。由于涡流制动器的工作原理、机械特性均与电动机能耗制动工作状态相似，因此这种拖动方式的控制与调压-能耗制动拖动方式下的控制相似，只需将送到电动机低速绕组的励磁电流改送到涡流制动器的励磁绕组中去即可。

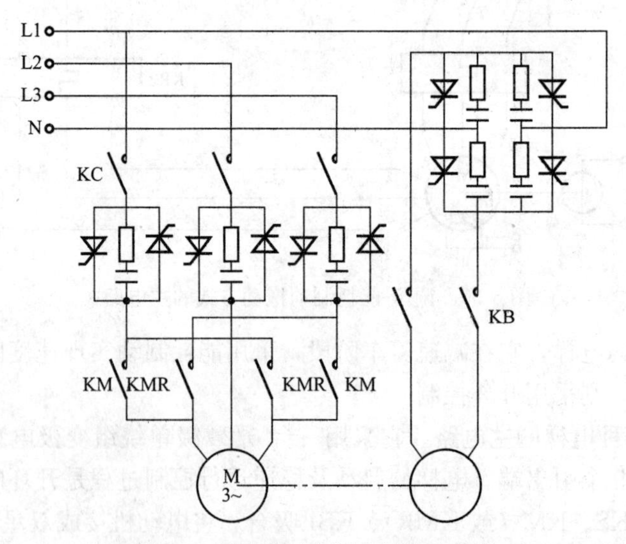

图 5-52 调压-涡流制动器拖动方式

7. 变频调速电梯拖动方式

根据交流异步电动机转速公式

$$n=(1-s)\frac{60f_1}{p} \tag{5-5}$$

可知，改变电动机交流电源的频率 f_1，就可以实现对异步电动机的调速。

在变频调速中，对电动机的回馈能量处理基本上有两种方法：一是在直流侧设置能耗电路，当直流侧电压上升到某一数值以上时，接通能耗电路，将回馈的多余能量消耗掉；另一种方法是在电源与直流侧之间设置逆变电路，当电动机回馈能量时，启动该逆变电路，将回馈的能量送给电网。两种方法相比较，显然后者节能效果好，运行效率提高。

在梯速低于 2m/s 的变频调速电梯中，由于可回馈的能量相对较少，因此多采用上述第一种方法，在直流侧设置了由晶体管 V 与能耗电阻 R 构成的能耗电路，当轿厢轻载上升或重载下降时以及减速过程中，由于电动机的转速高于同步转速，电动机的感应电动势高于电压，该电动势经二极管 VD1～VD6 整流向直流侧电容 C 充电，当电容上的电压上升到一定程度时，令晶体管 V 导通向电阻 R 放电，当电容上的电压降低到某一数值时，则关断晶体管 V，停止放电，电梯的主电路如图 5-53 所示。

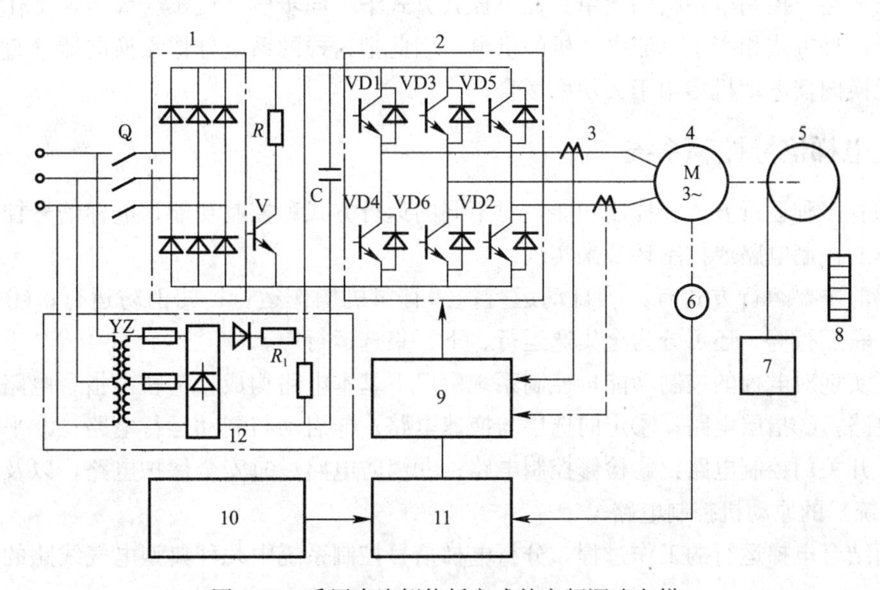

图 5-53 采用直流侧能耗方式的变频调速电梯

1—整流桥；2—逆变桥；3—电流检测；4—电动机；5—曳引轮；6—速度检测；7—轿厢；8—对重；9—PWM 控制电路；10—主控微机（运行控制）；11—辅助微机（矢量控制）；12—预充电电路

8. 永磁同步电动机拖动方式

永磁同步电动机没有励磁绕组，因此，节省了励磁供电回路，省去了同步电动机的电刷-集电环装置，使电动机结构紧凑，体积减小，效率提高。

永磁同步电动机的主电路就是对定子三相绕组供电的电路，其电路主要由如图 5-54 所示的两种形式。

图 5-54（a）是一个采用大功率晶体管或 IGBT（Insulated Gate Bipolar Transistor）组成变频器给同步电动机供电的主电路，为提高系统性能，通常采用矢量控制方式进行控制。图 5-54（b）是一个采用晶闸管组成变频器给同步电动机供电的主电路，在这种供电方式下，通常采用自控式变频方式进行控制。在这种控制方式下，控制系统不断地检测转子位置，在自然换流点之前 γ 角（γ 被称作换流超前角）触发需要导通的晶闸管，利用电动机的反电动势来关断应退出的晶闸管，实现晶闸管之间的换流。这样就不需要设置晶闸

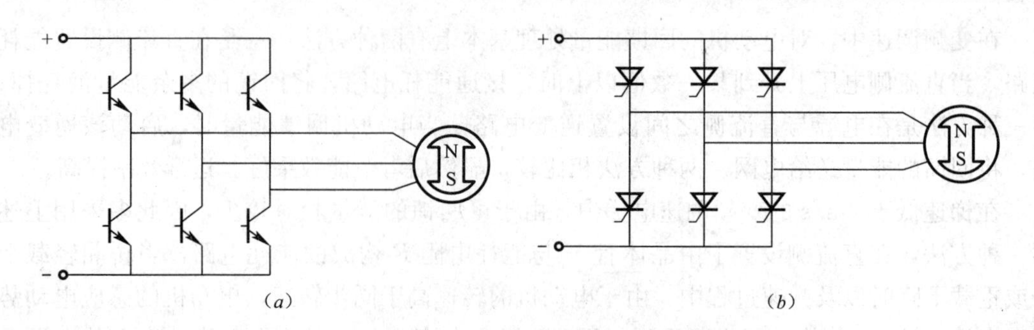

图 5-54　永磁同步电动机的主电路

(a) 矢量控制变频电源供电；(b) 自控式变频供电

管的关断电路，控制电路结构简单。在自控式方式下，同步电动机不会失步，工作比较可靠。由于这种方式相当于直流电动机的供电，因此把这样的系统称作无换向器（直流）电动机。无换向器电动机多用于大功率场合。

5.3.3　电梯信号控制系统

电梯有多种运行方式和控制功能，对不同的运行方式和控制功能，电梯信号控制系统采用相应的控制电路或控制环节来实现。

电梯的主要运行方式有：①自动运行；②有司机操作运行；③消防运行；④检修运行；⑤并联运行等。还可分为全集选运行、下行集选运行等。

为了实现对电梯的控制功能，控制系统由以下基本电路构成：①轿内指令电路；②厅外召唤电路；③指层电路；④定向选层与换速电路；⑤启动与制动运行电路；⑥平层控制电路；⑦开关门控制电路：⑧检修控制电路；⑨消防电路；⑩安全保护电路，以及直流梯(G-M 系统）的原动机控制电路等。

下面结合电梯运行的工作过程，分析电梯信号控制系统中几种典型电气线路的功能与工作原理。

1. 轿内指令电路

轿厢内的操纵箱上对应每一层站设、一个带灯的按钮，即为内选按钮，也称指令按钮。按动其中一个按钮，只要电梯不在按钮所对应的楼层，该按钮灯便亮，称为内指令登记。

内指令是电梯司机和乘用人员在轿厢内操纵电梯，进行选层定向运行的控制指令。电梯关门运行后，将在亮灯按钮所对应的层楼停靠，并消除该指令，按钮灯熄灭，即消号。

内指令电路包括信号记忆、按钮灯控制、消号3部分。下面介绍两种指令信号的登记及其消除线路原理：

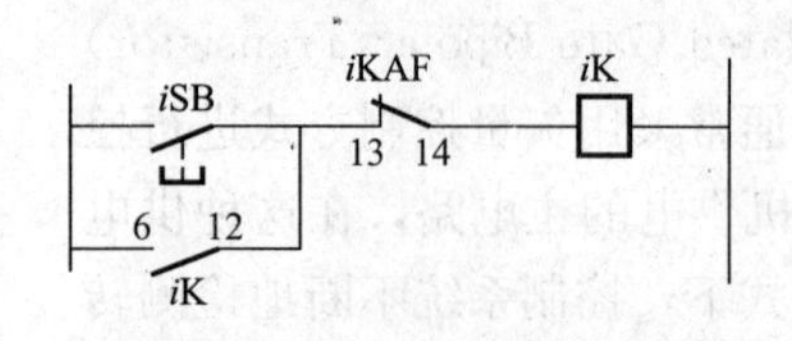

图 5-55　串联式呼梯登记与消除线路

(1) 串联式轿内指令信号的登记与消除线路

所谓串联式是指用于呼梯信号记忆与消除的电器触点是串联在一起的，如图 5-55 所示。

iSB 为第 i 层的指令按钮。按下 iSB↑→iK↑，对应的指令继电器 iK 吸合，并由 iK（6，12）触点使 iK 自保持（自锁)，使按钮灯亮。当电梯到达第 i 层时，该层层楼继电

器 iKAF 吸合，其常闭点 iKAF（13，14）断开使 iK 释放，指令信号消除，按钮灯熄灭。

对带有选层器的电梯，其轿内指令信号可由选层器触点来消除。

（2）并联式指令信号的登记与消除电路

并联式电路的消号是当电梯到达指令信号层楼时，依靠该层的层楼继电器常开触点并联于指令继电器线圈的两端，即经限流电阻把指令继电器线圈短接，从而使指令信号继电器释放消号。但消号必须在电梯即将到达该层而发出减速信号后（即快速运行接触器 KMK 释放，其常闭触点导通）方可实现。电路如图 5-56 所示。

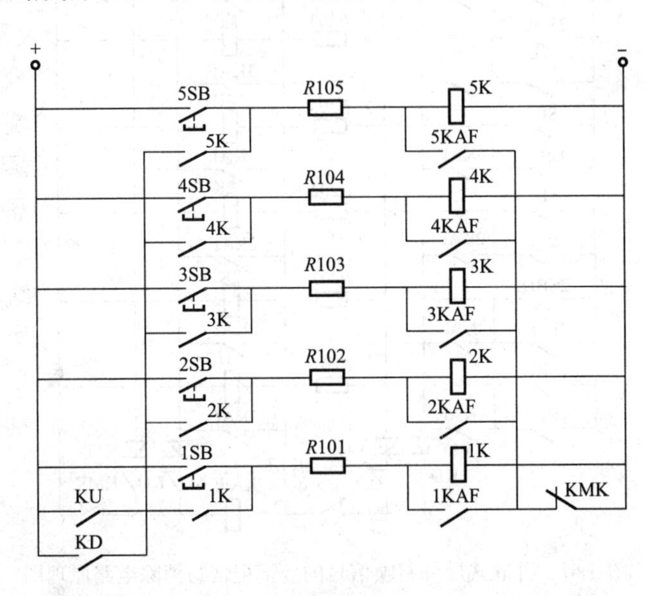

图 5-56 并联式指令信号登记及其消除电路原理图

从图 5-56 中可以看出：指令信号不是直接自保记忆，而是在有了指令信号后，使电梯定出运行方向，即方向继电器 KU 或 KD 吸合后，才可自保记忆。当电梯失去方向后（即 KU、KD 线圈均失电），即使层楼继电器未动作，也能把已登记的指令信号消除。

由于串联式的是利用层楼继电器的常闭触点串接于指令继电器的线圈回路中，如当该常闭触点接触不好时，就会影响该层指令信号的登记和记忆。这样就会影响乘客到达该层使用电梯的要求。对于并联式电路，如该层的层楼继电器常开触点接触不好时，则仅仅影响信号的消除，而不影响该层信号的登记与记忆，即不影响乘客到达该层的使用要求。故一般电梯控制电路常用并联式的电路，串联式已很少见到。

2. 厅外召唤电路

电梯的厅外召唤信号是通过设在电梯每层厅门口的按钮来实现的。电梯按钮除上下两端站只设一个外，全集选控制的电梯其余层分别设上下两个按钮；下集选控制的电梯，中间层也分别设一个按钮，其线路控制按每一个按钮对应一个继电器的原则设计。

（1）并联式厅外召唤信号的登记记忆与消除电路

如图 5-57 所示，这部分的电气电路结构与指令信号的电路基本相同，也是采用并联式的结构。现就该电路的特点作几点说明如下。

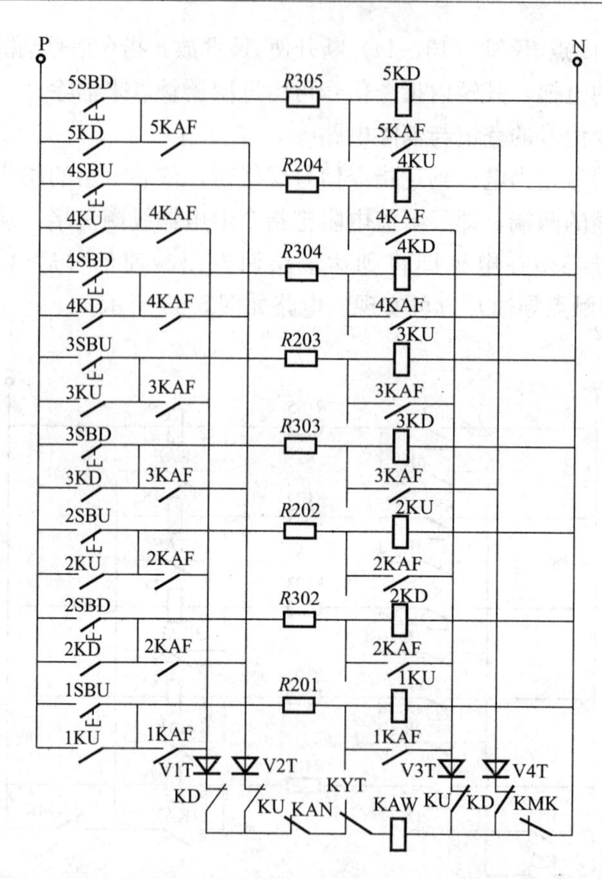

图 5-57 并联式厅外召唤信号的登记记忆与消除电路原理图

1）该电路不仅起着各层楼厅外召唤信号的登记记忆与消号，而且还起着无司机状态的“本层厅外开门”功能。如：电梯轿厢在三楼闭门候梯（无呼梯信号）时，有人按三层楼下呼梯按钮 3SBD，则电流从 P→3SBD→3KAF→V2T→KU→KAN→KYT→KAW 线圈→KMK→N，使厅外开门继电器 KAW 线圈得电，把电梯门打开。

2）由图 5-57 可以看出，各个层楼的厅外召唤信号的消除是与电梯运行的方向有关。当登记的某一召唤信号，若与电梯运行方向一致，则电梯在该层发出减速信号（快车接触器 KMK 释放）后才能消号。而与电梯运行方向相反的厅外召唤信号则予以保留，不消号。这一点是与轿内指令信号消除的最主要区别。

3）当两台或 3 台电梯并联控制时，则某一台电梯先应答某层的厅外召唤信号（与电梯运行方向一致），这台电梯在该层即可发出减速信号，而后自动消除该层的顺向召唤信号。而另外一台（或两台）电梯在该层不再发出减速信号和停车。

（2）利用机械选层器的厅外召唤信号登记、消号电路

利用机械选层器的厅外召唤信号登记、消号、反向保留的电路，如图 5-58 所示。本电路的工作过程是，当厅外按下上呼按钮 ASZ 后，上运行继电器 JSZ 吸合，并通过 DSX、JSZ 接点自保。只要电梯未到达本层，此信号一直保留。由此完成上召唤信号的登记。

消号功能的完成是通过机械选层器的动触头 SXH 将定触点 DSX 压开，使 JSZ 线圈断电而消除自保。这项功能是在电梯上行到达本层楼，下行继电器 JXX 接点断开的情况下完成。

反向厅外召唤信号保留工作过程是，当电梯下行时，而在下运行的某层站有上呼梯信号，即 ASZ↑→JSZ↑。当电梯下行经过本层楼时，下运行继电器 JXX 吸合使其接点闭合，选层器动触点 SXH 使其接点 DSX 断开，由于 JXX、XXH、JSZ 的接通，使继电器 JSZ 保持吸合，即上行厅外召唤信号仍被保留。

电梯的直驶功能是通过直驶按钮 AZ 来实现的。当电梯需要通过某层而不停靠站时，可按下 AZ 钮。这时只要 JSX 或 JXX 有一个触点闭合，通过 SXH 和 XXH 便可以使继电器 JSZ 或 JXZ 保持吸合状态。因此，电梯不管上行还是下行，厅外召唤不管顺向呼叫还是反向呼叫信号均能保留，而不被消号。

（3）厅外召唤与内选指令组合电路

该电路的特点是可以省略内选指令继电器，厅外召唤与内选指令的登记共用一个继电器，控制电路如图 5-59 所示。

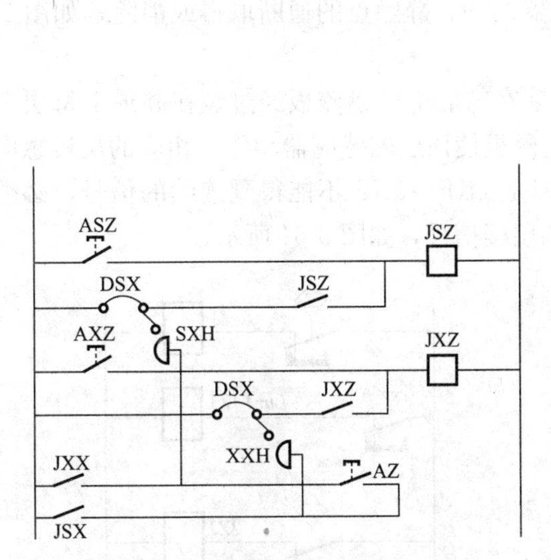

图 5-58 利用机械选层器的厅外召唤登记、消号、反向保留电路

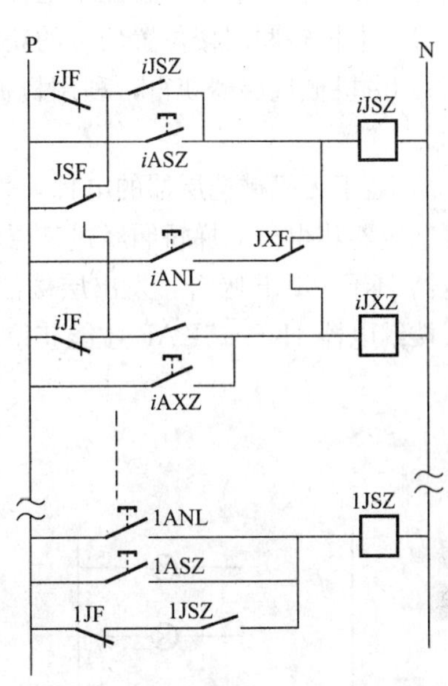

图 5-59 厅外召唤与内选指令组合电路

1）厅外上召唤信号登记 当按下上召按钮钮 iASZ 时，继电器 iJSZ 吸合，并通过接点自保持，完成上呼信号登记；当按下下召按钮 iAXZ 时，继电器 iJXZ 吸合，并通过接点自保持，完成下呼信号登记。

2）内选指令登记 当在轿厢里按下内选指令按钮 iANL 时，内选指令便被登记。

① 电梯上行或停在某站时，下行方向继电器 JXF 触点向上接通，此时电路由 iANL—JXF—iJSJ 使内选信号登记。

② 电梯下行时，下行方向继电器 JXF 触点向下接通，此时电路由 iANL—JXF—iJXZ 使内选信号登记。

3）消号 如果电梯上行，上方向继电器 JSF 吸合，其接点向下接通。当电梯到达呼梯层时，JF 继电器吸合，其接点断开了 iJSZ 自保持通路，完成消号。当电梯下行时，同样是在电梯到达呼梯层时，JF 吸合，其接点断开 iJXZ 自保持通路，完成消号。

4）反方向外召信号保留 分两种情况：

① 如果电梯由上向下运行时，而下层有上呼梯信号时，JSF继电器此时向上接通。电梯到达上呼梯层时，JF继电器吸合，其接点断开，但由于JSF接点与iJF接点并联，其电路由P—JSF—iJSZ—N接通，下行召唤信号保留。

② 如果电梯由下向上运行时，而上层有下呼梯信号时，JSF断电器此时向下接通。电梯到达下呼梯层时，JF继电器吸合，其接点断开，但由于JSF与iJF接点并联，其电路由P—JSF－iJXZ—N接通，下行召唤信号保留。

3. 指层电路

指层电路用于轿厢层楼位置信号的获取与显示。电梯都配有层楼指示器，指示轿厢所在层楼位置。在电梯轿厢内设层楼指层器，在厅门处设指层器、声光预报、到站钟报站等来指示轿厢所在层楼，灯光显示电梯运行方向。

（1）电梯轿厢层楼位置信号的获取

1）由机械选层器获得，利用机械选层器的动、静触点的通断取得或消除，如图5-60所示。

2）对于无机械选层器的电梯，采用安装在轿厢上的遮磁板经过装在井道上每层一个的磁感应器获得。电梯轿厢经过某层时，遮磁板使该层磁感应器动作，相应的层楼感应器继电器1KF～5KF吸合，发出层楼信号，但是1KF～5KF不能得到连续的信号，必须附加层楼继电器1KF～5KAF才能获得连续的层楼信号，如图5-61所示。

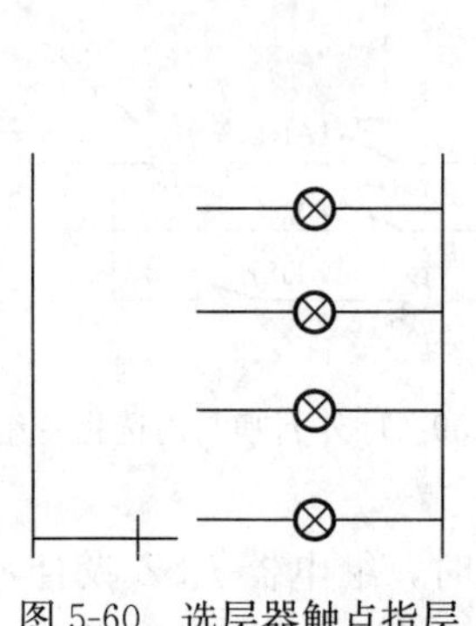

图5-60 选层器触点指层

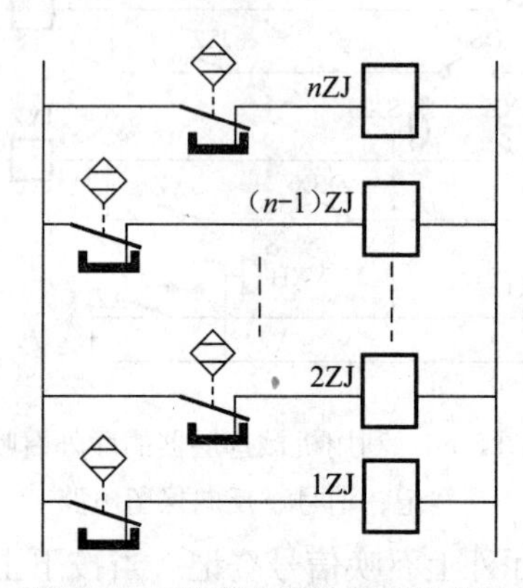

图5-61 磁感应器取得层楼信号

电路的工作原理是：当电梯在一层时，层楼感应器IS触点闭合使1KF吸合，其常开点1KF（3、8）使1KAF吸合，并由1KAF（1、2）自保持。电梯上行到二层时，2S触点闭合使2KF吸合，其常开点2KF（3、8）使2KAF吸合，并由2KAF（1、2）自保持，同时2KF的常闭占2KF（2、8）断开，使1KAF释放。电梯上行到三层时，3S触点闭合使3KF吸合；其常开点3KF（3、8）使3KAF吸合，并由3KAF（1、2）自保持，同时3KF的常闭点3KF（2、8）断开，使2KAF释放，电梯上行以此类推。此电路具有规律性，电梯下行的原理和工作过程与电梯上行类同。

（2）层楼指示器

层楼指示器通常有两种：指层灯或数码管，安装在电梯轿厢内和厅门口。

1）指层灯显示方式，对应每一层楼用一盏信号灯指示轿厢所到层楼位置。

2）数码管显示方式，通常有几种类型：

① 字形重叠式，即将不同的数码重叠起来，需要显示某数时其相应的电极发亮。

② 分段式。有七段和八段式数码管，它是将数码分布在一个平面上，由若干段发光的笔画组成，不同的笔画组成各种数码显示。

③ 点矩阵式。它是由发光点按一定的规律排列成点阵组成各种不同的数码。

④ 发光二极管式。由发光二极管排列组成不同的显示段，由各种不同的显示段构成各种数码显示。

4. 定向选层及换速控制电路

电梯的运行方向是根据轿厢所在层楼位置与呼梯信号的相对位置，以及呼梯信号登记的时间先后来确定的。

电梯根据轿厢所在层楼位置和运行方向与呼梯方向之间的关系发出选层信号。电梯换速（减速）信号的产生有几种：顺向呼梯减速、选层信号减速、最远反向呼梯信号减速、直驶减速、端站强迫减速等。

（1）信号控制电梯定向选层电路

1）司机定向　图5-62是一种常见的定向选层电路，它是通过轿内指令继电器和层楼继电器进行自动定向。图中 SB_U、SB_D 分别为上、下行定向（也称方向启动）按钮，KAU、KAD分别为向上、下行启动继电器。其工作原理如下。

① 电梯运行中不能改变运行方向。电梯运行中KYT吸合，其常闭触点KYT（13、14）断开，此时刻 SB_U、SB_D 均不起作用。只有电梯停车时，KYT释放其常闭触点接通后，SB_U、SB_D。才能起作用。

② 指令定向后司机可改变其确定的运行方向。如电梯已定上行方向，即KU吸合，通常司机按下 SB_U 按钮，使KAU上行启动继电器吸合，电梯关门，然后启动上行；但在电梯未关门启动运行时，KYT释放，其常闭触点KYT（13、14）闭合。此时，司机若按下 SB_D 按钮，使KAD下行启动继电器吸合，而使KU上行继电器释放，从而下行继电器KD吸合（应有下行方向的指令），改定下行方向，然后，电梯关门启动下行。

2）自动定向　当电梯停在某层时，本层层楼继电器吸合，此继电器的两个常闭触点均断开，则该层以上的楼层如有指令信号，那么上行继电器KU便吸合，即电梯定上行方向，反之则电梯定下行方向。

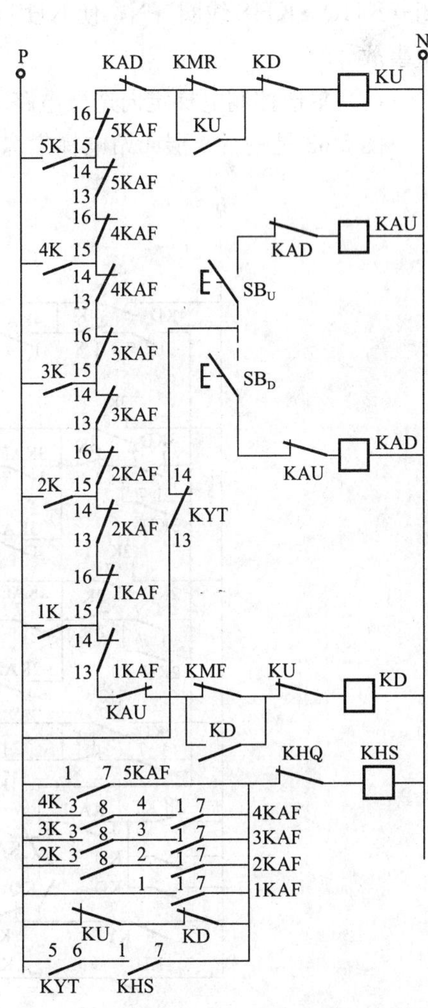

图5-62　定向选层电路

如果电梯已处在上行方向，在没有人为改变方向的情况下，只能先执行完上行方向的各层指令信号，然后才能换向，再执行下行方向的指令信号。

如果电梯处在下端站时，由于1KAF的吸合，其常闭触点断开，使下方向继电器KD不能吸合，无论哪一层有指令信号，都可使KU吸合，定上方向运行。反之如果电梯处在上端站，当有指令信号时也只能定下方向运行。

3）选层换速 图5-62中，KHS为换速继电器，KHQ为换速消除继电器。电梯的选层是在有轿内指令或厅外召唤信号的情况下，根据电梯轿厢所处的位置和运行的方向选择顺向的停靠站，并发出换速信号。例如，当4层有轿内指令时，4K吸合，电梯运行将到达4层时，4KAF吸合，电流由P→4K（3、8）→4KAF（1、7）→KHQ→KHS线圈→N，使换速继电器KHS吸合，发出换速信号，并由KHS（1、7）自保持。在电梯停靠后，KYT释放，其常开触点KYT（5、6）断开，使KHS释放。

4）无方向换速 图5-62中KU、KD的常闭触点串联起来，就可实现无方向时换速。所谓无方向是指当电梯在快车运行时，而KU、KD均释放，电流由P→KU常闭→KD常闭→KHQ→KHS线圈→N，使KHS吸合，电梯立即换速，并在就近层站停靠，以避免发生事故。

（2）集选控制电梯定向选层电路

图5-63是一台4层4站电梯集选控制的定向、选层电路，它具有“有/无司机”运行

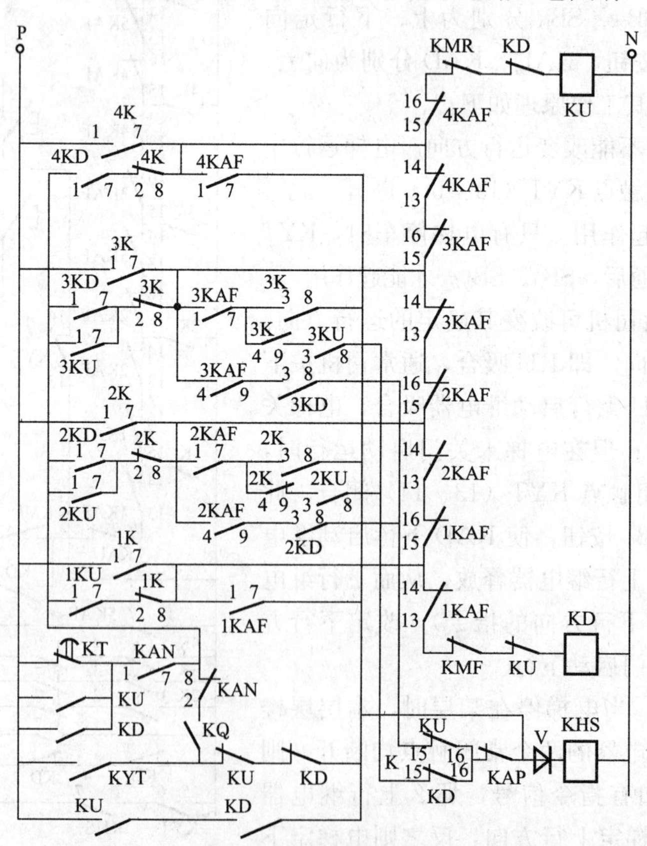

图5-63 有/无司机操作的定向选层电路

方式选择操作功能，通常由轿内操纵箱上的手指开关或钥匙开关选择。无司机状态时，KAN吸合，有司机状态时，KAN则释放，直驶状态时，KAP吸合。

1）有司机状态下的功能（此时KAN释放）

① 定向。电梯停止时，启动继电路器KQ释放，由指令继电器的触点1K（1、7）～4K（1、7）决定电梯的运行方向（原理同上）。因KQ常开点开路，当层站有上、下召唤信号时，如2楼有上呼梯信号，可以使2KU吸合登记，但不参与定向。

② 轿内指令换速。电梯到达该停的楼层时发出换速信号。如3楼有轿内指令，3K吸合，电梯运行将到达3楼时，3KAF吸合，电流经P→3K（1、7）→3KAF（1、7）→3K（3、8）→V→KHS线圈→N，使换速继电器KHS吸合，发出换速信号。

③ 召唤信号顺向截梯。在有司机状态下，上下召唤信号不参与定向，但具有顺向截梯功能。如有4楼轿内指令，电梯正在上行中，此时KQ吸合，若3楼有人按了上呼按钮，使3KU吸合，电梯上行将到3楼时，3KAF吸合，电流经P→KYT→KQ→KAN（2、8）→（召唤公共线）→3KU（1、7）→3K（2、8）→3KAF（1、7）→3K（4、9）→3KU（3、8）→KD（15、16）→KAP→V→KHS线圈→N，使KHS吸合换速。

所谓"顺向截梯"，指层站召唤信号的方向与电梯运行方向一致，电梯停靠于有同方向召唤要求的层站。若是反向的召唤信号，则不能截停电梯。如上例中，若3楼不是按了上呼按钮，而是按了下呼按钮，就不能截住电梯。因为电梯处于上行状态，KU吸合，其常闭点KU（15、16）断开，虽3KD吸合，但KHS无吸合回路。

④ 直驶功能。如轿内已满载或出于其他原因，司机不想让层站召唤信号截停电梯，只需按下"直驶"按钮，使KAP吸合，其常闭点断开，召唤信号不能使换速继电器KHS吸合，则电梯不能换速停层。

2）无司机状态下的功能（此时KAN吸合）

① 召唤信号顺向截梯。电梯响应顺向召唤信号换速停车，如图与司机状态相同，只是使KHS吸合的通路略有不同，电流经P→KU（或KD）常开点→KAN（1、7）→召唤公共线，后面与司机状态相同。

② 召唤信号定向。无司机状态下，召唤信号可定向。如有3楼上召唤信号，3KU吸合。电梯在1楼停几秒后，停车时间继电器KT释放，可使KU吸合。电流由P→KT→KAN（1、7）→召唤公共线→3KU（1、7）→3K（2、8）→3KAF（15、16）→4KAF（13、14）→4KAF（15、16）→KMR→KD→KU线圈→N，电梯定上行方向。

③ 最远反向截梯。若电梯停在1楼，2楼、3楼都有下行召唤信号，即2KD、3KD吸合，电流由召唤公共线→3KD（1、7）→3K（2、8）→3KAF（15、16）→4 KAF（13、14）→4KAF（15、16）→KMR→KD→KU线圈→N，使KU吸合。2楼也有相似回路，电梯直接驶到3楼，先响应3楼下呼信号；然后在下行时再响应2楼下呼信号。为何电梯在上行经过2楼时不会在2楼停车呢？从图5-63可以看出，到2楼时，KHS没有吸合回路，电流只能由召唤公共线→2KD（1、7）→2K（2、8）→2KAF（4、9）→2KD（3、8）→KU（15、16）→KAP→V→KHS线圈→N，由于电梯处在上行状态，KU被3楼信号3KD保持吸合，KU（15、16）常闭触点断开，KHS不可能吸合，因此上行经2楼时，不产生换速信号。

④ 反向截梯及紧急换速。如电梯停在1楼，3楼有下行召唤信号，电梯上行将要到达3楼时，3KAF吸合，3KAF常闭点断开，使KU释放（参见定向电路），电流由P→KYT→KU常闭点→KD常闭点→V→KHS线圈→N，使KHS吸合，电梯换速。这也就是电梯在快车运行时，KU、KD均释放，呈无运行方向状态，使KHS吸合实现紧急换速。

电梯在快车运行时，若KU、KD同时吸合，即运行方向故障，使KHS吸合，电梯紧急换速。电流经P→KU常开点→KD常开点→V→KHS线圈→N，使KHS吸合紧急换速。

⑤ 轿内指令优先定向。KT为停车延时继电器，电梯运行时KT吸合，在电梯停层开门延时几秒后释放。电梯换速后，KU与KD释放。因此，在电梯换速到开门延时几秒这段时间内KT常闭触点断开，电源P与召唤公共线之间断开，即使电梯未选向，全部外呼信号也不能选向；此时轿内指令可确定电梯的运行方向，故有轿内指令优先定向。如3楼乘客要求向下，电梯在3楼停止时，这时4楼有外呼信号，3楼乘客进入轿厢后可优先选择下行方同，不会因4楼的外呼信号而上行。

5. 启动与制动运行电路

电梯启动、换速和制动停车时要求平稳，使乘客有良好的舒适感，并且对电梯的机件不应有冲击。现在采用交流变频控制的电梯具备了平滑启动和换速停车的特性，可获得良好的舒适感。

电梯的换向是通过改变电梯曳引电动机的旋转方向实现，无论是交流还是直流电梯，都可以通过上下运行接触器或继电器来改变电梯的运行方向。

对于交流电动机拖动的电梯，在启动时一般都采用在控制电路中串电阻或电抗等措施以限制启动电流，减小因电网电压的波动及减小启动时产生的加速度。

电梯在减速制动时电动机由高速绕组转到低速绕组，为了限制其制动电流过大及减速时的负加速度，在电路中串入电阻或电抗，可以防止过大的冲击。

以上方法主要是通过改变（调整）串联在电路中的电阻或电抗器的大小，也就是控制短接电阻或电抗的时间以改变加速度和减速度，满足舒适感的要求，其电路图如图5-64所示。

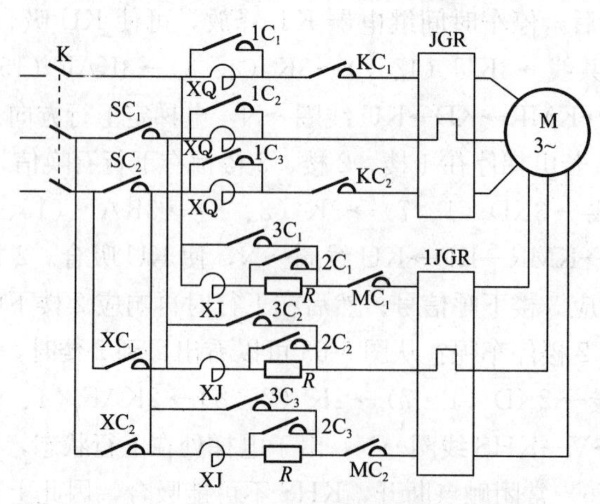

图5-64 交流双速电流交流电动机主电路

交流双速电梯的启制动控制电路如 5-65 所示。

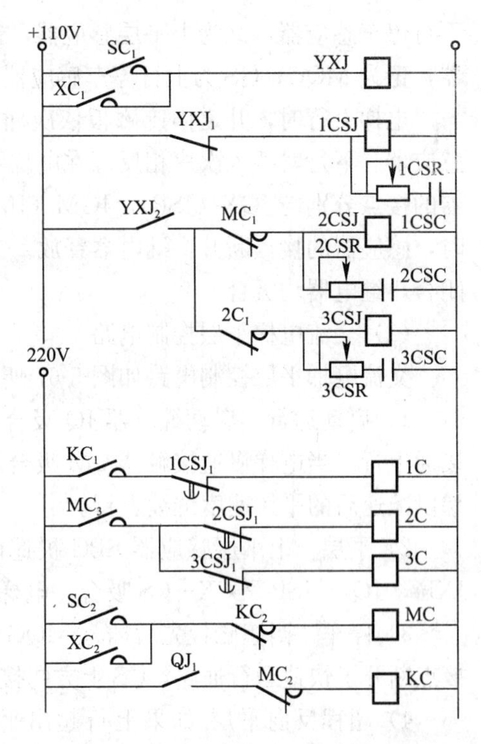

图 5-65 交流双速电梯启制动控制电路

电梯上行启动时，QJ 和 SC 吸合，即启动继电器和上方向接触器吸合。QJ 吸合使快车接触器 KC 吸合接通快车绕组。当电梯运行到减速点时，QJ 释放，快车接触器 KC 也释放，MC 慢车接触器吸合，电动机由快速绕组转到慢速绕组。

电路中 1CSJ、2CSJ、3CSJ 均为时间继电器，其延时时间一般在 0.3～3s 之间，调整其可变电组或可变电容便可调整延时时间，此种方法使启动和制动时间近似不变。

直流电梯的拖动控制系统，是由给定电源、积分器、转换器、速度调节器、电流检测器、触发器、晶闸管整流电路、电平检测器等组成。电梯的起、制动时间按照电梯的最高运行速度和允许的最大加速度来确定，可以通过调节积分器上的电容和电阻数值来确定。并可通过用慢扫描示波器观察积分器输出电压的上升和下降过程。

6. 平层控制电路

电梯的平层是指电梯轿厢地面与楼层地坎平面达到同一平面的动作，也是一个停车的控制过程，控制电路的性能决定了电梯的平层准确度。

(1) 平层器

为保证电梯平层的准确度，通常在电梯轿厢顶设置平层器。平层器由 3 个干簧管感应器组成。当电梯处于平层位置时，遮磁板插入 3 个感应器内。3 个感应器的间距可在安装调试中调整。在直流电梯上约为 15cm 左右。遮磁板安装在井道内。在图 5-66 中，GX 为

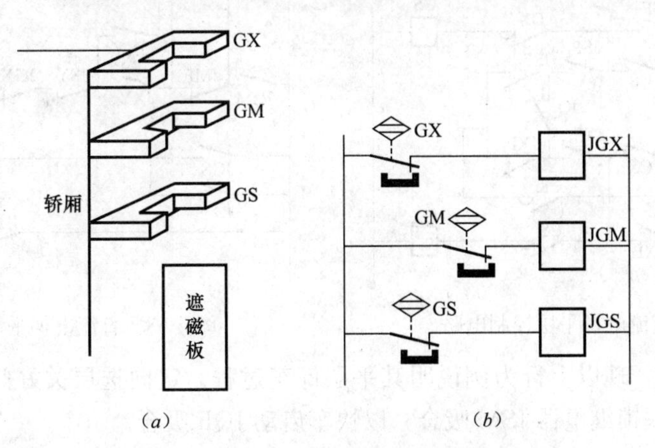

图 5-66 平层感应器与平层继电器连接

(a) 平层感应器位置；(b) 平层感应器线路

下行停车感应器，又为上平层感应器，记为SPG；GM为门区感应器，又称提前开门感应器，记为MQG；GS为上行停车感应器，又为下平层感应器，记为XPG。

电梯上行时，井道内遮磁板依次插入GX（SPG）—GM（MQG）—GS（XPG）3个感应器。下行时插入次序相反。在电梯平层时，遮磁板同时插入3个感应器中。3个感应器的接点分别与JGX（JSP）、JGM（JMQ）和JGS（JXP）相连。当遮磁板不在感应器中时，感应器的接点断开，继电器释放。当电梯平层时3个感应器均被遮磁板插入，其接点闭合，继电器均吸合。

（2）交流电梯平层控制电路

交流电梯平层控制电路如图5-67所示。现以上平层控制过程进行分析说明。

1）启动运行　启动继电器JQ吸合，快车继电器JK吸合，此时JK_2—JSF—CX—CS接通上行。当电梯慢速接触器CM吸合时，形成JMQ—CM—CS—CX—CS通路，此时电梯以减速后的平快速度继续上行。

2）平层　上平层感应器SPG被遮磁板插入，JSP继电器吸合，形成平层通路CK—JXP_2—JQ_2—JSP_1—CX—CS吸合，电梯以慢速度（由换速线路切换）继续上行。

3）停车　当遮磁板先后插入MQG和XPG时，继电器JXP（上行停车）吸合，JXP_2接点断开了快速运行通路，CS上方向接触器释放，电梯停车。

4）超程反向平层　如果上行超出平层位置，SPG上平层感应器离开遮磁板，此时，JSP释放，JSP_1断开平层通路，CS释放。但同时由于JXP_2闭合，便形成CK—JSP_2—JQ_2—JXP_1—CS—CX接通吸合，电梯下方向运行继电器CX吸合，电梯便下行。当遮磁板重新插入SPG时，继电器JSP_2断开，平层通路也断，电梯停车。

（3）直流电梯平层控制电路

直流电梯的换速平层过程是，快速—平快—平慢等多级速度切断，最后切断运行继电器平层停靠，其控制电路如图5-68所示。

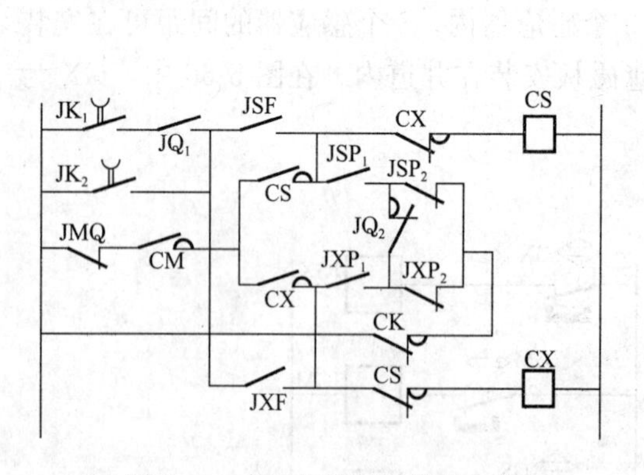

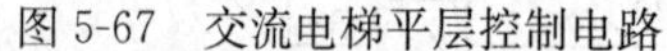
图5-67　交流电梯平层控制电路

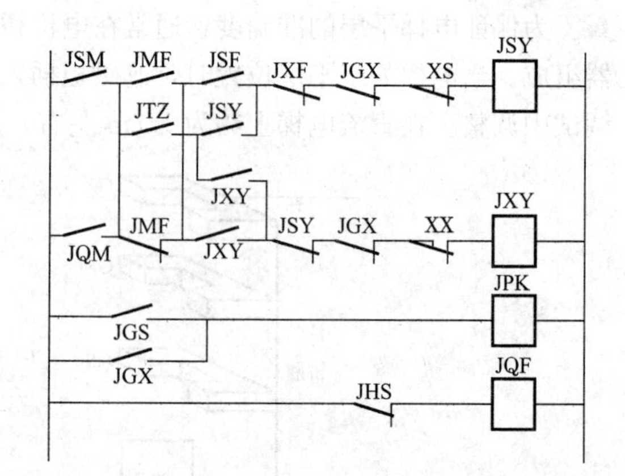

图5-68　直流电梯平层控制电路

1）启动运行　现以上行为例说明其平层停车过程。定向选层关好门后，JSF上方向继电器吸合，门联锁继电器JSM吸合，以快车启动JQF吸合。

2）平层　当电梯运行到换速点时JHS吸合，使JQF释放，电梯切换到平快速度。当电梯轿厢进入平层区时，遮磁板插入GX，使JGX吸合，JPK也吸合，由平快切换到平慢运行，准备平层。

当电梯平慢运行、遮磁板插入 GM 时，JQM 继电器吸合，即提前开门，门锁继电器 JSM 释放。此时刻形成 JQM—JTZ—JSY—JXY—JGS—XS—JSY 通路，JSY 保持吸合。

当电梯继续以平慢上行、遮磁板插入 GS 时，继电器 JGS 吸合，其接点断开了，JSY 通路，电梯停止运行。

直流电梯一般不采用反向平层控制方法，而是利用直流电动机调速性能好的特点，采用多级速度切换的方法，最后用切断上或下运行继电器（JSY 或 JXY）的控制方式平层停车。

7. 开关门控制电路

门机安装于轿厢顶上，它在带动轿门启闭的同时，通过机械联动机构带动层门与轿门同步开启与关闭。为使电梯门在开启与关闭过程中达到快速、平稳的要求，必须对门机系统进行速度调节。当用小型直流伺服电动机时，可用电阻的串、并联方法调速。采用小型交流转矩电动机时，常用加涡流制动器的调速方法。直流电动机调速方法简单，低速时电动机发热较少；交流门机在低速时电动机发热厉害，对三相电动机的堵转性能及绝缘要求均较高。现代电梯的自动门机大多采用交流变频变压调速，它具有节能、调速性能好等优点。

开关门控制电路有直流门电动机和交流门电动机控制系统。

（1）直流门电动机控制线路

直流门电动机控制系统，是采用小型直流伺服电动机作为驱动装置，开关门的速度采用串并联电阻（电枢分流）的方法。此种方法，使开门机系统具有传动结构简单、调速简便等优点。

对开关门过程的要求是：

关门时：快速—慢速—停止。　开门时：慢速—快速—停止。

图 5-69 是一种常见的直流门电动机主控制电路，当关门继电器 GMJ 吸合后，直流 110V 电源正极经熔断器，首先供给直流伺服电动机的励磁绕组，同时经可调电阻 RDM→GMJ_2 接点→电动机的电枢绕组→GMJ_1 接点→电源的负极。另一方面，电源还经开门继电器 KMJ 的常闭接点和 RGM 电阻对电枢分流。

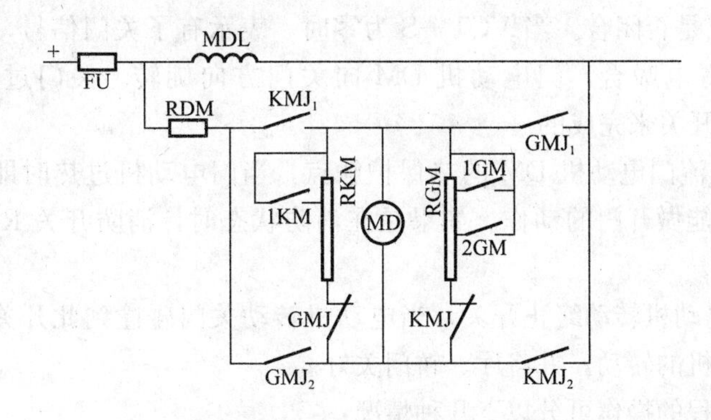

图 5-69　直流门电动机控制电路

当门关至约门宽的 2/3 时，1GM 限位开关动作，使 RGM 电阻被短接二部分，使流经此部分的电流增大，则总电流增加，在RGM电阻上的压降增大，从而使电动机电枢电压降低，电动机MD转速下降，关门速度减慢。当门继续关至尚有100～150mm时，限位开关2GM动作，又短接了RGM电阻的很大一部分，关门速度再降低，直至门完全关闭，GMJ线圈失电，关门过程结束。类似地可实现整个开门过程。

当开关门继电器KMG、CMJ线圈失电后，则门电动机所具有的动能将全部消耗在RCM和RKM电阻上，即进入能耗制动状态。由于门完全关闭后，RCM的阻值很小，这样能耗制动很强烈而且时间很短，迫使电动机很快停车，因此，在直流电动机的开关门系统中无需机械刹车来迫使电动机停止。

可通过改变门电动机MD电枢的极性改变电动机的旋转方向，从而实现开门和关门的功能。其工作过程是：

1）关门　关门时，关门继电器GMJ吸合，其动合触点闭合，MD门电动机向关门的方向旋转。在关门的过程中，门电动机的转速不断改变，因为门电动机的转动会依次压合关门减速的行程开关。其过程是，电动机加上电阻RGM分压启动，当1GM被压动时，分压减少，速度降低，当2GM被压动时，分压再度减少，门以较低的速度闭合，并将碰撞关门极限开关，使GMJ释放，电动机停止转动。

2）开门　开门继电器KMJ吸合，GMJ释放，电动机转向与关门方向相反，电阻RGM和RKM构成分压，当门机转动使1KM闭合后，门速降低，到碰撞开门极限开关使开门继电器KMJ释放，电动机停止转动。

（2）交流门电动机控制电路

图5-70中$30L_1$、$30L_2$、$30L_3$为三相交流电源，DM为交流电动机，电动机的正反转是靠CT—O或CT—S接触器的吸合接通来实现的。图中$40L_1$、$40L_2$、$40L_3$是移动电缆。从图5-70（*b*）中知道P3，为直流80V电源。

1）开门　当电梯轿厢开门时，电梯的检修开关JRET应该是闭合的，当开门接触器CT—O线圈得电，导通吸合，VCT—O为零时，（此信号是由VE22输出放大板中输出的）DM便得电旋转开门。

2）关门　关门线路中，首先应该分析DM的热保护开关KTHMT是否闭合好，DM的电源开关KMT—A是否断开，还有$KSKB_1$、$KSKB_2$关门力限制器开关是否闭合，CT—O的动断接点是否闭合。当VCT—S为零时，表示有了关门信号，此时的关门接触器CT—S的线圈得电吸合，门电动机DM向关门方向旋转。关门过程中的减速是靠KBT—S关门减速开关来完成的。

KTHMT是交流门电动机DM的热保护触点，当门电动机过热时即可断开，电梯轿厢门不能关门，只能做开门的动作。如果是在消防状态时，消防开关RBF闭合，电动机过热时仍可关门。

KMT—A为电动机转动终止开关，当电动机转动关门碰撞到此开关时便断开关门通路，终止了门电动机的转动，并将厅、轿门关好。

自动开关门过程的操作可分以下几种情况：

（1）有司机操作　在电梯确定运行方向后，司机按住轿内操纵箱上已亮的方向按钮，即可使电梯进入关门状态，直到门完全闭合电梯启动运行后方可松手，否则，使门重新开启。

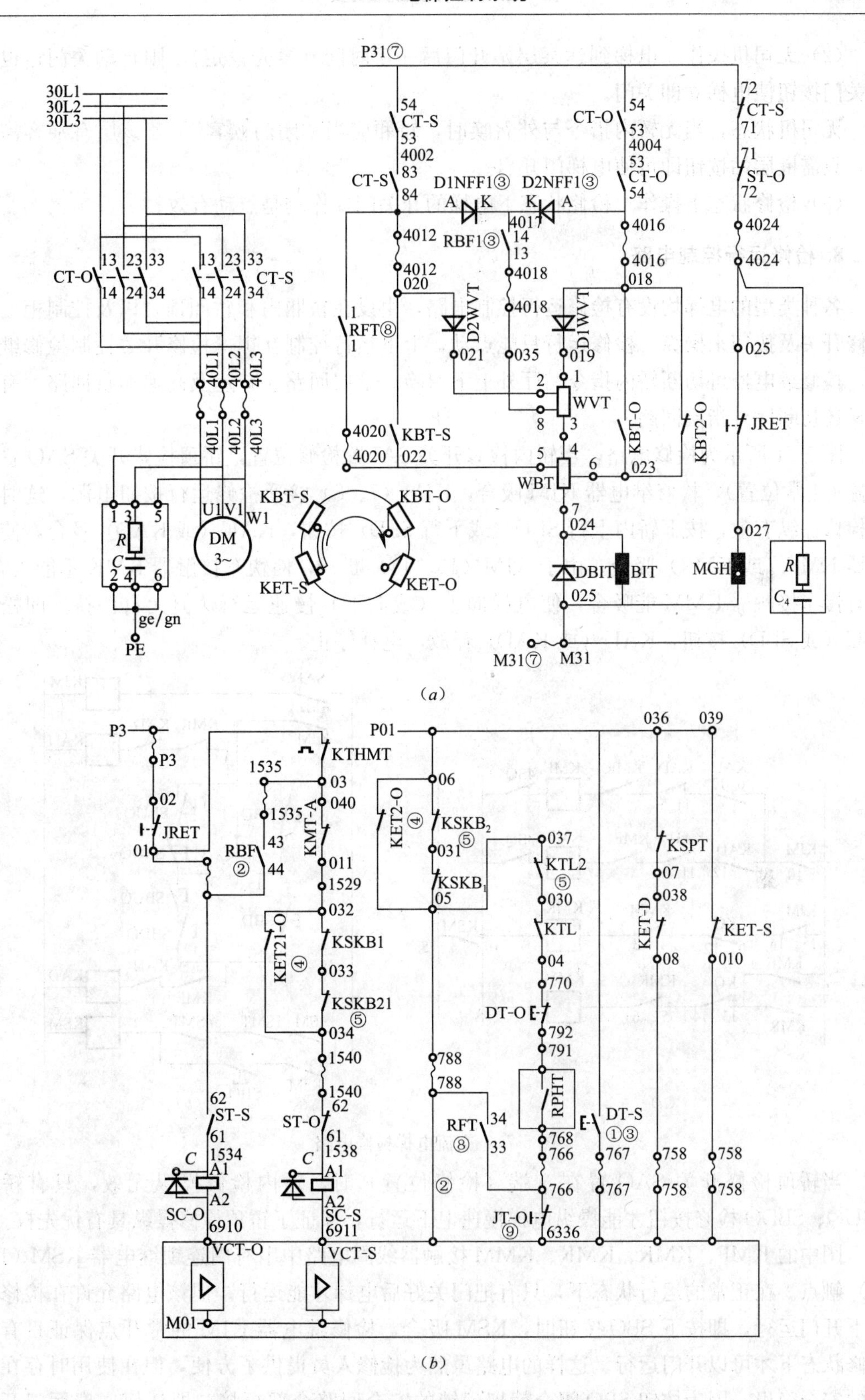

(a)

(b)

图 5-70 交流门电动机控制电路

（2）无司机操作　电梯到达某层站开门后一定时间（事先设定），则自动关门；也可按关门按钮使电梯立即关门。

无司机状态，当无轿内指令与外召唤时，轿厢应当“闭门候客”。若该层有乘客需用梯，只需揿层站按钮即可使电梯门开启。

（3）检修状态下操作　检修状态下电梯的开关门操作均是点动有效。

8. 检修运行控制电路

各种类型的电梯均设有检修运行控制电路，由设在轿厢内和轿厢顶，以及控制柜上的检修开关及按钮来操纵。检修运行只能点动，上下运行控制互锁。检修开关控制检修继电器，检修继电器可切断轿内指令、厅外上下召唤、平层回路、减速及高速运行回路，有的电梯还切断厅外指层回路。

图5-71所示为检修电路，当轿内检修开关SAI置检修位置，轿顶检修开关SAO置于1端（正常位置），检修继电器KJM吸合，KJM（7、8）接通检修运行按钮电源，这时轿内检修操纵有效，按下轿内上行SBU（或下行SBD）按钮，KAU（或KAD）吸合，使接触器KMF（或KMR）吸合。由于KJM（13、14）断开，使快车接触器KMK不能吸合，只有慢车接触器KMM能吸合，使电梯向上（或向下）慢速运行，但无自保持。即松开SBU（或SBD）按钮，KAU（或KAD）释放，电梯停止。

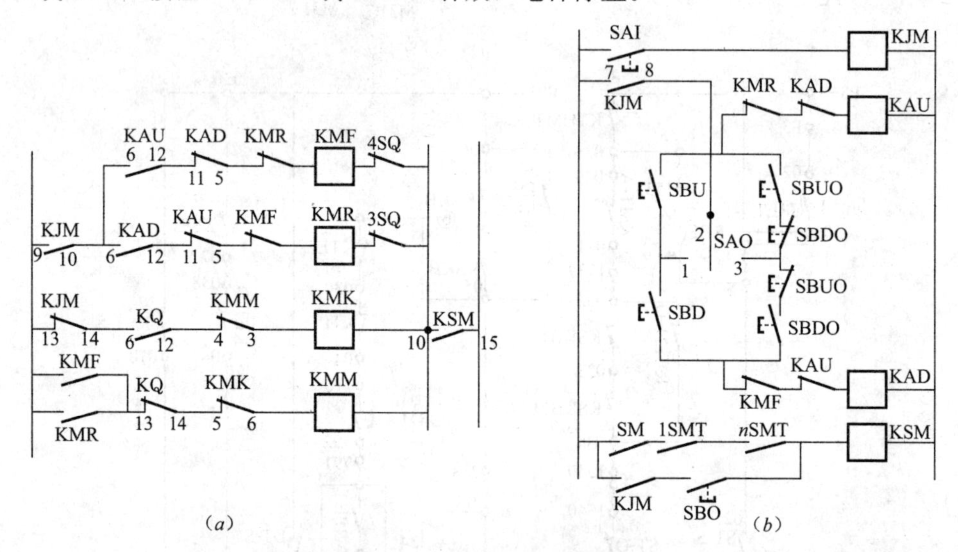

图5-71　交流电梯检修电路

当轿顶检修开关SAO置在3端（检修位置）时，轿内检修操纵无效，只有轿顶SBUO、SBDO检修按钮才能操纵电梯慢速上下运行，保证了轿顶检修操纵具有优先权。

图中的KMF、KMR、KMK、KMM接触器线圈电路中串有门连锁继电器KSM（10、15）触点。在正常的运行状态下，只有把门关好后电梯才能运行。但该电路允许在检修状态下开门运行，即按下SBO按钮时，KSM吸合，检修继电器KJM的常开点保证只有在检修状态下才可以开门运行。这样的电路虽然为检修人员提供了方便，但在使用时存在严重的安全隐患。因为按钮SBO闭合就把门锁的安全回路全部短接，即任何一扇厅门开着的话，电梯仍能继续运行，这是现行安全规程所不允许的。

9. 消防运行电路

电梯在消防状态下有两种运行状态：消防返回基站和消防员专用。

消防返回基站的功能有：①消除内指令、外召唤登记；②断开开门回路，将门关闭；③电梯如在上行中，就近层停靠不开门返基站；④如在下行中直接返基站；⑤如电梯正处于开门过程中，立即关门返回基站；⑥如电梯正在基站，立即开门进入消防专用状态。

消防员专用状态的功能有：①厅外召唤不起作用；②实行开门待命；③轿内指令按钮有效，由消防人员使用；④关门按钮点动操作，电梯未启动前不能松手，否则门自动打开；⑤消除自动返基站功能；⑥轿内指令一次有效，包括选层、关门按钮指令。直流电梯原动机不关闭。

图 5-72 所示为一种消防运行电路。

图中 XJ 为消防运行继电器，ZYJ 为消防员专用继电器。在消防状态下，合上 XK 消防开关，XJ 吸合，XJ_1、XJ_2 分别断开轿内指令和厅外召唤线路；XJ_3 接通了消防返基站线路；XJ_4 使自动及手动开门无效，安全触板仍有效；XJ_5 使关门指令继电器 GLJ 吸合，关门继电器 GMJ 吸合强行关门。

在消防返基站的过程中，由于内选外呼信号全无效，上行中的电梯处于无指令状态（参阅无方向换速内容）便在最近层停靠。此时的自动、手动开门均不起作用，电梯在 XJ_2 返基站信号的作用下返基站。

当电梯到达基站时，基站继电器 JZJ 吸合，门打开，门连锁继电器 MSJ 释放，消防员专用继电器 ZYJ 吸合自保，ZYJ_2 恢复轿内指令，ZYJ_3 断开返基站，ZYJ_4 复手动自动开门功能；ZYJ_5 使关门不起作用，只有按钮 GMA 才能关门。当电梯运行后 GLJ 吸合、运行继电器 YXJ 吸合使关门继电器 GMJ 保持吸合（关门状态）。

图 5-73 所示为内指令一次有效电路，供消防员专用。电梯停止时，运行继电器 YXJ

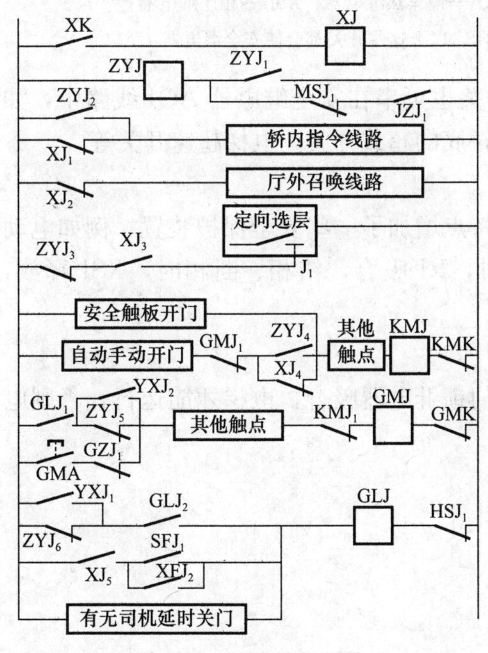

图 5-72 消防运行电路

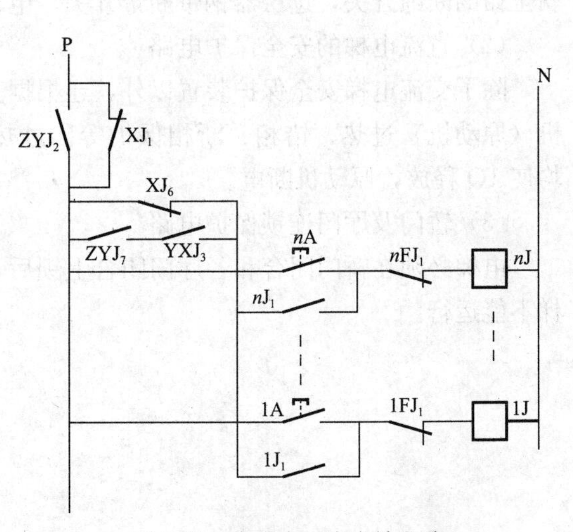

图 5-73 内指令一次有效电路

释放，YXJ_3 使内指令断路。当电梯运行后，YXJ 吸合，轿内指令才能有自保，消防员按 nA 不能松手，直到电梯启动。如果在电梯运行中选了层，无论多少，当电梯停止时，由于 YXJ_3 的图 5-72 消防运行电路释放而内指令全部消除。

10. 安全保护电路

电梯的安全保护装置大多数都是由机械和电气安全装置相互配合而构成的。电梯的电气安全保护线路有多种，其主要作用就是当某一安全开关动作时，使电梯切断电源或控制部分电路，停止运行。

（1）安全保护继电器回路

电梯安全保护继电器回路通常包含有：轿内急停开关、轿顶急停开关、轿顶安全窗开关、安全钳开关、限速器断绳开关、底坑急停开关、相序保护继电器、快车热继电器、慢车热继电器。其作用就是当某一安全开关动作时，继电器 KY 释放，切断电源或控制部分电路，使电梯停止运行。有的电梯安全继电器回路中的安全开关还有：选层器钢带断带开关、电梯轿厢缓冲器开关、对重缓冲器开关、限速器超速开关、上下终端极限开关、调速装置故障触点、曳引电动机过热保护触点等。图 5-74 所示为常见的交流双速电梯安全保护电路。

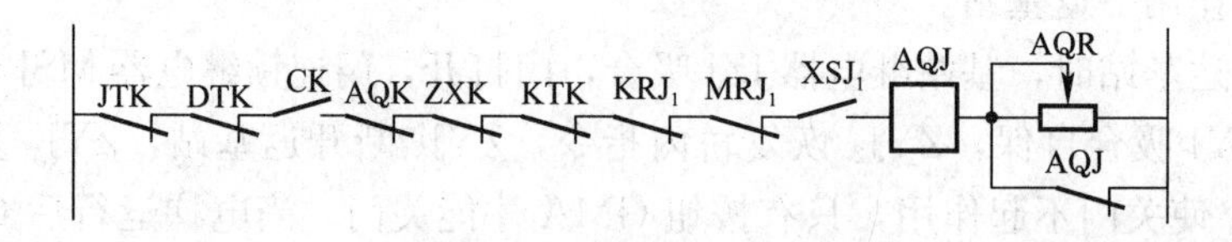

图 5-74　电梯安全保护电路

JTK—轿内急停开关；DTK—轿顶急停开关；CK—安全窗开关；AQK—安全钳开关；ZXK—终端极限开关；KTK—底坑急停开关；KRJ_1—快车热继电器；MRJ_1—慢车热继电器；XSJ_1—相序继电器；AQJ—安全继电器；AQR—安全继电器限流电阻，以上这些开关都会使安全继电器

AQJ 动作，使电梯停止运行。还有些安全开关也可串在安全继电器 AQJ 线路中，如安全钳的断绳开关，选层器钢带断带开关，电梯轿底的超载开关，电梯超速开关等。

（2）直流电梯的安全保护电路

除了交流电梯安全保护装置以外，还根据其特点增加了一些安全保护装置。例如电动机（原动机）过热、错相、断相保护等。过热时，RJ 吸合，错相、断相时，XSJ 释放，均使 1Q 释放，原动机断电。

（3）轿门及厅门连锁保护电路

电梯必须在轿门闭合和各厅门闭合上锁后，门锁继电器吸合，电梯才能运行，否则电梯不能运行。

第6章　火灾自动报警系统

以传感器技术、计算机技术和电子通信技术等为基础的火灾报警控制系统，是现代消防自动化工程的核心内容之一。该系统既能对火灾发生进行早期探测和自动报警，又能根据火情位置及时输出联动控制信号，启动相应的消防设施，进行灭火。对于各类高层建筑、宾馆、商场、医院等重要部门，设置安装火灾自动报警控制系统更是必不可少的消防措施。

随着电子技术迅速发展和计算机软件技术在消防技术中的大量应用，火灾自动报警系统的结构、形式越来越灵活多样，有智能型、全总线型以及综合型等。

6.1　火灾自动报警系统概述

火灾自动报警系统的发展已经历了五代产品，第一代从19世纪40年代到20世纪40年代，以感温火灾探测技术为代表，包括定温探测器和差温探测器等，它的造价比较低，且误报率低。但其灵敏度较低，探测火灾的速度比较慢，尤其对阴燃火灾往往不响应，发生漏报；第二代从20世纪50年代到70年代，以感烟火灾探测技术为代表，包括离子感烟探测器和光电感烟探测器等，实现了火灾的早期报警，火灾自动报警技术才开始真正有意义地推广和发展。它对火灾响应速度比第一代产品快得多。自从第二代产品问世以来，便一直在火灾自动报警系统中占统治地位。直到今天，这种探测器在全世界范围内仍占据探测器的90%左右；第三代从20世纪80年代初开始至今，以总线制火灾报警系统为代表，包括四总线系统、二总线系统等；第四代从20世纪80年代后期开始至今，以智能化火灾报警系统为代表，包括集中智能、分布智能及人工智能神经网络等；第五代自20世纪90年代以来，以无线火灾报警系统等为代表。

第一代和第二代火灾自动报警系统的优点是不要很复杂的火灾信号探测装置便可完成一定的火情探测，能对火灾进行早期探测和报警，系统性能简单便于了解，成本费用低廉，系统可靠性高，误报率可做到1%。

第一代和第二代火灾自动报警系统的缺点是开关量火灾探测器报警判断方式缺乏科学性。因为开关量火灾探测器的火灾判断依据仅仅是根据所探测的某个火灾现象参数是否超过其自身设定值（阈值），来确定是否报警，所以无法排除环境和其他的干扰因素。也就是说，以一个不变的灵敏度来面对不同使用场所，不同使用环境的变化，显然是不科学的；该火灾自动报警系统的功能少、性能差，不能满足发展的需要。比如：多线制报警系统费钱费工，电源功耗大，缺乏故障自诊断、自排除能力和无法识别报警的探测器（地址编码）及报警类型，不具备现场编程能力，不能自动探测系统重要组件的真实状态，不能自动补偿探测器灵敏度的漂移；当线路短路或开路时，系统不能采用隔离器切断有故障的部分等。

第三代、第四代和第五代火灾自动报警系统。随着火灾自动探测报警技术的不断发展，从简单的机电式发展到用微处理机技术的智能化系统，而且智能化系统也由初级向高级发展。第三代、第四代和第五代火灾自动报警系统有以下几种主要形式即“可寻址开关量报警系统”、“模拟量探测报警系统”和“多功能火灾智能报警系统”等。

可寻址开关量报警系统是智能型火灾报警系统的一种。它的每一个探测器有单独的地址码，并且采用总线制线路，在控制器上能读出每个探测器的输出状态。目前的可寻址系统在一条回路上可连接0～256个探测器，能在几秒内查询一次所有探测器的状态。

可寻址开关量报警系统最主要的特点是能更准确地确定火情部位，增强了火灾探测或判断火灾发生的能力，比多线制系统省钱省工。在系统总线上，可连接报警探头、手动报警按钮、水流指示器及其他输出中继器等。增设可现场编程的键盘、完善了系统自检和复位功能、火警发生地址和时间的记忆与显示功能、系统故障显示功能、总线短路时隔离功能、探测点开路时隔离功能等。总之，这类系统在控制技术上有了较大的改进，缺点是对探测器的工作状况几乎没有改变。对火警的判断和发送仍由探测器决定。

模拟量探测报警系统。该系统不仅可以查询每个探测器的地址，而且可以报告传感器的输出量值，并逐一进行监视和分级报警，明显地改进了系统性能。

模拟量探测报警系统是一种较先进的火灾报警系统，通常包括可寻址模拟量火灾探测器、系统软件和算法。其最主要的特点是在探测信号处理方法上做了彻底改进，即把探测器中的模拟信号不断地送到控制器去评估或判断，控制器用适当的算法辨别虚假或真实火灾及其发展程度，或探测器受污染的状态。可以把模拟量探测器看作一个传感器，通过一个串联通信装置，不仅能提供装置的位置信号，同时还将火灾敏感现象参数（如烟浓度、温度等）以模拟值（一个真实的模拟信号或者等效的数字编码信号）传送给控制器，由控制器完成对火警情况的判断。报警决定有分级报警、响应阈值自动浮动和多火灾参数复合等多种方式。采用模拟量探测（报警）技术可降低误报率，提高系统的可靠性。

火灾智能报警系统是较高级的报警系统，探测、控制装置多由微处理器组成。系统采用集散控制技术，将集中的控制技术分解为分散的控制子系统。各种控制子系统完成其设定的工作，主站进行数据交换和协调工作。

火灾智能报警系统特点是系统规模大，目前有的火灾报警控制装置的最大地址数达到上万个；探测对象多样化，除了火灾报警功能外，还可防盗报警、燃气泄漏报警功能等；功能模块化，系统设置采用不同的功能模块，对制造、设计、维修有很大方便，便于系统功能设置与扩展；系统集散化，一旦某一部分发生故障，不会对其他部分造成影响，并且联网功能强，应用网络技术，不但火灾自动报警控制装置可以相互连接，而且可以和建筑物自动控制系统联网，增强了综合防灾能力；功能智能化，系统装置中采用模拟火灾探测器，具有灵敏度高和蓄积时间设定功能，探测器内置有微处理器，那就具有信号处理能力，形成分布式智能系统，可减少误报的可能性。在火灾自动报警系统中采用人工智能、火灾数据库、知识发现技术、模糊逻辑理论和人工神经网络等技术。

1. 火灾自动报警系统的构成

火灾报警控制系统作为一个完整的系统由三部分组成，即火灾探测、报警和联动控制。

火灾探测部分主要由探测器组成，是火灾自动报警系统的检测元件，它将火灾发生初期所产生的烟、热、光转变成电信号，然后送入报警系统。

报警控制由各种类型报警器组成，它主要将收到的报警电信号显示和传递，并对自动消防装置发出控制信号。前两个部分可构成相对独立的火灾自动报警系统。

联动控制由一系列控制系统组成，如声光报警系统、水灭火、气体灭火系统、防烟排烟系统、消防广播和消防电话通信等。联动控制部分其自身是不能独立构成一个自动的控制系统的，因为它必须根据来自火灾自动报警系统的火警数据，经过分析处理后，方能发出相应的联动控制信号。

2. 火灾自动报警系统的工作原理

火灾探测器通过对火灾发出的燃烧气体、烟雾粒子、温升和火焰的探测，将探测到的火情信号转化为火警电信号。在现场的人员若发现火情后，也应立即直接按动手动报警按钮，发出火警电信号。火灾报警控制器接收到火警电信号，经确认后，一方面发出预警、火警声光报警信号，同时显示并记录火警地址和时间，告诉消防控制室的值班人员；另一方面将火警电信号传送至各楼层（防火分区）所设置的火灾显示盘，火灾显示盘经信号处理，发出预警和火警声光报警信号，并显示火警发生的地址，通知防火分区值班人员立即查看火情并采取相应的扑灭措施。在消防控制室还可能通过火灾报警控制器的通信接口，将火警信号在CRT微机彩显系统显示屏上更直观地显示出来。火灾报警控制系统原理框图如图6-1所示。

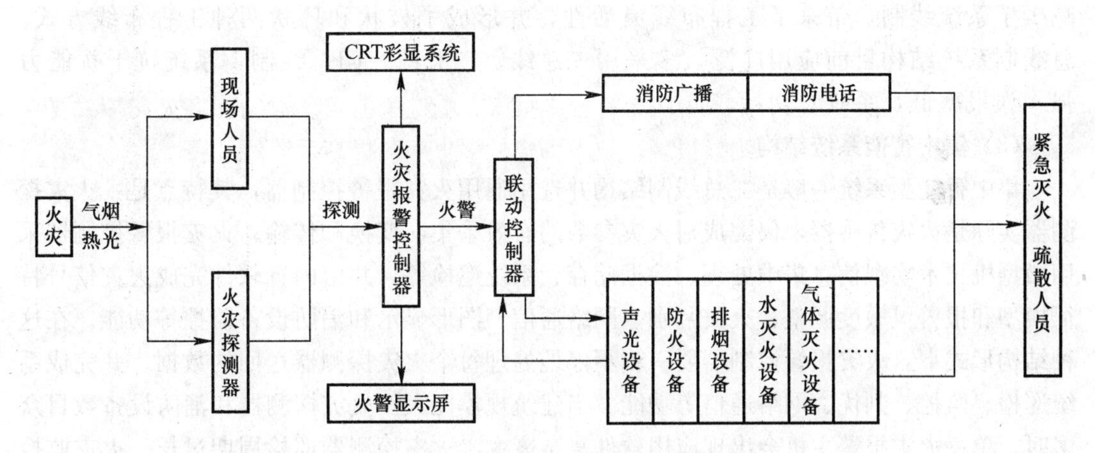

图6-1 火灾报警控制系统原理框图

联动控制器则从火灾报警控制器读取火警数据，经预先编程设置好的联动控制逻辑处理后，向相应的控制点发出联动控制信号，并发出提示声光信号，经过执行器去控制相应的外控消防设备，如：排烟阀、排烟风机等防烟排烟设备；防火阀、防火卷帘门等防火设备；警铃、警笛和声光报警器等警报设备；关闭空调、电梯迫降和打开人员疏散指示灯等；启动消防泵等消防灭火设备等。外控消防设备的启停状态应反馈给联动控制器主机并以光信号形式显示出来，使消防控制室值班人员了解外控设备的实际运行情况，消防内部电话，消防内部广播起到通信联络和对人员疏散、防火灭火的调度指挥作用。

3. 火灾自动报警系统结构形式

火灾自动报警系统结构形式多样。按火灾探测器与火灾报警控制器间连接方式不同可分为多线制和总线制系统结构；按火灾报警控制器实现火灾信息处理及判断智能的方式不同可分为集中智能和分布智能系统结构。

(1) 多线制系统结构

多线制系统结构形式与早期的火灾探测器设计、火灾探测器与火灾报警控制器的连接等有关。一般要求每个火灾探测器采用两条或更多条导线与火灾报警控制器相连接，以确保从每个火灾探测点发出火灾报警信号。简而言之，多线制结构的火灾自动报警系统采用简单的模拟或数字电路构成火灾探测器并通过电平转换输出火警信号，火灾报警控制器依靠直流信号巡检和向火灾探测器供电，火灾探测器与火灾报警控制器采用硬线一一对应连接，有一个火灾探测点便需要一组硬线与之对应，其接线方式为 $2n+1$，$n+1$ 等线制。其设计、施工与维护复杂，已逐步被淘汰。

(2) 总线制系统结构

总线制系统结构形式是在多线制基础上发展起来的。微电子器件、数字脉冲电路及计算机应用技术用于火灾自动报警系统，改变了以往多线制结构系统的直流巡检和硬线对应连接方式，代之以数字脉冲信号巡检和信息压缩传输，采用大量编码、译码电路和微处理器实现火灾探测器与火灾报警控制器的协议通信和系统监测控制，大大减少了系统线制，带来了工程布线灵活性，并形成了枝状和环状两种工程布线方式。总线制系统结构目前应用广泛，多采用二总线、三总线、四总线制，系统抗干扰能力强，误报率低，系统总功耗较低。

(3) 集中智能系统结构

集中智能型系统一般是二总线制结构并选用通用火灾报警控制器，其特点是：火灾探测器实际是火灾传感器，仅完成对火灾参数的有效采集、变换和传输；火灾报警控制器采用微型机技术实现信息集中处理、数据储存、系统巡检等，并由内置软件完成火灾信号特征模型和报警灵敏度调整、火灾判别、网络通信、图形显示和消防设备监控等功能。在这种结构形式下，火灾报警控制器要一刻不停地处理每个火灾探测器送回的数据，并完成系统巡检、监控、判优、网络通信等功能。当建筑规模庞大，火灾探测器和消防设备数目众多时，单一火灾报警主机会出现应用软件复杂庞大、火灾探测器巡检周期过长、火灾监控系统可靠性降低和使用维护不便等缺点。

(4) 分布智能系统结构

分布智能型系统是在保留二总线制集中智能型系统优点基础上发展的。它将集中智能型系统中对火灾探测信息的基本分析、环境补偿、探头报脏和故障判断等功能由现场火灾探测器或区域控制器直接处理，从而免去中央火灾报警控制器大量的信号处理负担，使之能够从容地实现上位管理功能，如系统巡检、火灾参数算法运算、消防设备监控、联网通信等，提高了系统巡检速度、稳定性和可靠性。显然，分布智能方式对火灾探测器和区域控制器设计提出了更高要求，要兼顾火灾探测及时性和报警可靠性。由于系统集散化的结构，一旦某一部分发生故障，不会对其他部分造成影响，并且联网功能强，应用网络技术，可以和建筑物自动控制系统进行集成，增强了综合防灾能力。在分布式智能火灾自动报警系统中采用人工智能、火灾数据库、知识挖掘技术、模糊逻辑理论和人工神经网络等技术，保证了技术先进性。分布智能系统结构形式是火灾监控系统的发展方向并逐渐成为主流。

4. 火灾自动报警系统保护对象分级

火灾自动报警系统的保护对象应根据其使用性质、火灾危险性、疏散和扑救难度等分为特级、一级和二级，并宜符合表 6-1 的规定。

火灾自动报警系统保护对象分级表　　表 6-1

等级	保护对象	
特级	建筑高度超过 100m 的高层民用建筑	
一级	建筑高度不超过 100m 的高层民用建筑	一类建筑
	建筑高度不超过 24m 的民用建筑及建筑高度超过 24m 的单层公共建筑	200 床及以上的病房楼，每层建筑面积 $1000m^2$ 及以上的门诊楼
		每层建筑面积超过 $3000m^2$ 的百货楼、商场、展览楼、高级旅馆、财贸金融楼、电信楼、高级办公楼
		藏书超过 100 万册的图书馆、书库
		超过 3000 座位的体育馆
		重要的科研楼、资料档案楼
		省级（含计划单列市）的邮政楼、广播电视楼、电力调度楼、防灾指挥调度楼
		重点文物保护场所
		大型以上的影剧院、会堂、礼堂
	工业建筑	甲、乙类生产厂房
		甲、乙类物品库房
		占地面积或总建筑面积超过 $1000m^2$ 的丙类物品库房
		总建筑面积超过 $1000m^2$ 的地下丙、丁类生产车间及物品库房
	地下民用建筑	地下铁道车站
		地下电影院、礼堂
		使用面积超过 $1000m^2$ 的地下商场、医院、旅馆、展览厅及其他商业或公共活动场所
		重要的实验室、图书、资料、档案库
二级	建筑高度不超过 100m 的高层民用建筑	二类建筑
	建筑高度不超过 24m 的民用建筑	设有空气调节系统的或每层建筑面积超过 $2000m^2$、但不超过 $3000m^2$ 的商业楼、财贸金融楼、电信楼、展览楼、旅馆、办公室、车站、海河客运站、航空港等公共建筑及其他商业或公共活动场所
		市、县级的邮政楼、广播电视楼、电力调度楼、防灾指挥调度楼
		中型以下的影剧院
		高级住宅
		图书馆、书库、档案楼
	工业建筑	丙类生产厂房
		建筑面积大于 $60m^2$，但不超过 $1000m^2$ 的丙类物品库房
		总建筑面积大于 $60m^2$，但不超过 $1000m^2$ 的地下丙、丁类生产车间及地下物品库房
	地下民用建筑	长度超过 600m 的城市隧道
		使用面积不超过 $1000m^2$ 的地下商场、医院、旅馆、展览厅及其他商业或公共活动场所

6.2 火灾探测器

火灾探测器是探测火灾信息的传感器。它是火灾自动报警和自动灭火系统最基本和最关键的部件之一，对被保护区域进行不间断的监视和探测，把火灾初期阶段能引起火灾的参量（烟、热及光等信息）尽早、及时和准确地检测出来并报警，是整个火灾报警控制系统警惕火情的“眼睛”。

6.2.1 火灾探测器的分类

按照不同的待测火灾参数，火灾探测器可以划分为感烟式、感温式、感光式火灾探测器和可燃气体探测器，以及烟温、温光、烟温光等复合式火灾探测器和多信号输出式火灾探测器。火灾探测器的分类如图6-2所示。

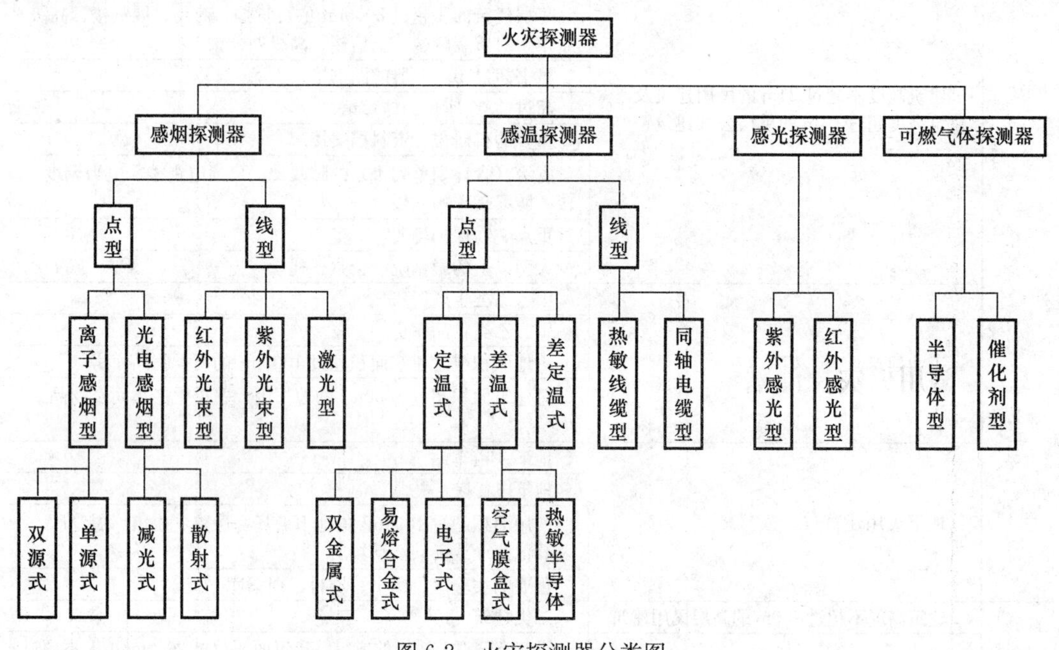

图6-2 火灾探测器分类图

6.2.2 火灾探测器的构造

火灾探测器通常由传感元件、电路、固定部件和外壳4部分组成。

1. 传感元件

它的作用是将火灾燃烧的特征物理量转换成电信号。因此，凡是对烟雾、温度、辐射光和气体浓度等敏感的传感元件都可使用。它是探测器的核心部分。

2. 电路

它的作用是将敏感元件转换所得的电信号进行放大并处理成火灾报警控制器所需要的

信号，通常由转换电路、抗干扰电路、保护电路、指示电路和接口电路等组成。

(1) 转换电路

它将传感元件输出的电信号变换成具有一定幅值并符合火灾报警控制要求的报警信号。它通常包括匹配电路、放大电路和阈值电路。电路组成形式取决于报警系统所采用的信号种类。

(2) 抗干扰电路

由于外界环境条件，如温度、风速、强电磁场和人工光等因素，会对不同类型的探测器正常工作有影响，或者造成假信号使探测器误报。因此，探测器要配置抗干扰电路来提高它的可靠性。

(3) 保护电路

用来监视探测器和传输线路的故障。检查试验自身电路和元件、部件是否完好，监视探测器工作是否正常。它由监视电路和检查电路组成。

(4) 指示电路

用以指示探测器是否动作。探测器动作后，自身应给出显示信号。这种自身动作显示通常在探测器上设置动作信号灯，称作确认灯。

(5) 接口电路

用以完成火灾探测器和火灾报警器间的电气连接，信号的输入和输出。

火灾探测是以物质燃烧过程产生的各种现象为依据，采用不同的火灾探测方法和探测器结构来实现对火灾参数的有效探测的，因此，对于不同的火灾探测器其结构和工作原理也是不同的。下面对于常用的火灾探测器分类进行讨论。

6.2.3 常用火灾探测器

1. 感烟式火灾探测器

烟雾是火灾的早期现象，通过感烟式火灾探测器对烟雾的敏感响应，可以最早感受火灾信号，所以，感烟式火灾探测器是目前世界上应用较普及、数量较多的火灾探测器。据了解，感烟式火灾探测器可以探测70%以上的火灾。目前，常用的感烟式火灾探测器是离子感烟火灾探测器和光电感烟火灾探测器。

(1) 点型离子感烟式火灾探测器

离子感烟式火灾探测器是采用空气离子化探测火灾方法构成和工作的。它利用放射性同位素释放的高能量α射线将局部空间的空气电离产生正、负离子，在外加电压的作用下形成离子电流。当火灾产生的烟雾及燃烧产物，即烟雾气溶胶进入电离室时，表面积较大的烟雾粒子将吸附其中的带电离子，产生离子电流变化，经电子线路加以检测，从而获得与烟雾浓度有直接关系的电信号，用于火灾确认和报警。

采用空气离子化探测法实现的感烟探测，对于火灾早期和阴燃阶段的烟雾气溶胶检测非常灵敏有效，可测烟雾粒径范围在0.03～10μm左右。这类火灾探测器通常只适于构成点型结构。根据这种火灾探测器内电离室的结构形式，离子感烟式火灾探测器可以分为双源感烟式和单源感烟式火灾探测器。

1）感烟电离室特性。

感烟电离室是离子感烟式火灾探测器的核心传感器件。电离室两电极间的空气分子受到放射源不断放出的α射线照射，高速运动的α粒子撞击空气分子，使得两电极间空气分子电离为正离子和负离子，这样，电极之间原来不导电的空气具有了导电性。此时在电场作用下，正、负离子的有规则运动，使得电离室呈现典型的伏安特性，形成离子电流。离子电流的大小与电离室的几何尺寸、放射源的活度、α粒子能量、施加的电压大小以及空气的密度、湿度、温度和气流速度等因素有关。

在电离室中，普遍采用241Am α放射源作为离子感烟式火灾探测器的放射源。选择241Am作为α放射源，是基于其几个显著的特点：①α射线（高速运动的α粒子流）具有较强的电离作用；②α粒子射程较短；③成本低；④半衰期较长（433年）。

在离子感烟式火灾探测器中，电离室可以分为双极型和单极型两种结构。整个电离室全部被α射线照射的称为双极型电离室；电离室局部被α射线照射，使一部分形成电离区，而未被α射线照射的部分成为非电离区，从而形成单极型电离室。一般离子感烟探测器的电离室均设计成为单极型的。当发生火灾时，烟雾进入电离室后，单极型电离室要比双极型电离室的离子电流变化大，可以得到较大的反映烟雾浓度的电压变化量，从而提高离子感烟式火灾探测器的灵敏度。

当有火灾发生时，烟雾粒子进入电离室后，被电离区域的正离子和负离子被吸附到烟雾粒子上，使正、负离子相互中和的几率增加，从而将烟雾粒子浓度大小以离子电流变化量大小表示出来，实现对火灾参数的检测。

2）双源式感烟探测原理。

双源式感烟探测器的电路原理及其工作特性如图6-3所示。因为两个电离室各有一个α离子发射源，所以称为双源式离子感烟探测器。开室结构且烟雾容易进入的检测用电离室与闭室结构且烟雾难以进入的补偿用电离室采取反向串联连接，当检测室因烟雾作用而使离子电流减小时，相当于该室极板间等效阻抗加大，而补偿室的极板间等效阻抗不变，则施加在两电离室上的电压分压U_1和U_2发生变化。无烟雾时，两个电离室电压分压U_1、U_2都等于12V，当烟雾使检测室的电离电流减小时，等效阻抗增加，U_1减小为U_1'，U_2

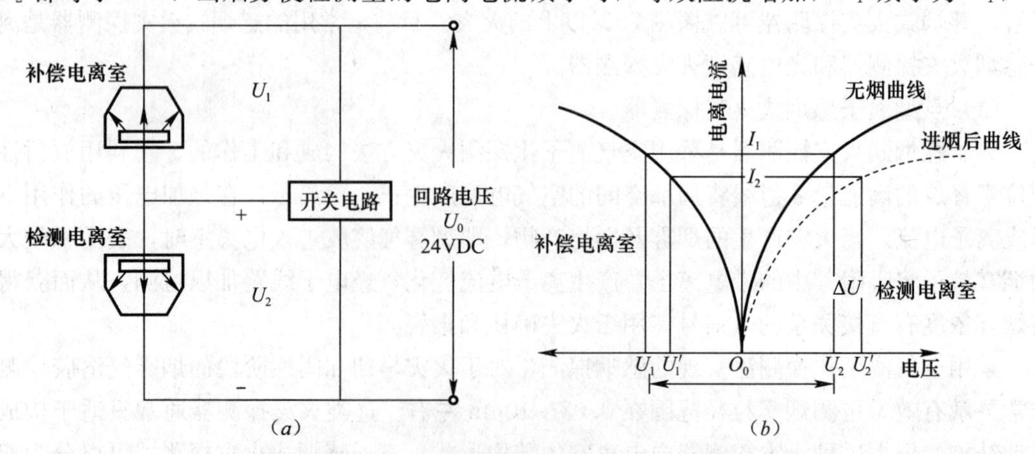

图6-3 双室双源感烟探测器电路原理及工作特性图

(a) 电路原理；(b) 特性曲线

增加为 U_2'，$U_1'+U_2'=24\text{V}$。开关电路检测 U_2 电压，当 U_2 增加到某一定值时，开关控制电路动作，发出报警信号。因此可以根据火灾时产生的烟浓度的大小，来确认火灾发生和报警。采用双源反串联式结构的离子感烟火灾探测器可以减少环境温度、湿度、气压等条件变化引起的对离子电流的影响，提高火灾探测器的环境适应能力和工作稳定性。

在离子感烟式火灾探测器中，选择不同的电子线路，可以实现不同的信号处理方式，从而构成不同形式的离子感烟式火灾探测器。例如，选用阈值比较、放大和开关电路，可以构成阈值报警式离子感烟火灾探测器；选用 A/D 转换和编码传输电路，可以构成带地址编码的类比式离子感烟火灾探测器；选用 A/D 转换、编码传输和微处理单元电路，可以构成分布智能式离子感烟火灾探测器。

3）单源式感烟探测原理。

单源式离子感烟火灾探测器的电路原理图如图 6-4 所示，其检测电离室和补偿电离室由电极板 P_1、P_2 和 P_m 构成，共用一个 241Am α 放射源。在火灾探测时，探测器的烟雾检测电离室（外室）和补偿电离室（内室）都工作在其特性曲线的灵敏区，利用 P_m 极电位的变化量大小反映进入的烟雾浓度变化，实现火灾探测和报警。

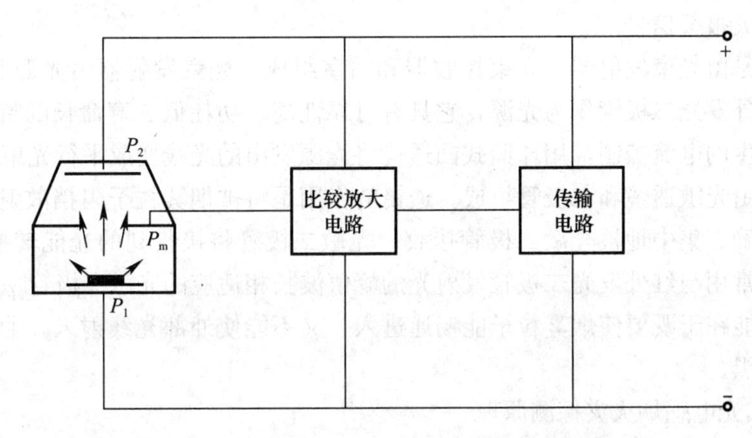

图 6-4 单源式离子感烟探测器原理图

单源式离子感烟火灾探测器的烟雾检测电离室和补偿电离室在结构上基本都是敞开的，两者受环境条件缓慢变化的影响相同，因而提高了对使用环境中微小颗粒缓慢变化的适应能力。特别在潮湿地区要求的抗潮能力方面，单源式离子感烟火灾探测器的自适应性能比双源式离子感烟火灾探测器要好得多。

4）单、双源离子式感烟探测器的比较。

单源双室离子式感烟探测器与双源双室离子式感烟探测器相比，有以下几个优点：

① 由于两个电离室同处在一个相通的空间，只要两者的比例设计合理，就既能保证在火灾发生时烟雾顺利进入检测室迅速报警，又能保证在环境变化时两室同时变化而避免参数的不一致。它的工作稳定性好，环境适应能力强。不仅对温度、湿度、气压和气流等环境因素的缓慢变化有较好的适应性，对变化快的适应性则更好，提高了抗湿、抗温性能。

② 增强了抗灰尘、抗污染的能力。当灰尘轻微地沉积在放射源的有效发射面上，导致放射源发射的 α 粒子的能量强度明显变化时，会引起工作电流变化，补偿室和检测室的电流均会变化，从而检测室的分压变化不明显。

③ 一般双源离子感烟探测器是通过调整电阻的方式实现灵敏度调节的，而单源离子感烟探测器则是通过改变放射源的位置来改变电离室的空间电荷分布，即源电极和中间电极的距离连续可调，这就可以比较方便地改变检测室的静态分压，实现灵敏度调节。这种灵敏度调节连续而且简单，有利于探测器响应阈值的一致性。

④ 单源双室只需一个更弱的α放射源，比双源双室的电离室放射源强度减少一半，而且也克服了双源双室两个放射源难以匹配的缺点。

（2）点型光电感烟式火灾探测器

根据烟雾粒子对光的吸收和散射作用，点型光电感烟式火灾探测器可分为减光式和散射式两种类型。

1）减光式光电感烟探测原理

减光式光电感烟探测器原理如图6-5所示。进入光电检测暗室内的烟雾粒子对光源发出的光产生吸收和散射作用，使通过光路上的光通量减少，从而在受光元件上产生的光电流降低。光电流相对于初始标定值的变化量大小，反映了烟雾的浓度大小，据此可通过电子线路对火灾信息进行阈值放大比较、类比判断处理或火灾参数运算，最后通过传输电路产生相应的火灾报警信号。

该探测器是由光束发射器、光束接收器和暗室组成，光束发射器由光源和透镜组成。目前通常用红外发光二极管作为光源，它具有可靠性高、功耗低、寿命长的特点，光源受脉冲发生器产生的电流控制，用球面式凸透镜将光源发出的光线变成平行光束。

光接收器由光敏透镜和二极管组成。透镜的作用是将被烟雾粒子阻挡散射后剩余的光线聚焦后，准确、集中地被光敏二极管接收。光敏二极管将接收到的光能转换成电信号，光敏二极管通常用与红外发光二极管发射光的峰值波长相适应的光敏二极管。

暗室的功能在于既要使烟雾粒子能畅通进入，又不能使外部光线射入，通常制成多孔形状，内壁涂黑。

2）散射式光电感烟火灾探测原理

散射式光电感烟探测器原理如图6-6所示。散射型光电感烟探测器是应用烟雾粒子对光的散射作用而制作的，它和减光型感烟探测器的主要区别在暗室结构上。散射式暗室中发光元件与受光元件的夹角在90°～136°之间，夹角越大，灵敏度越高。无烟雾时，红外

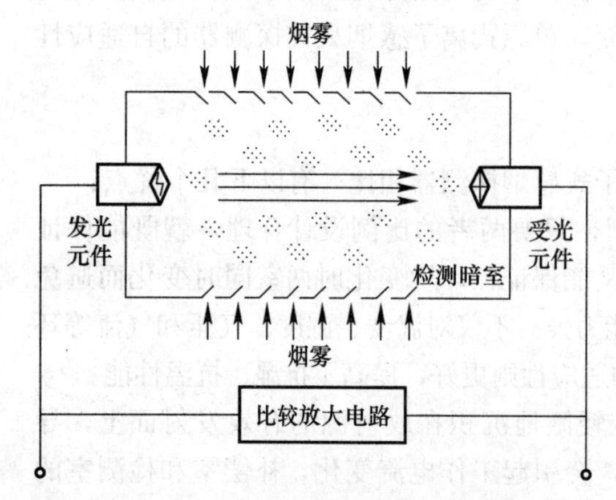

图6-5 减光式光电感烟探测器原理图

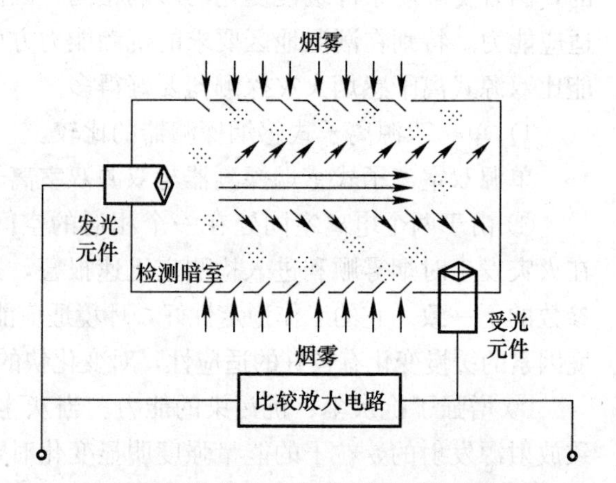

图6-6 散射式光电感烟探测器原理图

光无散射作用，无光线射到二极管上，光敏二极管不通导，无信号输出；当烟雾进入暗室时，由于烟雾粒子的散射，光敏二极管接收到一定的散射光线，散射光线的强度与烟雾浓度有关，当散射光的强度达到一定程度后，光敏二极管导通，输出电控信号，进行报警信号输出。

散射式光电感烟火灾探测原理，实质上是利用一套光学系统作为传感器，将火灾产生的烟雾对光的传播特性的影响，用电的形式表示出来并加以利用。由于光学器件特别是发光元件的寿命有限，因此，在电光转换环节通常采用交流供电方案，通过振荡电路使发光元件产生间歇式脉冲光，每隔 3～6s 发出一次，并且发光元件和受光元件多采用红外发光元件砷化镓二极管与硅光敏二极管配对。

(3) 线型感烟火灾探测器

线型感烟探测器是用来探测某一空间或某一直线范围周围烟雾的探测器，按光源区分可分为：红外光束型、紫外光束型和激光型。

线型感烟探测器与光电感烟探测器原理相似，都是利用烟雾粒子对光线传播发生遮挡的原理制成的。不同的是光电式感烟探测器的光源与光电接收器放在同一装置内，而线型感烟探测器的发射光源与光电接收器是安装在保护区内相距一定距离的位置。

发射器根据发光原理，可以发出红外光、紫外光或激光，发射光束无遮挡地照射到接收器上，接收器将其接收后转换成相应电信号。当被保护空间中一有火灾发生，必有烟雾进入防火区，在火灾烟雾粒子遮挡住发射光线后，接收器接收到的光信号减弱，相应转换成的电信号较弱，当减弱到一定程度后，探测器发出报警信号。

为降低功耗，提高探测器抗干扰能力，发射器同样采用脉冲方式工作，脉冲周期为 ms 级，脉宽为 100μs，接收器装有抗干扰电路，当光束被动物或人为遮挡时，报警器能发出故障信号，同样如因发射器损坏，或安装位置变动，而接收器不能接收到光束时，报警器同样能发出故障信号，而不发报警信号。

线型感烟探测器具有监视范围广、保护面积大和使用环境条件要求不高等特点，通常适用于初始火灾有烟雾形成的大空间、大范围的防范，如大仓库、电缆沟和易燃的大型设备的防范。

红外、紫外光感烟探测器技术成熟、性能稳定、灵敏度高，目前使用的线型感烟探测器通常为红外感烟探测器。半导体激光感烟探测器尽管问世不久，由于半导体激光器激发电压低、脉冲功率大、效率高、体积小、寿命长、方向性强、亮度高、单色性等优点，在各领域日益得到广泛应用。

2. 感温式火灾探测器

感温式火灾探测器是最早被人们用于火灾探测和报警的探测器。在火灾初起阶段，使用热敏元件来探测火灾的发生是一种有效的手段，特别是那些经常存在大量粉尘、油雾、水蒸气的场所，无法使用感烟式火灾探测器，只有用感温式火灾探测器才比较合适。在某些重要的场所，为了提高火灾监控系统的功能和可靠性，或保证自动灭火系统的动作的准确性，也要求同时使用感烟式和感温式火灾探测器。

(1) 点型定温式火灾探测器

定温式火灾探测器是在规定时间内，火灾引起的温度上升超过某个定值时启动报警的火灾探测器。点型结构是利用双金属片、易熔金属、热电偶、热敏半导体电阻等元件，在规定的温度值产生火灾报警信号。目前，常用的定温式火灾探测器有双金属型、易熔合金型和电子型几种型式。

1）双金属型定温火灾探测器

双金属型定温火灾探测器结构形式有很多种。这里以碟形双金属片型为例来说明其工作原理。双金属片定温火灾探测器是由热膨胀系数不同的双金属片和固定触点组成。凹面由热膨胀系数较大的材料构成，凸面由热膨胀系数较小的材料构成。当环境温度逐渐升高，热量经集热片传到双金属片。双金属片凹面因膨胀系数大于凸面膨胀系数而向四周伸展，使碟形双金属片逐渐展平，当达到临界点（即定温值）时碟形双金属片突然翻转，凸形向上，通过顶杆推动触点，造成电气触点闭合，从而输出报警信号。

这类双金属片定温火灾探测器在产品规格上还可做成防爆型，特别适用于含有甲烷、一氧化碳、水煤气、汽油蒸气等易燃易爆场所。

2）易熔合金型定温火灾探测器

易熔金属型定温探测器的原理是利用低熔点（易熔）金属在火灾初起环境温度升高且达到熔点温度时被熔化脱落，从而使机械结构部件动作（如弹簧弹出、顶杆顶起等），造成电触点接通或断开，发出电气信号。这种探测器结构简单，牢固可靠，很少误动作。

易熔合金定温探测器在适用范围和安装事项上基本与双金属片定温探测器相同。但应当加以注意的是：易熔合金定温探测器一旦动作后，即不可复原再用，故在安装时，不能在现场用模拟热源进行测试。

3）电子式定温火灾探测器

电子式定温火灾探测器是利用热敏电阻对温度的感应敏感性，其自身在探测器电路中起到特定作用，使探测器实现定温报警功能的。当温度上升达到热敏电阻的临界值时，其阻值迅速从高阻态转向低阻态，将这种阻值的明显变化采集并采用信号电路予以处理判断，可实现火灾报警。

热敏电阻的特点是电阻温度系数大，因而灵敏度高，测量电路简单；体积小、热惯性小；自身电阻大，对线路电阻可以忽略，适于远距离测量。热敏电阻定温火灾探测器的工作原理如图6-7所示。

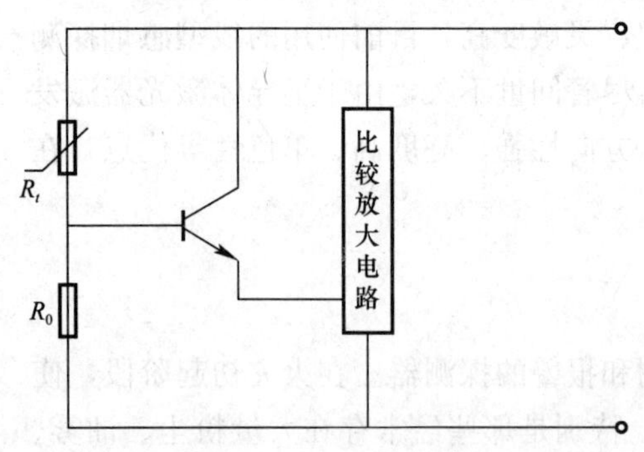

图6-7　热敏电阻定温火灾探测器工作原理图

（2）点型差温式火灾探测器

差温式火灾探测器是在规定时间内，火灾引起的温度上升速率超过某个规定值时启动报警的火灾探测器。点型结构差温式火灾探测器是根据局部的热效应而动作的，主要感温元件有空气膜盒、热敏半导体电阻元件等。

点型差温式火灾探测器也有很多种，这里以膜盒型为例来说明其工作原理。当火灾发生时，建筑物室内局部温度将以超过常温数倍的异常速率升高。膜盒型差温火灾探测器就是利用这种异常速率产生感应并输出火灾报警信号。它的感热外罩与底座形成密闭的气室，只有一个很小的泄漏孔能与大气相通。当环境温度缓慢变化时，气室内外的空气可通过泄漏孔进行调节，使内外压力保持平衡。如遇火灾发生，环境温升速率很快，气室内空气由于急剧受热而膨胀来不及从泄漏孔外溢，致使气室内空气压力增高，将波纹片鼓起与中心接线柱相碰，从而接通电触点，便发出火灾报警信号。这种探测器具有灵敏度高、可靠性好、不受气候变化影响的特点，因而应用十分广泛。

当环境温度缓慢变化时，气室内空气虽然也受热膨胀，但均由泄漏孔溢出进入大气，敏感元件膜片不会产生位移，故不会发生报警。但当环境温度缓慢上升到给定值 70±6℃时，探头内易熔合金熔化，金属弹簧片弹起，推动膜片造成电气触点闭合，这时发出一个不可复位的火灾报警信号，可避免漏报警产生。膜盒型差温火灾探测器结构示意图如图 6-8 所示。

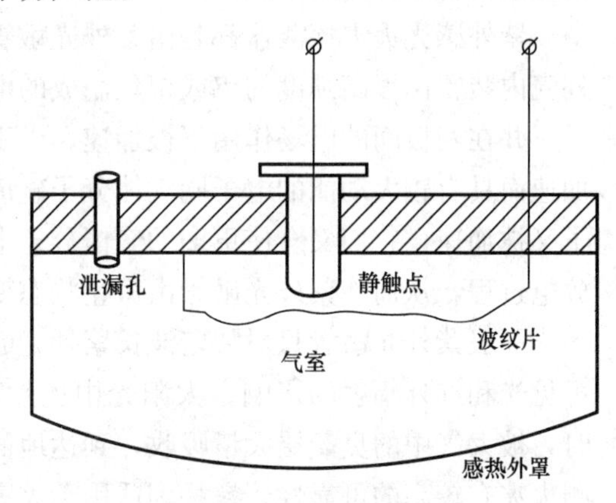

图 6-8 膜盒型差温火灾探测器结构示意图

(3) 点型差定温式火灾探测器

差定温式火灾探测器结合了定温式和差温式两种感温作用原理并将两种探测器结构组合在一起。差定温火灾探测器是将差温式、定温式两种感温火灾探测器组装结合在一起，兼有两者的功能，若其中某一功能失效，则另一种功能仍然起作用。因此，大大提高了火灾监测的可靠性。差定温式火灾探测器一般多是膜盒式或电子式等点型结构的组合。

(4) 线型感温火灾探测器

线型感温火灾探测器又称为感温电缆，是对保护区中某一线路周围温度升高敏感响应的火灾探测器。线型感温火灾探测器也有定温、差温和差定温三种类型，一般定温式感温电缆应用较为普遍。定温式感温电缆的热敏元件是沿着一条线连续分布的，只要在线段上任何一点的温度出现异常，就能探测到并发出报警信号。常用的有热敏电缆型及同轴电缆型两种。

热敏电缆型感温电缆的构造是，在两根钢丝导线外面各罩上一层热敏绝缘材料后拧在一起，置于编织电缆的保护护套内。热敏绝缘材料能在预定的温度下熔化，造成两条导线短路，使报警装置发出火灾报警信号。

同轴电缆型感温电缆的构造是，在金属丝编织的网状导体中放置一根导线，在内、外导体之间采用一种特殊绝缘物充填隔绝。这种绝缘物在常温下呈绝缘体特性，一旦遇热且达到预定温度后则变成导体特性，于是造成内外导体之间的短路，使报警装置发出报警信号。

可复用电缆型定温火灾探测器的构造是，采用四根导线两两短接构成两个互相比较的监测回路，四根导线的外层涂有特殊的具有负温度系数物质制成的绝缘体。当感温电缆所保护场所的温度发生变化时，两个监测回路的电阻值会发生明显的变化，达到预定的报警值时产生报警信号输出。这种感温电缆的特点是非破坏性报警，它在报警过后仍能恢复正常工作状态。

3. 感光式火灾探测器

感光式火灾探测器又称火焰探测器，它是一种能对物质燃烧的光谱特性、光强度和火焰的闪烁频率敏感响应的火灾探测器。目前广泛使用紫外式和红外式两种类型。

（1）紫外感光火灾探测器

当有机化合物燃烧时，其氢氧离子在氧化反应中会辐射出强烈的紫外光。紫外感光火灾探测器就是利用火焰产生的强烈紫外辐射光来探测火灾的。

紫外感光火灾探测器都是由紫外光敏管与驱动电路组合而成的。紫外光敏管是在玻璃外壳内装置两根高纯度的钨或银丝制成的电极。当电极接收到紫外光辐射时立即发射出电子，并在两极间的电场作用下被加速。由于管内充有一定量氢气和氦气，所以，当这些被加速而具有较大动能的电子同气体分子碰撞时，将使气体分子电离，电离后产生的正负离子又被加速，它们又会使更多的气体分子电离。于是在极短的时间内，造成"雪崩"式的放电过程，从而使紫外光敏管由截止状态变成导通状态，驱动电路发出报警信号。

一般紫外光敏管只对特定波长紫外光起感应。因此，它能有效地探测出火焰而又不受可见光和红外辐射的影响。太阳光中虽然存在强烈的紫外光辐射，但由于在透过大气层时，被大气中的臭氧层大量吸收，到达地面的紫外光能量很低。所以，采用紫外光敏管探测火灾有较高的可靠性。它特别适用于火灾初期不产生烟雾的场所（如生产、储存酒精和石油等的场所），也适用于电力装置火灾监控和探测快速火焰及易爆的场所。

（2）红外感光火灾探测器

红外感光火灾探测器是利用红外光敏元件（硫化铅、硒化铅、硅光敏元件）的光电导或光伏效应来敏感地探测低温产生的红外辐射的，红外辐射光波波长一般大于0.76μm。由于自然界中只要物体高于绝对零度都会产生红外辐射，所以，利用红外辐射探测火灾时，一般还要考虑物质燃烧时火焰的间歇性闪烁现象，以区别于背景红外辐射。物质燃烧时火焰的闪烁频率大约在3～30Hz。

和感烟、感温等火灾探测器相比，感光探测器的优点表现在响应速度快，响应时间几个毫秒甚至几个微秒内就能发出报警信号，特别是易燃易爆的场合，它不受环境气流影响，是唯一能用在室外的火灾探测器。并且性能稳定、可靠性高。

4. 可燃气体火灾探测器

可燃气体火灾探测器是用来探测保护区内可燃气体的浓度，并发出报警信号的火灾探测器。可燃气体火灾探测器是通过测量空气中可燃气体爆炸下限以内的含量，当空气中可燃气体浓度达到设定报警浓度时，自动发出报警信号，可燃气体火灾探测器主要用在易爆、易熔的场所中，而预报的报警点通常设在可燃气体爆炸浓度下限的20%～26%。

可燃气体火灾探测器按其敏感元件分常有以下两种。

（1）半导体可燃气体探测器

这种探测器是一种用对可燃气体有高度敏感的半导体元件作为敏感元件的火灾探测器，可以对空气中散发的可燃气体如甲烷、醛、醇、炔等或气化的可燃气体如一氧化碳、氧气、天然气等进行有效监测。

气敏半导体内的一根电热丝先将气敏半导体预热到工作温度，若半导体接触到可燃气体时，其体电阻发生变化，电阻的变化反映了可燃气体浓度的变化，通过相应电路将其电阻的变化转换成电压变化。当可燃气体浓度达到预报警浓度时，其相应的电压值使开关电路导通，发出报警信号。半导体可燃气体探测器电路简单，对可燃气体的感受能力强，价廉，适用范围广，在工程上得到广泛的应用。

(2) 催化型可燃气体探测器

该探测器是选用熔点高的铂丝作为探测器的气敏元件。工作时，先把铂丝预热到工作温度，如铂金属丝接触到可燃气体时，在其表面产生强烈的氧化反应（无烟燃烧），使铂金丝温度升高，其电阻变化；通过相应电路取出因可燃气体浓度变化而引起铂金丝电阻变化，放大、鉴别和比较后，输出相应电信号；当可燃气体浓度超过报警值时，开关电路打开，输出报警信号。

可燃气体探测器在使用过程中应当注意以下几点：

1) 安装位置应当根据待探测的可燃气体性质来确定，若被探测气体为天然气、煤气等较空气轻，极易于飘浮上升，应将可燃气体探测器安装在设备上方或顶棚附近；若被探测气体为液化石油气等较空气重，则应安装在距地面不超过 60cm 的低处。

2) 敏感元件对多种可燃气体几乎有相同的敏感性，所以在有混合气体存在的场所，它不能作为分辨混合气体组分的敏感元件来使用。

6.2.4 火灾探测器的选用

1. 火灾探测器选用一般要求

(1) 对火灾初期有阴燃阶段、产生大量的烟和少量的热、很少或没有火焰辐射的场所，应选择感烟探测器。

(2) 对火灾发展迅速，可产生大量热、烟和火焰辐射的场所，可选择感温探测器、感烟探测器、火焰探测器或其组合。

(3) 对火灾发展迅速，有强烈的火焰辐射和少量的烟、热的场所，应选择火焰探测器。

(4) 对火灾形成特征不可预料的场所，可根据模拟试验的结果选择探测器。

(5) 对使用、生产或聚集可燃气体或可燃液体、蒸气的场所，应选择可燃气体火灾探测器。

2. 点型火灾探测器的选择

(1) 对不同高度的房间，根据点型探测器的使用范围，需选择不同的类型。不同高度选择原则如表 6-2 所示。

探测器安装高度选择表　　表 6-2

房间高度 h (m)	感烟探测器	感温探测器			火焰探测器
		特级	一级	二级	
$12<h\leqslant20$	不适合	不适合	不适合	不适合	适合
$8<h\leqslant12$	适合	不适合	不适合	不适合	适合
$6<h\leqslant8$	适合	适合	不适合	不适合	适合
$4<h\leqslant6$	适合	适合	适合	不适合	适合
$h\leqslant4$	适合	适合	适合	适合	适合

(2) 下列场所宜选择点型感烟探测器：饭店、旅馆、教学楼、办公楼的厅堂、卧室、

办公室等；电子计算机房、通信机房、电影或电视放映室等；楼梯、走道、电梯机房等；书库、档案库等；有电气火灾危险的场所。

(3) 符合下列条件之一的场所，不宜选择离子感烟探测器：相对湿度经常大于96%；气流速度大于6m/s；有大量粉尘、水雾滞留；可能产生腐蚀性气体；在正常情况下有烟滞留；产生醇类、醚类、酮类等有机物质。

(4) 符合下列条件之一的场所，不宜选择光电感烟探测器：可能产生黑烟；有大量粉尘、水雾滞留；可能产生蒸汽和油雾；在正常情况下有烟滞留；

(5) 符合下列条件之一的场所，宜选择感温探测器：相对湿度经常大于96%；无烟火灾；有大量粉尘；在正常情况下有烟和蒸气滞留；厨房、锅炉房、发电机房、烘干车间等；吸烟室等；其他不宜安装感烟探测器的厅堂和公共场所。

(6) 可能产生阴燃火或发生火灾不及时报警将造成重大损失的场所，不宜选择感温探测器；温度在0℃以下的场所，不宜选择定温探测器；温度变化较大的场所。不宜选择差温探测器。

(7) 符合下列条件之一的场所，宜选择火焰探测器：火灾时有强烈的火焰辐射；液体燃烧火灾等无阴燃阶段的火灾；需要对火焰做出快速反应；

(8) 符合下列条件之一的场所，不宜选择火焰探测器：可能发生无烟火灾；在火焰出现前有浓烟扩散；探测器的镜头易被污染；探测器的"视线"易被遮挡；探测器易受阳光或其他光源直接或间接照射；在正常情况下有明火作业以及X射线、弧光等影响。

(9) 下列场所宜选择可燃气体探测器：使用管道煤气或燃气的场所；煤气站和煤气表房以及存储液化石油气罐的场所；其他散发可燃气体和可燃蒸气的场所；有可能产生一氧化碳气体的场所，宜选择一氧化碳气体探测器。

(10) 装有联动装置、自动灭火系统以及用单一探测器不能有效确认火灾的场合，宜采用感烟探测器、感温探测器、火焰探测器、(同类型或不同类型) 的组合。

3. 线型火灾探测器的选择

(1) 无遮挡大空间或有特殊要求的场所，宜选择红外光束感烟探测器。

(2) 下列场所或部位，宜选择缆式线型定温探测器：电缆隧道、电缆竖井、电缆夹层、电缆桥架等；配电装置、开关设备、变压器等；各种皮带输送装置；控制室、计算机室的闷顶内、地板下及重要设施隐蔽处等；其他环境恶劣不适合点型探测器安装的危险场所。

(3) 下列场所宜选择线型差温探测器：可能产生油类火灾且环境恶劣的场所；不宜安装点型探测器的夹层、闷顶。

4. 点型探测器设置数量

一个探测区域内所需设置的探测器数量，不应小于下式的计算值：

$$N = \frac{S}{KA} \tag{6-1}$$

式中：N 为探测器数量（只），应取整数；S 为该探测区域面积（m^2）；A 为探测器的保护面积（m^2）；K 为修正系数，特级保护对象宜取 0.7～0.8，一级保护对象宜取 0.8～0.9，二级保护对象取 0.9～1.0。

6.3 火灾报警控制器

火灾报警控制器是火灾自动报警系统中，能够为火灾探测器供电，接收、处理及传递探测点的火警，故障信号，发出声、光报警信号，同时显示及记录火灾发生的部位和时间，并向联动控制装置发出联动控制指令的报警控制装置，是整个火灾自动报警控制系统的核心和中枢。

6.3.1 火灾报警控制器的分类

1. 按其用途分类

（1）区域火灾报警控制器。其控制器直接连接火灾探测器，处理各种来自探测点的报警信息，是各类自动报警系统的主要设备之一。

（2）集中火灾报警控制器。一般不与火灾探测器直接相连，而与区域火灾报警控制器相连，处理区域火灾报警控制器送来的报警信号，主要用于规模较大的火灾自动报警系统中。

（3）通用火灾报警控制器。通过硬件或软件的配置，既可做区域火灾报警控制器使用，直接连接火灾探测器；又可做集中火灾报警控制器使用，连接区域火灾报警控制器。

2. 按其技术性能和电气原理分类

（1）按主机电路设计分。

1）普通型火灾报警控制器，其电路设计采用通用逻辑组合形式，具有成本低廉、电路简单等特点，但其功能一般也较简单。

2）微机型火灾报警控制器，其电路设计采用微机结构，对硬、软件均有较高要求，技术要求较复杂、功能一般较齐全、使用方便可靠。目前绝大多数火灾报警控制器均采用此形式。

（2）按系统连线方式分。

1）多线制火灾报警控制器，它与火灾探测器的连接采用一一对应方式，目前这种形式已被逐步淘汰。

2）总线制火灾报警控制器，它与火灾探测器的连接采用总线方式，但有二总线、三总线、四总线等不同形式。

（3）按火灾信息处理及智能方式分。

1）集中智能火灾报警控制器，火灾探测器仅完成对火灾参数的有效采集、变换和传输；火灾报警控制器采用微型机技术实现信息集中处理、数据储存、系统巡检等。

2）分布智能火灾报警控制器，现场火灾探测器或区域控制器负责对火灾探测信息进行分析、环境补偿、探头报脏和故障判断等功能，中央火灾报警控制器负责上位管理功能，如系统巡检、火灾参数算法运算、消防设备监控、联网通信等。

3. 按其机械结构形式分类

(1) 壁挂式火灾报警控制器

其连接火灾探测器的数量相应少一些，控制功能较简单一些，一般区域火灾报警控制器常采用此形式。

(2) 柜式火灾报警控制器

其连接火灾探测器的数量较多，控制功能较齐全复杂，常常把联动控制也组合在一起，操作使用较方便，一般用于中、大型工程系统。

(3) 台式火灾报警控制器

与柜式火灾报警控制器基本要求相同，消防控制室（中心）面积较大的工程可采用台式机形式。

6.3.2 火灾报警控制器的基本功能

火灾报警控制器最基本的功能为以下几点。

(1) 能为火灾报警探测器供电，也可为其连接的其他部件供电。

(2) 能直接或间接地接收来自火灾探测器及其他火灾报警触发器件的火灾报警信号，发出声、光报警信号，显示火灾发生部位，并予保持，声音报警信号应能手动消除，光信号继续保持，直至确认后复位。但再次有火灾报警信号输入时，应能再启动。

(3) 当火灾报警控制器内部产生故障时，应能发出与火灾报警信号有明显区别的声、光故障信号，即火灾报警控制器与火灾探测器，火灾报警控制器与其传输火灾报警信号作用的部件间发生下述故障：

1) 火灾报警控制器与火灾探测器、手动报警按钮及其传输火灾报警信号功能的部件间连接线断线、短路（短路时发出火灾报警信号除外）；

2) 火灾报警控制器与火灾探测器或连接的其他部件间连接线的接地，出现妨碍火灾报警控制器正常工作的故障；

3) 火灾报警控制器与位于远处的火灾显示盘间连接线断线、短路；

4) 火灾报警控制器的主电源欠压；

5) 给备用电源充电的充电器与备用电源之间连接线断线、短路；

6) 备用电源与其负载之间连接线断线、短路或由备用电源单独供电时其电压不足以保证火灾报警控制器正常工作；

7) 仅使用打印机作为记录火灾报警时间的火灾报警控制器的打印机连接线断线、短路。

对于以上7类故障应指示出故障部位及类型，声故障信号应能手动消除（如消除后再来故障应能启动，应有消声指示），光故障信号在故障排除之前应能保持；故障期间，如非故障回路有火灾报警信号输入，火灾报警控制器应能发出火灾报警信号。

(4) 火灾报警控制器应有自检功能。火灾报警控制器在执行自检功能时，应切断受其控制的外接设备。自检期间，如非自检回路有火灾报警信号输入，火灾报警控制器应能立即停止自检，响应火灾报警信号，并发出火灾报警声、光信号。

(5) 火灾报警控制器应具有显示或记录火灾报警时间的计时装置。仅使用打印机记录火灾报警时间时，应打印出月、日、时、分等信息。

(6) 火灾报警控制器的操作允许应设置优先级权限，通过密码输入或钥匙进行身份确认。不同的优先级的操作功能不同。

(7) 火灾报警控制器应能对其面板上的所有指示灯、液晶显示盘进行功能检查。

(8) 通过火灾报警控制器可改变与其连接火灾探测器的响应阈值时，火灾报警控制器应能指示已设定的火灾探测器的响应阈值。

(9) 火灾报警控制器在按其设计允许的最大容量及最长布线条件接入火灾探测器及其他部件时，不应出现信号传输上的混乱。

(10) 火灾报警控制器应具有电源转换装置。当主电源断电时，能自动转换到备用电源；当主电源恢复时，能自动转换到主电源；主、备电源的工作状态应有指示，主电源应有过流保护措施。主、备电源的转换应不使火灾报警控制器发出故障报警信号。主电源容量应能保证火灾报警控制器在下述最大负载条件下，连续正常工作 4h。

(11) 具有可隔离所连接部件功能的火灾报警控制器，应设有部件隔离状态光指示，并能查寻或显示被隔离部件的编号和部位。

(12) 火灾报警控制器应备有用做控制自动消防设备或做其他用途的输出接点，其容量及参数应在有关技术文件中说明。

(13) 采用总线传输信号的火灾报警控制器，应在其总线上设有隔离器，当某一隔离器动作时，火灾报警控制器应能指示出被隔离的火灾探测器、手动报警按钮等部件的部位号。

6.4 联动控制器

联动控制器与火灾报警控制器配合，通过数据通信，接收并处理来自火灾报警控制器的报警点数据，然后对其配套执行器件发出控制信号，实现对各类消防设备的控制，联动控制器及其配套执行器件相当于整个火灾自动报警控制系统的“躯干和四肢”。

6.4.1 联动控制器的分类

1. 按组成方式分类

(1) 单独的联动控制器

消防控制中心火灾报警控制系统由两方面构成，即火灾探测器与报警控制器单独构成探测报警系统，再配以单独的联动控制器及其配套执行组件。

(2) 带联动控制功能的报警控制器

这类控制器既接收火灾探测器的报警信号，又通过配套执行组件联动现场消防外控设备，联动关系是在报警控制器内部实现。

2. 按其用途分类

(1) 专用的联动控制装置

具有特定专用功能的联动控制装置。如水灭火系统控制装置、防烟排烟设备控制装置、气体灭火控制装置。

（2）通用的联动控制器

这类联动控制器可通过其配套中继执行器件提供控制接点，可控制各类消防外控设备，而且还可对探测点与控制点之间现场编程设置控制逻辑对应关系。

3. 按电气原理和系统连线分类

（1）多线制联动控制器

这类联动控制器与其配套执行组件之间采用一一对应关系，每只配套执行组件与主机之间分别有各自的控制线、反馈线等。一般控制点容量比较小。

（2）总线制联动控制器

这类联动控制器与其配套执行件的连接采用总线方式，有二总线、三总线、四总线等不同形式。具有控制点规模大，安装调试及使用方便等特点。

（3）总线制与多线制并存的联动控制器

这类联动控制器同时有总线控制输出和多线控制输出。总线控制输出适用于控制各楼层的消防外控设备，如各楼层的声光报警装置、各楼层的空调、风机、防火卷帘门等。多线控制输出适用于控制整个建筑物集中的中央消防外控设备，如消防泵、喷淋泵、集中的送风机、排烟机及电梯等。

6.4.2　联动控制器的基本功能

（1）能为与其直接相连的部件供电。

（2）能直接或间接启动受其控制的设备。

（3）能直接或间接地接收来自火灾报警控制器或火灾触发器件的相关火灾报警信号，发出声、光报警信号。声音报警信号能手动消除，光报警信号在联动控制器设备复位前应予保持。

（4）在接收到火灾报警信号后，按国家标准 GB 50116—98 所规定的逻辑关系，完成下列功能：

1）切断火灾发生区域的正常供电电源，接通消防电源；

2）能启动消火栓灭火系统的消防泵、并显示状态；

3）能启动自动喷水灭火系统的喷淋泵，并显示状态；

4）能打开雨淋灭火系统的控制阀，启动雨淋泵并显示状态；

5）能打开气体或化学灭火系统的容器阀，能在容器阀动作之前手动急停，并显示状态；

6）能控制防火卷帘门的半降、全降，并显示其状态；

7）能控制平开防火门，显示其所处的状态；

8）能关闭空调送风系统的送风机、送风阀门，并显示状态；

9）能打开防排烟系统的排烟机、正压送风机及排烟阀、正压送风阀，并显示其状态；

10）能控制常用电梯，使其自动降至首层；

11）能使受其控制的火灾应急广播投入使用；

12）能使受其控制的应急照明系统投入工作；

13）能使受其控制的疏散、诱导指示设备投入工作；

14）能使与其连接的警报装置进入工作状态。

对于以上各功能，应能以手动或自动两种方式进行操作。

(5) 当联动控制器设备内部、外部发生下述故障时，应能发出与火灾报警信号有明显区别的声光故障信号。

1）与火灾报警控制器或火灾触发器件之间的连接线断路；

2）与接口部件间的连线断路、短路；

3）主电源欠压；

4）给备用电源充电的充电器与备用电源之间的连接线断路、短路；

5）在备用电源单独供电时，其电压不足以保证设备正常工作时。

对于以上各类故障，应能指示出故障类型，声故障信号应能手动消除，光故障信号在故障排除之前应能保持。故障期间，非故障回路的正常工作不受影响。

(6) 联动控制器设备应能对本机及其面板上的所有指示灯、显示器进行功能检查。

(7) 联动控制器设备处于手动操作状态时，如要进行操作，必须用密码或钥匙才能进入操作状态。

(8) 具有隔离所控制设备功能的联动控制器设备，应设有隔离状态指示，并能查寻和显示被隔离的部位。

(9) 联动控制器设备应具有电源转换功能。当主电源断电时，能自动转换到备用电源；当主电源恢复时，能自动转回到主电源；主、备电源应有工作状态指示。主电源容量应能保证联动控制器设备在最大负载条件下，连续工作 4h 以上。

6.4.3 火灾应急广播系统

火灾应急广播是发生火灾或意外事故时指挥现场人员进行疏散的设备，即为了及时向人们通报火灾，指导人们安全、迅速地疏散的系统。

在智能建筑和高层建筑内或已装有广播扬声器的建筑内设置火灾应急广播时，要求原有广播音响系统具备火灾应急广播功能。即当发生火灾时，无论扬声器当时处于何种工作状态，都应能紧急切换到火灾事故广播线路上。火灾应急广播的扩音机在消防控制室应能对它进行遥控自动开启，并能在消防控制室直接用话筒播音。

发生火灾时，为了便于疏散和减少不必要的混乱，火灾应急广播发出警报时不能采用整个建筑物火灾应急广播系统全部启动的方式，而应该仅向着火楼层及与其相关楼层进行广播。当着火层在二层以上时，仅向着火层及其上下各一层或下一层上二层发出火灾警报；当着火层在首层时，需要向首层、二层及全部地下层进行紧急广播；当着火层在地下的任一层时，需要向全部地下层和首层紧急广播。

一般火灾应急广播的线路需单独敷设，并应有耐热保护措施，当某一路的扬声器或配线短路、开路时，应仅使该路广播中断而不影响其他各路广播。火灾广播系统可与建筑物内的背景音乐或其他功能的大型广播音响系统合用扬声器，但应符合规范提出的技术要求。

火灾应急广播系统设计要求如下。

1. 火灾应急广播扬声器的设置要求

(1) 民用建筑内扬声器应设置在走道和大厅等公共场所。每个扬声器的额定功率应不小于3W，其数量应能保证从一个防火分区内的任何部位到最近一个扬声器的距离不大于26m。走道内最后一个扬声器至走道末端的距离不应大于12.6m。

（2）在环境噪声大于60dB的场所设置的扬声器，在其播放范围内最远点的播放声压级应高于背景噪声16dB。

（3）客房设置专用扬声器时，其功率不宜小于1W。

2. 火灾应急广播与公共广播合用时的要求

（1）火灾时应能在消防控制室将火灾疏散层的扬声器和公共广播扩音机强制转入火灾应急广播状态。

（2）消防控制室应能监控用于火灾应急广播时的扩音机的工作状态，并应具有监控遥控开启扩音机和采用传声器播音的功能。

（3）床头控制柜内设有服务性音乐广播扬声器时，应有火灾应急广播功能。

（4）应设置火灾应急广播备用扩音机，其容量不应小于火灾时需同时广播的范围内火灾应急广播扬声器最大容量总和的1.6倍。

6.4.4 室内消火栓系统的联动控制

在建筑物各防火分区（或楼层）内均设置消火栓箱，内装有灭火水龙带、水枪、连接锁扣和消火栓按钮。在消防栓按钮的无源触点上连接输入模块，构成由输入模块设定地址的报警点，经输入总线进入火灾报警控制系统，达到自动启动消防泵的目的。

消火栓按钮与手动报警按钮不同，除了发出报警信号还有直接启动消防泵的功能。消火栓按钮必需安装在消火栓箱内，当敲破消火栓箱门玻璃使用消火栓时，才能使用消火栓按钮报警。通过硬连接自动启动消防泵以补充水源，供灭火时使用。

整个控制过程如下：当发生火灾时，消火栓箱玻璃罩被击碎，按下消火栓按钮报警，火灾报警控制器接收到此报警信号后，发出声光报警指示，显示并记录报警地址和时间，同时将报警点数据传送给联动控制器经其内部逻辑关系判断，发出控制执行指令，使相应继电器动作，自动控制启动消防泵。同时消火栓按钮不经报警总线直接将信号送往控制器，以保证水泵启动的可靠性。室内消火栓灭火系统控制原理图如图6-9所示。

消防泵电气控制实现。消火栓用消防泵控制电路图如图6-10所示。消火栓按钮一般串联相接，构成或逻辑条件去启动消防泵，即任一消火栓按钮按下，均能启动泵。正常情况下，消火栓内按钮常开触点均闭合，使继电器4kA加电构成回路；当任一消火栓按钮按下，则4kA失电，其常闭触点闭合，使继电器3kT加电，延时后其触点闭合，继电器5kA加电，并与自身常开触点构成自锁回路。串接在自动启泵回路的5kA常开触点也闭合，若SAC转换开关转到1号泵用2号泵备档位，则主继电器1kM加电动作，1号泵动力回路1kM常开触点闭合，则1号消防水泵开始运行。同理，若SAC转换开关转到2号泵用1号泵备档位，则2号消防水泵开始运行。

由于消防灭火设备的特殊性，并须保证设备高可靠性地工作。通常在涉及重要部位考虑到备用消防水泵，并且在正常工作水泵出现故障时备用水泵自动投入运行。互备自投回路在图中进行了设计。若SAC转换开关转到1号泵用2号泵备档位，则将1号泵作为正

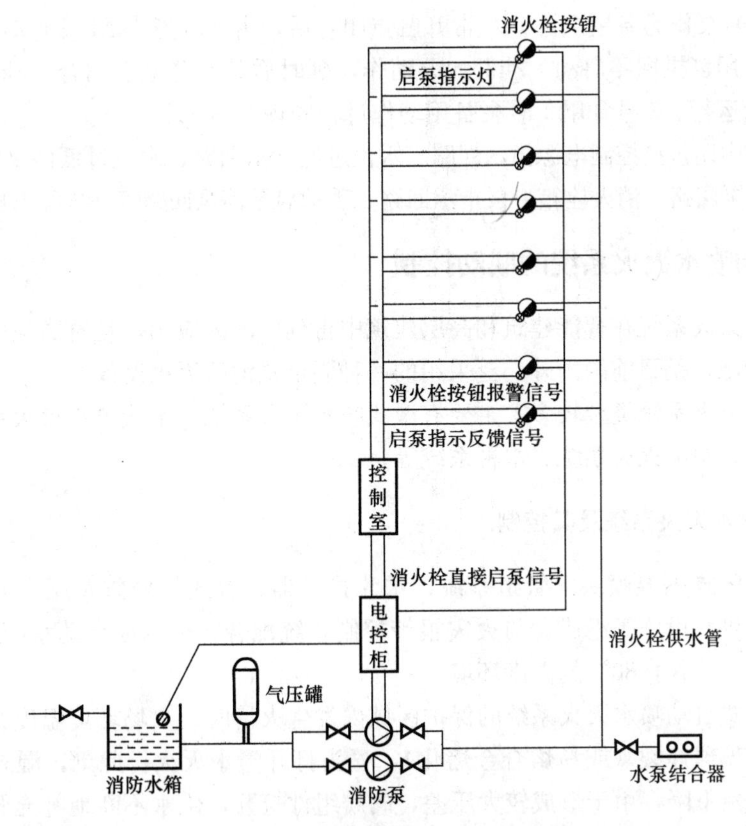

图 6-9　室内消火栓灭火系统控制原理图

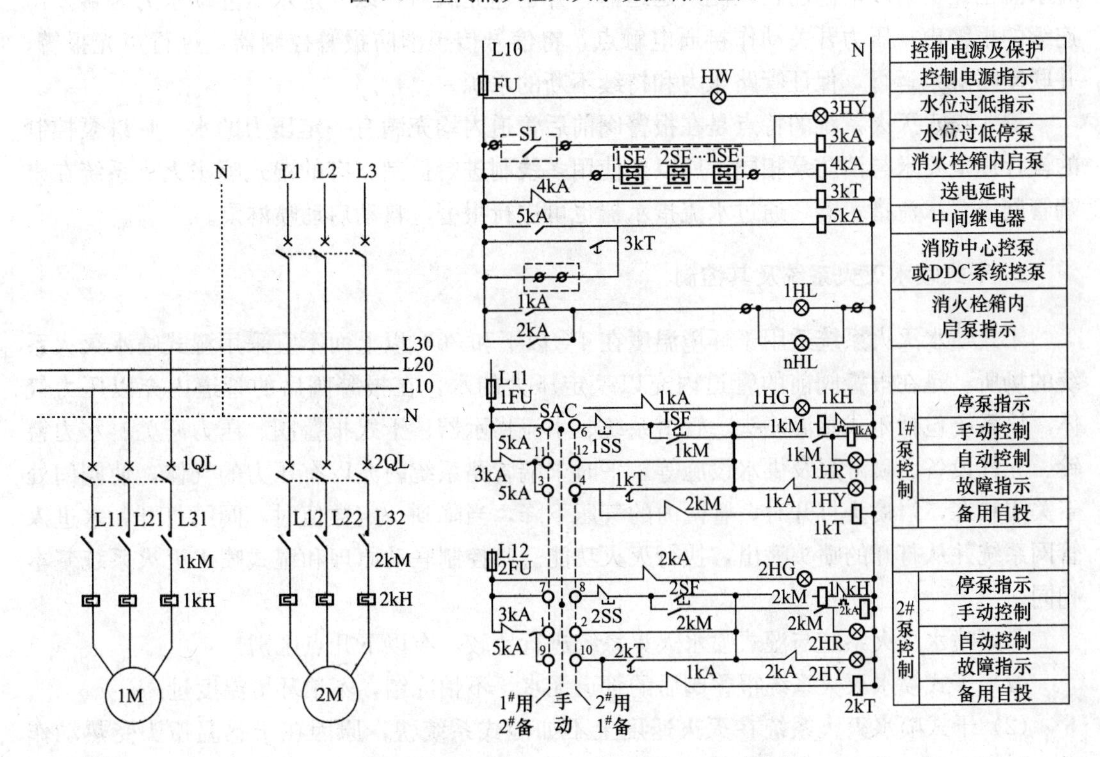

图 6-10　消火栓用消防泵控制电路图（两泵互备）

常使用泵，2号泵作为备用泵。5kA常开触点闭合后，由于故障1kM没有动作，1号泵没有启动，则备用自投回路启动，2kT加电动作，延时后其常开触点闭合，2kM加电动作，则2号泵开始运行。2号泵用1号泵备用动作过程同理。

控制回路中还包括控制电源指示回路、水位过低指示回路、水位过低停泵回路、消防中心直接启泵停泵回路、消火栓箱启泵指示回路、手动启泵停泵回路等，这里不再一一详述。

6.4.5 自动喷水灭火系统的联动控制

自动喷水灭火系统在智能建筑和高层建筑中得到广泛的应用，是解决建筑物早期自防自救的重要措施，是目前国内外广泛采用的一种固定式消防灭火设备。

自动喷水灭火系统类型较多，主要有湿式喷水灭火系统、干式喷水灭火系统、预作用喷水灭火系统、雨淋灭火系统、水幕系统等。

1. 湿式喷水灭火系统及其控制

该系统由闭式感温喷头、管道系统、水流指示器、湿式报警阀及压力开关、水力警铃、喷淋泵及供水设施等组成。与火灾报警控制系统配合，可构成自动水喷淋灭火系统。适宜于大于4℃、小于80℃的温度环境。

当处于湿式自动喷水灭火系统的保护区域内发生火情时，火场环境温度升高，闭式感温喷头上的玻璃球炸裂（或易熔合金熔化），喷头打开喷水灭火。此刻，湿式报警阀出口侧管网水压骤然下降，由于形成较大压差，阀瓣组件打开，供水不断地补充管网灭火，同时水流也经密封环槽内的孔径流入延迟器，并迅速充满后，以一定水压冲动水力警铃发出连续的报警声，压力开关动作接通电触点，将信号传至消防报警控制器，进行声光报警，并联动喷淋泵运行，保证管路压力和持续不断的水源。

湿式喷水灭火系统的特点是在报警阀前后管道内均充满有一定压力的水。喷淋泵控制的设计规范要求与消防泵相同，所以要使用多线制进行控制。有的湿式喷水灭火系统在末端管网设置水流指示器，通过水流指示器也可进行报警，自动启动喷淋泵。

2. 干式喷水灭火系统及其控制

干式喷水灭火系统适用于环境温度在4℃以下和80℃以上而不宜采用湿式喷水灭火系统的场所。是在报警阀前的管道内充以一定压力的水，在报警阀后的管道内充以压力气体。该系统包括闭式感温喷头、管道系统、水流指示器、干式报警阀、压力开关、水力警铃、充气设备、喷淋泵及供水设施等。平时末端管路系统内充以有压力的气体，使阀门处于关闭状态，当喷头打开时，管网内的气压下降，当降到一定数值时，阀门打开，水进入管网系统并从打开的喷头喷出，执行灭火功能。其控制联动原理和湿式喷水灭火系统基本相同。

干式喷水灭火系统与湿式喷水灭火系统进行比较，有以下几点区别：

（1）干式喷水灭火系统报警阀后的管道无水，不怕冻结，不怕环境温度过高；

（2）干式喷水灭火系统在灭火速度上不如湿式系统快，原因在于感温喷头受热动作后，先排出管网中的气体，才能喷水灭火，不如湿式系统中喷头喷水是持续进行的；

(3) 干式喷水灭火系统充气管网内的气压平时要保持在一定范围内，否则就必须充气补充，系统管路中的气是由气源经气体减压阀调节后向系统输出具有稳定压力值的压缩空气。

3. 预作用喷水灭火系统及其控制

预作用喷水灭火系统将火灾探测报警技术和自动喷水灭火系统结合起来，对保护对象起双重保护作用。在未发生火灾时该系统的末端管路内充满压力气体，故系统具有干式系统的特点，能满足高温和严寒条件下的自动喷水灭火需要。一旦发生火灾，安装在保护区的感温、感烟火灾探测器首先发出火灾报警信号，火灾报警控制器在接到报警信号后，发出指令信号打开雨淋阀，在闭式喷头尚未打开前，往系统侧管路充水，使系统转变为湿式系统。同时系统压力开关动作，远传报警信号进行声光报警，显示表明管路中已经充水，同时水力警铃报警。此时，火灾如继续发展，闭式喷头感温玻璃球破碎而打开喷水，水泵自动启动。

当有关人员接到火灾报警控制器发出的报警信号或听到水力警铃声响后，及时组织人员将火扑灭，闭式喷头就不会打开喷水，避免了水渍造成的损失。火扑灭后，应将雨淋阀关闭，并排空管路末端中的水，使系统充气，恢复伺服状态。

4. 雨淋喷水灭火系统及其控制

雨淋喷水灭火系统是由火灾报警控制系统自动控制的带雨淋阀的开式喷水灭火系统。该系统使用的是普通开式喷水头，这是一种不带热敏元件和密封件的开口喷水头。雨淋阀之后的管道平时为空管，火灾时由火灾报警控制系统自动开启或手动开启雨淋阀，使由该雨淋阀控制的管道上所有开式喷头同时喷水，而达到迅速灭火目的。这类系统对电气控制要求较高，不允许有误动作或不动作。适用于需大面积喷水快速灭火的特殊危险场所，如炸药厂、剧院舞台上部、大型演播室、电影摄影棚等。

系统由水箱、喷淋水泵、雨淋阀、管网、开式喷头及报警器等组成。

雨淋喷水灭火系统与火灾报警控制系统配合原理和控制过程如下：

当火灾发生后，被保护场所的火灾探测器的报警信号输入到火灾报警控制器，经确认传递到联动控制器，控制相应雨淋阀动作，给水干管提供的水迅速进入该雨淋阀控制的喷水灭火区管道，并使管道上所有开式喷水头同时喷水。灭火区管道中水的流动，使水流指示器动作而报警。由于总管内的水补充到上述灭火区管道，引起总管水压下降，至一定值时使压力开关动作而报警，火灾报警控制器接收到水流指示器和压力开关的报警信号后，在发出声光报警指示和记录报警地址的同时，将该报警点数据传递给联动控制器，经其内部控制逻辑判断后发出控制执行信号，通过相应的配套器件自动控制启动雨淋泵，以保证压力水从开式喷水头持续喷泻出来，迅速扑灭火灾。

水幕系统也是由火灾报警控制系统自动控制的开式喷水系统，由水幕喷头、管道、控制阀等组成。它的工作原理与雨淋喷水灭火系统相同，与雨淋系统不同的是，水幕系统不直接用于扑灭火灾，而是用做防火隔断或进行防火分区及局部降温保护。通常，该系统与防火卷帘门等配合使用，作降温防火保护。

5. 水喷雾灭火系统及其控制

水喷雾灭火系统是一种用特殊的加压设备，使水经喷雾喷头成雾状散射出来的灭火、防火装置。一般包括有喷雾喷头、配水管道系统、水流指示器、控制阀、压力开关、加压水泵、供水管道等组成，与火灾报警控制系统配合，可构成自动水喷雾灭火系统。

高速水雾喷头是一种开式喷头，它在一定的水压力作用下，将水流迅速分解为细小的水雾滴喷出，直接覆盖于保护物体的外表面，促使蒸汽稀释和散发、抑制火势、减少火灾破坏、减少爆炸危险，故其通常用来扑灭固体火灾、可燃液体火灾和电气火灾等。广泛用于保护发电设备、电机、变压器、油枕、电缆等。

中速水雾喷头是水雾灭火系统中的重要部件，水流通过此喷头后迅速雾化喷射，提高了灭火效能，用来保护闪点66℃以下的易燃液体、气体和固体危险区。

水喷雾灭火系统的联动控制方法为，感温电缆等火灾探测器件报警动作后，报警信号输入火灾报警控制器，再传递至联动控制器，分别控制电动阀动作和启动加压消防水泵供水，向喷雾灭火系统管网充水，压力水从水雾喷头喷向保护区域。电动阀和加压消防水泵的动作状态信号均反馈给联动控制器主机。

6.4.6 自动气体灭火系统的联动控制

1. 七氟丙烷自动灭火系统

为了达到保护大气臭氧层的目的，1986年世界主要国家签订了著名的《蒙特利尔公约》，决定逐步停止使用哈龙（Halon）灭火剂。七氟丙烷灭火剂的灭火效能高、速度快、无二次污染，是哈龙灭火剂在现阶段比较理想的替代物。七氟丙烷是一种无色、无味的气体，对臭氧层的耗损潜能值（ODP）为0；是高效低毒的灭火剂，它的灭火浓度低，钢瓶使用少，可用于有人区域；它不导电、不含水，不会对电器设备、资料等造成损害。

七氟丙烷自动灭火系统由火灾报警系统、灭火控制系统和灭火装置三部分组成，灭火装置由灭火存储设备及管网系统（无管网系统除外）组成，具体为启动瓶、存储瓶、液体单向阀、高压软管、集流管、选择阀、管网、喷头等。七氟丙烷自动灭火系统结构示意图如图6-11所示。

七氟丙烷自动灭火系统分为局部保护灭火系统和全淹没灭火系统。全淹没灭火系统是指可扑灭保护区空间内任何一点火灾的一套装置。按保护区的多少，可分为单元独立系统、组合分配系统、无管网灭火系统。无管网灭火系统是一种预制的、独立成套的系统，它不设储瓶间，灵活方便、高效快捷。

2. 二氧化碳自动灭火系统

二氧化碳自动灭火系统是目前应用非常广泛的一种现代化消防设备，二氧化碳灭火剂具有毒性低、不污染设备、绝缘性能好等优点。

二氧化碳灭火系统的组成和七氟丙烷自动灭火系统相似，主要由自动报警控制系统、启动瓶、存储瓶、电磁阀、选择阀、单向阀、管网、喷头等组成。其有自动报警联动灭火

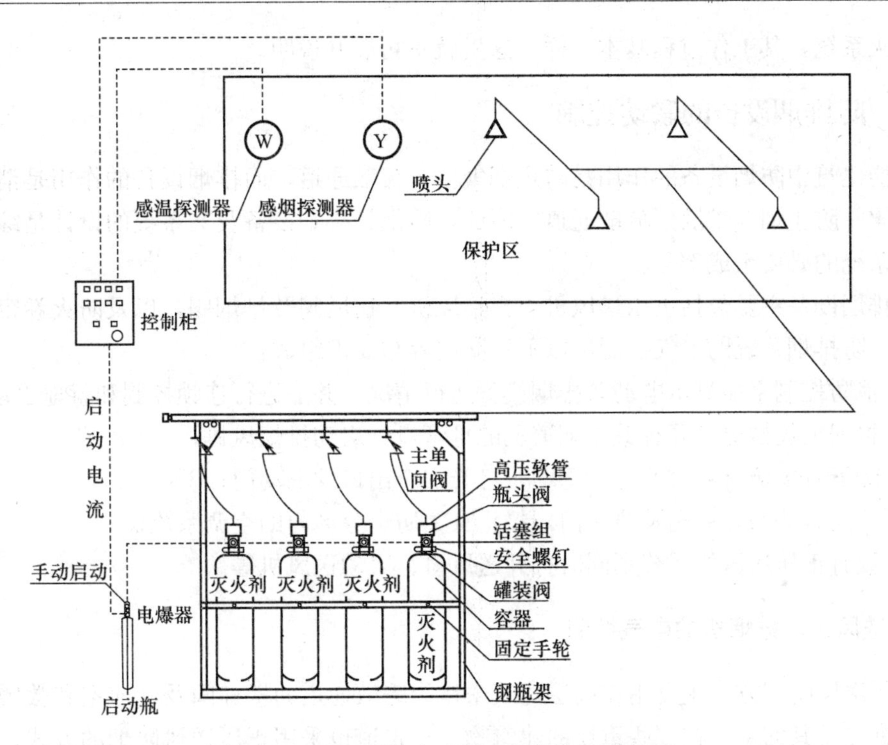

图 6-11 七氟丙烷自动灭火系统结构示意图

方式，在紧急情况下还可利用电气手动和机械应急手动方式启动灭火系统。

当被保护区发生火灾时，燃烧所产生的烟雾、热量使设于该区的感烟感温探测器动作，将报警信号传回消防控制中心的消防报警主机上，发出声光报警，消防联动控制器发出指令，联动相关装置动作，如关闭常开防火门、停止机械通风等。延时 0～30s（可调）后，发出指令启动灭火系统，首先打开启动瓶阀门，使启动气体（一般为氮气）放出，驱动相应选择阀门打开，是钢瓶组与发生火灾的区域连通。接着此启动气体又作用于容器瓶头阀上，使阀门打开，则储存的二氧化碳灭火剂通过管道输送到着火区域，经喷嘴释放灭火。二氧化碳自动灭火系统工作流程图如图 6-12 所示。

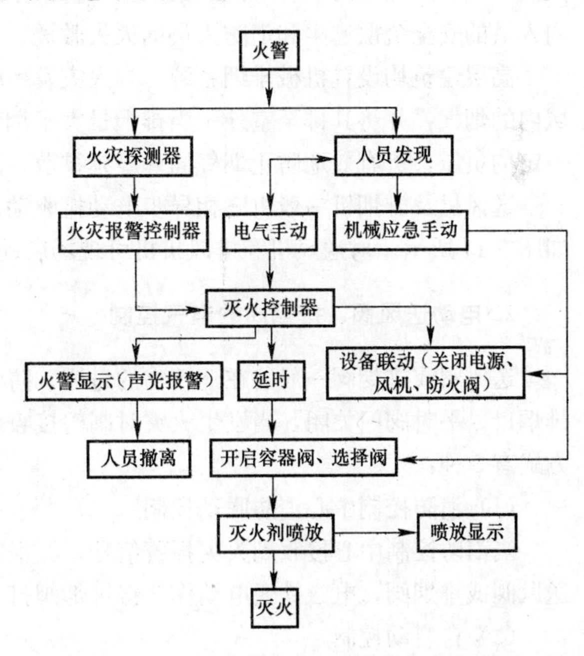

图 6-12 二氧化碳自动灭火系统工作流程图

二氧化碳自动灭火系统主要适用于计算机房、图书馆、档案馆、博物馆、文物库、银行金库、电讯中心、电站、大型发电机、烘干设备、电缆隧道、烟草库等场所。

除七氟丙烷自动灭火系统和二氧化碳自动灭火系统外，还有干粉自动灭火系统和泡沫自动灭火系统，其工作过程基本一样，这里就不再展开说明。

6.4.7 防排烟设备的联动控制

智能建筑中防烟设备的作用是防止烟气侵入疏散通道，而排烟设备的作用是消除烟气大量积累并防止烟气扩散到疏散通道。因此，防烟、排烟设备及其系统的设计是综合性自动消防系统的必要组成部分。

防排烟设备主要包括正压送风机、排烟风机、送风阀及排烟阀，以及防火卷帘门、防火门等。防排烟系统的电气控制由以下不同内容与要求组成：

1）消防控制室能显示电动防排烟设备运行情况，并能进行连锁控制和就地手动控制；

2）根据火灾情况打开有关排烟道上的排烟口，启动排烟风机；

3）降下有关防火卷帘及防烟垂壁，打开安全出口的电动门；

4）关闭有关的防火阀及防火门，停止有关防烟分区内的空调系统；

5）设有正压送风的系统则同时打开送风口、启动送风机等。

1. 送风机、排烟机的电气控制

正压送风防烟方式主要用在高层建筑中作为疏散通道的楼梯间及其前室和救援通道的消防电梯井及其前室。在一些重要的建筑物，对走道也采用正压送风防烟的方式。在地下建筑工程中也普遍采用此方式。对要求烟气不要侵入的地区采用加压送风的方式，以阻挡火灾烟气流向加压的非着火区或无烟区，特别是疏散通道和救援通道，这将有利于建筑物内人员的安全疏散逃生和消防人员的灭火救援。

高层建筑均设置机械排烟系统，当火灾发生时利用机械排烟风机抽吸着火层或着火区域内的烟气，并将其排至室外。当排烟量大于烟气生成量时，着火层或着火区域内就形成一定的负压，可有效地防止烟气向外蔓延扩散，所以又称为负压机械排烟。

送风机及排烟机一般由三相异步电动机驱动。送风机及排烟机的电气控制电路原理图如图6-13所示。对送风机和排风机机可现场启动，又可在消防控制室进行远程启停控制。

2. 电动送风阀、排烟阀的电气控制

送风阀或排烟阀一般装在建筑物的过道、防烟前室或无窗房间的，用作正压送风口或排烟口。平时阀门关闭，当发生火灾时阀门接收电动信号打开阀门。送风阀或排烟阀控制方式有3种：

（1）消防控制中心消防联动控制

当消防控制中心接收到火灾报警信号，经报警控制器发出联动信号，联动相应防区的送风阀或排烟阀，电磁铁通电动作，将排烟阀打开。

（2）自启动控制

即由自身的温度熔断器动作实现控制，排烟阀口熔断器的动作温度目前常用的有70℃和280℃两种。即有的排烟阀口在温度达到70℃时能自动开启，并作为报警信号，经输入模块输入火灾报警控制系统，联动开启排烟风机。有的排烟阀口在温度达到280℃时能自动关闭，并作为报警信号，经输入模块输入火灾报警控制系统，联动停止排烟风机。

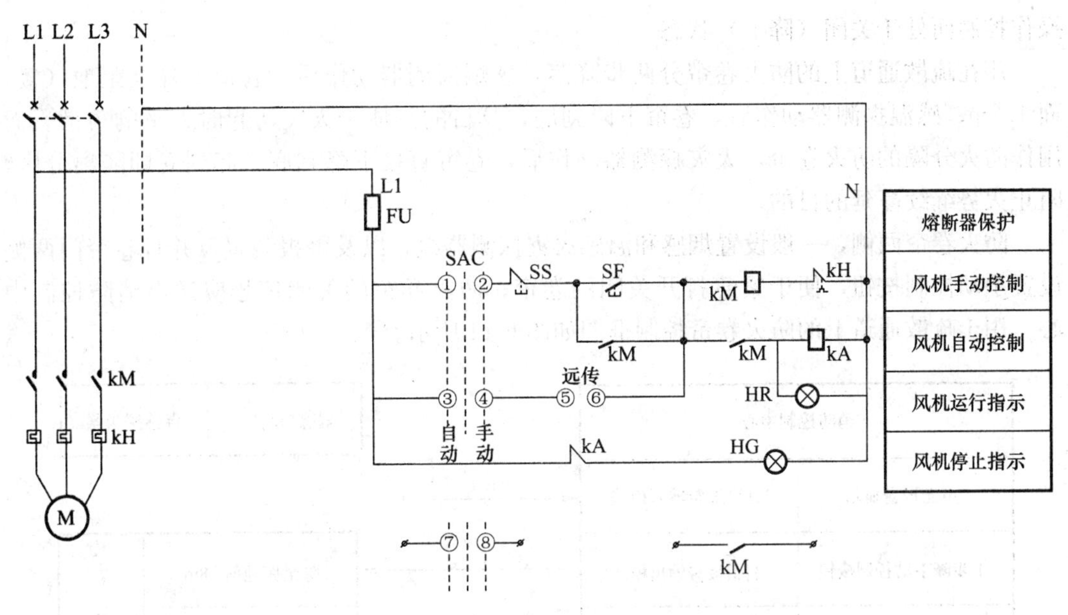

图 6-13 送风机（排烟机）电气控制原理图

（3）就地（现场）手动操作控制

即操作人员通过拉动现场排烟阀紧急动作拉线，使排烟阀动作。

3. 防火阀及空调系统的电气控制

防火阀与排烟阀相反，正常时是打开的，当发生火灾时，通过手动、自动或远程控制使阀门自动关闭，一般用在有防火要求的通风及空调系统的风道上。防火阀可用手动复位（打开），也可用电动机构进行操作。

火灾发生时，消防控制中心发出控制指令，联动楼宇自控系统，通过楼控组态软件逻辑程序停止风机运行，并返回消防控制中心反馈信号；或者通过消防输出模块直接切掉风机控制箱电源，来停止空调风机运行。

4. 防火门及防火卷帘的控制

防火门及防火卷帘都是防火分隔物，有隔火、阻火、防止火势蔓延的作用。在消防工程应用中，防火门及防火卷帘的动作通常都是与火灾监控系统连锁的，其电气控制逻辑较为特殊，是高层建筑中应该认真对待的被控对象。

（1）防火门的控制

防火门平时处于开启状态，火灾时控制使其关闭。防火门的控制可用手动关闭或电动控制。电动控制即通过现场感烟、感温火灾探测器发出报警信号来联动控制防火门关闭，防火门上应配有相应的闭门器及释放开关，并将关闭信号反馈回控制室。

（2）防火卷帘的控制

防火卷帘通常设置在建筑物中防火分区通道口外或需要防火分隔的部位，可以形成门帘式防火分隔。防火卷帘门通常分为疏散通道上的防火卷帘和用作防火分区的防火卷帘两种。防火卷帘平时处于开启（收卷）状态，当火灾发生时受消防控制中心连锁控制或手动操作控制而处于关闭（降下）状态。

用在疏散通道上的防火卷帘分两步降落，感烟探测器动作后，卷帘下降至距地（楼）面1.8m；感温探测器动作后，卷帘下降到底，其目的是便于火灾初起时人员的疏散。而用作防火分隔的防火卷帘，火灾探测器动作后，卷帘直接下降到底，起到立即隔离分区，阻止火势继续蔓延的目的。

防火卷帘两侧，一般设置烟感和温感火灾探测器组，以及警报装置，并且卷帘门两侧设置手动控制按钮，便于紧急打开关闭的卷帘；防火卷帘的关闭信号应送至消防控制中心。用于疏散通道上的防火卷帘控制框图如图6-14所示。

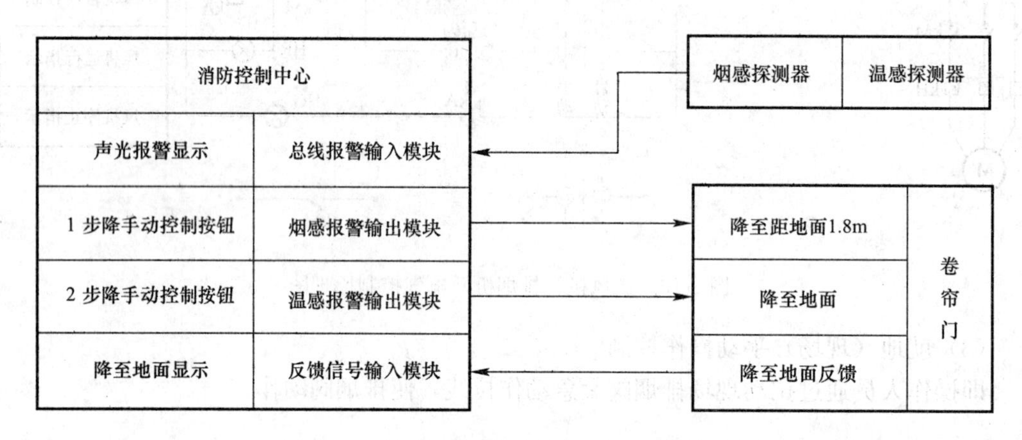

图6-14 用于疏散通道上的防火卷帘控制框图

6.4.8 电梯控制

高层建筑中的电梯分为普通电梯与消防电梯。消防电梯在平时作为普通电梯来使用，在发生火灾时转变为消防电梯，执行消防电梯职能。

在火灾发生时，普通电梯与消防电梯均应自动降到首层，并切断其自动控制系统。消防电梯的使用是在电梯桥厢内通过专用的手动操纵盘来控制其运行。

电梯迫降的联动控制过程为，当火灾报警控制器接收到探测点的火警信号后，在发出声光报警指示及显示报警位置与时间的同时，将报警点数据送至联动控制器，发出联动执行信号，通过其配套执行器件自动迫降电梯至首层，并返回显示迫降到底的信号。

6.4.9 火灾应急照明系统

在火灾发生时，无论事故停电或是人为切断电源的情况下，为了保证火灾扑救人员的正常工作和居民的安全疏散，防止疏散通道骤然变暗带来的影响，抑制人们心理上的惊慌，必须保持一定的电光源。据此而设置的照明总称为火灾应急照明。它有两个作用，一是使消防人员继续工作，二是使居民安全疏散。事实上，它包含了疏散指示照明。

火灾应急照明是在发生火灾时，保证重要部位或房间能继续工作及在疏散通道上达到最低照度的照明。主要疏散通道上的照度应不低于0.6lx。火灾应急照明的工作方式分为专用方式和混用方式两种：专用照明平时关闭，火灾时强行启动点亮；混用照明与正常工作照明一样，平时就点亮作为工作照明的一部分。混用照明往往装有照明切换开关，在火灾发生后强迫启点。火灾应急照明切换示意图如图 6-15 所示。

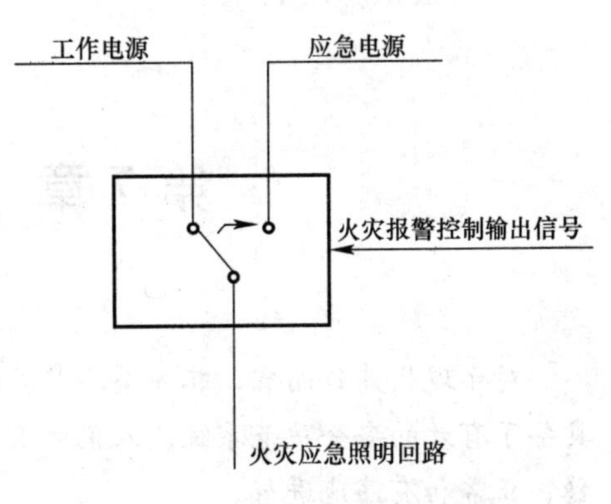

图 6-15 火灾应急照明切换示意图

6.4.10 消防专用电话

消防专用电话是与普通电话分开的独立系统，一般采用集中式对讲电话。并且消防控制室应装设向公安消防部门直接报警的外线电话。一般消防电话插孔和手动报警按钮或消防栓按钮做成一体设备，消防电话分机设置在规范规定的部位，消防专用电话主机设在消防控制中心。消防电话分机和主机之间通话为直联式结构，即分机提机后不需拨号，报警主机就能振铃响应，并显示报警分机部位，主机提机即可与报警分机通话；主机呼叫分机也不必拨号，仅需按下报警分机编号按钮，报警分机就振铃响应，分机提机即可与主机通话。

第7章　安全防范系统

对于现代建筑而言，其安全防范系统是必不可少的一项最基本的重要组成部分。只有具备了有效的安全防范系统，人们才有可能从事正常的生活，从而使社会的政治、经济平稳、正常和有序地进行。

7.1 安全防范系统概述

安全防范系统是以维护社会公共安全为目的，运用安全防范产品和其他相关产品所构成的入侵报警系统、视频安防监控系统、出入口控制系统、防爆安全检查系统等，或由这些系统为子系统组合或集成的电子系统或网络。

安全防范系统在国内标准中定义为 Security & Protection System（SPS），而国外则更多称其为损失预防与犯罪预防。损失预防是安保产业的任务，犯罪预防是警察执法部门的职责。

1. 安全防范的三种基本手段

安全防范是包括人力防范、物理防范（也称为实体防护）和技术防范三方面的综合防范体系。

(1) 人力防范（人防）　执行安全防范任务的具有相应素质人员和/或人员群体的一种有组织的防范行为（包括人、组织和管理等）。

(2) 实体防范（物防）　用于安全防范目的、能延迟风险事件发生的各种实体防护手段，包括建（构）筑物、屏障、器具、设备、系统等。

(3) 技术防范（技防）　利用各种电子信息设备组成系统和/或网络以提高探测、延迟、反应能力和防护功能的安全防范手段。

对于保护建筑物目标来说，人力防范主要有保安站岗、人员巡更、报警按钮、有线和无线内部通信；物理防范主要是实体防护，如周界栅栏、围墙、入口门栏等；而技术防范则是以各种现代科学技术，通过运用技防产品、实施技防工程手段，以各种技术设备、集成系统和网络来构成安全保证的屏障。

安全防范需贯彻"技防、物防、人防"三种基本手段相结合的原则。任何安全防范工程的设计，如果背离了这一原则，不恰当地、过分地强调某一手段的重要性，而贬低或忽视其他手段的作用，都会给系统的持续、稳定运行埋下隐患，使安全防范工程的实际防范水平不能达到预期的效果。

2. 安全防范工程的三个基本要素

安全防范工程是以维护社会公共安全为目的，综合运用安全防范技术和其他科学技术，为建立具有防入侵、防盗窃、防抢劫、防破坏、防爆安全检查等功能（或其组合）的系统而实施的工程，通常也称为技防工程。

安全防范有三个基本防范要素，即探测、延迟和反应。首先要通过各种传感器和多种技术途径（如电视监视和门禁报警等），探测到环境物理参数的变化或传感器自身工作状态的变化，及时发现是否有人强行或非法侵入的行为；然后通过实体阻挡和物理防护等设施来起到威慑和阻滞的双重作用，尽量推迟风险的发生时间，理想的效果是在此段时间内使入侵不能实际发生或者入侵很快被中止；最后是在防范系统发出警报后采取必要的行动来制止风险的发生，或者制服入侵者，及时处理突发事件，控制事态的发展。

安全防范的三个基本要素中，探测、反应、延迟的时间必须满足$T_{探测}+T_{反应}\leqslant T_{延迟}$的要求，必须相互协调，否则，系统所选用的设备无论怎样先进，系统设计的功能无论怎样多，都难以达到预期的防范效果。

3. 安全防范系统的构成

智能建筑安全防范系统的主要任务是根据不同的防范类型和防护风险的需要，为保障人身与财产的安全，运用计算机通信、电视监控及报警系统等技术形成综合的安全防范体系。它包括建筑物周界的防护报警及巡更、建筑物内及周边的电视监控、建筑物范围内人员及车辆出入的门禁管理三大部分，以及集成这些系统的上位管理软件，组成框图如图7-1所示。确保建筑物的安全是系统第一位重要的任务。

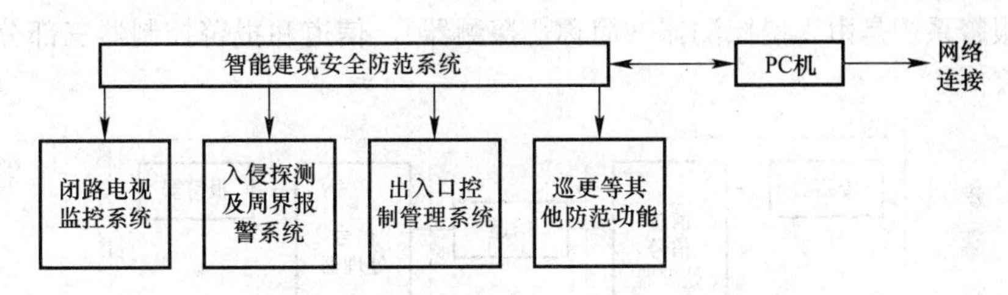

图7-1 智能建筑安全防范系统组成框图

一般而言，防入侵报警系统由报警探测器、接警接收及响应控制装置和处警对策三大部分组成。电视监控系统由前端摄像系统、视频传输线路、视频切换控制设备、后端显示记录装置四大部分组成。门禁管理系统由各类出入凭证、凭证识别与出入法则控制设备和门用锁具三大部分组成。

（1）入侵报警系统（IAS——Intruder Alarm System） 利用传感器技术和电子信息技术探测并指示非法进入或试图非法进入设防区域的行为，处理报警信息、发出报警信息的电子系统或网络。

（2）视频安防监控系统（video surveillance & control system） 利用视频技术探测、监视设防区域并实时显示、记录现场图像的电子系统或网络。

这里所指的视频安防监控系统不同于一般的工业电视或民用闭路电视系统，它是特指用于安全防范的目的，通过对监视区域进行视频探测、视频监视、控制、图像显示、记录和回放的视频信息系统或网络。

（3）出入口控制系统（access control system） 利用自定义符识别或/和模式识别技术

对出入口目标进行识别并控制出入口执行机构启闭的电子系统或网络。

（4）电子巡查系统（guard tour system） 对保安巡查人员的巡查路线、方式及过程进行管理和控制的电子系统。

（5）停车库（场）管理系统（parking lot management system） 对进、出停车库（场）的车辆进行自动登录、监控和管理的电子系统或网络。

（6）防爆安全检查系统（security inspection system for anti-explosion） 检查有关人员、行李、货物是否携带爆炸物、武器和/或其他违禁品的电子设备、系统或网络。

（7）安全管理系统（SMS——Security Management System） 对入侵报警、视频安防监控、出入口控制等子系统进行组合或集成，实现对各子系统的有效联动、管理和/或监控的电子系统。

本章将重点对入侵报警系统，视频监控系统及出入口控制系统作详细介绍。

7.2 入侵报警系统

7.2.1 入侵报警系统的组成

1. 入侵报警系统的组成

入侵报警系统是由入侵探测器（简称：探测器）、信道和报警控制器三部分组成，如图7-2所示。

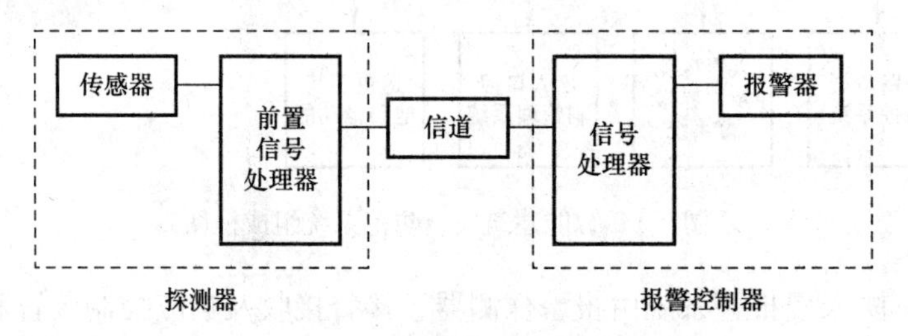

图7-2 入侵报警系统的组成

（1）探测器

探测器是安装在防范现场的，用以探测入侵信号的装置。它的核心部件是传感器，传感器的作用是将被探测的物理量（如力、位移、速度、加速度、声、光等）转换成相应的，易于精确处理的电量（如电流、电压、电容等）输出的一种转换装置。探测器中的信号处理器（有的探测器只有传感器没有信号处理器）具有将原始的电信号放大、滤波、调制等，使之成为能在信道中传播的探测电信号的功能。探测器种类很多，例如：磁开关探测器、振动探测器、被动红外探测器、主动红外探测器、玻璃破碎探测器、微波/被动红外双技术探测器等。

（2）信道

信道是传输信号的媒介，它不仅包括从探测器到报警控制器之间的导线，还包括其中所有转换设备。例如，中继放大器、编码译码器、发射接收器等。信道的作用是将探测器输出的电信号及时、准确地传送给报警控制器，并将报警控制器的指令传送给探测器。在报警技术中常用信道有两种，即有线信道和无线信道。

1）有线信道 有线信道也可以说是有形信道，即看得见摸得着的信道。常用的传输线有：多芯线、双绞线、同轴电缆、光缆、电话线等。

2）无线信道 无线信道也可以说是无形信道，它是以电磁波为传输媒介的信道。

（3）报警控制器

报警控制器是安装在值班室的能接收由信道传输来的危险信号而发出声光报警，同时又能向探测器发出指令的装置。

2. 入侵报警系统的性能要求

由于入侵报警系统分为探测器、信道和报警控制器三部分。因此报警器的性能指标就必须先考虑这三部分，另外设备连接的可靠性程度、设备受环境因素的影响，均是设备能否发挥正常功能的关键，所以报警器（系统）的性能指标要从系统的角度综合考虑各设备指标以及它们的相关性和协调性。下面将对探测范围灵敏度，可靠性等指标作详细介绍。

（1）探测范围

探测范围即探测器所防范的区域，又称工作范围。点探测器的工作范围是一个点，例如磁开关探测器；线探测器的工作范围是一条线，例如主动红外探测器，它的工作范围有50m、100m、150m等；面探测器的工作范围是一个面，例如某型号的振动探测器工作范围是半径10m的圆；空间探测器的工作范围是一立体空间，目前主要有两种形式的空间探测器，一是工作范围充满整个防范空间，例如声探测器、次声波探测器等；而另一种是不能充满整个防范空间的探测器，这种探测器的工作范围常用最大工作距离、水平角和垂直角表示，如某型号的被动红外探测器的工作范围是：最大工作距离15m、水平角102°、垂直角42.5°。微波/被动红外双技术探测器、微波多普勒探测器等都属于这类空间探测器。

探测器的工作范围与系统的工作范围有时会不一样，因为电压的波动、系统的使用环境以及使用年限等都可能对探测器的探测范围产生影响。例如，电压波动超出了设备正常工作的要求值，就可能出现探测范围的加大或缩小；埋入地下的振动探测器（地音探测器），受填埋介质（土壤、水泥等）的性质影响也很大。又如，若相对湿度超出了声探测器的工作要求值，其探测范围就可能加大或缩小。

有些探测器的探测范围是可以适当调节的。例如，微波多普勒探测器，使用中应适当调节工作范围，既不能超过防护范围（易误报警），又不能小于防护范围（可能造成漏报警）。

（2）灵敏度

探测灵敏度是指探测器对入侵信号的响应能力。空间探测器的灵敏度一般按下列方法调节：以正常着装人体为参考目标，双臂交叉在胸前，以0.3～3m/s的任意速度在探测区内横向（此时灵敏度最高）行走，连续运动不到三步，探测器应产生报警状态。线探测器，例如主动红外探测器，其设计的最短遮光时间（灵敏度）多是40～700ms，在墙上端使用时，一般是将最短遮光时间调至700ms附近，以减少误报警；当用其红外光束构成电子篱笆时，就应将最短遮光时间调至40ms，即灵敏度最高状态。在实际系统中灵敏度也会受设备使用年限、环境因素、电压波动等的影响。

(3) 可靠性

1) 平均无故障工作时间

某类产品出现两次故障时间间隔的平均值，称为平均无故障工作时间。按国家标准《入侵探测器第1部分：通用要求》GB 10408.1—2000规定，在正常工作条件下探测器设计的平均无故障工作时间（MTBF）至少为60000h；《防盗报警控制器通用技术条件》GB 12663—2001规定，在正常条件下防盗报警控制器平均无故障工作时间（MTBF）分为Ⅰ、Ⅱ、Ⅲ三级，Ⅰ级5000h，Ⅱ级20000h，Ⅲ级60000h，产品指标不应低于Ⅰ级要求。

质量合格的产品在平均无故障工作时间内其功能、指标一般都是比较稳定的，如果工作年限超过了平均无故障工作时间，其故障率以及各项功能指标将无保证。

2) 探测率、漏报率和误报率

在实际工作中人们往往用探测率、漏报率和误报率来衡量报警器或报警系统的可靠性。

① 探测率　出现危险情况而报警的次数与出现危险情况总数的比值，用下式表示：

$$\text{探测率}=\frac{\text{因出现危险情况而报警次数}}{\text{出现危险情况总数}}\times 100\%$$

② 漏报率　出现危险情况而未报警的次数与出现危险情况总数的比值，用下式表示：

$$\text{漏报率}=\frac{\text{出现危险情况未报警次数}}{\text{出现危险情况总数}}\times 100\%$$

可见，探测率与漏报率之和为1。这就是说探测率越高，漏报率越低，反之亦然。

③ 误报率

《安全防范工程技术规范》GB 50348—2004将误报警定义为：由于意外触动手动报警装置、自动报警装置对未设计的报警状态作出响应、部件的错误动作或损坏、人为的误操作等。

误报率是误报警次数与报警总数的比值，用下式表示：

$$\text{误报率}=\frac{\text{误报警次数}}{\text{报警总数}}\times 100\%$$

(4) 防破坏保护要求

入侵探测器及报警控制器应装有防拆开关，当打开外壳时应输出报警信号或故障信号。当系统的信号线路发生断路、短路或并接其他负载时，应发出报警信号或故障报警信号。

(5) 供电及备用电要求

入侵报警系统宜采用集中供电方式，探测器优选12V直流电源。当电源电压在额定值±10%范围内变化时，入侵探测器及报警控制器均应能正常工作，且性能指标符合要求。使用交流电源供电的系统应根据相应标准和实际需要配有备用电源，当交流电源断电时应能自动切换到备用电源供电，交流电恢复后又可对备用电源充电。

(6) 稳定性与耐久性要求

入侵报警系统在正常气候环境下，连续工作7天，其灵敏度和探测范围的变化不应超过±10%。

入侵报警系统在额定电压和额定负载电流下进行警戒、报警和复位，循环6000次，应无电的或机械的故障，也不应有器件损坏或触点粘连现象。

7.2.2 入侵报警探测器

探测器种类很多，按照探测的物理量来划分，探测器可分为磁开关探测器、振动探测器、声控探测器、被动红外探测器、主动红外探测器、微波探测器、电场探测器、激光探测器等。

1. 磁开关探测器

磁开关由开关盒（核心部件是干簧管）和磁铁盒构成，当磁铁盒相对于开关盒移开至一定距离时，能引起开关状态发生变化，控制有关电路发出报警信号的装置，叫磁开关入侵探测器，俗称磁控开关或门磁。图 7-3 是这种探测器的实物图。

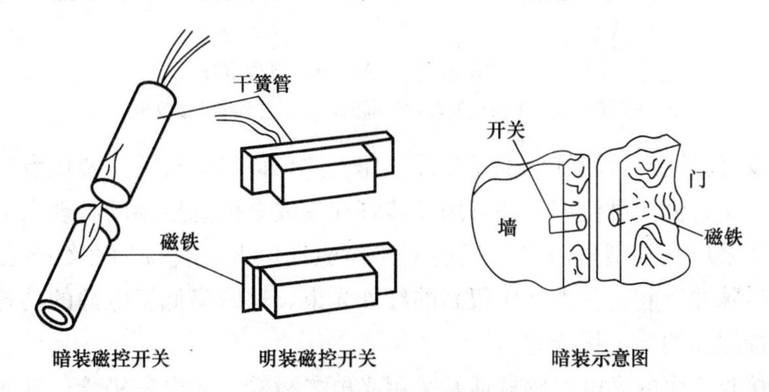

图 7-3 磁开关入侵探测器实物图

磁铁盒是内装永久磁铁的盒体部件，开关盒是内装干簧管（又称舌簧管）的盒体部件，其中干簧管是磁开关入侵探测器的核心元件。防盗系统中主要使用常开式干簧管（H 型）和常闭式干簧管（D 型）。图 7-4 是这两种干簧管的结构示意图。

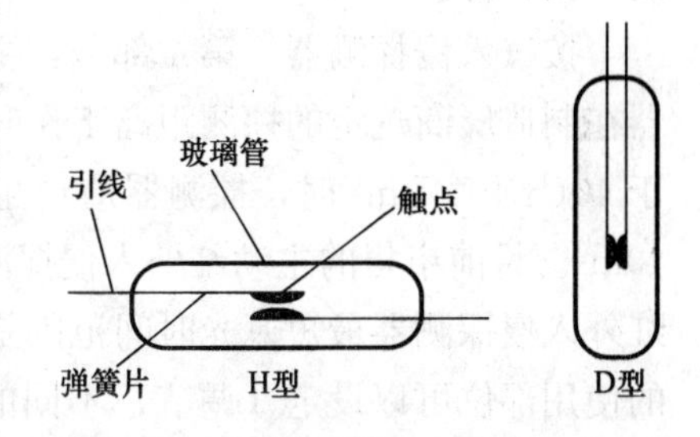

图 7-4 干簧管结构示意图

干簧管由弹簧片与玻璃管烧结而成，其中弹簧片用铁镍合金做成，具有很好的弹性，且极易磁化和退磁，玻璃管内充惰性气体，防止触点氧化。弹簧片上的触点镀金、银、铑等贵重金属，以减小接触电阻。两触点间隙很小，吸合、释放的时间一般在 1ms 左右，吸合次数（寿命）可达 10^8 次以上。

常开式干簧管（H 型）的弹簧片烧结在玻璃管两端（做成开关盒时，为接线方便引线从盒的一端或底部引出），在永久磁铁的作用下，两触点产生异性磁极，由于异性磁极的相互吸引两触点闭合，形成警戒状态。一旦磁铁远离干簧管，即门、窗被打开，两触点立即退磁，在弹簧片弹力的作用下，触点分开，系统报警。常闭式干簧管（D 型）两弹簧片烧结在玻璃管一端，在永久磁铁作用下，两触点产生同性磁极，由于同性磁极相互排斥，两触点分开，形成警戒状态。一旦磁铁远离干簧管，门、窗被打开，触点立即退磁，在弹簧片弹力作用下，触点闭合，系统报警。以上即为磁开关入侵探测器的工作原理。

2. 主动红外入侵探测器

主动红外入侵探测器由主动红外发射机和主动红外接收机组成，当发射机与接收机之间的红外光束被完全遮断或按给定百分率遮断时能产生报警状态的装置，叫主动红外入侵探测器。其原理框图如图7-5所示。

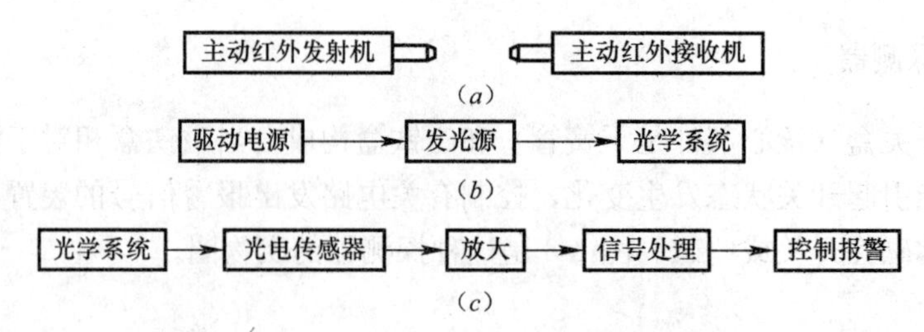

图7-5 主动红外入侵探测器原理框图
(a) 总框图；(b) 主动红外发射机框图；(c) 主动红外接收机框图

主动红外发射机通常采用红外发光二极管作光源，该二极管的主要优点是体积小、重量轻、寿命长，交直流均可使用，并可用晶体管和集成电路直接驱动。现在的主动红外入侵探测器多数是采用互补型自激多谐振荡电路作驱动电源，直接加在红外发光二极管两端，使其发出经脉冲调制的、占空比很高的红外光束，这既降低了电源的功耗，又增强了主动红外入侵探测器的抗干扰能力。

主动红外接收机中的光电传感器通常采用光电二极管、光电三极管、硅光电池、硅雪崩二极管等。

按《入侵探测器 第4部分：主动红外入侵探测器》GB 10408.4—2000规定："探测器在制造厂商规定的探测距离工作时，辐射信号被完全或按给定百分率遮光的持续时间大于40(±10%)ms时，探测器应产生报警状态。"如果不计误差，则遮光的最短时间就是40ms。目前市售的主动红外入侵探测器均给出最短的遮光时间范围，例如：某品牌的主动红外入侵探测器最短遮光时间范围是40～700ms。为什么要给出一个范围呢？原因是不同的使用部位可以设定（调节）不同的最短遮光时间，这有益于减少系统的误报警。例如：将主动红外入侵探测器构成电子篱笆警戒时，就应将最短遮光时间调至40ms附近：用在围墙上或围墙内侧警戒时，就应将最短遮光时间调至700ms附近。具体数值使用者可通过试验确定。

主动红外发射机所发红外光束有一定发散角，如图7-6所示。

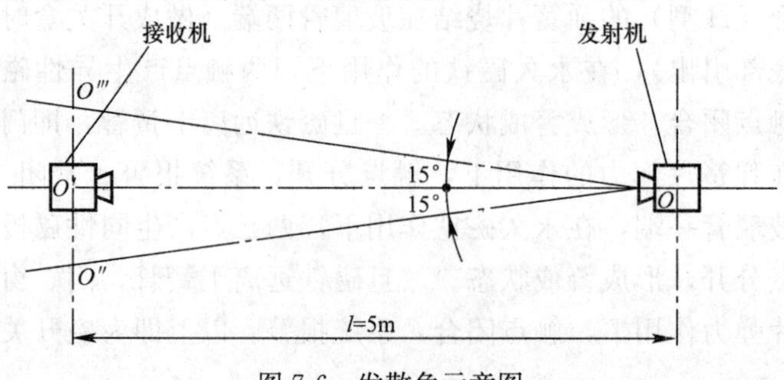

图7-6 发散角示意图

目前，除单光束主动红外入侵探测器外，还有双光束、四光束及多光束的。其工作原理一般是：当两光束完全或按给定百分率同时被遮断时，探测器即可进入报警状态。这种主动红外入侵探测器可以减少小鸟、落叶等遮挡红外线而引起系统的误报警。市售的双光束主动红外入侵探测器有两类，一类是采用双边凹透镜结构的，如图 7-7 所示。此结构的探测器两光束之间距离较近，一般只在 10cm 左右。若上下各用一组双边凹透镜，即构成了四光束主动红外入侵探测器。

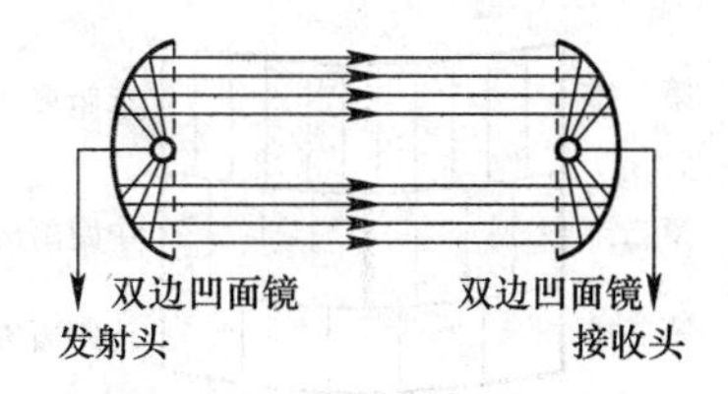

图 7-7　双边凹透镜发射和接收装置示意图

另一类就是采用两对红外发射和红外接收装置构成的双光束主动红外入侵探测器。该探测器上下两束光距离可达 20～25cm，又称同步型双光束主动红外入侵探测器。

3. 被动红外探测器

在探测技术中，所谓“被动”是指探测器本身无能量发射源（电路辐射除外），只靠接收自然界中物体的辐射能量完成探测目的。被动红外探测器就是能响应人在探测器覆盖区域内移动引起接收到的红外辐射电平变化而产生报警状态的一种装置。图 7-8 为被动红外探测器原理框图。

图 7-8　被动红外探测器原理框图

被动红外探测器的核心部件是热释电传感器，其主体是一薄片铁电材料，该材料在外加电场作用下极化，当撤去外加电场时，仍保持极化状态，称之为自发极化。自发极化强度与温度有关，温度升高，极化强度降低；当温度升到一定值时，自发极化强度突然消失，这时的温度称为居里点温度。在居里点温度以下，根据极化强度与温度的关系制造成热释电传感器。当一定强度的红外辐射照射到已极化的铁电材料上时，引起薄片温度上升、极化强度降低，表面极化电荷减少，这部分电荷经放大器转变成输出电压，如图 7-9 所示。

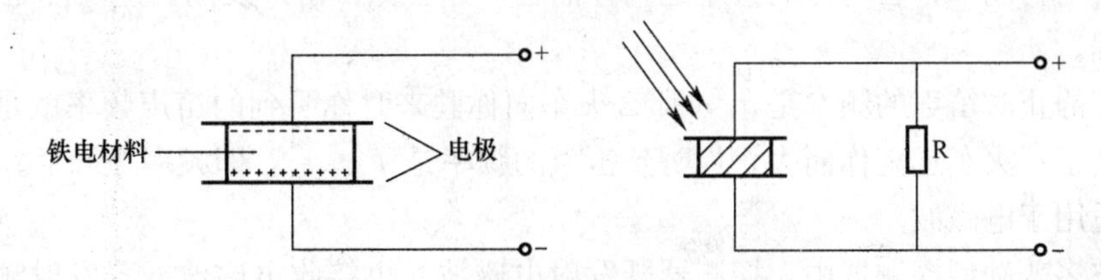

图 7-9　热释电传感器原理示意图

如果相同强度的辐射继续照射，铁电材料温度稳定在某一点上，不再释放电荷，即没有电压输出。由于热释电传感器只在温度升降过程中才有电压信号输出，所以被动红外探测器的光学系统不仅要有汇聚红外辐射的能力，还应让汇聚在热释电传感器上的辐射热有升降变化，以保证被动红外探测器在有人入侵时有电压信号输出。为了满足上述要求，目前绝大多数被动红处探测器的光学系统采用多组、数十片菲涅耳透镜组成（用透红外材料一次压膜成型）。图 7-10 为某型号壁挂式被动红外探测器的光学系统。图 7-11 为该探测器

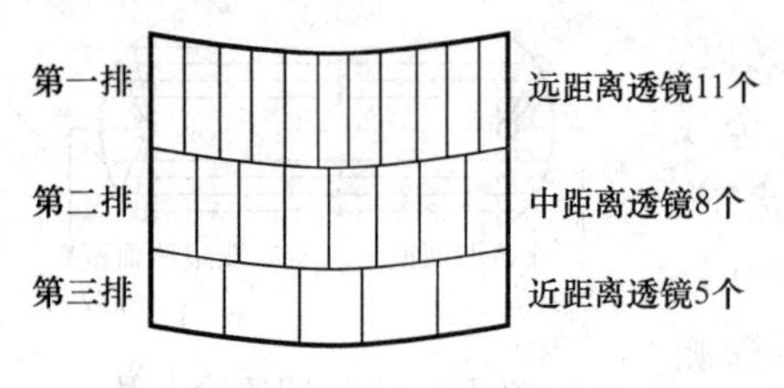

图 7-10 壁挂式被动红外探测器光学系统

的水平视场和垂直视场，即探测范围。

需要说明的是，图中阴影带不是探测器的发射波束，仅表示在阴影带内的辐射热才能传至探测器，阴影带以外的辐射热探测器接收不到。入侵者垂直探测带在探测区内移动时，探测器接收到辐射热变化率最大，探测器的灵敏度最高；若沿阴影带

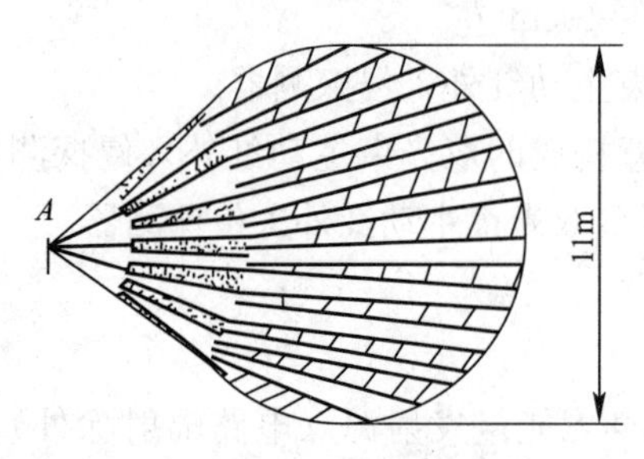

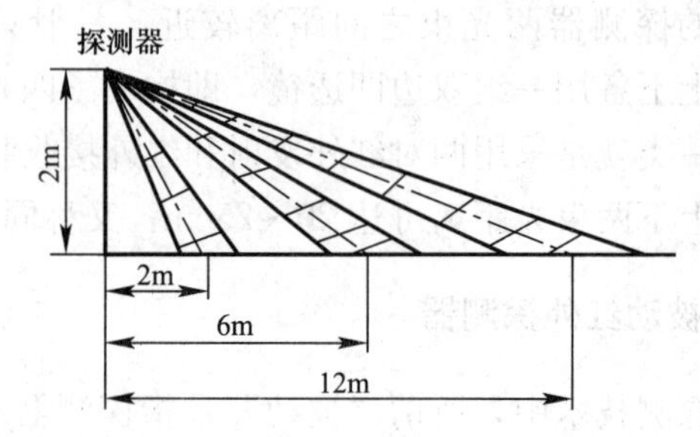

图 7-11 壁挂式被动红外探测器的视场

移动，探测器接收到的辐射热变化率最小，探测器灵敏度最低。当然探测器的灵敏度还与其他因素有关，比如移动速度，按《室内用被动红外探测器》GB 10408.5—2000 标准规定，被动红外探测器速度灵敏度范围是 0.3～3m/s。

在数字化被动红外探测器中，热释电传感器输出的微弱电信号直接输入到一个功能强大的微处理器上，所有信号转换、放大、滤波等都在一个处理芯片内进行，从而提高了被动红外探测器的可靠性。

4. 微波探测器

(1) 微波多普勒型入侵探测器

微波多普勒型探测器是一种室内使用的主动式探测器，根据多普勒效应，实现对运动目标的探测。所谓多普勒效应就是这样一种物理现象：当一列鸣笛的火车向你驶来时，你会感觉到笛声的刺耳；若鸣笛的火车远离你而去，你会觉得笛声发闷。这实际是一种频率的变化过程。

设火车静止时笛声的频率是 f_0，那么火车向你驶来时你听到的笛声频率就是 f_0+f_d，即频率升高了；火车远离你而去，你听到笛声的频率是 f_0-f_d，即频率降低了。这种物理现象同样适用于电磁波。

在微波多普勒型探测器中，探测器既发射电磁波，也接收电磁波。若发射频率是 f_0，遇固定物体反射后，探测器接收到的频率还是 f_0；若遇朝向探测器运动的物体的反射，接收到的频率就是 f_0+f_d；若遇背离探测器运动物体的反射，接收到的频率就是 f_0-f_d。归纳这两种情况，可将探测器接收频率表示为

$$f = f_0 \pm f_d$$

式中，f_d 为多普勒频移，由多普勒效应公式推得：

$$f_d = 2v_r f_0 / c$$

式中，v_r 为入侵者的径向运动速度，c 为电磁波传播速度，f_0 为探测器发射频率。

微波多普勒型入侵探测器就是通过探测入侵者的径向运动速度（即由此产生的多普勒频移）实现报警的。其原理如图 7-12 所示。

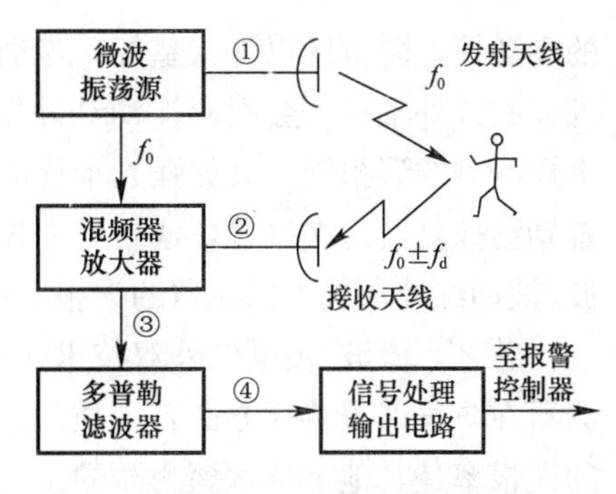

图 7-12 微波多普勒型探测器原理框图

（2）微波场探测器

微波多普勒探测器一般用于室内，而微波场探测器较多用于室外。微波场探测器采用微波发射机与微波接收机分置的形式，在它们之间形成稳定分布的微波场，一旦有目标侵入，微波场遭破坏，系统便可发出报警信号。

微波场探测器组成框图如图 7-13 所示。

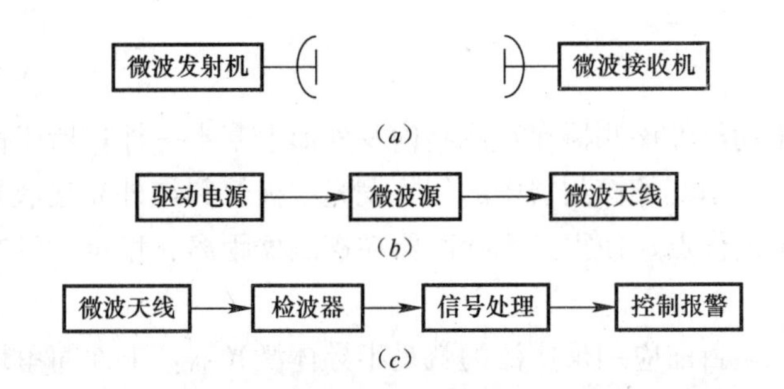

图 7-13 微波场探测器组成框图

(a) 总框图；(b) 发射机框图；(c) 接收机框图

微波场探测器由微波发射机发射微波信号，经空间传播，并由微波接收机接收。在正常情况下，接收终端不产生报警信号。当有目标穿过微波场时，接收机接收到微波信号的变化，系统发出报警信号。

微波场探测器在发射机与接收机之间形成的微波场，通常有 0.5～2m 宽，2～4m 高，长达几十至上百米，就好像一堵又高又厚的墙，故而又称“微波墙探测器”。

5. 微波/被动红外双技术探测器

将微波探测技术与被动红外探测技术组合在一起，构成微波/被动红外双技术探测器（又称双鉴探测器）。这种双技术探测器将两个探测单元的探测信号共同送入“与门”电路去触发报警。“与门”电路的特点是：只有当两输入端同时为“1”（高电平）时，输出才为“1”（高电平）。换句话说，只限于当两探测单元同时探测到入侵信号时，才可能触发报警。图 7-14 是这种探测器原理框图。

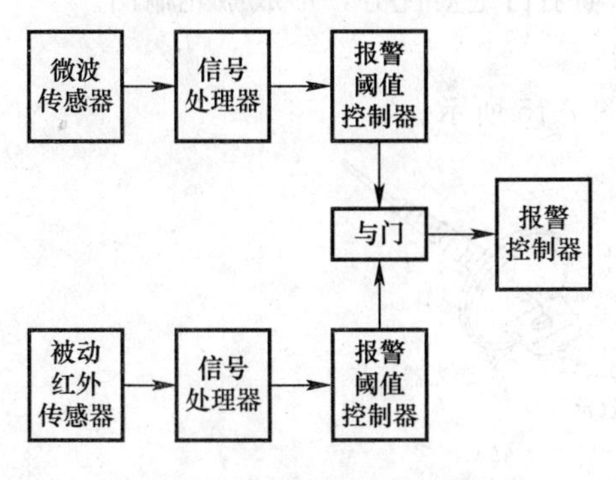

图 7-14 微波/被动红外双技术探测器原理框图

双技术探测器的应用，克服了单技术探测器各自的缺点，减少了误报警，提高了报警系统的可靠性。如前所述，微波对非金属物质具有一定的穿透性，防范区以外（室外）走动的人可能引起微波多普勒型探测器的误报警；但室外人体的红外辐射不会引起被动红外探测器的误报警，也自然不会引起微波/被动红外双技术探测器的误报警；又如强光干扰能引起被动红外探测器的误报警，但它不会引起微波多普勒型探测器的误报警，这是因为光波与微波频率相差甚远，故而光的干扰是不会引起微波/被动红外双技术探测器的误报警……

总之，微波/被动红外双技术探测器无论是较被动红外探测器还是较微波多普勒型探测器在防止误报警这方面有了质的进展。曾有人作过统计，微波/被动红外双技术探测器的误报率是其他单技术探测器的1/421。在此低误报率的基础上，科技人员又对其作了一系列的改进工作，增加了许多新的技术，使这种探测器性能更可靠，是目前安防领域中应用最多的一种探测器。

6. 激光探测器

激光探测器与主动红外探测器在组成结构及外形上基本一样，所不同的是用激光光源和激光接收器取代了主动红外探测器中的红外发光二极管和红外光接收器。由于激光有方向性好、亮度高等突出优点，使得激光探测器在探测器距离、稳定性等方面均超过主动红外探测器。

在激光探测器中，目前应用最广泛的就是半导体激光器，下面简单地对其予以介绍。

半导体激光器的工作物质是半导体。当P型半导体和N型半导体采用特殊工艺联结在一起时，两者交界处就会形成P-N结。为了在P-N结处产生激光，采用通常的P型、N型半导体材料掺杂是不行的，必须使其杂质浓度增高，即重掺杂。例如杂质浓度在$1\times10^{18}\sim1\times10^{19}/m^3$。在这种重掺杂的P-N结内，在正向偏压作用下，其导带和价带之间即可实现粒子数反转，这就具备了产生激光的一个必要条件。在P-N结区内，导带中的电子自发地向价带跃迁，并和价带中的空穴相复合，在这一过程中，电子放出多余能量，便产生自发辐射光。自发辐射光子的方向各不相同，为了获得单色性和方向性好的激光，必须有一光学谐振腔。在半导体激光器中，谐振腔是用半导体单晶两个互相平行的解理面作反射镜而构成的。自发辐射的光子一旦产生，大部分光子立刻穿出P-N结，但也有一些光子在谐振腔的轴线方向运动，这些光子在谐振腔中来回反射，反复通过重掺杂的P-N结，激发出许多新的同样的光子，造成雪崩式放大，使受激辐射占绝对优势，形成激光输出。

半导体激光器与其他激光器相比较，主要优点是：

1）体积小，重量轻，结构简单坚固。其外形如图7-15所示。

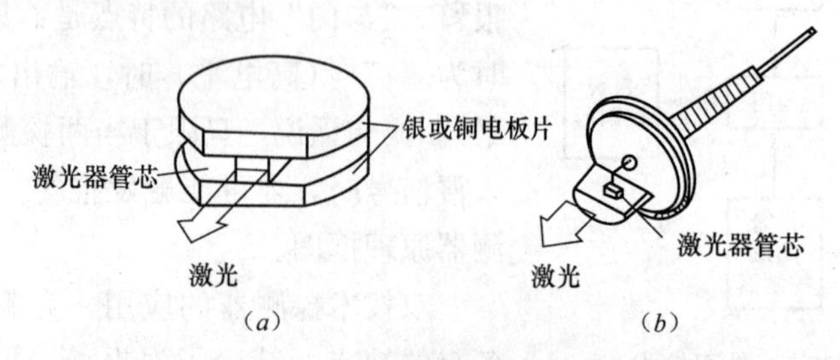

图7-15　半导体激光器外形图

(a) 管芯装焊于平板电极上；(b) 管芯装焊于晶体管座上，加管帽可密封

2）效率高，半导体激光器可以直接用电流激励或调制。

半导体激光器与其他激光器（主要指氦-氖激光器）相比较，其缺点是：

1）单色性差。在一般激光器中，量子跃迁发生在离散的能级之间，而在半导体激光器中，跃迁发生在材料的能带之间，这就决定了半导体激光器的单色性比较差。在室温时，谱线宽度约几十埃。

2）由于半导体激光器体积小，有源区很薄（不到 $1\mu m$），所以半导体激光器的发散角要比普通激光器的发散角大得多，也就是说方向性比普通激光器差。

激光探测器的工作距离方程式为

$$R^2 = \frac{4P_t m e^{-\alpha R}}{\alpha P_R Q_r^2} K \cdot S_R$$

式中 P_t——发射的激光功率；

Q_r——光束发射角；

m——调制光波调制度；

K——光学系统透光率；

S_R——接收系统等效接收面积；

P_R——接收到的激光功率；

α——大气对激光的衰减系数。

由上式可见，增大激光源的发射功率、增加光学系统透光率都可以加大作用距离；减小发射装置的发散角也可以加大作用距离；采用高灵敏度光电传感器，降低报警时的功率，可有效地加大作用距离；同时接收机采用的光电传感器的峰值灵敏度波长应与探测器激光波长尽可能相一致，也可以加大作用距离。

7. 振动探测器

常用的振动探测器有电动式振动探测器、电磁感应式振动电缆探测器、压电晶体振动探测器和电子式全面振动探测器。下面将介绍一下以上提到的四种振动探测器的工作原理。

（1）电动式振动探测器

在探测范围内能对入侵者引起的机械振动冲击信号产生报警的装置，叫振动式入侵探测器。电动式振动入侵探测器由永久磁铁、线圈、弹簧、壳体等组成，如图 7-16 所示。

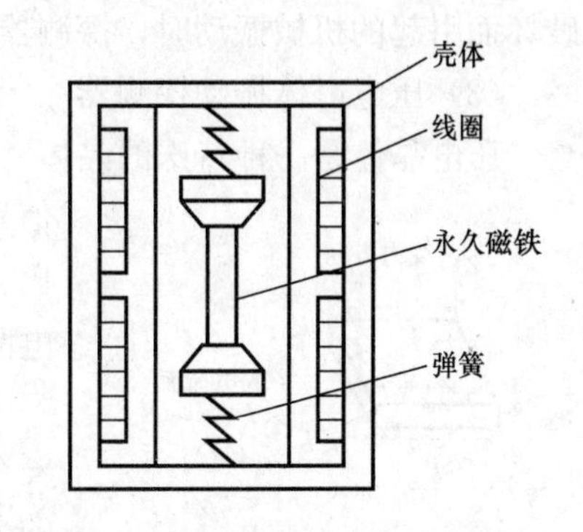

图 7-16 电动式振动探测器结构图

在使用中，探测器外壳与被测物体刚性连接。当有入侵行为发生时，被测物体（如地面）与探测器外壳（线圈）一起产生微振动，由于永久磁铁与外界非刚性连接，于是线圈与永久磁铁间就产生了相对运动，即产生感生电流。提取这一变化电流经处理，即可产生报警信息。

电动式振动探测器在室外使用时可以构成地面周界报警系统，用来探测入侵者在地面上走动引起的低频振动信号，因此，通常又称这种探测器为地音探测器。

(2) 电磁感应式振动电缆探测器

电磁感应式振动电缆的基本结构如图7-17所示。

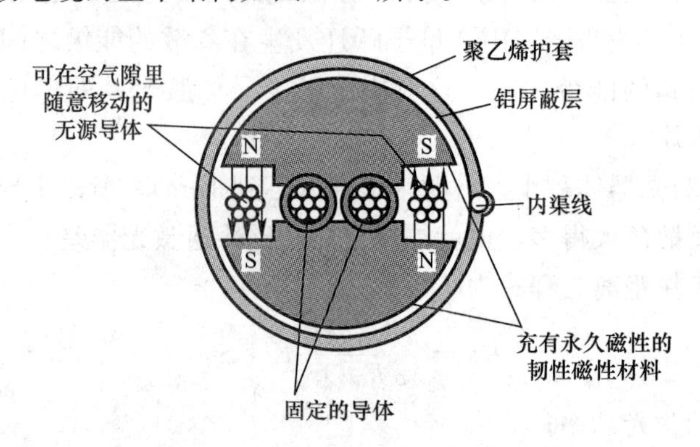

图7-17　电磁感应式振动电缆断面示意图

从断面图可以看出，电缆的主体部分是充有永久磁性的韧性磁性材料，且两边是异性磁极相对，在两相对的异性磁极之间有活动导线，当导线在磁场中发生切割磁力线的运动时，导线中就有感应电流产生，提取这一变化的电信号，经处理实现报警。

电磁感应式振动电缆的主要特点和安装使用要点如下：

1) 振动电缆安装简便，可安装在防护栏、网或墙上，也可埋入地下使用。

2) 电磁感应式振动电缆探测器属被动式探测器，无发射源，又加之有阻燃、防爆式的，十分适合在易燃易爆的仓库、油库、武器弹药库等不宜直接接入电源的场所安装。

3) 振动电缆使用时不受地形地貌的限制，对气候环境的适应性很强，可在室外较恶劣的自然环境和高低温环境下正常工作。

4) 从技术指标上说，振动电缆的控制主机可控制多个区域，每个区域的电缆长度可达1000m。但实际中，若以1000m长的周界划分区域，会因警戒区太长，报警后不能很快确定入侵者的位置，延误后期的行动。所以，只要条件许可，应多划分几个探测区段，即尽量缩短每个区域所控制的电缆长度。

5) 电磁感应式振动电缆有些还具有监听功能。当周界屏障受到钳剪、撞击、攀爬等破坏而引起的机械振动时，探测器在发生报警信号的同时还可监听到现场的声音。

(3) 压电晶体振动探测器

压电晶体是一种特殊的晶体，它可以将施加其上的机械作用力转化为相应大小的电压信号。此信号的频率及振幅与机械振动的频率及振幅成正比。利用压电晶体的压电效应可以制成应用范围很广的压电晶体探测器。

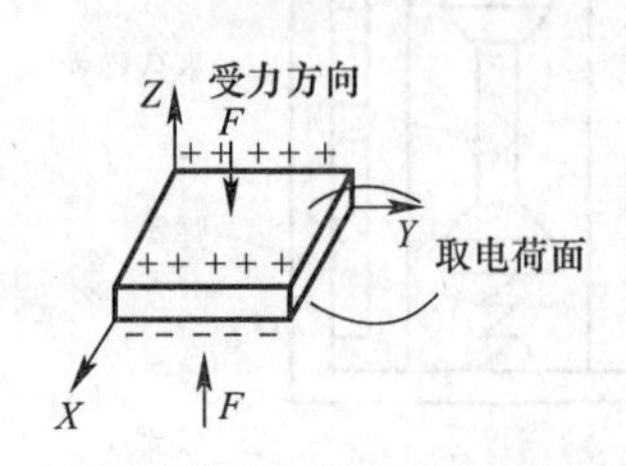

图7-18　压电陶瓷电压原理图

压电晶体探测器大多采用压电陶瓷做传感器。压电陶瓷在沿极化方向（取Z轴）受力时，则在垂直于极化方向的上下两个镀有电极的表面上出现正、负电荷，如图7-18所示，其电荷量（电量）与作用力F成正比。

压电陶瓷除具有压电性能外，还有热释电性能，也可以用来制作热释电传感器。

另有一些材料如聚二氟乙烯、聚氯乙烯等也具有压电陶瓷的性质，用它们制成压电薄膜，具有柔软、不易破碎等优点，是一种很有发展前途的新型压电材料。

压电晶体振动探测器，在室内使用时可用来探测墙壁、顶棚以及玻璃破碎时所产生的振动信号。例如，将压电陶瓷振动探测器贴在玻璃上，可用来探测划刻玻璃时产生的振动信号，将此信号送入信号处理电路（如高通放大电路等）后，即发出报警信号。在室外使用时可以将其固定在栅网的桩柱上，以探测入侵者翻爬或破坏栅网时引起的振动；若埋在泥土或较硬的表层物下面，可以探测入侵者在地面上行走时的压力变化，而产生报警。

（4）电子式全面振动探测器

这种探测器可以探测爆炸、锤击、孔钻、电锯钢筋等引发的振动信号，但对在防范区内人员的正常走动则不会引起误报警。它包含了对振动频率、振动周期和振幅的分析，从而能有效地探测出各种非法举动产生的振动信号，但却能抑制环境干扰。其信号分析原理如图 7-19 所示。

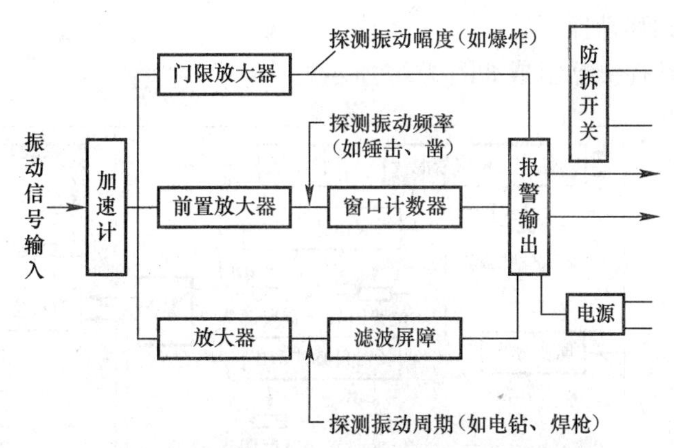

图 7-19 电子式全面振动探测器原理框图

这种探测器一般保护范围（半径）是 3～4m，最大可达 14m（与传播介质及振动方向有关），一般是 5 级灵敏度可调，以适用于不同环境。该探测器适用于银行金库、文物库房等处使用。

8. 视频移动探测器

以摄像机作为探测器，监视所防范空间，当被探测目标入侵时，可发出报警信号并启动报警联动装置的系统，称为视频移动探测器。

（1）视频移动探测器功能

由于传统探测器本身受环境因素影响较大，因此误报警问题一直不能得到彻底解决。视频移动探测器是根据视频取样报警，即在监视器屏幕上根据图像内容任意开辟警戒区（如画面上的门窗、保险箱或其他重要部位），当监视现场有异常情况发生时（如灯光、火情、烟雾、物体移动等），均可使警戒区内图像的亮度、对比度及图像内容等产生变化，当这一变化超过报警阈值时，即可发出报警信号。

视频移动探测器一般具有如下功能：

1）在监视器屏幕上的任何位置设置视频警戒区，并任意设走各警戒区是否处于激活状态。

2）对多路视频画面进行报警布防，并在警情发生时自动切换到报警那一路或多路摄像机画面。

3）与计算机连接，通过管理软件完成对报警信息的统计、查阅、打印及其他控制操作。

4）与多个报警中心联网，实现多级报警。

5）具有防误码纠错技术和较强的抗干扰能力。

6）除用于视频移动检测外，也可用于视频计数系统及速度测量。

7）具有防破坏报警功能，即当摄像机电源或视频线缆被切断时，系统发出声光报警信号。

8）视频移动探测器一般均具有检查自身工作是否正常的功能，即自检功能。

9）视频移动探测器连续工作168小时，不应出现误报警和漏报警。

10）环境照度缓慢变化不会产生误报警。

（2）模拟式视频移动探测器

模拟式视频移动探测器组成如图7-20所示。

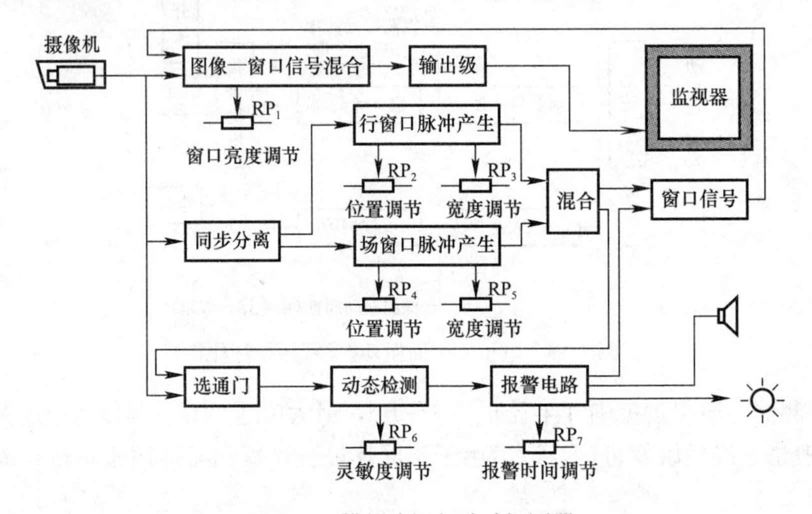

图7-20 模拟式视频移动探测器

由图可见，摄像机输出的全电视信号分成三路，其中一路与窗口信号混合，放大后直接送到监视器，因此监视器屏幕上显示的图像将会出现一个或几个长方形报警区，在此区域内图像的亮度要比区域外图像亮度稍暗些（其亮度程度可通过窗口亮度调节旋钮进行调节）。摄像机输出的第二路信号经同步头箝位和行、场同步脉冲分离后进入窗口脉冲电路。窗口脉冲电路由行、场同步信号推动，分别产生行、场窗口脉冲，再合并成窗口选通脉冲。窗口选通脉冲从摄像机输出的第三路全电视信号中选出窗口范围内的图像信号，送到动态检测电路进行检测。当窗口内图像有对比度变化时，动态检测电路输出一个脉冲，触发报警电路工作。

报警信号也分成三路：一路激励喇叭发声；一路使红灯闪烁；最后一路叠加在窗口选通脉冲上，与摄像机的全电视信号混合，则监视器屏幕上警戒区窗口内的图像也会不停地闪动。

（3）数字式视频移动探测器

这类探测器以单片机为核心部件，包括系统硬件和软件两部分。

数字式视频移动探测器将摄像机摄取的正常情况下的图像信号进行数字处理后存储起来，然后与实时摄取的并经过数字化处理的图像信号进行比较分析，其变化如果超过了预先设定的报警阈值即可发出报警信号。这种探测器还根据被保护目标的大小、运动方向、运动速度等设定报警阈值，并有较高的可靠性。数字式视频移动探测器较模拟式视频移动探测器有如下优越性。

1）根据目标的大小确定报警阈值。其原理是在监视器屏幕设定上、下两个警戒区，如果被探测目标出现在一个警戒区时，系统不报警，只有当目标同时出现在两个警戒区时，才能触发报警。

2）根据目标运动方向确定报警阈值。其原理是在监视器屏幕左、右设定两个警戒区，如果被探测目标在设定时间内先出现在左警戒区中，再出现在右警戒区中（或反向设置）系统即报警；如果被探测目标是先出现在右警戒区后再出现在左警戒区中，则系统不报警。

3）根据目标运动速度确定报警阈值。其原理是在监视器屏幕上设定警戒区，只要被探测目标出现在警戒区任意一侧，而超过设定的时间（一般是0.1～10s可调）还未出现在警戒区的另一侧，即触发报警。

4）根据目标运动方向和运动速度确定报警阈值。在监视器屏幕上同时设定方向和速度两个阈值，第一种情况是运动目标在设定时间内先出现在左警戒区，后出在右警戒区（或反向设置），即可触发报警；第二种情况是运动目标在设定时间内经过左警戒区，而未经过右警戒区（或反向设置）系统即报警。

数字式视频移动探测器在繁华街道的交通管理以及监视监狱、看守所等方面陆续应用。

9. 其他探测器

（1）声探测器

1）声探测器的组成

声探测器的核心部件是驻极体声传感器（话筒）。

驻极体是一种准永久带电的介电材料，这种材料和永久磁铁有许多相似之处。将永久磁铁分割成两部分，无论怎样分割，得到的仍然是具有N极和S极的磁铁，这就是磁铁的N、S极不可分割性。若把驻极体分割成两部分，总有两个相对的表面出现等量异号的电荷。

驻极体和人工磁铁一样，也能用人工方法获得。目前所用驻极体话筒中基本元件“驻极体箔”多是在聚四氟乙烯绝缘薄膜上采用特殊的充电处理，使两个相对表面带有等量异号的电荷。而且这种电荷能长时间储存在驻极体箔上。

在制作驻极体话筒时，先将驻极体箔的表面金属化，如蒸镀上金属材料，再将其张紧在金属环上，形成振动膜。将这种振动膜固定在驻极体话筒内壁上，作前电极。另用一块金属板以大约几十微米的微小间距与振动膜平行放置，作为后电极，前后电极构成平行板电容器。根据静电感应原理，驻极体箔分别在金属膜和金属板上感应出电荷，如图7-21所示。

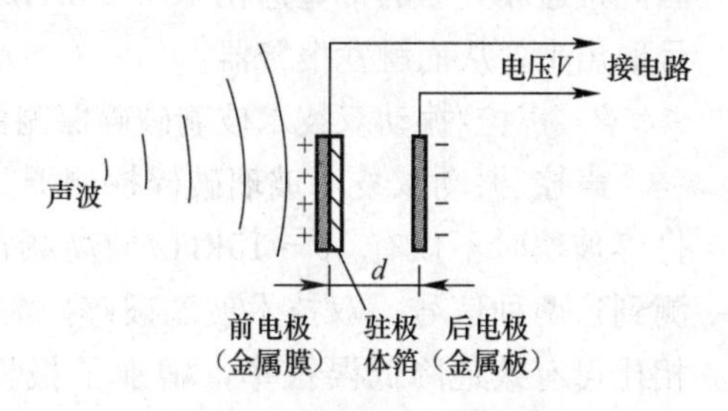

图7-21 驻极体话筒原理图

在声波作用下，驻极体箔（振动膜）产生振

动，平行板电容器两极板间的距离 d 也随之变化，变化的频率与声波的频率一致。根据平行板电容器两极板之间电压 V、电场强度 E 和间距 d 的关系（$V=Ed$），可知两极板间电压也随声波的频率而变化，通过外电路提取这一变化的电压信号，即可完成声电转换。

驻极体话筒在 20～15000Hz 的音频范围有恒定的灵敏度，且有体积小、重量轻、经久耐用等优点。

2）声探测器的基本原理

声控探测器由声电传感器、前置音频放大器两部分组成。其中声电传感器多用驻极体话筒。驻极体话筒将声音信号转变成相应的电信号后，经前置音频放大器和信道传至报警控制器。若将报警控制面板开关拨至“监听”位置，即可听到现场声音，保安人员可根据声音的特征（连续走动声、撬锁声等）作出判断和处理。图 7-22 是声控报警器原理框图，其中虚线部分为声控探测器框图。

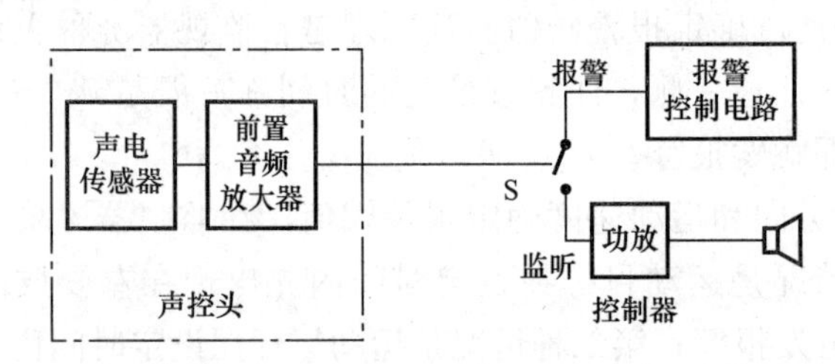

图 7-22 声控报警器原理框图

（2）玻璃破碎探测器

玻璃破碎探测器是具有探测玻璃破碎功能的一种装置。它只对玻璃破碎时产生的高频音响敏感，对低频音响无反应，即当入侵者打碎玻璃试图作案时，报警器才可发出报警信号。

目前生产的玻璃破碎探测器大体可分为两类：一类是单技术的玻璃破碎声控探测器；另一类是由玻璃破碎声控探测器与振动探测器或次声波探测器组成的双技术玻璃破碎探测器。

1）单技术玻璃破碎声控探测器

单技术玻璃破碎声控探测器仍选用驻极体话筒做声电传感器，但由于驻极体话筒对 20～15000Hz 的音频信号有恒定的灵敏度，因此为了使玻璃破碎探测器具有“鉴别能力”，需加上一个带通放大器，即只允许某一频率范围内的信号通过放大器。据测定，玻璃破碎时响亮而刺耳的声音是 10～15kHz 的高频声波，而一般环境噪声很少达到这么高的频率，因此带通放大器的带宽选在 10～15kHz 范围内，就可以将玻璃破碎时产生的高频声音信号取出来，从而触发报警器。

2）声控/振动双技术玻璃破碎探测器

声控/振动双技术玻璃破碎探测器是将声控探测器与振动探测器结合在一起的装置。打碎玻璃时不仅有 10～15kHz 的高频声响，还有敲击玻璃时的振动信号，只有同时探测到这两种信号，双技术玻璃破碎探测器才输出报警信号。它与单技术玻璃破碎探测器相比可有效地降低误报率，增加了报警的准确性，是目前较为实用的一种玻璃破碎探测器。

3）声控/次声波双技术玻璃破碎探测器

当入侵者试图入室作案时，必须选进入房间的通道，如打碎玻璃、撬门、凿墙等。试验证明，当玻璃被打碎、撬开门、凿通墙时，由于室内外存在气压差，要产生 0.5～2Hz 的次声波，这种次声波可长距离传播，并能多次反射和折射。此类探测器很适宜地下仓库等处的警戒。

将声控单技术玻璃破碎探测器与次声波探测器组合在一起构成了声控/次声波玻璃破碎探测器。即接收打碎玻璃时产生的 10～15kHz 的高频信号，又接收由于室内外压力差产生的 0.5～2Hz 的次声波信号，双技术探测器中的与门电路被触发，报警器报警。由于采用两种技术对玻璃破碎进行探测，大大减少了误报警，提高了报警的可信度。

（3）泄漏电缆探测器

泄漏电缆与普通同轴电缆外形一样，所不同的是，泄漏电缆在电缆外导体（屏蔽层）上沿着长度方向周期性地开有一定形状的槽孔，故而又称带孔同轴电缆。这种探测器由两根带孔同轴电缆及发射机、接收机和信号处理器组成，如图 7-23 所示。

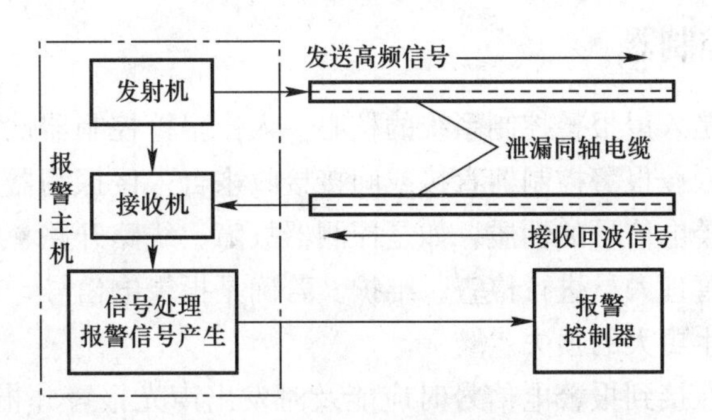

图 7-23　泄漏电缆探测器原理框图

与发射机相连的泄漏电缆向外泄漏一部分电磁能量，这部分电磁能量被与接收机相连的另一根电缆接收，于是在两根电缆之间形成了稳定交变的电磁场——探测区，如图 7-24 所示。

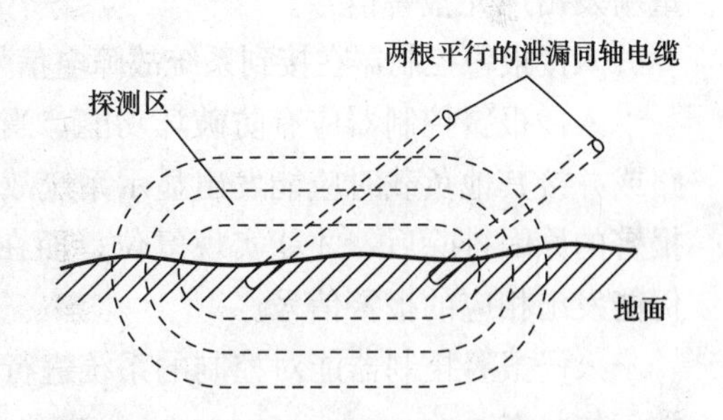

图 7-24　泄漏电缆探测器形成探测区示意图

两电缆之间形成的电磁场范围（探测范围）与产品的规格有关，例如，某种规格的泄漏电缆探测宽度是 4m，探测高度是 1m，如果有人进入了此探测区，干扰了这个耦合电场，使接收电缆收到的电磁波能量发生变化，通过信号处理电路提取其变化量、变化率及持续时间等，即可触发报警。在这类探测器中，较为先进的是将接收电缆收到的信号数字化，在无探测目标情况下，将仿真曲线存入存储器，当入侵者进入探测区时，两电缆之间的电磁场分布发生了变化，通过与存储器的仿真曲线对比，实现报警。另外，也可对接收电缆收到的返回脉冲信号进行检测，通过对发射与接收脉冲信号的持续时间、周期和振幅进行严格对比，就可立即探测出电场内的细微变化，甚至能准确地探测入侵者的位置（如可在显示器上显示出周界轮廓图并利用其上的指示灯来指示入侵者的位置）。

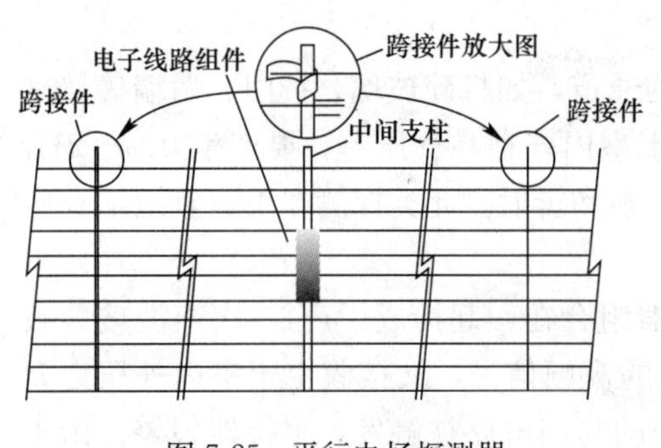

图 7-25 平行电场探测器

（4）平行电场探测器

平行电场探测器的结构如图 7-25 所示。

这种探测器是由一些平行导线组成，有 8 条、10 条不等，线间距离 25cm 左右。它们之中有场线，其电压多为 100V，频率为 10kHz 左右，其他为感应线。感应线和判别电路相连，当场线中有交变电流时，其周围就有交变的电磁场，根据电磁感应原理，感应线中就有感应电流产生。这种电流信号是探测器产生的正常探测电场——稳定变化的电场，当入侵者靠近或穿越此电场时，破坏了其稳定变化，检测这种变化的信号，经放大处理，产生报警信号。

该系统采用自适应数字处理控制，能准确探测入侵者，并有效抑制飞鸟、落叶等引起的误报警。在狂风、暴风的恶劣气候条件下仍有超低的误报率和高安全性能。

7.2.3 入侵报警控制器

入侵报警控制器是入侵报警控制系统的核心。入侵报警控制器性能的稳定、可靠确定了系统性能的优劣。入侵报警控制器直接或间接接收来自入侵探测器发出的报警信号，经分析、判断，确定报警电信号的性质，如是探测器故障、线路开路、短路、缺电等系统故障，则需要通知系统管理人员进行检查、维护。若确是报警电信号，则应通知保卫人员采取相应措施，避免产生更大的损失。

入侵报警控制器在接到报警电信号时应能及时发出声光报警并指示入侵发生的地点、时间。声光报警信号应能保持到手动复位，复位后，如果再有入侵报警信号输入时，应能重新发出声光报警信号。

入侵报警控制器在接到系统故障电信号时应能及时发出与报警电信号不同的声光信号。

入侵报警控制器应有防破坏功能，当连接入侵探测器和控制器的传输线发生断路、短路或并接其他负载时应能发出显示系统故障的声、光报警信号。报警信号应能保持到引起报警的原因排除后，才能实现复位；而在该报警信号存在期间，如有其他入侵信号输入，仍能发出相应的报警信号。

入侵报警控制器能对控制的系统进行自检，检查系统各个部分的工作状态是否处于正常工作状态。

入侵报警控制器应能向与该机接口的全部探测器提供直流工作电压。

入侵报警控制器应有较宽的电源适应范围，当主电源电压变化±15%时，不需调整仍能正常工作。入侵报警控制器应有备用电源。当主电源断电时能自动转换到备用电源上，而当主电源恢复后又能自动转换到主电源上。转换时控制器仍能正常工作，不产生误报。

备用电源应能满足系统要求，容量应保证在最大负载条件下连续工作 24 小时以上。

入侵报警控制器应有较高的稳定性，在正常大气条件下连续工作 7 天，不出现误报、漏报。

入侵报警控制器应在额定电压和额定负载电流下进行警戒、报警、复位，循环 6000

次，而不允许出现电的或机械的故障，也不应有器件的损坏和触点粘连。

入侵报警控制器平均无故障工作时间分为三个等级：

A级，5000小时；

B级，20000小时；

C级，60000小时。

入侵报警控制器的机壳应有门锁或锁控装置（两路以下例外），机壳上除密码按键及灯光指示外，所有影响功能的操作机构均应放在箱体之内。

入侵报警控制器应能接受以下各种性能的报警输入。

1）瞬时入侵：为入侵报警控制器提供瞬时入侵报警。

2）紧急报警：接入紧急按钮可提供24小时的紧急呼救，不受布防/撤防操作影响，不受电源开关影响，能保证昼夜24小时工作。

3）防拆报警：提供24小时防拆保护，不受电源开关影响，能保证昼夜工作。

4）延时报警：实现0～40s可调进入延迟和100s固定外出延迟。

凡四路以上的防盗报警器必须有（1）、（2）、（3）三种报警输入。

由于入侵探测器有时会产生误报，通常控制器对某些重要部位的监控，采用声控或电视复核。

入侵报警控制器可做成盒式、挂壁式或柜式。

入侵报警控制器按其容量可分为单路或多路报警控制器。而多路报警控制器则多为2、4、8、16、24、32路。

入侵报警控制器按照警戒区域的大小又可分为小型入侵报警控制器、大型入侵报警控制器和集中入侵报警控制器。下面将按照警戒区域大小的划分对三种入侵报警控制器进行介绍。

1. 小型入侵报警控制器

对于一般的小用户，其防护的部位很少，如银行的储蓄所，学校的财会室、档案室，较小的仓库、智能住宅的家庭安全防范等，都可采用小型报警控制器。

（1）小型报警控制器一般功能

1）能提供4～8路报警信号、4～8路声控复核信号、功能扩展后，能从接收天线接受无线传输的报警信号。

2）能在任何一路信号报警时，发出声光报警信号，并能显示报警部位、时间。

3）有自动/手动声音复核或电视、录像复核功能。

4）对系统有自查能力。

5）市电正常供电时能对备用电源充电，断电时能自动切换到备用电源上，以保证系统正常工作。另外还有欠压报警功能。

6）具有进入延迟、外出延迟的报警功能。

7）能向区域报警中心发出报警信号。

8）能存入2～4个紧急报警电话号码，发生报警情况时，能自动依次向紧急报警电话发出报警信号。

(2) 安定宝4110DL小型报警器

安定宝4110DL就是一款小型报警主机，4110DL具备报警主机的一般功能，适用于各种小型用户的需要。

1) 4110DL主要特点

4110DL除了具有一般防盗报警主机的功能外，还有以下特点：

① 6个接线防区，使用1K线末电阻监控。

使用线末电阻监控的含义：

该防区使用的是常规的四线制开关输出的探测器，两根线为探测器提供电源，两根线为探测器报警信号输出线。对于这些探测器，其接线又有两种方式。

A. 常开输出

当探头正常时，开关断开，因此线末电阻与之并联，而当探头触发时，开关闭合，回路电阻为零，该防区报警，如图7-26所示。

B. 常闭输出

探头正常时，开关吸合，因此线末电阻与之串联，当探头触动时，开关断开，回路电阻为无穷大，该防区报警，如图7-27所示。

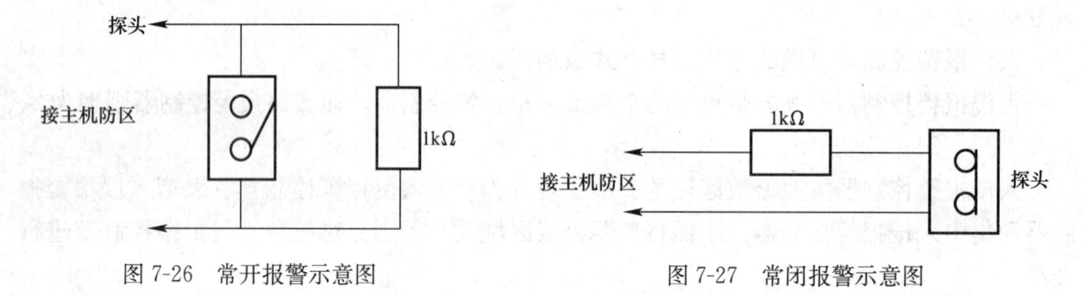

图7-26 常开报警示意图　　图7-27 常闭报警示意图

回路线末电阻允许有±300Ω的误差，表示当接线或线路有300Ω电阻时，回路仍保持正常，由此可以知道连接探头的线路的允许长度是很长的。

② 1个火警防区，即为24小时防区。其他各防区均可任意设置防区类型。

③ 1个安装密码，6个使用者密码，1个挟持密码。

④ 使用中文显示液晶键盘，主机状态一目了然。

⑤ 可以设置自动传呼机接收报警，显示代码包括布/撤防、报警、故障。

⑥ 可以编程作为单纯通信器使用，把每个防区作为一个用户，从而给住宅小区提供可靠、便宜的联网报警系统。

⑦ 可以使用布/撤防开关锁操作，免除记密码的烦恼。

2) 4110DL系统结构

由4110DL构成的报警系统结构如图7-28所示。其中，操作部分的键盘可以使用多达4个，并且可以与布/撤防开关锁同时使用。

3) 4110DL应用

4110DL适合于大部分的场合，如银行、家庭、财务室等。而在住宅小区中应用时，为降低每户的成本，可以不用任何操作键盘和警号，只是把4110DL作为单纯的通信器使用。此时，只需把每个防区设为24小时类型的防区，探头一有报警就报一次信息到中心，

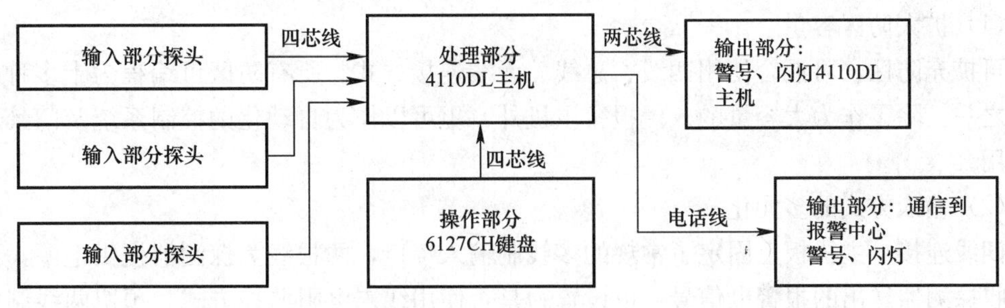

图 7-28 4110DL 系统结构

中心就可收到该主机的某个防区即某个家庭发生报警。要注意的是此时主机不存在布/撤防状态，因此探头只能选择紧急按钮或通过如下开关电路进行单户的布/撤防操作，如图 7-29 所示。

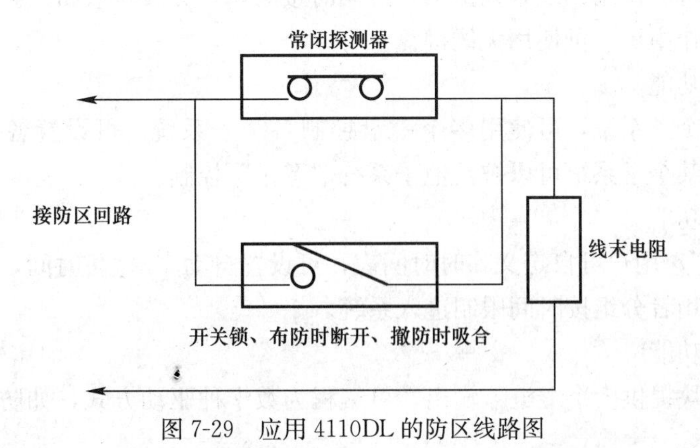

图 7-29 应用 4110DL 的防区线路图

2. 大型入侵报警控制器

对于一些相对较大的工程系统，要求防范的区域较大，防范的点也较多，如高层写字楼、高级的住宅小区、大型的仓库、货场等。此时可选用大型入侵报警控制器。大型入侵报警控制器具有更多的输入端，如 16～24～32 路（甚至更多）报警输入、24 路的声控复核输入、8～16 路电视摄像复核输入，并具有良好的并网能力。为了输入更多报警信号，缩小控制器的体积，大型入侵报警控制器更多地利用了总线控制技术，实现了输入信号的总线制。所有的探测器根据安置的地点，实现统一编码，探测器的地址码、信号及供电由总线完成，大大简化了工程安装。每路输入总线上可挂接多达 128 个探测器，而且每路总线上有短路保护，当某路电路发生故障时，控制中心能自动判断故障部位，而不影响其他各路的工作状态。当任何部位发出报警信号后，能直接送到控制中心的 CPU，在报警显示板上，显示报警部位；记录报警时间、同时驱动声光报警电路，及时把报警信号送到外设通信接口，按原先存储的报警电话，向更高一级的报警中心或有关主管单位报警。在接受信号的同时，CPU 向声音复查电路和电视复核电路发出选通信号，通过声音和图像进行核查。核查无误后，启动录像机记录下图像。

大型入侵报警控制器除了具有上述小型入侵报警控制器的所有功能外，还具有以下特点：

（1）扩大防区容量

可扩充防区，可混合使用四线、总线、无线连接方式。所有防区可编程为十多种防区类型之一。除了作为大容量的入侵报警主机外，更可以作为自动化的控制系统及门禁系统来使用。

（2）输入方式的多元化

四线连接：主机板上固定了常规的多线制输入接口，两根线为探测器提供电源，两根线接收探测器送出的报警电信号，可设置为是否使用线末电阻监控方式，预留两线制防火防区及快速反应防区。

总线连接：使用编码方式两线连接，对各探头有实时监控。所有总线探头并联连接，安装简便，并有常规防区扩充器。

无线方式：可以使用无线系列探头，可同时接入多台无线接收机，扩大覆盖范围，可使用无线按钮操作主机，可使用无线键盘。

（3）子系统功能

可划分为多个子系统，可使用多个键盘控制各个子系统。可设置各个子系统之间关系，即可以设置某个子系统可以被其他子系统“登录”控制。

（4）时间表功能

即“定时器”，用户可自定义临时时间表，可设置自动布/撤防时间，可自动控制继电器开关，可对使用者分组按时间限制进入系统。

（5）继电器功能

可由输出模块提供多个继电器输出，可编程为数十种驱动方式，如防区驱动、系统状态驱动。

（6）事件记录功能

可自动记录存储达多起所有类型系统动作与状态，可由键盘显示或打印输出。

（7）遥控编程功能

可通过遥控编程软件在远程控制系统布/撤防、编程、查看系统状态等。

（8）出入口控制

可使用多个密码，分级别控制，可与继电器功能配合作为密码锁使用。

（9）通信功能

内置通信器支持多种通信格式：4＋2低速，4＋2特快，4＋9高速。使用双电话多制式输出。

（10）操作性能

可使用中/英文显示液晶键盘，可设置显示各个防区及子系统的名称取代数字代码。可使用遥控按钮、遥控键盘、钥匙开关、遥控编程、电话遥控等多种方式对系统布/撤防。

（11）地图板功能

可提供点对点输出的地图板驱动器，可直观指示各个区所在位置。

（12）电话遥控

可附加电话遥控模块，通过电话来控制系统布/撤防，控制继电器开关及检查系统状态等。

3. 集中入侵报警控制器

在大型和特大型的报警系统中，由集中入侵报警控制器把多个区域的入侵报警控制器联系在一起。集中入侵报警控制器能接收各个区域入侵报警控制器送来的信息，同时也能向各区域入侵报警控制器送去控制指令，直接监控各区域入侵报警控制器监控的防范区域。集中入侵控制器又能直接切换出任何一个区域入侵报警控制器送来的声音和图像复核信号，并根据需要，用录像记录下来。由于集中入侵报警控制器能和多个区域入侵报警控制器联网，因此具有更大的存储容量和更先进的联网功能。

7.2.4 系统信号的传输

系统信号的传输就是把探测器中的探测电信号送到控制器去，进行处理、判别、确认“有”“无”入侵行为。探测电信号的传输通常有两种方法：有线传输和无线传输。

1. 有线传输

在小型防范区域内，往往把探测器的电信号直接用双绞线送到入侵报警控制器。双绞线经常用来传送低频模拟信号和频率不高的开关信号。

在小型报警控制器与区域报警中心进行联网时，常借用公用交换电话网，通过电话线传输探测电信号。首先对报警系统的各探测器进行编码，当探测器出现报警信号后，小型报警控制器按原先输入的报警电话号码，发出相应的拨号脉冲，接通与报警中心的电话；然后小型报警控制器通过接通的电话线向报警中心发出探测电信号和相应的探测器识别码，报警中心即能马上发现哪个探测器，在哪个部位发出报警信号。在采用这种方式传输信号时，探测电信号较正常通话优先。即在传输探测电信号时线路不能通话，而当正常通话时，如果传入探测电信号，则通话立即中断，送出探测电信号。

当传输声音和图像复核信号时常用音频屏蔽线和同轴电缆。音频线和同轴电缆传输时具有传输图像好、保密性好、抗干扰能力强的优点。在用同轴电缆传输图像和音频信号时通常有两种方式。一种是一根电缆传送一路信号，这种方式电路简单、价格便宜，一般可用于较短距离的信号传输。而在远距离的传输中（如几公里～几十公里），一般采用第二种方式，选用一根电缆传送多路信号（如用400MHz可送24路信号）。前端的探测信号在传输前先进行调制，调制到80～400MHz的载频上，到达终端后再解调还原出原先的探测电信号，经信号处理后，发出报警信号，或通过录像机进行记录。视频图像也可通过光缆进行传输，其特点是传输距离远、传输图像质量好、抗干扰、保密、体积小、重量轻、抗腐蚀、容易敷设，但造价较高。

另外在发送端先将视频信号转换成平衡信号，并进行适当的预加重，就可用电话线来传输图像信号，在终端把电话线送来的平衡信号再转换成不平衡信号，然后对信号进行补偿，还原出传输图像。

2. 无线传输

无线传输是探测器输出的探测电信号经过调制，用一定频率的无线电波向空间发送，由报警中心的控制器所接收。而控制中心将接收信号分析处理后，发出报警信号和判断出报警部位。

而声音复核信号和图像信号也可以用无线方法进行传输，首先在输入端将声音复核信号和图像信号上变频，把各路信号分别调制在不同的频道上，然后在控制中心将高频信号解调，还原出相应的图像信号和声音信号，经多路选择开关选择需要的声音和图像信号，进行监控或记录。

7.3 视频监控系统

7.3.1 视频监控系统的组成

视频监控系统根据其使用环境、场所和系统的功能而具有不同的组成方式，但无论系统规模的大小和功能的多少，一般视频监控系统多由摄像、传输、控制、图像处理和显示等四部分组成，如图 7-30 所示。

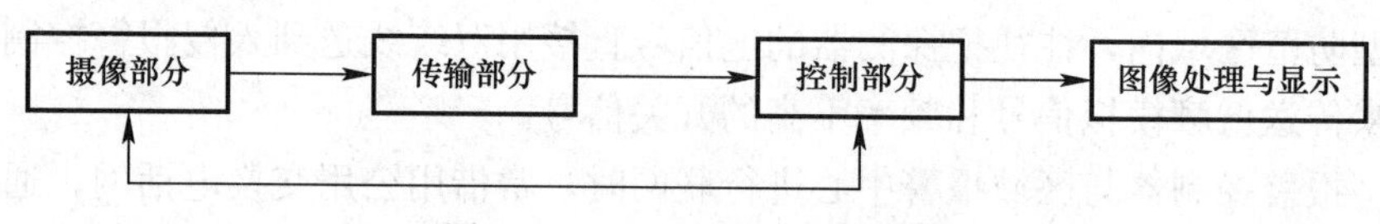

图 7-30 视频监控系统的组成

1. 摄像部分

摄像部分的作用是把系统所监视的目标（视频图像），转换成监测电信号。再经系统的传输部分送到控制中心进行控制、处理，还原成原来监视的图像信号。如果需要还能将其记录、保存下来。

摄像部分的核心是电视摄像机，它是光电信号转换的主体设备，是整个系统的眼睛。摄像机的种类很多，不同的系统可以根据不同的需求选择不同的摄像机及镜头、滤色片等。

2. 传输部分

传输部分的作用是将摄像机输出的视频（有时包括音频）电信号馈送到中心机房或其他监控点。

控制中心的控制信号同样通过传输部分送到现场，以控制现场摄像机、镜头、云台和防护罩的工作。

传输方式有两种：有线传输和无线传输。

（1）有线传输

近距离系统信号的传输一般采用以直接传送视频图像信号的所谓基带传输方式，同时传送对摄像机、镜头、云台和防护罩的控制信号。图像信号与控制信号通常采用两组不同的线缆传输。少数场合也有采用同轴电缆同时传送图像与控制信号。

在一些大型、远距离传输的视频监控系统中，为降低系统传输过程中信号的损耗，通常采用光缆为传输介质的光通信方式。光通信方式同时大大降低了环境的电磁干扰。有时也采用载波调制的传输方式。

近年来随着计算机技术、通信技术的不断发展，通过网络（内部网、局域网、Internet）传输视频（有时包括音频）信号、控制信号的技术越来越成熟，并得到很快的发展。

有线传输部分组成如下。

1）馈线

传输馈线有同轴电缆、平衡式电缆、非屏蔽双绞线（UTP）、光缆。控制信号可用KVV控制电缆来传输，也能用同轴电缆、非屏蔽双绞线（UTP）或光缆来传输。

2）视频电缆补偿器

在长距离视频信号传输过程中，由于视频电缆的结构造成的高频信号的衰减，需要进行补偿放大，以保证传输通道的总频率特性的平坦。

3）视频放大器

用于系统的干线上，当传输距离较远时，对视频信号进行放大，以补偿传输过程中的信号衰减。

具有双向传输功能的系统，必须采用双向视频放大器，这种双向视频放大器可以同时对下行的视频信号和上行的控制信号给予补偿放大。

4）中继器、集线器

数字视频监控系统中，用于信号远距离传输和分配。

（2）无线传输

在一些现场环境无法敷设线缆的视频监控系统中，可采用无线传输的方法。

在无线传输系统中，通常将前端的视频（有时包括音频）信号调制成高频载波，再放大经高频天线无线发送。在控制中心，高频接收机接收前端发送机发出的高频电信号，经解调还原出当初的视频电信号。同样在控制中心，对前端摄像机、镜头、云台和防护罩的控制电信号也被调制成高频载波经天线发送。安装在现场的接收机，接收到高频控制电信号后，经解调后去控制现场被控设备。

在远距离传输时则采用微波无线传输方式。

（3）控制部分

控制部分的作用是在中心机房通过有关设备对系统的现场设备（摄像机、云台、灯光、防护罩等）进行远距离遥控。控制部分的主要设备如下。

1）集中控制器

一般装在中心机房、调度室或某些监控点上。使用控制器再配合一些辅助设备，可以对摄像机工作状态，如电源的接通、关断、镜头光圈大小、远距离、近距离（广角）变焦等进行遥控。对云台控制，输出交流电压至云台，以此驱动云台内电机转动，从而完成云台水平旋转、垂直俯仰旋转。

2）微机控制器

是一种较先进的多功能控制器，它采用微处理机技术，其稳定性和可靠性好。微机控制器与相应的解码器、云台控制器、视频切换器等设备配套使用，对摄像机、镜头、云台、防护罩等现场进行控制，可以较方便地组成一级或二级控制，并留有功能扩展接口。在数字视频监控系统中，通常还带有数据存储单元，如硬盘存储器。

（4）图像处理与显示部分

图像处理是指对季统传输的图像信号进行分配、切换、记录、重放、加工和复制等功能。显示部分则是使用显示器、监视器进行图像显示，有时还采用投影电视来显示其图像信号。图像处理和显示部分的主要设备如下。

1）视频控制/切换器

它能对多路视频信号进行自动或手动切换，输出相应的视频信号，使一个监视器能监视多台摄像机信号。根据需要，在输出的视频信号上添加字符、时间等。

2）显示器、监视器和录像机

显示器、监视器的作用是把控制系统送来的摄像机信号重现成图像。在系统中，数字的图像信号常用显示器显示，模拟的图像信号常用监视器显示，根据需要系统还配备数字硬盘或录像机，数字的图像信号记录保存在硬盘中，模拟的图像信号记录保存在录像带中。

下面各节将详细介绍视频监控系统的各组成部分。

7.3.2 摄像部分

在系统中，摄像部分处于系统的最前端，它将被摄物体的光图像转变为电信号——视频信号，为系统提供信号源，因此它是系统中最重要的设备之一。

1. 摄像机

（1）摄像机分类

摄像机的种类很多，从不同的角度可以分为多种类型。

按摄取颜色划分有彩色摄像机、黑白摄像机和彩色/黑白自动转换的摄像机三种。

按摄像器件的类型划分有电真空摄像器件（即摄像管）和固体摄像器件（如CCD器件、CMOS器件）两大类。

按摄像机采用的技术划分有数字摄像机（DSP）和模拟摄像机。

按摄像现场工作照度划分有常规照度摄像机、低照度摄像机和常规照度/低照度自动转换的摄像机三种。

按摄像现场成像光源划分有可见光摄像机、非可见光（红外线）摄像机和可见光/非可见光（红外线）自动转换的摄像机三种。

现阶段摄像机主要向低照度、微型化、网络化方向发展。

固体摄像器件是近20年发展起来的一类新型摄像器件，目前使用范围正在迅速扩大，大有取代摄像管的发展趋势。固体摄像器件具有如下优点：

1）惰性小；

2）灵敏度高；

3）抗强光照射；

4）几何失真小、均匀性好；

5）抗冲振，没有微音效应；

6）小而轻、寿命长。

固体摄像器件有CCD（电荷耦合器件）芯片和COMS芯片两种。目前主要以CCD芯片为主。CCD摄像机采用了多种技术，大大提高了摄像机的性能。不同的CCD，有不同的特点。

CMOS CCD：

对红外线非常敏感（1200nm），提高了低照度情况下的灵敏度。缺点是荧光灯下会有跳动现象。

ILT（行间转移）CCD：

比CMOS CCD速度快，可有效地工作在从低到高的各种光线环境下，加入垂直移位寄存器以减少拖影现象。需要加红外线滤波器。

FT（帧转移）CCD：

对红外线非常敏感，在低光照条件下更加灵敏，不需要红外线滤波器，没有转移寄存器，缺点是荧光灯下会有跳动现象。价格较高。

Hyper HAD CCD：

采用了空穴累积二极管技术，每个像素包含1个微型镜头，把光线聚焦在像素中心最敏感的位置上，大大提高了CCD传感器的灵敏度。包含红外线滤波器。

Super HAD CCD：

采用了空穴累积二极管技术，信噪比比Hyper HAD CCD提高6dB，具有更高的红外线灵敏度，比标准的CCD技术好两倍，需要红外线滤波器。

Exview HAD CCD：

采用了空穴累积二极管技术，高饱和度信号电平，提高了从可见光到红外光区域的灵敏度，降低了拖影现象。CCD摄像机特点是体积小、灵敏度高、寿命长。理论上CCD器件本身寿命相当长而不会老化。这也是它对比以前的摄像管式摄像机具有的最大优点。

由于CCD摄像器件的一系列优点，而它的缺点如拖尾现象，固定图像杂波等都已经被克服或不影响使用，并且价格逐年下降，所以CCD摄像器件将来取代摄像管是无可置疑的。电视监控系统中的摄像机通常选用CCD摄像器件。CMOS器件的摄像机由于体积小，价位低也将有充分的发展空间。

（2）摄像机的主要性能指标

摄像机性能指标主要有以下几个方面。

1）清晰度

摄像机输出图像的清晰度主要由CCD的像素值来确定，像素值越高输出图像的分辨率就高，清晰度就高。在视频监控系统中，通常像素值在20万以下的摄像机，输出图像的清晰度较差，像素值在40万以上的摄像机可称为高清晰度摄像机。作为其他场合对像素的要求就不一样了，如家庭DV机的像素值在80万～110万，家庭数码照相机的像素值在200万～500万。

而在视频监控系统中，衡量图像清晰度的标准常用电视线数来表示。要求彩色摄像机水平分辨率在300线以上，高分辨率在460线以上。黑白摄像机在350线以上，高分辨率在500线以上。这样的指标即可满足一般视频监控系统的要求。

2）照度

照度是一个衡量环境亮度的物理量。表7-1列出不同环境下的照度。

不同环境下的照度　　表7-1

环　境	照　度	环　境	照　度
直射阳光	100000～130000lx	沉暮	1lx
晴天	10000～20000lx	满月	0.1lx
多云	1000lx	弦月	0.01lx
阴天	100lx	无月星空	0.001lx
黄昏	10lx	阴天的晚上	0.00001lx

摄像机照度是衡量在什么光照强度的情况下，可以输出正常图像信号的指标。在给出照度的这一指标时，往往是给出“正常照度”和“最低照度”两个指标。“正常照度”是指摄像机在这个照度下工作时，能输出满意的图像信号。“最低照度”是指如果低于这个“最低照度”时，摄像机输出的图像信号就难以使用，或者说摄像机至少要工作在“最低照度”之上。照度或灵敏度一般用“勒克斯”（lx）表示。1流明的光通量均匀分布在1m^2面积上的照度成为1“勒克斯”（lx）。

摄像机的“最低照度”还与摄像机镜头的光圈有关，标定摄像机“最低照度”一定是在规定镜头的光圈（F）条件下。

摄像机的照度也称谓灵敏度，如某一摄像机的最低照度为0.01lx/F1.2，或称某一摄像机的灵敏度为0.01lx。

国外也有用英尺烛光f_c来表示摄像机的照度。它们之间的关系为

$$1lx = 10.764 f_c$$

3）信噪比

这也是摄像机的一个重要技术指标。信噪比的定义是，摄像机的图像信号与它的噪声信号之比。这一指标往往用S/N表示。S表示摄像机在假设无噪声时的图像信号值，N表示摄像机本身产生的噪声值（比如热噪声等），二者之比称为信噪比。信噪比一般用分贝（dB）表示。信噪比越高（或称越好），表明这一指标越好。电视监控中使用的摄像机，一般要求其信噪比高于46dB。高质量的摄像机其信噪比高达50～60dB。

4）靶面尺寸

靶面尺寸与摄像机的成像有很大关系，靶面大，摄像机的监控面积也大，摄取被摄物体光图像的像素增大，图像的清晰度增大。摄像机的靶面尺寸通常与摄像管的管径有关，CCD摄像机靶面尺寸见表7-2。摄像机靶面尺寸大配置摄像机镜头的范围也大，小尺寸的CCD靶面只能配置小尺寸的摄像机镜头，而大尺寸的CCD靶面就能配置大孔径或小孔径的摄像机镜头。如1/3in的镜头安装在1/2in的摄像机上，被摄物体的一部分会因为成像尺寸不足而被遮挡，影响成像。而1/2in的镜头安装在1/3in的摄像机上，就成像、图像质量多不会有影响。

CCD摄像机靶面像场的a、b值　　表7-2

摄像管管径 / 像场尺寸	1in 25.5mm	2/3in 17mm	1/2in 13mm	1/3in 8.5mm
像场高度a	9.6mm	6.6mm	4.8mm	3.6mm
像场宽度b	12.8mm	8.8mm	6.4mm	4.8mm

当前常用的 CCD 摄像机为 1/2in、1/3in，而 1/4in、1/5in 的 CCD 摄像机越来越多地得到使用。

5）镜头安装方式

根据摄像机镜头与 CCD 摄像机成像靶面的距离不同，镜头的安装分为 C 方式和 CS 方式两种。

6）摄像机图像同步方式

摄像机图像同步方式分为外同步、内同步和电压同步三种。

7）摄像机图像输出制式

摄像机彩色图像输出有 PAL 制和 NTSC 制

8）供电电源

交流供电　220V、24V

直流供电　12V、24V

(3）摄像机镜头

摄像机光学镜头的作用是把被观察目标的光像聚焦于摄像管的靶面或 CCD 传感器件上，在传感器件上产生的图像将是物体的倒像，尽管用一个简单的凸透镜就可实现上述目的，但这时的图像质量不高，不能在中心和边缘都获得清晰的图像，为此往往附加若干透镜元件，组成一组复合透镜，方能得到满意的图像。

1）镜头的种类

摄像机镜头按照其功能和操作方法可分为常用镜头和特殊镜头两大类。

① 常用镜头

常用镜头又分为定焦距（固定）镜头和变焦距镜头两种。

A. 定焦距（固定）镜头

定焦距（固定）镜头焦距是固定的，采用手动聚焦操作，光圈调节有手动和自动两种。通常用在监视固定场所的场合。

而根据焦距的长短又分短焦距镜头、标准镜头、中焦距镜头和长焦距镜头。

a. 短焦距镜头：

又称广角镜头，焦距在 4～8mm 之间，视角 65°以上，常为 75°～120°，用于在近距离摄取景物的全体。

b. 标准镜头：

焦距在 8～16mm 之间，视角 30°左右，使用范围较广。

c. 长焦镜头：

焦距在 16mm 以上，视角小于 25°，常为 15°～25°，焦距长的可达几十毫米或上百毫米。焦距越长则越能监视远处景物。

d. 中焦镜头：

中焦距镜头是焦距与成像尺寸相近的镜头，中焦距镜头的焦距则介于标准镜头与长焦之镜头间。

不同尺寸的摄像机不同的焦距、视角，如表 7-3 所示。

摄像机焦距、视角表　　　　**表 7-3**

焦距、视角 / CCD尺寸	短焦距镜头		标准镜头		长焦镜头	
	焦距	视角	焦距	视角	焦距	视角
1/3in	<4mm	69°	8mm	33°	>12mm	23°
1/2in	<6mm	67°	12mm	30°	>18mm	20°
2/3in	<8mm	65°	16mm	28°	>25mm	18°

B. 变焦距镜头

焦距可变的镜头称为变焦距镜头。焦距可以从广角变到长焦，在成像过程中由于焦距发生变化，为使图像聚焦在焦平面上，必须进行聚焦操作。变焦距镜头的镜头焦距的改变可以手动操作，聚焦操作也可以是手动的。为实现远程控制，在视频监控系统中使用的变焦镜头通常是电动的。即用电动机实现变焦、聚焦操作，变焦距镜头的镜头光圈分电动、手动和自动几种。自动光圈镜头和电动光圈镜头也常用在视频监控系统中。自动光圈镜头由于它的光圈变化是自动的（由摄像机输出的电信号去自动控制光圈的大小），所以适于光照度经常变化的场所。电动三可变镜头就是指用电动机控制焦距、光圈和聚焦的镜头。这种镜头用起来很方便、很灵活，适合远距离观察和摄取目标，常用在监视移动物体的场合。电动二可变镜头为电动机控制焦距和聚焦的镜头，光圈为自动光圈。

常用的电动变焦镜头 6 倍（6.0～36mm，F1.2）、8 倍（4.5～36mm，F1.6）、10 倍（8.0～80mm，F1.2）、12 倍（6.0～72mm，F1.2）、20 倍（10～200mm，F1.2）等几种。还有一种用电子方式变焦的镜头，称数字变焦，焦距比可做到几十到几百倍。

自动光圈镜头的光圈随被监控图像的照度自动调节。其调节方式有两种，即直流电源驱动和视频驱动。目前大多黑白或彩色摄像机可以兼容两种调节方式的自动光圈镜头。

② 特殊镜头

这种镜头是根据特殊的工作环境或特殊的用途专门设计的镜头。特殊镜头又可分为以下几种。

A. 广角镜头

又称大视角镜头，短焦距镜头，视角 90°以上，安装这种镜头的摄像机可以摄取广阔的视野，观察范围较大，但近处图像有变形现象。

B. 针孔镜头

这是有细长的圆管形镜筒，镜头的端部是直径只有几毫米的小孔，多用在隐蔽的监视环境，经常被安装在顶棚或墙壁内。

2）镜头特性参数

镜头的特性参数很多，主要有焦距、光圈、视场角，镜头安装接口、景深等。

所有的镜头都是按照焦距和光圈来确定的，这两项参数不仅决定了镜头的聚光能力和放大倍数，而且决定了它的外形尺寸。

焦距一般用毫米表示，它是从镜头中心到焦平面的距离。光圈即是光圈指数 F，它被定义为镜头的焦距（f）和镜头有效直径（D）的比值，即

$$F = f/D \tag{7-1}$$

光圈 F 是相对孔径 D/f 的倒数，在使用时可以通过调整光圈口径的大小来改变相对

孔径。F 值为 1、1.4、2、2.8、4、5.6、8、11、16、22……

光圈值决定了镜头的光通量和聚光质量，镜头的光通量与光圈的平方值成反比（$1/F^2$）。具有自动可变光圈的镜头可依据景物的亮度来自动调节光圈。

光圈 F 值越大，相对孔径越小。其光通量小，而镜头的聚光质量好。在选择镜头时要结合工程的实际需要，一般不应该选用相对孔径过大的镜头，因为相对孔径越大，由边缘光量造成的像差就大，如要去校正像差，就得加大镜头的重量和体积，成本也相应增加。所以在焦距 f 相同的情况下，F 值越小，表示镜头越好。

视场是指被摄物体的大小。视场的大小应根据镜头至被摄物体的距离、镜头焦距及所要求的成像大小来确定，如图 7-31 所示。其关系可按下式计算：

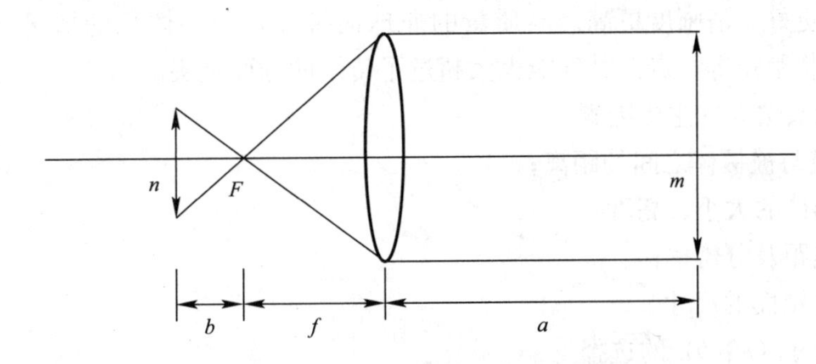

图 7-31　镜头特性参数之间的关系

焦距：
$$f=na/m \tag{7-2}$$
视场：
$$m=na/f \tag{7-3}$$
$$W=ba/f \tag{7-4}$$

式中，不同管径的摄像管，其靶面像场的 a、b 值如表 7-2 所示。

m——景物高度（m）；

W——景物宽度（m），通常 $W=4/3$m；

a——镜头至被摄物体的距离（视距）（m）；

f——焦距（mm）；

n——成像高度（mm）；

b——成像宽度（mm）。

由以上公式可见，焦距 f 越长，视场角越小，监视的目标也小。

利用（7-3）和（7-4）式可计算出不同尺寸的摄像管，在不同镜头焦距 f 下的视场高度和宽度值；或者相反，当镜头和物体之间的距离（L）和物体水平宽度（W）或高度（H）已知时，可利用（7-3）和（7-4）式计算出焦距 f。

电视摄像机镜头的安装接口要严格按国际标准或国家标准设计和制造。镜头与摄像机大部分采用 C、CS 安装座连接，C 型接口的装座距离（安装靠面至像面的空气光程）为 17.52mm，CS 型接口的装座距离为 12.52mm。D 型接口的装座距离为 12.3mm。

CS 安装座的镜头可以安装在 C 安装座的摄像机上，此时只要将摄像机前部的垫圈取下再安装 CS 安装座的镜头就行了。如果要将一个 C 安装座镜头安装到一个 CS 安装座摄像机上时，则需要使用镜头转换器。

3）镜头的选择

常规的摄像机镜头多为球面凸镜，但是球面镜中心和边缘的厚度不一样，所以表现在镜面各点的折射率也不尽相同，因此会产生像差（图像的变形）、色差（颜色的变异）等偏差，所以单片镜片的成像难以达到满意的结果，高质量的摄像机镜头通常需要多片不同曲率的球面凸镜和凹镜组合而成，凸镜和凹镜互补，以弥补镜头边缘产生的像差和色差。因此生产工艺要求高、成本高、体积大。近年来研究生产的非球面镜头，用非球面镜片代替球面镜片，根据焦距、光圈的需要，将镜片研磨成抛物线、二次曲线、三次曲线，而镜片曲线的设计充分考虑到相差、色差的校正。通常用1～2片非球面镜片就能达到多片球面镜片矫正像差的效果，减少镜片的数量，缩小了镜头的体积，使得镜头的成像失真降低、色彩还原更好、清晰度更高。高质量的非球面镜头在相同体积的情况下，具有光圈大、变倍高、物距短等特点。其性能大大超过了传统的球面镜头。

① 影响镜头选择的主要因素

A. 摄像机与被摄体之间的距离；

B. 被摄物体的大小、亮度；

C. 镜头焦距及分辨率；

D. 摄像机靶面的尺寸。

② 成像尺寸（$n \times b$）的选择

镜头的成像尺寸必须与摄像机靶面最佳尺寸一致。摄像管靶面越大，即摄像机所能摄取的光图像越大，则被摄体最终摄取光图像的像素增加，其各项指标如清晰度、图像特性等指标也将大大提高，但摄像机的体积也将相应增大。

③ 镜头焦距的选择

A. 不同镜头的视场角度

a. 长焦镜头视场角小于20°；

b. 标准镜头视场角为30°左右；

c. 广角镜头视场角在70°以上；

d. 超广角镜头视场角可接近180°；

e. 大于180°的镜头称为鱼眼镜头。

B. 影响镜头焦距选择的因素

a. 欲监视景物的尺寸；

b. 摄像机与景物的距离；

c. 摄像机成像器的尺寸：1/3″、1/2″、2/3″。

C. 摄像机镜头规格应视摄像机的CCD尺寸而定，两者应相对应。即

a. 摄像机的CCD靶面大小为1/2in时，镜头应选1/2in；

b. 摄像机的CCD靶面大小为1/3in时，镜头应选1/3in；

c. 摄像机的CCD靶面大小为1/4in时，镜头应选1/4in。

（4）摄像机的选用

摄像机种类很多，根据不同的需求，应该选择不同种类的摄像机。而选择的主要依据是摄像机的清晰度、最低照度。另外选用的摄像机尤其是用在室外的摄像机应有较宽的动

态范围，能在不同的光照条件下正常工作。当然考虑到摄像机安装的美观、隐蔽，可选用不同形式的防护罩。

黑白摄像机的最大特点是最低照度低，清晰度高。高水平的黑白摄像机最低照度可达到0.001lx/F1.2，清晰度高达600～800线。可用于夜间光线不足而又无法使用辅助照明的地方，或对监控区域无颜色要求的地方。

彩色摄像机适用于对监控区域有颜色要求的地方，如监控入侵者行为时，入侵者的衣着颜色对案情的判断是很重要的。但彩色摄像机的清晰度要低于黑白摄像机，一般的只有320线，最高的也只有450～550线，而且价格要大大高于黑白摄像机。

彩色/黑白自动转换摄像机适用于照度变化大的室外使用，白天室外照度高，彩色还原好，摄像机设置为彩色状态。黑夜环境照度低，彩色还原差，如摄像机还工作在彩色状态，信号噪声加大，清晰度下降，摄像机自动转为黑白状态，保证了系统对清晰度的要求。

1）黑白、彩色、彩色/黑白自动转换摄像机

KTC-230为低照度黑白摄像机，摄像机采用数字处理技术，使该摄像机具有最佳的灵敏度自动控制、完善的自动逆光补偿和优良的自动白平衡功能，大大提高了摄像机的灵敏度和信噪比。摄像机采用1/2″摄像管，CCD采用了空穴累积二极管技术，大大提高了信号输出的信噪比，加装了红外线滤波器后，提高了对红外线灵敏度，比标准的CCD技术好两倍。摄像机清晰度高达600线，具有0.001lx/F0.75的低照度性能。摄像机配有C/CS镜头接口，可接受视频或直流光圈伺服信号，实现光圈的自动调整。

KTC-31S为低照度彩色摄像机，摄像机采用1/2″摄像管，CCD采用了空穴累积二极管技术。摄像机同样采用数字处理技术，具有KTC-230一样优秀的指标。摄像机清晰度高达480线，具有0.025lx/F0.75的低照度性能。

KTC-241为日夜型低照度彩色数字摄像机。日夜两用，白天以彩色图像成像，夜间则以黑白图像成像；彩色/黑白随照度变化自动转换。KTC-241摄像机采用1/2″摄像管，CCD采用了Exview HAD CCD空穴累积二极管技术，而Exview HAD是通过聚光镜片来提升CCD对光的感应度。这种CCD对红外光有很高的灵敏度，在白天很容易造成摄像机色彩偏色，为了解决这种情况，通常会在摄像机前加滤色片过滤红外光，使得白天取得更好的色彩效果。但使用滤色片过滤掉红外光以后，摄像机在晚上使用，特别是配合红外灯使用时，必然会影响红外光的通过，所以常规的彩色/黑白转换型摄像机无法在白天和晚上都取得最好的观察效果。因此彩色/黑白转换型摄像机中采用自动滤色片切换技术，在摄像机CCD前装有滤色片，滤色片可以有效地过滤红外光，使得白天色彩更纯正；在晚上使用时，可以通过遥控方式或者由内部定时器控制，移去摄像机CCD前滤色片，保证红外光线的通过，从而保证摄像机在白天和晚上都有最佳的观察效果。Exview HAD CCD空穴累积二极管技术，采用高饱和度信号电平，提高了从可见光到红外光区域的灵敏度，降低了拖影现象，即使在黑暗环境下，仍能拍摄到高清晰度的图像，若与红外灯配合使用，可实现零照度正常工作，从而使其能实现24小时全天候监控。摄像机采用超级数字处理技术，具有KTC-230一样优秀的指标。摄像机清晰度高达600线/黑白，480线/彩色，具有0.005lx/F0.75的低照度性能。红外线环境下为0.1lx。

常用摄像机的外形如图7-32所示。枪形摄像机的性能指标如表7-4所示。

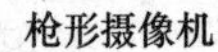
枪形摄像机

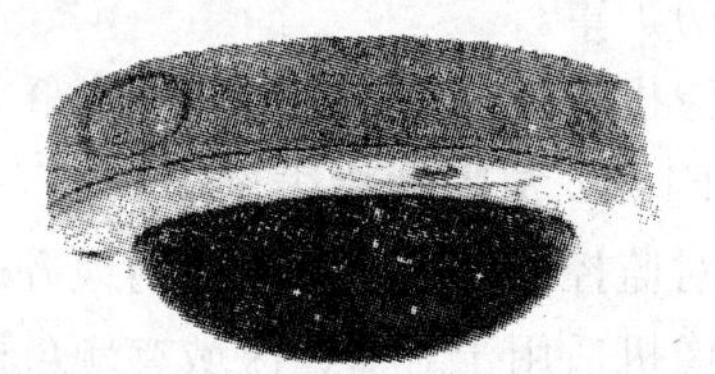
半球形摄像机

图7-32 常用摄像机的外形

枪形摄像机的性能指标 **表7-4**

项 目	数字黑白摄像机		数字彩色摄像机		日夜型低照度彩色数字摄像机	
	KTC-230H	KTC-230HD	KTC-31S		KTC-241H	KTC-241HD
控制技术	DIP开关	OSD菜单	DIP开关	OSD菜单	DIP开关	OSD菜单
CCD技术	索尼1/2″或1/3″Super HAD CCD		索尼1/3″Super HAD CCD		索尼1/2″或1/3″Exview HAD CCD	
颜色	单黑白		单彩色		彩色、黑白自动切换	
清晰度	600线或420线		480线或380线		600线\480线或380线	
灵敏度	0.001lx/F0.75		0.025lx/F0.75 红外线环境下为0lx		0.005lx/F0.75 红外线环境下为0lx	
处理方式	超级数字处理		超级数字处理		超级数字处理	
输出	Y/C视频输出， 双BNC视频输出		Y/C视频输出， 单BNC视频输出		Y/C视频输出， 双BNC视频输出	
自动增益	36dB		36dB		36dB	
信噪比	大于48dB		大于48dB		大于48dB	
自动光圈	可接受视频或直流光圈伺服信号		可接受视频或直流光圈伺服信号		可接受视频或直流光圈伺服信号	
镜头	配有C/CS接口		配有C/CS接口		配有C/CS接口	
供电	12VDC/24VAC供电 （85～265VAC可选）		12VDC/24VAC供电 （85～265VAC可选）		12VDC/24VAC供电 （85～265VAC可选）	

KTC-D30为半球形数字黑白摄像机，KTC-D31为半球形数字彩色摄像机，DR-1200为半球形彩色/黑白/红外线型摄像机。DR-1200能实现彩色、黑白、红外线的自动切换，其性能见表7-5。

半球形摄像机的性能指标 **表7-5**

项 目	半球形数字黑白摄像机	半球形数字彩色摄像机	半球形彩色/黑白/红外线型摄像机
	KTC-D30QV/QHVA	KTC-D31S	DR-1200
CCD技术	1/4″Super HAD CCD	1/3″Super HAD CCD	1/3″ Super HAD CCD
颜色	单黑白	单彩色	彩色、黑白、红外线自动切换
镜头	内置自动光圈镜头，F1.4-F200	内置4mm镜头	多种定焦镜头可选
	手动变焦2.8～5.8mm（或2.2～4.5mm）	自动电子快门1/50～1/120000s	3～8mm，9～22mm手动变焦镜头，自动光圈
白平衡	数字化自动跟踪	数字化自动跟踪	数字化自动跟踪
背光补偿	数字化背光补偿	数字化背光补偿	数字化背光补偿

续表

<table>
<tr><th rowspan="2">项　目</th><th>半球形数字黑白摄像机</th><th>半球形数字彩色摄像机</th><th>半球形彩色/黑白/红外线型摄像机</th></tr>
<tr><th>KTC-D30QV/QHVA</th><th>KTC-D31S</th><th>DR-1200</th></tr>
<tr><td>垂直校正</td><td>数字水平垂直校正</td><td>数字水平垂直校正</td><td>数字水平垂直校正</td></tr>
<tr><td>分辨率</td><td>黑白 600 或 420TV 线</td><td>彩色 480 或 380TV 线</td><td>彩色 480 或黑白 580 线
红外线型 480 线</td></tr>
<tr><td>灵敏度</td><td>黑白 0.04lx</td><td>彩色 0.4lx</td><td>彩色 1lx/F1.4，0.1lx
黑白 0.1lx/F1.4，0.01lx
红外线型 1lx/F1.4，0lx</td></tr>
<tr><td>信噪比</td><td>大于 48dB</td><td>大于 48dB</td><td>大于 50dB</td></tr>
<tr><td>供电</td><td>12VDC</td><td>12VDC</td><td>12VDC/24VAC</td></tr>
<tr><td>球罩直径</td><td>122mm</td><td>98.5mm</td><td>135mm</td></tr>
</table>

2）一体化摄像机

普通摄像机配有 C/CS 镜头接口。可以安装 C 型接口的镜头，也能安装 CS 型接口的镜头。镜头可以是固定镜头，也可以是自动光圈、二可变或三可变镜头。摄像机与镜头自由组合方式虽然灵活，但对于一般用户，尤其是专业知识缺乏的系统管理用户，带来相当困难。为此厂商推出了一种内置镜头的一体化摄像机。内置镜头的一体化摄像机功能齐全、安装简单、操作方便。一体化摄像机内置了高倍变焦镜头，机身与镜头一体化设计，体积小。高质量的一体化摄像机具有自动聚焦、彩色/黑电自动转换功能。一体化摄像机大都采用了数字处理技术，大大提高了摄像机的灵敏度和信噪比。表 7-6 列举了两种一体化摄像机的技术性能。

一体化摄像机的技术性能　　**表 7-6**

<table>
<tr><td>DR-188-M22P</td><td colspan="2">DP-188-23P</td></tr>
<tr><td>彩色一体化摄像机</td><td colspan="2">彩色/黑电自动转换一体化摄像机</td></tr>
<tr><td>彩色 480 线</td><td>彩色 480 线</td><td>黑白 570 线</td></tr>
<tr><td>照度 0.02lx</td><td>照度 0.08lx</td><td>照度 0.01lx</td></tr>
<tr><td>22 倍光学变焦（4～88mm）</td><td colspan="2">23 倍光学变焦（3.6～82.8mm）</td></tr>
<tr><td colspan="3">8 倍数字变焦</td></tr>
<tr><td colspan="3">内置解码器</td></tr>
<tr><td colspan="3">RS-485 总线可控制摄像机功能及调用菜单、多种控制协议，如 SAE、Vicon、KALATEL、LILIN、Pelco-D、Pelco-P</td></tr>
</table>

3）快速球形摄像机

快速球形摄像机又称快球。它通常由 CCD 摄像机、变焦光学镜头、全方位云台、解码器、底座和球形防护罩组成。快速球形摄像机的电机有定速运转和变速运转两种工作状态。快球摄像机通过云台可做水平 360°、垂直 180°自动来回不停地旋转。快球采用微型步进电机，可实现平稳的 0.5°/s 低速运转到 360°/s 高速运转。快速球形摄像机的云台及变焦镜头有预置位置的功能，根据视频监控的需要，快球在任何时间能自动转动并停止在预先设定的位置上。快球在云台运动过程中镜头能快速自动聚焦。球形摄像机还具备巡检功能。快速球形摄像机一般还有报警输入及继电器驱动输出，与预置点配合使用，实现入侵报警与视频监控的联动。室外型的快球通常采用自动光圈、白天彩色/晚上彩色黑白转换功能。室外防护罩还装有风扇和加热器，以满足不同环境的需要。表 7-7 列出了两款快速球形摄像机的性能指标，供学习、选用时参考。

快速球形摄像机的性能指标　　表7-7

DR-588FP7	DR-E588DP7	
室外5″彩色快球	室外5″彩色/黑电自动转换快球	
360°连续旋转	360°连续旋转	
0.3°/s～300°/s	0.3°/s～300°/s	
彩色480线	彩色480线	黑白570线
照度0.9lx	照度0.15lx	照度0.01lx
18倍光学变焦（4.1～73.8mm）	18倍光学变焦（4.1～73.8mm）	
80个预置点	80个预置点	
8倍数字变焦		
内置解码器、OSD屏幕菜单		
RS-485总线可控制摄像机功能及调用菜单、内置多协议转换，如AD、Vicon、UNIVISION（Vl、V2）、KALATEL、LILIN、Pelco-D、Pelco-P		
自动巡航，4条巡航路线		
自动扫描、自动翻转		
内置自动恒温装置及风扇		
透明下罩		

可见光的波长　　表7-8

可见光颜色	波长范围
红	620～750nm
橙	600～620nm
黄	580～600nm
绿	490～580nm
青	460～490nm
蓝	430～460nm
紫	390～430nm

4）红外摄像机

人的眼睛能看到的可见光按波长从长到短排列，依次为红、橙、黄、绿、青、蓝、紫。其波长范围见表7-8。

其中红光的波长范围为620～750nm，紫光的波长范围为390～430nm。比红光波长更长的光叫红外线，比紫光波长更短的光叫紫外线，人的肉眼是看不到红外线的。通常的摄像机在镜头和CCD之间加装了一个红外滤光镜，其作用就是阻挡红外线进入CCD，让CCD只能感应到可见光，这样就使摄像机拍摄到的影像和我们肉眼看到的影像相一致了。在夜晚，环境照度很低，用普通摄像机在自然光的条件下去拍摄现场景物效果就很差了，利用肉眼看不到的红外线去拍摄现场景物就是红外摄像机的基本原理。在夜晚关掉摄像机中的红外滤光镜，不再阻挡红外线进入CCD，另外采用人工辅助的红外灯，增强监控现场的红外光线，红外线经物体反射后进入镜头进行成像，这时我们所看到的是由红外线反射所成的影像，而不是可见光反射所成的影像，即此时可拍摄到黑暗环境下肉眼看不到的影像。由于这种拍摄可以在完全没有光线（0lx）的条件下进行，而采用的是红外线摄影，所以无法进行彩色的还原，拍摄出来的画面是单色的。

另外一种彩色夜视摄像机不像红外线摄像机那样发出红外线，而是采用延长CCD的曝光时间的手段，即帧累积的技术，使得光线在CCD上产生的电荷逐渐积累，利用数字控制的方式，进行高增益运算放大，达到低照度情况下的视频信号采集。这种摄像机即使在很低的照度下（0.01lx），因为不是利用红外线拍摄，所以拍摄出的画面还是彩色的。

常用的彩色红外摄像机由高灵敏度的摄像机及LED红外灯组成，24h自动监控，在红外灯关闭时拍摄出的画面是彩色的，红外灯打开后摄像机利用红外线拍摄，拍摄出来的画面是单色的。

表 7-9 是两款红外摄像机的技术性能表。

红外摄像机的技术性能　　表 7-9

型　号	TF-60M/IRC6		TF-60M/IRC-H6	
机型	1/3″彩色 SONY 感光晶片			
感光晶片	400 线		520 线	
影像图素	NTSC：510（H）×492（V） PAL：500（H）×582（V）		NTSC：768（H）×494（V） PAL：752（H）×582（V）	
信噪比	48dB			
自动快门	NTSC：1/60～1/100000s；PAL：1/50～1/110000s			
镜头	4mm/6mm/8mm/12mm/16mm/25mm			
镜头角度	72°/53°/40°/28°/19°/13°			
红外线角度	80°			
红外线距离	60m			
CCD 最低照度	IR On	0lx	IR On	0lx
	IR Off	0.05lx	IR Off	0.55lx
LED	144pcs			
LED 寿命	约 25000h			
波长	840nm			
色彩	彩色（红外线关闭），黑白（红外线开放）			
开机方式	摄影机：由电源控制；红外线：由光敏电阻自动控制			
电源	12V DC，95～264V AC			
尺寸	$180(W)\times224(H)\times185(L)mm^3$			

5）网络摄像机

网络摄像机是一种传统摄像机与网络技术结合的新一代摄像机，它集视频图像数字化、压缩加密、实时控制、网络通信技术于一身，网络摄像机集成了普通摄像机和网络转换器，将图像信号转换为基于 TCP/IP 网络标准的数据包，使摄像机所摄的画面通过 RJ-45 以太网接口直接传送到网络上，用户可以在任何地方的 PC 上，使用标准的网络浏览器，根据 IP 地址对任何一台网络摄像机进行访问，实时观看图像及对摄像机、防护罩、镜头和云台控制。网络摄像机采用了先进的图像处理技术和网络通信技术，功能强大，内置的系统软件能实现真正的即插即用，免去了复杂的网络配置；内置的 I/O 端口和通信接口便于系统的扩展，综合布线代替了繁琐的视频布线，真正实现了信息网络和视频网络的合二为一。

网络摄像机功能如下：

① 编码标准：图像编码压缩，通过网络利用 TCP/IP 协议进行传输；

② 控制接口：内置一个 RS-485 串行接口，可以对镜头、云台进行控制，或连接其他外部设备；

③ 网络接口：内置一个 10M/100M 以太网 RJ-45 接口，可通过网络实现远程监控；

④ 外部接口：内置一个并行 I/O 接口，可以连接外部传感器进行自动报警，也可以对外部设备进行控制或进行联动报警处理，支持联动报警的图像录像功能；

⑤ 组网方式：有中心的集中式管理与控制的监控网以及无中心的分布式监控网；

⑥ 内嵌 WEB SERVER：网络摄像机内部提供了一个 WEB SERVER，允许用户从 PC 机使用标准的浏览器进行各种监控、操作；

⑦ 升级维护：内置实时操作系统（RTOS），支持软件下载和配置设置，方便升级和

操作管理；

⑧ 安全机制：具有单独的安全机制，可以对操作本摄像机的用户进行分级别的权限验证。

另一种自带硬盘录像机的网络摄像机，它包括一台高感应度、高解像力的彩色摄像机、视频压缩模块和一个大容量的硬盘录像机。硬盘录像机可以有多台模拟摄像机的输入接口。对这些模拟摄像机来说硬盘录像机起一个服务器的功能，将模拟摄像机送来的图像信号转换成数字信号压缩后并赋以IP地址，再通过通道顺序发出，而硬盘录像机按多路复用方式录像。记录图像可以按多画面模式重放或对各通道分别重放。记录和重放可以同时进行（多功能）。

网络接口符合10base-T以太网的标准并支持TCP/IP的通信协议，可以实现在专用网络、内联网和国际互联网上的通信。系统软件可以监视现场图像和记录，能长时间录像，报警录像。报警探测器和视频移动检测实现了系统入侵报警，一旦一个报警发生，摄像机将向预定义的电子邮件地址传送报警图像，或将图像上载到网络服务器的一个文件中。报警还触发一个内部的继电器，这个继电器可以用来控制外部设备的开关。摄像机备有为控制云台及变焦镜头所需要的串口输出。

一台安装了专用的系统软件的PC机，用户通过控制键盘（鼠标）能对系统进行监视和控制，可以调看任何一台摄像机摄取的图像，可以对任何一台摄像机、云台、镜头进行控制，可以选择单画面或多画面的显示方式，可以对硬盘录像机实施开始、停止、倒向等命令。专用的系统软件的安全保护有进入系统的口令保护、IP地址的过滤和图像加密。

2. 云台和防护罩

（1）云台

云台是安装在摄像机支撑物上的工作台，用于摄像机的安装。云台分手动云台和电动云台两种。

手动云台又称为支架或半固定支架。手动云台一般由螺栓固定在支撑物上，摄像机方向的调节有一定的范围，调整方向时可松开方向调节螺栓进行。水平方向可调15°～30°，垂直方向可调±45°。调好后旋紧螺栓，摄像机的方向就固定下来。

电动云台内装两个电动机。承载摄像机进行水平和垂直两个方向的转动。有的云台只能左右旋转称水平云台，有的云台既能左右旋转，又能上下旋转称全方位云台，见图7-33。

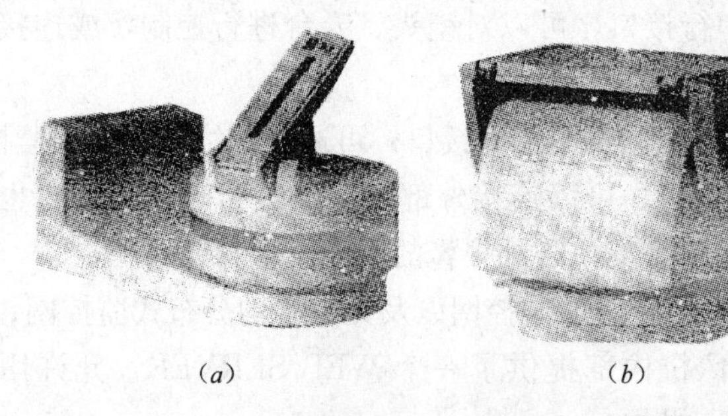

(*a*)　(*b*)　(*c*)

图7-33 全方位云台

(*a*) 轻载全方位云台；(*b*) 轻载室外全方位云台；(*c*) 全天候重载方位云台

云台与摄像机配合使用能扩大监视范围，提高了摄像机的效率。

云台的种类很多，从使用环境区分，有室内型云台、室外型云台、防爆云台、耐高温云台和水下云台等。

室内用云台承重小，没有防雨装置。室外用云台承重大，有防雨装置。有些高档的室外云台除有防雨装置外，还有防冻、加温装置。

在视频监控系统中，最常用的是室内和室外全方位云台，其选择主要有以下几项指标。

1）回转范围

云台的回转范围分水平旋转角度和垂直旋转角度两个指标。水平旋转角度决定了云台的水平回旋范围，一般为0°～350°。垂直转动则有±35°、±45°、±75°等。水平及垂直转动的角度大小可通过限位开关进行调整。

2）承重

云台的最大承载能力是指摄像机（包括防护罩）的重心到云台工作面的距离为50mm时能承载的重量，该重心必须通过云台的回转中心，而且与云台的工作面垂直。云台对于这点的最大承载力是云台的标称值。

室内摄像机防护设备比较简单，重量轻，所以室内云台承载能力设计得很小，一般在8kg左右。室外云台必须有防水、防雨、防风性能，同时，与其相配合的室外防护罩由于考虑全天候工作，有的还有防冻、加温装置，体积大，重量也大，所以其承载能力设计得较大，一般在10kg以上。

近年来，随着技术的不断发展，摄像机越来越小型化，一体化摄像机的问世，大大降低了摄像机的重量和动负载，因此对云台的承载能力也大大降低了，云台的体积也越来越小，许多球形防护罩多内置小型云台，尤其是高速球形摄像机，其内置云台不但体积小、重量轻，还支持水平360°、垂直方向180°连续旋转，支持自动巡航功能，巡航路径可存储80个预置位。

3）控制方式

一般的电动云台应能上、下、左、右旋转，所以一般需配置两个微型电机，一个负责云台的上、下旋转，一个负责云台的左、右旋转。控制线需要5根，其中一根为电源的公共端，另外4根实现上、下、左、右控制。如果将电源的一端接在公共端上，电源的另一端接在“上”时，则云台带动摄像机头向上转，电源的另一端接在“左”时，则云台带动摄像机头向左转，其余类推。

还有的云台内装继电器控制电路，这样的云台往往有6个控制输入端。一个是电源的公共端，另4个是上、下、左、右端，还有一个则是自动转动端。当电源的一端接在公共端，电源另一端接在“自动”端，云台将带动摄像机头按一定的转动速度进行上、下、左、右的自动转动。

在电源供电电压方面，目前常见的有交流24V和220V两种。云台的耗电功率，一般是承重量小的功耗小，承重量大的功耗大。

云台的安装位置距控制中心较近，且数量不多时，一般采用从控制台直接输出控制信号，用多芯KVV控制电缆进行直接控制。而当云台的安装位置距离控制中心较远，且数量较多时，往往采用总线传送编码的控制信号方式通过终端解码箱解出控制信号再去控制云台的转动。

4）旋转速度

在对目标进行跟踪时，对云台的旋转速度有一定的要求。从经济上考虑，普通云台的转速是恒定的，水平旋转速度一般在3°/s～10°/s，垂直在4°/s左右。云台的转速越高，电机的功率就越大，价格也越高。有些应用场合需要在很短的时间内移动到指定的位置，即一方面有位置控制要求，另一方面又有高速度旋转的要求。目前一些高速云台转速可以达到200°/s以上，又有多达几十个预置位功能。它们通常把摄像机、镜头、云台和防护罩统一设计，高速球形摄像机就是一例。

在选择云台时，除了上面的指标比较重要外，还要考虑云台所使用的电压。目前市场上出售的云台的电压一般是交流220V和24V，特殊的还有直流12V的。选择时要结合控制器的类型和系统中其他设备统一考虑。

（2）防护罩

摄像机作为电子设备，其使用范围受元器件的使用环境条件的限制。为了使摄像机能在各种条件下应用，就要使用防护罩。防护罩的种类很多，按其使用的环境不同，分室内型和室外型两种：

室内型
- 简易防水、防尘
- 通风冷却

室外型
- 简易防水、防尘
- 带雨刷器、带加热、排风冷却
- 带加热、排风冷却

室内型防护罩的要求比较简单，其主要功能是保护摄像机，能防尘，能通风，有防盗、防破坏功能。有时也考虑隐蔽作用，不易察觉。带有装饰性的隐蔽防护外罩也经常被利用。例如带有半球形玻璃防护罩的CCD摄像机，外形类似一般照明灯具，安装在室内顶棚或墙上。

室外防护罩比室内防护罩要求高，其主要功能有防尘、防晒、防雨、防冻、防结露、防雪、能通风。室外防护罩一般配有温度继电器，在温度高时能自动打开风扇冷却，低时自动加热。下雨时可以控制雨刷器刷雨。防护罩的外形见图7-34。

（*a*）　　（*b*）

图7-34　防护罩的外形图

（*a*）室内/外防护罩；（*b*）球形防护罩

3. 解码器

摄像机、镜头、云台、防护罩等组成了视频监控系统的现场设备，现场设备远离控制中心，尤其是大型的视频监控系统，现场监控需求不同、环境不同，因此选用摄像机数量大、性能各异、分布分散。而根据不同的监控需求，摄像机、镜头、云台、防护罩的工作状态需经常调整。如摄像机的开或关，镜头的光圈调整、焦距调整、图像的聚焦，云台的上、下、左、右旋转，防护罩通风电机的开或关，防护罩雨刷电机的开或关，防护罩加热、制冷单元的开或关，现场设备（如灯光、声光报警器）的开或关，现场报警探测器的接入等多需要进行远程控制。

实现上述对现场设备的远程控制有多种方式，常用的有直接控制、间接控制、频分控制和时分控制。

(1) 直接控制

控制中心直接通过多芯控制电缆对现场设备进行控制。

摄像机的开或关，需用两根电源线，镜头的光圈调整、焦距调整、图像的聚焦由三个微型电机完成，6 个动作分别称为光圈变大、光圈变小、焦距变长、焦距变短、聚焦远、聚焦近。三个电机如果用一个公共接地端，需有 4～7 根控制线。云台的上、下、左、右旋转，通常由水平旋转和俯仰旋转两个电机完成，电动云台的电机大部分是交流电机，这种电机有两个绕组，两个绕组有一个公共端，当一个绕组接交流电压时，另一绕组经移相电容接入交流电压，改变交流电压两个绕组接入时，实现电机正向、反向旋转。两个电机的公共端接在一起，共需 5 根控制线。防护罩通风电机、雨刷电机、加热、制冷需要 5～7 根控制线，现场设备、报警探测器的接入需要 4 根线。采取直接控制的方式控制电流大，控制线缆多，根据不同的需求，经常采用 13～17 芯的 KVV 控制电缆。为了避免控制信号传输过程中的电压降，电缆芯线通常选用 0.75～1mm^2。用多芯电缆实现对现场设备的控制原理简单，工作可靠，但其缺点是浪费线材，很多能量消耗在传输电缆上。在一些控制中心与控制现场较远的、受控设备较多的场合，选用直接控制的方式就不太有利了。

(2) 间接控制

间接控制是直接控制方式的改进。间接控制是在控制现场安装中继箱，在中继箱内安装数组继电器或可控硅，由继电器或可控硅完成对现场设备控制。而控制中心只需对继电器或可控硅提供低电压或小电流的控制信号就行了。这样降低了传输线缆的要求，电缆芯线可选用小截面，同样增加了控制距离，一般可达 1～2km。

(3) 频分控制

频分控制是将对现场设备的控制信号，分别加到不同的载频上，混频后通过传输线送到控制现场，控制现场的接收机接到信号后，解调、放大、滤波、整形后还原出控制信号，实现对现场设备的控制。这种方式只需一条线路实现多个控制信号的传输，但设备价格相对较贵。

(4) 时分控制

时分控制是将对现场设备的控制信号，由一组串行编码的数据来表示，在每个控制现场安装一个解码器，负责对控制中心送来的串行数据编码进行解码，经解码还原出相应的控制信号分别去控制现场的摄像机、镜头、云台、防护罩等设备。目前控制距离较远的，现场控制设备较多的场合，常用上述方式。采用上述方式控制电缆可由 13～17 芯改为 2

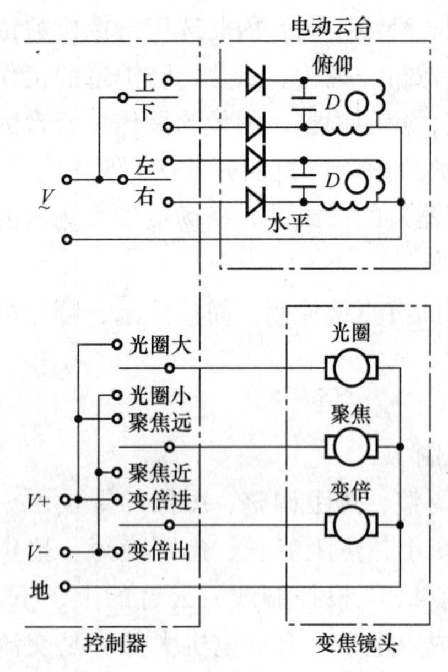

图 7-35　云台和变焦镜头的控制电路

芯，2 芯线缆上可以挂接多个解码器，每个解码器分别有各自的地址编码，控制中心根据解码器的地址编码，向指定的现场设备，发出指定的控制指令。而不同地址的解码器则因地址的差异而不能接收控制中心发出的控制信号。现场设备的驱动电源就地供给，避免了驱动电源长距离传送时的能量损失。

云台和变焦镜头的控制电路如图 7-35 所示。

现有的解码器常用曼彻斯特码作为控制编码，也有采用 RS-422 或 RS-485 接口输入的解码器。然而各生产厂家生产解码器所用的控制编码、传送协议多不一样，所以各厂家生产的矩阵控制主机难以与其他品牌的云台相匹配。尤其表现在快速球形摄像机的控制上，必须选用相应的控制码转换器转换。现在也有不少生产厂家充分考虑到这问题，在生产控制设备时内置多种控制协议。

7.3.3　传输部分

视频监控系统中信号的传输部分也是非常重要的。信号传输的方式通常由信号传输距离与数量等因素确定，大致有以下几种。

1. 视频、控制信号的直接传输

当监控现场与控制中心较近时，通常采用同轴电缆传输视频图像信号，用 KVV 多芯控制电缆或双绞线传输控制信号的直接传输的方式。视频信号的直接传输系统简单、失真小、噪声低，是视频监控系统首选的方式。视频图像直接传输采用特性阻抗为 75Ω 同轴电缆以不平衡的方式进行传输。传输距离达到几百米时宜增加电缆均衡器或电缆均衡放大器。

而大中型的智能小区，涵盖面积很大，往往监控现场距控制中心很远，前端设备与控制中心相距 1000m 以上，采用视频图像直接传送的方式，信号衰减大，即使增加电缆均衡放大器、视频放大器，系统信噪比也不高，为此可以采用射频、微波或光纤传输方式，随着计算机技术和网络技术的发展，越来越多采用计算机局域网实现闭路监控信号的远程传输。

2. 视频、控制信号的电话线、双绞线传输

使用电话线传输视频图像信号最大的优点是不用另外敷设传输线缆，但用电话线来传输频带宽度达 6MHz 的图像信号是无法实现的。因此首先要对图像信号进行处理。最常用的方法是采用降低帧频来压缩图像的频带，实现窄带视频来传输图像，降低帧频后不会影响图像的清晰度。视频发送器实现对视频图像的帧频压缩，视频接收器解压还原图像送监视器显示，如图 7-36 所示。

视频监控系统的控制信号可通过电话线、双绞线实现传输。图 7-37 是多路视频图像和控制信号利用电话线、双绞线进行传输的示意图。

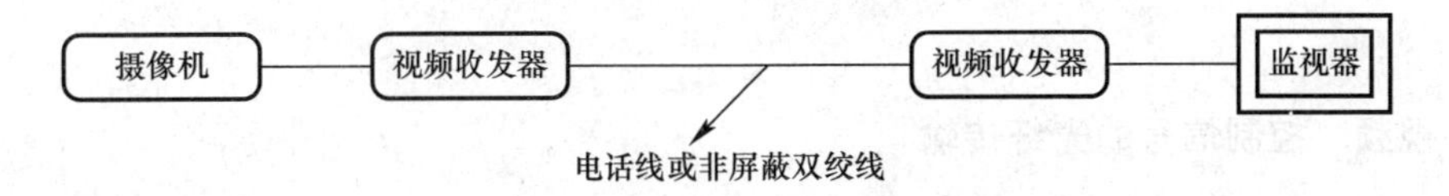

图 7-36　视频信号在电话线上传输示意图

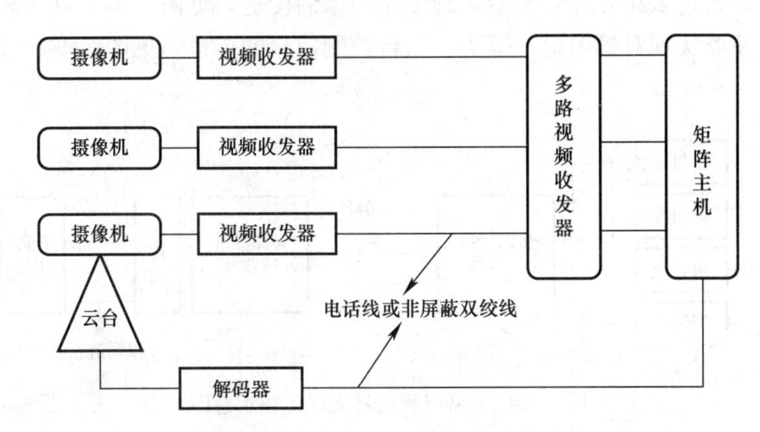

图 7-37　多路视频图像、控制信号在电话线上传输示意图

如利用 ADSL、ISDN 高速数据接口，在电话线上传输视频图像、控制信号效果则更好。

3. 视频、控制信号的射频传输

前端设备多、距离控制中心远的系统宜采用此方式，见图 7-38。

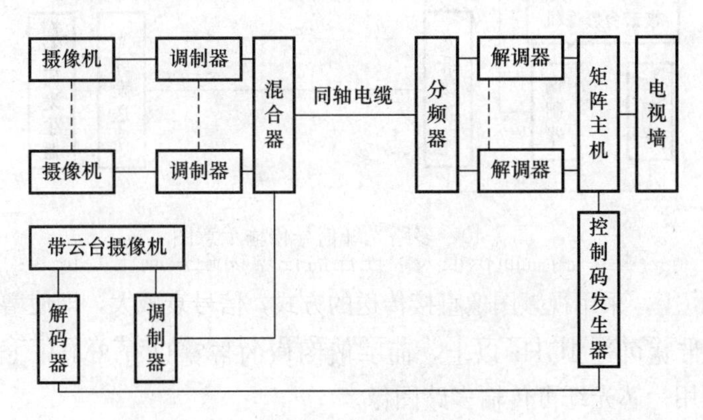

图 7-38　视频信号射频传输方式

采用射频传输的方式，在前端每台摄像机增设射频调制器一台，摄像机的视频输出信号经射频调制器调制，再经混合器混合，混合后的射频信号可用一根同轴电缆送到控制中心，经分频、解调后送视频矩阵或其他控制设备。系统的控制信号可以用双绞线通过解码器传送。采用此方式可以节约大量视频传输电缆。如前端有 10 台摄像机，需将视频信号传到控制中心。如采用直接传输的方式需用 10 根 75-7 或更粗的同轴电缆，而采用射频传输的方式，只需一根同轴电缆。选用此方法时，应注意选用的射频传输频道应远离城市有线电视占用的频道，以免产生干扰。传输距离达到几百米时宜增加电缆均衡器或电缆均衡放大器。射频传输常用在同时传输多路图像信号，传输距离较远，而布线相对容易的

场所。

4. 视频、控制信号的光纤传输

视频信号的光纤传输是将摄像机输出的图像信号转换成光信号通过光纤进行传输。在一根光纤上可以通过多路光纤收发器实现多路图像的传送，见图7-39。在一根光纤上也可以通过光纤收发器实现对摄像机、镜头、云台控制信号的传送，见图7-40。光纤传输的特点如下。

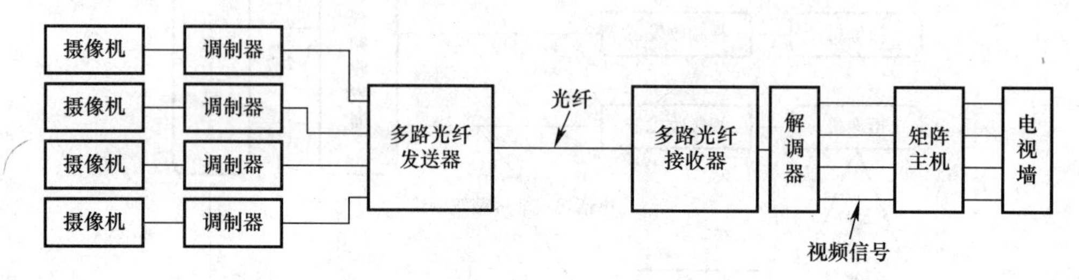

图7-39　多路视频信号光纤传输示意图

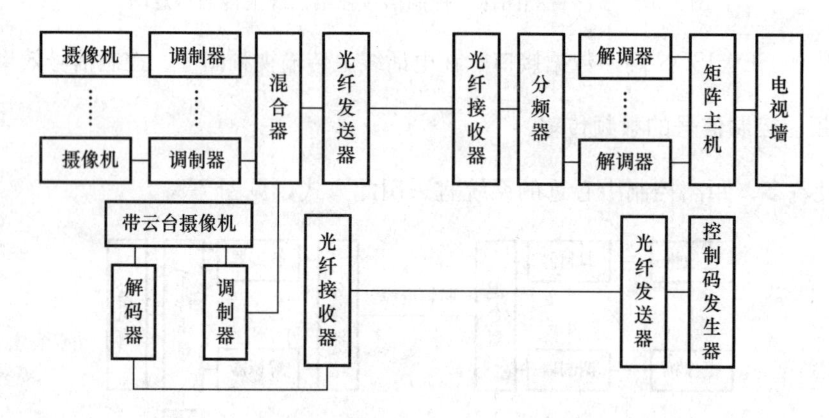

图7-40　多路光纤信号传输示意图

（1）大容量

光纤的使用带宽可达1GHz以上，而一般图像的带宽只有8MHz（NTSC制式只有6MHz），因此利用一芯光纤可传输多路图像。

（2）传输信号衰减小

如果用62.5/125μm的多模光纤，传送850mm波长的光波，衰减约为3dB/km，传送1300mm波长的光波，衰减约为1dB/km，使用单模光纤，衰减更小。

（3）抗干扰性能好

光纤电缆中传输的是光束，光束不受外界电磁波、雷电干扰与影响，而且本身也不向外辐射信号，因此适用于长距离的信息传输。

（4）保密性好

光纤传输是点对点的传输，无电波泄漏，信号不易被窃取，因此保密性好。因此适用于要求高度安全的场合。

5. 视频、控制信号的微波传输

前端将摄像机输出的视频信号调制到微波段（L 波段、C 波段、Ku 波段）由微波发射机放大经微波天线发射，控制中心设置微波接收机，接收微波信号解调后送视频矩阵或其他控制设备。控制中心将对前端设备的数字编码控制信号调制到微波段，经微波发射机发射，现场设置微波接收机接收控制中心发出的编码控制信号，解调后去控制现场设备，如图 7-41 所示。

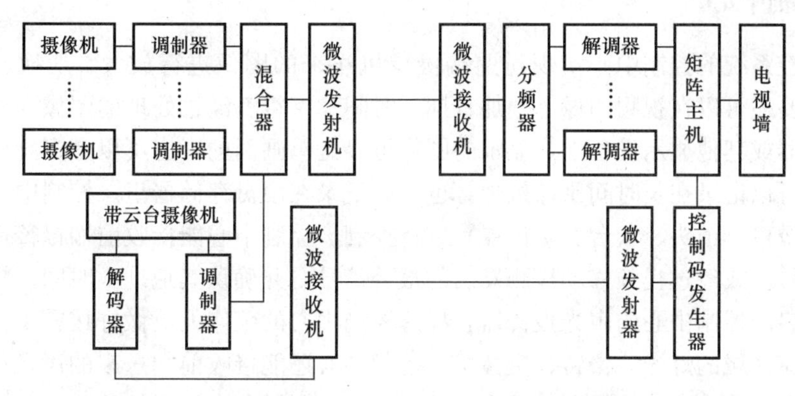

图 7-41 视频、控制信号微波传输示意图

采用此方法可免除穿管、布线等工作。微波传输常用在布线困难，传输距离远的场所。

6. 视频、控制信号在高速数据网上传输

随着数字化城市、数字化社区的诞生，由综合布线系统构成的高速数据网络平台走进了家庭、社区、工厂、机关、写字楼。人们可以在网上办公、学习、娱乐。同样视频监控系统的监控图像、控制信号也能利用该平台传输。图 7-42 为视频，控制信号在高速数据网上传输的示意图。

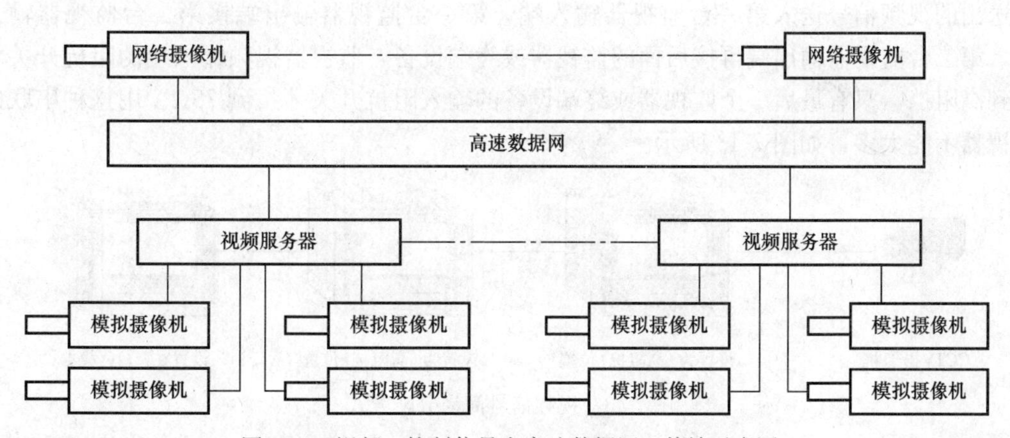

图 7-42 视频、控制信号在高速数据网上传输示意图

网络摄像机是一种传统摄像机与网络技术结合的新一代摄像机，它集视频图像数字化、压缩加密、实时控制、网络通信技术于一身，网络摄像机集成了普通摄像机和网络转换器，将图像信号转换为基于 TCP/IP 网络标准的数据包，使摄像机所摄的画面通过 RJ-

45以太网接口直接传送到网络上。

视频服务器内置一个嵌入式Web服务器，采用嵌入式实时操作系统。摄像机传送来的视频信号数字化后由高效压缩芯片压缩，通过内部总线传送到内置的Web服务器。用户可以在任何地方的PC上，使用标准的网络浏览器，观看Web服务器上的摄像机图像，或根据IP地址对任何一台网络摄像机进行访问，经授权的用户还可以控制摄像机、云台、镜头的动作。

7.3.4 控制中心

视频监控系统的控制中心实现对前端摄像机送来的图像进行放大、切换、分配等管理，根据需要还可以在视频图像上叠加日期、时间和字符。经过处理的图像送到规定的监视器、显示器或其他显示设备上，显示的图像可以是单画面的，也可以是多画面的。经过处理的图像可以记录在长时间录像机中，也可以记录在硬盘存储器里。控制中心可以对前端设备（摄像机、镜头、云台、防护罩）进行控制。控制中心能接收前端报警探测器送来的报警电信号，或经过视频移动检测发出的报警信号，并确认其地址、时间。报警电信号能被记录并启动控制中心的声光报警器，提醒控制中心的工作人员做好接警工作，如需要还能联动相应区域的灯光、警铃、摄像机。控制中心还能接收前端送来的声音信号，实现对现场声音和图像的监控。控制中心主要的监视、控制设备有以下几种。

1. 视频信号分配器

视频信号分配，即将一路视频（音频）信号分成多路视频（音频）信号，也就是说它可将一台摄像机送出的图像信号供给多台监视器或其他终端设备使用。信号分配方式有以下两种。

（1）简易分配方式

它又称桥接分配方式，这种方式用多台监视器输入/输出端口串接而成。将一台摄像机送出的视频信号送入第一台监视器输入端，第一台监视器输出端接第二台监视器输入端，第二台监视器输出端再接后面的监视器或终端设备，监视器视频输入端的阻抗开关均拨到高阻挡，只有最后一个监视器或终端设备的输入阻抗开关才拨到75Ω。用这种串联的监视器不能太多，如图7-43所示。

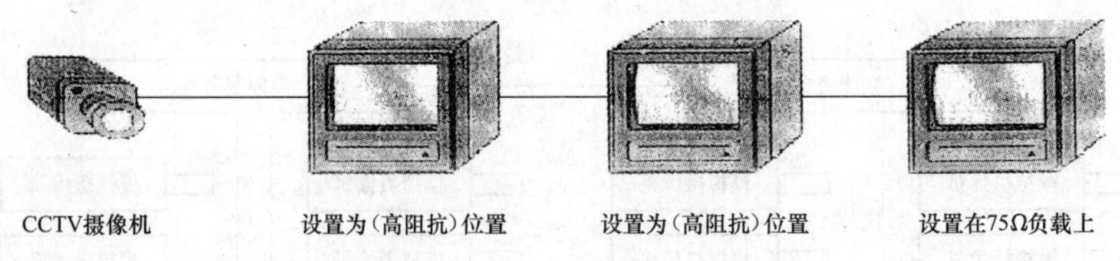

图7-43 视频信号简易分配方式

（2）采用视频分配器的方式

当一路视频信号送到相距较远的多个监视器时，一般应使用视频分配器，分配出多路幅度为1$V_{p\text{-}p}$，阻抗是75Ω的视频信号接到多个监视器，各个监视器的输入阻抗开关均拨到75Ω上，如图7-44所示。

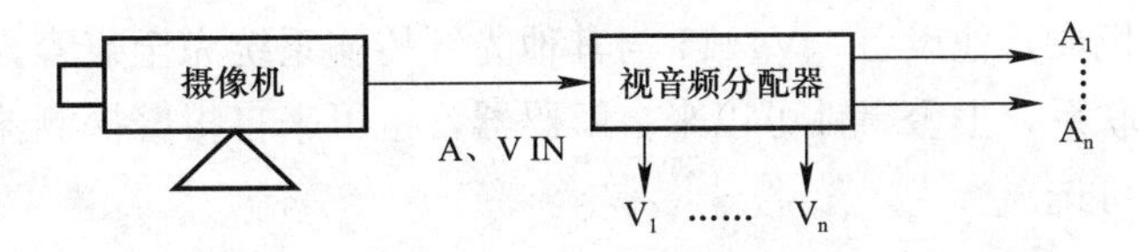

图 7-44 视频信号采用视频分配器方式

视频分配器（或附加音频）除了有信号分配功能外，还兼有电压放大功能。

V210 视频分配器提供最多 6 路视频输出，其中每一路等同于单路输入，用于一路视频信号需环路 5 次以上时，提供给其他设备。V210 视频分配器还有放大功能，以弥补信号分配过程中的损耗。

2. 视频切换器

为了使一个监视器能监视多台摄像机信号，需要采用视频切换器。切换器除了具有扩大监视范围，节省监视器的作用外，有时还可用来产生特技效果，如图像混合、分割画面、特技图案、叠加字幕处理等。

视频切换器相当于选择开关的作用，如图 7-45 所示。因此，它可以采用机械开关形式，其虽然简单，但切换时干扰较大。也可以采用电子开关形式，其好处是干扰较少、可靠性强、切换速度快，因此现在 CCTV 都采用电子开关进行切换。

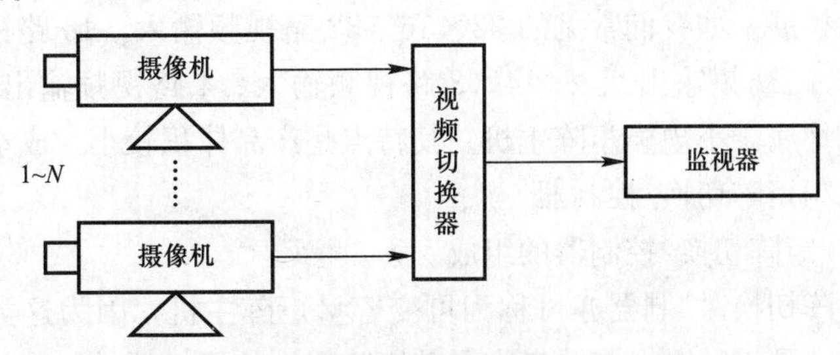

图 7-45 视频信号采用视频切换器方式

（1）VICON 的 V1404L 视频切换器

VICON 的 V1404L 是一款手动四路视频切换器，可根据需要将四路摄像机信号切换到监视器上。这种视频切换器是电子排序的，当同时按下两个切换开关时，低位输出。V1404L 对每个视频输入提供环路视频输出。如果环路输出不用，需接上 75Ω 负载。

（2）VICON 的 V1411 视频切换器

VICON 的 V1411 视频切换器通过控制键盘来实现 8 路视频切换到两个监视器上；加上扩展模块，可实现 16 路视频切换到 4 个监视器上。

键盘功能有监视器选择、摄像机选择、预置位存储/调用、报警识别、自动光圈关/开、自动水平旋转、顺序切换，可选及编程、变焦、聚焦、手动光圈、带变速水平俯仰和镜头速度调节等功能。

V1411 每路视频都能控制快速球形摄像机，实现其变速、预置位及巡视等功能，也能实现对 VICON 的其他解码器的控制。V1411 提供两种标准的通信传送方式：采用双绞线或视频同轴电缆传送。所有监视器都能编程，实现不同延时来切换不同图像。V1411 通过 RS-422 接口最多可连接 4 个键盘。V1411 有 8 个环路输出（可扩展成 16 个），可连接到画面分割器或录像机上，监视器输出能连接录像机上，用于回放图像，V1411 有一个报警输出可用于控制录像机或其他设备。V1411与其他光纤传输系统完全兼容。每个视频通道都能与一个报警事件联系，报警事件可以来自解码器，也可来自报警探测器，报警确定有自动或手动两种方式可选。

3. 视频矩阵切换/控制器

在模拟视频监控系统中，视频矩阵切换/控制器是电视监控系统中的核心设备，对系统内各设备的控制均是从这里发出的。在视频监控系统中，视频矩阵切换/控制器的主要作用：视频信号的分配、放大和切换，使得任意一个监视器能够任意显示多个摄像机摄取的图像信号；每个摄像机摄取的图像也可同时送到多台监视器上显示。视频矩阵切换/控制器还有时间、地址符号发生，可以在每个摄像机摄取的图像上叠加时间、地址。视频矩阵切换/控制器能发出的串行控制数据代码，去控制云台、摄像机镜头等现场设备。有的视频矩阵切换/控制器还带有报警输入接口，可以接收报警探测器发出的报警信号，并同时启动相应区域的摄像机工作，显示、记录报警区域图像。也可以通过报警输出接口去控制相关设备，如现场的灯光、声光报警器、录像机等。

（1）小规模视频矩阵切换/控制器

小规模视频矩阵切换/控制器亦可称为固定容量主机，其矩阵规模已经固定，在以后的使用中不能随意扩展。如我们常见的32×16（32路视频输入，16路视频输出）、16×8（16路视频输入、8路视频输出）、8×4（8路视频输入、4路视频输出）矩阵切换/控制器。这类矩阵主机均属于小规模矩阵主机。其特点是产品体积较小，成本低廉。

（2）大规模视频矩阵切换/控制器

1）大规模视频矩阵切换/控制器的组成

大规模视频矩阵切换/控制器亦可称为可变容量矩阵主机，因为这类矩阵切换的规模一般都较大，且在产品设计时，充分考虑了其矩阵规模的可扩展性。在以后的使用中，用户根据不同时期的需要可随意扩展。如我们常见的128×32（128路视频输入、32路视频输出）、1024×64（1024路视频输入、64路视频输出）矩阵主机均属于大规模矩阵切换/控制器。其特点是产品体积较大、成本相对较贵、系统扩展非常方便。

大规模视频矩阵切换/控制器通常采用模块化结构，主要有中央处理器模块、视频输入模块（VIM）、视频输出模块（VOM）、数据缓冲模块和电源模块组成。

① 中央处理器模块

用系统软件控制整个切换系统，完成各种控制功能。模块还包括8个RS-232数据端口（可扩展到32个通道）。一条数据线输出，可以用来切换主机箱和辅助机箱。

② 视频输入模块（VIM卡）

提供16路视频输入接口。

③ 视频输出模块（VOM卡）

除了提供监视器输出通道外，还可加入摄像机标题和日期/时间等字符信息，能控制文字的位置。VOM卡提供4路视频输出口。

④ 数据缓冲模块

把视频输入信号送到其他切换机箱，每个数据缓冲模块的后面板提供16个视频输出口，用来连接 VOM 视频输出模块。

⑤ 电源模块

为系统提供合适的直流电源。

大规模音频矩阵主机同样包含上述功能模块。不同的是由音频输入模块（IIM）代替了视频输入模块（VIM）、音频输出模块（IOM）代替了视频输出模块（VOM）。音频矩阵主机实现现场音频复核信号的自动切换，通过对现场声音的监听对报警信号进行复核。

2）大规模视频矩阵切换/控制器的特点

① 预组装系统

系统最多可接 1024 个输入和 128 个输出，根据需要可以配置不同数量的视频输入模块（VIM 卡）、视频输出模块（VOM 卡），系统的预组装简化了矩阵切换控制器的选择。

② 菜单综合设置

系统有专用的编程监视器接口，用于连接监视器显示屏幕菜单，可通过系统键盘进行编程，设置系统的各项参数。

③ 键盘口令输入

系统最多可设置 64 个用户口令，限制无关人员使用系统，保证了系统的安全。

④ 优先级操作

规定口令有 8 个优先等级，进一步限制无关人员设置和控制系统。

⑤ 系统可划分

明确规定了键盘、监视器、摄像机之间的关系，进一步增强了系统的安全性。

⑥ 成组切换

可将多台摄像机同时切换到多台相邻的监视器上，有 64 个独立的摄像机分组（并行/分组），每组最多 16 台摄像机，每组摄像机可用手动调用显示，或作为通用巡视的一部分。

⑦ 通用的巡视/序列

可建立摄像机或分组摄像机的 64 个巡视/序列，便于随时切换到监视器上。

每个巡视最多有 64 个位置，用来插入驻留时间不同的摄像机图像，还可插入每台摄像机的景物预置和辅助功能。

巡视可以正向或反向运行，包括同一台摄像机的多次进入巡视或单个摄像机的多个景物预置进入巡视在内。这种巡视可以连在一起，组成的序列数可大于 64 台摄像机，序列巡视中自动跳过与监视器无关的摄像机。

⑧ 自动调用

为用户提供可编程的 35 个时间，可实现每天、每周的需要自动布/撤防，自动调用监视器巡视序列。

⑨ 监视器单独巡视

操作人员可随时规定任意监视器上的摄像机巡视/序列。这些序列最多有 64 个位置，用来插入驻留时间不同的摄像机。同一台摄像机可在多个位置插入序列。

⑩ 屏幕显示可选择

每个视频输出上可插入日期、时间、监视器号和监视器状态、摄像机号码及 10 个汉字或常用字符的可编程字幕。

系统为用户提供摄像机号码、文字控制和日期/时间的有/无控制。文字控制包括水平和垂直定位及调节显示亮度。

⑪ 现场控制

在摄像机现场，解码器控制每台摄像机的（变速、恒速）云台的动作，还可控制电动镜头、辅助功能和72个预置点。

⑫ 自动报警调用1024个报警输入

报警输入可编程，把任何一台摄像机或分组的摄像机导引到监视器或监视器组上。每台摄像机可启动景物预置、辅助功能，选择不同的驻留时间（1～60s），每台监视器有15个报警显示消除方式可以选择。

⑬ 报警联系表

可以规定报警触点调用的摄像机画面在那个监视器上显示。5个报警联系表可编程。

⑭ 报警显示方式

对某台监视器或一组监视器用户可选择下列方式：

A. 顺序方式

在监视器上按顺序切换显示多个报警，图像的驻留时间可设定。

B. 保持方式

显示初次报警的图像，以后发生的报警按顺序排队。当第一个报警被清除后，第二个报警才显示在监视器上。

C. 双监视器方式

第一个监视器上显示最早报警的图像，第二个监视器显示随后的报警图像。当第一个监视器上的报警被清除后，第二个监视器的第一个报警移到第一个监视器上显示。这样的监视器对可以有64对。

D. 块顺序方式

分别在一组监视器上显示报警图像，每个监视器上的报警图像按顺序切换显示。

E. 块保持方式

分别在一组监视器上显示报警图像，每个监视器上的报警图像固定显示，直到第一个报警被清除后才显示第二个报警画面。

⑮ 报警消除方式

用户可以选择，适用于每台监视器。

⑯ 立刻清除

这种报警清除方式是通过报警触点自动清除来完成的。一旦报警取消，则对应的监视器上的报警画面被清除。可以根据需要加上手动清除方式。

⑰ 自动清除

当报警触点断开20s后，系统自动地清除报警响应。这种报警清除方式是通过报警触点自动清除来完成的。一旦报警取消，在20s延时后，报警画面将自动地从它的监视器上消除。可以根据需要加上手动清除方式。

⑱ 手动清除

操作者可通过键盘来清除报警。

⑲ 报警状态打印输出

由 RS-232 通信口输出到串行打印机，可打印报警时间、报警触点地址、视频丢失、被调用的摄像机、所用的监视器等信息。

⑳ RS-232 通信口

8 个 RJ-45 标准 RS-232 端口，可与主控键盘、分控键盘、报警接口设备、计算机等进行通信。数据速率 1200、2400、4800 或 9600bit/s 或 bps 可选择，可单独编程。

使用通道扩展器，每一个端口可扩展为 4 个通道。这样最多可有 32 个 RS-232 通道。

㉑ 数据存储

所有用户的编程数据诸如系统划分、摄像机循环巡视、标题、报警配置、端口配置的接法等存储在有备用电池的存储器中，断电后信息最少可保存 5 年。

3）大规模视频矩阵切换/控制器相关的配套设备

① 主控键盘特性

用户登录：用于系统登录和注销；

系统编程：专用键用于监视器设防和撤防，监视器巡视编程。双功能键用于切换系统编程菜单；

键盘编程：用户可选择几种键盘功能，用来满足装配需要；

波特率选择：可选择 1200、2400、4800、9600bit/s 或 bps，使键盘与矩阵切换/控制器、解码器或其他计算机设备匹配；

控制：操作员可用操纵杆灵活地控制定速或变速云台。操作人员在系统编程时可使用操纵杆选择菜单项；

透镜控制：按键可控制功能。可控制的透镜功能包括：光圈（开-闭），焦距（近-远），变焦（宽-窄）；

报警控制：按键使监视器处于设防或撤防状态和确认报警；

发光管显示：发光管显示窗显示输入的摄像机号码、所选的卫星现场、调用的监视器和当前摄像机；

监视器选择：最多 128 台监视器；

摄像机选择：最多可选择 1024 台摄像机。

② 分控键盘特性

与主控键盘功能相当，实现系统的多处控制。

③ 控制码发生器/分配器

可把矩阵主机 CPU 的高速数据线输出的控制信号变换成解码器用的控制码（曼码）。可提供 64 个独立的缓冲控制码输出，分 4 组，每组 16 个。每个输出可用电缆传送 1200m。最多可连接 5 台接收器。可通过高速数据线级联多台码发生/分配器，输出 64 个以上的独立控制码。

④ 码转换器

码转换器与矩阵主机一起使用，把曼码控制码转换成与其他厂家的解码器、智能球兼容的控制码格式。矩阵主机可使用一台或多台码转换器，控制更多的解码接收器、智能球，使系统的规模大于原厂家设备的设计能力。

码转换器特性：具有控制云台、光圈、焦距、变焦、辅助设备和各种接收器或球型摄像机的功能。

RS-485数据通信格式，用于接收器、球形摄像机控制。

DIP开关选择1200、2400、4800、9600bit/s或bps，用于RS-232和RS-485接口。

输入：曼码控制码或高速数据信号。

输出到接收器、球形摄像机：16个独立的转换码输出（RS-485）。

⑤ 解码器

提供摄像机云台的遥控操作，还可遥控摄像机现场的辅助设备、摄像机、镜头的变焦、聚焦和光圈控制。解码器主要特性如下。

信号控制码方式：

用屏蔽双绞线传送曼码（也有用RS-232码）控制码，通过解码器可实现对云台、镜头、备用开关等设备的控制。

云台控制：可控制24V AC 50Hz标准云台或自动旋转云台；

镜头控制：控制变焦镜头的光圈、聚焦、变焦。控制电压可调：±5.5～±13.5V DC，最大电流：80～200mA；

附属开关控制：有两个可编程C型继电器，提供两对常开常闭接点；

摄像机控制：通过解码接收机控制摄像机电源的通/断；

探头控制：可控制探头电源的通/断，用于探头的报警布/撤防；

应急灯控制：提供一个C型继电器，提供一对常开接点，用于控制应急灯与报警联动配套使用；

云台自动旋转控制：对于带自动旋转功能的云台，可利用云台自动控制口而实现电子自动旋转；

自检：可用来检查解码器和云台镜头之间的接线是否正确。

⑥ 报警输入接口

报警输入接口有64个触点输入回路，把报警输入转换成报警信号编码，供矩阵切换/控制器使用。经矩阵切换/控制器编程后，能对报警触点做出响应，能自动把报警摄像机切换到预定的监视器上，启动调用预置的指令及辅助功能。任何一个报警触点启动时，触发一个C型继电器，供启动其他外部设备使用。

多台设备通过RS-232线可级联；增加报警输入容量。

输入：64个输入触点（短路、接地或0～5V逻辑电平）

输出：RS-232，波特率可选。

⑦ 报警输出接口

报警输出接口通过高速数据线可以与矩阵系统一起使用。

提供32个可编址A型继电器（双极、单极，常开触点），分成两组，每组16个。

每组继电器可编程，继电器可启动录像机、报警器或其他外部有关的报警装置。

输入：高速数据线；

输出：32个A型继电器，螺纹终端接线器。

⑧ 报警跟随器

提供32个A型继电器，分别对应于监视器的报警信号，当监视器报警时控制警号、应急灯、录像机、电话拨号器等设备。

⑨ 通道扩展器

把系统中CPU上的每个RS-232端口扩展成4个RS-232通道，可与多个具有RS-232端口的系统设备连接。

⑩ 视频丢失检测模块

可以提醒操作人员注意所有摄像机是否全部或部分视频信号丢失。它最多可监视一台设备上的256个视频输入，提供15个视频监视输出。一个输出通道用于视频丢失检测。视频丢失信息先经RS-232连接传往CPU，然后传到打印机输出口，用于硬件拷贝或显示。

⑪ 图形管理软件

软件功能如下。

矩阵切换器控制：最大可达到9个系统；

摄像机控制：最多可控制1024个用于矩阵系统的摄像机；

监视器控制：最多可为矩阵系统控制128台监视器；

操作口令：超过1024个；

级别分配：16个级别的控制；

地形图：可控7200幅；

地形图内的目标：可控255个；

地形图内的标识（图标）数量：256个；

图形化用户界面：系统可与图形化用户界面软件一起使用，这些系统可用图形显示现场平面图，简化摄像机调用和位置识别，提供完整的系统控制。

7.3.5　图像的处理与显示记录设备

1. 多画面处理器

随着电子技术、计算机技术的不断发展，尤其视频同步技术的发展，使多画面同时显示在一个监视器上成了现实。在多个摄像机的电视监控系统中，为了节省监视器和图像记录设备，往往采用多画面处理设备，使多路图像同时显示在一台监视器上，并用一台图像记录设备（例如录像机、硬盘录像机）进行记录。这样，既减少了监视器和记录设备的数量，又能使监视人员一目了然地监视各个部位的情况。

多画面处理器有单工、双工和全双工类型之分，全双工多画面处理器是我们常用的画面处理器。

在记录全部输入视频信号的同时，单工型只能显示一个单画面图像，不能观看到分割画面，但在放像时可看单画面及分割画面。录像状态下既可以监看单一画面，也可监看多画面分割图像，同样在放像时也可看全画面或分割画面的为双工型；全双工型性能更全，可以连接两台监视器和两台录像机，其中一台用于录像作业，另一台用于录像带回放，这样就同时具有录像和回放功能，等效于一机二用，适合于金融机构这类要求录像不能停止的场合。

画面处理器按输入的摄像机路数，并同时能在一台监视器上显示的特点，分为4画面处理器、9画面处理器和16画面处理器等。

画面处理器具有较强时基校正功能，因而不需要原来惯用的同步信号发生器来规范摄像机图形信号的切换，使各摄像机同步，以及其他一些有同步要求的图像处理功能。这既简化了系统的构成，又使各信号在快速切换时是在同步状态下进行的。从而保证了记录和重放画面的整体质量。一台较先进的画面处理器一般都具有以下功能和主要特点：

(1) 具有时基校正功能，无动画效果。无论在16分割、9分割、4分割，还是在单画面显示状态下，均可保证每路画面全实时（50场/秒 PAL，60场/秒 NTSC），彻底解决动画效果。

(2) 屏幕菜单编程简单，面板控制键操作容易。

(3) 全双工操作。可在录像的同时，进行多画面监视或回放。

(4) 同时录制一路（4路或9路、16路）摄像机的图像信号，并能同时显示在两个不同的监视器上。或采用场切换方式，对各路图像信号进行编码并合并记录在一台录像机上(或硬盘记录装置上)，在监视器上只显示一路全屏图像或能同时分割显示各路图像。

(5) 采用数字化处理技术，对输入的图像信号进行各种处理。

(6) 现场监视和录像带重放可用的格式有全屏画面、两倍变焦、画中画和2×2（或3×3、4×4）画面。与标准的SUPER-VHS录像机兼容，提供高品质的画面质量，监视和记录图像分辨率PAL制512×512像素，NTSC制512×464像素。最高可达PAL制720×625像素，NTSC制720×525像素。

(7) 采用动态时间分割（DTD）技术，可编程跟踪图像的移动。具有视频移动报警功能。移动目标编程范围为16H×12V（192个检测点）。对每路摄像机图像进行动态探测，发现移动后发出提示音，并将信息记录下来，对移动报警的通道进行优先录像，动态地为每路图像分配不同的显示/录制时间。

(8) 摄入的图像可由用户在所有的显示格式内任意指定显示窗口。屏幕显示包括时间/日期、报警状态、视频丢失指示和10个字符的摄像机编码名称。

(9) 支持外部触发报警。每路摄像机都对应有一路开关量或TTL/CMOS电平输入。报警输入常开/常闭可选，报警输出提供一个C型继电器的常开或常闭接点。每次报警的信息都被记录下来，以便查询。收到报警信号后自动调用相对应的全屏画面，并可记录每路报警发生的次数（99次以内），报警指示可显示在主监视器上。

(10) 采用场消隐技术（VIS）对图像信号编码，改善了场同步恢复性能，并能消除因录像机性能不佳所引起的图像恶化。

(11) 视频丢失检测功能。当发生视频信号丢失或恢复时发出提示音，并将信息记录下来，可被操作者查询。

(12) 可靠的程序存储器可在断电时保存全部编程内容。两台画面分割器可通过连接实现级联，不仅能够显示本机画面，而且可以观看对方的图像，但这种方法需牺牲录像及回放功能。

(13) 控制：能对全方位云台进行垂直/水平、变速/匀速的操作控制。对镜头进行变焦、聚焦和光圈的操作控制。

(14) 视频输入：4 路（或 9 路、16 路）摄像机环路输入、一台 VCR、BNC 接口；

视频输出：1 路 VCR、多路监视器、BNC 接口；

通信接口：RS-232；

报警输入：16 路常开/常闭可选；

报警输出：2 路常开输出。

2. 长时间录像机

长时间录像机，也称为长延时录像机，还有叫作时滞录像机等名称的。这种录像机的主要功能和特点是可以用一盘 180min 的普通录像带，录制长达 12h、24h、48h，甚至更长时间的图像内容。这种功能和特点，减少了图像记录所需录像带的数量，节省了重放时的观看时间。

长时间录像机每次记录图像时会有 0.02～0.2s 的时间间隔，也就是每秒钟记录图像的帧数不同，录像带每秒所走的距离（录像带运行速度）也不同，从 2.2～11.12mm/s 不等。因此在回放录像带时，影像有不连续感，给人以动画的效果。尽管如此，由于在电视监控系统中，在非报警的情况下，一般没有必要实时录像，每秒几帧的不连续图像也不会妨碍事件的分析，况且，长延时录像机一般都有报警时自动转换为正常速度的标准实时录像功能，所以长延时录像机基本上满足了闭路监控系统的需求，而成为我们常用的图像记录工具。典型产品有 6h、12h、18h 和 24h 4 种时间记录方式；其水平分辨率在 3h 记录方式时黑白图像为 320 线、彩色图像 240 线或是 300 线，信噪比 46dB，有一路声音信号。

近期出现了 24h 高密度录像的机型，其带速为 3.9mm/s，每秒钟可记录 8.33 帧画面，提高了录像密度，这种长时间录像机也带有报警功能。另一种 24h 实时录像机回放时画面连续可观，它采用四磁头结构来抑制回放噪声。使用一盘 E-240 录像带，它可以每秒 16.7 帧的速度进行 24h 连续录像，也可以每秒 50 帧的速度进行 8h 的连续录像。该录像机在与之相连的外部报警传感器触发时，会从每秒 16.7 帧方式自动换成每秒 50 帧记录方式，以完整地捕捉该报警事件。

长延时录像机一般都具有如下的功能和特点：

(1) 几种时间的录像/重放设定；

(2) 报警启动录像的功能；

(3) 报警时自动转换为正常标准速度的实时录像；

(4) 报警时间及报警次数的记录功能；

(5) 可通过监视器的屏幕显示操作菜单对各种功能和时间进行设定；

(6) 安全锁功能，可防止误转换、误操作；

(7) 其他一些附加功能，如 4s 的录制检查功能，自动清洁磁头功能，声音的长时间正常录/放功能等。

3. 硬盘录像机

硬盘录像机是将视频图像以数字方式记录保存在硬盘存储器之中，故也称为数字视频录像机或数字录像机。硬盘录像机用计算机取代了原来模拟视频监控系统的视频矩阵/切换主机、画面处理器、长时间录像机等多种设备。

硬盘录像机取消了视频录像带。将视频图像记录在计算机硬盘存储器上，其最大优点是大大提高了存储容量，每个硬盘容量可达80GB，系统可以通过外挂硬盘存储器增加系统容量。采用硬盘存储器存储图像提高了图像的清晰度，长时间录像机的水平清晰度为240线，最高也就300线，这与前端摄像机具有480线的图像分辨率显得不相称，而相反，记录在硬盘存储器上图像的分辨率能够达到近320～480线，图像的清晰度高。另外长时间录像机在视频图像复制过程中损耗大，每复制一次有6dB的损耗，二次复制后会有大于12dB的损耗，此时图像信号已经较差了。而记录在硬盘存储器的数字图像信号复制几十次后，也只有1～2dB的损耗，保证了图像信号复制、编辑的需要。而记录在录像带上的视频图像可能因为录像带的磨损、霉变、磁粉脱落造成视频图像的丢失。

硬盘录像机图像检索方便快速。在需要查询视频图像资料时，仅需键盘输入查询视频图像的记录时间、摄像机代号、监控位置等通过硬盘搜索，几秒钟后可将查询结果显现在计算机的显示器屏幕上，大大缩短了检索时间。根据需要，可以打印、在网上通过电子邮件发送，也可将其继续保存在硬盘，或者从硬盘中将其删除。

硬盘录像机图像记录质量高，单画面分辨率可达768×576，重放图像质量高，画面不会闪烁、抖动。硬盘录像机根据输入图像多少可以同步显示、录取1路、4路、9路或16路摄像机的图像。

硬盘录像机通过串行通信接口连接现场解码器，可以对云台、摄像机镜头及防护罩进行远距离控制。

硬盘录像机可以通过串行通信接口连接报警输入模块，报警输入模块能接收报警探测器发送的报警电信号，能联动相应区域的摄像机工作，能自动把报警区域的视频图像突现在相应的监视器、显示器上，并发出声光报警信号。报警区域的视频图像叠加报警图示，记录在硬盘存储器内，以便以后核查。

硬盘录像机可以通过串行通信接口连接报警输出模块，报警输出模块可以联动报警区域的灯光、声光报警器等现场设备。

硬盘录像机具有视频移动检测功能，当设定防区内出现非法入侵时，利用现场摄像机就能发出报警电信号，而不需另设报警探测器。采用视频移动检测功能的硬盘录像机对于无入侵行为的视频图像不再记录保存，只有当出现入侵行为时系统才自动纪录，大大减少了对硬盘存储器容量的要求。

硬盘录像机提供远程访问功能，任何人可以在世界上任何有通信网络的地方，经授权在PC计算机上观看到所需要的视频图像，连接的网络既可以是局域网也可以是广域网，也可以是一个通过电话终端，通过ADSL或其他方式连接到PC计算机上观看所需要看的视频图像。

硬盘录像机的控制通常有图像输入、处理、压缩模块、控制切换模块和网络连接与远程传输模块组成，如图7-46所示。

(1) 图像输入、处理、压缩模块

现场模拟CCD摄像机摄取的模拟视频图像，经过视频处理卡先进行模拟/数字转换，

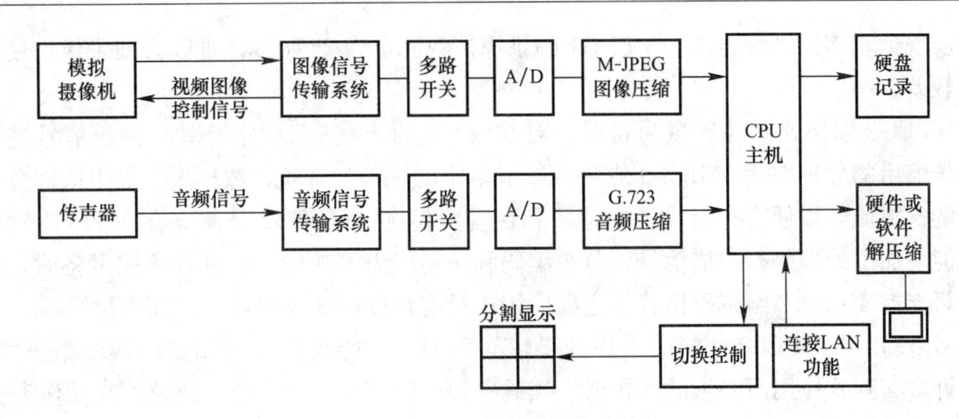

图 7-46 硬盘录像机的模块化结构

将模拟视频图像转换成数字信号，再进行动态的数字图像压缩，硬盘录像机的技术，主要表现在图像采集速率，图像压缩方式，解压缩方案，系统功能等诸多方面。而压缩技术又是硬盘录像机的核心，压缩方法的选择最为关键。既要考虑到压缩图像的画质，又要顾及压缩图像的存储量和传输速度。

压缩技术大体可分为帧间压缩和帧内压缩两大类。

M-JPEG（Motion JPEG）和 Wavelet 是帧内压缩的代表。帧内压缩是把一幅动画分解成若干个固定的画面一幅一幅地传输。M-JPEG 压缩技术可以获取清晰度很高的视频图像，一般为 352×288，记录图像的清晰度最高可达 704×576。

M-JPEG 是一种基于静态图像压缩技术 JPEG 发展起来的动态图像压缩技术，可以生成序列化的运动图像。其主要特点是基本不考虑视频流中不同帧之间的变化，只单独对某一帧进行压缩。M-JPEG 因采用帧内压缩方式所以适于视频编辑。M-JPED 的缺点：一是压缩效率低，M-JPEG 算法是根据每一帧图像的内容进行压缩，而不是根据相邻帧图像之间的差异来进行压缩，因此造成了大量冗余信息被重复存储；另外它的实时性差，在保证每路都必须是高清晰度的前提下，很难完成实时压缩，而且丢帧现象严重，如果采用高压缩比则视频质量会严重降低。

小波变换（Wavelet Transform）技术是对整个图像进行压缩，使图像信号的时域分辨率和频域分辨率同时达到最高。压缩比可达 70：1 或更高。

MPEG 和 H. 26X 是帧间压缩的代表。帧间压缩可区分每幅影像的差异，并且只传送影像不同的部分，所以使图像存储容量大幅度下降，加速图像的传输速率，但画质不如 M-JPEG。

MPEG1 视音频压缩采用了 DCT 变换和 Huffman 的编码及运动估计。MPEG1 压缩后的数据传输率为 1.5Mbps，压缩后的源输入格式 SIF（Source input format）分辨率为 352×288（PAL 制），亮度信号的分辨率为 360×240，色度信号的分辨率为 180×120，每秒 30 帧。MPEC1 其视频压缩率为 26：1。图像在空间轴上最多压缩 1/38，在时间轴最多压缩 1/5。

与 M-JPEG 技术相比较，MPEG1 在实时压缩、每帧数据量、处理速度上均有显著的提高，PAL 制时，MPEG1 可以满足多达 16 路以上 25 帧/s 的压缩速度。MPEG1 的缺点是压缩比还不够大，在多路监控情况下，录像所要求的磁盘空间过大，另外图像清晰度还不够高，最大清晰度仅为 352×288。MPEG1 压缩方式对传输图像的带宽有一定的要求，无法实现远程多路视频传送。MPEG1 的录像帧数固定为 25 帧/s，难以丢帧录像，使用灵活性较差。

MPEG2 以保证图像质量为目标，对 30 帧/s 的 720×576 分辨率的视频信号进行压缩，压缩后的数据率为 6Mbps。它将视频节目中的视频、音频、数据内容等组成部分复合单一的比特流，以便在存储设备中存放和在网上传送。MPEG2 是建立在 MPEG1 的基础上，但增加了处理隔行扫描信号、分级编码和抗错能力等功能。在选择压缩设备时，应考虑是否支持 4∶2∶2 编解码格式。主要应用于没有色度畸变要求场合的高质量视频。

MPEG2 和 MPEG1 一样，采用的是帧间压缩，不能支持表征图像内容的数据结构，这是许多交互式应用所必须的。再者，当码率很低时会产生严重的方块效应和动作失真。

MPEG4 是超低码率的视音频压缩标准，用于 10 帧/s 低速率和 64kbps 低带宽的中视音频信号传输。为支持各种多媒体应用，并可根据应用的不同要求现场配置解码器。它的编码系统是开放的，根据需要可以随时加入有效的算法模块。MPEG4 采用了小波分解技术，通过动态监测图像各个区域的变化，根据对象的空间和时间特征来调整压缩方法，从而可以获得比 MPEG1 更大的压缩比、更低的压缩码流和更佳的图像质量。MPEG4 能更加节身省存储空间，在传输时对带宽的需求更小。

MPEG4 的特点如下：

1）存储空间小

MPEG4 的压缩比远高于 MPEG1，更是 M-JPEG 所不能比拟的。采用 MPEG4 的视音频全同步录像所需的硬盘空间约为相同图像质量的 MPEG1 或 M-JPEG 所需空间的 1/10，此外，MPEG4 能根据场景变化自动调整压缩方法，故对静止图像、一般运动场景、剧烈活动场景均能保证图像质量。

2）图像质量高

MPEG4 的最高图像分辨率为 720/576，接近 DVD 画面效果。MPEG4 基于 AV 对象压缩的模式决定了它对运动物体可以保证有良好的清晰度。

3）对网络传输带宽要求不高

MPEG4 的压缩比是同质量 MPEG1 和 M-JPEG 的十倍多，所以网络传输时占用的带宽仅是同质量 MPEG1 和 M-JPEG 的 1/10 左右。例如在 64kHz 的带宽上，MPEG1 和 M-JPEG 平均只能传 1/2 帧，而 MPEG4 可以传 5～7 帧。

4）可变带宽

MPEG4 码流可调，网络传输速率可以设定为 56～384kbps，清晰度也可在一定范围内作相应的变化。这样用户就可以根据需要对录像时间、传输路数及图像清晰度作不同的设置，增加了系统使用的灵活性。

5）网络传输错误恢复能力强

当网络进行传输有误码或丢包现象时，MPEG4 受到的影响很小，并且能够很快恢复。例如在误码达到 1%时，MPEG1 已无法播放，而 MPEG4 只会有轻微的边缘模糊。又如当网络传输出现瞬间丢包现象时，MPEG1 恢复至少需要 10 多秒，而 MPEG4 只需 1～3s。

6）能对图像进行甄别

MPEG4 是面向对象的压缩方式，它不是简单的将图像分为一些像块，而是根据图像内容，将其中的对象（物体、人物、背景）分离出来分别进行压缩，这不仅大大提高了压缩比，也使图像探测的功能和准确性更充分地体现出来。

H.263是ITU关于低于64kbps的窄带通道视频编码协议。运用了与MPEG同样原理的技术，与MPEG特别相似。为了适应极低码率传输的要求，H.263在图像格式、运动估计精度、误码处理等方面作了改进。H.263视频压缩标准可在低至500kbps的数据率下获得VHS型的质量。采用H.263视频压缩可支持固定码率（CBR）和可变码率（VBR）压缩，压缩码率可调（32k～1.2Mbps），帧速率可调（1～30bps），可配合G.723音频压缩格式，由硬件完成音视频复合保证长时间同步。上述图像压缩技术的比较如表7-10所示。

图像压缩技术 **表7-10**

压缩标准类别	M-JPEG	MPEG1	MPEG2	MPEG4
压缩率	6	20～30	30～40	200～500
空间分辨率	352×288	352×288	720×576	720×576
时间分辨率	25～30帧/s	25～30帧/s	50～60帧/s	25～30帧/s
传输速率	1.5Mbps	1.15Mbps	4～15Mbps	10k～1Mbps
主要应用	视频编辑系统	VCD	DVD	交互式多媒体应用
图像质量	一般	一般	很好	可变（从VCD到DVD）

（2）控制切换模块

硬盘录像机中的控制切换模块用来控制摄像机输入图像的切换，按需要选择相应的摄像机并将其图像送往显示器指定的区域上。实现硬盘录像机单画面、多画面的显示。数字切换可得到更好的图像质量，多个并行处理的处理器采用高速专用芯片，将图像数据信号送往显示器显示。还可以在图像输入采集切换与输出显示之间引入同步控制机制来实现。

（3）网络连接与远程传输模块

现代视频监控系统的特点是网络化和远程监控。由于视频压缩技术的发展和LAN及Internet的普及，网络带宽成本正在下降，给视频监控的网络化和远程监控创造了条件。硬盘录像机通过网络连接与远程传输模块将数字化的视频图像和控制信号信息流，通过高速度数据网络接口连接到LAN或Internet上，同时带有IP地址的网络摄像机、编解码器的出现，使得视频监控系统网络化和远程监控变得那么方便、那么简单。

目前，数字硬盘录像机可分为两种，一种是基于PC机的硬盘录像机，以Windows为操作系统，系统的兼容性、可扩展性强，缺点是系统可靠性较差，系统停电或其他故障会导致数据丢失，系统重新启动时间长，价格偏高。另一种是脱离PC机的硬盘录像机，称为嵌入式数字硬盘录像机。嵌入式数字硬盘录像机由于采用固化的操作系统，因此不会受到计算机病毒的破坏，同时由于硬盘中没有操作系统，全部存放的是录像数据流，因此更换硬盘与更换磁带一样简单，不必重装操作系统。这种数据记录方式，令图像不能被随意更改，可以作为侦查案件或处理纠纷及内部管理的直接证据，满足司法实践中对这类证据的真实性的要求。

嵌入式硬盘录像机包括硬件和软件两部分。

硬件包括微处理器、存储器及外设、图形控制器和I/O端口等。

1）嵌入式硬盘录像机的核心是嵌入式微处理器

嵌入式微处理器一般就具备以下特点：

① 嵌入式微处理器选用了专业音视频处理芯片，确保了系统的稳定性。

② 嵌入式微处理器选用面向特定应用的嵌入式CPU，具有低功耗、体积小、集成度高等特点，它把通用PC机CPU中许多由板卡完成的任务集成在芯片内部，从而有利于嵌入式系统设计趋于小型化。

③ 嵌入式微处理器脱离PC的Windows操作系统，采用嵌入式实时操作系统，系统软件固化在存储器芯片或单片机本身中，而不是存储于磁盘等载体中。因此大大提高了系统可靠性和运行速度。系统稳定、安全，一旦停电，恢复供电后可马上恢复使用。

④ 嵌入式微处理器本身不具备自主开发能力，用户不能对其中的程序功能进行修改，保证了系统数据的真实性。

软件部分包括操作系统软件（OS）（要求实时和多任务操作）和应用程序编程。

嵌入式硬盘录像机是将先进的计算机技术、半导体技术和电子技术与安防行业的具体应用相结合后的产物。由于它的诞生是与具体应用有机地结合在一起，与市场的需求有机地结合在一起，它的升级也是和需求同步进行，因此具有很强的生命力。

硬盘录像机具有监控、录像、报警、回放、系统管理设置及控制等功能。

硬盘录像机的监控功能表现在本地监控及网络监控两部分。

可控制包括云台（上、下、左、右4个方向）运动，可控制摄像机的开关、焦距、聚焦、光圈。可控制现场设备如灯光、声光报警器。可接收现场报警探测器发送的报警电信号。可调整图像显示大小，可以全屏、多画面播放、记录指定的图像。视频数据的显示与处理相分离，记录与重放能同时进行，录像时可以显示或不显示画面，当系统的视频传输被中断时，会产生报警信号、并记录。

用户可以通过ISDN、ADSL或其他高速数据网络在任何地方用带有系统控制软件的PC调看、记录系统中任何一台摄像机摄取的图像，并对云台、摄像机、镜头的工作状态进行调整，实现系统的集中管理。

系统录像包括手动录像、自动录像、报警自动录像、报警手动录像等功能。

手动录像即根据系统监控要求，手动记录相关的视频图像。

自动录像可根据系统计划（日常计划、节假日特殊日期计划）安排每天的各个时间段（也可以设定24h）录像。系统运行后按照预先设定的计划进行录像。大大降低了值班人员的工作量。

报警自动录像可根据前端报警探测器发出的报警电信号触发自动（手动）录像，也可以根据视频移动检测触发自动（手动）录像。

硬盘存储器内视频信号的记录按摄像机独立分区，不会相互干扰。硬盘纪录满时，系统自动覆盖最早的存盘文件。用户输入查询要求，系统能自动搜索相关的录像文件，文件记录采用特殊格式，可以防止人为的破坏和修改。

2）硬盘录像机具有多种回放方式

① 按照指定摄像机、指定日期、指定时间查询记录的图像回放；

② 按照指定摄像机、从指定月份所有的录像文件列表中选取某时间段查询记录的图像回放；

③ 按照指定某时间段、从摄像机所有的录像文件列表中选取某摄像机查询记录的图

像回放；

④ 根据报警时间文件列表中选取某时间段查询记录的图像回放。

回放提供包括循环播放、单帧播放、暂停及播放、画面大小调整、全画面和多画面等回放的功能。

硬盘录像机可以实时显示和录像 16～24 路视频信号。

硬盘录像机每路视频录像速率及分辨率可调。对于不同的视频源，图像采集、处理、存盘参数相互独立。这样做，给系统部署时带来了最大的自由度，针对不同的应用环境，可以做出相应的调整，使系统具备真正适合该监控环境的能力。

表 7-11 是一款嵌入式硬盘录像机的性能指标，供学习、掌握硬盘录像机的性能用。

嵌入式硬盘录像机的性能指标 **表 7-11**

项 目	系统性能
视频输入	4～24 路可选（1.0V/75Ω）
音频输入	4～24 路（0.775V/600Ω）
报警输入	24 路
视频输出	1 路（1.0V/75Ω）
音频输出	1 路（0.775V/600Ω）
报警输出	24 路
录像帧率	PAL 制（25 帧/s）或 NTSC 制（30 帧/s）
预览显示帧率	PAL 制（25 帧/s）或 NTSC 制（30 帧/s）
回放显示帧率	PAL 制（25 帧/s）或 NTSC 制（30 帧/s）
图像分辨率	单路 768×576 多路 352×288（PAL）
压缩格式	MPEG4 格式
存储方式	硬盘循环或报警更换录像
报警联动	24 路独立报警联动
定时录像	可设置不同工作时间段
多画面显示	单画面、4 画面、16 画面
云台控制	可实现云台解码控制
输出文件格式	MPEG4 系统流、MPEG4 视频流、MPEG4 音频流
网络传输	通过 LAN、ISND、ATM、TCP/IP、PSDN 网络介质
远程监控传输协议	TCP/IP
安全密码管理	支持用户多级别管理
网络分控	支持多用户权限副控

4. 视频移动报警器

用电视摄像机作为探测器，监视所防范的空间，在摄像机监视防范的空间内如有非法入侵行为，被监视空间视频信号将发生改变，变化的视频信号被转换成变化的电信号，经放大、处理后发出报警信号，称之为视频移动报警器。

视频移动报警器把摄像机摄取的图像信号分为 4096 个单元（64×64 个方块），每个方块进一步分为 4×4 个像素，并可存储起来作为参考图像，存储器里的图像由用户设定的频率刷新。

防护区（禁区）的形状、大小、位置可以自由定义，如 2×4、4×8、8×16 方块，甚至小至一个方块区大小，检测只在用户确定的防护区域里进行。防护区域外的运动不会触发报警。在防范区域内通过比较当前场景与存储器里的参考场景检测视频的变化，如果改变超过了设定的门限，系统触发报警。入侵者会突出显示在入侵区域并触发报警，突出显示可以使用或禁止。

除了防范区域的确定，还有灵敏度级别设置决定是否产生报警，即在防护区内即使检测到视频差别，是否产生报警还取决于当时该区域报警灵敏度的设定。系统设置从1到8不同的灵敏度级别，最高灵敏度第8级时，视频电平变化±3IRE（视频电平80IRE）产生报警。灵敏度级别分室内或室外设置，显示于屏幕上，便于调整、控制。

视频移动报警器对探测到的运动物体能自动记录、存储，探测到运动信号后40ms内，并可启动相应的联动设备，如现场的灯光、声光报警器等。

视频移动报警器可选择测量时间段（40ms～10s），有效地区分缓慢运动的和快速运动的入侵物体。

VICON的多通道视频移动入侵报警器根据需要可以选择三种不同型号的产品可以接收4、8或16路视频输入，如表7-12所示。

视频移动入侵报警器 表7-12

型号	说明
V704-IDS-230	4通道输入、NTSC/PAL，230V AC，50Hz
V708-IDS-230	8通道输入、NTSC/PAL，230V AC，50Hz
V716-IDS-230	16通道输入、NTSC/PAL，230V AC，50Hz

多通道视频移动入侵报警器自动灵敏级选择，可以使检测者随着现场条件的改变调整灵敏度以消除错误报警。系统包括4096个检测单元，有效编程单元数为0～4096，每台摄像机可编程多个防护区。系统可以对防护区域的大小、形状和灵敏度，对入侵物体的物体大小、速度、时间编程设置。系统具有灵敏的顺序切换功能，便于系统调整、编程。

屏幕菜单使用户能使用前面板的8个按键方便地对DigiTek设备编程。报警器通过50或60Hz视频输入频率自动地调整NTSC和PAL制式。实时时钟可以使用户对入侵报警器晚上、周末或其他工作时间编程。报警器可以根据工作时间对每个防护区域可单独地作“布防”或“撤防”设置，以适应各出入口、大厅、停车场等检测区域特殊时间段的作业要求。

多通道视频移动入侵报警器除了视频移动报警功能外，还对每个摄像机提供独立的有线报警输入，传统的报警设备如磁控开关、PIR红外探测器等都可以连接到报警器上，每个输入端设有高电平有效（正常关闭NC）或低电平有效（正常打开NO）选择，由于每台摄像机的防护区域可以单独“布防”或“撤防”，这样系统为报警输入提供了灵活的可编程性。

设备为每台摄像机提供一个报警输出接口，另外设置两个可单独配置为NO或NC的接触继电器输出。继电器输出可以用于激活VCR记录、远端显示灯或蜂鸣器。

报警输出可以编程为视频移动入侵或一般探测器入侵单独触发，也可编程为视频移动入侵和一般探测器入侵同时触发。报警编程的多样性可以保证与任何CCTV报警系统兼容。

多通道视频移动入侵报警器还具有强大的屏幕显示功能。包括摄像机标题、监视器标题、时间、日期、灵敏度设置和运动级别。每台摄像机和监视器可以设置多达 24 个字符的标题。报警单元可以在监视器屏幕上闪烁，蜂鸣器发声。每台监视器可单独设置报警摄像机视频滞留时间，从 1～60s。每台监视器可单独设置切换周期，切换周期可分为多达 32 步，摄像机可以任何次序切换，每台摄像机的滞留时间可设置为 1～60s，

美国 GE 公司的 VideoIQ 视频移动报警系统，采用 Concept Coding 技术可以在精确地探测防护区内人的活动，可以区分人和其他移动的物体。Concept Coding 技术并非仅仅探测防护区域内景物亮度、色度的变化，除了关注入侵物体的大小、形状和颜色外，还关注他们的活动方式。在几帧图像之内，VideoIQ 就可以确认视频图像的背景和前景（不属于动态背景的移动目标）。Concept Coding 技术可以发现并忽略重复移动的背景图像，像晃动的树叶、枝干和流动的河水。这些存储器里的背景图像由用户设定的频率不断刷新。这些学习是自动完成的，完全不需要人的干预编程，而只关注不属于动态背景的移动目标。因此在晃动的背景影子下，不断变化的照度环境下，以至大雪飘飘、大雨滂沱的情况下始终保持着探测的精确性。实际上它是设计用于不断变化的室外环境，当人们出现在不应该出现的位置的时候发出报警。

VideoIQ 的安装非常方便。只需将最多 4 台摄像机，连接到 DVMRe 硬盘录像机，并环出到 4 画面分割器上，将 4 画面分割器的输出连接到 VideoIQ 单元上，随后将 VideoIQ 输出连接 DVMRe 硬盘录像机就行了，系统见图 7-47。

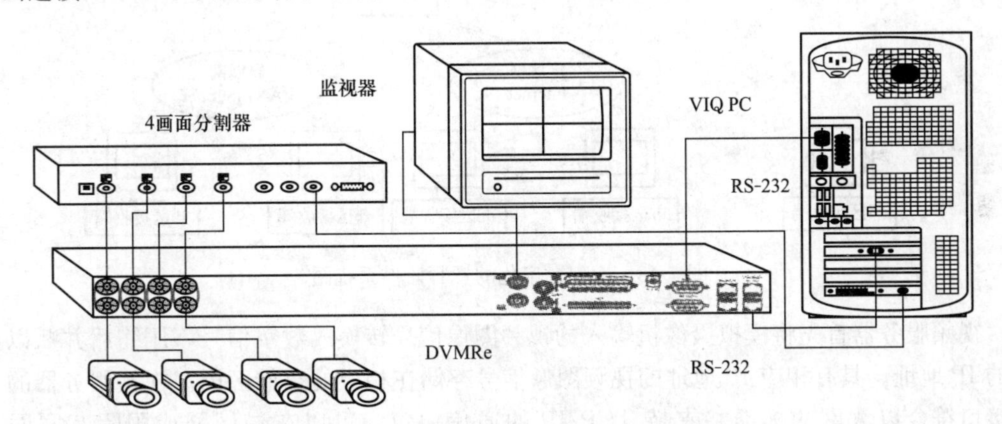

图 7-47 VideoIQ 视频移动报警系统

VideoIQ 视频移动报警系统可在摄像机监视范围内最多可定义 10 个可命名矩形防护区域（每个区域的大小必须是人体目标的几倍大小）。可定义防护区域报警规则、报警日期和报警时间。在报警区域可设置 3 个灵敏度（高、中、低）级别。系统可以设置 3 个用户操作级别，供不同的管理人员使用。硬盘录像机可以对报警信息记录，以备事后核查。监视器实时显示视频信号、防护区域、报警显示等。监视器上的屏幕菜单方便地对系统设备编程。

5. 视频服务器

视频监控系统通常分为模拟视频监控和数字视频监控两类。以视频矩阵、画面处理

器、长时间录像机为代表的模拟视频监控系统，采用录像带作为存储介质，以手动和自动相结合的方式实现现场监控。这种传统方法图像存储体积大，不易保存。图像回放质量差，尤其不能远距离传输和控制，图像搜索不方便，不便于操作管理，影像不能进行修补、处理。

近年来，随着计算机技术、图像处理技术、网络传输技术的飞速发展，视频监控制技术也有了飞速的发展。数字化的视频监控技术越来越被人们接受，数字化的视频监控系统的实时性、稳定性，大容量的存储特性及网络远程监控等功能是常规视频监控系统不可比拟的。

数字化的视频监控系统由常规摄像机（包括镜头、云台、防护罩）、视频服务器、数据库服务器、系统软件、客户端软件组成。远程数字化的视频监控系统如图7-48所示。

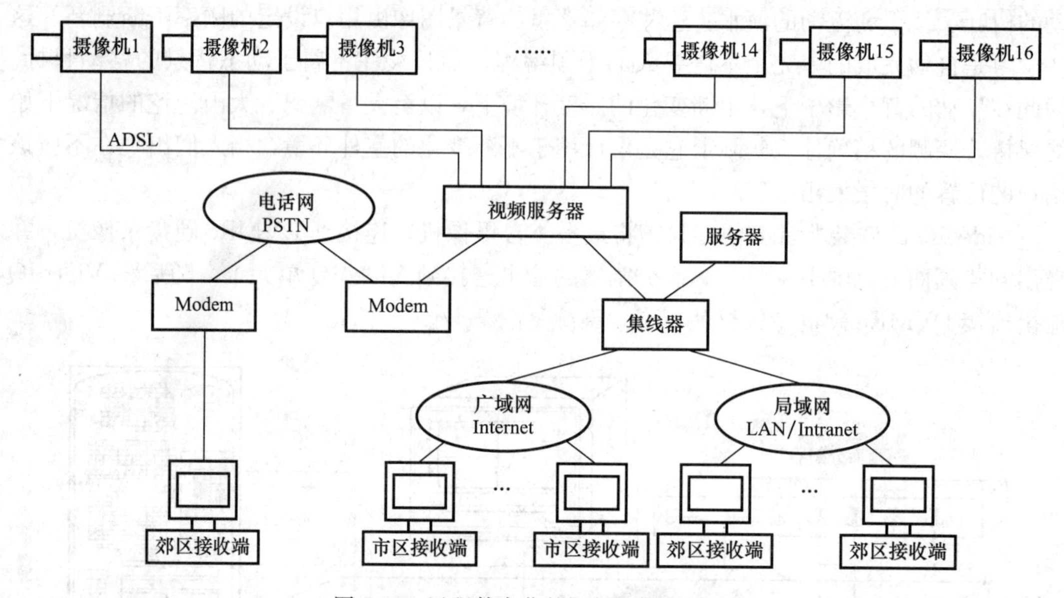

图7-48　远程数字化的视频监控系统图

视频服务器首先将模拟摄像机输入的视频图像信号转换成数字信号，压缩后并赋以相应的IP地址。具有相应IP地址的视频图像信号存储在相应的存储区内。视频服务器的网络接口符合以太网的标准并支持TCP/IP的通信协议，可以在局域网或国际互联网上通信。

系统可以同时连接多个前端摄像机，可与常规视频监控设备紧密结合，有视频丢失检测功能。

系统支持多用户实时视频浏览、控制和录像检索、回放，支持硬盘阵列作为录像存储设备。

系统响应网络视频服务器的报警口接收到的报警信号，执行相应的报警动作（报警触发灯光、录像）。

具有透明的RS-485数据接口，可以连接任何厂家的外设（解码器、报警采集器等）。

方便地对远端任意监控点的摄像机、云台解码器进行增减。对远端任意监控点的摄像机的控制，包括对摄像机、镜头、云台和防护罩的控制。

能进行多画面显示（1，4，6，8，10，12，16 等各种多画面布局可供选择）。

支持多场所的中央监控，不受地理限制支持实时的网络视频组播、用户管理、网络视频前端设备管理、告警信息管理和视频录像管理。

建立所有监控点目录，友好的图标界面，用拖/拉或鼠标点击指令，方便切换。可以从标准 PC 打印机上打印输出图片。

视频档案搜索可以按时间、日期、动作、报警和用户定义标签进行。

有安全可靠的用户进入验证。

表 7-13 是视频服务器 SVG 1000 技术参数，从表中也能完整反映视频服务器的系统功能。

视频服务器 SVG 1000 技术参数 **表 7-13**

图像输入	
标准	PAL/NTSC/SECAM，BNC 接口
图像输入	4～16
分辨率	640×480、320×240、160×120
压缩	MPEG4
传输速率	15kbps～2Mbps
加密	192 位
PTZ 控制	1～8 个 RS-232 端口
PTZ 协议	Pelco-D，Mintron
通信	
网络	RJ-45 接口、10/100 Base-T 以太网、外置调制解调器
维护	内置式服务器进行管理
同时最大访问人数	50
录像	
模式	连续事件驱动、循环录像、硬盘始终不满
硬盘类型	内置
硬盘容量	20～250GB
报警处理	
报警类型	外接报警，图像动感探测，系统故障，电源故障
输入频道	24 路输入、通过 RS-232 端口扩展
输出频道	8 路输出、通过 RS-232 端口扩展
电源电压	110/220V AC
最高负荷	150W（16 路视频）
环境温/湿度	5～50℃ 小于 85%RH
尺寸（mm）	2U、3U 或 4U

用户通过一台安装了专用系统软件的 PC 机，可以调看任何一台摄像机摄取的图像，可以对任何一台摄像机、云台、镜头进行控制，可以把需要记录的图像记录在硬盘录像机里。

6. 监视器

监视器是闭路监控系统的终端显示设备，它用来重现被摄体的图像，最直观反映了系统质量的优劣，因此监视器也是系统的主要设备。

（1）监视器的分类

1）按图像回放分

有黑白监视器与彩色监视器；

专用监视器与收/监两用监视器（接收机）；

有显像管式监视器与投影式监视器等。

2）按监视器的屏幕尺寸分

有9″、14″、17″、18″、20″、21″、25″、29″、34″等显像管式监视器；

还有34″、72″等投影式监视器；

电视墙式组合监视器。

3）按性能及质量级别分

有广播级监视器、专业级监视器、普通级监视器（收监二用机）。

下面重点介绍黑白监视器和彩色监视器。

（2）黑白监视器

监视器与电视接收机相类似，不同的部分是监视器无高频头、中频通道和伴音部分，但监视器的视频通道带宽提高到8MHz以上，并设有箝位电路以恢复背景亮度的缓慢变化。监视器对扫描线性和几何失真的要求比较高，有时为改变扫描尺寸的需要，还加入了扫描幅度控制电路。

监视器对抗电磁干扰有更高的要求，所以监视器通常用金属做外壳，以增强抗干扰能力。

黑白监视器分通用型和广播级两类。广播级黑白监视器主要用于广播电视系统，其功能要求比较多，质量水平也较高。

通用型黑白监视器主要用于闭路监控系统，其质量水平和功能基本符合闭路监控系统要求。黑白监视器的主要性能是视频通道频响、水平分辨率和屏幕大小等。

1）通频带（通带宽度）

这是衡量监视器信号通道频率特性的技术指标。因为视频信号的频带范围是6MHz，所以要求监视器的通频带应≥6MHz。视频通道频响决定了监视器重现图像的质量。频带宽度越宽，图像细节越清楚，亦即清晰度越高。为保证图像重现的清晰程度，通常业务级规定频响为8MHz，高清晰度监视器频响在10MHz以上。

2）分辨率（清晰度）

监视器的重要指标，它表征了监视器重现图像细节的能力。分辨率用线数表示。在电视监控系统中，根据GB 50198—94《民用闭路监视电视系统工程技术规范》的标准，对清晰度（分辨率）的最低要求：黑白监视器水平清晰度应≥400线，彩色监视器应≥270线。通常业务级规定中心不小于600线，高清晰度监视器大于800线。

3）灰度等级

这是衡量监视器能分辨亮暗层次的一个技术指标，最高为9级。一般要求≥8级。

屏幕大小是按监视器显像管荧光屏对角线的长度来确定的，常用的屏幕大小有9in（23cm），12in（31cm），14in（35cm），17in（43cm），18in（47cm），20in（51cm），24in

(60cm)。一般 9in 为小型监视器，12～18in 为中型监视器，20in 以上为大型监视器。实用中，一般常用中、小型监视器。

(3) 彩色监视器

彩色摄像机的图像呈现必须用彩色监视器，彩色监视器按照技术性能指标、大致可分为 4 种类型。

1) 广播级监视器

其彩色逼真，图像清晰度高，一般达 600～800 线以上，性能稳定，各项性能指标都很高，因此价格昂贵，主要用于电视台作为主监视器用或测量用。

2) 专业级监视器

其技术指标比广播级监视器稍低，图像质量，稳定性也较高，图像清晰度一般在 370～500 线之间，常用于要求较高的场合作图像监视、监测等用。如小型电视差转台、学校、厂矿电教中心等。

3) 图像监视器

这类监视器大部分具备音频输入的功能，音像信号的输入/输出的转接功能比较齐全，清晰度稍高于普通彩色电视接收机，一般清晰度在 300～370 线，在 CCTV 系统中被广泛使用。

4) 收监两用监视器

它是在普通电视接收机的基础上增加了音频和视频输入/输出接口，其性能与普通电视接收机相当，清晰度一般不超过 300 线，主要用于 CCTV 系统、CATV 系统及录像机等音像设备（包括卡拉 OK）等。

7.4　门禁控制系统

7.4.1　门禁控制系统的组成

门禁控制系统是一种典型的集散型控制系统。系统采用集中管理，分散控制的方式。管理中心的管理主机负责对系统的集中管理，分布在现场的控制设备负责对出入口目标的识别和设备控制。现场设备能脱离系统独立工作。门禁控制系统应与入侵报警系统、视频监控系统联动。

门禁控制系统由管理中心设备（管理主机含控制软件、协议转换器、主控模块等）和前端设备（含门禁控制模块、进/出门读卡器、电控锁、门磁及出门按钮）两大部分组成，信号传输一般采用总线或在网络上传输。现场的监视、控制网络是一种低速、实时数据传输网络，采用 RS-485 通信方式实现分散在现场的前端控制设备、数据采集设备之间的通信连接；信息管理、交换的上层网络由各相关的智能卡门禁工作站和服务器组成，完成各系统数据的高速交换和存储。通过网络设备可与其他控制系统集成，如图 7-49 所示。

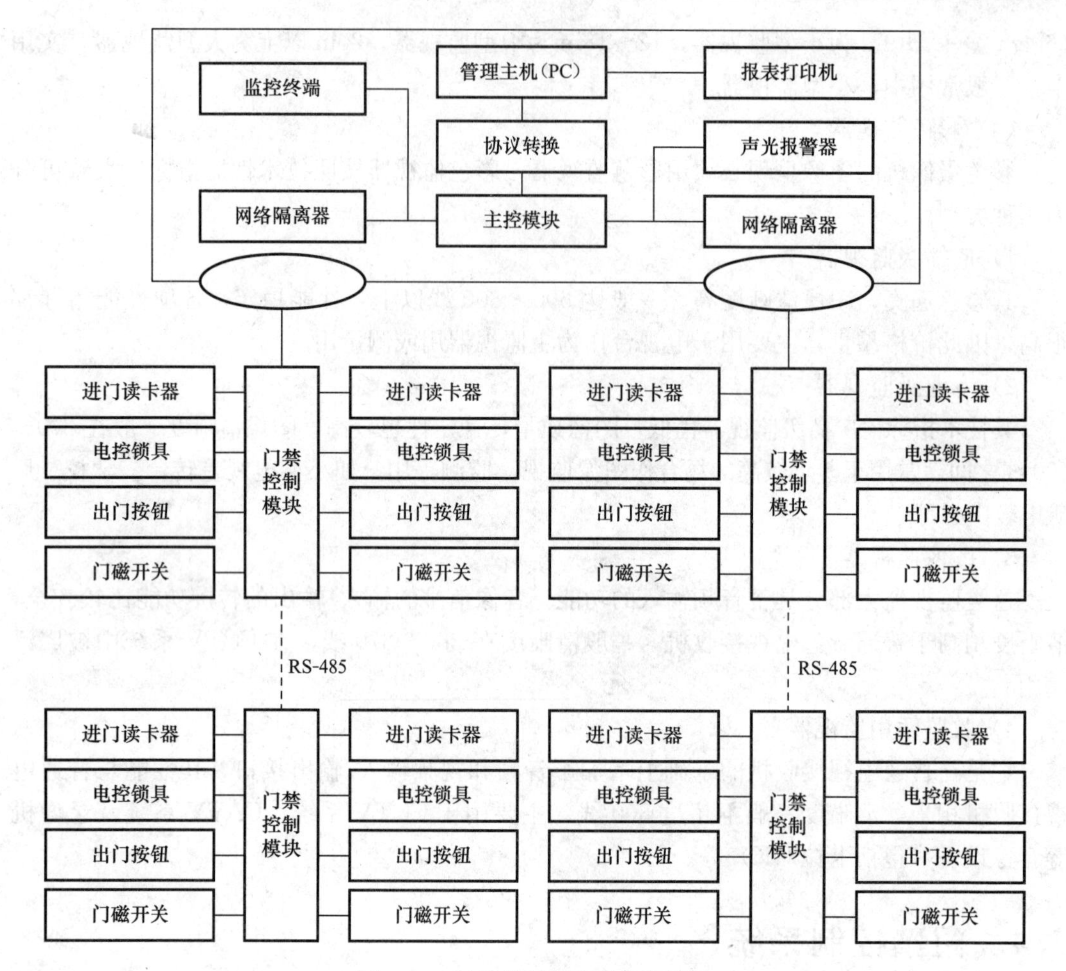

图7-49 门禁控制系统网络结构图

7.4.2 门禁控制系统的识别技术

1. 键盘数据密码识别技术

出入口人员通过普通编码键盘或乱序编码键盘输入的数据密码与系统中预先存储的代码相比较，如果相同，则向现场控制器（门禁读卡模块）传送开门信息，现场控制器通过输出接口输出门锁打开信号，开启出入口通道。

普通编码键盘0～9数字键在键盘上的位置是不变的，在输入密码时容易被人窥视而失密，而乱序编码键盘0～9数字键在键盘上的位置是随机变化的，每次使用时键盘上每个位置显示的数字均不相同，可以避免被人窥视。

普通编码键盘和乱序编码键盘除了输入密码数据之外，还经常用来对系统和系统数据库进行编程。

2. 卡数据识别技术

卡数据识别技术在门禁系统中应用最为广泛，技术也越来越先进、越来越可靠。在门禁系统中，各种智能卡通过刷卡机读卡，读取智能卡中数据信息，与系统中的数据库数据进行比较，如果相同，则向现场控制器（门禁读卡模块）传送开门信息，现场控制器通过输出接口输出门锁打开信号，开启出入口通道。

智能卡可以是条码卡、磁条卡、接触式 IC 卡或非接触式 IC 卡。

早期的确认，识别系统采用条码卡、磁条卡。此类卡存储容量小，存储区域少，功能单一，防伪能力差。现在采用的 IC 卡存储容量大，存储区域多达 8～16 个，每个区域相互独立，可自带密码，多重双向的认证保证了系统的安全性。IC 卡正以其大容量、多功能、安全可靠的性能成为识别控制系统的首选。

（1）IC（Integrated Circuit Card）卡

IC 卡又称为集成电路卡，它把集成电路（IC）芯片封装入塑料基片中，外形与普通磁卡做成的信用卡相似，卡定尺寸为 54mm×85.6mm，厚度为 0.76～0.8mm。

IC 卡芯片有 8 个按国际标准定位的触点，6 个触点与芯片相连，提供电源、时钟、复位和数据通信，另外 2 个触点作为备用。IC 卡上按磁卡标准封装磁条，可以与磁卡兼容。

IC 卡芯片可以写入数据与存储数据，根据芯片功能的差别，可以将其分为三类。

存储型：卡内集成电路为电可擦的可编程只读存储器（EEPROM）。

逻辑加密型：卡内集成电路具有加密逻辑和 EEPROM。

CPU 型：卡内集成电路包括 CPU、EPROM、随机存储器（RAM）及固化在只读存储器（ROM）中的卡内操作系统 COS（Chip Operating System）。

IC 卡内含 CPU 存储容量大。IC 卡内有 RAM、ROM、EPROM 和 EEPROM 等。存储器存储容量大，而且存储器可以分为多个应用区以实现一卡多用，如用做门禁、考勤、消费等，便于使用与保管。

IC 卡可通过卡中的 CPU 或存储器及卡上操作系统多方设置安全措施，信息加密后不可复制，保证了系统的安全性。

IC 卡在数据读/写原理上与制作工艺上及对磁场静电等干扰的抗御能力远优于传统磁卡，而且可重复读写十万次以上，使用寿命很长。

IC 卡上的硬件逻辑结构如图 7-50 所示。CPU 通过触点接收从读写器发送来的指令，经过固化在 IC 卡内 ROM 区中的操作系统 COS 的分析与执行，访问数据存储器，进行加密、解密等各种操作运算。

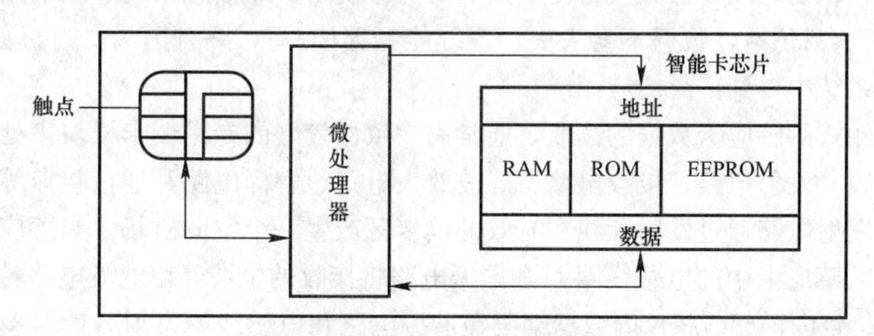

图 7-50 IC 卡的硬件逻辑结构

IC 卡上的 CPU 通常采用 8 位字长。ROM、RAM 与 EEROM 的容量因其实际用途的不同，适当选配。表 7-14 是几种典型 IC 卡芯片的参数。

几种典型 IC 卡芯片的参数 表 7-14

	Siemens		Atmel		Philips	
	SLE44C10	SLE44C40	AT88C102	AT24C08	M68HC05SC26	M68HC05SC29
ROM	8kB	8kB	—	—	6kB	13kB
RAM	256B	256B	2×512	—	224	512
PROM	32B	32B	—	—	—	—
EPROM	—	—	—	—	—	—
EEPROM	1kB	4kB	1kB	1kB	1kB	4kB
芯片安全措施	传输码逻辑/安全逻辑		安全逻辑	—	安全逻辑	安全逻辑
软件安全措施	PIN/DES		PIN	PIN	PIN	PIC
适用场合	电子钱包	银行		身份证明	银行预付费	健康金融

从对 IC 卡上进行信息存储和处理的方式来看可以分为接触卡和感应卡。前者由读写设备的接触点和卡片上的触点相接触接通电路进行信息读写，后者则由读写设备通过非接触方式的技术进行信息读写。

非接触方式的感应卡由一块 IC 卡芯片、一个电感线圈 L 和谐振电路组成。IC 卡芯片是感应卡中存储识别数据的核心，最低启动工作电压为 2～3V，最大工作电流 $2\mu A$，感应卡中的电感线圈 L 和谐振电路除了能接收和发送信号外还将接收的电波经由滤波电路转换成直流电源，再经过直流升压电路提升至 IC 芯片的工作电压，解决了非接触式的感应卡无源和非接触的工作模式。非接触式的感应卡设有限压开关，当非接触式的感应卡工作在强电磁场内时，感应电压超过 5V 时，限压开关开启，对过压电荷进行泄放，防止卡片损坏。

非接触式的感应卡根据工作频率的不同可分为高频、中频及低频系统。低频系统一般工作在 100～500kHz，用于短距离、低成本的门禁控制系统中；中频系统工作在 10～15MHz 左右；而高频系统则可达 850～950MHz，甚至 2.4～5GHz 的微波段，应用于需要较长的读写距离和较高的读写速度的场合，如停车场、高速公路收费等系统。非接触式的感应卡通常采用发射和接收不同频率的工作方式，一般接收频率皆为发射频率的一半。如发射频率为 125kHz，而接收频率为 62.5kHz。

非接触式的感应卡有防水、防污功能，能用于潮湿恶劣环境，使用时无需刷卡动作，感应速度快，识别时间短，大大方便了人们的操作使用。非接触式的感应卡用来储存资料的 IC 芯片不容易仿造，数据不会丢失，系统能频繁读/写，并且因为具有极好的隐秘性，在门禁控制系统中得到广泛的应用。

对非接触式的感应卡数据的读取，通常用一致性较好的专用读卡模块来处理，内含发射与接收天线、发射电路、接收电路、滤波放大电路、解译电路和通信接口等构成。平时读卡模块由发射电路通过发射天线在有效的读卡区产生一个空间磁场，当感应卡进入有效的读卡区域，感应卡中的电感线圈 L 和谐振电路将接收的电波经由滤波电路转换成直流电源，供 IC 芯片工作。IC 芯片内数据编码经谐振电路和电感线圈发射，读卡模块的接收天线收到此编码信号解码后与数据库数据核对、比较，如果编码正确，则由输出接口输出控制信号，开启出入口。

为了保证门禁控制系统的安全性，在 IC 卡数据识别系统中采取更多技术措施来保证系统的安全。常用的有以下两种：

1）IC卡加个人识别号PIN系统：

在IC卡数据识别前先输入个人识别号PIN，IC卡专用读卡模块将输入的个人识别号PIN与已储在IC卡内的PIN相比较，来判断能否继续执行指令与访问存储。如果在连续的次数内（设定为3次），没有输入正确的PIN，IC卡专用读卡模块认定操作者是非法的持卡人，并自行锁定，禁止以后的操作，同时发出警报，从而可以防止非法持卡人对PIN进行连续的猜测性试验。

2）IC卡加密码系统：

为了安全防护，IC卡数据识别系统在数据存储与传输过程中还要进行加密处理。密码的设定与修改可以是随时的，提高了系统的安全性。

（2）Mifare卡

Mifare卡是射频工作频率为13.56MHz的非接触智能卡，它采用了与众不同的升幂和降幂的排序功能，简化资料读取的过程，以独特的32bit序号编程。

Mifare智能卡有16个分隔的扇区，除第一个区块用作卡片其他部分的功能外，其余的15个区块可用来储存资料，可提供15种不同的应用，从而具备一卡多用的特点。

Mifare智能卡由天线、高速射频接口和ASIC专用集成电路三部分组成。

天线为只有四组绕线的线圈，封装到卡片中，与卡内电容（分布）组成LC串联谐振电路。当Mifare智能卡进入读卡区域时，在读卡机固定频率（13.56MHz）电磁波的激励下LC串联谐振电路发生共振，从而在电容内感应电荷，在电容的另一端，接有一个单向导通的电子泵，将电容内的电荷送到另一个电容内存储。当所累积的电荷电压达到2V时，此电容作为电源为其他电路提供工作电压，将卡内数据发射出去或接收读写器的数据，这样就解决了卡内无源的问题。

高速射频接口对天线接收信号进行整流和稳压，并具有时钟发生和复位等功能。高速射频接口还调制、解调从读写设备传输到非接触式IC卡的数据和从IC卡传输到读写设备的数据。

ASIC专用集成电路由数字控制单元和8kbit的EEPROM组成。数字控制单元包括防碰撞、密码校验、控制与算术单元、EEPROM接口和编程模式检查5部分。

EEPROM分为16个扇区，每个扇区由4块（0块、1块、2块、3块）组成，见表7-15。0块用来存放厂商代码，1块、2块和3块用来存放数据。每个扇区的3块为控制块，包括存取控制、密码A和密码B。每个扇区的密码和存取控制都是独立的，可以根据实际需要设定各自的密码和存取控制，因此一张卡可以同时运用在16个不同的系统中，实现各子系统的一卡通。Mifare智能卡标准读卡距离是2.5～10cm。

Mifare智能卡内EEPROM扇区图 表7-15

扇区0	数据块0		数据块0
	数据块1		数据块1
	数据块2	存取控制、密码A、密码B	数据块2
	数据块3		数据块3

续表

扇区 2	数据块 0		数据块 4
	数据块 1		数据块 5
	数据块 2	存取控制、密码 A、密码 B	数据块 6
	数据块 3		数据块 7
⋮	⋮	⋮	⋮
扇区 15	数据块 0		数据块 60
	数据块 1		数据块 61
	数据块 2	存取控制、密码 A、密码 B	数据块 62
	数据块 3		数据块 63

Mifare智能卡读卡器的结构如图7-51所示。智能模块CM200提供单元控制器UC与Mifare智能卡之间数据通信。CM200由通信接口和RF收发器组成，RE工作频率为13.56MHz。Mifare智能卡读卡器提供了与其他读卡器、PC机的通信接口。Mifare智能卡读卡器与其他读卡器的通信接口是RS-485，与PC机的接口是标准RS-232。

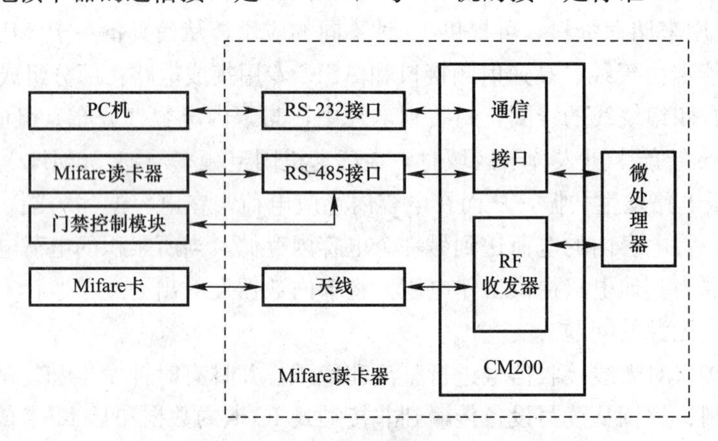

图7-51　Mifare智能卡读卡器结构图

当Mifare智能卡进入读卡器的识别范围时，Mifare智能卡读卡器以特定的协议、特定的通信波特率与它通信，对智能卡的合法性进行验证。验证无误后，读卡器确定访问的扇区号，并对该扇区密码进行密码校验，三次相互认证之后，读卡器才对Mifare智能卡进行通信。

Mifare卡的特点如下：

1）可靠性高

非接触式IC卡与读写器之间不存在机械性接触，避免了由于接触读写而产生的各种故障，例如，由于粗暴插卡、卡外物插入、灰尘或油污导致接触不良等原因造成的故障。

非接触式卡表面无裸露的芯片，无须担心芯片脱落，静电击穿、弯曲损坏等问题，既便于卡片的印刷，又提高了卡片的使用可靠性。

2）操作方便、快捷

由于非接触通信，读卡器在一定距离范围内就可以对卡片操作，所以不必插拔卡，非常方便用户使用。非接触式卡使用时没有方向性，卡片可以任意方向扫过读写器表面，即可完成操作，这大大提高了每次使用的速度。

3）防冲突

非接触式卡中有快速防冲突机制，能防止卡片之间出现数据干扰，因此，读写器可以同时处理多张非接触式 IC 卡，这提高了应用的并行性，提高了系统工作速度。

4）多用性

非接触式卡的存储结构特点使它一卡多用，能应用于不同的系统，用户可根据不同的应用设定不同的密码和访问条件。

5）加密性能好

非接触式卡与读写器之间采用双向验证机制，即读写器验证 IC 卡的合法性，同时 IC 卡也检验读写器的合法性。

Mifare 卡与其他数据卡的性能比较如表 7-16 所示。

Mifare 卡与其他数据卡的性能比较　　**表 7-16**

序号	比较项目	磁卡（符号卡）	ID 卡（早期标签卡）	标签卡	Mifare-1 卡（计费智能卡）
1	卡片名称及属性	最早期的带识别卡片，卡中的符号是公开的	卡中仅带一组密码，不能称 IC 卡，更不是智能卡	不带 CPU，不能称智能卡，仅可称 IC 标签卡	带运算程式 CPU，属智能卡
2	读写功能	只读不写	只读不写	可读可写	可读可写
3	存储区域	无区域，仅一组密码	无区域，仅一组密码	不分区，仅一组密码	16 区，各区独立，各自密码
4	存储容量	几十个字节	几十个字节	1kbit	8kbit
5	读写可靠性	取决于磁带、磁头质量	单向读取，可靠，但易受干扰	单向指令读写，卡片晃动太快，会出现数据录入残缺不全，或反向充值	使用 CPU 数据运算保证，一旦确认，数据健全可靠
6	防伪能力	无防伪能力	无防伪能力	以固定密码防伪，极易破解	以 CPU 连点知识，防伪能力极强
7	卡片防伪模式	无认证	卡片不认证	单向固定密码认证	卡片和读写器的 CPU 相互以随机变换的密码组合经双向多重的认证运算确认
8	认证方式	后台认证	后台 PC 机，单向认证	单向	多重双向
9	防冲撞能力（多卡同在读写区）	不允许	不能工作	此时会产生冲撞，损坏读写器和卡片的数据	读写器可令各卡片有序读写工作
10	数据运算判断能力	无运算判断能力	卡片无判断能力	无 CPU，数据残缺或异常仍能录入	数据残缺不予录入，以 CPU 运算判断

续表

序号	比较项目	磁卡（符号卡）	ID卡（早期标签卡）	标签卡	Mifare-1卡（计费智能卡）
11	区域独立性	无区域	卡中不存使用记录及数据	只能进行同一软件数据库内的交易，而各自无防伪能力	卡内在相同的CPU之下有16个各自带密的区域，各区域可以各自以不同的方式，后台软件及硬件进行独立交易，相当于拥有16张卡片
12	一卡多用功能	不能一卡多用	卡中仅存一组符号，无区域可言	只能进行同一软件数据库内的交易，而各自无防伪能力	可以进行16种各自授权，各自结算交易，而享有各自同等防伪能力及可靠性
13	抗干扰能力	不能抗磁、电、水、潮、弯折、磁粉脱落的影响	读写距离稍大，即抗干扰能力较差	单向认证、读写，无抗干扰能力	卡中带有CPU，能很好地排除干扰，正常工作
14	技术的先进性	淘汰产品，国外一些国家已明令禁止用新项目	最早期的标签卡，已界定不宜用于款项交易	Mifare-1的前期过渡产品，目前只有极少数公司生产应用	在LEGIC卡（标签卡）的基础上发展完善而成，得各国认可而风靡全球

（3）LEGIC卡

近年来随着智能卡技术的不断发展，出现了LEGIC卡，LEGIC卡不论在性能、可靠性、技术的先进性多比Mifare卡有很大的提高，其性能如表7-17所示。

LEGIC卡性能　　　　**表7-17**

序　号	项　目	LEGIC卡
1	卡片属性	多级授权，多层加密，安全可靠
2	感应距离	读卡距离远，8～15cm或50～60cm可以选择
3	数据分区	每个区可以在2～225字节自由分区，可按业主要求分成若干个区，各区大小可任意制定能满足业主的不同要求，灵活方便
4	存储容量	256byte或1024byte，4096byte可选
5	读写可靠性	读写模块带有自校验，读写数据安全可靠，卡片晃动太快时，将不会强行读写，并且没有卡片正常接近的声音提示。直到卡片正常接近时，读写模块才会进行读写
6	防伪能力	卡和模块都必须经过授权，彼此能相互存储对方的信息，使用时需双方确认，故防伪能力强
7	验证方式	卡和模块双向多重验证
8	授权方式	多种级别授权，安全可靠
9	防冲撞能力	多张卡同时接近时，读写模块可强行终止读写，以避免误读
10	数据运算判断能力	数据残缺不全时，读写模块始终处于等待状态，不会录入任何数据。一旦数据齐全时，才进行数据的处理

续表

序　号	项　目	LEGIC卡
11	区域独立性	卡内分区可根据用户需要任意分成 n 个区，且除第一区以外的任意各区可自定义长度和内容，并且各区数据互不干涉，在同读写硬件和后台软件交易时，相互独立，所以可以说是真正的智能卡
12	一卡多用功能	卡内分区可根据用户需要任意分成 n 个区，即相当于 n 张卡，可相对独立地进行 n 次授权和做 n 种用途
13	安全措施	非接触 IC 卡和读写器之间进行三重双向鉴别，数据通信符合 ISO 9789—4，每个模块可以独立存储，并拥有独立的密钥，LEGIC 拥有独特的加密方式，使用超级用户卡携带主密钥，发卡时用其将有关数据下载到发卡系统中，方可开始发卡，每张 IC 卡密钥均为相同。在卡片的使用过程中，每进行一次交易（读写卡一次）IC 卡都会自动生成新的密码，同时 POS 机自动将新的数据进行存放，同时 IC 卡数据也将再次更新加密。当再次交易时，读卡机内部系统将会重新校验 IC 卡的密钥，确保读卡的高度安全，有效地防止了 IC 卡被破译的可能性
14	抗干扰能力	卡和模块双向多重验证，抗干扰能力强
15	技术的先进性	与 Mifare 卡源自一家，但走的是高安全性的道路，例如应用于国家安全部门、情报机关等军事部门，直到 90 年代开始用作民用，故技术先进

3. 生物特征识别技术

生物特征识别是根据被识别者的指纹、掌纹、眼纹、面部特征等特征进行身份认证。这种根据人体生物特征唯一性组成的识别系统具有无法假冒、不会遗失、不用携带特点，其稳定性能良好，可靠性高，多用在保密要求高的重要场所。

指纹识别为最简单的生物特征识别。指纹具有极高的不可重复性。每个人的指纹都是不同的，即使是双胞胎，两人的指纹相同的概率也低于 10^{-9}，只要指纹不受到伤害，每个人的指纹一辈子不会发生变化，它的唯一性成为身份识别的首选。指纹识别包括指纹特性数据采集、保存，指纹特性数据比对两部分。指纹特性数据采集、保存是将被识别者的指纹特性数据摄取后存入系统数据库，需要进行目标、身份识别时，将现场获取的指纹数据与数据库数据进行比对。指纹识别的性能常用错误接受率、错误拒绝率、指纹注册时间、识别时间、判别方式、可允许手指位移等来衡量。另外系统标称存储指纹数也是一个重要的指标。

掌纹（掌形）识别是以被识别者的手掌形状、手掌的宽度、手指的长度、手指关节间的长度等作为比对数据。每个人的掌纹（掌形）也均不相同，所以也常用于门禁管理系统。

眼纹识别是以被识别者的视网膜进行比对。每个人的视网膜如同每个人的指纹一样都不相同，而且终身不变，无法复制、伪造。

生物特征识别需有高精度的识别技术和仪器，虽有高度的唯一性、安全性的优点，但价格高，使用麻烦，通常只能用在保密要求高的场所。

7.4.3 门禁控制系统中的控制与执行单元

处理与控制设备部分通常是指门禁系统的控制器，是门禁系统的中枢，就像人体的大脑一样，里面存储了大量相关人员的卡号、密码等信息，这些资料的重要程度是显而易见的。另外，门禁控制器中有运算单元、存储单元、输入单元、输出单元、通信单元等，负担着运行和处理的任务，对各种各样的出入请求作出判断和响应。如果希望规划一个安全和可靠的门禁系统，则首先必须需要选择安全、可靠的门禁控制器。

1. 门禁控制器

影响门禁控制器的安全性、稳定性、可靠性的因素很多，通常表现在以下各个方面。

（1）控制器的分布

控制器必须放置在专门的弱电间或设备间内集中管理，控制器与读卡器之间具有远距离信号传输的能力，不能使用通用的 Wiegand 协议，因为 Wiegand 协议只能传输几十米的距离，这样就要求门禁控制器必须离读卡器就近放置，大大不利于控制器的管理和安全保障。设计良好的控制器与读卡器之间的距离应不小于 1200m RS-485 总线的通信方式，控制器与控制器之间距离也应不小于 1200m RS-485 总线的通信方式。

（2）控制器的防破坏措施

控制器机箱必须具有一定的防砸、防撬、防爆、防火、防腐蚀的能力，尽可能阻止各种非法破坏的事件发生。

（3）控制器的电源供应

控制器内部本身必须带有 UPS 系统，在外部的电源无法提供时，至少能够让门禁控制器继续工作几个小时，以防止有人切断电源从而导致门禁瘫痪的事件。

（4）控制器的报警能力

控制器必须具有各种即时报警的能力，如电源、UPS 等各种设备的故障提示，机箱被打开的警告信息以及通信或线路故障等。

（5）开关量信号的处理

门禁系统中有许多信号会以开关量的方式输出，例如门磁信号和出门按钮信号等，由于开关量信号只有短路和开路两种状态，所以很容易遭到利用和破坏，会大大降低门禁系统整体的安全性，因此门禁控制器不能直接使用开关量信号。将开关量信号加以转换传输能提高安全性，如转换成 TTL 电平信号或数字量信号等。

（6）结构设计

门禁控制器的整体结构设计是非常重要的，应尽量避免使用插槽式的扩展板，以防长时间使用而氧化引起的接触不良；使用可靠的接插件，方便接线并且牢固可靠；元器件的分布和线路走向应合理，减少干扰，同时增强抗干扰能力；机箱布局合理，增强整体的散热效果。门禁控制器是一个特殊的控制设备，必须强调稳定性和可靠性，够用且稳定的门禁控制器才是好的控制器，不应该一味追求使用最新的技术和元件。控制器的处理速度也不是越快就越好，也不是门数越集中就越好。

（7）电源部分

电源是门禁控制器中非常重要的部分，提供给元器件稳定的工作电压是稳定性的必要前提，但 220V 的电压经常不稳定，可能存在电压过低、过高、波动、浪涌等现象，这就需要电源具有良好的滤波和稳压的能力。此外电源还需要有很强的抗高频感应信号、雷击等干扰能力。

控制器内部有不间断电源也是很必要的，并且不间断电源必须放置在控制器机箱的内部，保证不能轻易被切断或破坏。

（8）控制器的程序设计

相当多的门禁控制器在执行一些高级功能或与其他弱电子系统实现联动时，完全依赖计算机及软件来实现的，由于计算机是非常不稳定的，这可能意味着一旦计算机发生故障时会导致整个系统失灵或瘫痪。所以设计良好的门禁系统中所有的逻辑判断和各种高级功能的应用，必须依赖门禁控制器的硬件系统来完成，也就是说必须由控制器的程序来实现，只有这样，门禁系统才是最可靠的，并且也有最快的系统响应速度，而且不会随着系统的不断扩大而降低整个门禁系统的响应速度和性能。

（9）继电器的容量

门禁控制器的输出是由继电器控制的，控制器工作时，继电器要频繁的开合，而每次开合时都有一个瞬时电流通过，如果继电器容量太小，瞬时电流有可能超过继电器的容量，很快会损坏继电器。一般情况继电器容量应大于电锁峰值电流 3 倍以上。另外继电器的输出端通常是接电锁等大电流的电感性设备，瞬间的通断会产生反馈电流的冲击，所以输出端宜有压敏电阻或者反向二极管等元器件予以保护。

（10）控制器的保护

门禁控制器的元器件的工作电压一般为 5V，如果电压超过 5V 就会损坏元器件，而使控制器不能工作。这就要求控制器的所有输入、输出口都有动态电压保护，以免外界可能的大电压加载到控制器上而损坏元器件。另外控制器在读卡器输入电路还需要具有防错接和防浪涌的保护措施，良好的保护可以使得即使电源接在读卡器数据端都不会烧坏电路，通过防浪涌动态电压保护可以避免因为读卡器质量问题影响到控制器的正常运行。

2. 电锁与执行单元部分

电锁与执行单元部分包括各种电子锁具、挡车器等控制设备，这些设备应具有动作灵敏、执行可靠、良好的防潮、防腐性能，并具有足够的机械强度和防破坏的能力。电子锁具按工作原理的差异，具体可以分为电插锁、磁力锁、阴极锁、阳极锁和剪力锁等，可以满足各种木门、玻璃门、金属门的安装需要。每种电子锁具在安全性、方便性和可靠性上各有差异，也有自己的特点，需要根据具体的实际情况来选择合适的电子锁具。

电子锁具的选配首先需考虑门的情况，双开（可内开也可外开）玻璃门最好用电插锁，公司内部的单开（只能内开或者只能外开）木门最好是用磁力锁。磁力锁也称电磁锁，虽然其锁体安装在门框上部，不是隐藏安装，不甚美观，但磁力锁的实际使用要多于电插锁，磁力锁的稳定性也要高于电插锁，不过电插锁的安全性要更高一些。电锁口是安装在门侧和球形锁等机械锁配合使用的，安全性要低很多，而且布线不方便，不过价格便宜。住宅小区用户最好是选用磁力锁和电控锁，电控锁噪声比较大，一般楼宇对讲系统配备的都是电控锁，但现在也有一种静音电控锁可以选用。但不管用什么锁具都要注意防雨防生锈。

（1）电控锁的基本选购常识

首先，锁面要有金属光泽，不能有明显的划伤，待机电流 300mA 左右，动作电流要低于900mA，长时间通电后，表面略热，但不至于烫手。电插锁弹起的力度要充分，压下去后锁头能自动弹起而有力。最好能进行4000次通断测试。如果发现过程中锁头无力，或者弹起不到位，或者弹不起来，视为不合格。

工程商常会问是选购两线的还是多线的电插锁。一般多线的电插锁是带单片机控制的，电锁的运行电流受单片机智能控制，锁体不会太热，而且具备延时控制功能和门磁监控功能。延时控制功能可以适用于地弹簧不好的门使用，门磁监控功能可以为控制器提供门开闭状态的实时监控功能。虽然这些功能未必用到，但是有单片机控制的电锁和无单片机控制的电锁品质和稳定性的差别很大。两线的电插锁，内部结构非常简单，工作电流大，发热严重到一定时候会损坏电锁，因此不建议采用。

（2）磁力锁的基本选购常识

磁力锁外观要精致，表面不能有明显划伤或者锈迹。磁力锁的关键是耐拉力，这需要专业的设备才能测量出来，但安装好后以突然用力的方式用手拉一拉，拉不开视为正常，但是要注意安装磁力锁锁体吸合要吻合，吸铁不要安装得过紧，否则会影响耐拉力。此外，锁具运行机制的选择非常重要。

1）断电关门（送电开门）（Fail-Secure）机制

正常闭门情形下，锁体并未通电，而呈现「锁门」状态，经由外接的控制系统（例如刷卡机、读卡机）对锁进行通电时，内部的机体动作，而完成「开门」的状态，如阴极锁。这种断电关门机制适用于诸如银行、机房等机要部门，使失电时锁具处于锁住状态以确保财产和设备的安全，等待来电时开门或者需用钥匙开门。

2）断电开门（送电关门）（Fail-Safe）机制

正常闭门情形下，锁体持续通电，而呈现「锁门」状态，经由外接的控制系统（例如刷卡机、读卡机）对锁进行断电时，内部的机体动作，而完成「开门」的状态，如磁力锁。对于诸如电影院等公共场合，应设计成断电时可逃生的出入机制，以保障人员的逃生安全。

3）断电开门机制和断电关门机制的选择

断电开门符合消防法规，大多火灾发生的原因都是电线走火，火灾现场的热度可以使五金门锁的机件融化而无法开门逃生，使许多人在火场中因门锁无法打开逃生而葬身火海，断电开门的好处是一旦电线走火而引发停电时，通道的防烟门将会动作，除阻绝烟雾扩散外，人也可以轻易地开门逃生。断电闭门机制则适用于金库等一些财产保险性较高的门禁场合，此时可以用电子机械锁和阴极锁一起搭配锁芯使用，一旦人员有危险时，还是可以使用旋钮或钥匙开门。

注：电锁安装常见问题

门锁安装完后门无法正常开关，这是大多数人遇到的问题，然而，真正的原因大多不是锁的问题（或许少部分是人为安装的疏忽），而是门地弹簧的品质问题。简单地说，假设一个门重120磅，该装多少磅数的地弹簧？或许你会说，120磅或是更大的磅数。但是有些厂商并不注重磅数的问题，120磅的门，可能装80磅甚至磅数更低的门，问题便随之而来。初时使用问题不大，长时间使用时，门无法归位、门回归速度变慢、门下垂严重等问题都日渐浮现。因此，安装双向锁时，一定要根据门的定位，选择合适的地弹簧。

安装电控锁时应该注意门的方向（如内开或外开）、材质（金属门、玻璃门、木门等)、间距、大小、数量、用途及是否有特殊要求等。

另外，锁体在断电后依然残留磁力，会造成门无法打开，这是很危险的事情，因此要注意残磁的影响，避免发生危难事件时防烟门无法关闭或是逃生门无法打开的情况造成生命财产的损失。

3. 传感与报警单元部分

传感与报警单元部分包括各种传感器、探测器和按钮等设备，最常用的就是门磁和出门按钮，应具有一定的防机械性创伤措施。这些设备全部都是采用开关量的方式输出信号，设计良好的门禁系统可以将门磁报警信号与出门按钮信号进行加密或转换，如转换成TTL电平信号或数字量信号。同时，门禁系统还可以监测出以下报警状态：报警、短路、安全、开路、请求退出、噪声、干扰、屏蔽、设备断路、防拆等状态，可防止人为对开关量报警信号的屏蔽和破坏，以提高门禁系统的安全性。另外门禁系统都应该对报警线路具有实时的检测能力。

传感部分的大致组成如下：

(1) 出门按钮——是按一下打开门的设备，适用于对出门无限制的情况。

(2) 门磁——用于检测门的安全/开关状态等。

(3) 电源——整个系统的供电设备，分为普通和后备式（带蓄电池的）两种。

(4) 遥控开关——作为紧急情况下，进出门使用。

(5) 玻璃破碎报警器——作为意外情况下开门使用。

4. 管理与设置单元部分

管理与设置单元部分主要指门禁系统的管理软件，管理软件可以运行在Windows 2000、2003和XP等环境中，支持客户端/服务器的工作模式，并且可以对不同的用户进行可操作功能的授权和管理。管理软件应该使用Microsoft公司的SQL等大型数据库，具有良好的可开发性和集成能力。管理软件应该具有设备管理、人事信息管理、证章打印、用户授权、操作员权限管理、报警信息管理、事件浏览、电子地图等功能。随着智能化大厦应用的不断深入，“一卡通系统”作为一个新的需求逐渐被提出。

5. 线路及通信单元部分

门禁控制器可以支持多种联网的通信方式，如RS-232、485或TCP/IP等，在不同的情况下使用各种联网的方式，以实现全国甚至于全球范围内的系统联网。为了门禁系统整体安全性的考虑，通信必须能够以加密的方式传输，加密位数一般不少于64位。

门禁控制系统中的通信接口主要有以下两类：

(1) 串行通信接口标准RS-423/422/485

数据通信，计算机网络以及分布式工业控制系统中，经常采用串行通信来达到信息交换的目的。无论是完整的七层OS1模型，还是简化的三层（或四层）工业局域网络，其第1层均为物理层。RS-232C、RS-423、RS-422及RS-485既是物理层的协议标准，也是串行通信接口的电气标准。

RS-232C于1969年由美国电子工业协会（EIA）公布后，在全世界范围内得到了广泛的应用。该标准定义了数据终端设备（DTE）和数据通信设备（DCE）之间接位串行传输的接口信息。计算机接口与数据终端设备（DTE）同等看待，从这个角度定义数据流的方向（发送或接收），参见图7-52。近距离串行通信时，可以不使用调制解调器（Modem），此时则从计算机接口的角度定义信息流的方向（发送或接收）。远距离串行通信必须使用Modem，因而成本较高。在分布式控制系统和工业局域网络中，常常遇到传输距离介于近距离（<2km）和远距离（>2km）之间的情况，这时RS-232C（25脚连接器）不能采用，而使用Modem也不合算，因而需要新的串行通信接口标准。

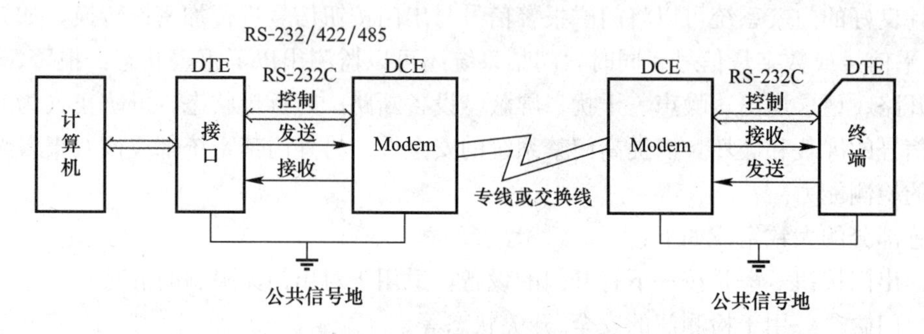

图7-52 串行通信连接框图

EIA制订了标准RS-449，它定义了在RS-232C中所没有的十种电路功能，可以支持较高的数据传送速率、较远的传输距离，提供平衡电路改进接口的电气特性，规定用37脚连接器。RS-423/422（全双工）是RS-449标准的子集，RS-485（半双工）则是RS-422的延伸。

图7-53所示为平衡驱动差分接收电路。平衡驱动器的两个输出端分别为+V和-V，故差分接收器的输入信号电压两者之间不共地，这样既可削弱干扰的影响，又可获得更长的传输距离及允许更大的信号衰减。采用RS-422标准，其位速率可达10Mbit/s。

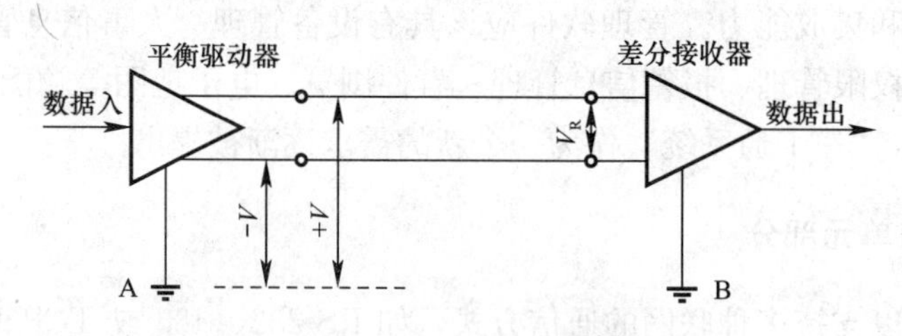

图7-53 平衡驱动差分接收电路（RS-422）

（2）TCP/IP网络通信接口

此类网络基本结构如图7-54所示。

7.4.4 门禁控制系统的质量要求

一套设计先进、功能完善的门禁控制系统，如何良好地发挥作用，它的布线和安装是其中非常重要的环节。根据出入口产品选择规定的线缆类型，做好布线勘察和规划，在布线实施中做好线缆的保护以及所需的屏蔽或抗干扰等工作，考虑环境、人为等因素的影

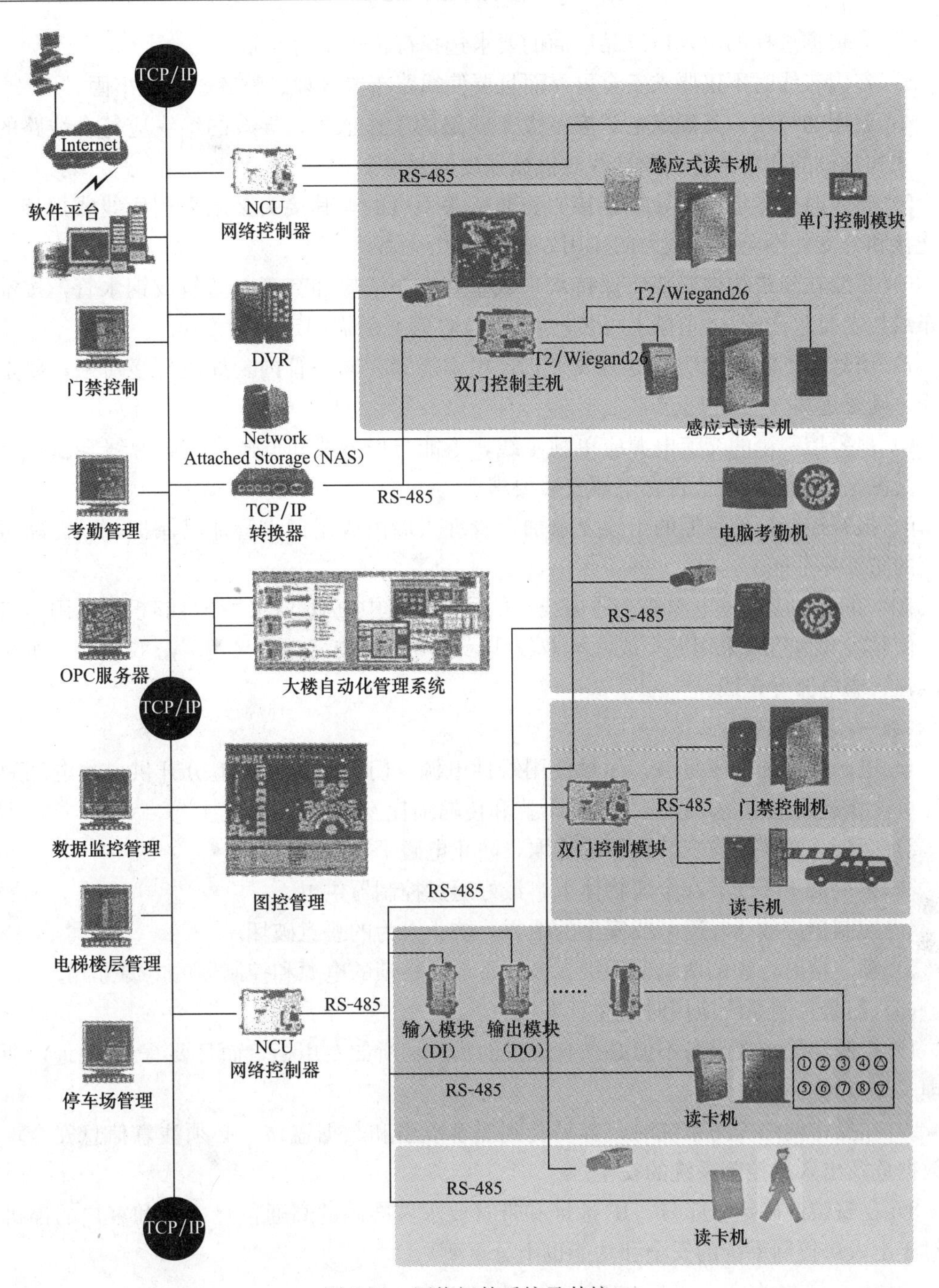

图 7-54 网络门禁系统及其接口

响，严格按照，规定的工艺进行操作、安装都将对系统的安全稳定运行带来好的影响，反之，则会成为安全隐患。

1. 门禁控制系统布线、安装注意事项

(1) 布线时应注意的问题

1) 电缆的安装应符合 IEE 电气安装线缆敷设规范和国家、行业的相关规定。

2）应根据选择的出入口产品厂商的要求选择符合规定的产品。

3）室内布线时不仅要求安全可靠而且要使线路布置合理、整齐、安装牢固。

4）使用的导线，其额定电压应不大于线路的工作电压；导线的绝缘应符合线路的安装方式和敷设的环境条件以及导线对机械强度的要求。

5）布线时应尽量避免导线有接头。非接头不可的，其接头必须采用压线或焊接。导线连接和分支处不应受机械力的作用。

6）布线在建筑物内安装要保持水平或垂直。布线应加套管（塑料或钢水管，按室内的布线技术要求选配），顶棚上可装软管或PVC管，但需固定稳妥美观。

7）信号线不能与大功率电力线平行，更不能穿在同一管内。如因环境所限，要走平行线，则要远离50cm以上。

8）报警控制箱的交流电源应单独走线，不能与信号线和低压直流电源线穿在同一管内，交流电源线的安装应符合电器安装要求。

9）报警控制箱到顶棚的走线要求加套管埋入墙内或用钢水管加以保护，以提高防盗系统的防破坏性能。

10）布线时应区分电源线、通信线、信号线。其中电源线的线径足够粗，采用多股导线；信号线和通信线采用五类或六类双绞线，环境要求较高时可采用屏蔽双绞线。布线时注意强、弱电分开走线。

（2）安装注意事项

1）电源要保证功率足够，尽量使用线性电源，门锁和控制器应分开供电。电源的安装尽可能靠近用电设备，以避免受到干扰和传输损耗。

2）门禁系统要注意安装位置的选取，防止电磁干扰。

3）读卡器不要安装在金属物体上，最好通过控制器供电。

4）控制器应放于较隐蔽或安全的地方，防止人为的恶意破坏。

5）锁连接时，锁的两端要反接二极管，最好将锁的电源和控制器的电源分开。

（3）门禁控制系统应用时的注意事项

1）控制器等重要设备不但必须有放置的物理场所如专用柜，而且要有IP地址，便于管理及故障时的查找。

2）在操作网络安防系统时，容易受到黑客攻击和数据盗窃。必须注意信息安全，防止数据危及出入口控制系统的安全。

3）在安装前确定域账号、IP地址和带宽要求。准确的高通信量次数和客户的停机维护对于出入口控制系统的安全和功能也十分重要。

2. 门禁系统常见问题及处理办法

随着经济的发展，社会犯罪事件日趋增多，门禁就成为了保护安全的第一道屏障，然而由于门禁产品的质量参差不齐，门禁难免会发生故障，下面详细介绍针对门禁系统常发生的故障及其可能的原因，以便检查并排除故障。

（1）故障一　门禁设备连接好以后，用软件测试不能与电脑通信。

1）采用 RS-422 通信方式时

① 控制器与网络扩展器之间的接线不正确。

② 控制器上跳线开关处于闭合状态（通信方式为 RS-232 时）。

③ 控制器至网络扩展器的距离超过了有效长度（1200m）。

④ 计算机的串口是否正常，有无正常连接或者被其他程序占用，排除这些原因再进行测试。

⑤ 软件设置中，设备地址号实际设置、连接不对应。

⑥ 线路干扰，不能正常通信。

2）采用 RS-232 通信方式时

① 控制器与电脑串口之间的接线不正确。

② 控制器上跳线开关处于断开状态（通信方式为 RS-422 时）。

③ 控制器至电脑的距离超过了有效长度（15m）。

④ 计算机的串口是否正常，有无正常连接或者被其他程序占用，排除这些原因再进行测试。

⑤ 软件设置中，设备地址号与实际设置、连接不对应。

（2）故障 2　将卡片靠近读卡器，蜂鸣器不响，指示灯也没有反应，通信正常。

1）读卡器与控制器之间的连线不正确。

2）读卡器至控制器线路超过了有效长度（120m）。

（3）故障 3　将有效卡靠近读卡器，蜂鸣器响一声，LED 指示灯无变化，不能开门。

1）读卡器与控制器之间的连线不正确。

2）线路严重干扰，读卡器数据无法传至控制器

（4）故障 4　门禁器使用一直正常，某一天突然发现所有的有效卡均不能开门（变为无效卡）。

1）操作人员将门禁器设置了休息日（在休息日所有的卡都不能开门）。

2）操作人员将门禁器进行了初始化操作或其他原因导致控制器执行了初始化命令。

（5）故障 5　将有效卡靠近读卡器，蜂鸣器响一声，LED 指示灯变绿，但门锁未打开。

1）控制器与电控锁之间的连线不正确。

2）给电锁供电的电源是否正常（电锁要求单独电源供电）。

3）电控锁故障。

4）锁舌与锁扣发生机械性卡死。

（6）故障 6　将有效卡近读卡器，蜂鸣器响一声，门锁打开，但读卡器指示灯灭。

1）控制器与电控锁共用一个电源，电锁工作时反向电势干扰，导致控制器复位。

2）电源功率不够，致使控制器、读卡器不能正常工作。

3. 门禁控制系统品牌的选择

目前市场上出入口控制系统品牌可谓名目繁多，如何根据系统和用户的实际需求制定先进、合理的出入口解决方案，归根结底，相关的技术指标和品牌可以作为判断的重要依

据，这包括：

（1）控制器和系统的持卡人容量限制

一般说来，控制器的持卡人容量是控制器成熟度和稳定性的一个重要依据，有一种观点认为，卡容量越大的控制器，会具有与之相对应的成熟的生产研发历史，因为较大的卡容量和较短的验证开门时间，必然要求系统具有较高的稳定性。

（2）目前需要控制的出入口数量和未来需要扩展增加的控制点

从目前市场现状来讲，多数的出入口控制产品都能提供满足大多数用户的系统控制容量，十几门至几十门的小系统中反应速度的差别不会非常明显，然而100门以上的中型或大型系统中，验证反应速度的差别会有很大的区别。

（3）额外的联动功能

从用户需求的角度来讲，越来越多的出入口控制系统需要与视频、消防、在线巡更、电梯控制，甚至楼宇控制、消费、考勤、停车场等相关联，而设计的关键是选择切实符合用户实际需求的联动功能，将可有可无的部分屏蔽或留待将来扩展之需。

（4）生产研发能力和完善的售后服务

成熟的品牌通常具有几十年的生产研发经验，一方面技术的积淀来源于多年的品牌应用和反馈情况，另一方面延续的产品线可以保证新老产品的兼容使用以及系统扩充时最大限度地节省后期投资。

而售后服务的完善也取决于产品的实际应用和成熟度，如果是进口品牌，本土化的服务相当重要，应选择国内具有多年工程实施及服务经验的国内代理商，以期带来先进性与稳定性的最好结合。

（5）各行业各领域的多年稳定运行的实际案例

没有用户希望自己的系统成为厂商或品牌的实验基地，各行业多年稳定运行的系统，是系统成熟度的重要标志，而具有世界应用范例的品牌可以证明其软硬件具有灵活的适用范围和成熟的功能设计。

当然，以上是主要的考虑因素，设计先进、稳定并符合用户要求的门禁控制系统还应考虑外观是否美观，是否具有生物识别等扩充功能，是否具有完善的培训计划等，最重要的是符合国际或国家的行业标准。

4. 应用示例

在此，以商业大厦为例，众所周知商业大厦中的管理以人员及财物管理为主，如何对数量众多的内部人员进行科学、高效的管理，怎样确保资金、物品的安全，是商业大厦中需要解决的首要问题。

（1）人员管理　主要是进行出入口控制管理和考勤管理。

通过在主要或相关出入口设置出入口控制管理系统，既可以提高商业大厦的安全级别，给人规范、现代的印象，又可以实现整体管理的高效化、人性化，替代传统的人员职守，减少人力、物力投资。

基于出入口控制系统实现考勤管理，可以减少以往的人为作弊现象，科学、准确。

（2）资金管理　主要是加强出入口的控制，同时可以实现刷卡计费，减少现金交易。

可在财务等重要功能房间加装读卡器，或者将读卡器与密码认证、生物识别相结合，增加安全性。并与大厦视频监控、报警系统结合，发生警情后联动摄像机并录像存储，并于报警后启动防区，封锁相关出入口。

(3) 物品管理　主要是加强主要出入口的监控、人员巡更保安（与出入口控制相结合的在线巡更），并与物流系统相结合。

这三方面都可以用智能卡轻松实现，真正的实现商贸一卡通。为实现这几方面，可以使用智能卡管理系统中的以下五个子系统。

1）门禁、考勤管理子系统　它是现代商业大厦不可或缺的组成部分，它既可以树立公司、大厦或机关办公场所规范化管理的形象，提高管理档次，同时又可以规范内部的管理体制。感应卡技术的诞生使一张感应卡就可以代替所有的大门钥匙，且具有不同的通过权限，授权持卡进入其职责范围内可以进入的门。所有的进出情况在电脑里都有记录，便于针对具体事情的发生时间进行查询，落实责任。其主要应实现如下功能：

A. 电脑的编程　操作员依据自己的操作权限在控制主机上进行各种设定，如开门/关门，查看某一被控区域门状态情况，授权卡或删除卡等。考勤应有任意排班、病事假管理、加班管理等功能，并能根据客户需要打印出报表。

B. 卡片使用模式　系统可采用非接触 ID 感应卡，每张卡具有唯一性，不可复制，保密性极高。

C. 出入等级控制系统　可任意对卡片的使用时间、使用地点进行设定，非属于此等级之持卡者被禁止访问，对非法进入行为系统会报警，有多种时间表可供选择。

D. 实时监控功能　门户的状态和行为，都可实时反映于控制室的电脑中，如门打开/关闭，哪个人、什么时间、什么地点等。门开时间超过设定值时，系统会报警。

E. 记录存储功能　所有读卡资料均有电脑记录，便于在发生事故后及时查询（在脱机情况下，门禁控制器应能保持数据 7 万余条；在掉电的情况下，数据能保持 90 天）。

F. 顺序处理功能　任何警报信号发生或指定状态改变时，自动执行一连串顺序控制指令。

G. 双向管制系统　支持双向管制，特殊门户双向均需读卡，只读一次，卡会失效。此功能既可防止卡片的后传，又可实时反映该场所实际人员情况。

H. 多级操作权限密码设定系统　软件针对不同级别的操作人员分配多种级别的操作权限，输入不同的密码可进入不同的控制界面。

I. 密码功能　系统除了可以单独用卡进门以外，对于特殊门点，可通过采用带密码的读卡器实现读卡加密码开门的双重保安功能，或者使用超级密码方式进门（8 位超级密码：使用键盘输入，不用读卡可开门），保证对高安全性场所的控制。

2）安全管理子系统　在安全管理方面需要实现智能卡同大厦的保安监控系统联动，实现安防一体化的功能。这就需要实现以下功能。

A. 刷卡联动抓拍系统　实现了门禁系统和 DVR 系统的联动，可以设定刷卡开门的同时根据预先设定的条件进行抓拍现场图像，并可以比较显示照片，避免非法持有者冒充进入。可将非法卡计入日志并报警，并可灵活设置各种刷卡情况的联动动作。

B. 刷卡联动录像　可以设定刷卡开门的同时根据预先设定的条件进行录像，同时录像文件的路径保存在系统软件的进出报表中，和该条刷卡记录绑定；双击该条刷卡记录即可回放该段录像文件。

C. 实时监控　电子地图提供直接视频监视功能，能够直接监视门禁门区现场状态，甚至于在这张地图上能够直接控制云镜设备，将监控特性完全嵌入了电子地图中，并提供即时抓拍、录像功能。

D. 报警切换　非法卡刷卡可以直接切换该门对应视频通道的视频信号，使管理者可以在第一时间看到现场的具体情况，并可根据实际情况消警或启动其他报警设备。

E. 视频确认功能　当有人员刷卡后，前端摄像机会自动将图像传回主控室，主控室人员可在确认后控制大门打开或关闭。系统拓扑图如图7-55所示。

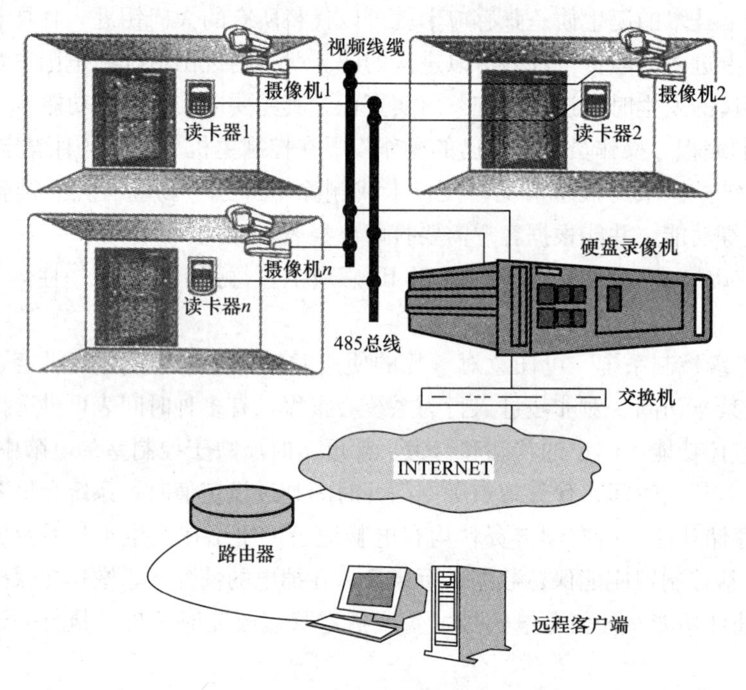

图7-55　刷卡与视频联动机制

3）巡更管理子系统　作为安全管理的一个延伸，保安人员的巡更管理同样是保障大厦安全的不可或缺条件，该系统需要的功能应该包括以下几点：

A. 以IC卡作为巡更牌，由控制中心电脑软件编排巡更班次、时间间隔、线路走向，有效地管理巡更员巡视活动，增强保安防范措施。

B. 软件设定巡更时间要求、线路要求、次数要求，通过发行巡更点（位置信息）、巡更牌，记录巡更员身份、编号，并授予巡更活动权限。

C. 巡更员带巡更牌按规定时间及线路要求巡视，将巡更牌在巡更点前晃动，便可记录巡更员到达日期、时间、地点及相关信息。若不按正常程序巡视，则记录无效。查对核实后，即视作失职。控制管理中心可随时查询整理备份相关信息，对失盗失职进行有效分析。

D. 可随时或者定时提取各巡更员的巡更记录。

E. 电脑对采集回来的数据进行整理、存档，自动生成分类记录、报表并打印。管理人员根据需要随时在电脑中实时、非实时查询保安人员巡逻情况。

4）现金流及刷卡消费管理子系统　现金流管理可以同银行的金融卡联网，主要需满足以下几点：

A. 对公、对私客户资料管理　实现个人客户资料的建档及管理、不良客户管理；根据客户信息统计存款量；客户资料全行共享，建立“客户为中心”的业务模式；商户资料管理、设备资料管理、商户回扣率的设置；商户交易量统计、商户积分管理统计。

B. 卡管理　a. 卡资料管理：实现卡资料的录入、查询、修改、删除等功能；b. 卡状态管理：实现开卡（批量/单张）、制卡（批量/单张）、发卡（批量/单张）、挂失/解挂、止付/解付、冻结/解冻、换卡、销卡、有效期管理等功能；c. 卡密码管理：密钥管理、卡密码的生成、挂失、修改；d. 消费积分管理：消费积分的配置、设定、累计、清除等；e. 止付名单管理：生成、删除、下发，对账单随时查询、打印；月末批量打印。

C. 一卡通交易　实现人民币活期、整存整取、零存整取、通知存款、教育储蓄、存本取息等多储种，实现外币活期、整存整取交易；实现公司卡账务处理。

5）物流管理子系统　物流管理现在比较流行的方法是使用电子标签，它可以记录每一件物品的进出档案，便于对物品进行跟踪管理。实施时只需将特殊的智能卡嵌入物品，经过读卡器确认后，就可以将物品信息出入数据库，轻松实现物流管理。随着智能卡技术的不断发展，它在商业领域将会有越来越多的应用。

第8章　综合布线系统

综合布线系统是建筑物内部或建筑群之间的传输网络，它能使建筑内部的语音、数据、图文、图像及多媒体通信设备，信息交换设备，建筑物业管理及建筑物自动化管理设备等系统之间彼此相连，也能使建筑物业通信网络设备与外部的通信网络相连。

综合布线系统是智能建筑的一个重要子系统，是智能建筑信息传输的基础传输通道。

8.1　综合布线系统概述

综合布线是由线缆和相关连接件组成的信息传输通道。综合布线包括传输媒介（如铜线、光线）、连接件（如连接模块、插头、插座、配线架、适配器等）和有关电气保护装置等构成。

综合布线能够使建筑物内部的语音、数据、图像设备和交换设备与其他信息管理系统彼此相连，同时也能与建筑物外部通信系统相连。它的连接对象包括建筑物外部网络和电信线路的连线点以及应用系统设备之间的所有线缆及相关的连接件。

综合布线其优点主要是兼容性、开放性、灵活性、可靠性、先进性和经济性等。

综合布线在智能建筑中构成的信息传输网络，就形成了智能建筑综合布线系统。综合布线系统是指建筑物或建筑群内的传输网络，它既使语音和数据通信没备、交换设备和其他信息管理系统彼此相连，又使这些设备与外部通信网络相连接。

智能建筑综合布线系统适用于建筑物跨度不超过3000m，办公总面积不超过100万m^2的布线区域（或场所），主要应用在单独的建筑物内和由若干建筑物构成的建筑群小区内两种基本场合。综合布线的布线区域超出上述范围时，可参考国际标准的布线原则来实现。

智能建筑综合布线应支持建筑设备监控系统，办公自动化系统，通信系统在语音、数据、图像、多媒体等各种信号传输的需求，传输速率从几十 kbit/s 到 1000Mbit/s。综合布线是一种有线信息传输，应用局域网技术实现语音、数据、图像、多媒体信息传输，成为公用电话网、计算机局域网以及多媒体通信网的物理网络和载体，可以构成智能建筑中的各种局域网。综合布线系统的配置水平和类型体现了智能建筑的智能化程度。

1. 综合布线系统的特点

（1）常规布线系统的缺点

常规的布线方法是采用各自独立的布线系统，像电话机、计算机、保安设备、火灾自动报警设备、建筑物自动控制系统、生产设备的控制系统等。各布线系统分别采取不同的电缆及电线和不同的终端插座（由不同的厂商设计和安装），如闭路电视系统采用射频同轴电缆，电话系统和公共广播系统用对绞线，保安监视系统用视频同轴电缆，计算机主机和终端用同轴电缆，计算机局域网用对绞线、同轴电缆或光缆。这些不同布线系统的插头、插座、配线架均无法互相兼容或互换。这种配线方法存在许多缺点：

1）设计复杂，各系统互相不关联，不能够兼容，需要分别独立设计。

2）系统实施时，施工困难，工程施工协调工作量大，工程造价高。工程完成后，统一管理困难。

3）因各个系统没有统一标准，没有统一的传输媒介，系统一经确定，即不能随意更改系统，灵活性差。因各个系统独立，还造成建筑物拥挤。

4）当办公环境改变、重新规划办公空间，调整计算机终端或电话机位置，或某系统（计算机、电话交换机）因发展而要更新时，就需要增加新设备的电缆及电线以满足工作的要求。更改布线系统除费用昂贵外，更重要的是施工时用户办公室的正常工作会被中断，且中断时间的长短用户不能控制。

（2）综合布线系统的优点

综合布线系统与常规布线系统相比较，有以下的优点：

1）实用

通用布线系统，以一套标准电缆系统满足语音、数据传输的要求，并可应用于综合数字业务网（ISDN），能够实行综合的语音通信、数据通信、图像通信；可以将多种设备终端插头插入标准信息插座内，即任何信息插座均能够连接不同类型的设备，如计算机、打印机、电话机、传真机等，使用非常灵活；可以把原来互不兼容，分散的系统，如计算机系统、通信系统、建筑自动化系统等综合在一个布线少、系统大的网络结构内。

2）模块化

通用布线系统的所有接插件都是模块化的标准件，采用标准统一的形式布线，使用相同的电缆、配线架及插座。因此缩小或扩充系统容量非常方便。

3）开放性、灵活性好

通用布线系统传送信号的速度、距离和信号能力方面都是高性能的，可以和众多的产品相匹配；能兼容各厂家的语言、数据设备以及图像设备。只要在“插座”出口配上适当的适配器，就能够支持国际上许多厂商的产品，如可以支持各种主机（如IBM，HP），各种网络如以太网、令牌网、光纤分布数字接口（FDDI&TPDDI）、快速以太网（100BAS-TX）、异步传输方式（ATM）、建筑物自动控制系统（BAS）及程控电话交换机（PBX）。

4）可扩充性好

这种布线系统是可扩充的，在将来有发展时很容易扩充，并具有超前性，能够适应建筑物内目前尚无而将来才有的各种更先进的设备，如计算机或通信设备，不必增加或变更布线系统，只要配上合适的适配器即可。增加及变更用户不干扰工作。

通用布线系统为所有语音、数据和图像设备提供了一套实用、灵活、可扩展的模块化介质通路。用户可根据自己的需要和实际情况，将各信息系统分步实施，即要实施某一子系统时，只需将该系统的主机和终端直接挂在布线系统上即可，可免除用户在建楼时的后顾之忧。

5）便于用户变动

多种设备终端插头插入标准的信息插座内，即任意插座能够连接不同类型的设备，如计算机、打印机、电话机、传真机等，非常灵活、可移性和实用性较强。例如，某“插座”原来接的是电话机，现在要改接计算机或别的功能设备，立即可以更换，也不必另敷线路。当用户需要变更办公空间、搬动办公室或设备升级更新时，可自行在配线架上进行简单灵活的跳线，即可改变系统的组成和服务功能，不再需要重放新缆线及安装新插座，从而大大减少了在线路的布放及管理上所耗费的时间和金钱。

6）便于设计施工

由于系统对各个厂家的语音、数据设备、通用布线系统均可兼容，且使用相同的电缆与配线架，相同的插头与模块插孔，因此，无论布线系统多么复杂、庞大，不再需要与不同的厂商进行布线工程的协调，也不再需要为不同的设备准备不同配线零件以及复杂的线路标示与管理线路图。这就使得系统的设计、施工和管理大为简化，设计、施工成本随之降低，用户的自行管理费用也降低了。

2. 我国综合布线系统的历史沿革

在20世纪80年代末或90年代初，综合布线系统刚刚进入国内工程建设市场，首当其冲是房屋建筑工程建设领域，其次是通信行业和信息产业。这时，国内对智能化建筑和智能化小区尚无成熟的设想和明确定义。到90年代的中期，综合布线系统工程建设项目随着不少智能化建筑和一些智能化小区的出现而逐步增多，由于当时国内大多数的综合布线系统工程均采用国外生产厂商的产品，其工程设计和安装施工，绝大部分是由一些国外生产厂商或委托其代理商承担提供产品和安装施工任务。少量的综合布线系统工程建设项目是由国内建筑设计单位负责主体或方案设计，国外厂商或其合作单位承担细化设计。国外个别较大的生产厂家在国内派驻所谓工程督导，但毫无监督管理的实施，主要是协助解决在安装施工方面工艺的具体细节问题。

从综合布线系统出现到现在，仅仅是20多年的使用时间，国内使用时期更短，由于其科学技术发展迅速和不断开发提高，不论国外标准（包括国际标准、地区标准和先进国家标准）或国内标准（包括国家标准、通信行业标准和协会标准）都是从无到有、从少到多，逐步增多、补充和完善。有的标准已经多次修订或改编，且其修订时间的间隔缩短，修订次数增多。这充分说明标准的标龄减短，与科技发展速度紧密结合，来满足工程的客观需要。在这方面我国制定国内标准起步较晚，综合布线系统技术进入国内的初期，主要采用国外标准。从20世纪90年代中期开始，国内有关部门逐步批准和发布国家标准、通信行业标准和协会标准、规范及施工图集等文件，这些标准、规范和图集对于综合布线系统工程的发展具有重要的指导作用。此外，在20世纪末（90年代底），国内有关学术团体还组织编写和发布了城市住宅建筑综合布线系统工程设计规范等。同时，有关部门还对20世纪90年代发布的通信行业标准进行修订或改编为国家标准，这些都对综合布线系统工程起到了极为重要的导向作用。

1996年开始我国原邮电部相继发布了《大楼通信综合布线系统》和《数字通信用对绞/星绞对称电缆》等有关产品的通信行业标准。鉴于有些国外产品与我国国情不能结合，存在不同的缺陷，使工程质量产生不同程度的问题，国内的工程技术人员会同国内生产厂家根据国际标准和国内通信行业标准，结合国内实际情况以及汲取使用国外产品的经验教训，共同研究，协作配合开发和研制出了适合国内使用的产品，目前已有一定成效，且占据国内建设市场中相当份额。个别生产厂商的综合布线系统产品在2000年还被国内主管建设部门列为国内产品推广使用的首例。同时，国内承担综合布线系统任务的工程设计和安装施工以及工程监理等单位也不断增多，技术力量得到广泛提高。这些都是在国内综合布线系统工程建设项目的实践中取得的可喜业绩。当然，国内综合布线系统工程设计和安装施工以及产品制造等单位也需不断总结经验，改进工作方法和提高科技水平，力求把综合布线系统工程的质量和技术水平继续提升，以满足当今社会各方面的发展需要。

目前国内通用布线标准有：

(1)《建筑与建筑群综合布线系统设计规范》GB/T 50311，中华人民共和国国家标准。

(2)《建筑与建筑群综合布线系统施工验收规范》GB/T 50312，中华人民共和国国家标准。

(3)《建筑与建筑群综合布线系统工程设计施工图集》YD 5082，中华人民共和国通信行业标准。

(4)《智能建筑设计标准》GB/T 50314，中华人民共和国国家标准。

(5)《智能建筑工程质量验收规范》GB 50339，中华人民共和国国家标准。

3. 综合布线系统的发展前景

随着科学技术的发展，对资源共享的要求越来越迫切，在计算机，通信以及控制(3C)等技术领域，尤其以电话业务为主的通信网逐渐向综合业务数字网（ISDN）过渡，越来越重视能够同时提供语言数据和图像传输的集成综合通信网。所以，综合布线系统取代单一、昂贵、繁杂的传统布线系统，是“信息时代”的要求，也是历史发展的必然。

技术创新正以飞快的步伐前进着，越来越多地富于创造性、高性能的产品以及越来越多的竞争者都开始在市场上出现了。

在铜缆产品方面，在未来几年中，网络布线将进一步实现从5类线到超5类线及从超5类线到6类线的转换。这一过程的第一阶段是超5类线取代5类线，第二阶段是6类线取代超5类线。

目前，硬件与软件相结合的智能型配线架已经出现。

8.2 综合布线系统的构成

8.2.1 综合布线系统的组成部分

综合布线系统也可称其为结构化综合布线系统（Structured Cabling Systems，SCS）。它是一套开放式的布线系统。几乎可以支持所有的数据、语音设备及各种通信协议。同时，由于SCS充分考虑了通信技术的发展，设计时有充分的技术储备，能充分满足用户长期的需求，应用范围十分广泛。而结构化综合布线系统因具有高度的灵活性，各种设备位置改变、局域网变化均不需重新布线，只要在配线间作适当布线调整即可满足需求，近年来在我国已被广泛采用。结构化综合布线系统一般可划分为6个子系统。

1. 工作区子系统

在综合布线系统中，一个独立的需要设置终端设备的区域称为一个工作区。一个工作

区的服务面积可按 $5m^2$～$10m^2$ 估算，每个工作区设置一个电话机或计算机终端设备，或按用户要求设置。工作区子系统由终端设备连接到信息插座的连线以及信息插座所组成，信息点由标准 RJ45 插座构成。信息点数量应根据工作区的实际功能及需求确定，并预留适当数量的冗余。工作区的有些终端设备需要选择适当的适配器或平衡/非平衡转换器才能连接到信息插座上。

2. 水平子系统

水平子系统主要是实现信息插座和管理子系统，即中间配线架（IDF）间的连接。水平子系统由工作区用的信息插座/每层配线设备到信息插座的配线电缆、楼层配线设备和跳线等组成。水平子系统指定的拓扑结构为星形拓扑。水平干线的设计包括水平子系统的传输介质与部件集成。选择水平子系统的线缆，要根据建筑物内具体信息点的类型、容量、带宽和传输速率来确定。

3. 管理子系统

管理子系统由交联、互联和输入/输出部分组成，实现配线管理，为连接其他子系统提供手段，包括配线架、跳线及光缆配线架等设备。管理子系统宜采用单点管理双交接。交接场的结构取决于工作区、综合布线系统的规模和所选硬件。在管理规模大、复杂、有二级交接间时，才设置双点管理双交接。在管理点，宜根据应用环境用标记插入条标出各个端接场。交接区应有良好的标记系统，如建筑物名称、建筑物位置、区号、起始点和功能等标志。交接间及二级交接间的配线设备宜采用色标区别各类用途的配线区。

4. 干线子系统

干线子系统应由设备间的配线设备和跳线以及设备间至各楼层配线间的连接电缆组成。干线是建筑物内综合布线主馈线缆，是用于楼层之间垂直（或低矮而又宽阔的单层建筑物的水平布线）线缆的统称。干线传输电缆的设计必须既满足当前的需要，又适应今后的发展。干线子系统布线走向应选择干线线缆最短、最安全和最经济的路由。干线子系统在系统设计施工时，应预留一定的线缆做冗余信道，这一点对于综合布线系统的可扩展性和可靠性来说是十分重要的。

5. 设备间子系统

设备间是在每一幢大楼的适当地点设置进线设备，进行网络管理以及管理人员值班的场所。设备间子系统应由综合布线系统的建筑物进线设备、电话、计算机等各种主机设备及其保安配线设备等组成。设备间的主要设备有数字程控交换机、计算机网络设备、服务器、楼宇自控设备主机等。它们可以放在一起，也可分别设置。设备间内的所有进线终端设备宜采用色标来区别各类用途的配线区。设备间位置及大小应根据设备的数量、规模等综合考虑确定。

6. 建筑群子系统

建筑群子系统由两个及两个以上建筑物的电话、数据、电视系统组成一个建筑群综合布线系统，其连接各建筑物之间的线缆和配线设备（CD）组成建筑群子系统。建筑群之间可以采用有线通信的手段，也可采用微波通信、无线电通信的手段。建筑群子系统宜采用地下管道敷设方式。

8.2.2　综合布线系统的网络拓扑结构

计算机网络设计的第一步是要解决在给定的计算机位置及保证一定的网络响应时间、吞吐量和可靠性的条件下，通过选择恰当的线路、线路容量、连接方式，使整个网络的结构合理、成本低廉。为了应付复杂的网络结构设计，人们引入了网络拓扑的概念。

拓扑学是几何学的一个分支，它是从图论演变而成的。拓扑学首先把实体抽象成与其大小、形状无关的点，将连接实体的线路抽象成线，进而研究点、线、面之间的关系。计算机网络拓扑是通过网络中的节点与通信线路之间的几何关系表示网络结构，反映出网络中各个实体之间的结构关系。拓扑设计是建设计算机网络的第一步，也是实现各种网络协议的基础，它对网络性能、系统可靠性与通信费用都有较大影响。计算机网络拓扑结构主要是指通信子网的拓扑结构。

计算机网络拓扑结构可以根据通信子网中通信信道的类别分为两类：点到点线路通信子网拓扑结构、广播信道通信子网拓扑结构。在采用点到点线路的通信子网中，每一条物理线路连接一对节点。采用点到点线路的通信子网的基本拓扑结构有 4 类：星型、环型、树型、网状型。在采用广播信道的通信子网中，一个公共的通信信道被多个网络节点共享。采用广播信道通信子网的基本拓扑结构有 4 种：总线型、星型、环型、无线通信与卫星通信型。局域网与广域网一个重要的区别在于它们覆盖的地理范围。由于局域网设计的主要目标是覆盖一个公司、一所大学、一幢办公大楼的有限的地理范围，因此，它们从基本通信机制上选择了与广域网完全不同的方式，即从存储转发方式改变为共享介质方式和交换方式。因此，局域网在传输介质、介质存取控制方法上形成了自己的特点。正是因为这样，局域网在网络拓扑上主要采用总线型、环型与星型结构，在网络传输介质上主要采用双绞线、同轴电缆与光纤。

1. 总线型拓扑结构

总线型拓扑是局域网最主要的拓扑结构之一，总线型拓扑结构如图 8-1 所示。总线型局域网的介质访问控制方法采用的是共享介质方式。

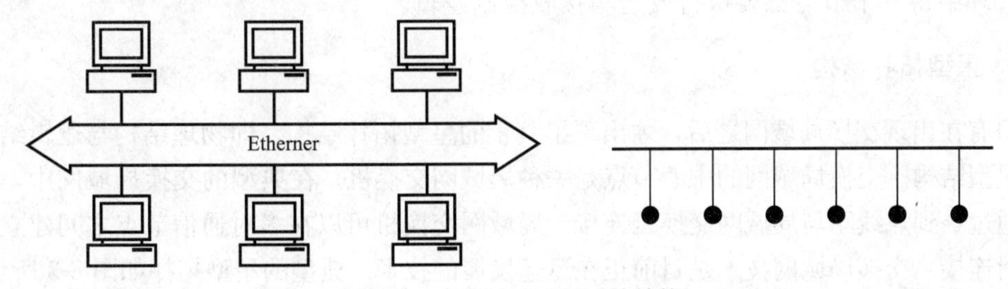

图 8-1　总线型局域网拓扑结构

总线型局域网的主要特点有：

（1）所有的节点都通过相应的网络接口卡直接连接到一条作为公共传输介质的总线上。

（2）总线通常采用同轴电缆或双绞线作为传输介质。

（3）所有节点都可以通过总线传输介质发送或接收数据，但一段时间内只允许一个节点利用总线发送数据。当一个节点利用总线传输介质以广播方式发送数据时，其他节点可以用收听方式接收数据。

（4）由于总线作为公共传输介质为多个节点共享，就有可能出现同一时刻有两个或两个以上的节点利用总线发送数据的情况，因此会出现冲突，造成传输失败。

（5）在共享介质方式的总线型局域网实现技术中，必须解决多个节点访问总线的介质访问控制（MAC，Medium Access Control）问题。

所谓介质访问控制方法是指控制多个节点利用公共传输介质发送和接收数据的方法，它是所有共享介质类型局域网都必须解决的共性问题。介质访问控制方法要解决该哪个节点发送数据、发送数据时会不会出现冲突、出现冲突怎么办等问题。

总线型拓扑的优点是结构简单，实现容易，易于扩展，可靠性高。

2. 环型拓扑结构

环型拓扑也是共享介质局域网最基本的拓扑结构之一，环型拓扑结构如图8-2所示。（*a*）图给出了实际环型局域网中计算机连接的方式，（*b*）图给出了环型拓扑结构。

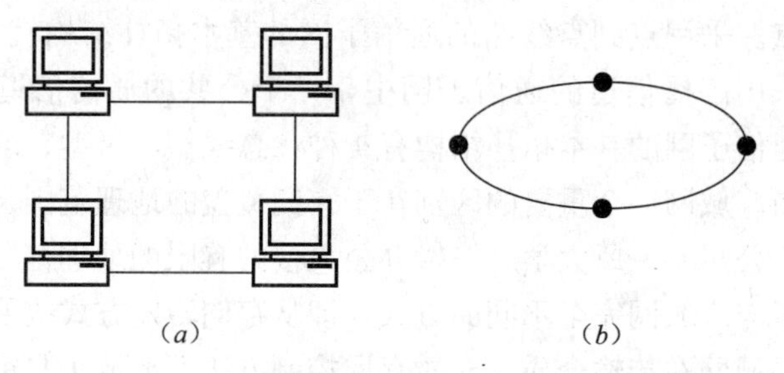

图8-2　环型局域网拓扑结构
（*a*）计算机连接方式；（*b*）环型拓扑结构

在环型拓扑结构中，节点通过相应的网络接口卡实现点到点线路连接，构成闭合的环型。环中数据沿着一个方向逐站传输。在环型拓扑中，多个节点共享一条环通路，为了确定环中每一个节点在什么时候可以插入传送数据帧，同样要进行控制。因此，环型拓扑的实现也要解决介质访问控制方法问题。与总线型拓扑一样，环型拓扑一般采用分布式控制方法，环中每一个节点都要执行发送与接收控制逻辑。

3. 星型拓扑结构

只有在出现交换局域网之后，才出现了真正的星型拓扑结构，即物理结构与逻辑结构统一的星型结构。交换局域网的中心节点是一种局域网交换机。在典型的交换局域网中，节点可以通过点到点线路与局域网交换机连接。局域网交换机可以在多对通信节点之间建立并发的逻辑连接。交换局域网技术是目前正在迅速发展的技术。典型的星型拓扑如图8-3所示。

局域网拓扑结构中存在两个明显的问题：

（1）星型拓扑的定义问题

根据星型拓扑结构的定义，星型拓扑中存在中心节点，每一个节点通过点到点线路与

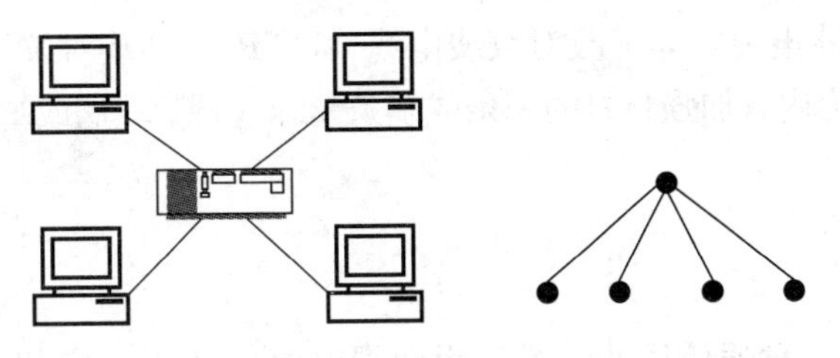

图 8-3 星型拓扑结构

中心节点连接，任何两个节点之间的通信都要通过中心节点转接。按照这种定义，普通的共享介质方式的局域网中不存在星型拓扑。但是，以计算机交换分机（CBX，Computerized Branch eXchange）为中心的局域网系统可以归结为星型局域网拓扑结构。由于 CBX 没有标准化，因而没有将它作为一种基本的局域网类型进行讨论。

（2）逻辑结构与物理结构的关系问题

逻辑结构与物理结构间存在不同。逻辑结构是指局域网节点间的相互关系与介质访问控制方法，而物理结构是指局域网的外部连接形式。逻辑结构属于总线型与环型的局域网，在物理结构上也可以是星型的。最典型的是总线型的以太网 Ethernet。同时，IBM Token Ring 从逻辑结构与介质存取方法上看是属于环型结构，但它的物理结构也是将一个环中的所有节点通过双绞线连接到一个多路连接单元 MAU，所以，从外部结构上看可以认为是星型拓扑的。因此，在某些产品介绍中出现了 Star-to-Bus 与 Star-to-Ring 的说法。

在理解网络拓扑结构时应该区分物理结构与逻辑结构。从物理上讲，双绞线以太网使用星型拓扑。从逻辑上讲，双绞线以太网的功能像总线型。通常，10BASE-T 以太网叫做星型总线拓扑。一种特定的网络技术能使用多种布线方案。这种技术决定网络的逻辑拓扑，而布线方案决定网络的物理拓扑。物理拓扑与逻辑拓扑可能是不同的。

需要指出的是以上从局域网基本技术分类以及构成局域网的基本组成单元的角度讨论了局域网拓扑结构问题，任何实际应用的局域网可能是一种或几种基本拓扑的扩展与组合，但是，组成复杂局域网络系统的构成单元都应符合以上讨论的基本结构与工作原理。

网络拓扑结构的选择要考虑多方面的因素，如可靠性、可扩充性和网络特性。可靠性除了能可靠的进行数据传输外，还要考虑故障诊断、故障隔离的难易，在网络出现故障的情况下，应尽量使网络的主要部分仍能正常运行。网络一旦安装好了，还要满足易于扩展的要求，既方便扩展，又能有效地保护原有的系统。网络拓扑的选择还会影响介质的选择和介质访问控制方法的确定，而这些因素又会影响各站点在网上运行的速度和网络软硬件接口的复杂性。这些都是选择拓扑结构时应考虑的问题。

8.3 综合布线系统的组成部件和安装

8.3.1 综合布线系统的组成部件

综合布线系统的主要部件为传输介质、插座、配线架等，其中传输介质主要有铜缆和光纤。

铜缆为铜导体的电缆。

目前铜缆为对绞线电缆：非屏蔽对绞线电缆（UTP）、屏蔽对绞线电缆（STP）。

光纤电缆或光缆为内有加强材料的一条或多条光纤（石英玻璃或塑料）带护套的电缆。

1. 通信铜缆

（1）对绞线

对绞线（TP）是一种通信用的电缆，用两根绝缘铜线以一定扭矩相互绞合而成，又称为双绞线。

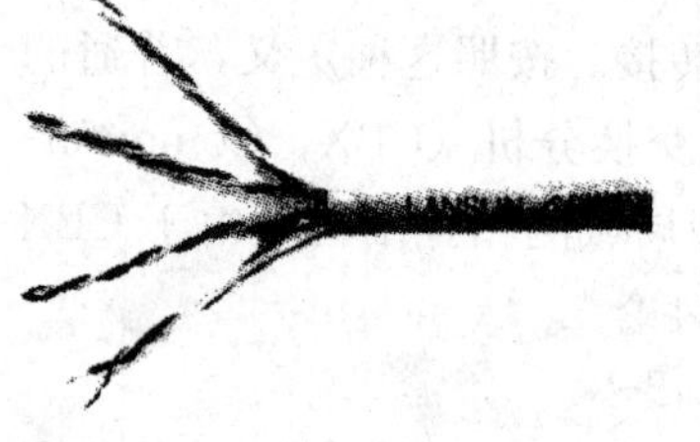

图 8-4　非屏蔽对绞线

目前主要运用没有屏蔽层的对绞线（UTP）称为非屏蔽对绞线。图 8-4 是 4 对非屏蔽对绞线。

（2）屏蔽对绞线

屏蔽对绞线（STP）是在对绞线上加屏蔽层。有些屏蔽对绞线采用屏蔽层箔称为 ScTP（屏蔽对绞线）或 FTP（箔对绞线）。图 8-5 是 4 对屏蔽对绞线。图 8-6 是屏蔽对绞线截面。

屏蔽对绞线在端到端全屏蔽及正确接地时能防止电磁辐射和干扰。屏蔽系统的每个部分必须是全屏蔽的才能提高信噪比。它在高频传输时衰减较大。

图 8-5　屏蔽对绞线

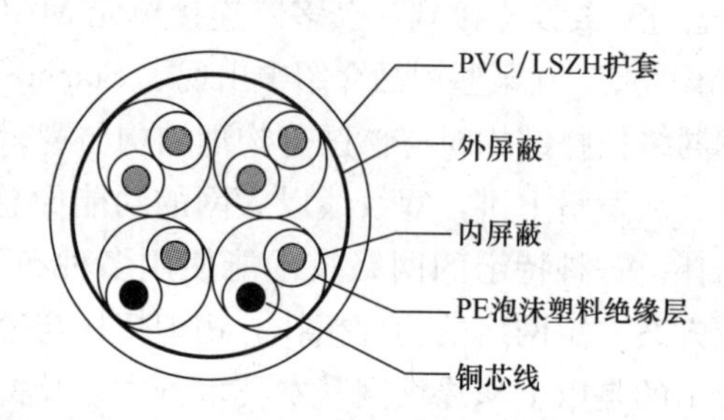

图 8-6　屏蔽对绞线截面

（3）对绞电缆的类别

对绞电缆的类别是指目前在国外 ANSI 和 EIA/TIA568 或我国 GB/T 50311 标准中指定的电缆类别。目前有 3～7 类：

3 类（Cat. 3）：这些电缆传输频率最高定义至 16MHz，典型应用是语音和最高速率为 10Mbit/s 的数据，这些系统，例如，速率 4Mbit/s 令牌环（Token Ring）、IEEE 802. 5 及速率 10Mbit/s 以太网 10 Base-T（IEEE 802. 3），距离为 100m。

4 类（Cat. 4）：这种电缆传输频率最高定义至 20MHz，典型应用是语音和最高速率为 16Mbit/s 的数据，这些系统，例如，速率 16Mbit/s 令牌环（Token Ring）、IEEE 802. 5，距离为 100m。

5 类（Cat. 5）：这种电缆传输频率最高定义至 100～125MHz，典型应用是语音和最高速率为 100Mbit/s 的数据，这些系统，例如，速率 16Mbit/s 令牌环（Token Ring）、IEEE 802. 5 和 100Mbit/s 光纤分布数据接口（FDDI，ANSI/X3T9. 5）系统，距离为 100m。

超 5 类（Cat. 5e）：超 5 类系统非屏蔽对绞线更可全面支持速率为 155Mbi/s 与 622Mbit/s 的异步传输模式（ATM）数据传输。传输频率最高定义至 200MHz，距离为

100m。

6类（Cat.6）：6类系统非屏蔽对绞线支持速率1Gbit/s以太网，1.2Gbit/s和2.4Gbit/s的异步传输模式（ATM）数据传输。传输频率最高定义至200～550MHz，距离为100m。

7类（Cat.7）：7类系统非屏蔽对绞线支持速率10Gbit/s，传输频率最高定义至600MHz，距离为100m。

通用布线产品铜缆的性能见表8-1。

通用布线产品铜缆的性能 **表8-1**

铜缆类别（类）	带宽（MHz）	传输速率（bit/s）	支持的应用
3	16	16M	10Base-T
5/5e	100	100M/1000M	100Base-T/1000Base-T
6	250	1G	1000Base-T 1000Base-TX
7	600	10G	10GBase-T

（4）通用布线铜缆的类别与级的关系

通用布线铜缆在国际标准ISO 11801第2版中，定义的级与ANSI和EIA/TIA568或GB/T 50311标准中指定的电缆类别的关系见表8-2。

通用布线铜缆的类别与级的关系 **表8-2**

铜缆类别（Cat）	级 别
3	C
5/5e	D
6	E
7	F

（5）非屏蔽对绞线（UTP）线径

非屏蔽对绞线（UTP）线径为0.5mm（24AWG）。符合ETL或UL标准。

AWG为美国标准线规的简称。

（6）对绞线耐燃性

对绞线耐燃性标准有加拿大CSA FT4或FT6标准。

（7）对绞线的特性

非屏蔽对绞线及连接硬件的衰减特性、近端串扰（NEXT）、信息衰减/串扰（ACR）、结构化回波损耗（SRL）等特性应符合有关规范规定。

（8）万兆铜缆解决方案

6类和7类布线系统有很多显著的差别，最明显的就是带宽。6类信道提供了至少200MHz的综合衰减对串扰比及整体250MHz的带宽。7类系统可以提供至少500MHz的综合衰减对串扰比和600MHz的整体带宽。

大量的宽带应用促使人们需要更多的带宽。例如，一个典型的7类信道可以提供一对线862MHz的带宽以传输视频信号，在另外一个线对传输模拟音频信号，然后在第三、四线对传输高速局域网信息。这种应用在目前听起来像一个科学幻想，但在不久的将来就可以成为现实。

6类和7类系统的另外一个差别在于它们的结构。6类布线系统既可以使用UTP，也可以使用STP，而7类系统只基于屏蔽电缆。在7类线缆中，每一对线都有一个屏蔽层，四对线合在一起还有一个公共大屏蔽层。从物理结构上来看，额外的屏蔽层使得7类线有一个较大的线径。

还有一个重要的区别在于其连接硬件的能力，7类系统的参数要求连接头在600MHz时，所有的线对提供至少60dB的综合近端串扰。而超5类系统只要求在100MHz提供43dB，6类在250MHz的数值为46dB。

与光纤局域网相比，7类系统的解决方案提供了希望的性能和带宽，但其总体成本只是光纤的几分之一。有些人会认为光纤系统可以给人们带来足够多的带宽，并且光缆与7类线缆价格接近。但是，如果考虑到光纤路由器、光交换机和光网卡的成本因素，光纤的价格优势就会很快地丧失。

2. 通信光缆

(1) 光纤通信

光纤通信就是因为光纤的这种神奇结构而发展起来的以光波为载频，光导纤维为传输介质的一种通信方式，而光缆则是光纤通信中必不可少的部件。

目前，光通信使用的光波波长范围是在近红外区内，波长为0.8～1.8μm。可分为短波长段（0.85μm）和长波长段（1.31μm和1.55μm）。由于光纤通信具有一系列优异的特性，因此，光纤通信技术近年来的发展无比迅速。可以说这种新兴技术是世界新技术革命的重要标志，又是未来信息社会中各种信息网的主要传输工具。

(2) 光纤布线

在通用布线系统中，光纤不但支持FDDI主干、1000Base-FX主干、100Base-FX到桌面、ATM主干和ATM到桌面，还可以支持CATV/CCTV及光纤到桌面（FTTD），因而它和铜缆共同成为通用布线中的主角。目前支持1Gbit/s或10Gbit/s高速以太网的光纤已经出现。

(3) 光纤、光纤电缆

光纤（Optical Fiber，OF）为光导纤维的简称，由直径大约为0.1mm的细石英玻璃丝构成。它透明、纤细，虽比头发丝还细，却具有把光封闭在其中并沿轴向进行传播的导波结构。

光纤电缆（Optical Fiber Cable）为内有加强材料的一条或多条光纤（玻璃或塑料）带护套的电缆。

(4) 光纤电缆的特点

光纤最主要的优点是：

1）容量大：光纤工作频率比目前电缆使用的工作频率高出8～9个数量级，故所开发的容量很大。

2）衰减小：光纤每千米衰减比目前容量最大的通信同轴电缆的每公里衰减要低一个数量级以上，支持长距离高速数据传输。

3）体积小，质量轻：同时有利于施工和运输。

4）防干扰性能好：光纤不受强电干扰、电气化铁道干扰和雷电干扰，抗电磁脉冲能力也很强，保密性好。

5）节约有色金属：一般通信电缆要耗用大量的铜、铝或铅等有色金属。光纤本身是非金属，光纤通信的发展将为国家节约大量的有色金属。

6）成本低：目前市场上各种电缆金属材料价格不断上涨，而光纤价格却有所下降。这为光纤通信的迅速发展创造了重要的前提条件。

概括地说，光纤通信有以下优点：传输频带宽，通信容量大；损耗低；不受电磁干扰；线径细，质量轻；资源丰富。

正是由于光纤的以上优点，使得从20世纪80年代开始，宽频带的光纤逐渐地代替了窄频带的金属电缆。但是，光纤本身也有缺点，如质地较脆、机械强度低是其致命弱点。稍不注意，就会折断于光缆外皮当中。施工人员要有比较好的切断、连接、分路和耦合技术。然而，随着技术的不断发展，这些问题是可以克服的。

光缆设备、材料和端接成本都比较昂贵，安装也相对复杂，故一般适宜用于长距离和大容量的布线。

（5）光纤电缆的分类

按照材料分有石英光纤、塑料光纤（Plastic Optical Fiber，POF）。

按照光的模态分有多模光缆（Multi mode optical fiber cable）和单模光缆（Single-mode optical fiber cable）。

国际标准推荐使用62.5/125μm多模光缆（OM1）、50/125μm多模光缆（OM2）、50/125μm多模万兆光缆（OM3）和8.3/125μm单模光缆（OS1）。

几种光缆的传输距离和带宽的参数见表8-3。

几种光缆的传输距离和带宽的参数 **表8-3**

速度（bit/s）	距离（m）		
	300	500	2000
100M	OM1	OM1	OM1
1000M	OM1	OM2	OS1
10G	OM3	OS1	OS1

（6）光纤的连接

光纤连接技术目前主要采用熔接、冷接和光纤连接器。有一种预连接方式质量比较好。

光纤连接器是光纤与光纤之间进行可拆卸（活动）连接的器件，它是把光纤的两个端面精密对接起来，以使发射光纤输出的光能量能最大限度地耦合到接收光纤中去，并使由于其介入光链路而对系统造成的影响减到最小，这是光纤连接器的基本要求。在一定程度上，光纤连接器也影响了光传输系统的可靠性和各项性能。

光纤连接器按传输媒介的不同可分为常见的硅基光纤单模、多模连接器，还有其他媒介如塑胶等为传输媒介的光纤连接器。

光纤连接头有LC、ST、SC、MT-RJ等形式。目前小型光纤连接器（SFF）有LC、MT-RJ，VF-45、MU和FJ等形式。

FJ小型光纤连接器又称为OPTI-JACK，是一种用于光纤到桌面（FTTD）的小型光

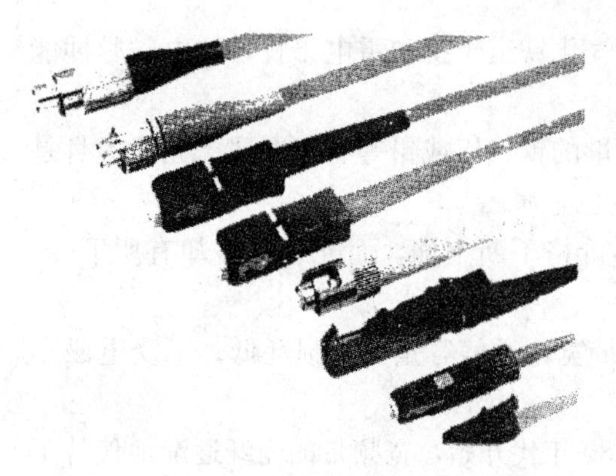

图8-7　各种光纤连接器

纤连接器。

图8-7是各种光纤连接器。

3. 布线系统的其他部件

(1) 防火电缆

防火电缆是将具有阻燃、无卤低烟或低卤低烟、耐火等防火性的电缆的习惯称谓。

出于防火的需要，在高层建筑、易燃的区域和大楼竖井内布放电缆（或光缆）；相邻的设备间应采用阻燃型配线设备。

电缆防火级别有：

1）增压级线缆：用于压力风管的阻燃级线缆，标记为CMP级（光缆为OFNP或OFCP），也用于环境空气流通的隐蔽空间，如顶棚和活动地板下，其特征为线缆有高阻燃性及冒烟少。

2）干线级线缆：垂直安装的经过一层以上楼板的线缆，或垂直安装于通风竖井内，标记为CMR级（光缆为OFNR或OFC），这些线缆具有阻燃性及防止火焰的蔓延。

3）其他还有商用、通用和家居级线缆。

(2) 模块插座

模块、插座、终端连接系统是布线系统的末端。一般配有国际标准的RJ45信息"模块"(既能用作电话出口，又可用作图像显示及计算机终端)。模块的类型要和电缆的类型一致。5类以上的信息模块支持高速数据通信，3类信息模块可以支持低速数据通信和语音通信。如果是屏蔽系统，要采用屏蔽模块。一般每个信息模块，均可通过分接插座支持1部电话及1个数据终端，或2部电话终端，使系统具有极强的可扩展性。模块可互换，模块接头对于铜缆和光缆有不同形式，如RJ45、BNC、ST、SC、FJ、MIC等。图8-8是RJ11电话插座，图8-9是RJ45信息插座。

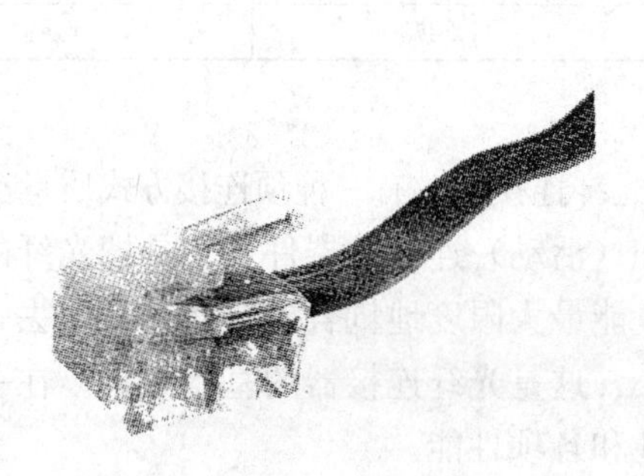

图8-8　RJ11电话插座

图8-9　RJ45信息插座

通信插座或电信引出端（Telecommunication Outlet，TO）为工作区小的连接器，水平布线系统电缆终接在端头上并可接收一匹配的连接器。

"插座面板"有单孔、双孔和多孔，并分有墙式、桌面式、地面式和移动式等形式。用于数据通信和语音通信的桌面型插座有2孔、4孔、6孔等。在建筑物土建施工的实施过程中，常用的是墙面型信息插座。图 8-10 为单口面板。

图 8-10 单口面板

（3）适配器

与布线设计无关的终端设备有各种各样的适配器（功能转换器）。

适配器或功能转换器是一种器件，用来使各种型号的插头相互匹配或接入设备通信插口。

它也可用来重新安排引线，使大对数电缆转成小的线群，并能使电缆间相互连接，桥接配线（Bridged tap）在几个布线点的同一电缆上的线对可在配线点上重复使用。例如，一种适配器，一端配有一个 50 针带状连接器，另一端配有一个 8 芯模块化插头。因而，采用该适配器可以方便地将 25 对线缆连接到备有模块化插头的 4 芯对绞线上。

视频适配器可以把复合基带视频设备和对绞线连接起来。

（4）插座

工作区信息点为电端口时应采用 8 位模块通用插座（RJ45），对于 7 类布线系统则采用 RJ45 或非 RJ45 型的 8 位模块通用插座；如为光端口时宜采用 SFF 水型光纤连接器。

在电信间和设备间的 FD、BD、CD 配线设备应采用 8 位模块通用插座或卡接式配线模块（多对、25 对及回线型卡接模块）和光纤连接器（单工或双工的 ST、SC 或 SFF 光纤连接器）。

集合点（CP）安装的连接器件应选用卡接式配线模块或 8 位模块通用插座。

（5）配线架

配线架（Path panels）为一个便于移动和重新配置跳接点的接线板、接插线、底板系统，它提供交连和互连，将线路定位或重定位。

配线架有机架安装和墙挂安装。机架式能固定在 475mm（19in）宽的机架上。

对绞线配线架按照接线方式不同有插接式或卡接式配线架。

插接式配线架有 12 孔、24 孔、32 孔或 48 孔，采用 RJ45 插座。

卡接式配线架有 50 对、100 对或 300 对等。

光缆配线架有配接 6 芯、12 芯、24 芯光缆等。

图 8-11 是一种 24 孔插接式配线架。

图 8-11 24 孔插接式配线架

(6) 光纤互连

光纤互连是在布放光缆现场需要光缆或光缆中每一单根光纤直接连接而不需要光纤跳线。

(7) 光纤跳线

光纤跳线是一条作为光纤电缆终端的连接线，用来在交叉连接处接入通信电器。

图8-12是光纤跳线。

(8) 双绞线跳线

双绞线跳线是一条用双绞线做成的跳线，两头一般用RJ45插座，用来改变交叉连接。按照系统类别和屏蔽情况不同，有相应的双绞线跳线。

图8-13是双绞线跳线。

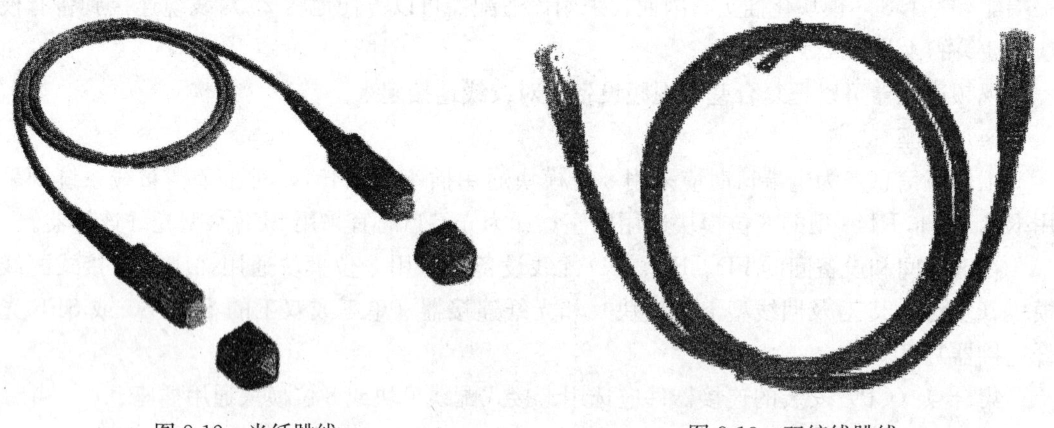

图8-12　光纤跳线　　图8-13　双绞线跳线

(9) 机架或机柜

机架（Racks）或机柜为安装配线架和网络集线器（HUB）、交换器（Switch）等其他设备。一般机柜规格是475mm（19in）宽，符合EIA标准，固定在墙壁或地面上。机柜一般600mm宽、600mm（或700mm）深，高度分别有20U（1100mm）、30U（1500mm）、35U（1800mm）、40U（2000mm），高度最高为41U（72in，1U=1.75in），有前后门及通风机，另外有墙装式机箱。

图8-14所示为立式机柜。

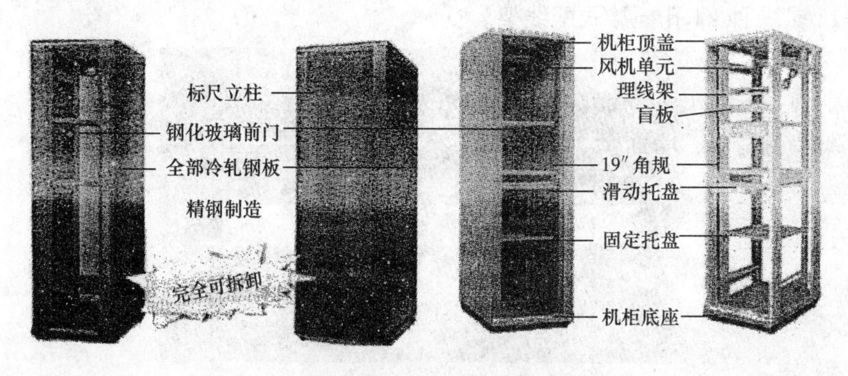

图8-14　立式机柜

（10）保护装置

保护装置有保护器板。其中多线对保护器板，可以为浪涌电压和寄生电流的通信设备及线路提供保护，而常与跳线架配合使用。另一种多线对保护器板则为建筑物入口端的暴露线路提供室内工作站保护。

（11）电子配线架

电子配线架，是可将布线系统与管理系统联系在一起的系统。通过智能化布线系统，将网络连接及其变化，自动传给系统管理软件，管理系统将收到的实时信息进行处理，用户通过查询管理系统，便可随时了解布线系统的最新结构。

电子管理配线架就是将电子探测技术、传感器技术应用于传统的配线架系统上，对配线架的每个端口的使用情况进行自动记录，从而保证配线架上的使用数据与网络管理电脑中的预置数据保持一致。其中最重要的功能是：实时监控网络上各个设备的工程状态正常与否，实时检测、故障诊断、自动记录准确实时的网络管理文档。

电子配线架管理系统为网络管理员提供了新一代的管理手段及主要应用系统点数较多、规模较大的工程或重要工程。

图 8-15 是一种电子配线架。

图 8-15 电子配线架

8.3.2 综合布线系统的安装

1. 信息插座的安装

（1）外形

RJ45 插座及其面板的外形尺寸一般有 K86 和 MK120 两个系列，如图 8-16（*a*）所示，K86 系列为 86mm×86mm，MK120 系列为 120mm×75mm，并有单/双/四位、平口和斜口、明装与暗装、墙面型、地板型与桌面型等不同类型，以适应不同的应用场合。RJ45 插头因其外观透明，一般称为“冰晶头”。

RJ45 插座通过水平电缆与楼层配线架相连，通过带水晶头的工作区软线与应用设备连接，连接方式有 T568A 型和 T568B 型两种。但对同一布线系统，应用同一种方式。

（2）接头

每一条 100Ω 水平子系统电缆都应有一个非键控式插座模块接在信息插座上，如图 8-16（*b*）所示，非键控式插座应满足与 100Ω 平衡电缆布线一道使用的连接硬件的机械性能和电气性能的规定。8位插座引针（简称插针）和线对的组群分配如图8-16（*c*）和（*d*）所示。

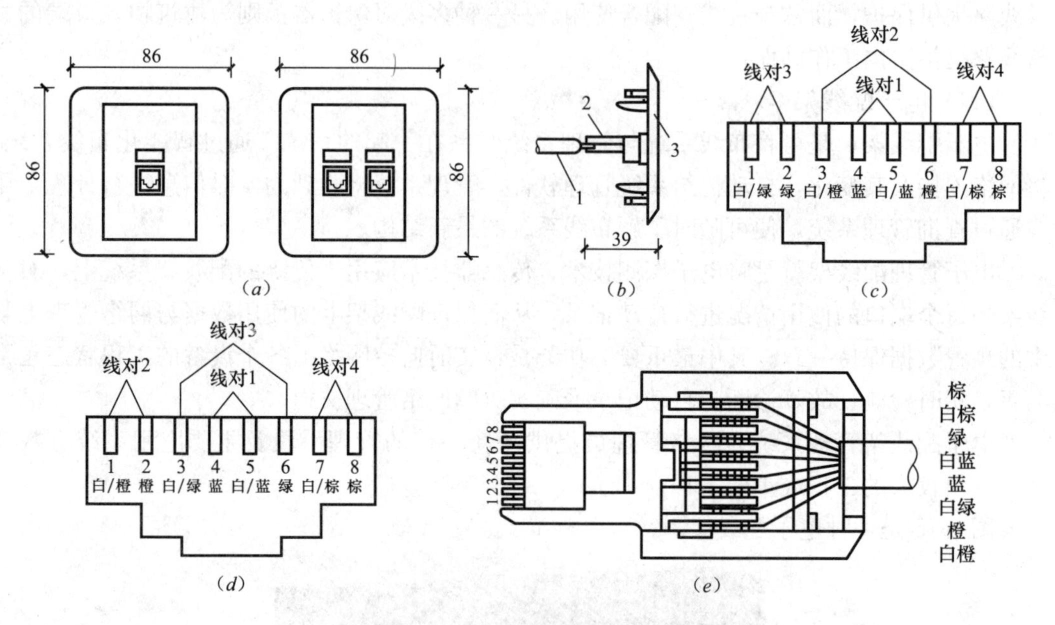

（*a*）　（*b*）　（*c*）　（*d*）　（*e*）

图8-16　RJ45信息插座的连接

（*a*）RJ45单/双插座；（*b*）插座模块；（*c*）T568A；（*d*）T568B；（*e*）插座模块与5类对绞线的T568B连接

1—5类线；2—插座模块；3—面板

比较图8-16（*c*）和（*d*）可以看出，按T568B标准接线，配线子系统4对对绞电缆的线对2接信息插座的1、2位/针，线对3接信息插座的3、6位/针。按T568A接线，线对2和线对3的接法正好与T568B接法相反。在一个综合布线工程中，只允许一种连接方式。标准建议采用T568A。

（3）5类双绞线与插座的连接方式

在进行5类4对双绞线与RJ45插座或插头连接时，首先应将4对线理顺捋直，按色标排序，当插座或插头的针脚面向上，入线口对着自己时，从左至右依序为第1、2、3、4、5、6、7、8针脚。必须注意，1和2、3和6、4和5、7和8要分别对应图8-16（*e*）中所示色标的导线线对。

在进行接线时，线对扭绞节距不应被破坏，接线端解扭长度应不大于13mm，UTP电缆的弯曲半径应不小于电缆外径的4～6倍，约25mm左右。当8条线依序插入接线槽顶部时，用压线钳将导线卡接到插座或插头模块中，并可听到清脆的响声。

当4对对绞线与两端的RJ45插头以完全相同的线序连接时，称为直通线，这适用于集线器（HUB）到计算机网卡的连接。但若要用双绞线直接连接两台计算机或两台集线器时，就要制作交叉线，也称之为交错线，即一端的TX接到另一端的RX，一端的RX需接到另一端的TX。其中一端的线序从左到右依次若为：白/橙、橙、白/绿、蓝、白/蓝、绿、白/棕、棕时，另一端线序从左到右则应调整为：白/绿、绿、白/橙、蓝、白/蓝、橙、白/棕、棕。也就是一端的第1脚接到另一端的第3脚，其第2脚接到另一端的第 6 脚。

在信息插座上线对的重新安排并不牵连水平布线端接的更改。如果在信息插座上是重新安排线对，应把插座终端的配置清楚地标出来。

(4) 安装方式

信息插座的安装方式在新建的智能建筑中，信息插座宜采用暗装方式，在墙壁上预留洞孔，将盒体埋设在墙内，综合布线系统施工时，只需加装接续模块和插座面板。信息插座底座的固定方法可用扩张螺钉、射钉或按一般螺钉等方法安装，安装必须牢固可靠，不应有松动现象。信息插座应有明显的标志，可以采用颜色、图形和文字符号来表示所接终端设备的类型，以便使用时区别，不致混淆。

安装在地面上或活动地板上的地面信息插座，是由接线盒体和插座面板两部分组成。插座面板有直立式和水平式，缆线连接固定在接线盒体内，接线盒体均埋在地面下，其盒盖面与地面齐平，可以开启，要求必须有严密防水、防尘和抗压功能。地面信息插座的各种安装方法如图 8-17 所示。

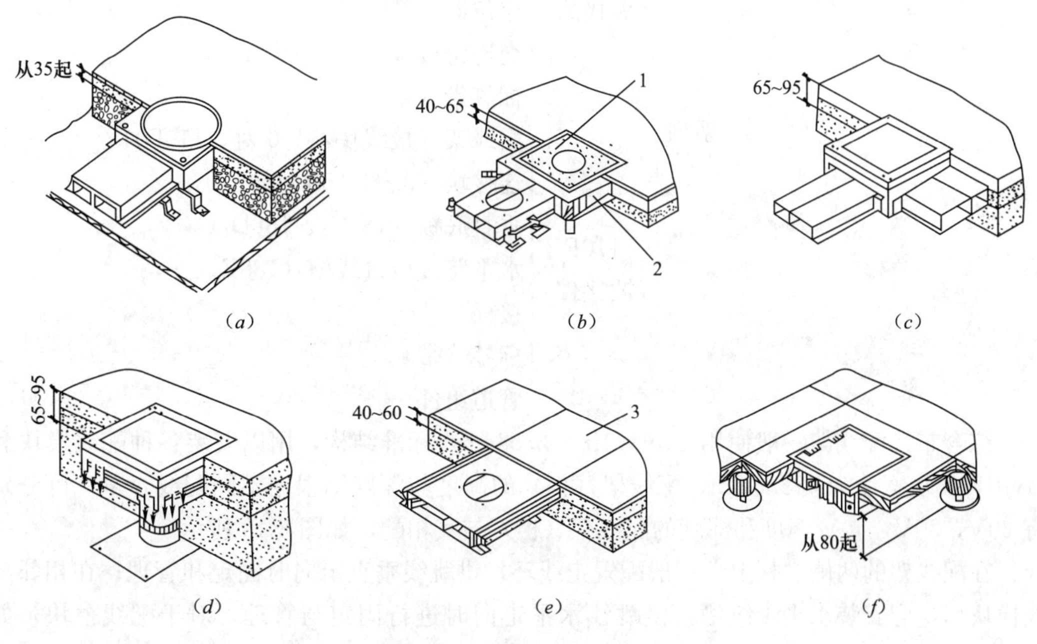

图 8-17 地面信息插座的各种安装方法示意

(a)、(b)、(c) 接线盒与楼面平齐；(d) 接线盒经套管贯穿楼板

(e) 线槽槽盖与楼面平齐；(f) 接线盒与活动地面平行

1—插座面板；2—接线盒体；3—线槽槽盖

安装在墙上的信息插座，其位置宜高出地面 300mm 左右。如房间地面采用活动地板时，装设位置离地面的高度，在上述距离应再加上活动地板内的净高尺寸。为便于有源终端设备的使用，在信息插座附近应设置单相三孔电源插座，信息插座与电源插座口的布局要求如图 8-18 所示。

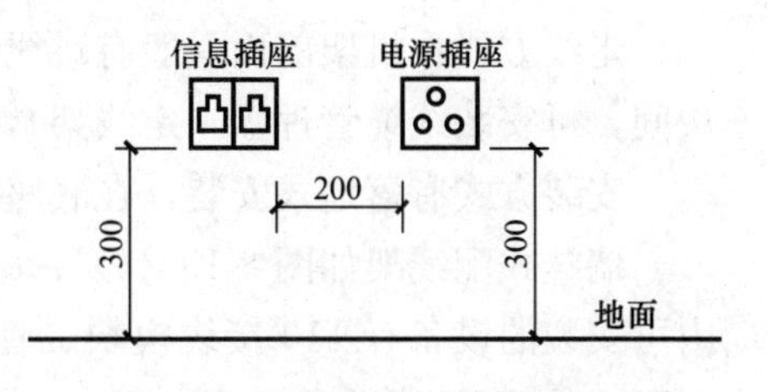

图 8-18 安装在墙上的信息插座

2. 配线架的安装

配线架的类型有110系列和模块化系列。110系列分夹接式（110A）和插接式（110P）。连接硬件的作用是连接综合布线传输系统中的电缆，形成信息的对绞电缆传输通道。对绞电缆的连接硬件种类如下所示：

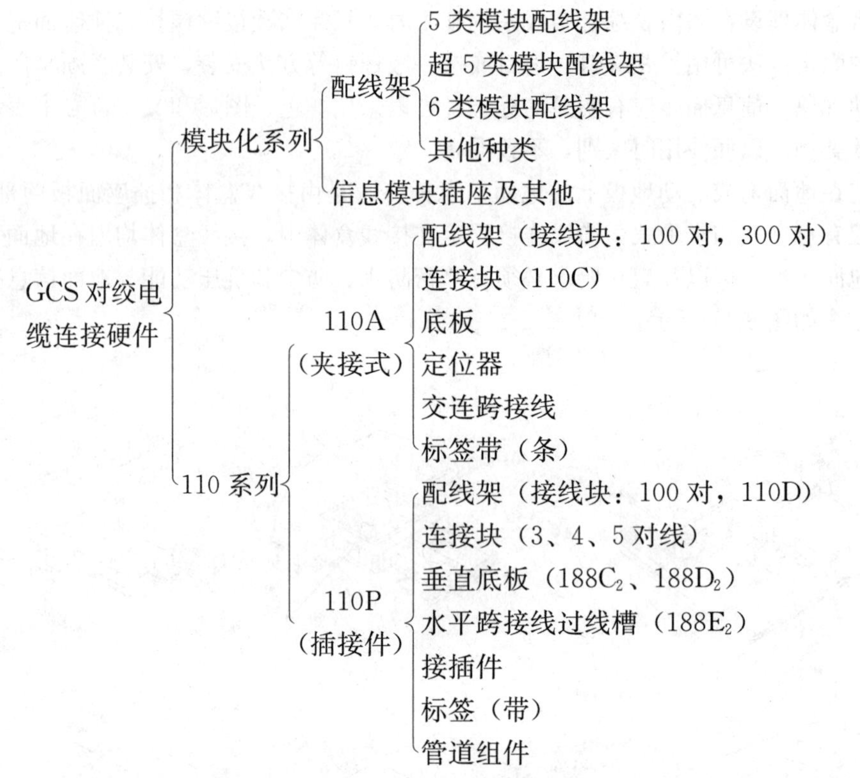

综合布线配线架一般使用19in（1in＝2.54cm）标准结构，用以安装各种配线模块和HUB，模块宽度为482.6mm，配线架（柜）的高度与深度则根据不同配线容量，可分别有20V，30V，40V高度和深度的配线架（柜）与其相配，如图8-19所示。

在配线架的两侧立柱上，一般配置走线环，供跳线垂直走向时固定和管理；在相邻配线模块间，应安装水平走线槽，供跳线水平走向时进行固定与管理；对于配线模块，如RJ45插座排等，可直接安装在机架立柱上；而对于有源设备，如HUB，一般用托架安装方式，也可直接安装在立柱上。

配线架上可安装配线模块、16/24/48位RJ45插座排、过电压保安器、托板（可放HUB、电源等），也可安装光纤分线盒等。

走线方式在机架前面一般有跳线走线环，机架背后可安装垂直走线环等；在各配线模块间，可安装线缆管理盘（走线架），用以跳线路。

安装方式有落地式安装，在底座的四角有安装孔。

墙挂式配线架如图8-19（*b*）、（*c*）所示。配线架可以用四个膨胀螺钉固定在墙上，架内可安装的设备有110接线模块、管理线盘、16/24/48位RJ45插座排、过电压保安器，也可安装HUB等有源设备。

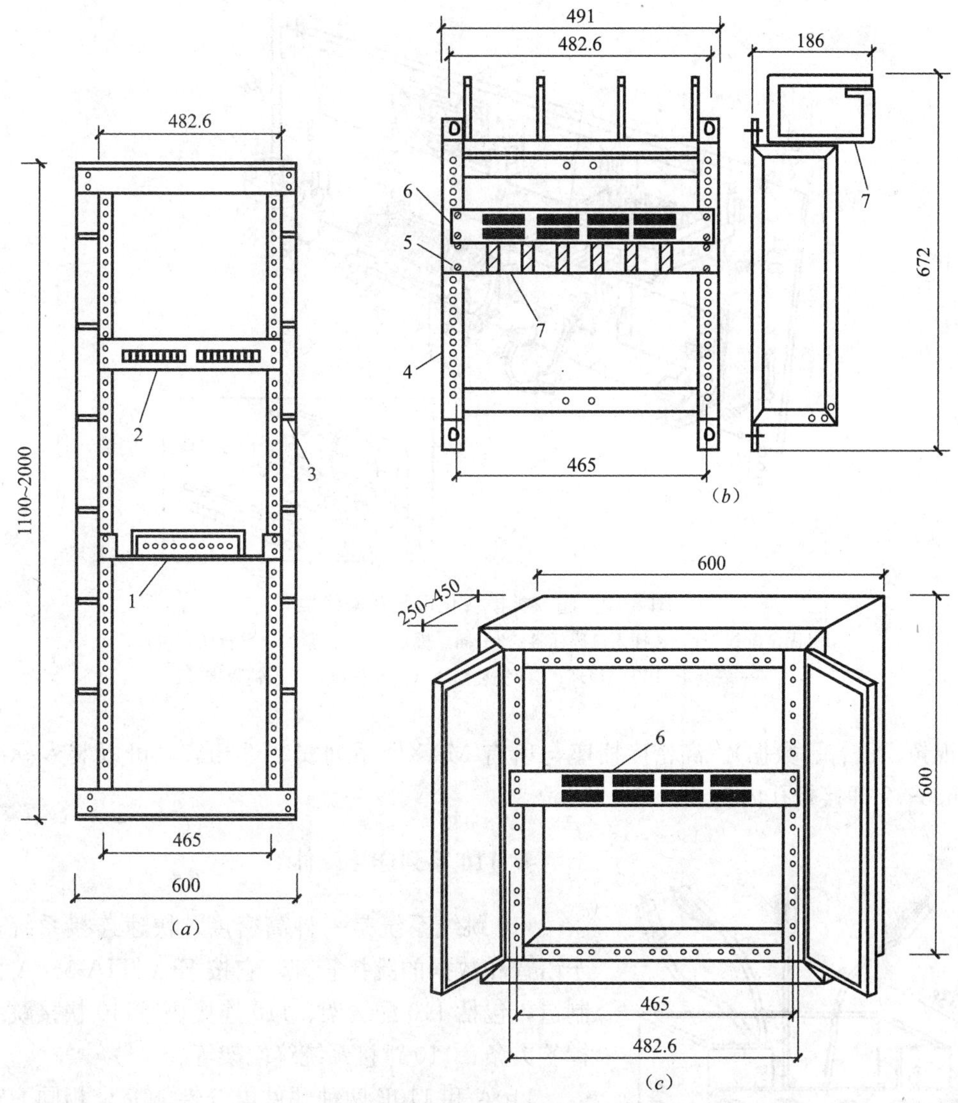

图 8-19 19in 标准配线架（柜）

(a) 机架基本尺寸；(b) 墙挂式配线架；(c) 墙挂式配线箱

1—托架；2—配线模块盘；3—走线环；4—机架；5—螺钉；6—接线盘；7—电缆管理线盘

3. 连接模块

5 类模块配线架的结构可以支持 3 类、5 类对绞线，支持光纤，适用电缆信息模块插座和光纤信息插座，后部封装，以保护印制电路板。

超 5 类模块配线架面板上装有 8 位插针的模块插座连到标准的 110 型配线架（19in）上，面板可翻转，可从支架的前端或后端进行端接线缆，如图 8-20 所示。

千兆位配线架可支持千兆位电缆，其结构与超 5 类模块配线架基本相同。

8 芯模块化插头/信息出口作为 6 类/E 级布线系统指定接口。

7 类接口 TERA™插头有 4、2、1 对线的选择，支持多用途的对线插座，它可用于工作区和通信间，单条 SSTP 电缆和单个 TERA™输出口就能实现四种的同时应用（如宽

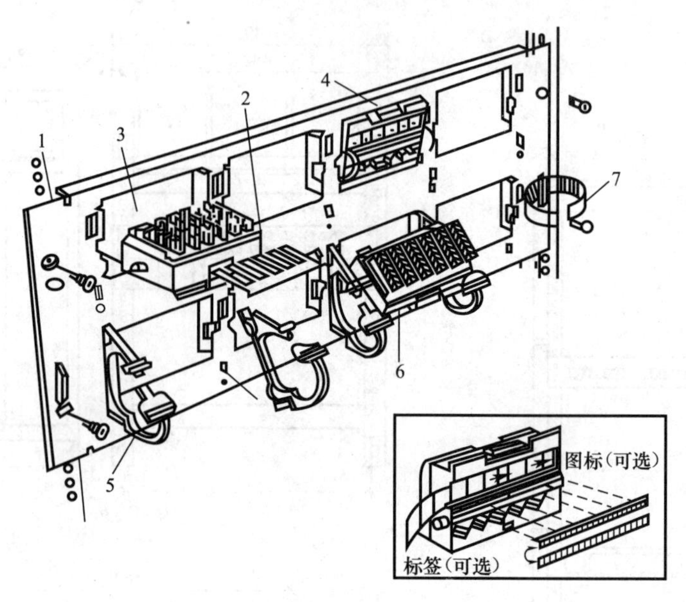

图8-20　超5类模块化可翻转配线架

1—固定配线架；2—插入色码标签；3—插进模块；4—锁紧模块（背面终接）；
5—安装R2100固线环；6—安装模块（前面终接）；7—锁紧带

带，视频、语音、数据）。高密度插座与所有MAX™系列安装件相容，可以装入标准的IEC 603—7插接板孔内。

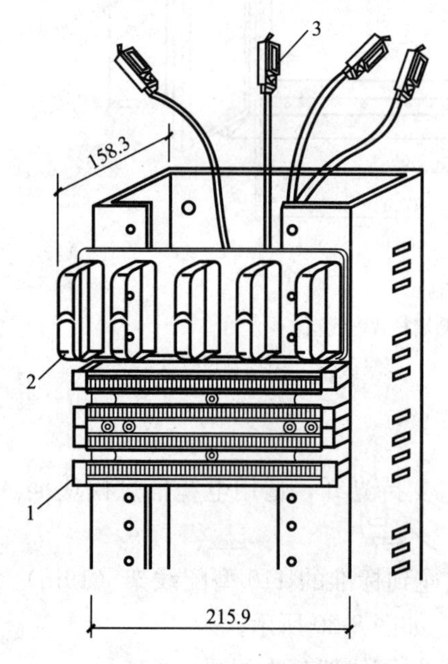

图8-21　110A配线终端块在墙面立架上的安装

1—不带支撑腿的接线模块；2—水平走线槽；3—终端块连接器插头

4. 110系列连接硬件

110跳线系统是一种高密度、快速连接系统，用于语音和数据的跳接管理，它按EIA/TIA-568A标准制造，包括110配线架、110连接块、110快接跳线及标签夹条、110跳接系统终端架等。

110A和110P两种硬件电气性能完全相同。对线路不进行改动、移位或重新组合时，宜使用夹接线（110A）方式，需经常重组线路时，宜使用插接线（110P）方式。110A可应用于所有场合，特别适应信息插座较多的建筑物。

（1）110A连接硬件

110A连接硬件组成如图8-21所示。

夹接式（110A）配线架装有由若干齿形条塑料件所组成的模块，用于电缆连接。110A配线架每行齿形条上金属片的夹子，可端接25对对绞线。接入的待端接导线沿着配线架通过不干胶色标从左向右放入齿形条间槽缝里，用专用冲击工具把连接块“冲压”带配线架上，以实现电缆的连接。

托架如图 8-22 所示，小的塑料部件被扣装到 110A 配线架的“支撑腿”上，用来保持在一列顶部和底部上的交叉连接线。

背板如图 8-23 所示，它是一个平的金属或塑料背板用来将 110A 配线架分开，以便提供水平方向走线空间，背板上安装两个封闭的塑料布线环，以保持交叉连接线。

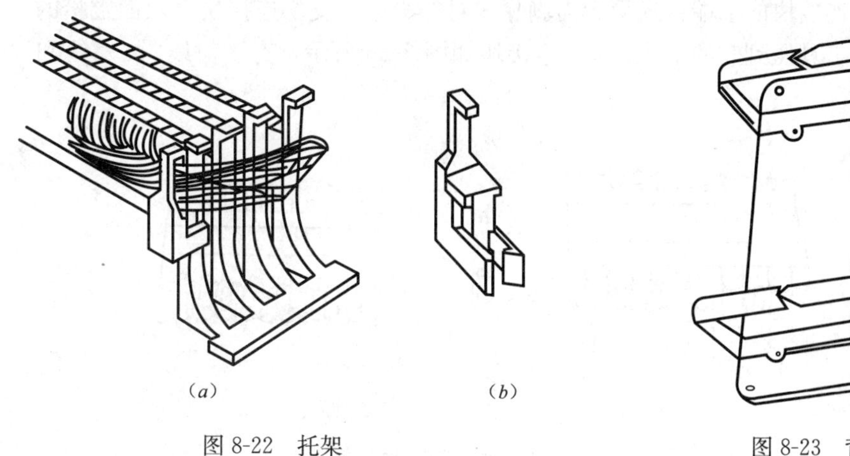

图 8-22 托架

(*a*) 110A 配线架；(*b*) 交叉连接或托架

图 8-23 背板

(2) 110P 连接硬件

110P 连接硬件组成如图 8-24 所示。

接插式（110P）配线架没有“支撑腿”，110P 由水平过线槽及背板组成，这些槽允许向顶布线或自底布线，每行端接 25 对线。

接插线如图 8-25 所示，它是预先装有连接器的用于 110P 硬件的接插件，只要把插头夹到所需位置，就可以完成交连。有 1 对、2 对、3 对和 4 对线四种，接插线内部的固定

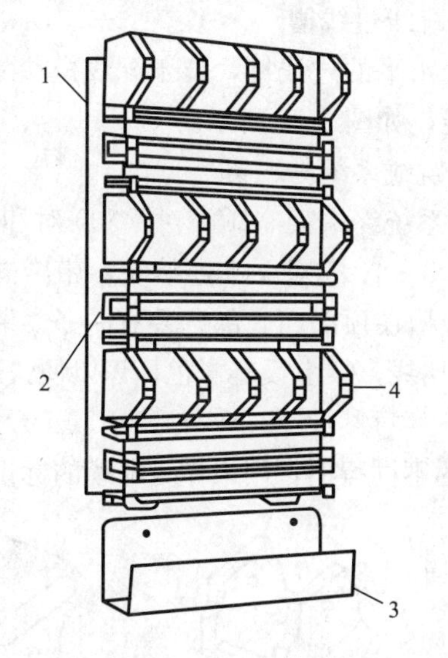

图 8-24 110P 装置

1—背板组件；2—110P 配线架（无“腿”）；3—走线槽组件；4—水平跳线过线槽

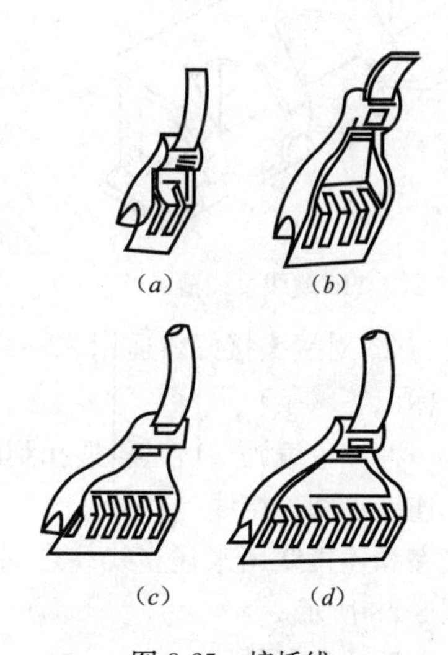

图 8-25 接插线

(*a*) 1 对接插线；(*b*) 2 对接插线；(*c*) 3 对接插线；(*d*) 4 对接插线

连接能防止极性接反或线对的错接。

(3) 110连接块

110连接块是110配线架上一个小型的阻燃塑料段，内含上下连通的熔锡（银）的接线柱，可压到配线架齿形条上。在配线架中已将线放置好，连接块中的尖夹子建立的电气触点将连线与连接块的上端接通而无需剥除线对的绝缘护皮。连接块是双面端接的，故交叉连接线可用工具压到它的上边。110连接块如图8-26所示，有3对线、4对线和5对线三种规格。

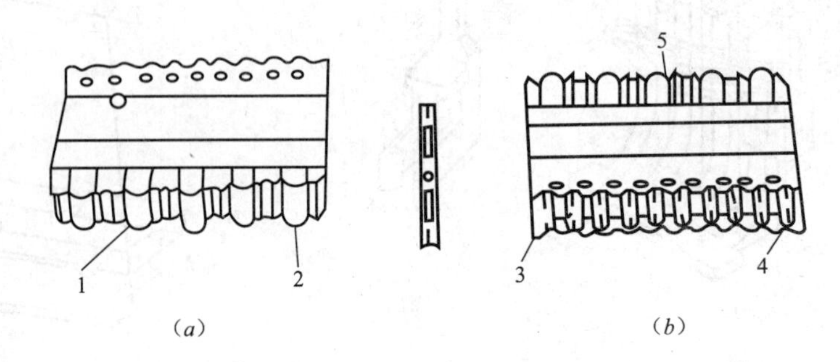

图8-26　110连接块

(a) 顶—前视图；(b) 底—后视图

1—用于交叉连接线的布线槽；2—在高齿上的颜色编码条；3—微型快速夹；4—将布线块上索引的此末端插入被端接的线对中；5—灰色条

(4) 110快接跳线

110快接跳线一种是跳线的两端都是4对110插头；另一种是跳线一端是110插头，另一端是8针RJ45插座。这两种跳线的标准长度都是0.6～2.7m。

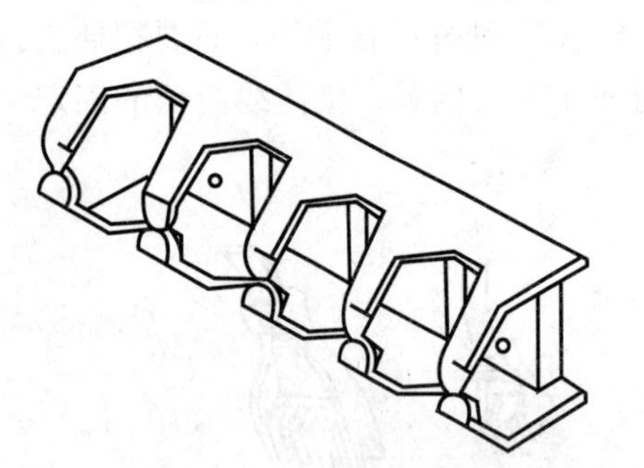

图8-27　110跳线过线槽

(5) 110跳线过线槽

它是一个水平的过线槽，位于配线模块之上，布放快接式跳线，如图8-27所示。

(6) 110跳线系统终端架

110跳接系统终端架有100对、300对和900对，包括配线架，3、4、5对110连接块，带辫式连接头等。水平跳线槽在顶部和底部各装有一条。装配好的终端架已与25对接头接好，适用22～26AWG金属线，架上设有彩色标识以便快速连接。

(7) 标识签（条）

它是一种颜色编码塑料条，插扣到配线模块的不同行上，用来作为电缆的标识。

(8) 连接夹和连接线

连接夹和连接线用来建立线缆之间的电气连通性，如图8-28所示。

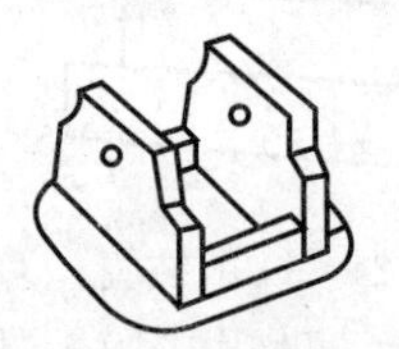
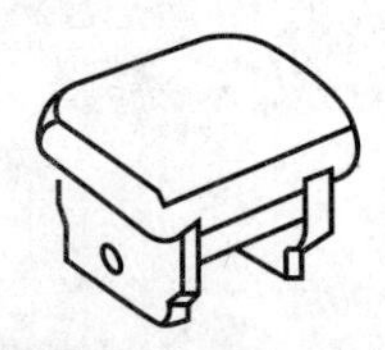

图8-28　连接夹

(9) 电源适配器跳线

电源适配器跳线用来在配线间中将附属的电源连接到一个4对的连接块上。

（10）F夹终端绝缘子

它是一对红色的塑料夹，用来对要求专门保护及识别的线路进行保护和标记。形状如图8-29所示。

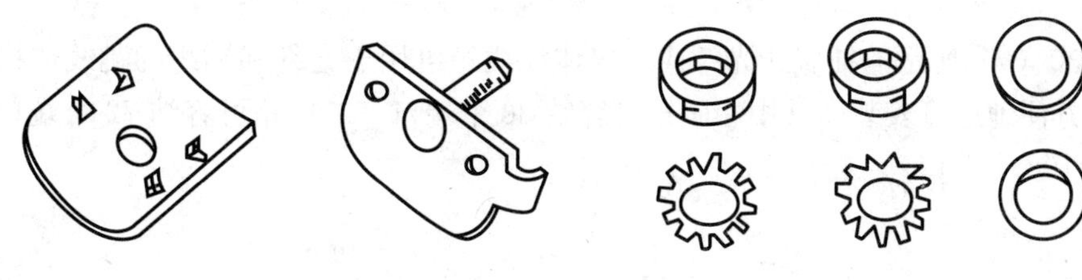

图8-29　F夹终端绝缘子

（11）D测试软线

用来在每个终端位置处提供测试，长度有1.2m和2.4m。为了能与110型连接块互连，在其插头上装有一个锁定机构。

（12）F交叉连接线

这是0.5mm的软线，有1对、2对和3对各种类型和不同的尺寸，可用于不同区域之间的交叉连接。

接线模块等连接硬件的型号、规格和数量，都必须与设备配套使用。连接硬件要求安装牢固稳定，无松动现象，设备表面的面板应保持在一个水平面上，做到美观整齐，缆线连接区域划界分明、标志应完整、正确、齐全、清晰和醒目，以利维护管理。

缆线与接线模块相接时，提据工艺要求，按标准剥除缆线的外护套长度，如为屏蔽电缆时，应将屏蔽层连接妥当，不应中断。利用接线工具将线对与接线模块卡接，同时，切除多余导线线头，并清理干净，以免发生线路障碍而影响通信质量。

5. 光纤配线架（箱、柜）

在综合布线系统中，光纤配线架（箱）（见图8-30）一般安装在建筑物的主设备间，用以连接公用系统的引入光缆、建筑群或建筑物干线光缆、应用设备跳线光缆等。它应具有光缆固定与保护、光缆终接、调线和光缆纤芯和尾纤的保护等功能，容量应能满足相应规格的各种配线装置（光纤终接装置、适配器卡座、尾纤盘线装置、安装板、配线尾纤及适配器等）的成套配置。

图8-30（*a*）所示的1.22m高的光纤配线架（柜）中可安装624根光纤，2.13m高的配线架可安装1056根光纤，可用于建筑群或一幢大楼中所有光纤的集中管理。机架上可安装所有标准配线架、抽屉和配件。光缆可由机架（柜）的顶、底及两侧进出。

图8-30（*b*）所示的光纤配线架（柜）可安装144根光纤和24个适配器板，其顶部、底部和侧面均可进线，可安装于标准机架或机柜中。

机架结构应采用封闭式或半封闭式。半封闭式机架内的光纤熔接头与活接头部分，应具有防尘装置。门的开启角度应不小于120°，间隙不大于2mm。钢材结构件应镀锌处理，非金属材料应具有阻燃性能。

机架内应具有充裕的空间，保证在光缆引入机架时，使光缆的弯曲半径不小于光缆直径的15倍，纤芯和尾纤不论在何处转弯时，其曲率半径应大于40mm。

图8-30（*c*）所示的墙面安装型光纤配线箱通常被组合成封闭盒，由工业聚酯材料制成。容量分12、24到48根光纤。通过箱内配置的光纤连接硬件，实现光纤的互联和交叉连接。

图8-30（*d*）所示的抽屉式光纤或多媒体配线箱可用于光纤和铜缆的跳线或接续，滑动抽屉可方便地进行安装，其中一屉箱可容纳36个端口，二屉箱可容纳72个端口，三屉箱可容纳108个端口。

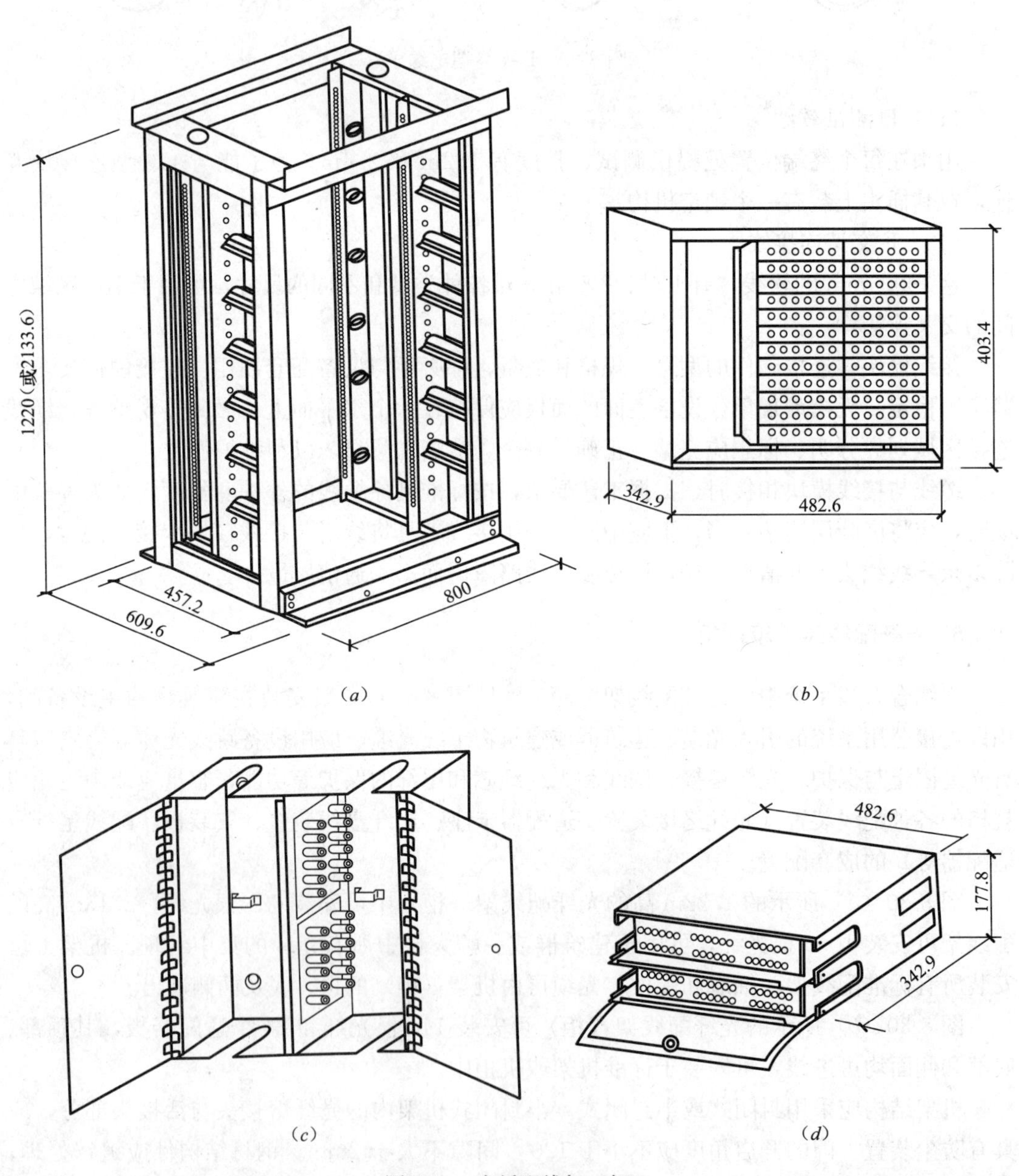

图8-30 光纤配线架（柜）

（*a*）光纤配线架（ODF）结构图；（*b*）机架安装型光纤配线箱；（*c*）墙面安装型；（*d*）抽屉式

6. 光缆连接硬件

光缆连接主要部件除配线架外，有端接架、接线盒、光线信息插座及各种连接器（如 ST、SC、MT-RJ、ESCON、MIC 型）、光缆与电缆转换器件等，以实现光缆线路的端接、接续、交连和光缆传输系统的管理，从而形成综合布线光缆传输系统通道。

（1）光纤交叉连接模块

光纤交叉连接模块与电缆交叉连接相似，为管理传输链路提供一个集中的场所，如图 8-31 所示。

交叉连接方式是利用光纤跳线（两头有端接好的连接器）实现两根光纤的连接来重新安排链路，不需改动在交叉连接模块上已端接好的永久性光缆（如干线光缆）。

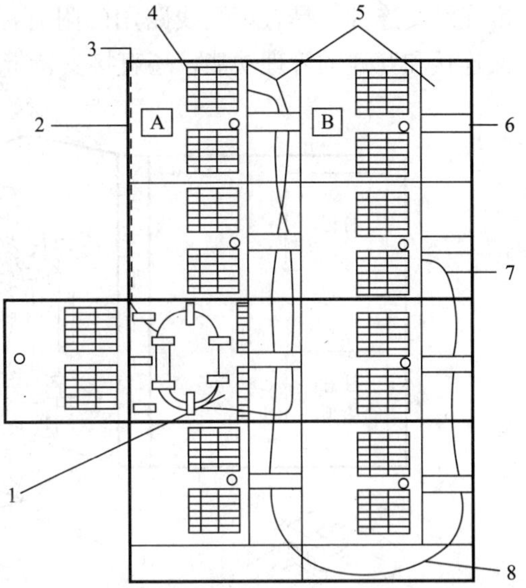

图 8-31　光纤交叉连接模块

1—10A 连接器面板；2—A 列；3—LGBC 缆；4—第 1 行；5—1A4 光纤过线槽；6—B 列；7—单光纤跨接线；8—1A6 光纤过线槽

（2）光纤互连模块

光纤互连模块直接将来自不同地点的光纤互连起来而不必通过光纤跳线，如图 8-32 所示。它有时也用于链路的管理。

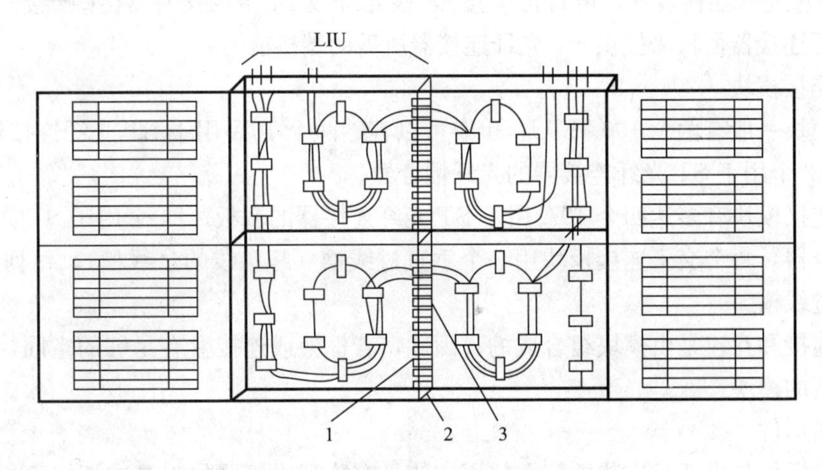

图 8-32　光纤互连模块

1—光纤连接器面板；2—光纤耦合器；3—ST 连接器

两种连接方式相比较，交连方式灵活，便于重新安排线路。互连的光能量损耗比交叉连接小，这是由于在互连中，光信号通过一次连接，而在交叉连接中，光信号要通过两次连接。

（3）光纤互连装置（连接盒）

组成交叉连接和互连的基本元件是光纤互连装置（LIU），它是综合布线中常用的标准光纤交连件，具有识别线路用的附有标签的箱子，如图 8-33 所示。该部件用来实现交叉连接和互连的管理功能，还直接支持带状光缆和束管式光缆的跨接线。

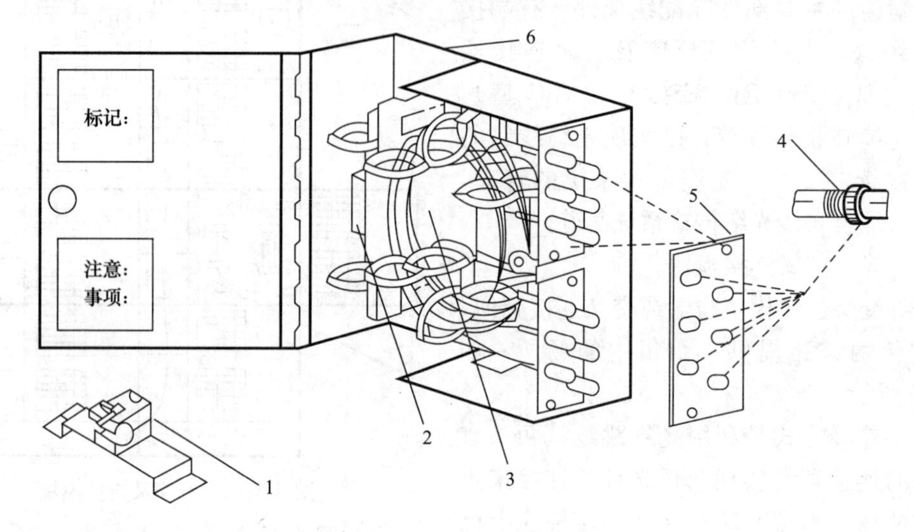

图 8-33 光纤连接盒

1—12A1 线夹；2—1A1 固定器；3—扇形件；4—ST 连接器；5—10A 面板；6—100ALIU

光纤互连装置被设计成封闭盒，由工业聚酯材料制成。其容量范围分为 12、24 到 48 根光纤。不同根数的光纤采用不同型号的光纤互连装置，其对应类型有 100A、200A 和 400A。400A 光纤互连装置，可直接端接 48 根光纤或 24 个绞接和 24 个端接。装置利用 100ST 光纤连接器面板来提供 ST 光纤连接器所需的端接能力。

（4）连接模块

互连模块一般有两个 100ALIU，也有可以容纳两个 10A 用于 ST 光纤连接器的嵌板，最多容纳 12 个用于 ST 光纤连接器的光纤耦合器。

交叉连接模块有多达四个 10A 用于 ST 光纤连接器的嵌板，24 个用于 ST 光纤连接器的光纤耦合器，每个交叉连接模块用一个垂直过线槽（跨接线的过线槽），每列 LIU 要有一个水平过线槽。

交叉连接和互连是由模块组合成的。因此，若框架或连接盒有足够的空间，则可根据需要增加新的模块。

（5）扇形件

标准扇形件与光纤互连装置配合使用，使具有阵列连接器的光缆在端接面板处变换成 12 根单独的光纤。每根光纤都有特别结实的缓冲层，以便在操作时得到更好的保护。标准光纤扇形件及 ST 连接面板如图 8-34 所示。

标准扇形件的长度为 182.88cm，其中有长度为 121.92cm 的带状光缆（用一个 100SC 阵列连接器连接起来的），60.96cm 是彼此分开的光纤（用 ST 光纤连接器连接起来的）。

（6）光纤连接盒

通用光纤连接盒（UFOC）为轻装型光缆、带状光缆或跨接线光缆的接合提供保护外壳。UFOC 连接盒可用于室内干线光缆的连接。

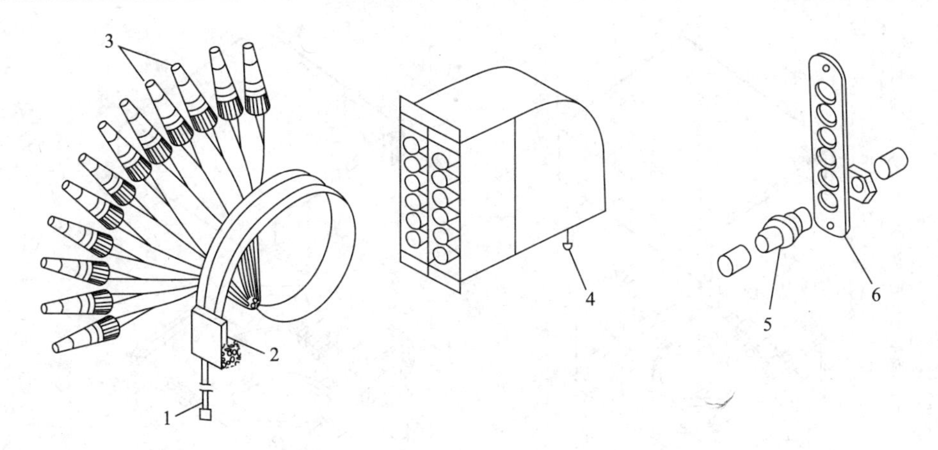

图 8-34 光纤扇形件及 ST 连接面板

1—具有阵列连接器的带状光缆；2—变换块；3—扇形连接器；4—具有阵列连接器的扇形带；5—耦合器；6—连接器面板（要求单独的耦合器连接光纤或跳线）

（7）光纤连接器件

光纤连接器件主要有连接器（如 ST、SC）、光纤耦合器、光纤连接器面板、托架、光缆等。它们之间的连接关系如图 8-35 所示。

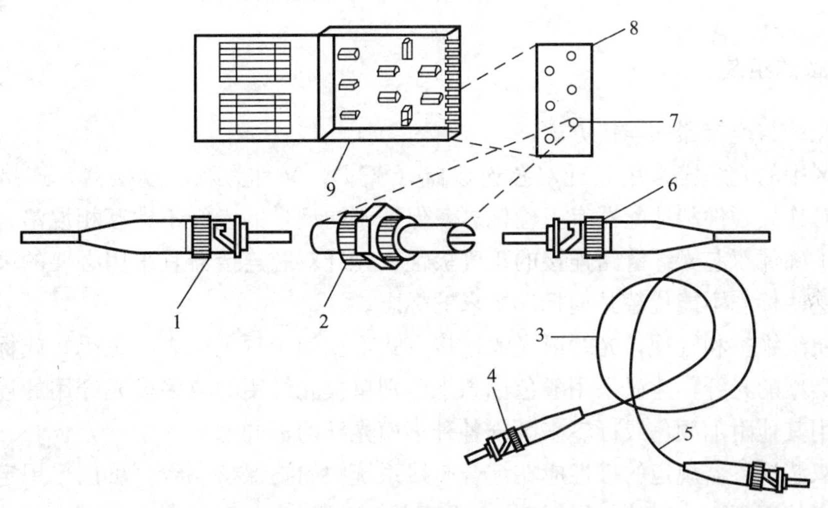

图 8-35 光纤连接器件的连接关系

1—连接器；2—光纤耦合器；3—单线光缆；4—ST 连接器；5—单光纤插接线；6—连接器；7—光纤耦合器插入孔；8—光纤连接器面板；9—黑光纤托架

ST 连接器用于缓冲光纤的 ST 接线盒（每根光纤只有 2 个部件）和用于夹套光纤的 ST 接线盒（包括 3 个部件）。SC 连接器有用于缓冲光纤的 SC 复式接线盒每根光纤（包括 3 个部件）和用于夹套光纤的 SC 复式接线盒每根光纤（包括 4 个部件）两种。

7. 光纤信息插座

光纤信息插座（见图 8-36）是一种典型的平面安装要求的光纤通信插座。

一般由一个 100mm×100mm 的盒子和一块安装在盒子一面的安装板组成。每个插座至少要有使用 568SC 连接器连接两根光纤的容量。

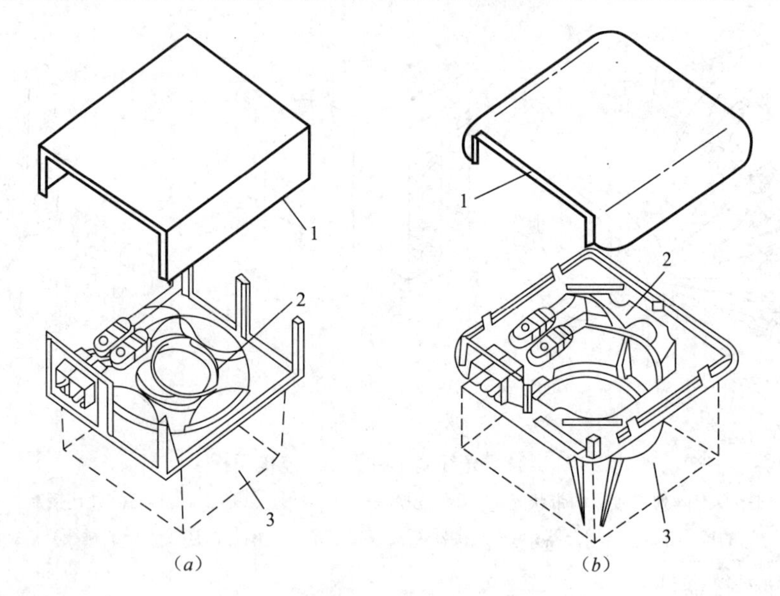

图 8-36 光纤信息插座的结构

(a) 表面安装型；(b) 半沉型

1—盖；2—光纤盘线架；3—信息盒墙洞

8. 设备的组装

(1) 光纤与连接器的连接方式

工作区中的光缆应采用光纤双芯连接器（SC-D，又称为双联连接器）连接到水平布线。要求对连接硬件和适配器有正确标志，保证不同型号的光纤不致互相混淆、发生错接问题。为了确保双芯光纤链路连接的正确极性，光纤双芯连接器宜采用必要的极性标志与定位销，这些标志不能代替其他标准要求的标志。

为了便于维护和管理，光纤或光缆连接方式都应使用颜色标志（色码）或标签，以便鉴别各种类型的光纤，建议采用颜色标志来区别单模光纤用的或多模光纤用的连接器和适配器，采用其他附加颜色或标签来区分各种多模光纤的不同型号。

光纤双芯连接器规定的极性应在综合布线系统中始终保持一致，可以采用定位销定位或采取适当的管理方式（例如用标签），或两者都采用。

(2) 线缆在配线设备上的连接

110A 系列配线设备是为二级交接间、楼层交接间和设备间的连接端线使用的，通常安装在墙上，100 对线的接线块必须现场端接，300 对线的接线块可预先端接好，并配有连接器（插头或插座）。

110C 块为 110A 和 110P 通用，内含熔锡快速接线夹子，当连接块推入接线块的齿形条时，夹子切开连接线的绝缘层，连接块的顶部通过连接块与齿形条交叉连接。110C 连接块有 3 对线、4 对线和 5 对线三种规格。采用 3 对线模块化时，可使用 7 个 3 对连接块和 1 个 4 对线连接块。采用 2 对线或 4 对线模块化时，可使用 5 个 4 对连接块和 1 个 5 对线连接块。

线缆在 110A 型配线设备上的连接如图 8-37 所示。

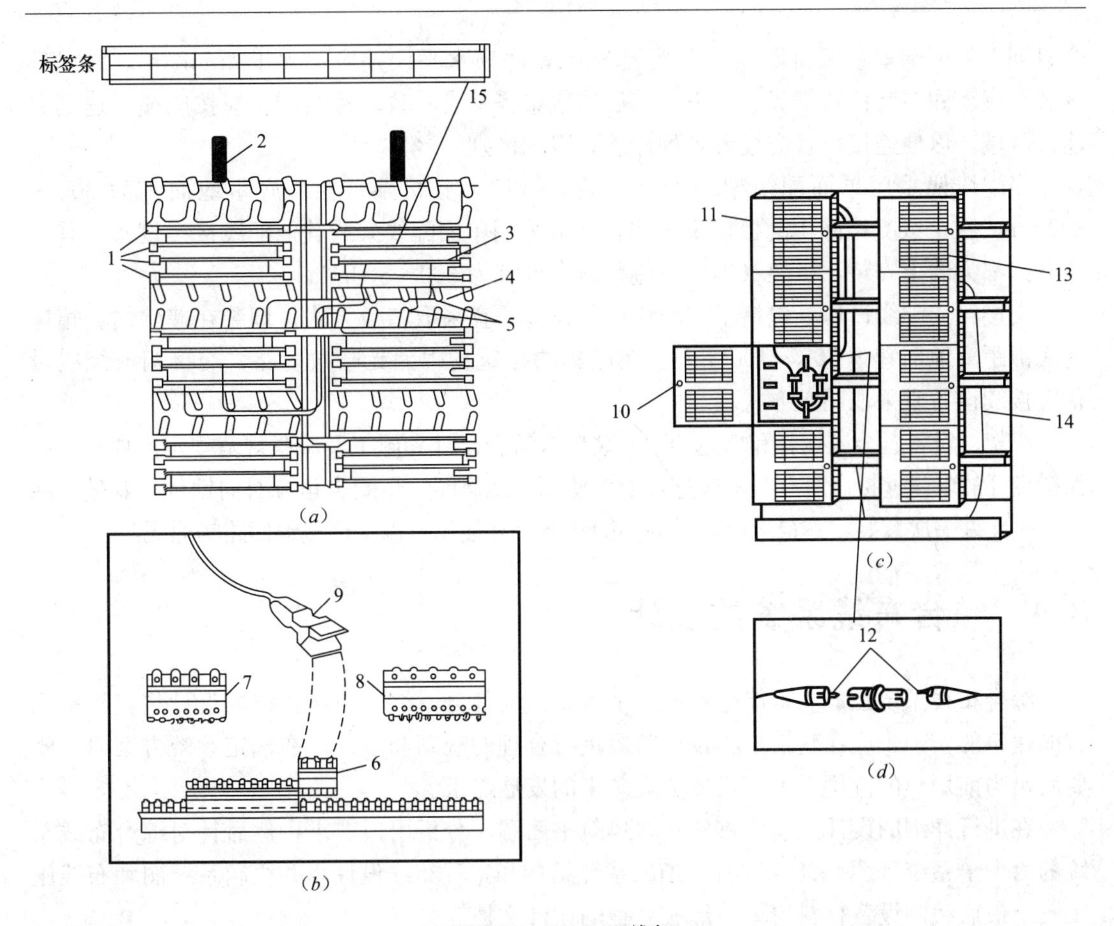

图 8-37 110A 配线架

(a) 电缆配线架；(b) 配线端子放大图；(c) 光缆配线架；(d) 连接器放大图

1—配线端子；2—电缆；3—连接块；4—过线槽；5—配线；6—3 对连接件；7—4 对连接件；8—5 对连接件；9—带有模块连接器的 3 对配线；10—打开的模块门；11—互连单元；12—连接器；13—背面粘贴的线路标记；14—光接线；15—标签条

110P 终端块可安装在墙上、框架上、机柜里或 110A 吊架中。在吊架组合装置中，300 对线终端块的 12 根网络连接电缆或 900 对线上终端块的 36 根网络连接电缆，可延伸到高于终端块顶部 100mm 处，并可配上带插头或插座的小型带状电缆连接器和各种长度的短电缆。900 对线下终端块在吊架组合装置中有 36 根 25 对线的网络连接电缆，可延伸到低于终端块下部 1m 处，并可配上带插头或插座的小型带状电缆连接器和各种长度的短电缆。900 对线下终端块特别适合于敷设活动地板的机房内，连接在设备下方或隐蔽处完成。

(3) 列架

为便于施工和维护人员操作，机架和设备前应预留 1.5m 的空间，机架和设备背面距离墙面应大于 0.8m，以便人员施工、维护和通行。相邻机架设备应靠近，同列机架和设备的机面应排列平齐。

建筑群配线架或建筑物配线架若采用双面配线架的落地安装方式，缆线从配线架下面引上走线，配线架的底座位置应与成端电缆的上线孔相对应，以利缆线平直引入架上。各个直列上下两端垂直倾斜误差应不大于3mm，底座水平误差应不大于2mm/m²。跳线环等装置应牢固，其位置横竖、上下、前后均应整齐平直一致。接线端子应按电缆用途划分连接区域，以便连接，且应设置各种标志，以示区别。

当配线架采用单面配线架的墙上安装方式时，其机架（柜）底距地面宜为300～800mm。在干线交接间中的楼层配线架，一般采用单面配线架或其他配线接续设备，其安装方式都为墙上安装，机架（柜）底边距地面也宜为300～800mm。

交接箱或配线设备（包括所有配线接续设备）宜采取暗敷方式，埋装在墙壁内。箱体的底部距离地面宜为500～1000mm。在已建的建筑物中因无暗敷管路，交接箱或配线设备等接续设备宜采取明敷方式。

机架、设备、金属钢管和槽道的接地装置应符合设计和施工及验收规范规定的要求，并保持良好的电气连接。所有与地线连接处应使用接地垫圈，垫圈尖角应对向铁件，刺破其涂层。只允许一次装好，不得将已装过的垫圈取下重复使用，以保证接地回路畅通无阻。

8.4 综合布线系统的设计

综合布线系统已成为智能建筑的一个重要组成部分，综合布线系统的设计将直接影响智能建筑的实现，应在建筑工程设计阶段进行合理的规划和设计。在确定系统方案时，既要满足当前用户的应用需求，又要适应未来的发展需求。

在进行详细的设计之前应首先获取建筑平面图，分析用户需求，然后针对综合布线系统的六个子系统（图8-38）进行详细的系统结构和工程布线设计，并绘制系统图和布线施工图，最后编制设备材料清单，形成完整的设计文档。

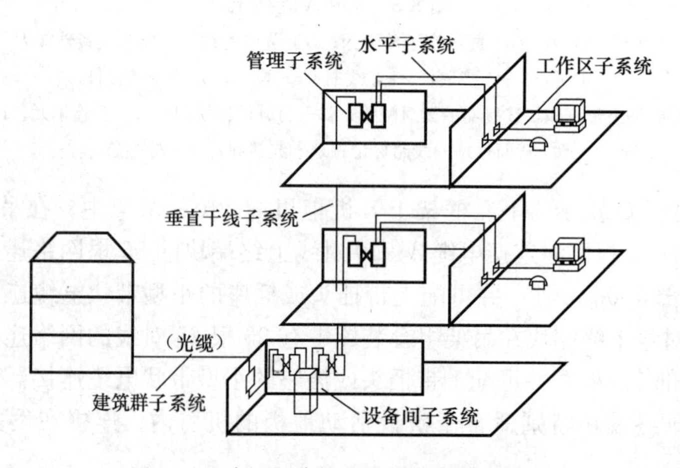

图8-38 建筑与建筑群综合布线系统结构

下面将分别阐述这几个子系统的设计方法和步骤，有关各子系统的设计要求、相关的供电及接地等要求请参见《建筑与建筑群综合布线系统工程设计规范》。

8.4.1 工作区子系统设计

一个独立的需要设置终端设备的区域宜划分为一个工作区，工作区子系统由终端设备与信息插座之间的连接线及适配器等组成。一个工作区的服务面积可按 5～10m^2 估算。每个工作区设置一个电话机或计算机终端，或按用户要求设置。

工作区子系统是专用的和非永久性的，因此，工作区布线不在布线系统工程设计的范围内。但工作区的规划、配置、要求等直接反映了用户的需求，为进一步的设计打下基础。

8.4.2 水平子系统设计

水平子系统由每层配线间至信息插座的配线电缆和工作区的信息插座等组成。

1. 水平线缆及信息插座的选择

（1）信息插座

1）单孔或双孔 3 类（主要用于语音）或 5 类 8 芯插座；

2）光纤信息插座用于光纤到桌面系统；有 ST、SC、SG 等类型；

3）多媒体插座（集双绞线、同轴电缆和光缆连接插座于一体）用于综合型多媒体应用系统；

4）多用户插座（6 孔至 12 孔）用于大开间办公场所。

（2）水平线缆

布线标准推荐使用 3 类或 5 类屏蔽（FTP、STP 等）或非屏蔽（UTP）4 对双绞线，在高速率应用场合采用光缆，一般使用多模光缆。

由于大多数设计中，水平子系统是被封闭在吊顶、墙面或地面中，所以可以认为水平子系统是不可更改的永久的系统，因此，水平子系统应考虑得长远一些，在用户投资允许的情况下应尽量选用高性能（如 5 类）线缆和信息插座。

2. 水平布线的拓扑结构和距离限制

水平布线采用星形拓扑结构，水平布线的最大距离为 90m（由配线间水平线缆的机械终端到信息插座之间）。使用光缆时可适当延长。

3. 水平子系统设计步骤

（1）确定信息插座的数量和类型；

（2）确定水平电缆的类型；

（3）确定电缆路由及敷设方式；

（4）确定电缆长度：

每个楼层电缆总长度（m），按下面公式进行计算：

$$C=[0.55(L+S)+6]\times n$$

式中 C——每楼层电缆总长度；

L——最远的信息插座离配线间的距离；

S——最近的信息插座离配线间的距离；

n——每层楼信息插座数量。

整幢楼电缆总长度：各楼层电缆总长度之和。

8.4.3 干线子系统设计

干线子系统（含配线间）应由设备间的配线设备和跳线以及设备间至各楼层配线间的连接电缆组成。

1. 干线子系统布线的拓扑结构

星型、总线型、环型、树型等拓扑结构。对于综合布线系统而言，星型拓扑是比较理想的拓扑结构。

2. 干线子系统布线的距离

(1) 楼层配线架至主配线架：标准规定小于500m。采用铜缆（100MHz）时实际只能达90m；采用多模光缆（100MHz）实际传输距离可达2km，但用在建筑物干线上仍在500m以内。

(2) 配线架至电信设备：≤30m。

3. 干线线缆选择

大对数UTP或STP、FTP电缆；62.5/125μm多模光缆。

由于干线敷设在电缆井内，移动、增加、改动比较容易，因此可以按用户当前（短期内）的实际需要来选择干线的类型。

4. 配线间的设计

如果在给定楼层配线间所要服务的信息插座都在75m范围以内，可采用单干线子系统。超出该范围可采用双干线子系统或采用二级交接间。配线间的面积要求见表8-4。

配线间的设置　　表8-4

工作区数量（个）	配线间		二级交接间	
	数量	大小（m^2）	数量	大小（m^2）
≤200	1	1.5×1.2	0	0
201～400	1	2.1×1.2	1	1.5×1.2
401～600	1	2.7×1.2	1	1.5×1.2

(1) 典型配线间 $S=1.8m^2$(1.5×1.2)。容纳端接200个工作区所需的连接硬件设备

(2) 工作区超过600个的地方，则需增加一个配线间。

(3) 任何一个配线间最多支持两个二级交接间。

(4) 楼层工作区数量较少时，可几个楼层设置一个配线间。

5. 二级交接间的设计

信息插座与干线距离超过75m时，或信息插座数量超过200个时，可设置一个二级交接间。

6. 干线子系统设计步骤

(1) 确定干线子系统的规模：单干线或双干线系统；

(2) 确定垂直干线通道及配线间或二级交接间位置：通常将配线间与垂直通道合用；

(3) 确定楼层干线线缆类型及数量：包括至二级交接间的干线线缆类型和数量。

语音：每个语音点按1对3类双绞线，以便支持语音通信传输。

数据：数据用5类以上双绞线或多模室内光缆。每个数据链路使用4对5类以上双绞线。通常由于每个楼层配线间都放置有集线器，而每个集线器（或一组集线器）与主设备之间实际上只需要一条数据链路，所以数据主干线缆通常要根据用户的网络结构来确定，并加上适量的冗余电缆。

用光缆作为数据主干时，一般用6、8或12芯光缆，主要根据网络应用而定，并有100%的冗余。

(4) 确定楼层至设备间的水平主干路由；

(5) 确定每个楼层所需干线线缆长度 L

$$L=(H+V)\times 115\%+6\text{m}$$

其中，H 为横向干线线缆长度，V 为垂直干线线缆长度。

(6) 确定整幢楼所需的主干线缆长度；各楼层所需干线线缆长度的总和。

8.4.4 设备间子系统设计

设备间子系统应由综合布线系统的建筑物进线设备，如语音、数据、图像等各种设备及其保安配线设备和主配线架等组成。设备间则是安装建筑物进线设备、主配线架，并进行布线系统管理维护的场所。

设备间设计方法如下：

1. 位置

尽量布置在建筑平面及其布线系统综合体的中间位置；尽量靠近服务电梯，以便装运笨重设备；尽量避免设在建筑物的高层或地下室，以及用水设备的下层；尽量远离强振动源和强噪声源；尽量避开强电磁场的干扰源；尽量远离有害气体源以及腐蚀、易燃、易爆炸物。

2. 使用面积

两种计算方法如下：

(1) $S=(5\sim7)\sum S_b$，其中，S_b 为设备面积。

(2) $S=KA$，其中，A 为设备间内设备总台数，K 为系数，取值 $(4.5\sim5.5)\text{m}^2$/台(架)。

设备间最小使用面积不得小于 20m^2。

3. 建筑结构

设备间高度为：2.5～2.7m

门为：2m×0.9m

承重：A级≥500kg/m²；B级≥300kg/m²。

4. 环境要求

温度保持在18℃～27℃之间；相对湿度保持在60％～80％；设备间内应清洁、干燥、通风良好；照度为200lx（距地面0.8m处）；噪声、电磁场强度应符合有关要求；供电电源为：50Hz，380V/220V，容量为：每台设备用电量标称值相加后再乘以系数；应符合安全、防火等方面的有关要求。

8.4.5 管理子系统设计

管理子系统设置在每层配线间内，由配线间的配线设备、输入输出设备等组成，也可应用于设备间子系统。

1. 管理方式

常采用以下两种方式。

（1）单点管理

在整个系统中，只有一“点”可进行交连操作（即跳接管理），一般均在设备间内；若需第二连接点，则只能采用直接连接，不具备跳接管理功能。适用于小规模工程，如图8-39所示。

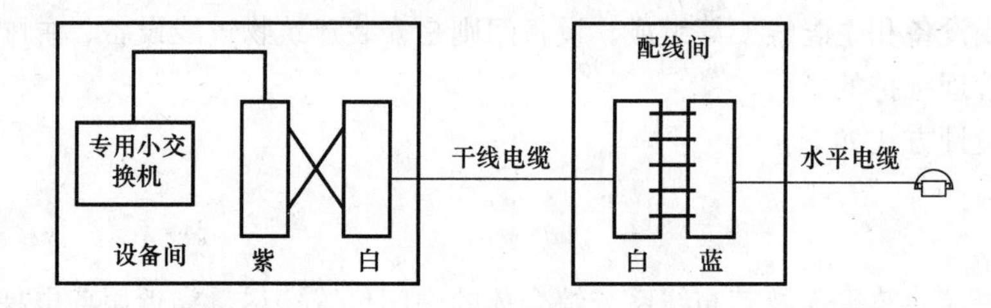

图8-39 单点管理，双交连，第二个交连在配线间用硬接线实现

（2）双点管理

整个系统中每条干线只能设两个管理“点”，第一点在设备间，第二点在楼层配线间或二级交接间，只有这两点可进行跳接管理，其余连接点只能采用直接连接，不得再增设管理点。它适用于中、大规模工程，如图8-40所示。

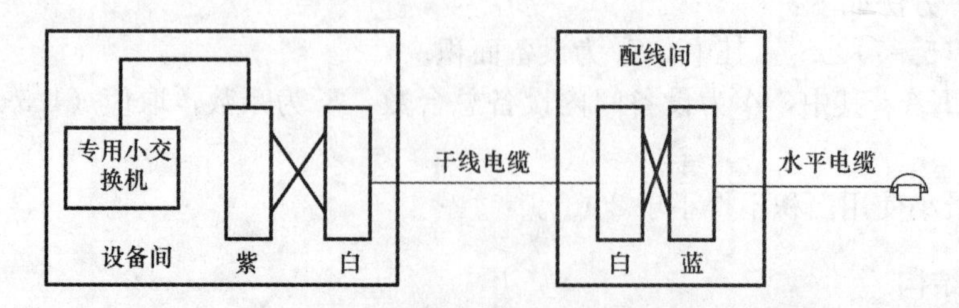

图8-40 双点管理，双交连，第二个交连用作配线间的管理点

2. 管理硬件

配线架（或柜）：包括机架（或机柜）、跳线、连接硬件或模块等，分为3类、5类、5e类等。

（1）卡接式

适用于线路较稳定，修改、移动和重组可能性较小的场所。如110A型。

（2）插接式

适用于修改、移动和重组可能性较大的场所。如110P型、RJ45模块式跳线架等。

（3）光纤跳线架（包括光缆连接模块）

适用于光缆系统的互联。

（4）跳线

在配线架上连接各种链路的软电缆或软光缆。

3. 设计步骤

（1）确定楼层配线架类别：配线架的类别即连接硬件的类别，应根据水平子系统的类别来确定；

（2）确定楼层配线架容量；

（3）确定主配线架的容量；

（4）确定建筑物主干电缆所需连接硬件数量；

（5）确定主设备（主集线器、主交换机、PBX等）所需要的连接硬件数量；

（6）确定入楼电缆所需要的连接硬件数量；

（7）如建筑物主干或入楼缆线采用光缆时应计算光缆所需要的连接硬件数量；

（8）确定保安避雷器、接地装置的数量；

（9）确定管理跳线的类型和数量。

8.4.6 建筑群子系统设计

建筑群子系统由两个及以上建筑物的电话、数据、电视系统组成一个建筑群综合布线系统，其连接各建筑物之间的线缆和配线设备（CD）组成建筑群子系统。

1. 布线距离及拓扑结构

标准规定的建筑群干线长度限值为1500m采用多模光缆（100MHz）可达2km，采用单模光缆（100MHz）可达3km。铜缆则只能传输90m。由建筑群配线架（CD）至建筑物配线架（BD）的布线采用星形拓扑。

2. 设计步骤

（1）确定建筑物的线缆入口位置；

（2）确定建筑群干线的类型，一般选用多模光缆；

（3）确定建筑群干线的路由及敷设方式；

（4）确定建筑群干线的线缆数量（根数、长度等）；

（5）确定建筑群主配线架的容量，参见建筑物主配线架的设计方法。

8.5 综合布线系统工程实例

某测绘综合楼是集科技管理、CAD为一体的具有建筑设备自动化、通信网络、办公自动化等智能系统的综合性办公大楼，大楼地下2层，地上19层，塔楼最高处为70.2m，建筑面积30081.6m²，整体为钢筋混凝土框架剪力墙结构。设计采用综合布线与无线局域网技术，为测绘综合楼提供了一个先进、完整的信息传输网络平台，使建筑物内部信息系统之间、建筑物与外部的通信网络能够互联互通，实现信息资源共享。

1. 业主需求

（1）与Internet高速连接，以宽带数据有线局域网为主、无线局域网为辅，满足固定和移动计算机用户的需要。网络有线接入点：每间办公室2个公用数据点，用于网络打印机等，其余每个工作区一组信息点（数据、语音各一个）。网络无线接入点：设置在会客厅、展厅、报告厅、楼层会议室。

（2）与电信公用电话网、铁路专用电话网连接，提供可视电话、语音、传真服务。电信公用电话：每间办公室、设备间1部。处级领导办公室设可视电话，其余办公室设普通电话。铁路专用电话：每间办公室2部、设备间1部，用于语音和传真。

（3）提供高速的信息传输通道，实现企业内部电子政务及办公自动化、多媒体资料检索和动态视频节目播放。广播领导讲话实况，网上教学培训。提供交互式CAD系统、设计联席会议电视系统、专家会审电视系统服务。在大楼办公室、各楼层会议室设置六类布线系统及光纤到桌面系统。

（4）满足扩展及二次装修的要求，设置TP转接点。主要考虑网络机房、大开间办公室等场所。

2. 设计原则

（1）综合布线要符合ISO/IEC11801和ANSI/TIA/EIA 568B1-B3以及无线局域网IEEE802.11b标准，保证计算机网络高速、可靠的信息传输要求。

（2）满足近期的功能需求，实现数据通信、语音通信和图像传递，同时满足建筑物内楼宇自控、保安监控、火灾报警等系统的通信联网和集成需求，实现信息共享。适当考虑将来技术的发展，留有充分的余地。

（3）所有接插件，都采用模块化的标准件，以便于系统的扩展。

（4）满足灵活应用的要求，任一信息点都能连接不同类型的计算机或数据终端设备。

（5）提供足够的带宽，支持千兆以太网、快速以太网、ATM等网络及其应用。

（6）系统维护管理容易、配置灵活、隔离和检测故障方便。

3. 综合布线系统

该综合楼包括：铁路专用电话、电信公用电话、会议电视系统、有线与无线计算机数据传输系统。这些智能子系统由综合布线系统将它们综合成一个结构统一、材料相同、统一管理的完整体系。

本工程选用综合配置设计等级，并充分考虑了系统高度的可靠性、高速率传输特性、灵活性及可扩充性。整个布线系统由工作区、配线子系统、干线子系统、设备间、管理子系统、建筑群子系统共六个部分构成。系统采用星形拓扑结构，传输媒质采用铜芯线缆和光纤线缆综合以及相关配套的支撑硬件，配线电缆和光缆选用低烟无卤阻燃型，配线架设备采用阻燃型。

参照《建筑与建筑群综合布线系统工程设计规范》GB/T 50311—2000 及各专业提供资料，按每 10m² 设置 1 个信息点，裕量约 2%。其中数据点 2264 个，语音点 790 个，整幢大楼提供 3054 个信息端口，可任意支撑各类数据、语音、图像、楼宇控制等系统的信息传输。每个信息点能够灵活的应用，可随时转换接插电话、微机或数据终端，并可随着用户的进一步应用需求，通过相应适配器或转换设备，满足门禁系统、视频监控、有线电视以及多媒体会议电视等系统的传输应用。

电信、铁通的通信配线间和计算机网络中心机房设在大楼 3F，每层设 1 个交接间。为了通信多媒体业务开发需要，所有的楼层会议室设置了光纤到桌面，由第 3 层通信配线间直接引至会议室，光缆采用室内 4 芯多模光纤。网络无线接入点的上端引自楼层交换机。每个无线接入点可同时支持多达 64 个终端信息点。下面就该综合楼的六个子系统的实际应用做一介绍。

(1) 工作区子系统

工作区为需要设置终端设备的独立地区。它由终端设备连接到信息插座的连线（或软线）组成，包括装配软线、适配器和连接所需的扩展软线，并在终端设备和 I/O 之间搭桥。

工作区由各个办公区域接口设备构成，统一为六类配置，可支持 1.2Gbps 的数据网络通讯、多媒体通信及语音通信，支持结构化布线系统数据和语音应用任意互换的功能。信息模块采用 siemonMX6-02B 六类信息模块，跳线为 MC6-8-T-07-02B 六类跳线，面板采用双口国标面板，标准信息插座均为墙面嵌入或地面暗装。

普通办公室按每 8m² 设 1 组信息点（每组 2 个点，其中 1 个语音点，1 个数据点），通常每个办公间设 6 组信息点，以满足正常的办公需求。

功能尚不明确、没有隔断的大开间办公室（约 160m²），按每 8m² 考虑 1 组信息点，采用转接点设计。

报告厅（约 480m²）设 8 组数据点，并设 4 组无线接入点，以满足各种会议和无线接入用户的需求。

小会议室设 8 组数据点，2 组语音点，并设 1 组无线接入点，以满足内部会议的需求。

信息插座采用墙面和地面防火面板暗装方式，并设置具有防水和抗压性能的接线盒。安装在墙面或柱子上的信息插座底部离地面的高度为 300mm，安装在柱子上的转接点配线模块，底部离地面的高度为 3000mm。公共部分或大厅采用配合装修效果的高档次铜质地面插座。

信息插座附近配备 220V 电源插座，强、弱电插座间距不应小于 20cm。电源插座选用带保护接地的单相电源插座，保护接地线与零线应严格分开。

光纤信息插座是由光纤插座模块和光纤面板组合而成的光纤接口，具有使用SC连接器连接至少2根光纤的容量。工作区中的光缆采用双芯连接器SC-D连接到配线子系统上。

（2）配线（水平）子系统

水平子系统由信息插座、配线电缆和光缆、跳线组成。它将干线子系统线路延伸到用户工作区。水平子系统一端端接于信息插座上，另一端端接在楼层管理间的分配线架上。所有配线架信息插座跳线的打线均执行EIA/TIA568B标准。

根据工作区信息点的数量及大楼对综合布线系统的技术要求，语音及数据配线子系统采用siemon9C6X4六类4对UTP优质非屏蔽双绞线，带十字骨架，可有效防止近端窜扰，可支持带宽550MHz和千兆以太网应用，完全能够适应办公自动化的需求（如可视电话、会议电视系统、信息高速传输等）。

光纤到桌面系统，室内多模光缆选siemon9f51b1-2A/4A型（50μm/125μm），支持1000Base-SX应用距离达750m，还可以支持10Gbps的应用。

配线电缆从楼层交接间通过金属线槽，沿走道吊顶呈星形敷设至每个房间，再经预埋薄壁钢管沿门框左侧至相应信息插座位置连接接线盒。

配线铜缆长度计算方法如下：

配线铜缆平均长度=(最远线缆长度+最近线缆长度)×0.55+6m

线缆箱数=∑每个子配线箱所需铜缆长度/305m

配线间内接线端子与信息插座之间均为点到点端接，任何改变布线系统的操作（如增减用户、用户地址改变等）都不影响整个系统的运行，增减用户只需在分配线架做必要的跳线即可，使系统具有极强的灵活性、可扩展性，为系统线路维护检修提供了极大的便利。

大楼水平子系统中设置了无线局域网接入点，它提供了基本的802.11b无线局域网扩展，内嵌有HTTP web管理服务器，可以远程管理无线局域网网段。用户可以在60m的范围内漫游，并以以太网的速度共享网络资源，访问因特网，使用电子邮件。无线局域网接口提供自动选择传输速率机制，根据两无线设备间距离，网络速度在11/5.5/2/1Mbps间动态调整，保证可靠的连接，每个接入点支持64个用户，将有线网络的范围扩展至整个会议大厅。

（3）干线子系统

干线子系统由干线电缆和光缆、跳线组成，它的主要功能是将设备间主配线设备通过多模光缆及大对数双绞电缆以放射式形式与楼层交接间分配线架连接起来。本设计主干线电缆采用点对点端接，经弱电竖井敷设。干线配置如下：

语音主干按每个语音信息点配置2对线缆的原则，保证今后数字电话应用，语音采用siemon9C3R50/25三类25/50/100对UTP大对数电缆，因此可以保证语音信号之间的抗干扰能力，充分保证通话质量，同时为未来的ADSL等宽带通信应用打下了良好的基础。

主干光缆采用siemon9f51b1-8c型8芯或者12芯室内多模光纤，每48个数据信息点配2芯光纤。由3F计算机网络主机房分别向1～19F各交接间的光纤配线架处呈星型布放，每层1根，光纤接头为SC多模光纤。

采用光纤作为主干传输介质具有频带宽、通信容量大、不受电磁干扰和静电干扰的影响以及在同一根光缆中各纤芯之间几乎没有串扰、保密性好、线径细、体积小、重量轻、衰耗小、误码率低等优点。

干线通道中垂直布线的铜缆和光缆在竖井敷设时，应采取隔火措施。

（4）管理子系统

交接间是安装楼层分配线架设备的房间，根据大楼每层信息点的数量来分配交接间。除－2F、－1F 的信息点直接纳入 1F 楼层配线架管理，其余每层利用弱电竖井作为交接间。

楼层配线架由交叉连接的端接硬件及快接式跳线等组成，以实现对信息点的灵活管理。楼层配线架均安装在 1.8m 高 19″标准机柜内。

交接间端接数据的配线架，采用 siemonHD6-24 六类 RJ 45 快接式铜缆配线架，管理水平铜缆信息点，连接水平线缆。端接语音主干配线架，采用安装在另外两台（铁通和电信各一台）19″标准机柜内的 siemonS100AA1-100FT 卡接式铜缆配线架（100 对或 300 对），并相应配有线路管理单元。

对于语音系统的跳线配置，可配置一端 110 型而另一端 RJ 45 型跳线，根据实际需要可将语音水平干线跳接到数据系统上，使系统具有很高的灵活性及经济性。

数据信息点按插接式配线架配置，每个信息点配置一个信息口，采用 19″快捷式配线架配置，自带前过线槽。各 IDF 按数据信息点除以 24 取整得出。采用六类 PATCHMAX GS3-24 跳线架，该产品具有的 RJ 45 端口可以与数据网络灵活跳接，同时采用 110P4 GS 型六类快接跳线及 GS8E 型六类跳接软线跳接计算机系统，可灵活地实现网络配置的改变。

光缆管理同样由各楼层分设的光纤配线架构成，光纤互连装置用来实现交叉连接和互连管理功能，每个交接间设 siemonFCP3-RACK 光纤配线架，用于主干数据 8 芯或 12 芯光缆的端接。对光纤连接硬件和适配器应正确标识，采取统一规定的颜色，保证不同类型的光纤不至于混淆。

根据本工程特点，数据、语音部分管理设备均采用 19″标准机柜安装（数据一台，铁通和电信各一台），机柜金属喷塑，机柜前面的净空不应小于 800mm，后面的净空不宜小于 300mm，若为壁挂式机柜其底部离地面高度不宜小于 300mm，并配有网络设备专用电源端接位置，同时，可将楼层交换机设备放置其中。整个配置支持六类数据传输。

（5）设备间子系统

设备间是在大楼的适当地点设置的对电信设备、计算机网络设备以及建筑物配线设备进行管理的场所。本设计综合布线工程，在大楼 3 楼分别设置了计算机、公用电话（电信）及专用电话（铁路）设备间，网络中心设备间核心交换机采用光纤跳纤与光纤主配线架连接。光纤主配线架的基本元件包括光纤互连装置、光纤连接器面板、光纤耦合器，水平、垂直过线槽等附件。设备间向各交接间星形敷设出数据多模光缆干线，用以沟通数据主设备间与各交接间中网络设备的主干高速通道，开通各楼层网络设备。

网络设备间的管理设备全部采用进口设备，并配有网络设备专用电源及精密空调设施，可将设备间的网络设备一同放置其中。这种安装模式具有整齐美观、可靠性高、防尘、安装规范、并具有一定的屏蔽作用等优点。

公用电话、专用电话设备间铜缆系统（语音主干）采用100对、50对、25对的大对数电缆从弱电井的语音分配线架上经过垂直和水平金属线槽连接到机房并端接于1000回线和500回线的总配线架上。以开通各楼层的低速网络终端、语音终端及电信局远程通道等应用。

主配线架、分配线架容量适当预留。

(6) 建筑群子系统

建筑群子系统将一个建筑物中的电缆、光缆延伸到建筑群的另外一些建筑物中的通信设备和配线架装置上。它是整个布线系统中的一部分，并支持楼群之间通信设施所需的硬件。

本工程中建筑群子系统的设计，主要考虑2根12芯4DSX/LXE金属室外单模光缆作为数据主干，1根12芯4DSX/LXE金属室外单模光缆作为会议电视系统交互式多媒体通信主干，1根6芯室外多模光缆作为有线电视系统的通信主干。考虑2根300对的HPVV型铜芯全塑聚乙烯配线电缆作为铁路专用电话语音主干，1根300对的HPVV型铜芯全塑聚乙烯配线电缆作为电信公用电话语音主干。

4. 辅助设施

(1) 计算机及外部设备、通讯设备属一级用电负荷，采用双电源末端自动切换供电，并且各自配备UPS电源。交接间电源由负一层主机房采用独立回路供电。交接间、设备间设3组以上的220V、10A带保护接地的单相电源插座。每个插座的容量不小于300W。并且设置维护照明，室内照明水平照度不低于300lx。

(2) 系统接地是一个重要环节，非屏蔽双绞线钢管敷设或金属线槽敷设时，钢管或金属线槽需保持电气连接，并将接地线引至相应接地极。为减少电磁干扰和保护设备，接地分支线选用16mm^{2}绝缘铜导线，每层弱电竖井提供弱电保护接地端子，然后采用2根50mm^{2}的铜芯导线与大楼接地母排连接。接地采用等电位连接方式，总等电位母排设于－2F弱电井内，整幢建筑物联合接地，接地电阻不大于1Ω。

(3) 建筑群主干缆线由建筑物外部引入建筑物时，在引入口设保护装置，选用气体放电管保护器进行过电压保护，选用具有自复功能的过流保护器进行过电流保护。

(4) 为满足交接间、设备间对建筑环境的温度、湿度、防火、防电磁波干扰的要求，设置温度、湿度传感器和空调通风设备，使室内洁净无尘、通风良好。室温保持在10℃～30℃之间，相对湿度保持在20％～80％。使用防火门和至少能耐火1小时的防火墙(包括地板、顶棚)。采用抗静电的活动地板，楼板荷载不小于5kN/m^2。

第9章 智能建筑系统集成

智能建筑系统集成实际是跨越建筑、结构、给排水、暖通空调、机械与电气等多专业，涉及工程、经济与社会学等多学科，关系到从设计、施工、经营到管理的全过程的全面集成，即使仅针对电气领域而言，也关系到强电与弱电，以及相关的被控对象。为突出重点，在此仅限于论述弱电系统的集成。

9.1 智能建筑系统集成概述

集成一词泛指一体化、整体化、消除隔离、相互结合、综合化等诸多含义。集成的概念应用于工程技术，其范围既包括建筑环境、机械设备、电气装置、电子控制与信息系统，也包括操纵管理上述设备的人的集合；其内容既涉及各种不同学科、不同专业、不同子系统、不同的软硬件等诸多领域，也涉及检测、控制与信息管理；其方法既有系统互联与信息通信等物理系统的集成，开放环境下的应用集成，也包括仿真、决策支持等经营集成；其目标既要重视子系统本身的协调与优化，也更要追求大系统的协调和总体优化。

概括讲，无论是单个或多个学科，无论是一类或多类技术，无论是单个或多个专业，也无论是包含多大范围与多少子系统，只要其间相互存在一定的关联，并服务于相同的总目标，为了追求整个大系统的协调和优化所采用的技术统称为集成技术；利用上述集成技术实现的目标为集成目标；实现上述集成技术所必需的环境称为集成环境……凡涉及上述集成内容者，均属“集成”范畴。因此，广义集成的范围不只限于结构、系统，还应延伸到服务与管理。

智能建筑涉及的专业范围较广，包括建筑、结构、设备、强电与弱电等众多子系统，各子系统又由很多小系统组成，小系统还可进一步细化，而各个系统之间又是相互关联的。解决此类复杂的系统工程问题，应将其看作多级耦合的系统，先解决各个子系统的控制与管理，再进一步通过各种集成技术实现各级子系统的解耦与协调。

所谓智能建筑系统集成，主要就是通过楼宇中结构化的综合布线系统和计算机网络技术，使构成智能建筑的各个主要子系统具有开放式的结构、协议和接口，具体而言就是在软硬件的连接方式、交换信息的内容和格式、子系统之间的互控和联动功能、各子系统的扩展方法等方面，都必须标准化和规范化，从而将智能建筑中分离的设备、功能、信息通过计算机网络集成为一个相互关联的统一协调的系统，实现信息、资源、任务的组合和共享，达成一个安全、舒适、高效、便利的工作环境和生活环境。

1. 对智能建筑系统集成的要求

智能建筑中，各子系统的运行过程具有信息量大、信息在各子系统间交互作用多的特点。为了实现对智能建筑的全局信息进行综合管理，并协调各子系统运行状态的目的，对智能建筑系统集成的要求是：

（1）具有良好统一的监控和管理界面，提高了建筑物的管理水平。

（2）通过综合设计集成系统，可以优化总体设计，减少各个子系统中的硬件和软件重复投资，因而要比采用独立子系统节省投资。

（3）由于集成系统采用全面综合设计，子系统之间的有机组合可能使整个智能化系统在功能上发挥出整体优势。这是一个个独立的子系统叠加在一起所不能实现的。

（4）通过采用统一的硬件和软件结构，使操作、管理人员能更加容易地掌握其操作和维护技术。

（5）为业主或租赁户提供高效率高质量的物业管理服务，提升建筑物的档次，使建筑物售前升值和售后保值。

（6）为业主或租赁户提供一条建筑物内外四通八达的信息高速公路。

因此，推行系统集成的实际意义在于"两个管理"和"两个服务"。"两个管理"是指面向设备的管理和面向客户的管理，以提高工作的效率和质量。"两个服务"是指面向客户的服务和面向领导的服务。面向客户的服务，提供完善的服务信息和便捷的服务方式。面向领导的服务，提供完整的信息用于分析，作为辅助决策的依据。

2. 智能建筑系统集成的内容

智能建筑系统集成的内容主要包括功能集成、网络集成、界面集成等。

（1）功能集成。将原来分离的各智能化子系统的功能进行集成，并形成原来子系统所没有的针对所有建筑设备的全局性监控和管理功能。功能集成主要分两个层次：中央管理层的功能集成和各智能化子系统的功能集成。

（2）网络集成。网络集成实质上是通信网络系统 CNS 在智能建筑中的具体实施，是通信设备与网络设备的结合，以及通信线路和网络线路的结合。由综合布线系统构成智能建筑的高速公路，由用户程控交换机和计算机局域网组成智能建筑高速公路上的红绿灯和交通指挥中心。网络集成侧重在网络结构和网络技术设备这两个方面。

（3）界面集成。智能建筑系统集成的最高目标是将 BAS、OAS、CNS 集成在一个计算机平台上，在统一界面环境下运行和操作。一般各智能化子系统的运行和操作界面是不同的，界面集成就是要实现在统一的平台和统一的界面上运行和操作系统。界面集成实现的关键是解决各子系统在网络协议和网络操作系统方面的沟通或统一。

3. 智能建筑系统集成的技术基础

智能建筑系统集成的技术基础如下：

（1）以太网及 TCP/IP 协议已经成为智能建筑系统集成的基础。

（2）浏览器/服务器计算模式将成为智能建筑集成系统主要的计算模式。

（3）OPC 技术及 ODBC 技术为系统集成开辟了新的途径，采用 OPC 技术及 ODBC 技术实现智能建筑系统集成将成为智能建筑系统集成的主要方式。

9.2 智能建筑系统集成的技术手段

网络互连的硬件设备已标准化、商品化，所以我们在思考系统集成时，主要面临的是软件集成的问题，如何通过标准的通信协议达到互操作的目的。智能建筑的功能需求不断增长，使建筑内各种各样的机电设备的监控系统种类和范围不断扩大，它们可能采用不同的网络平台、不同的通信协议。在实现系统集成时，为了解决互连和互操作的问题，所采用的技术手段大致为六种方式：

1. 采用统一的通信协议实现系统集成的方式

长期以来，控制系统的开发和集成商一直在寻求一种一体化的解决办法，即将所有的监测控制功能，如照明、空调、电梯、供配电、给排水等，集成在一个控制系统中，换句话说，就是将控制系统通过一条通用的控制总线连成一个控制网络。目前比较流行的控制总线主要有 BACnet、LonWorks、Profibus、FF、CAN、HART，其中 LonWorks 和 BACnet 在建筑设备自动化系统中有着广泛的应用。

BACnet 定义了 23 种对象、39 种服务、6 种数据链路结构、三层网络架构，正在向 BACnet/IP 方向发展。很多空调、制冷、锅炉、变配电设备等的制造厂商均采纳该标准协议，为智能建筑的系统集成开创了十分有利的局面。BACnet 网络模型中的数据链路层、物理层可以采用五种不同的技术，分别是 Ethernet（以太网）、ARCNET、MS/TP（主从/令牌环协议）、P2P（点对点）、LonTalk。但是在先前的 BACnet 协议中，不同厂家生产的设备互连仍需通过协议转换器，尚未达成开放系统实现互操作的要求。

LonWorks 是美国埃斯朗公司 1990 年推出的全分布式的具有开放性和互操作性、采用 LonTalk 协议的网络，经过 LonMark 互操作性协会认证的产品具有良好的互操作性。但是这种方式不是真正意义上的开放系统，因为这种协议对厂家不是中立的，其中有埃斯朗公司的知识产权，真正的开放系统对各个厂家应该是中立的。

2. 采用协议转换实现系统集成的方式

具有不同协议的网络互连，可以采用协议转换器。协议转换器分为专用的协议转换器和标准的协议转换器。专用协议转换器指两种协议之间专用的转换器。采用这种协议转换器，如果要连接多个不同类型的网络，就需要多种类型的协议转换器。有时协议转换器难于匹配不同的网络的机制和服务；另外，当协议转换器故障时，这种结构没有提供可靠的端到端的机制。所以这种专用的协议转换器不可取。采用标准的协议转换器，可在局域网内部通信采用简单的通信结构，包括物理层、链路层以及提供了连接服务的会话/传送协议的应用层。这种方案中，接在局部网络上的所有站只使用简单的会话/传送协议，而所有协议转换器之间通信只使用同样的传送层协议 IP。由此解决了互联网的匹配问题。随着技术的发展，协议转换器方式的应用将越来越少。特别是 OPC 技术与 ODBC 技术的成功应用，为不同协议的网络互连，开辟了新的途径，协议转换方式的应用将会更少。

3. 采用OPC技术实现系统集成的方式

OPC提供信息管理应用软件与实时控制域进行数据传输的方法，提供应用软件访问过程控制设备数据的方法，解决应用软件与过程控制设备之间通信的标准问题。当设备通过OPC互联时，图形化应用软件、趋势分析应用软件、报警应用软件等应用软件均基于OPC标准，现场设备的驱动程序也均基于OPC标准。在统一的OPC环境下，各应用程序可以直接读取现场设备的数据，不需要一个一个地编制专用的接口程序，各现场设备也可直接与不同应用之间互连。OPC的重要作用是使设备的软件标准化，从而实现不同网络平台、不同通信协议、不同厂家的产品方便地实现互联和互操作。OPC技术的完善和推广，为智能建筑系统集成时，在实时控制域与信息管理域的全面集成创造了良好的软件环境。所以说，OPC开创了系统集成的新途径，将成为系统集成的主要方式。

4. 采用ODBC技术实现系统集成的方式

ODBC是微软公司推出的一种应用程序访问数据库的标准接口，也是解决异种数据库之间互连的标准，目前已被大多数数据库厂商所接受。该标准适用于各种数据库。ODBC兼容的应用软件通过SQL结构化查询语言，可查询、修改不同类型的数据库。这样，一个单独的应用程序，通过它可访问许多个不同类型的数据库及不同格式的文件。ODBC提供了一个开放的，从个人计算机、小型机、大型机数据库中存取数据的方法。使用ODBC，开发者可开发出对于多个异种数据库进行并行访问的应用程序。现在，ODBC已成为客户端访问服务器数据库的API标准。只要被使用的数据库支持ODBC技术规范，无论其数据库的类型如何，均能进行信息交换。

如果将OPC技术与ODBC技术作比较，可以发现OPC技术现在比ODBC技术更为成熟、产品更多，而且我国已有比较成熟的OPC技术和产品，所以目前采用OPC技术实现系统集成，可能会比采用ODBC技术实现系统集成更为广泛一些。两种技术的融合与补充，将成为系统集成的主流技术。

5. 智能建筑的远程监控的Web技术

网络环境下的控制软件比传统系统环境下的控制软件功能更完善，使用更方便，如Intranet下的控制系统软件能够调用、执行网络上其他计算机上的一个程序并与之交互，这是传统环境下应用程序无法实现的。另外，这些应用程序往往分布在网络上多台机器中运行，如果这些应用程序生命周期不够长，维护、管理、升级不够灵活方便，势必会给日后的重新配置带来无尽的麻烦，甚至浪费人力、物力和财力。

随着技术的发展，市场的变化，这种维护、升级、重新配置和用户需求的扩大是必然趋势，微软公司在不断对windows系统本身进行改进、升级的同时，对Windows应用程序和标准、结构等均进行了重新定义，即遵循COM/DCOM标准，借助ActiveX实现的浏览器/服务器（B/S）结构。

浏览器/服务器结构的计算模式的主要思想是：根据组件对象模型（COM）或分布组件对象模型（DCOM）标准，将应用程序划分成逻辑上相互独立的若干个模块，这些模块就是 ActiveX 组件，它们各自为应用程序提供一定的服务。

B/S 结构模式与 C/S 结构模式类似，除了具有分布式计算的特性而外，主要特点是集中式管理，将程序、数据库以及其他一些组件都集中在服务器上，客户端只需配置操作系统及浏览器即可实现对服务器端的访问。基于这种模式的智能建筑自动化系统需要采用浏览器、Web 服务器、数据库服务器三层分布式结构，如图 9-1 所示。

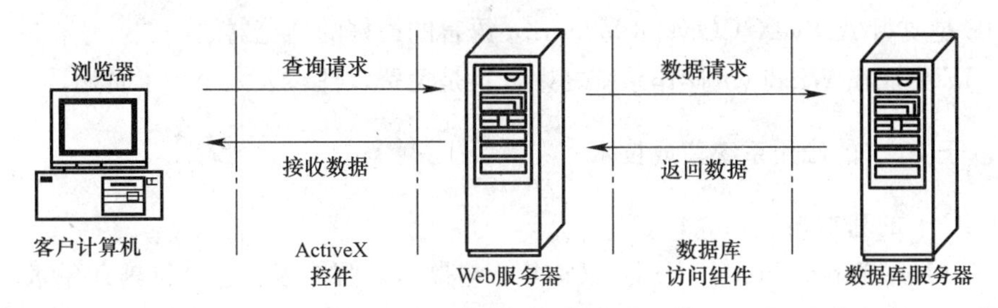

图 9-1 三层 B/S 结构模式

由于智能建筑远程控制和监测的数据流动有着很大的不同，因此远程监测与控制部分分别由两个不同的模块来完成。其整体框图如图 9-2 所示。图中实线箭头表示控制代码和指令的数据流向，虚线箭头表示远程监测所采集的数据流向。控制代码和指令由远程客户发出，然后传到信息网上，并向服务器发出请求；服务器响应用户的请求后，通过网络接口将控制代码和指令传到控制层中的监控机；监控机根据用户的请求，将控制代码传到智能建筑现场控制节点的解析和编译模块，执行具体的控制任务。现场数据采集监测模块的数据流向和控制模块的数据流向刚好相反，由底层流向上层。

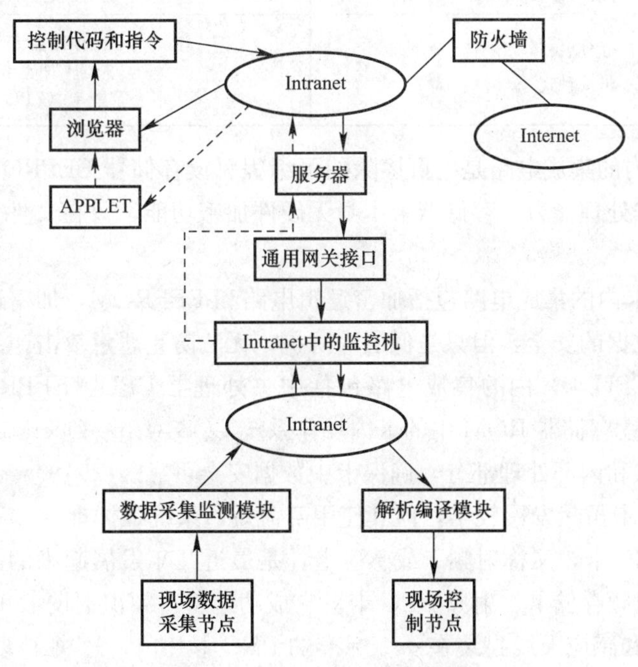

图 9-2 远程监控与控制框图

在 Internet 技术中，Web 浏览器（WWW 浏览）无疑是最受欢迎的，这是因为浏览器界面简单易用，Internet 上资源丰富。采用 IE 作为实时数据的显示界面是出于以下几个方面的考虑：

(1) IE中文版本是流行的浏览器软件，且具有良好的技术支持。

(2) ActiveX和VBScript技术的发展，使得动态HTML页面的生成和Web数据库的访问更加简便，效率更高。

(3) ActiveX和COM/DCOM技术的结合，使分布式网络数据库组件的开发成为可能。而IE是支持ActiveX/COM和VBScript语言的最好的浏览器之一。

(4) IE集成在Windows操作系统之中，且是免费软件，大大节约了费用。

6. 基于IC卡的应用系统集成技术

(1) IC卡的基本知识

IC卡（Integrated Circuit Card）又称集成电路卡、智能卡。它是将具有存储、加密和数据处理能力的微处理器及大容量存储器的集成电路芯片嵌入到一块与信用卡同样大小的不易折叠的塑料基片上，能够相对独立地进行信息处理和信息交换的一种卡片式的现代化信息负载工具。

1) IC卡的分类

IC卡的分类见表9-1。IC卡按是否与读卡器接触来区分，有接触式和非接触式IC卡；按卡内所嵌芯片类型区分，有存储器卡、逻辑加密卡、智能卡（CPU卡）三类。

IC卡分类 **表9-1**

按是否与读卡器接触区分	按卡内所嵌芯片类型区分
接触式 非接触式	存储器卡 逻辑加密卡 智能卡（CPU卡）

① 存储器卡内的集成电路是电可擦除的可编程只读存储器EEPROM，仅具有数据存储功能，没有数据处理能力；存储器卡本身无硬件加密功能，只在文件上加密，很容易被破解。

② 逻辑加密卡内的集成电路包括加密逻辑电路和EEPROM，加密逻辑电路可在一定程度上保护卡中数据的安全，但只是低层次防护，无法防止恶意攻击。

③ 智能卡（CPU卡）内的集成电路包括中央处理器CPU、EEPROM、随机存储器RAM和固化在只读存储器ROM中的卡内操作系统COS（Chip Operating System）。卡中数据分为外部读取和内部处理部分，确保卡中数据安全可靠。

④ 接触式IC卡虽然发展较早，但其使用寿命短，系统维护难。

⑤ 非接触式IC卡，又称射频卡或感应卡，是最近几年发展起来的一项新技术，主要有射频加密卡、射频存储卡、射频CPU卡。它成功地将射频识别技术和IC卡技术结合起来，将IC卡芯片和感应天线封装在一个标准的PVC卡片内，解决了无源（卡中无电源）和免接触这一难题。非接触式IC卡具有使用寿命长、可靠性高、使用方便快捷、安全防冲突、加密性能好的优点，但也存在开发成本高、易受电磁干扰等缺点。非接触式IC卡读卡器采用兆频段和磁感应技术，通过无线方式对卡中的信息进行读写，有效读写距离一

般为 100～200mm，最远读写距离可达数米（应用在停车场管理系统）。

2）IC 卡的基本原理

为了使用 IC 卡，还需要有与 IC 卡配合工作的读写设备。接触式 IC 卡的读卡器可以是一个由微处理器、显示器与 I/O 接口组成的独立系统。读卡器通过 IC 卡上的 8 个触点向 IC 卡提供电源并与 IC 卡相互交换信息。读卡器也可以是一个简单的接口电路，IC 卡通过该电路与通用计算机相连接。无论是磁卡或是 IC 卡，在卡上能存储的信息总是有限的，因此大部分信息需要存放在读卡器或计算机中。

非接触式 IC 卡与读卡器之间通过无线电波来完成读写操作，两者之间的通信频率为 13.56MHz。非接触式 IC 卡本身是无源卡，当读写器对卡进行读写操作时，读写器发出的信号由两部分叠加组成：一部分是电源信号，该信号由卡接收后，与本身的 L/C 产生一个瞬间能量来供给芯片工作；另一部分则是指令和数据信号，指挥芯片完成数据的读取、修改、储存等，并返回信号给读写器。读写器一般由单片机、专用智能模块和天线组成，并配有与 PC 机通信的接口、打印口、I/O 口等，以便应用于不同的领域。

3）IC 卡的特点

① 可靠性高。IC 卡是用硅片来存储信息的，先进的硅片制造工艺使 IC 卡具有抗干扰、防磁和防静电等特点；由于硅片体积小，并且里面有环氧树脂层的保护，外面有 PCB 板和基片的双重保护，因此抗机械和抗化学破坏能力很强。IC 卡的读写次数高达 100000 次以上，一张 IC 卡的使用寿命至少在 10 年以上。

② 安全性好。IC 卡在生产的全过程以及投入使用之后都可以进行严格的管理，所以安全性好。IC 卡使用信息验证码（MAC），在识别卡时，由卡号、有效日期等重要数据与一个密钥按一定的算法进行计算验证。IC 卡可提供密钥个人识别（PIN）码，用户输入密码后，与该 PIN 码进行比较，防止非法用户。

③ 灵活性强。IC 卡本身可以进行安全认证、操作权限认证；卡可以进行脱机操作，简化了网络要求；IC 卡可以一卡多用；IC 卡可为用户提供方便，例如为用户修改 PIN 码、个人数据资料、消费权限以及查询余额等。

4）应用 IC 卡的设备

除了通用的 IC 卡读写器之外，应用 IC 卡的设备目前已遍及各个应用领域，为构建所谓的“一卡通”系统提供了硬件基础，如：

① 用于门禁管理，如 IC 卡门锁、IC 卡门禁等。

② 用于考勤管理，如 IC 卡考勤机。

③ 用于消费管理，如 IC 卡售饭机、IC 卡水控机、IC 卡热水机、IC 卡电表、IC 卡收费机等。

④ 用于电子巡查管理，如 IC 卡巡更机。

⑤ 用于停车场管理，如 IC 卡自动出卡机、IC 卡进出收费机。

⑥ 用于电梯控制管理，如 IC 卡电梯门控机。

（2）“一卡通”系统

1）“一卡通”系统结构及组成

真正意义上的“一卡通”系统可用三个“一”来概括：

① 一卡多用。同一张卡可用于门禁、考勤、消费、电子巡查、停车、电梯控制、通道门控制、图书借阅、医疗保健、会议签到等。

② 一个数据库。各子系统的数据采用同一个数据库管理，统一的管理界面、统一的资料录入、统一的卡片授权、统一的数据报表，使各子系统数据达到共享。

③ 一个发卡中心。基于TCP/IP协议和Socket通信方式，使得所有IC卡在管理中心授权（发卡、挂失）后，无需再到各子系统进行任何授权操作便可使用，真正实现“一卡在手，通行无阻”。

图9-3、图9-4所示为“一卡通”系统的硬件和软件结构图。“一卡通”系统由系统管理主控计算机、通信网卡、非接触式发卡机、非接触式IC卡、收费机、考勤机、门锁控制器、会议报到器、智能挡车器等设备和由出入口控制、考勤、收费、电子巡查、会议报到和表决、停车场收费等管理模块以及卡管理软件、通信软件专用系统模块组成的各个相对独立的子系统组成，整个系统配置灵活，可根据实际需求任意组合。

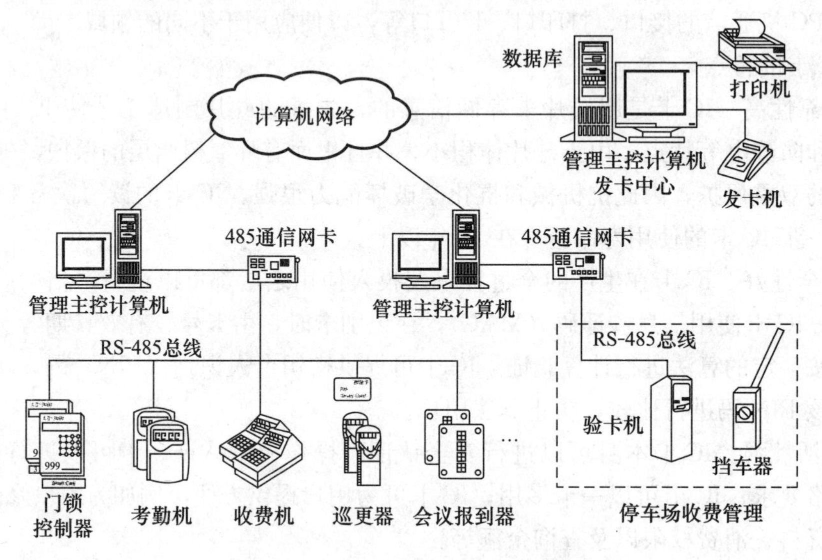

图9-3 “一卡通”系统硬件结构图

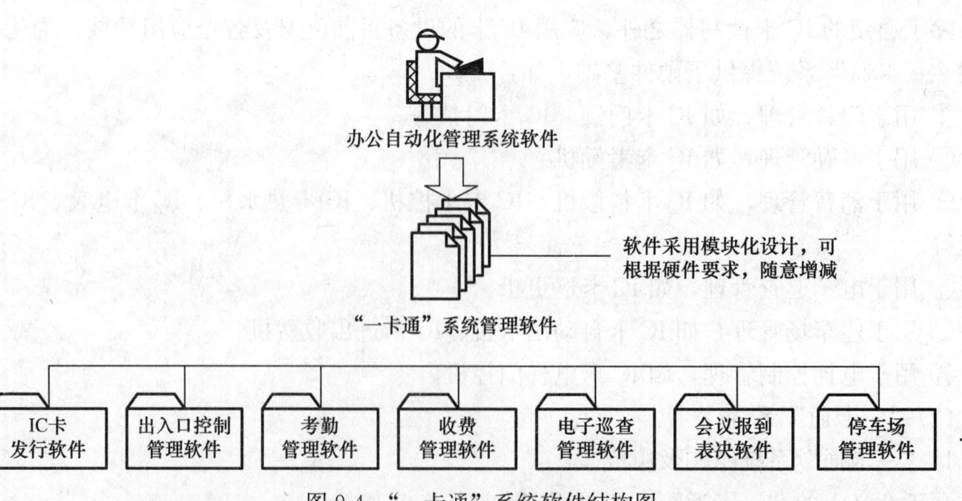

图9-4 “一卡通”系统软件结构图

"一卡通"系统的网络结构由两部分组成：实时控制域和信息管理域。低速实时控制域采用传统的控制网络 RS-485 或先进的 LonWorks 控制网络作为分散的控制设备、数据采集设备之间的通信连接；各智能卡分系统的工作站和上位机则属于高速信息管理域，这里涉及了大量的数据传递，可以满足各种管理的需要，构造了高级的数据网络环境。系统主干采用 Ethernet 网，通过路由器、主干光缆或电缆、双绞线连接成局域网和广域网。

"一卡通"系统的数据处理方式为：读卡器读取用户卡的信息，应用程序执行相应语句完成对服务器端数据库的访问，对数据进行转换和操作，然后将执行结果返回客户端，完成相应的管理或控制。

考勤子系统由非接触式 IC 卡、发卡机（又称 IC 卡读写器）、考勤机（也可由指定门锁控制器实现）、考勤管理软件等组成。考勤子系统结构图如图 9-5 所示。

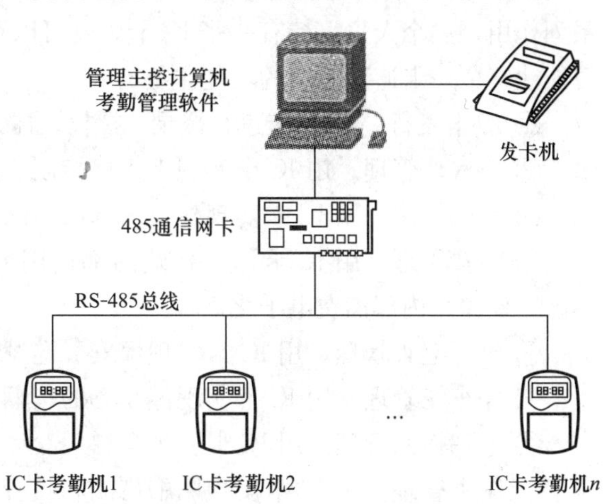

图 9-5 "一卡通"考勤子系统结构图

出入口控制子系统由非接触式 IC 卡、发卡机、感应器（又称感应天线、感应头）、控制器、电控锁、通信网卡、出入口管理软件等组成。一个通信网卡可带 64 个出入口控制器，出入口控制器可采用凭卡进门、按钮出门的控制方式；也可采用凭卡双向出入控制方式，此时可在门内侧增加一个感应器代替出门按钮。出入口控制子系统结构图如图 9-6 所示。

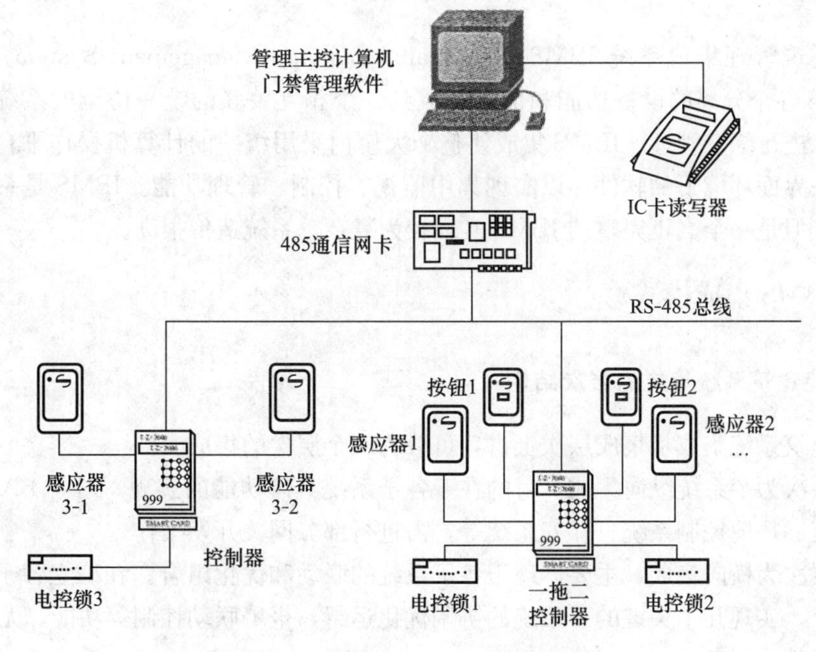

图 9-6 "一卡通"门禁子系统结构图

2）“一卡通”系统在智能建筑中的应用

“一卡通”系统在智能建筑中的应用十分广泛，尤其在“智能学校”、“智能校园”、“大学城”方面更是系统集成的首选手段。非接触式一卡通是一种典型的系统集成应用，同时实现出入口管理、电子巡查管理、停车管理、身份管理、考勤管理、电子消费（银行信用卡）等多项功能，具备身份认证、节点认证、交易数据认证、加密传输、数据鉴别等系列作用，一个人只需持有一张IC卡，就可以在智能建筑中方便地进行各种活动。目前，智能建筑“一卡通”系统的功能主要有：

① IC卡发行。对IC卡进行登录、授权、挂失、激活、退卡、换卡、密码权限修改等。

② 出入口管理。用IC卡实现出入口控制、进出信息记录、报警输出等。

③ 考勤管理。用IC卡实现建筑内部人员的出勤记录、统计、查询。

④ 消费管理。用IC卡作为建筑内部信用卡使用，代替现金流通，实现建筑（大厦、小区、校园）内部消费电子化。

⑤ 电子巡查管理。用IC卡实现保安、巡逻人员的签到管理，增强保安防范措施。

⑥ 停车场管理。用IC卡实现停车场的车辆进出控制、收费等自动化管理。

⑦ 电梯控制管理。用IC卡实现电梯门、楼层自动化控制管理。

⑧ 图书管理。用IC卡实现图书借阅和收费管理。

⑨ 医疗保健管理。用IC卡实现医疗收费和药品管理。

⑩ 会议报道。用IC卡实现实时统计出席人数、出席比率等。

有了“一卡通”系统，在智能化建筑内可以实现“一卡在手，全楼通行”。“一卡通”系统随时随地都在为持卡人提供便利，提高管理人员的工作效率。

9.3 智能建筑系统集成的模式

智能建筑管理集成系统IBMS（Integrated Building Management System）把BAS、OAS、CNS各个分离的设备功能和信息集成到一个相互关联的统一协调的系统中，以便对各类信息进行综合管理。IBMS集成使整个大厦内采用统一的计算机操作平台，运行和操作在同一界面环境下的软件，以实现集中监视、控制、管理功能。IBMS是系统集成的高级阶段，但是一个真正完整的IBMS实现较为复杂，系统造价很高。

9.3.1 IBMS集成模式

1. 智能建筑系统集成的层次结构

智能建筑系统集成从集成层次上讲，可分为三个层次的集成。

第一层次为子系统纵向集成，目的在于各子系统具体功能的实现。对于BAS子系统，如照明系统、环境控制系统、保安系统等，需进行部分网关开发工作。

第二层次为横向集成，主要体现于各子系统的联动和优化组合。在确立各子系统重要性的基础上，实现几个关键的子系统的协调优化运行，报警联动控制等功能，尤其是BAS的横向集成较为复杂。

第三层次为一体化集成，即在横向集成的基础上，建立智能建筑管理集成系统 IBMS，即建立一个实现网络集成、功能集成、软件界面集成的高层监控管理系统。目前只有很少的楼宇能做到这一步。

如上述可知，IBMS 是一个一体化的集成监控和管理的实时系统，它综合采集各智能化子系统的信息，强化对各子系统的综合监控，构建跨子系统的一系列综合管理和应急处理的功能，在信息共享基础上实现信息的综合利用。

IBMS 将各子系统在同一个支撑平台上进行一体化集成，即在各子系统横向集成的基础上，实现网络集成、功能集成、软件界面集成，建立起整个建筑物的中央监控和管理界面。通过一个可视化的、统一的图形窗口界面，系统管理员可以十分方便、快捷地对各功能子系统实施监督、控制和管理等功能。IBMS 系统集成的层次模型如图 9-7 所示。

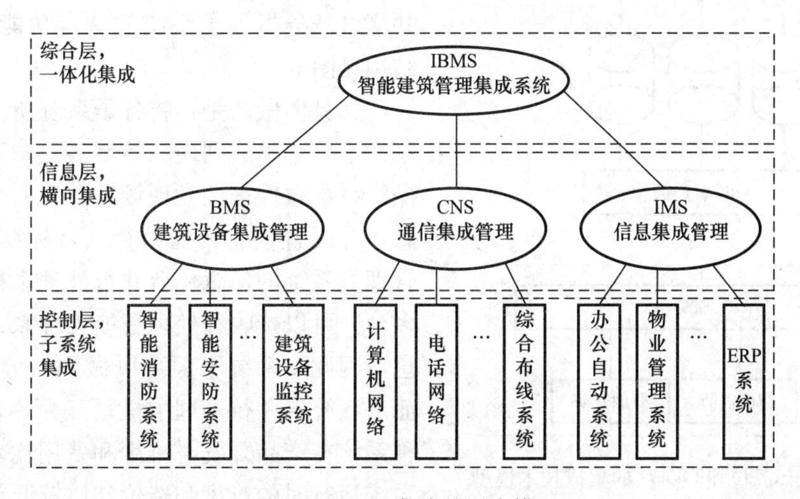

图 9-7 IBMS 集成的层次模型

从图 9-7 可以看出，IBMS 是按层次进行集成的，集成系统的这种组成结构完全满足分布式系统的基本特征。

从技术层面而言，IBMS 基于子系统平等模式进行系统集成是一种先进的解决方案。这种系统集成方式的核心思想是：将各子系统视为下层现场控制网并以平等模式集成；系统集成管理网络运行系统集成高性能实时数据库（系统集成数据库），各子系统的实时数据通过开放的工业标准接口转换为统一的格式，存储在系统集成数据库中；系统集成管理网络通过 IBMS 核心调度程序对各子系统实现统一管理、监控及信息交换。图 9-8 所示为应用 OPC 和 ODBC 进行系统集成的技术模型。

2. 软件集成的两种模式

智能建筑的软件集成有两种模式。

（1）子系统集成模式

在这种模式下的系统中，各子系统都有自己的管理级。各子系统的操作和管理软件可以不在一个计算机平台上，但中央管理机在进行系统集成时，须与各子系统之间建立通信协议。在这些子系统中，若有些子系统是第三方的，其集成难度和造价往往较高。可以

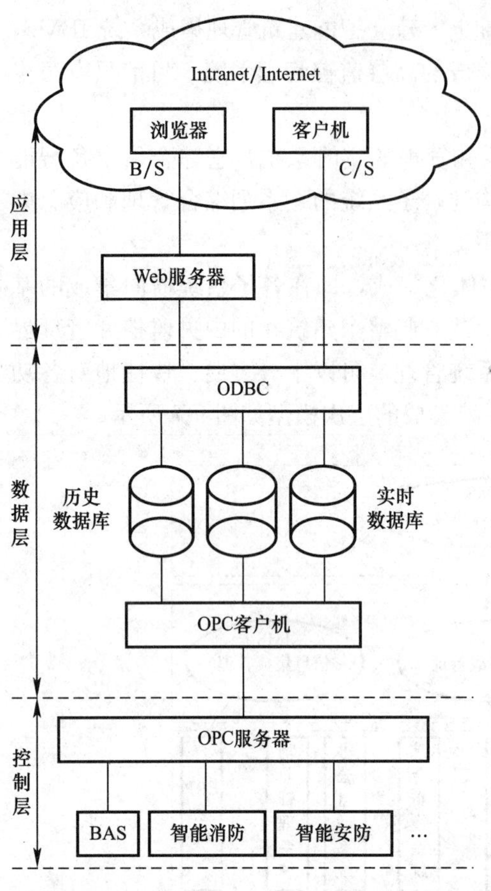

图 9-8 基于 OPC 和 ODBC 的集成技术模型

说，这种模式在实现单类子系统的监控时具有结构简单、投资少、设计施工周期短的特点。但在集成整个楼宇的各个子系统时，这种模式就会不可避免地暴露出在系统运行时所具有的高集成难度和高造价的缺点。

（2）控制器集成模式（分布式集成模式）

该集成模式下的系统采用统一的操作系统，运行在同一个计算机平台上，各子系统与中央管理机系统之间没有明显的主从管理关系。它们之间的关系是并行处理、资源与任务共享（任务指各子系统的特定功能）。其基本结构见图 9-9。

其具体做法是：将各子系统所采集的和控制的信号都集成到现场控制器上，通过分布式操作系统软件来调度现场控制器所采集到的信息，并设置信息传送路径（目标结点）。中央管理机系统的任意一台并行处理主机（一台或多台）可以接收和处理智能管理系统的全部信息，因此，系统不但可以做到一体化的集成，而且系统的并行处理主机是互为热备份的。这种系统在产品开发时难度和费用比较高，但在系统运行时的难度和造价却比较低。

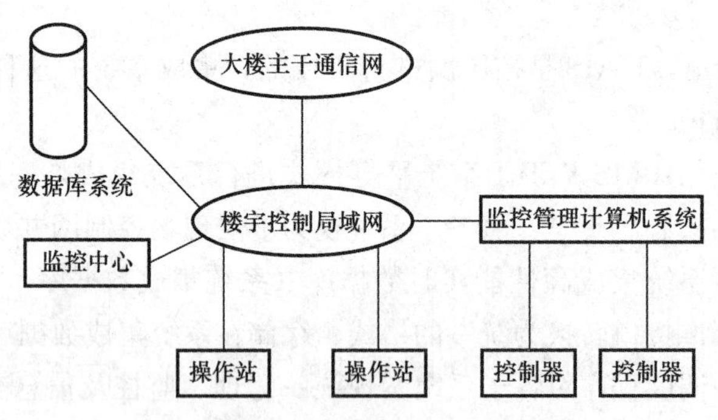

图 9-9 分布式集成模式基本结构图

简单地说，控制器集成模式采用一套计算机管理系统、一套管理软件和统一的操作系统，各系统没有自己独立的管理级，而是全部集中到中央管理机一级来实现整个建筑物内各子系统的综合管理。对于个别必须独立设置的子系统（如火灾自动报警系统），可以通过智能通信接口的方式，将其组合到中央管理机一级来进行监控，并提供其与别的系统（如建筑设备监控系统、安全技术防范系统）之间的连锁功能。对于其他的商业、金融、信息咨询计算机系统及办公室自动化系统，可以采用标准的 MAP/TOP 通信网络协议将它们与智能建筑集成系统连接在一起。这样，整个系统除了具有集成的能力外，同时具备了灵活的网络综合能力。

9.3.2　BMS 集成模式

建筑设备管理系统 BMS（Building Management System）实现对狭义 BAS、火灾自动报警与消防联动系统、安全技术防范系统的集成。这种集成一般基于狭义 BAS 平台，增加信息通信、协议转换、控制管理模块，各子系统以狭义 BAS 为核心，运行在狭义 BAS 的中央监控计算机上，满足基本功能，实现起来相对简单，造价较低，可以很好地实现联动功能。国内目前大部分智能建筑采用的是这种集成模式。

1. BMS 功能

建筑设备管理系统 BMS 的集成范围主要包括下列子系统：建筑设备监控系统、火灾自动报警系统、安全技术防范系统、车库管理系统、公共广播系统等，如图 9-10 所示。BMS 的主要功能是对智能建筑建筑设备监控系统中的冷冻站设备、空调机组、新风机组、通风设备、给排水系统及供配电设备的控制和监视，并且采集火灾自动报警及消防联动控制、安全技术防范、电梯、停车场、IC 卡、数字程控交换机等的信息，协调它们之间的联动。

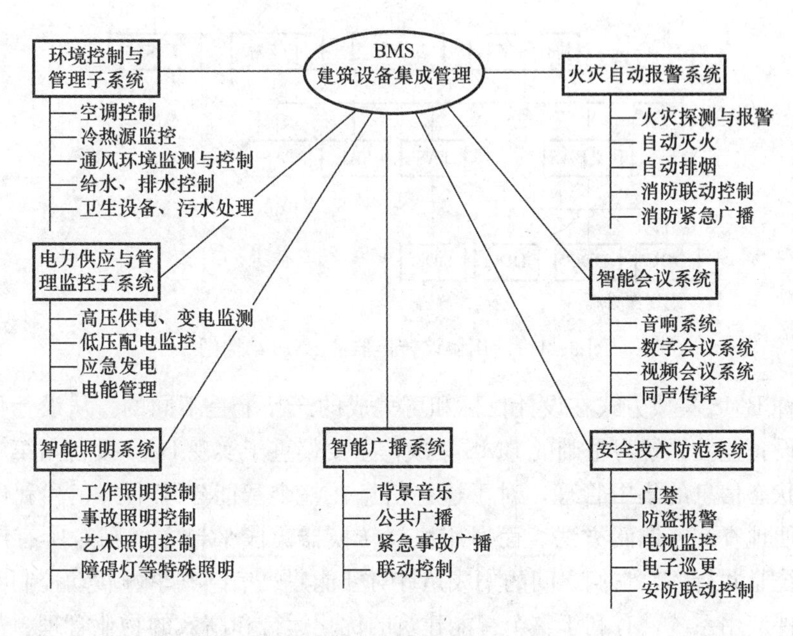

图 9-10　BMS 集成构架图

BMS 集成系统应按层次分步进行，首先实现每个纵向子系统信息及功能的集成，再实现各子系统之间的信息共享与功能集成，最终实现功能集成的目标。

系统应配置数据库和应用服务程序，提供管理员操作界面，对纳入集成系统的所有下属设施进行统一的监测和控制。为满足系统集成对各子系统的技术要求，需要合理选择各子系统，对集成管理系统进行整体优化设计，使得整个系统能够利用计算机网络和成熟的系统集成软件，把各个功能独立的智能化子系统集成到综合计算机网络系统中，使信息得到高效、合理的分配和共享。集成系统不仅能对建筑物所有建筑设备进行统一监视、测量、数据采集控制和管理，同时还通过网络系统向办公自动化系统提供相关的物业管理信息。

2. BMS的集成方法

BMS集成方法有两类：一类是以建筑设备监控系统的设备为基础，应用厂商专用的通信规程与技术将安防系统（SAS）、火灾报警系统（FAS）、建筑设备监控系统（狭义BAS）、停车管理系统（PAS）等集成在一起；另一类是采用通用协议转换器（网关）的方式，将狭义BAS、SAS、FAS、PAS等系统的信息，通过通用多路通信控制器进行协议转换后，集成在BMS管理系统平台中，如图9-11所示。这些系统通过一个共用的（也可以是独立的）通信控制器把它们各自有关的状态信息、报警信息送到BMS的数据服务器，而有关的相互联动信息则通过通信控制器，由BMS发送到现场控制器，从而实现整个建筑物的信息综合管理和联动控制。

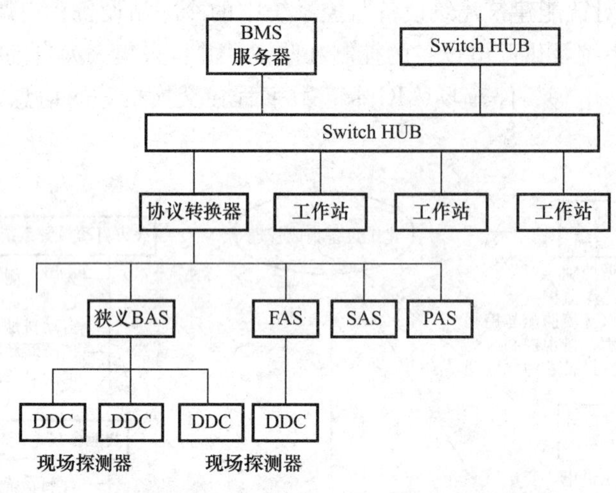

图9-11 使用协议转换器的BMS结构图

以上两种BMS集成方式在设计目标和可集成的产品上是不同的。从设计目标角度分析，以建筑设备监控系统为基础的BMS集成，主要偏重于实现BAS设备与第三方设备的联动控制和状态信息的集中管理，对于这些信息在整个智能建筑中共享和利用的考虑不多，缺乏方便地查询、调阅方法。而通用协议转换器集成平台方式则对所有产品是开放的，各子系统是并行的，它们之间的集成是针对智能建筑信息共享、联动控制和集中管理而开发的软件应用系统，有利于整个智能建筑的优化运行和高效的物业管理。从可集成性来看，以建筑设备监控系统为基础的BMS方式由于规程转换是BAS厂家开发并提供的，可纳入集成的第三方子系统产品受到一定的限制。通用协议转换器的集成平台方式提供的规程转换器（网关）是一种开发工具，用户可以根据自己工程的实际进行二次开发，这类集成方式只需要被集成的子系统设备提供相应的通信规程和信息格式。

9.3.3 子系统集成模式

子系统集成是以功能实现为目标的基础集成，在完成BAS、CNS、OAS这三个独立的子系统集成之后，可以在此基础上再对各子系统作中央集成。这是以提高效率为目标的高层次集成。

在需要中央集成的场合，智能大厦的中央管理机系统本质上是一个复杂的计算机网络系统，各个子系统与该网络的接口方式，也就是两者之间的硬件连接，大致可分为如下四种情况：

（1）直接与主网接口方式，如OA子系统中的工作站等。

（2）子系统本身有自己的监控主机，而且其主机可与主网直接接口，如BA子系统等。

（3）子系统本身虽然有自己的监控主机，但因其主机没有与主网直接接口的功能，需要通过网络接口设备与主网相连，如低档巡更系统、门禁系统等。

（4）子系统本身没有自己的监控主机，只能通过智能网络接口设备将其与主网相连，如有线电视系统等。

1. BAS的系统集成

智能型建筑工程的共同特点之一，是BAS的基本功能必须与建筑主体工程同步完成，否则，将直接影响建筑物的功能，并最终影响出租率或出售率。但是，这并不等于要求BAS设计必须全面、最先进并一步实施到位。

首先要明确BAS的设计范围、内容、功能与经济性指标，进而体现在具体工程设计中。

A. 基本系统构成不能缺项，经济效益与社会效益不明显的次要项目可以暂时不上。

绝大多数工程的安保系统、消防系统、变配电系统，空调系统，冷/热源系统、给排水系统、照明系统、电梯系统与停车场管理系统都是不可缺少的，其相应的弱电监控、管理与集成系统也是必须提供的。具体工程的需求和经济承受能力不同，其区别主要表现在对上述系统的性能指标、是否选用名牌产品以及对系统集成要求等方面，而不是子系统的多少。

B. 子系统的功能与技术性能指标应适度。信息时代的特点之一是高新技术发展速度空前提高，而高新技术的生命周期却不断缩短，故任何把高新技术看成长期不变的想法都是错误的。智能建筑应能适应信息时代发展的需要，不可避免地要大量使用新技术，但使用最新技术必定要付出更高的经济代价，只有能够迅速将建筑物在市场中销售并得到应有的回报的技术，才是值得选用的。除IT行业自建自用的办公楼等特殊情况外，一般工程子系统的性能指标不需要提得很高，应用时必须考虑经济回报率是否合理。

（1）停车场的集成

出入控制与计费管理是必需的，但在具体功能指标上不要强求一致。

一般停车场多同时为长期（月租、季租）与短期（时租）两种用户服务，故必须提供两种计费方式：①长期用户用感应式ID卡或IC卡，寿命长，使用方便；②短期用户用ID类的磁卡、纸卡，价格低。

目前，我国的停车场有两类管理方式：一类是停车场完全独立核算，独立运营；另一类是独立核算，但作为智能大厦或智能街区的一个组成部分。前者，不需要集中收费，只需就地收费即可，也没有集成要求；后者，为方便不同的用户，既需要对临时停车者直接收取停车费，又应允许长期客户通过办公自动化系统直接划拨停车相关费用。实现电子商贸已是大势所趋，为此需要实现停车场管理系统与中央收费管理系统的集成。

(2) 冷/热源系统的集成

冷/热源系统除本身的合理设计外，监控与管理子系统及其相关集成系统的正确设计也是非常重要的。一般情况下，冷水机组或供热锅炉设备本身均由制造厂商配套提供弱电监控系统，这对保证设备的可靠运行是有利的。但是，多数厂商并不提供与冷冻机（或锅炉）配套的水系统和风系统等部分的控制功能。为此，BAS及其集成控制系统必须提供整个能源系统的连锁、程序、顺序与协调等控制功能。

为实现上述功能，可以采取多种通信手段。最常用的有两种方式：一种是集成控制系统提供与被集成冷水机组或锅炉等设备的DDC控制器实现直接数字通信的集成器。通过该集成器可迅速、全面获取被集成设备的各种状态参数与过程参数，并可直接指挥设备的启动、停车，以及修改设定值与运行工况等功能。另一种是不另外增加任何计算机控制装置，只要求被集成设备提供温度等主要参数，以及运行、故障、停机等基本信号，再通过集成系统的计算机接口直接读取集成所必需的信息，也可由集成系统向被集成系统发送各种控制命令。

显然，利用集成器的系统通信变量丰富，集成功能完善，硬件工作量小，但软件工作量相对要大一些，而且价格较高，故适用于集成要求标准较高的工程。直接利用被集成设备或系统所提供的开关量与模拟量信号，以及集成系统直接向被集成设备或系统发出控制命令，无需数字通信设备即可完成信息的交互，价格较低，但信息量较少，管线施工量大，不宜提出高标准的集成要求。综合考虑目前我国的实际需求与进口产品的价格因素，目前以后者更便宜和更便于实现。但是，从科学技术发展角度分析，将来应以利用集成器方案为首选。

在冷/热源系统集成设计中，尤其是冷水机组的功率大、耗能多，应充分重视节约能耗。通常，在该系统中可通过冷冻机台数控制、级数（负荷）控制、冷冻机出水温度控制等多种手段来节约用电。

(3) 空调系统的集成

在智能大厦中，空调系统数量多，地理位置分散，其监控很适合于采用集散式控制系统。如前所述。系统集成设计的基础是被集成的子系统设计的合理性。因此，既不应提倡马上采取传感器与执行器均全部数字化的全分布式控制系统，使得投资过高；也不宜把两个或多个空调系统合并由一台DDC实行半集中控制，因为由此节省下的投资不足以补偿系统可靠性与可维护性的降低。采用标准型式的集散控制系统设计是空调系统集成的良好基础。

智能建筑中不同空调机组及其控制系统服务于不同的楼层、不同的企业（或部门）和不同的空调对象，各空调机组子系统之间的控制任务不存在关联特性，故缺乏控制关联方面集成的要求和必要性。大多数情况下，空调机组子系统之间并不需要具备点对点通信功能。但是，空调系统在建筑物中的能耗很大，故应将集成目标主要放在节能上。为此，除空调系统设计本身应避免空气处理过程中冷量与热量抵消并提供良好的可控性外，自动控制系统应采取节能工况分区与自动转换、焓值控制、变风量、变设定值与变新回风等多种节能控制手段，努力实现节能优化控制。在满足控制需求的前提下，将最佳节能作为最优化控制的主要目标函数。为实现上述目标，其系统集成设计的特点首先表现在通过集中监测与管理，向科学管理要效益；也表现在加强协调控制，力争全面节能。

大多数智能建筑均属民用建筑，其环境控制的主要目标是力求保证人的舒适性，即舒适度是控制的主要目标函数。通过对不同职业、不同年龄段、不同性别等不同人群的大量调研与直接测试，起码有如下因素需要在空调系统的集成设计时充分重视：

1）大多数人对温度变化并不十分敏感，温度在18～26℃范围内变化，一般人是可以接受的，如果将温度控制指标提高到20～24℃范围内将更舒适。当然，不同年龄段与不同人种对舒适度的要求不同，年轻人比年长者要求温度低一些；欧美地区比亚非地区冷，一般白种人要求的环境控制温度也低一些。为适应不同使用者的不同要求，空调系统允许的温度设定值调节范围应大于上述要求的变化范围并保证在工作时段内达到上述指标。

2）人们对室内人工环境中温度的控制目标值要求，还与室外气象条件有关。夏天室外温度很高时，提高室内温度的设定值接近上限；冬季室外温度很低，降低室内温度设定值接近下限。这样不仅节能，而且有利于健康与舒适。但是，当冬季室外温度突降并伴随有大风时，反而要求适度提高温度设定值，除用于补偿通过门窗的热量泄漏外，也会使人感到更温馨舒适。

3）大多数人对湿度变化并不十分敏感，湿度在35%～75%R.H.范围内变化是可以接受的，如果将人工环境状态控制在40%～70%R.H.范围内将更舒适。相对湿度太低，使人们感到口干舌燥；相对湿度太高，使人感到很闷，也不舒服。因此，高标准的建筑应设置湿度控制系统。还需要说明，湿度控制与保证IT产品及系统安全运行直接相关。在智能建筑中的电子产品，无论是品种或数量都多，而且多数联网运行。当室内环境湿度低于30%R.H.，而工作人员的衣着或办公室内的地毯、坐椅等为皮毛或化纤等材料时，相互摩擦将产生高达几百伏以上电压值的静电。身带数百伏电位的工作人员一旦触及或接近IT产品，均可能发生放电现象，从而对IC芯片的安全构成致命威胁。因此，在空调系统的集成设计时，除在计算机房采取静电地板等措施外，还应控制环境湿度在35%R.H.或40%R.H.以上。当然，相对湿度也不能过高，否则易产生氧化锈蚀等危害。

4）上班时间有人工作与下班之后无人工作时的环境温、湿度控制指标不同。上班时，应同时保证人要求的舒适度与设备安全所要求的温湿度控制指标；下班后，只要求保证设备安全与通信系统能正常运行即可，控制指标下降，从而节省能量。

根据上述特点，空讽系统若与办公管理系统实现集成，则可根据办公室的工作状态自动改变相应空调系统的运行工况，以达到节能运行的目的。

5）在现代化建筑中，照明用电量很大，是空调系统冷负荷的重要组成部分之一。若通过集成技术，将办公状态及其照明负荷状况与空调系统之间实现协调控制，则可大大节省能源。

6）空调系统必须通过空气的运动来实现人工环境的控制，而在火灾事故情况下空气的流通无疑是“火上加油”，不利于灭火。系统集成的重要目标之一是确保建筑物的安全性，因而在火灾事故状态下，相应区域的通风与空调系统应能自动停止运行。

（4）照明系统的集成

照明系统的耗电量极大，灯具发热又直接影响到智能建筑的其他功能，故在上述系统及其集成设计中，均应在确保工作照度要求的前提下，力争最大限度地节电。例如，照明系统应在一般办公区域做到人走灯熄。

照明系统与安全保障系统的关系也十分密切。用于CCTV系统的摄像头正常工作的前提是必须保证足够的照度。因此，对照明系统的集成要求之一是当工作区内出现非法闯入等事件后，应将相应区域，尤其是公共通道的照明自动打开，以便CCTV系统自动录像。在智能住宅的边界防卫系统设计中，往往提出在发生非常侵入时，自动打开聚光灯和自动录像等要求。

（5）变配电系统的集成

高科技进入变配电系统后，出现了很多电子类新产品，传统的继电保护装置也迅速电子化。今日商品化的电子式继电保护装置性能优良，完全适用于智能建筑，但因其价格偏高，暂时不宜大量推广。换句话说，短期内智能建筑的变配电系统仍可选用可靠、价廉的传统继电保护装置，但是，为了便于管理与系统集成，多数工程的变配电系统均需加装计算机监测装置，对关键的变压器及开关等设备的状态与系统的主要运行参数进行实时监测，并以此为依据进行能量管理。

变配电系统为整个建筑物提供正常运行所必需的电力，保证安全可靠供电是系统集成的主要目标。根据具体工程的功能需求，该系统分别设置不同的多路电源输入、后备发电机与UPS系统，除保证它们相互之间的自动切换外，还应将全部运行状态实时反映至IBMS与（或）BMS集成工作站，以便于全局的能量管理、计费以及在事故等特殊情况下的紧急处理。

（6）电梯系统的集成

电梯是一种专业性很强的产品，又直接关系到乘梯人的生命安全，故一般智能建筑的系统集成不直接干预电梯的实时控制。一般情况下，电梯的控制系统除提供单个电梯的全套控制装置外，多台电梯的群控系统也由设备制造厂商配套提供。目前，国内外多数建筑的电梯系统很少全面参与弱电系统集成，经常在BMS（或IBMS）操作站加装电梯运行状态显示屏。该显示屏可以通过数字通信接口传送集成信息，也可以通过无源的继电器触点传递系统集成所需的信息。

电梯系统与其他系统的集成要求，目前主要表现在建筑物发生火灾事故时，除消防梯外的全部电梯均应迅速驶至底层并停止继续运行，直到火灾事故报告信号解除为止。

在较重要的电梯轿厢内，通常装有监视用摄像头，并接到CCTV系统。正常情况下，CCTV系统与电梯系统分别独立运行；特殊情况下，如发生安全事件时，安保中心可以手动或自动干预电梯的正常运行程序。但是，上述集成要求应慎重考虑，不宜轻易推广。

（7）出入控制系统的集成

随着非接触式智能卡与ID卡技术的高速发展与价格的急剧降低，出入控制的应用已从大型智能建筑迅速普及至智能住宅小区。该系统除直接控制人流的方向外，其集成功能日益增强，通常可包括如下内容：

1）兼作办公人员上下班考勤用。

2）智能卡可支持在智能建筑中的消费，即在指定的建筑（或建筑群）中具有一卡通的电子钞票功能。该消费范围包括住房、餐饮、娱乐、交通与停车费用等诸多内容。

3）当发生消防事故时，除自动解除“出”方向的控制外，还将相应区域内人员状况迅速提供给消防系统，以保证事故区人员的生命安全，又能正确有效地实施灭火控制，将火灾损失减到最小。

4）出入控制系统遭到非法侵犯时，除自动报警功能外，尚应及时报告安保工作站与中央集成管理系统，以便采取自动打开灯光照明系统与自动录像等措施。

5）发生严重安全事件时，通过公众网络自动向所在区域或城市的公安部门等自动报警。

（8）消防报警与控制系统的集成

在我国，消防报警与控制系统属公安部负责的特殊行业管理范畴，故任何集成设计都必须首先符合《中华人民共和国消防法》及其相关行业管理规定。但是，参照国外管理模式，为适应未来消防管理的进一步需要，在系统集成设计时应留有足够的发展余地。

当前，消防报警与控制系统必须独立运行并设置专门的消防监控中心。任何其他系统都不允许直接干预消防报警与控制系统的控制，但允许消防报警与控制系统联动控制其他设备或系统，也允许将消防报警与控制系统的某些工作状态参数提供给机电设备自动控制系统等，并进而实现各种集成功能。该系统间接实现的系统集成功能可以包括：

1）火灾事故发生时，除消防电梯外，将其他电梯自动直接停在底层并禁止使用。

2）火灾事故发生时，自动切断事故区域及相关区域内的非消防的动力电源与照明电源。

3）火灾事故发生时，自动关断事故所在楼层及下一层的通风与空调系统，当消防加压风机与排烟风机自动投入运行后，方可关断上一层的通风与空调系统。

4）火灾事故发生时，自动启动相关区域的CCTV录像系统。

5）火灾事故发生时，除自动启动紧急广播系统与事故照明系统外，尚可通过CCTV系统，将客房中的电视机屏幕显示强切到消防事故警报状态，即在电视机屏幕上警告旅客迅速逃离火区，并指示逃离方法与路线等。

6）火灾事故发生时，通过公众网或专网，迅速向城市消防部门报告，以便及时组织力量灭火。

7）火灾事故发生时，通过公众网或专网，迅速报告至城市交通管理部门，以便为消防车尽快抵达创造良好的交通环境。

8）火灾事故发生时，通过公众网或专网，迅速报告至城市公安部门，以便及时调查原因，搞好现场安全环境和做好善后处理。

BAS的其他子系统均需根据实际工程的需求，进行各种不同的系统集成设计，此处不再一一叙述。

2. CNS的系统集成

我国改革开放以来，电信业的发展速度惊人。各种现代化的通信技术、通信产品与通信系统迅速进入各种智能建筑，并且由于升级换代很快，而给CNS设计，尤其是集成设计带来较大困难。如果说BAS的系统集成在各工程不同个性的基础上还存在一定程度共性的话，则CNS的系统集成的个性表现得更加突出，而且对未来新技术的预见性将更难做出。这样，总结CNS的系统集成设计要点更应强调矛盾的特殊性，而其一般性只简单概括。

(1) 充分考虑发展性

在智能建筑的CNS中，所选用的大多数产品与系统均属IT行业的最新技术范畴。信息行业的技术更新周期最短，因而没有任何人可以确切预知5年甚至3年以后的发展情况。但是，很多工程的建设周期长达2年或更长，这就必然导致工程设计与最后实施系统间不可避免地存在着差异。房地产开发商希望工程设计可以直接指导设备订货与工程施工，而设计者又不可能提前得知2年或更长时间后通信系统的确切状况，矛盾是不可避免的，优秀的工程设计必须充分考虑信息系统的发展性。

从逻辑关系分析，只有掌握当前CNS最新技术，才有可能正确预知未来发展的方向。实际上，在设计当前实施方案时，应在建筑生命周期内为CNS的不断升级做好准备，即准备好必要的条件，故工程设计需要全面考虑商品化高新技术的应用等问题。

1) 在CNS设计时，应立足于国内目前通用的模拟系统，但也必须为将来数字化技术普及应用准备好条件，对暂时不设置点播电视（VOD）系统的建筑也应创造出将来增强功能的可能性。

2) 在计算机网络系统设计时，一般主干网多采用带冗余功能的千兆交换式以太网，而到用户的PC机终端多数仍选用10Mbps交换式以太网，但在子交换机配置时，应充分考虑提升至100Mbps的可能性。对可能很快升级者可采用10/100Mbps自适应接口，并具有实现虚拟网络（VLAN）划分的端口交换能力。未来多媒体信息传输将愈来愈广泛地得到应用，尤其在综合布线系统设计时，必须考虑多媒体应用中对传输带宽提出的更高要求。

3) IP交换等技术已经发展到成熟应用阶段，网络系统设计应突破传统路由对技术的束缚，尽量采用或创造采用多层交换等新技术的条件。当今大多数智能建筑中企业网络都已建成实施TCP/IP协议和Web技术的内联网。用户的数据往往需越过本地网络并在网际间传送，从而将大大增加路由器的负担。为解决上述矛盾，通常多采用两种技术手段：一种是安装性能更强的超级路由器，但价格使多数投资者望而却步。另一种是利用IP交换，即在源地址与目的地址之间开辟一条无需经过路由器的第二层直接通信渠道。它使用第三层路由协议确定传送路径，使数据包通过一条虚电路绕过路由器实现快速发送，而不像传统路由技术那样，在每个交叉口都要计算一下，以便决定下一步往何处去。IP交换技术类似主干网上的直通车，可提供比路由器强10倍的转发能力。

(2) 逐步实施

CNS的系统集成设计应遵循“长远高标准规划，分步实施”的原则。

自建自用的大型智能建筑数量很少，大多数建筑均属房地产开发项目。在此情况下，对CNS的系统集成的需求不是十分明确，不同使用者的需求差异将很大。根据对国外现有智能型建筑的调研可知，IT行业比其他行业对信息的需求更迫切，其中网络公司要求最高。需求的差异，给设计工作带来巨大的困难。如果按最高标准设计CNS的系统集成，则初投资高，运行费高．物业管理费也高，显然只有网络类的公司认为是合理的，而大多数非IT行业的用户必然认为不需要那么高的标准，也不愿支付太高的运行管理费用；如果完全按较低标准设计，投资与成本降低，物业管理费用也降低，但从信息点密度、传输带宽与信息服务环境等方面分析，可能无法满足多数IT行业用户的需求，结果使网络类公司远离该建筑。

(3) 充分利用公众网络资源

在市场需求迫切的驱动下，中国的公众网络品种齐全，发展速度很快，时至今日，公众网络的规模与功能已相当强大。中国电信、有线电视与计算机三大网络，随着规模的迅速扩大，网络资源不断丰富，其增值服务内容也以空前的速度增长。中国加入WTO后，虽然信息领域的市场面临激烈竞争，但网络的发展速度也更快。因此，充分利用公众网络资源将是智能建筑CNS的系统集成设计的重要原则之一。应该说，上述网络资源既包括硬件系统，也包括软件，尤其是服务功能。

近来，不少房地产投资商已开始重视社会化分工，不再过分强调要建立起“自己的独立王国”。例如，在程控交换机系统设计中，利用虚拟技术的远端模块局已开始得到推广，为智能建筑减少了辅助机房面积，减少了运行维护人员，还节约了投资。智能建筑的客观需求，要求设计者首先应明确，当今社会信息量以爆炸式的速度增长，人们对信息的依赖与渴求又达到空前程度，只靠智能建筑或智能建筑群本身是无法解决上述矛盾的，公众网络的资源空前丰富，是取之不尽，用之不竭的，并以极快的速度不断地补充与完善。发展知识经济的重要手段之一，就是尽量利用通信网络的功能和网络资源。智能建筑理应为实现上述目标创造最佳的信息环境，而充分利用公众网络资源将是多、快、好、省地实现途径之一。

(4) 无线局域网具有相当大的市场潜力

无线局域网指的是采用无线传输媒介的计算机网络，它结合了最新的计算机网络技术和无线通信技术。无线局域网是有线局域网的延伸。使用无线技术发送和接收数据，减少了用户的直接连线需求。无线局域网还具有独特的移动功能，使得计算机在移动过程中仍能保持与对方的通信，而不用再重新登录、连接。

移动通信是现代通信技术中不可缺少的部分。所谓移动通信，就是通信双方至少有一方处于运动状态中进行信息交换。移动通信的最终目标是实现全球个人通信，即真正实现在任何时间、任何地点、向任何用户提供移动通信服务。第一代移动网是模拟通信系统，但模拟网的多址方式只能采用频分多址（frequency division multiple address，FDMA），即一个载波传一路语音。随着移动通信业务量的急剧增加，模拟通信网面临着容量不足的压力。数字通信可采用时分多址（time division multiplexing access，TDMA）和码分多址（code division multiple access，CDMA）两种方式，即一个载波可以传多路语音，使其频谱利用率比模拟系统提高了很多。在移动通信网中，由于移动台的移动，使得接收机收到的信号存在由于传播造成的时间延迟，这就要求TDMA系统中的每个基站和移动工作站在发信后所留的保护时隙大于最大传播时延，而且多径干扰也限制了TDMA系统的最高传输速率。而扩频系统具有抗干扰、抗多径和适用于精密测距等优点。CDMA系统采用的是扩频技术，具有扩频系统的所有优点，可以解决TDMA系统所不能解决的上述问题。据计算，CDMA系统的系统容量优于TDMA系统的系统容量，因而，扩频通信技术在移动通信中得到了广泛应用。在CDMA系统中，所有的用户共享一个无线信道，不同用户使用不同的码字，当蜂窝通信系统的负荷满载时，再增加少数用户，也只会引起通信质量的轻微下降，不会出现阻塞。此外，采用CDMA方式时，在系统的管理与控制方面能带来许多好处。例如，当移动台越区切换（Handoff）时，由于相邻小区使用同一CDMA无线频道，只需按区改变相关码字，而不用转换频率，即可实现“软”越区切换。

由于无线网络是支持移动用户的计算机网络，故具有如下特点：①具有网络功能，能实现资源共享，具有各种网络服务功能；②可允许计算机在网络中移动，并且移动对于用户是透明的。在移动网络环境下，主机可能在同一子网中移动，也可能在不同子网中移动，即漫游服务。在移动环境中，用户的工作环境（文件系统、管理系统、运行中的应用程序等）要保持不变，并且不能中断当前所进行的计算或处理。这就要求通信系统中的硬件设备和网络管理等都能够有相应的处理方法，以保证用户的正常通信。

由于无线局域网和移动计算网络具有高数据传输速率、高安全可靠性、使用和安装灵活，以及能与现有的有线网络兼容等特点，故它们在现代计算机通信网中占据了很重要的位置。目前的无线局域网 WaveLAN 产品，可广泛用于行走、车载等快速移动的不间断以太网数据传输，速率已达 11Mbps 以上。

扩频通信系统在民用领域的推广使用，改变了过去那种无线网络接入速度太慢的传统观念。尤其在移动通信、布线困难等特殊场合，更具有常规综合布线系统无法比拟的优势。因此，在智能建筑群等场合的设计时，应坚持立体全方位通信原则，无线网络的应用往往是重要组成部分之一。

（5）为 IP 等新技术的推广应用创造良好环境

信息技术在高新技术之中属发展最快的技术，顶级专家也很难确切预料未来的发展模式。当 1997 年人们热衷于 ATM 网络技术研究时，很多人都没有估计到 1998 年千兆交换式以太网技术已发展到很高水平，并由于其产品价格低和软件环境好，而成为智能建筑主干网络的首选方案。ATM 是一种电信技术，其优势在电信领域中将得到充分的发挥；它作为多媒体传输技术在广域网中也具有很大优势。在智能建筑中，其计算机网络系统属企业网范畴，千兆交换式以太网已克服了过去共享式以太网那种传输效率低与碰撞冲突等问题，至今已牢固地占据着 LAN 网的绝对优势地位。

IP 交换技术最初只限于少量计算机所构成的小型网络，其设计思想不同于传统电信网络设计思想，突出“端到端”思想，强调网络仅提供端到端的连接，所有增值服务功能都由终端而不是网络来完成。IP 交换技术的目标是，只要在源地址和目的地址之间有一条更为直接的第二层通路，就没有必要经过路由器转发数据包。IP 交换技术使用第三层路由协议确定传送路径，此路径可以只用一次，也可以存储起来，供以后使用。之后的数据包可通过一条虚电路绕过路由器快速发送。

传统的路由技术在每个交叉口都要计算下一步应往哪个方向走。IP 交换技术则像直通车，只需一开始知道目的地是哪里就行了。当今，路由器一般每秒处理 50 万～100 万个数据包，IP 交换技术则提供比路由器强 10 倍的转发能力。

开始，IP 交换技术是专门用于在 ATM 网上传送 IP 数据包的技术。IP 交换技术通过直接交换或存储转发的方式实现高速 IP 分组传输。IP 交换机保留了 ATM 交换机硬件，但不需要 ATM 复杂的信令。IP 交换机的 ATM 输入端口从上游节点接受到输入数据流，并把这些数据流送到 IP 交换机控制器中的路由软件进行处理。IP 交换机控制器根据输入数据流的 TCP 和 UDP 包头中的端口号来进行数据流的分类。对于持续时间长、数据量大的数据流，IP 交换机将直接利用 ATM 交换机硬件进行交换；对于持续时间短、数据量小、呈突发分布的数据流，将通过IP交换机中的IP路由软件进行一跳接一跳和存储转发发送。

ATM与因特网通信协议（Internet Protocol，IP）各自的技术特点也反映出电信行业和计算机行业各自的特点。电信行业在过去的一个世纪内逐步发展，并一直受到政府规范的制约，产品和服务要求高可靠性和终端设备之间的互操作性。计算机行业的产品以更新快而闻名，要求低成本，但可容忍一定程度的不可靠。在LAN环境中，由于千兆位以太网的崛起，ATM的优势不复存在；在广域网领域，ATM受到来自帧中继技术的竞争。近几年来，随着因特网的广泛延伸和因特网应用的迅速普及，还由于因特网终端——计算机功能的进一步增强，IP在逐步统一局域网和桌面系统之后又开始向ATM的地位发起挑战。IP协议所具有的最大优势在于，它可以运行在任何介质和网络上，可以保证异种网络的互通，即"IP over everything"。而且，IP技术顺应了计算机不断普及与功能越来越强这一趋势，随着PC机应用的扩展而逐步扩大。Web、电子贸易甚至IP语音等应用，不断地推动着IP领域的不断扩大。由于IP可以实现广泛互通，甚至还可承载其他协议，即将其他协议的数据包封装在IP包中，甚至可实现任意的异构网络之间通过IP的互联，即"everything over IP"。具有广阔市场应用前景的VPN（虚拟专用网）技术是采用IP协议来承载并实现互通，这是利用公用因特网来建立安全的企业内部网络的一种应用。最近几年，POS（packet over SDH）技术发展很快，更使得IP技术如虎添翼。采用IP over SDH和DWDM（密集波分复用）技术可以大大提高IP链路的带宽，具有极高的性能价格比，为IP进入更为广泛的应用领域铺平了道路。

因特网应用的不断发展，对IP骨干网络带宽提出了新的要求。传统的IP网络采用的是纯路由器方式，即在广域网环境中通过路由器进行IP包的拆装和转发，造成中间转接次数多，延时大且带宽不够。IP要利用ATM技术来提高传输速度，ATM具有承载IP的能力，又可借以拓展其应用领域。IP与ATM技术的融合现已变为现实。

作为智能建筑或建筑群的弱电系统设计者，不会参与广域网的开发，其主要任务是在尽量利用公众网络资源的基础上，如何正确处理好相关网络技术的有针对性的应用。当今，人们对IP技术的发展前景已基本达成共识，即IP协议将统一其应用平台，每一种网络都具有自身的性能特点、应用价值与适用范围。对未来网络的发展趋势，必定是将多种业务融合在已存在多年的公众网络并进一步加以完善与发展，ATM位于核心，作为底层传输技术，帧中继和IP作为较低速的接入，IP则可集成网络的应用功能。从智能建筑的特点分析，设计者应给予IP技术以及智能交换式路由器（smart switch router，SSR）及其第四层数据流交换的实现等新技术的应用给予充分重视，并创造良好的实现环境。

(6) 迎接"三网合一"与"Internet规范发展时代"

"三网合一"的技术难题业已解决，虽然存在这样或那样的管理问题，但历史发展必定走向多媒体方向，"三网分离"的时代定将结束。

科学技术的发展与进步本是大好事，与智能建筑的需求完全一致。但是，在工程中应用的必须是成熟的、能被社会所接受的技术，正在完善之中、尚未协调好管理部门间关系的技术是无法马上实施的。例如，如果在1999年的住宅小区信息系统中就完全按"三网合一"方案设计，很可能近期连打电话都困难，也不会降低工程造价与物业管理费用。但是，如果完全不考虑将来实现"三网合一"的可能性，尤其在智能住宅的弱电系统设计中很可能造成未来CNS集成应用的困难。因此，智能建筑CNS的集成设计必须立足于当前，同时又能适应未来发展的需要。

3. OAS的系统集成

办公自动化系统OAS是直接面向智能大厦的使用者的，故必须坚持以人为本的总原则。要面向对象，而对象的需求差异很大，因而OAS的构成与系统集成设计往往千变万化。目前，在OAS的系统集成设计时，起码应重视四个问题。

(1) 全面分析系统特性

系统是由相互作用、相互依存、相互制约的若干单元组成的有机整体。该整体与其外部环境实时发生交互作用，具有与其组成单元密切相关，并表现为该系统所特有的性质和功能。系统随其目的、任务、构成等因素的不同而不同，就管理系统而言，均需重视四个方面的特性。

1) 组织性

组织性体现在系统内部各组成单元之间的相互联系、相互作用、相互依存、相互制约，而各单元的相互联系方式、相互作用强度、相互依存条件、相互制约关系，决定了系统的结构、特性和参数，影响系统的内部状态、整体性质和外部功能。

2) 整体性

系统是由很多单元所构成的整体。系统的整体性质和功能不同于单元的局部性质和功能。各单元的性质和功能制约着系统的性质和功能，但系统的整体性质和功能不是各单元的性质和功能的简单集合。在各单元性质和功能一定的条件下，系统的整体性质和功能取决于系统结构、参数及其集成模式。

3) 相对性

系统是有边界的，并相对于其外部环境而存在。环境是系统存在、变化与发展的外部条件。系统与环境的相互作用与相互影响，实现了信息、能量与物质的交互，体现出系统的特性和功能。系统对环境的作用和影响，称为系统的"输出"；环境对系统的作用和影响，称为系统的"输入"；系统的输入—输出特性，称为系统的外特性。

4) 层次性

系统的概念具有层次性。在不同的层次，需要用不同的方法与手段进行系统分析。系统和单元的概念不同，一个大的系统可根据层次性分为子系统、子子系统等。系统集成必须解决好层次性问题。

智能建筑中的办公自动化系统属管理系统，它是现代管理科学与系统科学相结合的产物，是通过管理活动实现管理目标和功能的系统。

办公自动化系统不仅具有上述一般系统的共性，即组织性、整体性、相对性、层次性，还具有下列特点：

1) 目的性

办公自动化系统是以实现管理目标为目的的系统。通常，管理系统的目标是多样的，如优质、高效、低耗、节能、低污染等。在某些情况下，可将多目标问题转化为单目标问题，即将效率、质量、产量、消耗、能耗、利润等目标中的某一项作为主要目标，而将其他目标作为约束条件，如企业往往将最大利润作为主要目标。

2）综合性

办公自动化系统的功能是综合性的，通常包括预测、规划、优化、决策、指挥、组织、监控、协调等功能中的一项或多项。管理系统运用综合管理功能，可实现多种管理目标，以产生优质、高效、低耗、节能等多方面的经济效益、社会效益与环境效益。

3）主动性

办公自动化系统都是主动系统。人具有主动性、积极性、灵活性、创造性，是管理系统中的主动单元。包含有主动单元的系统，称为主动系统。管理系统需要决策人、领导人、管理人员、调度人员、操作人员等。管理系统重要作用之一在于如何发挥人的主动性，以提高功效。

4）递阶性

现代管理系统常采用递阶结构，即采用集中管理与分散管理相结合的多级递阶管理体制。

5）开放性

管理系统应是开放系统，而不是封闭系统。管理系统需要与其外部环境进行信息、能量或物质的交互作用。任何管理系统都需要了解国内外市场行情、经济形势、社会需求、技术发展、环境影响、政策法规等各种信息，也需要疏通物料、能量、产品等的国内外供销渠道，还需要与社会各界进行人才交流，引进企业所需的各种技术、经济、管理人才等。为达到上述目标，必须使系统成为开放的、发展的、进化的。

在智能建筑的系统集成设计中，应普遍遵循上述原则，而OAS的系统集成设计因其包含更多的主动单元，应给予更多的重视。

（2）重视管理方法

管理方法是实现管理功能，达到管理目标的手段和工具。重视管理方法是优质完成OAS及其系统集成设计的关键之一。

现代管理系统，要应用管理科学、系统工程、系统科学、计算机科学、信息技术、自动化技术及人工智能等高新科学技术进行科学管理，以提高管理现代化水平。在管理系统中，常采用如下先进的管理方法和技术：

1）分析方法

应用管理科学和系统工程方法，进行系统分析，提出管理目标，明确管理任务，其中包括定性、定量指标和静态、动态分析。

2）预测方法

应用人工智能方法，建立预测专家系统，应用计量经济学方法，建立预测数字模型等，以实现对市场行情、经济形势、技术发展等内容的预测。

3）规划方法

应用运筹学的线性规划、非线性规划、整数规划、动态规划等方法，制订企业总体发展规划、生产调度计划等。

4）优化方法

建立管理过程的各种动态或静态管理数学模型，采用相应的动态或静态优化方法，求得各种管理问题的最优解，其中包括最优规划、最优决策支持、最优库存、最优调度方法等。

5）决策方法

应用决策论、对策论方法，建立决策支持风险分析，采用决策分析专家系统提供决策咨询顾问，建立决策支持系统（DSS），对管理过程进行全面监控，为管理活动提供信息服务。

6）组织方法

应用计划协调等系统工程方法和组织管理技术，有助于人力、物力、财力的合理分配、使用和有效、及时的调度，以提高管理工作效率，并获取更大的管理效益。

7）评审方法

根据管理目标和任务，采用专家评审与计算机辅助估算等方法，对管理活动过程的结果和效益进行评价。评审内容包括系统的经济、技术、社会、环境、效益和人、财、物的状态，也可针对产、供、销情况进行综合评审。

8）协调方法

应用多变量协调控制理论和大系统控制论的方法，对管理活动的全过程，进行多目标、多因素、多阶段、多层次的协调，实现管理系统的整体协调与全局优化。

（3）创造进一步实现智能化的良好条件

以出租或出售为目的的智能建筑与自建自用的智能大厦相比，在功能需求、投资强度等方面存在很大的差异。但是，无论哪种类型的智能建筑都必须与建筑物同步建成事务型办公自动化系统，否则将直接影响其基本功能。实质上，这种事务型办公自动化系统仅仅是一种辅助秘书等人员工作的计算机辅助管理系统。

随着用户对办公信息处理需求的不断扩展和提高，办公自动化系统将进一步发展成为办公信息系统（OIS）。这里，不仅要满足面向秘书的低层次的事务处理，还能够提供面向领导者的信息服务、决策支持、专家咨询等服务。

在办公信息系统功能向全方位拓展的同时，其智能水平也将得到相应的提高。20世纪80年代以来，随着人工智能的发展，以及各种新型自动办公设备的开发与应用，促进了办公信息系统向智能办公信息系统（intelligent office information system，IOIS）发展。上述系统代表性的成果是专家咨询系统为领导者提供咨询服务；应用文字、图像、声音模式识别与多媒体技术，并与计算机网络密切结合，为办公室提供电子邮件、图文识别、可视电话会议等多种功能。

为了弥补管理信息系统和办公自动化系统存在的缺陷，又引出了决策支持系统。其主要目的是提供高层次的决策支持，求解非结构化、半结构化管理问题；利用模型库、数据库等技术，进一步扩展决策者与计算机间的人-机交互功能。

决策支持系统面临着对复杂问题的描述和求解问题。如果决策支持系统的模型库中仅有数据模型，必将受到数学模型的表达能力和求解条件的限制，而不能对非公式化、非结构化的高层次决策问题提供有力的支持。因此，除了使用数学模型之外，需要采用知识模型、逻辑模型等，建立专家或神经网络系统，以提高决策支持系统对问题描述和求解的智能水平。

由于决策者可能不是计算机专业人员，故决策支持系统的人-机界面需要非常方便、友好、直观、生动，尽量采用声、图、文并茂的多媒体、自然信息来实现双向人-机交互，使不懂计算机的使用者也可以有效操作。

决策支持系统的进一步发展，将形成智能决策支持系统（intelligent decision support system，IDSS）。其特点是，不仅可及时地为决策者提供信息咨询服务，而且能够进行决策分析、方案制订、风险预测、效益评估与决策优选。

在大型企业的自用办公大厦中，OAS 的集成系统的功能要求较高，往往需同时建成 MIS，甚至包括初级的 IDSS。但是，在一般出租与出售型建筑中，近期通常不要求提供上述高级系统，但也必须在完成事务型办公自动化系统设计时充分考虑到向高级智能化系统升级的可能性。

（4）充分重视安全性

因特网的发展涉及各行各业，并深入到社会的各个角落。信息电子化、商贸电子化、娱乐电子化……这一切最终都要通过办公自动化系统实现。信息将具有空前的价值，网络的安全与办公自动化系统的安全性显得空前重要。当今，我国办公自动化系统的安全性尚未受到足够的重视，由于投资不足，使政府办公系统、公共事业办公系统及企业办公系统安全性均存在较大漏洞或缺陷。办公自动化系统的集成设计必须充分重视安全性，应严格避免将各子系统的安全隐患叠加到整个系统。为此，从操作系统、安全软件到系统集成软件都应按工程性质不同，分别给予恰当的安全性处理。

第 10 章　绿色智能建筑的施工

10.1　绿色智能建筑施工的四个阶段

绿色智能建筑工程的施工过程包括四个阶段：施工准备、施工过程、调试开通、竣工验收。

1. 施工准备阶段

（1）学习和掌握有关智能建筑工程的设计规范和施工及验收标准

（2）熟悉和审查智能建筑工程施工图样

包括学习图样、了解图样的设计思想，掌握设计内容及技术条件，会审图样，核对土建与安装施工图样之间有无矛盾和错误，明确各专业之间的配合关系。

（3）确定智能建筑系统施工工期的时间表

该施工工期时间表包括系统施工图的确认或二次深化设计、设备选购、管线施工、设备安装前单体验收、设备安装、系统调试开通、系统竣工验收和培训等。

（4）智能建筑安装工程施工预算

安装工程施工预算主要有设计概算、施工图预算、施工预算及电气工程概算。

（5）施工组织设计

施工组织设计包括施工组织总体设计、施工组织设计和施工方案。

2. 施工过程阶段

（1）智能建筑系统与土建工程的配合

1）在土建基础施工中，应做好接地工程引线孔、地坪中配管的过墙孔、电缆过墙保护管和进线管的预埋工作。

2）在土建初期的地下层工程中，应做好智能建筑系统线槽孔洞预留和消防、保安系统管线的预埋。

3）在地坪施工阶段中，地坪内配管的过墙尺寸应根据线管的外径、数量和埋设部位来决定。

4）在内线工程中，应做好以下工作：

① 墙体上智能建筑系统经常需要做暗管配线敷设、预留孔洞等。

② 预制梁柱结构中应预埋管道、钢板、木砖，或预留钢筋头，在浇制混凝土前安装好管道和固定件。

③ 预制楼板安装时，要安排好管线排列次序，选择安装接线盒位置，使接线盒布置

对称、成排安装。

④ 线管在楼板缝中暗配，可不用接线盒，直接将管子伸下。

⑤ 混凝土地面浇制前，将地面中的管子安放好，敷设好室内的接地线，安装好各种箱体的基础型钢，预埋好设备固定用地脚螺栓。

⑥ 屋面施工中，如有共用天线避雷装置，要在预制或现浇的檐口或女儿墙顶部预埋避雷线支持件，与避雷母线焊接，预埋好固定共用天线的拉锚。

(2) 线槽架的施工与土建工程的配合

智能建筑系统线槽架的安装施工，应在土建工程基本结束以后，并与其他管道（风管给排水管）的安装同步进行，也可稍迟于管道安装一段时间（约 15 个工作日），但必须解决好智能建筑线槽架与管道在空间位置上的合理安置和配合。

(3) 管线施工与装饰工程的配合

智能建筑系统的配线和穿线工作，在土建工程完全结束以后，与装饰工程同步进行，进度安排应避免在装饰工程结束以后，造成穿线敷设的困难。

1) 在吊顶内敷设管线与装饰工程需配合进行，做好吊顶上面管线敷设工作，在吊顶面板上开孔，留出接线盒。

2) 在轻型复合墙或轻型壁板中配管，测量好接线盒的准确位置，计划好管子走向，与装修人员配合挖孔挖洞。

(4) 各控制室布置与装饰工程配合

各控制室的装饰应与整体的装饰工程同步。智能建筑系统设备的定位、安装、接线端连线，应在装饰工程基本结束时开始。

3. 调试开通阶段

智能建筑系统种类很多，性能指标和功能特点差异很大。一般是先进行单体设备或部件的调试，而后进行局部或区域调试，最后进行整体系统调试。有些智能化程度高的智能建筑系统，如智能化火灾自动报警系统，有些产品是先调试报警控制主机，再分别逐一调试所连接的所有火灾探测器和各类接口模块与设备。

4. 竣工验收阶段

智能建筑工程验收步骤和过程基本上与建筑电气工程验收相同。

(1) 质量管理检查记录

建筑施工现场质量管理应有相应的施工技术标准、健全的质量管理体系、施工质量检验制度和综合施工质量水平评定考核制度。施工现场质量管理检查记录应由施工单位按表 10-1 的要求进行检查记录。

(2) 施工质量控制

1) 建筑工程采用的主要材料。半成品、成品、建筑构配件、器具和设备应进行现场验收。进场验收是对进入施工现场的材料、构配件、设备等按相关标准规定的要求进行检验（对检验项目中的性能进行量测、检查、试验等，并将结果与标准规定的要求进行比较，以确定每项性能是否合格所进行的活动），对产品达到合格与否做出确认。凡涉及安

施工现场质量管理检查记录　　开工日期　　表10-1

<table>
<tr><td>工程名称</td><td colspan="2"></td><td colspan="2">施工许可证（开工证）</td><td></td></tr>
<tr><td>建设单位</td><td colspan="2"></td><td colspan="2">项目负责人</td><td></td></tr>
<tr><td>设计单位</td><td colspan="2"></td><td colspan="2">项目负责人</td><td></td></tr>
<tr><td>监理单位</td><td colspan="2"></td><td colspan="2">总监理工程师</td><td></td></tr>
<tr><td>施工单位</td><td></td><td>项目经理</td><td></td><td>项目技术负责人</td><td></td></tr>
<tr><td>序　号</td><td colspan="2">项　目</td><td colspan="3">内　容</td></tr>
<tr><td>1</td><td colspan="2">现场质量管理制度</td><td colspan="3"></td></tr>
<tr><td>2</td><td colspan="2">质量责任制</td><td colspan="3"></td></tr>
<tr><td>3</td><td colspan="2">主要专业工种操作上岗证书</td><td colspan="3"></td></tr>
<tr><td>4</td><td colspan="2">分包方资质与对分包单位的管理制度</td><td colspan="3"></td></tr>
<tr><td>5</td><td colspan="2">施工图审查情况</td><td colspan="3"></td></tr>
<tr><td>6</td><td colspan="2">地质勘察资料</td><td colspan="3"></td></tr>
<tr><td>7</td><td colspan="2">施工组织设计、施工方案及审批</td><td colspan="3"></td></tr>
<tr><td>8</td><td colspan="2">施工技术标准</td><td colspan="3"></td></tr>
<tr><td>9</td><td colspan="2">工程质量检验制度</td><td colspan="3"></td></tr>
<tr><td>10</td><td colspan="2">搅拌站及计量设置</td><td colspan="3"></td></tr>
<tr><td>11</td><td colspan="2">现场材料、设备存放与管理</td><td colspan="3"></td></tr>
<tr><td>12</td><td colspan="2"></td><td colspan="3"></td></tr>
<tr><td colspan="6">检查结论

总监理工程师
（建设单位项目负责人）　　　　年　月　日</td></tr>
</table>

全、功能的有关产品，应按各专业工程质量验收规范规定进行复验，并应经监理工程师（建设单位技术负责人）检查认可。

2）各工序应按施工技术标准进行质量控制，每道工序完成后，应进行检查。

3）相关各专业工种之间，应进行交接检验（由施工的承接方与完成方经双方检查，并对可否继续施工做出确认的活动），并形成记录。未经监理工程师（建设单位技术负责人）检查认可，不得进行下道工序施工。

（3）验收要求

1）建筑工程施工质量应符合专业验收规范的规定。

2）建筑工程施工应符合工程勘察、设计文件的要求。

3）参加工程施工质量验收的各方人员应具备规定的资格。

4）工程质量的验收均应在施工单位自行检查评定的基础上进行。

5）隐蔽工程在隐蔽前应由施工单位通知有关单位进行验收，并应形成验收文件。

智能建筑安装中的线管预埋、直埋电缆、接地板等都属隐藏工程，这些工程在下道工序施工前，应由建设单位代表（或监理人员）进行隐蔽工程检查验收，并认真办理好隐蔽工程验收手续，纳入技术档案。

6）涉及结构安全的试块、试件以及有关材料，应按规定进行见证取样检测（在监理单位或建设单位的监督下，由施工单位有关人员现场取样，并送至具备相应资质的检测单位所进行的检测）。

7）检验批（按同一生产条件或按规定的方式汇总起来供检验用的，由一定数量样本组成的检验体）的质量应按主控项目（建筑工程中的对安全、卫生、环境保护和公众利益起决定性作用的检验项目）和一般项目（除主控项目以外的检验项目）验收。

8）对涉及结构安全和使用功能的重要分部工程，应进行抽样检测（按照规定的抽样方案，随机地从进场的材料、构配件、设备或建筑工程检验项目中，按检验批抽取一定数量的样本进行检验）。

9）承担见证取样检测及有关结构安全检测的单位应具有相应资质。

10）工程的观感质量（通过观察和必要的量测所反映的工程外在质量）应由验收人员通过现场检查，并应共同确认。

（4）分项工程验收

智能建筑工程在某阶段工程结束，或某一分项工程完工后，由建设单位会同设计单位进行分项验收；有些单项工程则由建设单位申报当地主管部门进行验收。火灾自动报警与消防控制系统由公安消防部门验收；安全防范系统由公安技防部门验收；卫星接收电视系统由广播电视部门验收。

智能建筑工程质量验收的划分在表 10-2 中列出。

智能建筑工程分部（子工程）工程、分项工程的划分　　表 10-2

分部工程	子分部工程	分项工程
智能建筑	通信网络系统	通信系统，卫星及有线电视系统，公共广播系统
	办公自动化系统	计算机网络系统，信息平台及办公自动化应用软件，网络安全系统
	建筑设备监控系统	空调与通风系统，变配电系统，照明系统，给排水系统，热源和热交换系统，冷冻和冷却系统，电梯和自动扶梯系统，中央管理工作站与操纵分站，子系统通信接口
	火灾报警及消防联动系统	火灾和可燃气体探测系统，火灾报警控制系统，消防联动系统
	安全防范系统	电视监控系统，入侵报警系统，巡更系统，出入口控制（门禁）系统，停车管理系统
	综合布线系统	缆线敷设和终接，机柜、机架、配线架的安装，信息插座和光缆芯线终端的安装
	智能化集成系统	集成系统网络，实时数据库，信息安全，功能接口
	电源与接地	智能建筑电源，防雷及地
	环境	空间环境，室内空调环境，视觉照明环境，电磁环境
	住宅（小区）智能化系统	火灾自动报警及消防联动系统，安全防范系统（含电视监控系统、入侵报警系统、巡更系统，门禁系统，楼宇对讲系统、住户对讲呼救系统、停车管理系统），物业管理系统（多表现场计量与远程传输系统、建筑设备监控系统、公共广播系统、小区网络及信息服务系统、物业办公自动化系统），智能家庭信息平台

具备独立施工条件并能形成独立使用功能的建筑物及构筑物为一个单位工程。建筑规模较大的单位工程，可将其能形成独立使用功能的部分为一个子单位工程。

分部工程的划分应按专业性质、建筑部位确定。当分部工程较大或较复杂时，可按材料种类、施工特点、施工程序、专业系统及类别等划分为若干子分部工程。

分项工程应按主要工种、材料、施工工艺、设备类别等进行划分。

分项工程可由一个或若干检验批组成，检验批可根据施工及质量控制和专业验收需要按楼层、施工段、变形缝等进行划分。

（5）竣工验收

1）检验批质量合格

主控项目和一般项目的质量经抽样检验合格；具有完整的施工操作依据、质量检查记录。

检验批的质量验收记录由施工项目专业质量检查员填写，监理工程师（建设单位项目专业技术负责人）组织项目专业质量检查员等进行验收，并按表10-3记录。

检验批的质量验收记录 **表10-3**

工程名称			分项工程名称		验收部位	
施工单位				专业工长	项目经理	
施工执行标准名称及编号						
分包单位			分包项目经理		施工班组长	
	质量验收规范的规定		施工单位检查评定记录		监理（建设）单位验收记录	
主控项目	1					
	2					
	3					
	4					
	5					
	6					
	7					
	8					
	9					
一般项目	1					
	2					
	3					
	4					
施工单位检查评定结果	项目专业质量检查员				年 月 日	
监理（建设）单位验收结论	监理工程师 （建设单位项目专业技术负责人）				年 月 日	

2）分项工程质量验收合格

分项工程所含的检验批均应符合合格质量的规定；分项工程所含的检验批的质量验收记录应完整。分项工程质量应由监理工程师（建设单位项目专业技术负责人）组织项目专业技术负责人等进行验收，并按表10-4记录。

分项工程质量验收记录 表 10-4

工程名称		结构类型		检验批数	
施工单位		项目经理		项目技术负责人	
分包单位		分包单位负责人		分包项目经理	

序号	检验批部位、区段	施工单位检查评定结果	监理（建设）单位验收结论
1			
2			
3			
4			
5			
6			
7			
8			
9			
10			
11			
12			
13			
14			
15			
16			
17			

检查结论	项目专业 技术负责人 年 月 日	验收结论	监理工程师 （建设单位项目专业技术负责人） 年 月 日

3）分部（子分部）工程质量验收合格

分部（子分部）工程所含分项工程的质量均应验收合格；质量控制资料应完整；地基与基础、主体结构和设备安装等分部工程有关安全及功能的检验和抽样检测结果应符合有关规定；观感质量验收应符合要求。

分部（子分部）工程质量应由总监理工程师（建设单位项目专业负责人）组织施工项目经理和有关勘察、设计单位项目负责人进行验收。

工程竣工验收是对整个工程建设项目的综合性检查验收。在工程正式验收前，应由施工单位进行预验收，检查有关的技术资料、工程质量，发现问题及时解决好。表 10-5～表 10-7 是质量验收检查记录表格。

单位（子单位）工程质量控制资料核查记录 表10-5

工程名称			施工单位		
序号	项目	资料名称	份数	核查意见	核查人
1	智能建筑	图样会审、设计变更、洽商记录、竣工图及设计说明			
2		材料、设备出厂合格证书及技术文件和进场检（试）验报告			
3		隐蔽工程验收记录			
4		系统功能测定及设备调试记录			
5		系统技术、操作和维护手册			
6		系统管理、操作人员培训记录			
7		系统检测报告			
8		分项、分部工程质量验收记录			

结论

施工单位项目经理　　年　月　日　　总监理工程师（建设单位项目负责人）　　年　月　日

单位（子单位）工程安全和功能检验资料核查及主要功能抽查记录 表10-6

工程名称			施工单位			
序号	项目	安全和功能检查项目	份数	核查意见	抽查结果	核查（抽查）人
1	智能建筑	系统试验记录				
2		系统电源及接地检测报告				
3						

结论

施工单位项目经理　　年　月　日　　总监理工程师（建设单位项目负责人）　　年　月　日

注：抽查项目由验收组协商确定

单位（子单位）工程观感质量检查记录 表10-7

工程名称												施工单位		
序号	项目	抽查质量状况										质量评价		
												好	一般	差
1	机房设备安装及布局													
2	现场设备安装													
3														
	观感综合评价													
检查结论	施工单位项目经理　年　月　日　　总监理工程师（建设单位项目负责人）　年　月　日													

注：质量评价为差的项目，应进行返修。

4）工程质量不合格的处理

经返工（对不合格的工程部位采取的重新制作、重新施工等措施）重做或更换器具、设备的检验批，应重新进行验收；经有资质的检测单位检测鉴定能够达到设计要求的检验批，应予以验收；经有资质的检测单位检测鉴定达不到设计要求，但经原设计单位核算认可，能够满足结构安全和使用功能的检验批，可予以验收；经返修（对工程不符合标准规定的部位采取整修等措施）或加固处理的分项、分部工程，虽然改变外形尺寸，但仍能满足安全使用要求，可按技术处理方案和协商文件进行验收。

通过返修或加固处理仍不能满足安全使用要求的分部工程、单位（子单位）工程，严禁验收。

智能化建筑物管理系统验收，在各个子系统分别调试完成后，演示相应的联动联锁程序。在整个系统验收文件完成以及系统正常运行一个月以后，才可进行系统验收。在整个集成系统验收前，也可分别进行集成系统各子系统的工程验收。

5. 质量验收阶段

检验批及分项工程应由监理工程师（建设单位项目技术负责人）组织施工单位项目专业质量（技术）负责人等进行验收。

分部工程应由总监理工程师（建设单位项目负责人）组织施工单位项目负责人和技术、质量负责人等进行验收；地基与基础、主体结构分部工程的勘察、设计单位工程项目负责人和施工单位技术、质量部门负责人也应参加相关分部工程验收。

单位工程完工后，施工单位应自行组织有关人员进行检查评定，并向建设单位提交工程验收报告。

建设单位收到工程验收报告后，应由建设单位（项目）负责人组织施工（含分包单位）、设计、监理等单位（项目）负责人进行单位（子单位）工程验收。

单位工程由分包单位施工时，分包单位对所承包的工程项目应按本标准规定的程序检查评定，总包单位应派人参加。分包工程完成后，应将工程有关资料交总包单位。

当参加验收各方对工程质量验收意见不一致时，可请当地建设行政主管部门或工程质量监督机构协调处理。

单位工程质量验收合格后，建设单位应在规定时间内将工程改工验收报告和有关文件，报建设行政管理部门备案。

智能化建筑物管理系统验收，在各个子系统分别调试完成后，演示相应的联动连锁程序。在整个系统验收文件完成以及系统正常运行一个月以后，才可进行系统验收。在整个集成系统验收前，也可分别进行集成系统各子系统的工程验收工作。

10.2 绿色智能建筑的缆线敷设

1. 电缆敷设

智能建筑系统所指的缆线一般包括智能建筑系统所使用的各种通信电缆、视频电缆、信号电缆和电力电缆以及不同系统所使用的特殊缆线。

智能建筑缆线在室外主要采用直埋、电缆管道、电缆沟和电缆隧道、架空方式。室内主要采用电缆沟、桥架、线槽、分隔槽、电线管、矩形管、网络地板、扁平电缆和明敷电缆等方式。不同缆线在建筑物内、外的敷设方式和施工技术要求，与建筑电气系统缆线施工的要求基本相同，在施工中除必须遵守建筑电气系统缆线施工的具体要求外，针对不同的系统特点有各自特殊的施工技术要求。

(1) 直埋电缆

智能建筑电缆直接埋地敷设挖沟与建筑电气电缆敷设要求相同，其挖掘深度应不小于智能建筑管道的最小允许埋设深度，见表10-8。

智能建筑管道的最小允许埋设深度（m） **表10-8**

管种	管顶至路面或铁路路基面的最小净距			
	人行道	车行道	电车轨道	铁路
混凝土管	0.5	0.7	1.0	1.3
塑料管	0.5	0.7	1.0	1.3
钢管	0.2	0.4	0.7	0.8
石棉水泥管	0.5	0.7	1.0	1.3

智能建筑电缆直埋时与其他地下管线和建筑物应不小于允许的净距，见表10-9。

智能建筑电缆与其他管线及建筑物间的最小净距（m） **表10-9**

其他管线及建筑物名称及其状况		最小净距		备注
		平行时	交叉时	
电力电缆	<35kV	0.50	0.50	电缆采用钢管保护时，交叉时的最小净距可降为0.15m
	>35kV	2.00	0.50	
给水管	管径为75～150mm	0.50	0.50	
	管径为200～400mm	1.00	0.50	
	管径为400mm以上	1.50	0.50	
煤气管	压力小于0.8MPa	1.00	0.50	
树木		0.75		
排水管		1.00	0.50	
热力管		1.00	0.50	
排水沟		0.80	0.50	
建筑红线（或基础）		1.00		

(2) 墙壁电缆

墙壁电缆应敷设在隐蔽和不易受外界损伤的地方，避免穿越高压、高湿、易腐蚀和有强烈振动的地区。必须通过时，应采取相应的保护措施。墙壁电缆应尽量避免与电力线、避雷线、暖气管等容易造成危害的管线接近。

墙壁电缆沿墙壁表面直接敷设时可以用电缆卡钩固定，如图10-1所示。吊钩支持点的距离一般为6m。如果两建筑物间跨距大于9m或电缆重量超过2kg/m时，吊线应做终端。

墙壁电缆穿线方式包括表面式、埋入式和制模式。表面式是指在已经完成的墙面上，安装壁装用硬塑料带盖扁平线槽，在线槽中穿线。埋入式是指将穿线管或埋入式线槽埋放在墙体中，然后再进行墙面装修。制模式是指专门用作墙面敷设缆线器材的安装，例如，护壁板、隔断等。在这些材料中，留有穿线位置，在墙面装修的同时就已经完成了水平布线施工，如图10-2所示。

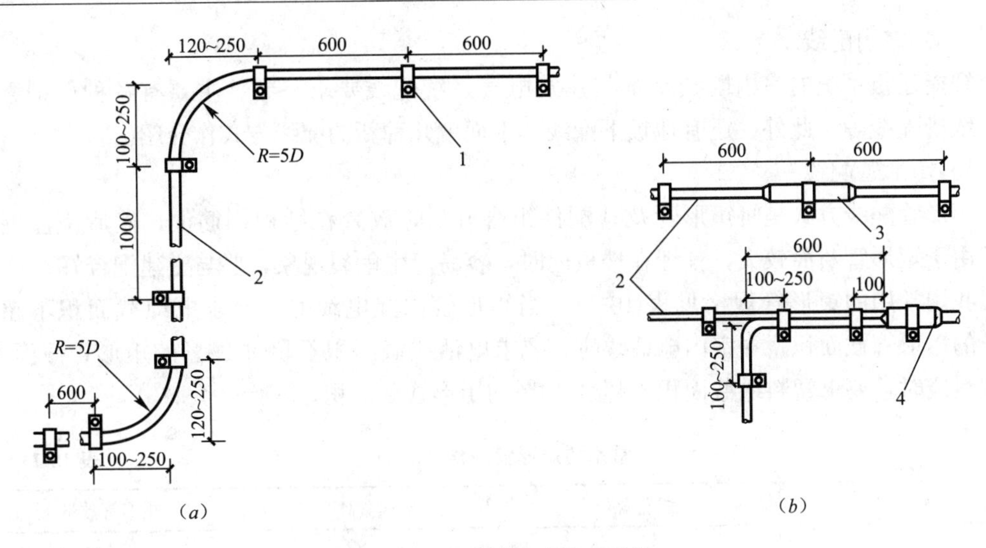

图 10-1 电缆沿墙卡钩法敷设

(a) 电缆敷设；(b) 电缆分支

1—电缆卡钩；2—电缆；3—接续套管；4—分支套管；

R—弯曲半径；D—电缆外径

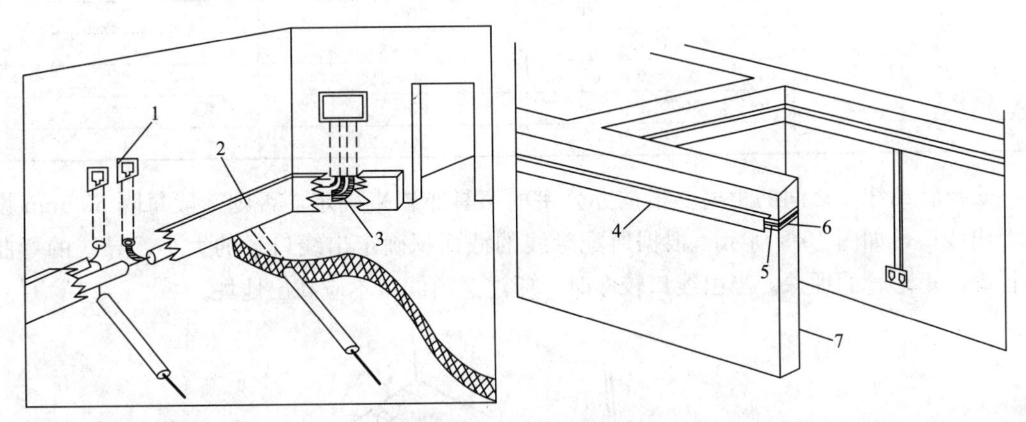

图 10-2 电缆墙壁敷设

1—信息插座；2—护壁板；3—缆线；4—专制模压管道；5—通信电缆；6—穿墙套管；7—墙壁

墙壁电缆在室内安装高度应不低于 2.5m，在室外应不低于 3m。

建筑物墙壁电缆与其他管线的允许最小净距，见表 10-10。

建筑物墙壁电缆与其他管线的最小净距（m） **表 10-10**

其他管线		平行净距	交叉净距
避雷引下线		1.00	0.30
保护地线		0.05	0.02
电力线		0.15	0.05
给水管		0.15	0.02
压缩空气管		0.15	0.02
热力管	包封	0.30	0.30
	不包封	0.50	0.50
煤气管		0.30	0.02

（3）室内配线

智能建筑系统的室内配线基本与建筑电气系统配线要求一致，主要有各种保护管配线、线槽配线等，此外，还有地板下配线。下面就几种新的配线方式作介绍。

1）矩形管配线

矩形管配线方式是将矩形管及其配件组合好后，放置在结构钢筋上，然后浇注混凝土。由于矩形管断面较大，预埋在楼板内时，容易产生龟裂现象，要与土建配合好。

我国常用的矩形管规格见表10-11。当矩形管内穿电缆时，要求电缆截面积不超过25％的矩形管截面积；穿室内电话线时，要求电话线截面积不超过20％的矩形管截面积，穿塑料线时，要求塑料线截面积不超过40％的矩形管截面积。

常用的矩形管规格（mm）　　**表10-11**

种　类	接线盒盒径	接线盒高	矩形管数量
25×25	ϕ75	45～90	1
	100×100	50～120	2
	150×150	50～120	3
25×75	ϕ100	50～100	1
	150×150	50～120	2
	250×250	50～120	3
25×100	ϕ125	50～110	1
	200×200	50～120	2
	300×300	50～120	3
25×125	ϕ150	50～120	1

矩形管出线口之间的距离要根据办公室的家具布置来确定，否则一般每隔600mm设一个出线口，如图10-3所示。根据所配导线的截面积确定出线口径的大小、导线的弯曲半径确定矩形管的埋深。当出线口较多时，应注意出线口不应高出地坪。

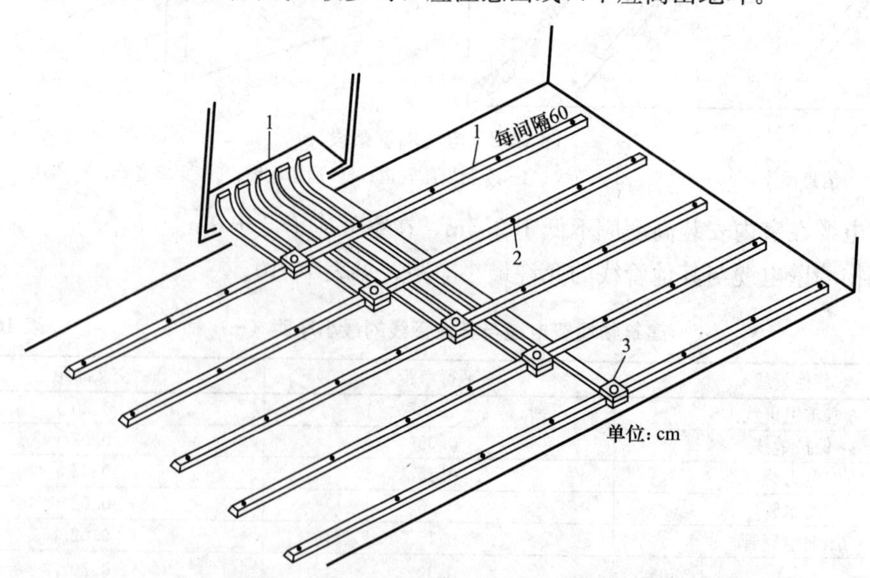

图10-3　矩形管配线方式出线口布置

1—配线箱或MDF或电话主装置室；2—出线口；3—接线盒

矩形管截面确定后，配线的容量就有限制了，很难满足增加线路的要求。此种配线方式仅适用于中小规模的智能化建筑。

2）扁平电缆配线

扁平电缆配线方式就是在楼板上敷设扁平电缆，并用胶带固定，盖上方块地毯的配线方式，如图10-4所示。扁平电缆应敷设在方块地毯中心处，不应敷设在通道上，尤其要避开敷设在主要通道和重物下。建筑电气和智能建筑扁平电缆除交叉部分外，应相距100mm以上。由于扁平电缆保护层容易受摩擦损坏，故安全性不高。

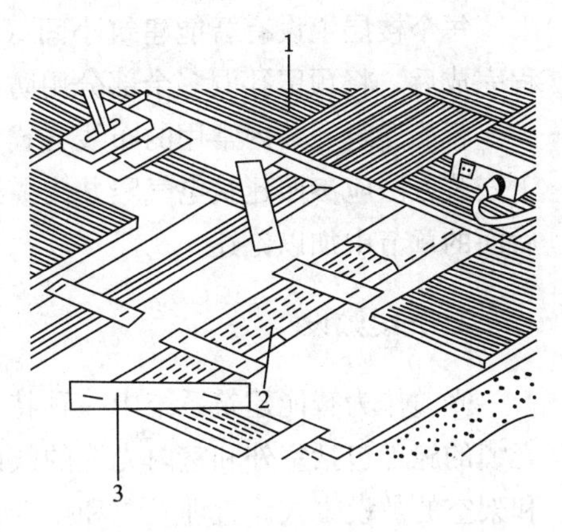

图10-4　扁平电缆配线方式

1—方块地毯；2—扁平电缆；3—胶带

扁平电缆分为电力用、通信用和数据传输用三种电缆。

电力用扁平电缆不可用在住宅、中小学教室、旅馆或使用地坪加温设备的房间内。要求出线回路设置漏电保护器，电流在30A以下，对地电压要在150V以下；若扁平电缆沿墙壁敷设，则必须要安装线槽，在线槽内敷设的接地要可靠。

通信用扁平电缆应根据不同牌号的电缆选择电线对数，应多设端子箱，以便分散引出扁平电缆。

数据传输用扁平电缆专供电脑终端使用，故选线要与电脑匹配，连接器亦与电脑匹配；该电缆传输损耗很大，故长度最好不超过50m。

扁平电缆在室内配线时的具体施工如图10-5所示：

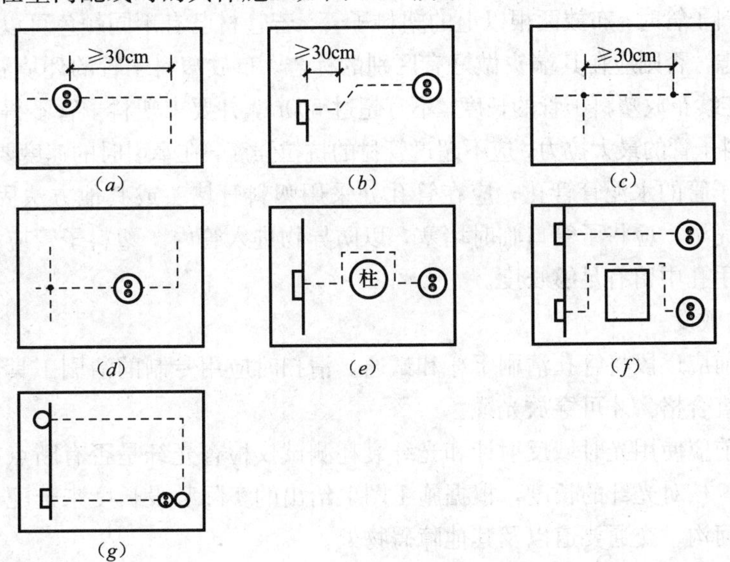

图10-5　扁平电缆在室内配线

(a) 扁平电缆转弯处需距插座30cm以上；(b) 扁平电缆需离墙30cm以上才可转弯；(c) 扁平电缆间分支点应相距30cm以上；(d) 扁平电缆的分支与转弯合并使用；(e) 扁平电缆需以直角方式回避障碍物；(f) 除分支和转弯处外扁平电缆可以交叉；(g) 除电力用扁平电缆的分支和转弯处外，通信用扁平电缆可交叉通过其上

综合布线系统中还有其他几种形式的配线，在下面做详细论述。

(4) 竖井布线

每个楼层上设有智能建筑小间（弱电竖井），用楼板隔开，只留出预留孔洞，安装工程完成后，将预留孔洞多余部分用防火材料封堵。

智能建筑竖井内常用的布线方式为金属管、金属线槽、电缆或电缆桥架等。具体的施工安装方法应参照建筑电气竖井内缆线的施工要求，至于各个不同系统的特殊要求，将在后面的章节中加以论述。

2. 光缆敷设

光缆作为智能建筑系统中一种特殊的传输介质，无论在施工和使用中都有其特殊性。光缆的施工包括室外和室内光缆的敷设。室外光缆敷设主要采用地下光缆管道敷设、直埋和架空的敷设方式。直埋光缆和架空光缆受损害的概率较高，故在智能建筑光缆敷设中应尽量避免使用。

(1) 管道光缆

光缆敷设前，应根据设计文件和施工图样对选用光缆穿放的管孔数和其位置进行核对。如果采用塑料子管，要求对塑料子管的材质、规格、管长进行检查，均应符合设计规定。一般塑料子管的内径为光缆外径的1.5倍，一个水泥管管孔中布放两根以上的子管时，其子管等效总外径不宜大于管孔内径的85%。当管道的管材为硅芯管时，敷设光缆的外径与管孔内径大小有关。目前，最常用的几种硅芯管规格有外径/内径32/26、34/28、40/33、50/42。

1) 管道内布子管

当穿放塑料子管时，布放两根以上的塑料子管，若管材已有不同颜色可以区别时，其端头可不必做标志，否则应在其端头做好有区别的标志。布放塑料子管的环境温度应在－5～＋35℃之间，连续布放塑料子管的长度，不宜超过300m，并要求塑料子管不得在管道中间有接头。牵引塑料子管的最大拉力，应不超过管材的抗拉强度，在牵引时的速度要求均匀。

穿放塑料子管的水泥管管孔，应在管孔处采用塑料管堵头或其他方法固定塑料子管。塑料子管布放完毕，应将子管口临时堵塞，以防异物进入管内。塑料子管应根据设计规定要求在人孔或手孔中留有足够长度。

2) 光缆的敷设

光缆敷设前应逐段将管孔清刷干净和试通。清扫时应用专制的清刷工具，清扫后应用试通棒试通检查合格，才可穿放光缆。

光缆敷设前应使用光时域反射计和光纤衰耗测试仪检查光纤是否有断点，衰耗值是否符合设计要求。核对光纤的长度，根据施工图上给出的实际敷设长度来选配光缆。配盘时要使接头避开河沟、交通要道以及其他障碍物处。

光缆采用人工牵引布放时，每个人孔或手孔应有人值守帮助牵引，机械布放光缆时，在拐弯人孔处应有专人照看。光缆的牵引端头应做好技术处理，采用具有自动控制牵引性能的牵引机进行，牵引力应施加于加强芯上最大不超过1500N，牵引速度宜为10m/min。一次牵引长度一般应不大于1000m。超长距离时，应将光缆采取盘成倒8字形分段牵引或中间适当地点增加辅助牵引，以减少光缆拉力。

在光缆穿入管孔或管道拐弯处或与其他障碍物有交叉时，应采用导引装置或喇叭口保护管等保护。有时在光缆四周加涂中性润滑剂等材料，以减少摩擦阻力。

布放光缆时，其最小半径应不小于光缆外径的20倍。

为防止在牵引过程中发生扭转而损伤光缆，在光缆的牵引端头与牵引索之间应加装转环。

3）光缆在人孔井和手孔井内的敷设

光缆敷设后，应逐个在人孔井或手孔井中将光缆放置在规定的托板上，并应留有适当余量。在人孔或手孔中的光缆需要接续时，其预留长度应符合表10-12中的规定。

光缆敷设的预留长度　**表10-12**

光缆敷设方式	自然弯曲增加长度（m/km）	人（手）孔内弯曲增加长度［(m/人)(手)孔］	接续每侧预留长度（m）	设备每侧预留长度（m）	备　注
管道	5	0.5～1.0	一般为6～8	一般为10～20	1. 其他预留按设计要求 2. 管道或直埋光缆需引上架空时，其引上地面部分每处增加6～8m
直埋	7				

在设计中，如果有要求作特殊预留的长度，应按规定位置妥善放置。

光缆在管道中间的管孔内不得有接头。光缆接头应放在人孔井正上方的光缆接头托架上，光缆接头预留余线应盘成“O”型圈紧贴人孔壁，用扎线捆扎在人孔铁架上固定，“O”型圈的曲率半径不得小于光缆直径的20倍，如图10-6示。按设计要求采取保护措施。保护材料可以采用蛇形软管或软塑料管等管材。

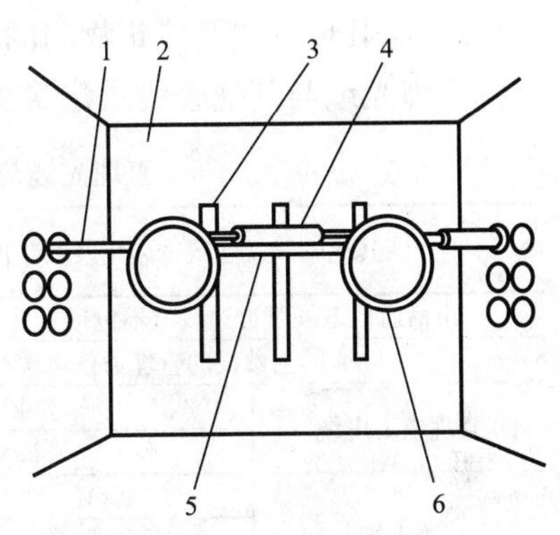

图10-6　管道光缆接头和预留光缆的安装

1—塑料子管；2—人孔；3—光缆铁支架；4—光缆接头及保护；5—光缆接头托架；6—预留的光缆

光缆在人孔或手孔中穿放的管孔出口端应严密封堵，以防水分或杂物进入管内。光缆及其接续应有识别标志，标志内容有编号、光缆型号和规格等。在严寒地区，应按设计要求采取防冻措施，以防光缆受冻损伤。若光缆有可能被碰撞损伤时，可在其上面或周围设置绝缘板材隔断，以便保护。

光缆敷设后应检查外护套有无损伤，不得有压扁、扭伤和折裂等缺陷。

（2）直埋光缆

1）光缆沟

光缆沟的施工与电缆沟的施工基本相同。直埋光缆的埋深应符合表10-13中的规定。

直埋光缆的埋设深度（m）　**表10-13**

光缆敷设的地段或土质	埋设深度	备　注
市区、村镇的一般场合	≥1.2	不包括车行道
街坊和智能化小区内、人行道下	≥1.0	包括绿化地带
穿越铁路、道路	≥1.2	距道砟底或距路面
普通土质（硬土等）	≥1.2	
砂砾土质（半石质土等）	≥1.0	

在敷设光缆前，应先清理沟底，沟底应平整、无碎石和硬土块等杂物。若沟槽为石质或半石质，在沟底应铺垫100mm厚的细土或砂土，经平整后才能敷设光缆，光缆敷设后应先回填200mm厚的细土或砂土保护层。保护层中严禁将碎石、砖块或硬土等混入，保护层采取人工轻轻踏平，然后在细土层上面覆盖混凝土盖板或完整的砖块加以保护。

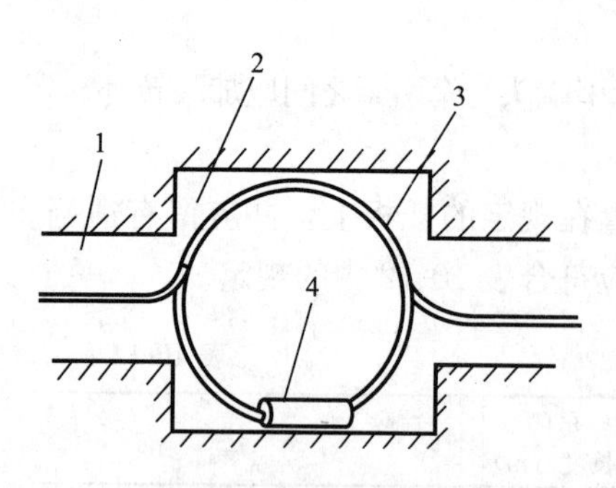

图10-7　直埋光缆接头和预留光缆安装示意

1—直埋光缆沟槽；2—直埋光缆接头坑；3—预留的光缆；4—直埋光缆接头及保护

直埋光缆接头应平放于接头坑中，接头坑和预留的余缆情况如图10-7所示，其曲率半径不得小于光缆直径的20倍。

在同一路径上，且同沟敷设光缆或电缆时，应同期分别牵引敷设。若与直埋电缆同沟敷设，应先敷设电缆，后敷设光缆，在沟底应平行排列。如果同沟敷设光缆，应同时分别布放，在沟底不得交叉或重叠放置，光缆必须平放于沟底，或自然弯曲使光缆应力释放，光缆如果有弯曲腾空和拱起现象，应设法放平，不得用脚踩光缆使其平铺沟底。

2）与其他管线及建筑物间的净距

直埋光缆与其他管线及建筑物间的最小净距见表10-14中所列。

直埋光缆与其他管线及建筑物间的最小净距（m）　　表10-14

其他管线及建筑物名称及其状况		最小净距		备　注
		平行时	交叉时	
市话通信电缆管道边线（不包括人孔或手孔）		0.75	0.25	
非同沟敷设的直埋通信电缆		0.50	0.50	
直埋电力电缆	＜35kV	0.50	0.50	
	＞35kV	2.00	0.50	
给水管	管径＜300mm	0.50	0.50	光缆采用钢管保护时，交叉时的最小净距可降为0.15m
	管径为300～500mm	1.00	0.50	
	管径＞500mm	1.50	0.50	
燃气管	压力小于0.3MPa	1.00	0.50	同给水管备注
	压力0.3～0.8MPa	2.00	0.50	
树木	灌木	0.75		
	乔木	2.00		
高压石油天然气管		10.00	0.50	同给水管备注
热力管或下水管		1.00	0.50	
排水沟		0.80	0.50	
建筑红线（或基础）		1.00		

光缆敷设完毕后，应检查光缆的外护套，如果有破损等缺陷，应立即修复，并测试其对地绝缘电阻。单盘直埋光缆敷设后，其金属外护套对地绝缘电阻应不低于10MΩ/km。光缆接头盒密封组装后，浸水24h，测试光缆接头盒内所有金属构件对地绝缘电阻应不低于20000MΩ/km（DC 500V）。

直埋光缆的接头处、拐弯点或预留长度处以及与其他地下管线交叉处，应设置标志。

（3）架空光缆

光缆敷设前，在现场应对架空杆路进行检验，要求符合《市内电话线路工程施工及验收技术规范》和《本地网通信线路工程验收规范》中的规定，确认合格，且能满足架空光缆的技术要求时，才能架设光缆。

检查新设或原有的钢绞线吊线有无伤痕和锈蚀等缺陷，钢绞线应严密、均匀，无跳股现象。吊线的原始垂度应符合设计要求，固定吊线的铁件安装位置应正确、牢固。对光缆路由和环境条件进行考察，检查有无有碍于施工敷设的障碍和具体问题，以确定光缆敷设方式。

1）光缆的预留

光缆在架设过程中和架设后受到最大负荷时所产生的伸长率应小于 0.2%。

在中负荷区、重负荷区和超重负荷区布放的架空光缆，应在每根电杆上给以预留；轻负荷区，每 3～5 杆档作一处预留。预留及保护方式如图 10-8 所示。

配盘时应将架空光缆的接头点放在电杆上或邻近电杆 1m 左右处。在接头处的预留长度应包括光缆接续长度和施工中所需的消耗长度，一般架空光缆接头处每侧预留长度为 60～100mm。在光缆终端设备处终端时，在设备一侧应预留光缆长度为 10～20m。

在电杆附近的架空光缆接头的两端光缆应各作伸缩弯，其安装尺寸和形状如图 10-9 所示。两端的预留光缆盘放在相邻的电杆上。

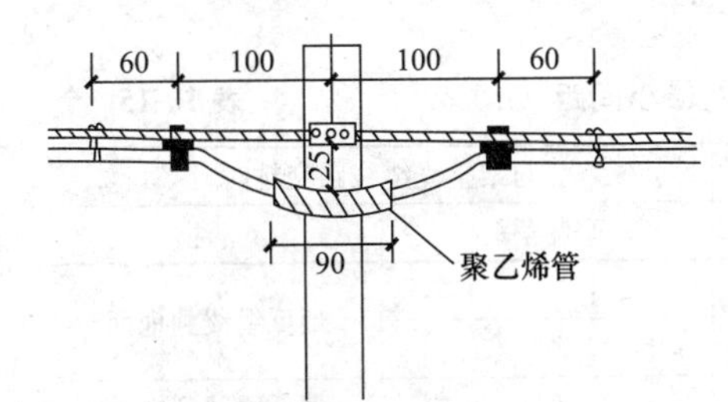

图 10-8 光缆在杆上预留及保护示意图

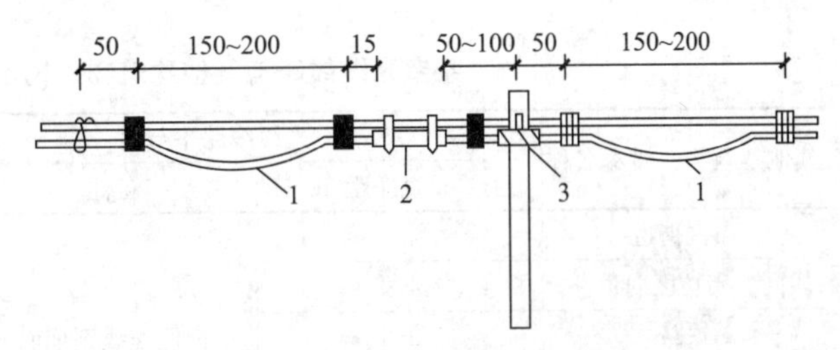

图 10-9 在电杆附近架空光缆接头的安装

1—伸缩弯；2—光缆接头；3—聚乙烯管

固定在电杆上的架空光缆接头及预留光缆的安装尺寸和形状如图 10-10 所示。

2）光缆的弯曲

光缆在经过十字形吊线连接或丁字形吊线连接处，光缆的弯曲应圆顺，并符合最小曲率半径要求，光缆的弯曲部分应穿放聚乙烯管加以保护，其长度约为 300mm 左右，如图 10-11 所示。

光缆配盘时，一般每千米约增加 5m 左右的预留长度。

架空光缆用光缆挂钩将光缆卡挂在钢绞线上，要求光缆在吊挂时统一调整平直，无上下起伏或蛇形。

3）光缆的引上

管道光缆或直埋光缆引上后，与吊挂式的架空光缆相连接时，其引上光缆的安装方式和具体要求如图 10-12 所示。

4）与其他建筑物的间距

架空光缆线路的架设高度，与其他设施接近或交叉时的间距，应符合有关电缆线路部分的规定。架空光缆线路与其他建筑物、树木的最小间距如表 10-15 所示。

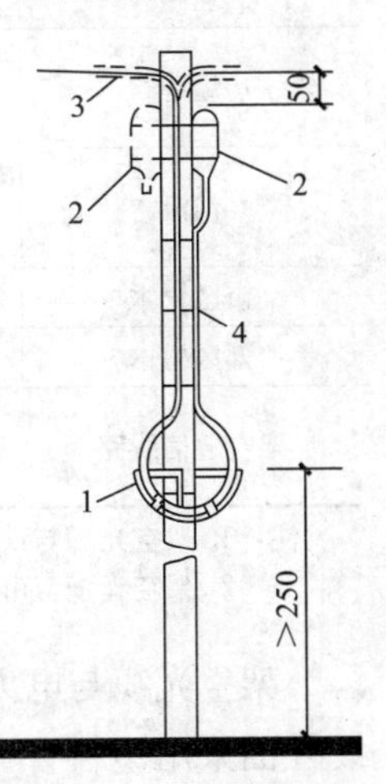

图 10-10 在电杆上架空光缆接头及预留光缆的安装示意图

1—固定铁支架；2—光缆接头；3—聚乙烯管；4—固定环

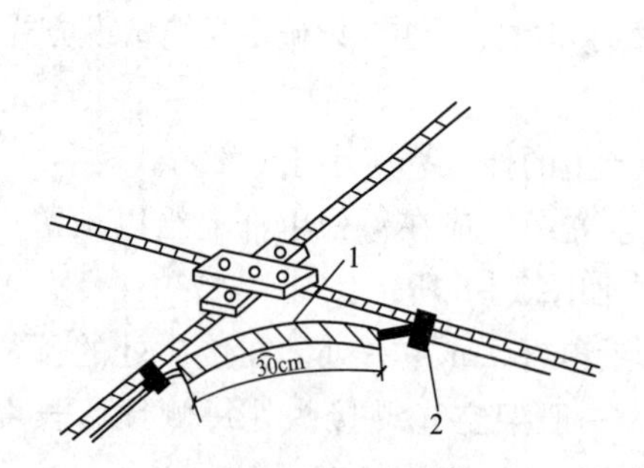

图 10-11 光缆在十字吊线处的保护
1—聚乙烯管；2—固定线

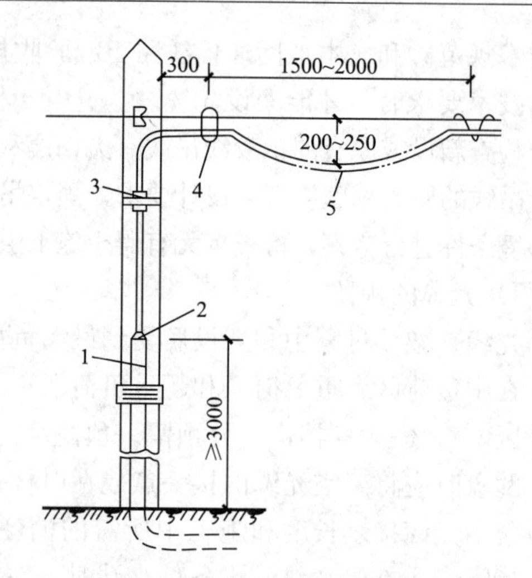

图 10-12 引上光缆的安装及保护
1—引上保护管；2—堵头；3—胶片；4—固定线；5—伸缩弯

架空光缆线路与其他建筑物、树木的最小间距（m） **表 10-15**

其他建筑物、树木名称	与架空光缆线路平行时		与架空光缆线路交越时	
	垂直净距	备注	垂直净距	备注
市区街道	4.5	最低缆线到地面	5.5	最低缆线到地面
胡同（街坊区内道路）	4.0		5.0	
铁路	3.0		7.0	最低缆线到轨面
公路	3.0		5.5	最低缆线到地面
土路	3.0		4.5	
房屋建筑			距脊 0.6 距顶 1.0	最低缆线距屋脊 最低缆线距屋顶
河流			1.0	最低缆线距最高水位时最高桅杆顶
市区树木			1.0	最低缆线到树枝顶
郊区树木			1.0	
架空通信线路			0.6	一方最低缆线与另一方最高缆线的间距

注：1. 架空光缆与铁路最小水平净距为地面杆高的 1⅓m。
2. 架空光缆与市区树木的最小水平净距为 1.25m；与郊区树木应为 2.0m。

架空光缆与电力线交叉时，在光缆和钢绞线吊线上采取绝缘措施。在光缆和钢绞线吊线外面采用塑料管、胶管或竹片等捆扎，使之绝缘。

架空光缆如紧靠树木或电杆等有可能使外护套磨损时，在与光缆的接触部位处，应套包长度不小于 1m 左右的聚氯乙烯塑料软管、胶管或蛇皮管，加以保护。如靠近易燃材料建造的房屋段落或温度过高的场合，应套包耐温或防火材料加以保护。

(4) 室内光缆

建筑物内光缆敷设的基本要求与建筑物的电缆敷设相似。

1）主干光缆

建筑物内主干光缆一般装在电缆竖井或上升房中，敷设在槽道内（或桥架）和走线架上，并应排列整齐，不应溢出槽道或桥架。槽道（桥架）和走线架的安装位置应正确无误，安装牢固可靠。在穿越每个楼层的槽道上、下端和中间，均应按1.5～2m间隔对光缆固定。

光缆敷设后，要求外护套完整无损，不得有压扁、扭伤、折痕和裂缝等缺陷。否则应及时检测，如为严重缺陷或有断纤现象，应检修测试合格后才能允许使用。要求在设备端应预留5～10m的预留长度。光缆的曲率半径应符合规定，转弯的状态应圆顺，不得有死弯和折痕。

在建筑内同一路径上如有其他智能建筑系统的缆线或管线时，光缆与它们平行或交叉敷设，应有一定间距，要分开敷设和固定，各种缆线间的最小净距应符合设计规定。

光缆全部固定牢靠后，应将建筑物内各个楼层光缆穿过的所有槽洞、管孔的空隙部分，先用油性封堵材料堵塞密封，再加堵防火堵料等防火措施，以求防潮和防火效果。

2）光缆进线室

进线室光缆安装固定示意图如图10-13所示。

光缆由进线室敷设至机房的光缆配线架，由楼层间爬梯引至所在楼层。光缆在爬梯上，在可见部位应在每只横铁上用粗细适当的麻线绑扎。对无铠装光缆，每隔几档应衬垫一块胶皮后扎紧。在拐弯受力部位，还需套一段胶管加以保护。

3）光缆终端箱（盒）

光缆进入配线间后，需要留有10～15m余量，可以进入光缆终端箱，如图10-14所示。

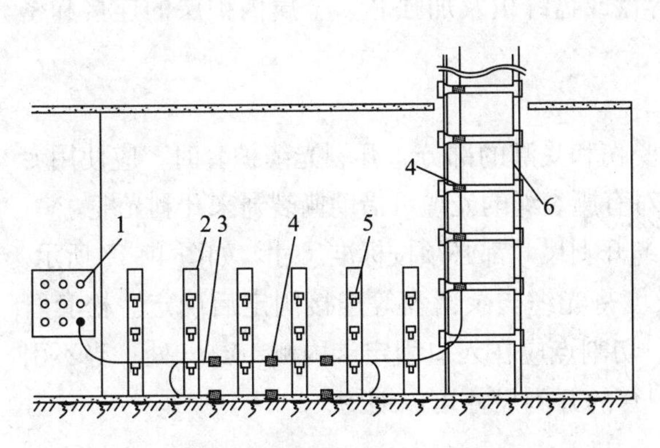

图10-13 进线室光缆固定安装示意图

1—进缆管孔；2—托架；3—余留光缆；4—绑扎；5—扎板；6—爬梯

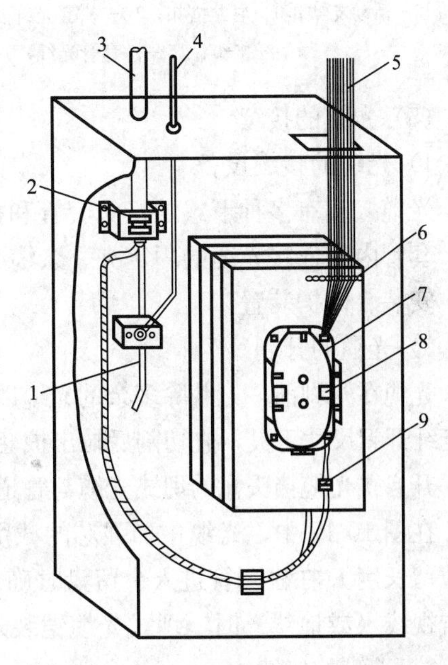

图10-14 光缆终端箱（盒）成端方式

1—加强芯；2、6、9—尼龙扎带；3—光缆保护管；4—保护地线接机架顶部端子板；5—单芯光缆（尾纤）至光设备；7—光纤收容盘；8—接头盘光缆进光配线（ODF）架光缆终端盘前，埋式光缆一般在进架前将铠装层剥除；松套管进入盘纤板后应剥除。按光缆及光纤成端安装图操作，成端完成后将活动支架推入架内，推入时注意光纤的弯曲半径，并应用仪表检查光纤是否正常。ODF架光缆终端盘成端方式如图10-15所示。

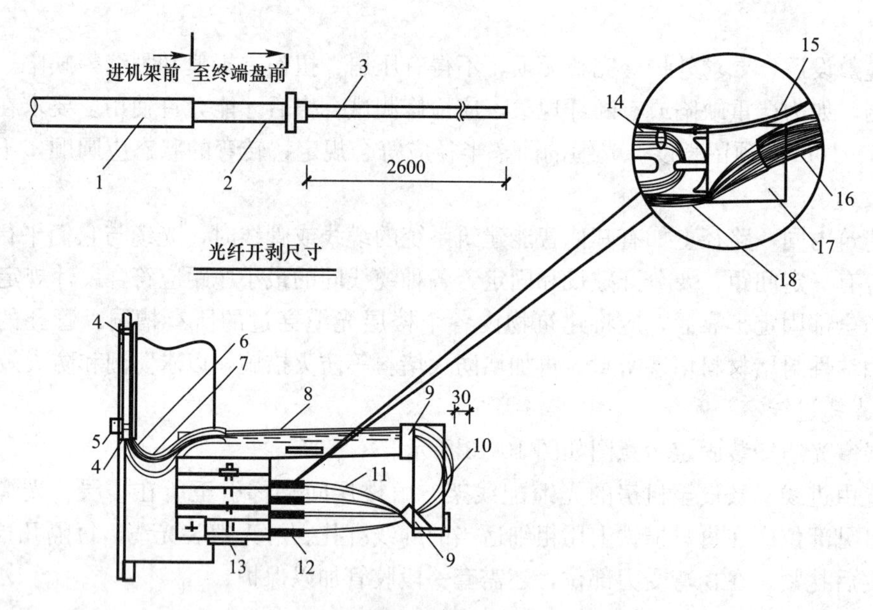

图10-15　ODF架光缆终端盘成端方式

1—铠装光缆；2—铝塑内护层；3—光纤束；4—扎带；5—机架横条；6—塑料软管（保护松套管光纤）；7—尾纤；8—活动支架；9—尼龙搭扣；10—松套光纤及尾纤；11—光缆；12—底板、盘纤板；13—固定支架；14—光纤接头；15—松套管光纤；16—单芯缆（尾纤）；17—底板；18—盘纤板

（5）光缆的接续

1）光缆的接续设备

光缆接续有多种形式的接头套管和接头盒，其构造如图10-16所示。

套管内有连接光缆的固定夹、余缆收容盘或盘纤板及加强芯、金属内护层的连接和密封、安装、保护装置。

2）光缆的开剥

光缆在开剥前，先截除多余的光缆以及受伤和受潮的部分。开剥光缆护套时，应使用专用光纤开剥尺寸工具，先切割后拉出护套。对有撕裂绳的光缆可借助撕裂绳来开剥光缆。

开启式光缆接头盒的埋式光缆与管道光缆开剥尺寸都必须按标准尺寸，如图10-17所示。

在图10-17中，光缆中加强芯的截留长度待光缆与余留盘等连接固定后确定。松套管的截留长度L在松套管进入余留盘时确定，切割点应在入口固定卡内侧10mm处。当不引出监视线（或地线）时，埋式光缆铠装外护套的开剥尺寸可以缩短。

3）光缆的接续

光缆接续是光缆互相直接连接，中间没有任何设备。光缆接续包括光纤接续，铜导线、金属护层和加强芯的连接，接头损耗测量，接头套管（盒）的封合安装以及光缆接头的保护措施的安装等。

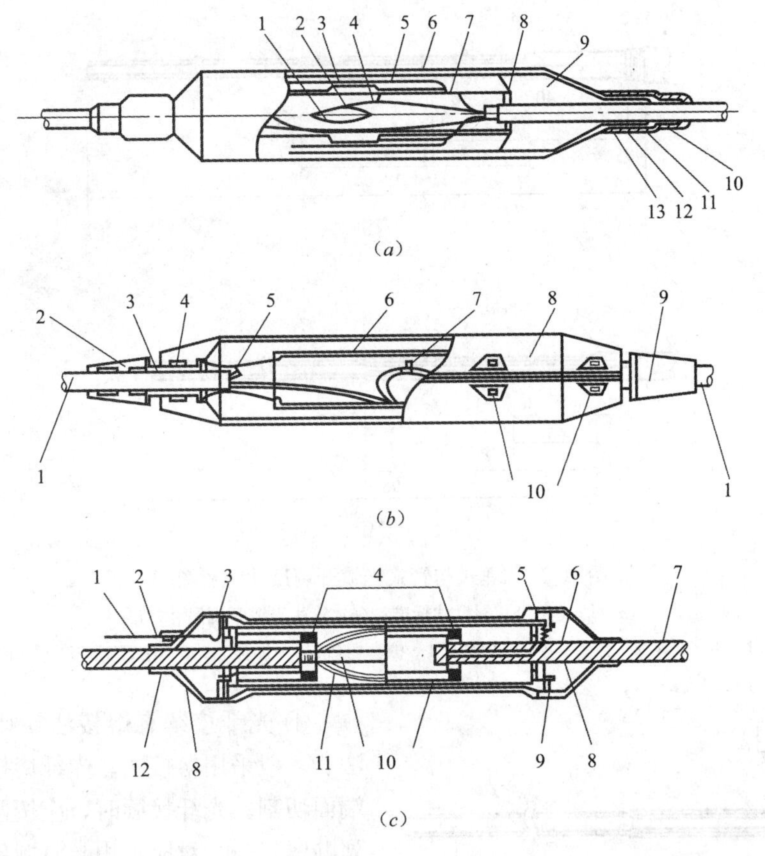

图 10-16 光缆接头套管及其连接方式

(a) 光缆接头套管的组成

1—金属内护层连接；2—加强芯连接；3—光纤连接；4—铜芯连接；5—余光缆收容板（盘）；6—套管；7—支架；8—光缆固定夹；9—护肩；10—防火带、粘附聚乙烯带；11—自粘胶带；12—主热缩管；13—辅助热缩管

(b) 环氧树脂油灰连接法

1—光缆；2—环氧树脂油灰；3—副套管；4—粘胶带；5—远供铜钱；6—盘纤板；7—光纤；8—主套管；9—套管封头；10—支架

(c) 不锈钢护套橡胶密封连接法

1—小号热缩管；2—钢带引出线（监测或兼作接地）；3—护肩；4—光缆固定夹；5—侧盖（不锈钢）；6—橡胶管；7—光缆；8—胶带；9—密封垫圈；10—支架；11—光纤；12—大号热缩管

开启式光缆接头盒适用于松套层绞式光缆和束管式光缆的接续。光缆需从两端进入接头盒，根据光缆直径在端板上打孔。接头盒的各个开口部位均应放置密封胶带和胶条，封装时应分多次逐个拧紧螺栓。典型的光缆开剥尺寸如图 10-18 所示。

半开启式光缆接头盒适用于管道光缆、埋式光缆和松套层绞式光缆的接续。端板上的光缆入口孔应根据光缆直径的大小，使用专门的打孔机钻孔。接头盒每端最多允许四条光缆进入，入口处和端板周围应加适量的密封带，套筒的合拢槽中应加密封条，端板紧固带和套筒紧固带均应采用专门的收紧器适当地紧固。

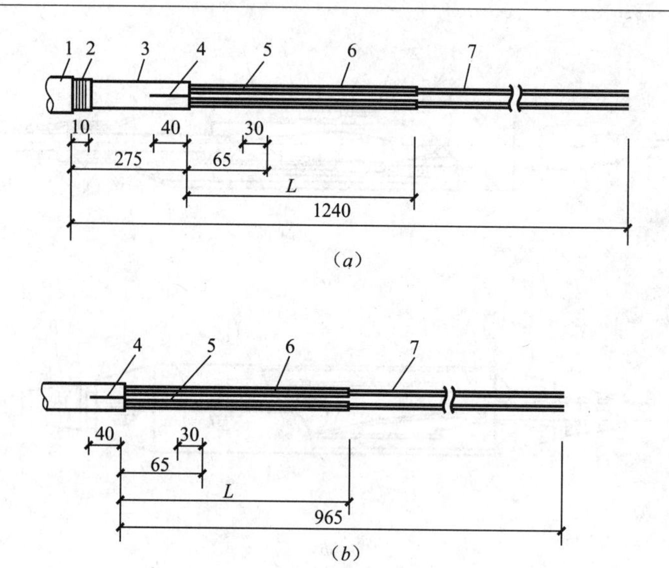

图 10-17 埋式与管式光缆开剥尺寸示意图一

(a) 埋式光缆开剥尺寸标准；(b) 管式光缆开剥尺寸标准

1—外护套；2—铠装；3—内护套；4—护套切口；5—加强芯；6—松管套；7—光纤

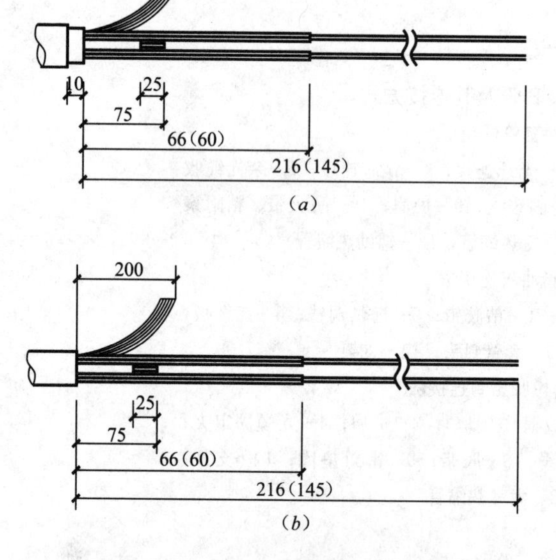

图 10-18 埋式与管式光缆开剥尺寸示意图二

(a) 埋式光缆开剥尺寸标准；(b) 管式光缆开剥尺寸标准

① 光纤接续有熔接法、粘接法和冷接法，一般采用熔接法。光纤熔接前，将光纤端面切割。光纤接续时，应按两端光纤的排列顺序，一一对应，用光时域反射仪进行监测，使光纤接续损耗符合规定要求。熔接完后，应测试光纤接续部位，合格后，立即做增强保护措施。光纤全部连接完成后，将光纤接头固定，光纤接头部位应平直安排，不应受力。

接续后的光纤收容余长，盘放在骨架上，光纤的盘绕方向应一致，松紧适度，盘绕弯曲时的曲率半径应大于厂家规定的要求，一般收容的曲率半径应不小于 40mm，长度应不小于 1.2m。用海绵等缓冲材料压住光纤形成保护层，并移放入接头套管（盒）中。接续的两侧余长应贴上光纤芯的标记。

② 铜导线的连接方法可采用绕接、焊接或接线子连接，有塑料绝缘层的铜导线应采用全塑电缆接线子接续。接续点距光缆接头中心为 100mm 左右，允许偏差为±10mm，有几对铜导线时，可分两排接续。直埋光缆中的铜导线接续后，应测试直流电阻、绝缘电阻和绝缘耐压强度等，并要求符合国家标准有关通信电缆铜导线电性能的规定。

③ 光缆接头两侧综合护套金属护层（一般为铝护层）在接头装置处应保持电气连接，

并应按规定要求接地或处理。铝护层的连（引）线是在铝护层上沿光缆轴向开一个 25mm 的纵口，拐 90°弯，再开 10mm 长、呈“L”状的口，将连接线端头卡子与铝护层夹住并压接，用聚氯乙烯胶带绕包固定。

加强芯截断后，将两侧加强芯断开，采用压接固定在金属接头套管（盒）上，要求牢固可靠，并互相绝缘，外面应采用热可缩套管或塑料套管保护。

④ 接头套管（盒）如为铅套管封焊时，应严格控制套管内的温度，封焊时应采取降温措施，保证光纤被覆层不会受到过高温度的影响。套管内应放入袋装的防潮剂和接头责任卡。

光缆接头套管若采用热可缩套管时，加热顺序应由套管中间向两端依次进行烘烤，加热应均匀，热可缩套管冷却后才能搬动，要求热可缩套管的外形圆整、表面美观、无烧焦等不良现象。

光缆接续和封合全部完毕后，应测试和检查并作记录备查。如需装地线引出时，应注意安装工艺必须符合设计要求。

4）光缆的终端连接

光缆终端连接指的是光缆的两端利用光纤跳线或连接器进行互连或交叉连接分别连接到终端设备上，形成完整的光通路。光缆终端的连接包括光缆布置、光纤整理、连接器的制作及插接，铜导线、金属护层和加强芯的终端和接地等内容。

在设备上的光缆终端是利用连接硬件使光纤互相进行连接。终端盒则采用光缆尾纤与盒内的光纤连接器连接。这些光纤连接方式都是采用活动上接续，分为光纤交叉连接（又称光纤跳接）和光纤互相连接（简称光纤互连，又称光纤对接）两种。

① 光纤交叉连接以光缆终端设备为中心，采用长度应不超过 10m，两端有连接器的光纤跳线或光纤跨接线在耦合器、适配器或连接器面板进行插接，使终端在设备上的输入和输出光缆互相连接。光纤交叉连接（光纤跳接）的简单连接状况如图 10-19 所示。图中表示光纤跨接线的一侧。

② 光纤互相连接又称为光纤对接，直接将来自不同光缆的光纤，通过连接套箍互相连接，中间不通过光纤跳线或光纤跨接线连接。

光纤连接器种类较多，其中 ST 光纤连接器使用最多，一般装在光缆中的单根光纤的端点，在光电终端设备上交叉连接或互相连接，与光缆接线箱和光缆配线架上的 ST 光纤连接耦合器配合使用。

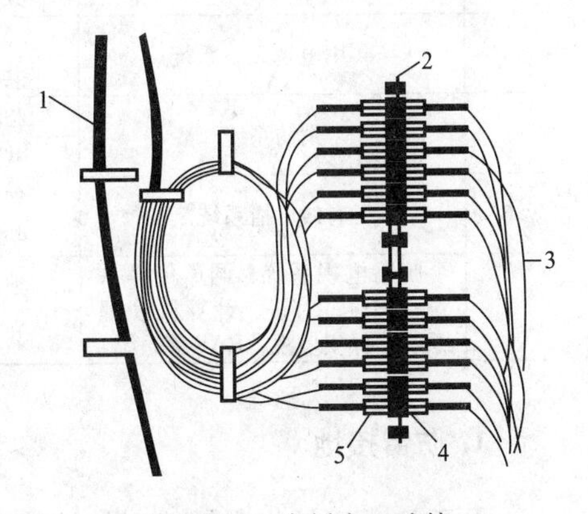

图 10-19 光纤交叉连接（光纤跳接）示意

1—12 芯光缆；2—连接器面板；3—单光纤跨接线；4—耦合器；5—ST 连接器

光纤连接器在光纤端安装要求较高，首先剥除光缆的外护套，根据不同类型的光纤和不同类型的 ST 插头作好标记，剥除光纤的涂覆层和外皮。按光纤顺序，将干净光纤依次存放在专用的“保持块”中，裸露的光纤应悬空。将光纤安装到 ST 型连接器插头中，并用注射器把环氧树脂注入连接器插头内，使光纤涂上一薄层环氧树脂外皮。用专制电烘烤箱，将光纤与连接器在箱中烘烤约 10min 后，在“保持块”上冷却。用专用切断工具去除连接器插头的尖端伸出光纤和残留的环氧树脂，最后进行磨光。

10.3　绿色智能建筑的接地

智能建筑各个系统内要接地的构件与设备很多，接地的功能要求也不一样。主要有防雷接地、工作接地、保护接地。在电子设备接地系统中，有直流接地（信号接地、逻辑接地）、屏蔽接地、防静电接地和功率接地。

智能建筑系统的接地一般采用共同接地方式，接地体以自然接地体为主。当自然接地体同时符合三个条件（接地电阻能满足规定值要求；基础的外表面无绝缘防水层；基础内钢筋必须连接成电气通路，同时形成闭合环，闭合环距地面不小于0.7m），一般不另设人工接地体。表10-16是各个智能建筑系统所要求的接地电阻值。

各个智能建筑系统所要求的接地电阻值（Ω）　　表10-16

序　号	系　统	接地形式	接地电阻	备　注
1	调度电话站	独立接地装置	<15	直流供电
			<10	交流供电：$P_e \leqslant 0.5$kW
			<5	交流单相负荷：$P_e > 0.5$kW
		共用接地装置	<1	
2	程控交换机	独立接地装置	<5	
		共用接地装置	<1	
3	综合布线（屏蔽）系统	独立接地装置	<4	
		接地电位差	<lv（有效值）	
		共用接地装置	<1	
4	共用电视天线系统	独立接地装置	<4	
		共用接地装置	<1	
5	消防系统	独立接地装置	<4	
		共用接地装置	<1	
6	有线广播系统	独立接地装置	<4	
		共用接地装置	<1	
7	闭路电视系统、同声传译系统、扩声、对讲、计算机管理系统、保安监视、BAS等系统	独立接地装置	<4	
		共用接地装置	<1	

1. 防雷接地

防雷接地系统作为智能建筑接地系统的基础，在进行其他功能接地施工安装时，都必须注意与防雷接地系统之间的关系。一般来说，其他接地系统必须都在防雷保护接地系统的保护范围之内，充分利用严密的防雷结构，保护好电子设备。对大楼内的设备及设备周围的金属构件，除在接地体上共同接地外，尽可能与防雷保护接地系统隔离。

2. 工作接地

工作接地指交流工作接地。一般智能化大楼的工作接地采用TN-C-S或TN-S系统。

当智能化大楼的电源由附近区域变电所引来时，工作接地已在区域变电所内完成。从区域变电所引来的输电线路，进入大楼前，中性线N必须作重复接地，进入大楼配电间后，应与总等电位联结铜排相连，N排和PE排分开，从该连接点起，引出的中性线N采用绝缘铜导线，不准再与任何“地”作电气连接，严禁与PE线有任何连接，即TN-C-S接地系统。

当智能化大楼内有自己独立变配电所时，交流工作接地在变配电所内完成，将变压器中性点、中性线N和总等电位联结铜排连接在一起直接接地（接在自然接地体上）。从该点起，引出的中性线N采用绝缘铜导线，不准再与任何“地”作电气连接，严禁与PE线有任何电气连接，即TN—S接地系统。工作接地除直接与大楼接地体连接外，还应与变电所接地网格及总等电位联结铜排相连，使工作接地更可靠。

采用分散接地时，工作接地电阻值小于等于4Ω；采用统一接地时，工作接地电阻值小于等于1Ω。

3. 保护接地

保护接地系统主要由防雷保护接地与防电击保护接地构成。

电子设备外壳保护接地PE干线可采用镀锡铜排，其截面可按最大用电电子设备的传输相导体截面来选择PE干线。PE干线下端与总等电位联结铜排连接后，应设置在智能建筑（弱电）竖井中，引到电子设备所需的楼层。

辅助等电位联结如图10-20所示。

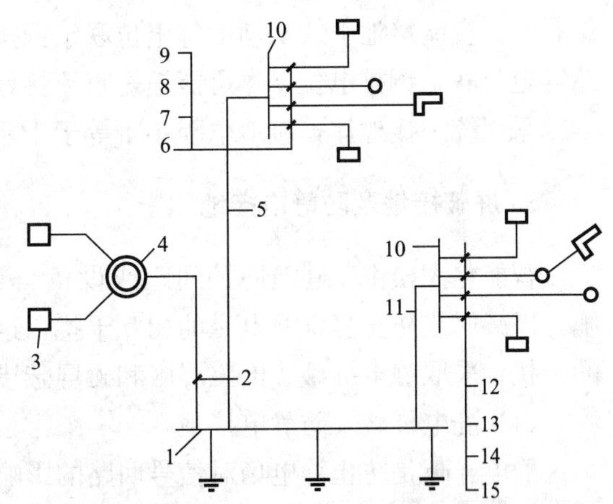

图10-20 等电位系统图

1—总等电位联结铜排；2—直流接地线（$S=35mm^2$）；3—n台电子设备；4—等电位闭合环；5—建筑电气PE干线；6—其他设备接地；7—金属构件接地；8—金属管路接地；9—设备外壳接地；10—辅助等电位联结铜排；11—智能建筑PE干线；12—电子设备外壳接地；13—金属构件接地；14—金属管路屏蔽接地；15—抗静电接地

4. 直流接地

直流接地系统是智能化大楼至关重要的接地系统，主要包括信号接地和逻辑接地。

为了在电路中传输信息、转换能量、放大信号、输出指示，使其准确性高、稳定性好，电子设备中信号电路的基准电位即为信号接地，此接地从总等电位联结铜排上得到。

数字电路中各个门电路信息的传递，以0、1、0、1的脉冲进行转换，必须有一个基准电位为逻辑接地。此电位也是大楼接地体的地电位，同样从总等电位联结铜排上取得。

直流接地系统与其他接地系统分离的条件是接地体离其他接地体的距离不能小于20m，接地引线离其他接地引线距离不能小于2m。否则基准电位必须取自总等电位联结铜排上，直流接地引线必须单独采用$35mm^2$铜芯绝缘线，穿钢管或封闭线槽直接引至设备附近，只作直流接地用。钢管或封闭线槽必须作可靠接地。

在一个房间内需要直接接地的设备较多，可利用辅助等电位联结，在房间设备下面，采用铜排网格，如图10-21所示。直流网格地是用一定截面积的铜带（1～1.5mm厚，25～35mm宽），在活动地板下面交叉排成600mm×600mm的方格，其交叉点与活动地板支撑的位置交错排列。交点处用锡焊焊接或压接在一起。为了使直流网格地和大地绝缘，在铜

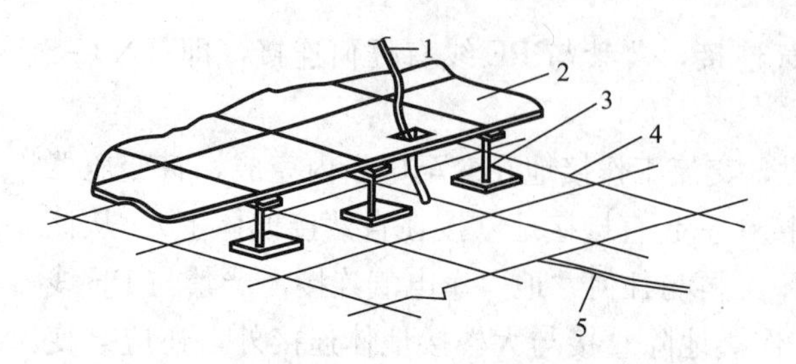

图 10-21 计算机铜排网示意图
1—计算机接地线；2—活动地板；3—支撑架；
4—铜排网；5—接地线引至接地体

带下应垫 2～3mm 厚的聚氯乙烯板或绝缘强度高、吸水性差的材料作为直流网格地的绝缘体，若用绝缘橡皮则应采取相应的防潮措施，以防止橡皮易受潮、受油而导致绝缘电阻降低。计算机各机柜的直流网格地，都用多股编织软线连接到直流网格地的交点上。

辅助等电位联结也可用一个与其他接地系统绝缘隔离的闭合铜排环做辅助等电位联结。直流接地引线从辅助等电位联结铜排上就近接地。辅助等电位的电位尽可能接近总等电位联结铜排电位，尽可能缩短直流接地线长度或采用大于 $35mm^2$ 的铜芯绝缘导线。

采用统一接地体，接地电阻小于等于 1Ω，能满足直流接地要求。

5. 屏蔽接地及防静电接地

智能化大楼由于建筑防护间距或设备与布线防护间距不够，因此，必须采取隔离措施，以减弱或防止静电及电磁的相互干扰，这种措施称为屏蔽。对大楼内设备间、布线间的干扰，采取静电屏蔽、电磁屏蔽和磁屏蔽措施来预防。

（1）静电屏蔽及防静电接地

静电屏蔽是防止静电场对信号回路的影响，通过静电屏蔽可以消除两个电路之间由于分布电容耦合产生的干扰，一般设备本身已具备静电屏蔽，只要将静电屏蔽体作良好接地即可。

智能化大楼内的通信设备房、电子计算机房的地板应采用导电地板（防静电地板）架设，导电地板间必须具有连续接地措施，房间门窗上金属把手、门栓及其他金属构件都必须可靠接地。

（2）电磁屏蔽接地

电磁屏蔽主要为了防止外来电磁场及布线间直接电磁耦合对电子设备产生的干扰。一般电子设备本身已具有的电磁屏蔽体（与静电屏蔽体合用），只要将屏蔽体作可靠接地。

为改进电磁环境，所有与建筑物组合在一起的大尺寸金属件都应等电位联结在一起，并与防雷装置相连，但第一类防雷建筑物的独立避雷针及其接地装置除外。如屋顶金属表面、立面金属表面、混凝土内钢筋和金属门窗框架。

在分开的各建筑物之间的非屏蔽电缆应敷设在金属管道内，如敷设在金属管、金属格栅或钢筋成格栅形的混凝土管道内，金属物从一端到另一端应是导电贯通的，分别连到各分开的建筑物的等电位联结线上。电缆屏蔽层应分别连到联结线上。

屏蔽层仅一端做等电位联结和另一端悬浮时，它只能防静电感应，防止不了磁场强度变化所感应的电压。为减小屏蔽芯线的感应电压，在屏蔽层仅一端做等电位联结的情况下，应采用双层屏蔽，外层屏蔽应至少在两端作等电位联结。在这种情况下，外屏蔽层与其他同样做了等电位联结的导体构成环路，感应出一电流，因此，产生降低源磁场强度的磁通，从而基本上抵消掉无外屏蔽层时所感应的电压。

图 10-22 是某办公建筑物屏蔽、等电位联结和接地示意图。

为了防止布线间的相互干扰，电子设备的信号传输线、接地线等尽量远离产生强磁场的场所，在布线时尽量不要将有相互干扰的线路平行敷设，布线路径越短越好。传输线直流接地线应采用屏蔽线式穿钢管或用金属线槽敷设，屏蔽层和金属管、槽两端必须接地。屏蔽接地引线直接与 PE 线连接或与辅助等电位联结铜排相连，应采用 $6mm^2$ 以上铜芯绝缘线，引线长度不超过 6m。

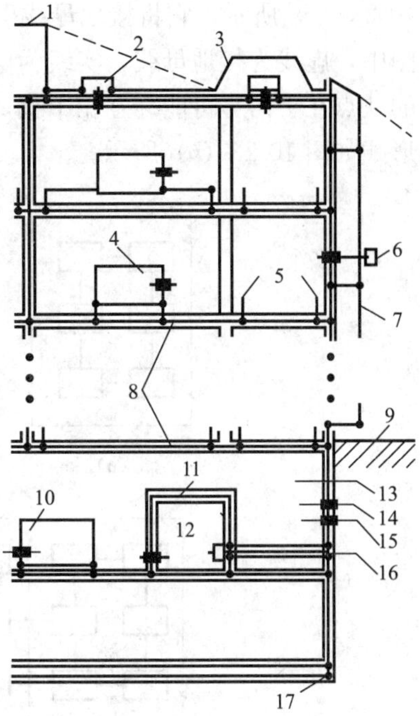

图 10-22 某办公建筑物屏蔽、等电位联结和接地示意图

1—屋顶上的金属物；2—屋顶上的设备；3—接闪器；4—有屏蔽的小室；5—等电位联结预留件；6—摄像机；7—混凝土中的钢筋；8—金属立面；9—地面；10—高度敏感的电子设备；11—钢筋；12—变电所；13—外来金属设施；14—通信线路；15、17—0.4kV 电源；16—10kV 电源

6. 功率接地

在电子设备中有交直流电源引进，各种频率的干扰电压会通过交直流电源线侵入，干扰低电平信号电路，有的电路内部会产生干扰信号，产生谐波的强电设备在电路中也会产生干扰信号，因此，电子设备中交直流滤波器必须接地，把干扰信号泄入接地体中，这种接地叫做功率接地。

7. 安全接地

电子设备在正常或故障状态下，其金属外壳可能会带电，对人与物产生电击的危险，因此，电子设备的金属外壳必须接地，这种接地称为安全接地。

在接地系统施工过程中，要始终贯串总等电位、辅助等电位及局部等电位的原则。明确哪些接地可以混接，哪些接地不能混接。电子设备及其布线要尽可能避开电磁干扰源，周密设计好电磁屏蔽接地及抗静电接地，并以统一接地方式来完成各类接地系统设计。

8. 电子设备的接地

（1）接地要求

当电子设备接地和防雷接地采用共同接地装置时，为了避免雷击时遭受反击和保证设备安全，应采用埋地铠装电缆供电。电缆屏蔽层必须接地，为避免产生干扰电流，对信号电缆和 1MHz 及以下低频电缆应一点接地；对 1MHz 以上电缆，为保证屏蔽层为地电位，应采取多点接地。

（2）接地方式

电子设备的接地形式主要有串联式一点接地、并联式一点接地、多点接地、混合式接地等，如图 10-23 所示。

一点接地形式适用于电平相近的各低频电子设备或电路。串联式一点接地形式，如图

10-23（a）所示。它将接地母线引至总等电位或接地极，电位最低者应距接地点最近。该图中，虚线为接地母线，实线为电子设备接地线，方框为电子设备。串联式一点接地形式的缺点在于信号可能会互相干扰，当电平相差较大时，会产生较大干扰。并联式一点接地形式如图 10-23（b）所示。

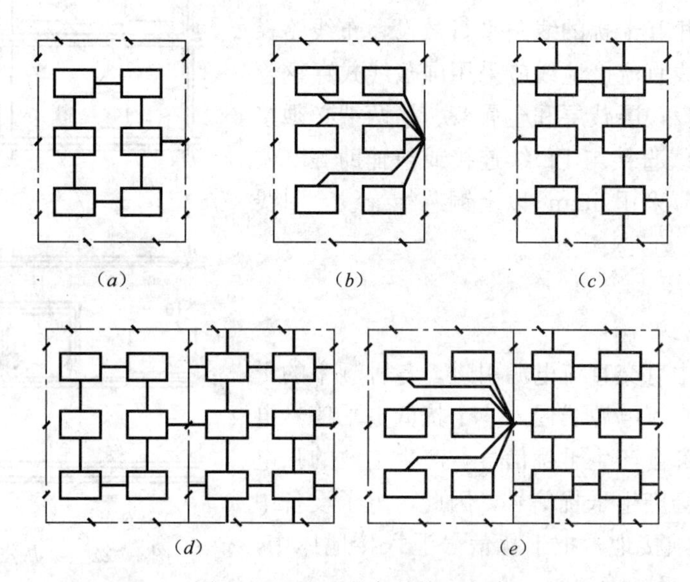

图 10-23 电子设备的接地方式

（a）串联式一点接地；（b）并联式一点接地；（c）多点接地；（d）串联多点混合式接地；（e）并联多点混合接地

多点接地形式适用于 $f>10$MHz 高频电子设备或电路。多点接地方式如图 10-23（c）所示。它将接地母线引至总等电位板或接地极。引至总等电位板或接地板的接地线应采取屏蔽。

混合式接地形式，实质上是串联式一点与多点混合接地形式的组合，如图 10-23（d）所示；或并联式一点与多点混合接地形式组合，如图 10-23（e）所示。混合式接地适用于低频与高频之间的电子设备或电路。

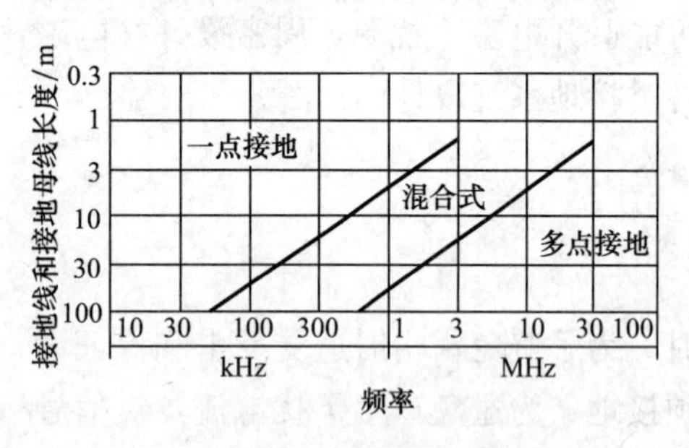

图 10-24 智能建筑系统工作接地形式选择示意图

智能建筑系统工作接地形式的选择如图 10-24 所示。

(3) 接地系统的确定

电子设备的接地形式一般可根据接地引线长度及设备的工作频率确定：

1）当 $L<\lambda/20$，频率在 1MHz 以下时，一般采用辐射式接地系统。将信号接地、功率接地和保护接地分开敷设的引下线接至电子设备电源室的总端子板，再将此总端子板引至公共接地装置。为避免环路电流、瞬时电流的影响，辐射式接地系统应采用一点接地。

2）当 $L>\lambda/20$，频率在 10MHz 以上时，一般采用环状接地系统。将信号接地、功率接地和保护接地接至电子设备电源室的接地环上，再将此环引至公共接地装置。为消除各接地点的电位差，避免彼此之间产生干扰，环式接地系统应采用等电位连接。

3）当$L=\lambda/20$，频率在1～10MHz之间时，一般采用混合式接地系统（即敷设接地与环状接地相结合的系统）。对混合式接地系统，在电子设备内部采用辐射式接地，在电子设备外部采用环状接地系统。

（4）接地装置的敷设

接地引下线一般采用绝缘导线穿PVC管，其引下线的截面积一般采取大于或等于16mm²的铜芯线，但引下线的长度应避开波长的1/4及1/4的奇数倍，以防止产生驻波或起振。防静电接地可接至附近与接地装置相连的柱子主筋，也可接至就近的PE线。

接地线长度应按$l=n\lambda+(\leqslant\lambda/20)$选用。表10-17是电子设备工作地接地线薄铜排（厚0.35～0.5mm）宽度选择表。

电子设备工作地接地线薄铜排（厚0.35～0.5mm）宽度选择表　　表10-17

电子设备灵敏度（μV）	接地线长度（m）	电子设备工作频率（MHz）	薄铜排宽度（mm）
1	＜1	＞0.5	120
1	1～2		200
10～100	1～5		100
10～100	5～10		240
100～1000	1～5		80
100～1000	5～10		160

接地环母线的截面，当电子设备频率在1MHz以上时，用120mm×0.35mm钢箔；在1MHz以下时，用80mm×0.35mm钢箔。

电子设备的接地极宜采用地下水平敷设，做成靶形或星形。

9. 数据处理设备的接地

（1）接地要求

数据处理设备的接地电阻一般为4Ω，当与交流工频接地和防雷接地合用时，接地电阻为1Ω。

对于泄漏电流为10mA以上的数据处理设备，其主机室内的金属体应相互连接成一体，连接线可采用6mm²的铜导线或25mm×4mm镀锌扁钢，并进行接地，接地电阻不大于4Ω。

为减少集肤效应和通道阻抗，直流工作接地的引下线应采用多芯铜导线，截面积不宜小于35mm²。当需要改善信号的工作条件时，宜采用多股铜绞线。

直流工作接地与交流工作接地若不采用共同接地时，两者之间的电位差应不超过0.5V，以免产生干扰。

输入信号的电缆穿钢管敷设，或敷设在带金属盖板的金属桥架内，钢管及桥架均应接地。

（2）正常泄漏电流超过10mA时，采取防止保护线中断危险的措施

1）提高保护线的机械强度

① 采用单独的保护线（保护线为非多芯电缆的线芯）时，单独保护线的截面积应不小于10mm²，双保护线的每根截面积应不小于4mm²。

② 当保护线为多芯电缆中的线芯时，电缆中线芯截面积的总和应不小于10mm²。

③ 当采用电线、电缆套金属管的敷设方法，且保护线与金属管并联时，线芯截面积

应不小于2.5mm²。

④ 利用能保证导电连续性，且具有足够电导的金属套管、母线槽、槽盒、电缆屏蔽层及铠装作保护线。

⑤ 设备和电源的连接不用插头、插座，而用固定线路的连接方式。

2）采用保护措施

装设保护线导电连续性的监视器，当保护线中断时，自动切断电源。

（3）低干扰水平接地设施的防电击措施

1）数据处理设备的外露导电部分应直接接至建筑物进线处的总接地端子作一点接地。需作功能接地的Ⅱ类和Ⅲ类防电击类别设备的外露导电部分的接地，以及功能特低电压回路的接地，也应直接接至总接地端子。严禁能同时接触的各设备外露导电部分接至不同的接地极。个别情况下，如总接地端子上的干扰水平过高，不能满足设备的要求时，应另采取降低干扰水平的措施。

2）低干扰水平的安全接地应注意满足下述一般安全接地的要求：

① 保证用作接地保护的过电流保护器对过电流保护的有效性。

② 防止设备的外露导电部分出现过高的接触电压，并保证设备和邻近金属物体与其他设备之间，在正常情况和故障情况下的等电位。

③ 防止过大对地泄漏电流带来的危险。

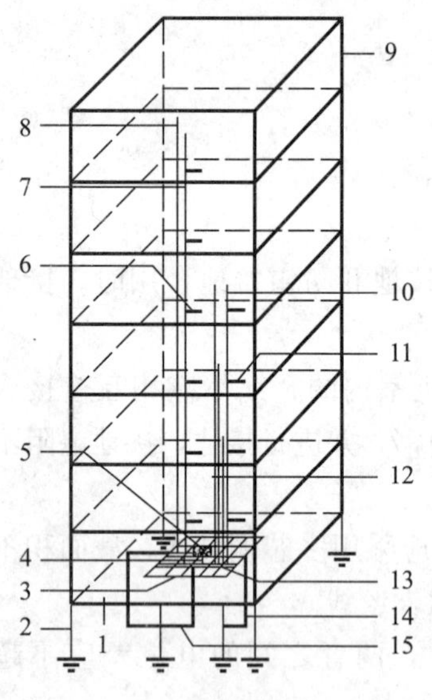

图10-25 建筑物共用接地系统

1—地下室；2—桩基接地体；3—变电所接地网格；4—变压器中心点接地；5—变压器；6—辅助等电位联结铜排；7—建筑电气PE干线绝缘支承；8—中性线N；9—防雷接地系统；10—智能建筑PE干线绝缘支承；11—n根35mm²绝缘铜芯直流接地线；12—总等电位联结铜排100mm×10mm；13—网络接地线；14—总等电位联结铜排接地线；15—接地体

10. 电声、电视系统的接地

电声、电视系统的接地电阻一般为4Ω，工业电视系统如设备容量小于0.5kVA时，接地电阻可不大于10Ω。

架设在建筑物顶部的天线金属底座必须与建筑物顶部的避雷网相连，构成避雷系统，通过至少在不同方向的两根引下线或建筑物内的主钢筋进行接地。

为避免由于接地电位差造成交流杂散波的干扰，闭路电视和工业电视必须采用一点接地。

电视系统的传输电缆穿金属管敷设时，金属管要接地，用以防止干扰。

演播室宜采取防静电接地，所处环境的电磁场干扰严重时，演播室、控制室及编辑室宜采取屏蔽接地。防静电接地、屏蔽接地可接到系统的接地装置上。

11. 建筑物共用接地系统

建筑物共用接地系统如图10-25所示。其中桩基钢筋接地体 2 的平面连接见图 10-26。

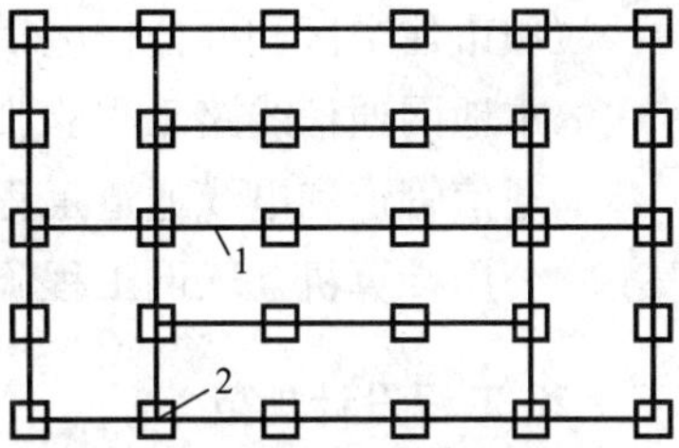

图 10-26 桩基钢筋的平面连接
1—40mm×4mm 扁钢；2—桩基钢筋

（1）接闪器

为了比较有效地保护大楼每个部件，宜采用针带组合接闪器。用 25mm×4mm 镀锌扁钢组成 10m×10m 网格避雷带覆盖在屋顶上，外圈与柱子上端内钢筋连接成闭环，选择合适的避雷针，将大楼置于其保护范围内。避雷针与避雷带作可靠连接。

（2）防雷引下线

在土建施工时，利用所有柱子钢筋作防雷接地引下线，引线下端与承台板钢筋连接，上端与屋顶楼面钢筋连接，中间与各圈梁钢筋连接（若无圈梁，可按每三层用 40mm×4mm 镀锌扁钢或 ϕ12mm 钢筋作闭环连接）及与每层楼层内钢筋连接。大楼外墙侧面上的金属构件必须用预埋扁钢与防雷结构连接。

10.4 绿色智能建筑的相关标准规范

智能建筑工程的施工，应严格遵守智能建筑安装工程施工及验收规范和所在地区的安装工艺标准及当地有关部门的各项规定。

国内标准分为国家标准（包括国家工程建设标准和国家推荐性标准）、行业标准（包括行业工程建设标准、行业推荐性标准和内部标准）和协会推荐性标准三种。

1. 安装工程施工验收规范

《入侵探测器通用技术条件》GB 10408.1—2000
《防盗报警控制器通用技术条件》GB 12663—2001
《火灾自动报警系统施工及验收规范》GB 50116—1992
《火灾报警控制器通用技术条件》GB 4717—1993
《民用闭路监视电视系统工程技术规范》GB 50198—1994
《自动化仪表工程及验收规范》GBJ 93—1996
《防盗报警中心控制台》GB/T 16572—1966
《气体灭火系统施工及验收规范》GB 50263—1997
《消防联动控制设备通用技术条件》GB 16806—1997
《泡沫灭火系统施工及验收规范》GB 50281—1998
《通信用单模光纤系列》CB/T 9771.1～.5—2000
《通信用多模光纤系列》GB/T 12357—1999
《建筑与建筑群综合布线系统工程设计规范》GB/T 50311—2000
《建筑与建筑群综合布线系统工程验收规范》GB/T 50312—2000
《电信网光纤数字传输系统工程施工及验收暂行技术规定》YD 44—1989
《通信管道工程施工及验收技术规范》YDJ 39—1990
《市内通信全塑电缆线路工程施工及验收技术规范》YD 2001—1992

《城市住宅区和办公楼电话通信设施验收规范》YD 5048—1997
《本地网通信线路工程验收规范》YD 5051—1997
《通信管道和电缆通道工程施工监理暂行规定》YD 5072—1998
《公用计算机互联网工程验收规范》YD 5070—1998

2. 工程设计规范

《民用建筑电气设计规范》JBJ/T 16—1992
《电子计算机机房设计规范》GB 50174—1993
《城市居住区规划设计规范》GB 50180—1993
《建筑物防雷设计规范》GB 50057—1994
《民用闭路监视电视系统工程技术规范》GB 50198—1994
《有线电视系统工程技术规范》GB 50200—1994
《高层民用建筑设计防火规范》GB 50045—1995
《人民防空工程设计防火规范》GBJ 98—1997
《火灾自动报警系统设计规范》GB 50116—1998
《城市工程管线综合规划规范》GB 50289-1998
《住宅设计规范》GB 50096—1999
《消防通信指挥系统设计规范》GB 50313—2000
《智能建筑设计标准》GB/T 50314—2000
《市内通信全塑电缆线路工程设计规范》YD 9—1990
《有线电视广播系统技术规范》GY/T 06—1992
《城市住宅区和办公楼电话通信设施设计标准》YD/T 2008—1993
《安全防范工程程序与要求》GA/T 75—1994
《本地电话网用户线线路工程设计规范》YD 5006—1995
《本地电话网通信管道与通道工程设计规范》YD 5007—1995
《中国公用计算机互联网工程设计暂行规定》YD 5037—1997
《城市住宅建筑综合布线系统工程设计规范》CECS 119：2000
《商用建筑线缆标准》EIA/TIA—568A
《商用建筑通信通道和各标准》EIA/fIAed69
《建筑物电气设备选择和布线系统安装》IEC 60364-5-52：1998
《国际标准化组织的布线标准》ISO/IEC/IS 1180
《始创性有用户布线》ISO/IEC/IS—11801

10.5 绿色智能建筑实例

1. 工程指导思想

中国工商银行河南省分行营业科技大楼（本文简称“河南工行大楼”或“该大楼”）

坐落在号称为郑州“金融大街”经三路的北端，建筑面积 25633m²，地上七层，半地下一层，建筑高度 33.65m。

河南工行大楼有着优美的绿色生态环境，它占地 6000 多平方米，在大楼的南面和北面，各有 7000 多平方米的室外绿色景观区，该区拥有 20 多种共 1000 多棵花和树，使藏灰色的工行大楼矗立在四季有花，四季常青的绿树红花之中，显得壮丽大方和峻峭可爱。

白天，春季有婀娜多姿的樱花和洁白大朵的玉兰花，夏季有大红大紫的紫荆花，粉红色的蓉花和娇媚可爱的月季，秋季有芬芳吐香的桂花及高贵金黄的银杏，冬季风雪中有含苞怒放的梅花及高大挺拔的雪松，它们与晶莹透亮的音乐喷泉，高大威猛的大理石雄师，古香古色的泰山石及充满现代化气息的不锈钢雕塑相映成趣。

晚上，庭院中近 100 盏庭院灯和草地灯，环绕着大楼的数十盏景观灯和美化大楼雄姿的泛光照明灯在智能照明系统的控制下，显现出这座绿色智能建筑的迷人风采。

该大楼的建设方和建筑智能化的系统集成商共同商定：要在这优美的绿色生态环境中建造的建筑智能化系统，既应具备银行的基本功能和要求，又实现环保节能节费。他们以绿色智能建筑为建设目标，以 LonWorks 技术为平台，构建冰蓄冷和热锅炉的冷热源的移峰填谷的节能节电系统，并以其良好的开放性，与空调通风和给排水的自控系统、变配电自控系统、智能照明系统，门禁一卡通系统、安全防范自控系统及消防自控系统一起，共同建造一个既环保节能节费，又智能、安全、方便、快捷的绿色智能建筑。

2. 节能的基本措施

(1) 热源的节能

该大楼的建筑智能化系统，本着经济、可靠的原则，在冬天的采暖季中，其热源采用电锅炉蓄热的方式，将电网夜间谷荷多余电力以热水的热量的形式储存起来，在白天用电的高峰时将热水释放提供空调服务。这样把白天的全部负荷转移到夜间，利用夜间相对廉价的低谷电价，既可以平衡电网，又可以节约运行电费。

该大楼的电锅炉蓄热方式根据冬季采暖逐时负荷，采用电锅炉负荷均衡的全蓄热策略，并能够随室外气象参数变化和电锅炉的运行情况切换到蓄热运行模式，最大限度地降低锅炉容量和系统造价，节省运行费用。夜间电锅炉以蓄热工况运行，经过一夜 24:00～08:00 八个小时的蓄热运行可以满足日间的热负荷需求。日间不启动电锅炉。

该大楼的冬季采暖热负荷为 2000kW。而建筑的工作时间段内没有一天出现最大冷负荷。取负荷系数 0.8，即建筑物的工作时间段内的总热负荷为 16000kWh，考虑到一定的冷损，需要 350m³ 的混凝土水槽，利用水温不同密度不同的原则，使水槽内热水在层流状态下按温度分层分布，达到取热温度恒定的效果。总计蓄热量为 16168kWh，蓄热水温 95/55℃，用户侧空调水供回水温度为 60/50℃。

根据河南省郑州市电网现行峰谷分时电价表，见表 10-18，采用蓄热空调系统运行时，该大楼的每个采暖季的电费为每平方米 14.9 元/m²，见表 10-19，此相当于常规系统费用的 45.6%，每年节约费用 43 万元，其设备投资的回收期为 2.3 年，见表 10-20。

河南省郑州市电网现行峰谷分时电价表 表10-18

电价类型	时　段	电价（元/kWh）
低谷	24：00～：08：00	0.296
平电	12：00～18：00	0.569
	22：00～24：00	0.386
峰电	08：00～12：00	0.842
尖峰	18：00～22：00	0.951

蓄热空调系统运行电费汇总表 表10-19

	日耗电量（kWh）	日运行费用（元）	运行天数（d）	总运行费用（元）
100%负荷段	16496	4990	30	149695
60%负荷段	10078	3090	45	139055
30%负荷段	5123	1570	45	70646
合计	—	—	—	—
单位面积费用	14.9元/m²			

蓄热系统设备投资经济分析比较表 表10-20

	蓄热系统（万元）	常规系统（万元）	蓄热-常规（万元）
设备初投资	170	87	83
变电器投资	99	83	16
采暖季运行费用	36	79	−43

（2）冷源的节能节费

该大楼在暑季的冰蓄冷中央空调是将电网夜间谷荷多余电力以冰的冷量的形式储存起来，在白天用电的高峰时将冰融化提供空调服务。由于郑州的夜间的低谷电价仅相当于白天的高峰电价的31.1%，所以采用把白天的用电负荷移峰填谷到夜间的冰蓄冷中央空调可以大大减少用户的运行费用。

该大楼的夏季空调室外计算（干球）温度为35.6℃。夏季空调室外计算湿球温度为27.4℃。夏季大气压力为99.17kPa，夏季相对湿度为76%，属于湿度较大天气，需要提供150天的制冷空调。该大楼的制冷空调采用冰蓄冷系统，其设备选型及流程设计是以该系统的设计日（最不利情况）逐时负荷分布为依据的。根据空调设计日冷负荷计算，本工程峰值冷负荷为3718kW（1057RT），而且主要负荷的08:00～23:00，16个小时运行期间，包含电力高峰期8小时，电力平峰期8小时。同时夜间有少量连续负荷存在以供客房使用，但从总体上看全天负荷仍存在较大的变化。考虑到郑州市夏季天气有些潮湿，而主机上游的串联系统可以提供更低的出水温度，能更好地保证除湿效果。这种流程乙二醇溶液先经过冷机降温，再经过冰槽降温，然后经过板换。这样可以保证比较大的温差，而选用的美国BAC生产的整体式钢盘管蓄冰设备，可以保证冰槽稳定的出水温度。这样的大温差小流量的设计，可以减小水管路管径，降低投资。通过自控系统及优化控制软件的作用，可以优化搭配冰槽、双工况冷机、基载冷机的开启，满足冷负荷需求的同时将系统耗电量降低到最小。该工程采用带冷机上游串联式的蓄冰系统，并选用负荷均衡的部分蓄冰。这样既可以高效而全面地完成各种需求，又节省初投资。

本工程冰蓄冷系统的方式在郑州市的电价政策时，见表10-18，其蓄冰系统在空调供冷期为150天，期间的运行电费约为58万元，单位面积费用为每平方米22.66元，见表10-21，它相当于常规系统费用的60%左右，每年可节约费用40万元以上。

夏季蓄冰空调系统运行电费 表10-21

	日耗（kWh）	日运行费用（元）	运行天数（天）	总运行费用（元）
100%负荷段	12792	7159.9	20	143199
80%负荷段	9258	4560.5	30	228024
60%负荷段	8107	3628.7	50	108862
40%负荷段	5329	2013.9	50	100696
合计	—	—	150	580781
单位面积费用	22.66元/(平方米·空调季)			

（3）智能照明的节能

该大楼采用了四个方面的照明节能措施，一是对于公共部分照明的自动控制，其主要措施是在公共走廊上安置了红外线探测器及光强探测器，在光线阴暗或黑暗的时候，自动开启照明。二是对于专用办公室内的情景照明的自动控制，对于该楼的大型办公室和高级办公室，设置了8种不同模式的情景照明，以小型的控制模板进行情景选择。这样，既可以满足主人对于照明情景的不同选择，又达到节约用电的目的。三是对于泛光照明的自动控制，即根据该大楼的外观照明情景的不同选择，编制了15种模式进行自动控制。四是对于该大楼以外的公共园区的照明情景的自动控制。采用了上述的智能照明的自动控制以后，使该大楼照明费用节约30%以上，节约费用30万元以上。

（4）变配电的自动控制与节能节费

本系统分别设置了对高压系统（10kV）和低压系统的进线断路器的开关状态故障报警；对进线电流、电压、有功电能的检测；对于变压器的高温报警和超高温报警的检测。

（5）空调通风的自动控制与节能节费

本系统对6台空调机组的送风温湿度进行监测，根据其测量值与设定值的偏差，调节冷热水阀的开度以及控制加湿器的启停；同时监视过滤网压差开关和防冻开关状态，以确保空调系统的节能。

（6）给排水的自动控制与节能节费

本系统分别检测积水坑和生活水池的液位报警信号，对相应的污水泵和生活水泵进行实时启停控制，以达到节约用水的目的；

综上所述，若变配电、空调和新风排风、给水排水的自动控制可以实现节能节费40万元的话，则该大楼的BAS系统可以实现每年节能节费153万元。

3. BAS系统的基本框架

该系统下的冰蓄冷和热锅炉中央空调系统（以下简称“冰热系统”）配置的设备比常规空调系统增加一些，自动化程度要求较高，而且其执行器，传感器都在低温或高温的相对差的条件下工作，能自动实现在满足建筑物全天空调要求的条件下将每天所蓄的能量全部用完，最大限度节省运行费用。

冰热系统的控制系统由下位机（现场控制工作站）和上位机（中央管理工作站）组

成，实现冰热系统的参数化与全自动智能化运行。冰蓄冷控制系统通过对制冷主机、储冰装置、板式热交换器、系统水泵、冷却塔、系统管路调节阀进行控制，热锅炉控制系统通过对电锅炉、储热装置、板式热交换器、系统水泵、系统管路调节阀进行控制，调整储冰储热系统各应用工况的运行模式，在最经济的情况下向空调末端提供稳定的供水温度。在这同时，提高系统的自动化水平，提高系统的管理效率和降低劳动强度。

此大楼的冰蓄冷自动控制系统为瑞典的TAC系统，热锅炉自动控制系统为美国的Invensys系统，它们各自有独立的下位机（现场控制工作站），然后进入以Invensys系统为主体的上位机（中央管理工作站），即BAS系统。由于瑞典的TAC系统和美国的Invensys系统均为LON系统，所以该BAS系统具有良好的开放性和互操作性。

参 考 文 献

1. 罗运俊，何梓年，王长贵编著．太阳能利用技术．北京：化学工业出版社．北京：2005
2. 王崇杰，薛一冰等编著．太阳能建筑设计．北京：中国建筑工业出版社．北京：2007
3. 李安定．太阳能光伏发电系统工程．太阳能光伏发电系统工程．北京：北京工业大学出版社．2001
4. 谢秉正主编．绿色智能建筑工程技术．南京：东南大学出版社，2007
5. 川獭太郎、高桥健彦（马杰译）．接地技术．北京：科学出版社，2003
6. 吴成东主编．智能建筑计算机网格系统设计．北京：中国电力出版社，2004
7. 杨志，邓仁明，周齐国编著．建筑智能化系统及工程应用．北京：化学工业出版社，2002
8. 杨绍胤，杨庆编著．通用布线实用技术问答：基础设计施工监理维护工程案例．北京：中国电力出版社，2008
9. 殷际英，李玏一编著．楼宇设备自动化技术．北京：化学工业出版社．工业装备与信息工程出版中心，2004
10. 卿晓霞主编．建筑设备自动化．重庆：重庆大学出版社，2002.9
11. 刘国林主编．建筑物自动化系统．北京：机械工业出版社，2002
12. 黎连业编著．智能大厦和智能小区安全防范系统的设计与实施．北京：清华大学出版社，2008
13. 陈龙…［等］编著．智能建筑安全防范系统及应用．北京：机械工业出版社，2007
14. 秦兆海，周鑫华主编．智能楼宇安全防范系统．北京：清华大学出版社．北京交通大学出版社，2005
15. 王可崇．智能建筑自动化系统．北京：中国电力出版社，2008
16. 章云，许锦标主编．建筑智能化系统．北京：清华大学出版社，2007
17. 石兆玉编著．供热系统运行调节与控制．北京：清华大学出版社，1994
18. 叶安丽主编．电梯控制技术．北京：机械工业出版社，2008